油田化学分子模拟

Molecular Simulation in Oilfield Chemistry

苑世领　宋新旺　编著

化学工业出版社
·北京·

内容简介

《油田化学分子模拟》从介绍油田化学概论和分子模拟原理开始，通过精选油田现场问题，以阐述科研思路的方式，运用分子模拟在微观层面上给予解释，并进行性质预测。在相应章节，首先综述相关油田化学主题的发展概括，随后选择多个具体问题通过模拟计算进行详解，最后以具体程序操作为例，叙述整个模拟过程及相应的分析方法，以帮助读者在短时间内学会“以问题为导向的分子模拟”，教会读者在实际问题中抽提科研思想，并利用分子模拟在分子层面上进行解释和性质预测。本书以二维码形式提供了模拟操作案例的运行脚本，读者可在相应章节扫码下载学习。

本书以油田现场问题为切入点，强调分子模拟在解决油田化学问题过程中的分子层面上的优势，可为油田化学、胶体化学等专家学者提供第一手资料，阐述的科研思想会在不同研究领域起到潜移默化的作用。本书可供油田开采、材料设计、药物设计等领域从事理论计算的科研人员参考，也可作为高等学校油田化学、胶体化学、材料化学等方向的分子模拟课程教材。

图书在版编目（CIP）数据

油田化学分子模拟 / 苑世领，宋新旺编著. -- 北京 ：化学工业出版社，2025. 8. -- ISBN 978-7-122-48174-0

Ⅰ. TE39

中国国家版本馆CIP 数据核字第2025MS6138号

责任编辑：宋林青　　文字编辑：师明远　王晶晶

责任校对：王　静　　装帧设计：关　飞

出版发行：化学工业出版社（北京市东城区青年湖南街13号　邮政编码100011）

印　　装：盛大（天津）印刷有限公司

787mm×1092mm　1/16　印张22½　字数558千字

2025年10月北京第1版第1次印刷

购书咨询：010-64518888

售后服务：010-64518899

网　　址：http：//www.cip.com.cn

凡购买本书，如有缺损质量问题，本社销售中心负责调换。

定　　价：168.00元

序言

当今社会，石油与天然气扮演着不可或缺的角色。然而，随着全球能源需求的不断增长和油气资源的日益枯竭，如何高效、安全、环保地开发利用这些宝贵资源，成了摆在我们面前的重大课题。油田化学作为石油工业技术进步的关键驱动力之一，其发展与创新直接影响着油气生产的效率与效益。油田化学是一门融合化学、物理学、地质学、材料科学及工程学等多学科知识的综合性学科，它利用化学原理和方法，研究并解决石油勘探、开发、生产及环境保护等全过程中遇到的各种问题。然而，油田环境的复杂性和多变性，使得油田化学剂的研究与开发面临诸多挑战。油藏中的高温高压、高盐度、多相流等极端条件，要求油田化学剂必须具备优异的稳定性、耐腐蚀性、界面活性等性能。同时，随着环保法规的日益严格和可持续发展理念的深入人心，如何在保证生产效率的同时，实现节能减排、资源循环利用，也成了油田化学领域亟待解决的问题。当前，油田化学剂应用的数量、范围和水平已成为衡量一个国家在该领域技术水平高低的重要标志。油田化学剂中应用数量之多、范围之广、成效之显著者，应首推具有界面活性的两亲分子（如表面活性剂和聚合物等），其性能和应用技术对于石油与天然气工业的发展具有十分重要的作用。

多年来，我国一直非常重视油田化学方面的科技发展，设立有关科技攻关项目，鼓励广大科技工作者和油气田工作人员在该领域进行研究和实践。实践证明，要想更好地发挥表面活性剂等两亲分子的作用，不仅需要研究其结构、性能和实用配方，还需研究其不同组分之间的相互作用机理和它们在不同界面之间的微观状态，方能为油田化学增效剂的设计和应用提供科学依据。随着科学技术的发展，我国在该领域已经取得了许多重大成果。

分子模拟技术基于量子力学、统计力学等理论基础，利用计算机强大的计算能力，模拟分子在特定条件下的行为规律。它不仅可以揭示分子间的相互作用机理，预测分子的物理化学性质，还可以在设计新材料、优化化学反应路径、预测药物疗效等方面发挥重要作用。分了模拟技术作为连接微观世界与宏观应用的桥梁，克服了传统的实验研究方法实验周期长、成本高、结果易受外界因素干扰等问题，以其独特的优势在油田化学领域大放异彩，为油田化学剂的研发与优化提供了强有力的技术支持，尤其是随着分子动力学等理论化学的发展，该领域的研究深度和广度有了进一步的提升。

苑世领教授课题组在国内第一个将分子动力学模拟研究应用到胶体化学领域，通过持续多年的奋斗，他们在化学反应和分子组装的理论模拟领域取得了丰硕成果，促进了分子模拟和实践的不断发展。他们的《分子模拟》一书出版后（2016 年）获得了学界的广泛好评，曾多次重印。为了更好地反映分子模拟领域的新进展，更好地满足读者的需求，他们在第一版的基础上进行了较大规模的修订，于 2022 年出版了《分子模拟》第二版。

在此背景下，《油田化学分子模拟》一书应运而生。本书是作者多年理论研究并结合实际应用所做工作的最新总结，第 1、2 章分别介绍了油田化学基本内容和分子模拟方法，第 3、4 章围绕表面活性剂的耐盐机制及其驱油作用展开，第 5 章介绍了固体表面的润湿反转作用，第 6 章阐述了聚合物分子间相互作用，第 7 章说明二氧化碳压裂与驱油技术，第 8 章介绍了乳状液的稳定与破乳，第 9 章是关于稠油中的沥青质。全书概括了分子模拟在提高石油采收率和油气集输领域的最新研究成果。

本书利用分子动力学理论和技术，从微观角度研究了不同类型两亲分子复合体系中各组分之间的相互作用机理，对于调控固液、液液及气液界面的性能，解决油田化学、分子聚集体化学等领域中的重要科学问题，从而为现场设计具有复配增效作用的体系提供理论依据，具有较强的参考性和借鉴性。

本书不仅注重理论知识的阐述，还强调了理论与实践的紧密结合。书中研究内容均来自生产实践，展示了分子模拟技术指导油田化学剂的实际应用。这种“理论 - 模拟 - 实践”相结合的研究模式，不仅提升了研究的科学性和实用性，也为读者提供了宝贵的学习参考。通过本书的阅读，读者可以深入了解分子模拟技术的基本原理和方法技术，掌握其在油田化学中的应用场景和案例分析，从而拓宽研究思路，激发创新灵感。

《油田化学分子模拟》一书的出版，是油田化学领域技术创新与学术交流的一次重要成果展示。在此，我对该书作者表示热烈的祝贺，对他们的辛勤劳动和奉献，表示真诚的感谢！

徐桂英

2024 年 10 月

前言

从最初接触分子模拟到现在已有二十余年的时间，在这期间时不时有老师向我咨询："在我的实验里能给加点分子模拟吗？"遇到这样的讨论，我总是说："我也不做实验，不用和我保密，你详细地讲讲实验现象和实验细节，越详细越好。"其实，分子模拟就是一种技术方法和分析工具，我们总能在具体的实验过程和实验结论中找到切入点，只要找到合适的实验问题，分子模拟就能在分子层面上给出合理的解释以及可能的性质预测。

之所以选择油田化学作为本书的研究主题，是因为 2008 年与胜利油田勘探开发研究院（当时为地质科学研究院，以下简称"石油勘探院"）的一次学术交流，在此期间我认识了本书的另一位作者宋新旺主任。本人硕士研究生阶段从事的是胶体化学，在攻读博士学位时才转向模拟计算，以胶体化学中的分子模拟为研究方向。油田化学中的驱油实验，是围绕聚合物和表面活性剂展开的，而当时石油勘探院的同仁们就关注了这一新兴的技术方法——分子模拟，希望从分子层面上为驱油实验提供微观解释。以此次学术交流为契机，石油勘探院在过去的十余年间与我签署了十余项横向项目，而本人的几项国家自然科学基金的研究思想，就来自于油田现场的实际问题，诸如磺酸盐表面活性剂的耐盐实质、原油组分对泡沫驱油体系稳定性的影响，以及表面活性剂在稠油乳化降黏中的作用等，这些横向项目和基金项目我受益颇多，让我在分子模拟领域的研究不断深入。

十余年来，围绕分子模拟在油田化学中的应用，课题组中有十余位硕士和博士研究生在此领域从事模拟计算。对我而言，一方面为了完成国家自然科学基金项目和来自石油勘探院的横向项目；另一方面也让模拟计算在我们课题组变成了"以问题为导向的分子模拟"，丰富了自己的研究思路，拓展了自己的研究视野。在油田化学领域，我们课题组的模拟计算越来越受到相关专家学者的关注，横向项目也从胜利油田向中石油、中石化的其他下属单位扩展。最近十年间，以中国石油大学为代表的许多高校科研院所，从事油田化学方面的分子模拟研究工作的同仁逐年增多。在此背景下，我和宋新旺教授两年前就萌生了写一本书的想法，总结一下我们这些年在此领域的研究工作，希望能够为油田化学同仁提供一些科研借鉴。

全书共分 9 章。第 1 章简要介绍油田化学的研究范围，包括钻井、开采和驱油等方面，这些方面均涉及相关化学品的应用，也就意味着分子模拟在油田化学中各个领域都可以有所应用；第 2 章简要介绍了分子模拟原理，重点介绍了油田化学领域中经常用到的一些模拟分析方法，为后续分析测试应用打基础；第 3 章表面活性剂的耐盐实质，总结了分子模拟在表面活性剂体系中的应用，探讨了无机阳离子对表面活性剂极性头水化层的影响；第 4 章表面活性剂在驱油体系中的应用，总结了表面活性剂复配驱油体系中的分子模拟，列举了表面活性剂在泡沫驱油和乳化油滴中的作用；第 5 章固体表面的润湿反转，重点阐述了润湿反转过程中水通道的概念；第 6 章聚合物增黏体系，叙述了纳米颗粒对聚合物增黏体系的影响，以及目前具有先导性试验的主客体相互作用和疏水缔合聚合物体系；第 7 章二氧化碳压裂与驱油技术，探讨了 CO_2 驱油实验中经常提到的最小混相压力计算方法，以及聚合物对 CO_2 驱油体系的增稠；第 8 章含油乳状液的稳定性和破乳，重点针对油田采出液的破乳，涉及破乳剂、电破乳和气浮处理污水等；第 9 章稠油中的沥青质，总结了沥青质分子结构的发展历程，阐述了从实验数据推测沥青质分子结构的方法，以及油水界面、固液界面处的沥青质聚集结构性质。

为了让初入分子模拟的读者更快上手，我们在每章的最后一节，以实际操作案例形式给出了模拟计算的详细操作步骤，可方便读者参考本章的研究内容，按照教程学习 Materials Studio、Gromacs 等软件程序的运行，以及必要的分析方法，短时间内学会分子模拟操作流程，理解以问题为导向的分子模拟研究思路。

分子模拟在各个领域的快速发展是不争的事实，越来越多的专家学者涉足其中，其应用范围也扩展到化学、材料学、生命科学等领域。分子模拟在油田化学中的应用，也是最近十余年的事情，希望本书的出版能在该研究领域起到添砖加瓦的作用，也期待更多的学者参与其中，进一步丰富分子模拟在油田化学中的应用。

本书由苑世领和宋新旺共同编写完成。在此成书之际，感谢各方给予的支持和帮助：

特别感谢已经毕业的学生们，书中研究内容所涉及的学生有延辉、刘骞、张培利、高凤凤、吕国春、马莹、李鼎、宋盛晗、苑士登、刘沙沙、张恒铭、纪德罗、熊勇等，在此对他们的学术贡献表示感谢。在成书过程中，学生姜兆礼、张震宇、郭安琦、余新东等，有的具体书写了分子动力学模拟的操作流程，有的编辑了后续分析的运行脚本和程序，为本书的出版做出了贡献，在此一并致谢。

感谢山东大学和山东石油化工学院所属职能部门的支持，促进了分子模拟课程的开设，且一直受到学生们的欢迎，也为我们继续在此领域深耕和编写书籍助力。特别感谢张恒和王林杰老师在分子模拟授课方面的坚守和支持。

感谢化学工业出版社的编辑，他们的鼓励和支持促成了本书的出版。

感谢 Materials Studio 软件的代理商东方科软（北京）科技有限公司，他们的技术支撑和专业服务让我们的工作更加顺利。

尽管我们试图从更宽视野介绍分子模拟在油田化学中的应用，但是油田化学有着广泛的应用和研究领域，我们选择的案例也只是其中的一小部分，以此探讨分子模拟在其中的应用有其局限性。不过我们仍然希望这些案例能够给读者以科研启发，拓宽读者的研究思路，为读者在更大的研究视野下运用分子模拟提供借鉴。鉴于编者知识所限，还要将多个模拟案例统筹安排，书中疏漏在所难免，敬请读者批评指正。

书中部分分子模拟案例操作步骤或后续分析运行脚本等，在书中相应内容处以二维码形式给出，读者可下载后参考使用。

苑世领

2024 年 10 月

目录

第 1 章　油田化学概论　001

1.1　油藏流体及岩石的化学组成与性质　002
1.1.1　原油的化学组成　002
1.1.2　储层岩石及黏土　002
1.1.3　地层水的化学组成　003
1.2　钻井化学　003
1.2.1　钻井液化学　003
1.2.2　水泥浆化学　006
1.3　采油化学　008
1.3.1　压裂液化学　008
1.3.2　酸化体系　009
1.3.3　注入井化学调剖　011
1.3.4　生产井化学堵水　012
1.3.5　防蜡与清蜡　013
1.3.6　化学防砂　014
1.4　提高采收率技术　016
1.4.1　提高石油采收率原理　016
1.4.2　化学驱提高采收率技术　017
1.4.3　稠油化学降黏开采　020
1.5　油水处理及集输化学品　021
1.5.1　原油的乳化与破乳　021
1.5.2　原油输送的降凝与减阻　022
1.5.3　油田污水处理　023
参考文献　024

第 2 章　分子模拟概论　026

2.1　模拟方法分类　027
2.2　力场　028
2.2.1　力场形式　029
2.2.2　选择力场　031
2.3　分子动力学模拟　032
2.3.1　非键相互作用的处理　032
2.3.2　积分形式　034
2.3.3　控温方法　035
2.3.4　相关函数　037
2.3.5　性质分析方法　040
2.4　模拟过程　044
2.4.1　选择初始构型　044
2.4.2　判断平衡　045
2.4.3　模拟结果与偏差分析　047
参考文献　048

第 3 章　表面活性剂的耐盐实质　050

3.1　表面活性剂油水界面性质　051
3.1.1　阴离子表面活性剂　051
3.1.2　阳离子表面活性剂　055
3.1.3　两性离子表面活性剂　057
3.1.4　非离子表面活性剂　058
3.2　阳离子对表面活性剂水化层的影响　059

3.2.1 水合离子结构和动力学 059
3.2.2 阳离子与表面活性剂极性头之间的结合模型 061
3.2.3 阳离子下的表面活性剂电荷分布 063
3.2.4 阳离子下的表面活性剂水化层 065
3.3 水溶液中硫酸盐和磺酸盐表面活性剂的耐盐比较 069
3.3.1 表面活性剂极性头与水分子的相互作用 070
3.3.2 表面活性剂极性头与阳离子的相互作用 073
3.4 模拟操作案例 076
3.4.1 阴离子表面活性剂与阳离子之间的相互作用 076
3.4.2 水溶液中阴离子表面活性剂胶束的形成 082
参考文献 089

第 4 章 表面活性剂驱油体系 091

4.1 表面活性剂复配体系 092
4.1.1 阴离子 / 非离子表面活性剂体系 092
4.1.2 阴离子 / 阳离子表面活性剂体系 093
4.1.3 阴离子 / 两性离子表面活性剂体系 095
4.1.4 聚合物 / 表面活性剂体系 096
4.2 泡沫驱油中表面活性剂的稳定作用 098
4.2.1 泡沫体系的结构性质 100
4.2.2 从假乳液膜到油桥结构 101
4.2.3 从油桥结构到泡沫破裂 103
4.2.4 混合表面活性剂对液膜的影响 104
4.3 稠油乳化油滴中表面活性剂的稳定作用 106
4.3.1 稠油油滴结构 106
4.3.2 稠油乳化油滴结构 109
4.3.3 乳化油滴表面水化层 112
4.3.4 表面活性剂对乳化油滴的稳定性影响 115
4.4 模拟操作案例 117
4.4.1 稠油乳化油滴的构建 117
4.4.2 纳米颗粒对泡沫稳定性的影响 123
参考文献 131

第 5 章 固体表面的润湿反转 134

5.1 岩石表面上表面活性剂与油相组分的相互作用 135
5.1.1 岩石类型与表面活性剂的影响 135
5.1.2 流动相影响 139
5.1.3 岩石表面粗糙度影响 140
5.1.4 表面活性剂对水通道大小的影响 141
5.2 润湿反转中的水通道 142
5.2.1 油滴从固体表面剥离过程中的水通道 142
5.2.2 油滴从固体表面剥离机理 146
5.2.3 亲 / 疏水混合界面膜中的水通道 147
5.3 表面活性剂单层膜的润湿反转 151
5.3.1 云母表面上表面活性剂的聚集结构 151
5.3.2 润湿反转机理 156
5.4 纳米孔道中表面活性剂对油塞的疏解作用 159
5.4.1 轻质原油在二氧化硅孔道内的结构 159
5.4.2 残余油在二氧化硅孔道内的结构 160
5.4.3 流动外力对油滴剥离的影响 162
5.4.4 油塞移动过程中的热力学特性 164
5.5 模拟操作案例 165
5.5.1 二氧化硅表面的润湿反转 165
5.5.2 纳米孔道内表面活性剂对油塞的疏解 170
参考文献 175

第 6 章　聚合物增黏体系　177

6.1　聚合物驱油体系　178
6.1.1　疏水改性缔合聚合物体系　179
6.1.2　热增黏聚合物体系　180
6.1.3　纳米粒子聚合物体系　181
6.2　丙烯酰胺类聚合物及纳米颗粒复合增黏机理　182
6.2.1　聚丙烯酰胺体系的增黏机理　182
6.2.2　纳米颗粒和 HPAM 复合致黏机理　186
6.3　改性丙烯酰氨基共聚物的主客体相互作用　188
6.3.1　主客体之间的交联方式　189
6.3.2　主客体之间的相互作用　192
6.4　堵水调剖中的预制颗粒凝胶　194
6.4.1　PPG 在水溶液中的溶胀过程　194
6.4.2　PPG 在纳米孔道内的运移　196
6.4.3　PPG 在孔喉处的运移　198
6.4.4　PPG 聚集体运移过程中的变形和脱水　199
6.5　纳米颗粒与聚丙烯酰胺复合增黏体系模拟操作案例　201
参考文献　208

第 7 章　二氧化碳压裂与驱油技术　209

7.1　CO_2 压裂技术和提高采收率技术　210
7.1.1　CO_2 压裂机理　210
7.1.2　CO_2 压裂技术　211
7.1.3　CO_2 驱油机理　212
7.2　预测最小混相压力　214
7.2.1　两相初始混溶时刻的定义　215
7.2.2　最小混相压力的获取　218
7.2.3　与其他实验方法的比较　219
7.3　CO_2 驱油体系中的聚合物增稠　220
7.3.1　聚合物浓度对 CO_2 相黏度的影响　221
7.3.2　增黏机理研究　221
7.4　不同 pH 环境下原油吸附行为及 CO_2 驱替机制　224
7.4.1　原油在二氧化硅狭缝中的分布　224
7.4.2　CO_2 驱油机制　228
7.5　PDMS-CO_2 增黏体系模拟操作案例　230
参考文献　233

第 8 章　含油乳状液的稳定性与破乳　236

8.1　油田采出水和原油乳状液　237
8.1.1　原油乳状液的稳定性　237
8.1.2　原油乳状液破乳　241
8.2　聚醚类破乳剂破乳机理　245
8.2.1　破乳剂在油滴表面的吸附　245
8.2.2　破乳剂的桥连作用　248
8.3　直流电场下 O/W 乳状液破乳　251
8.3.1　电场强度下油滴各组分的行为分析　251
8.3.2　电场下乳化油滴的聚结过程　254
8.3.3　无电场下油滴的聚结过程　256
8.4　气浮处理含油污水　258
8.4.1　气浮过程中油滴行为变化　258
8.4.2　油滴的碰撞与聚结　259
8.4.3　泡沫膜附近的水分子与表面活性剂　261
8.5　电场作用下乳化油滴的运移模拟操作案例　263
参考文献　270

第9章 稠油中的沥青质 272

9.1 沥青质结构性质 273
9.1.1 沥青质分子结构 273
9.1.2 沥青质聚集结构 283
9.1.3 沥青质研究中的模拟计算 286
9.2 沥青质分子结构的确定方法 289
9.2.1 定量分子表示法 290
9.2.2 平均分子结构确定法 294
9.3 油水界面处的沥青质 301
9.3.1 沥青质在原油中的聚集行为 302
9.3.2 油水界面处的聚集结构 304
9.3.3 油水界面处的沥青质分子 307
9.3.4 油水界面处沥青质聚集结构的剥离 308
9.4 固液界面处的沥青质 310
9.4.1 固体表面的沥青质吸附结构 310
9.4.2 固体表面的单分子吸附行为 313
9.5 沥青质在油水界面的吸附模拟操作案例 316
参考文献 324

附录 328

附录Ⅰ Materials Studio 软件 329
附录Ⅱ Gromacs 软件 340

第1章

油田化学概论

随着全球对石油与天然气资源需求的日益增长，油田化学作为支撑油田高效、安全开采的关键技术，其重要性愈发凸显。油田化学是研究石油开采及输送过程中化学问题的科学，主要包括油田钻井、采油、集输过程中各种化学现象的内在本质，化学品与储层及流体的相互作用原理及经济有效油田化学品的开发。

油田化学学科交叉性强，涉及地质学、流体力学、化学等学科，以及钻井、油藏、采油、集输、化工等工程学科；油田化学还具有很强的实践性，直接服务于油田钻井、采油、集输等生产环节，因此要求理论与实践紧密结合，经济高效。

1.1 油藏流体及岩石的化学组成与性质

1.1.1 原油的化学组成

原油是以液态形式存在于地下岩石孔隙中的可燃有机矿产，是极其复杂的混合物，以烃类为主，含有数量不等的非烃类化合物。

油藏烃类主要是烷烃、环烷烃和芳香烃，其中烷烃含量最多。在常温常压下，烷烃中 C_1 ～ C_4 为气态，是天然气的主要成分；C_6 ～ C_{16} 是液态，是石油的主要成分；C_{16} 以上（可达 C_{60} 或以上）的烷烃为固态，即所谓石蜡。在油藏环境下蜡组分溶解于原油，但在开采和输送过程中，会随着温度和压力的降低结晶析出。

除烃类组分外，原油中还有少量含氧、硫、氮的化合物。环烷酸、苯酚和脂肪酸等属于其中的含氧化合物，是石油酸的主要组成，也是碱驱提高石油采收率的重要物质基础；原油中还含有少量硫元素，主要以硫化氢、硫醇、硫醚、噻吩等含硫化合物的形式存在，在石油开采和加工过程中会带来环境、安全等风险；原油中的含氮化合物有吡咯、吡啶、喹啉、吲哚和咔唑等杂环化合物，低酸值原油中的含氮杂环组分在碱性条件下的界面活性不如酸性组分，但是其与重烷基苯磺酸盐（HABS）具有显著的协同效应，在降低油 - 水界面张力方面所起作用与酸性组分相当（伍晓林等，2013）。

原油中胶质、沥青质的分子结构是以多个芳香环组成的稠合芳香环为核心，周围连接有若干个环烷环，同时芳香环和环烷环上带有若干个长度不一的正构或异构烷基侧链，分子中还有各种含硫、氮、氧的基团，还会络合镍、钒、铁等金属离子。图 1.1 是典型沥青质分子结构示意。地层条件下，原油以比较稳定的胶体分散体系存在，分散相是以沥青质为核心、胶质为溶剂化层的胶束，其分散介质则主要由烃类和部分胶质组成。胶质和沥青质含量越高，原油黏度越大；胶质和沥青质还极易吸附在油水界面，影响油水界面性质。

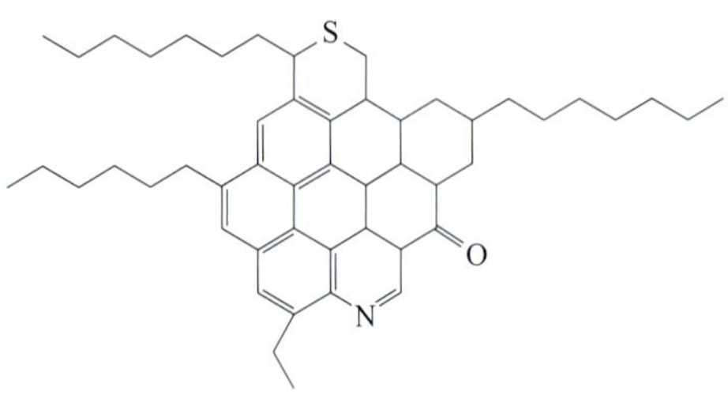

图 1.1 典型沥青质基本分子结构示意

1.1.2 储层岩石及黏土

储层岩石是石油和天然气的储集空间，主要类型有砂岩和碳酸盐岩。砂岩的主要矿物为二氧化硅（SiO_2），约占 64% ～ 90%。碳酸盐岩的主要矿物为氧化钙（CaO），含量为 50% ～ 53%（陈大均，2006）。

储层中的黏土矿物对原油的储集性能、渗流能力以及开发效果有重要影响。黏土矿物是细分散的含水层状硅酸盐和含水非晶质硅酸盐矿物的总称。含水层状硅酸盐矿物有高岭石、蒙皂石、伊利石和绿泥石等，含水非晶质硅酸盐矿物有水铝英石和胶硅铁石等。黏土矿物的基本结构单元是硅氧四面体和铝氧八面体，分别在平面上延展形成晶片。不同类型黏土矿物的晶片组合结构不同，导致其在带电性、吸附性、膨胀性等方面表现出不同的性质。

高岭石是 1∶1 型的层状黏土矿物，晶层面一面是氧，另一面是氢氧，晶层之间形成氢键，故晶层间连接力有氢键和范德华力（van der Waals）相互作用，连接力强，水分子不能进入晶层间。因此，高岭石是较稳定的非膨胀性黏土矿物，而且构造单元中电荷平衡，带电性很弱。

蒙脱石和伊利石都是 2∶1 型层状黏土矿物，晶层中均存在晶格取代。但蒙脱石晶格取代主要发生在铝氧八面体片中，Al^{3+} 被 Mg^{2+} 取代；伊利石晶格取代主要发生在硅氧四面体片中，Si^{4+} 被 Al^{3+} 取代，伊利石晶格取代程度较蒙脱石强。蒙脱石的补偿阳离子大多是 Na^{+}、Ca^{2+}，有时是 K^{+}、Li^{+}，伊利石的补偿阳离子全是 K^{+}，因此，蒙脱石带电性较强，是膨胀性很强的黏土矿物，而伊利石属于弱膨胀性黏土矿物。

黏土是配制钻井液的重要原材料，地层中的黏土矿物组成和性质对注水、化学驱等开发方式都有重要影响，因此黏土矿物的组成和性质是油田化学的重要内容。

1.1.3　地层水的化学组成

地层中的油和水共存，地层水的化学组成相当复杂，包含多种无机、有机成分以及溶解的气体和微量元素。油田水含有多种阳离子如 Na^{+}、K^{+}、Ca^{2+}、Mg^{2+} 等，以及阴离子如 Cl^{-}、SO_4^{2-}、HCO_3^{-}、CO_3^{2-} 等，这些离子是油田水的主要无机成分；有机成分包括环烷酸、环烷酸盐、酚和苯等，来自石油中的有机质；微量元素则有碘（I）、溴（Br）、硼（B）、锶（Sr）、钡（Ba）等。地层水的化学组成对入井液的性质影响较大，当温度、压力等条件发生变化时，还会产生结垢现象，对储层和地面设施造成不利影响。

1.2　钻井化学

钻井化学是钻井工程学与化学的交叉学科，主要研究如何用化学方法解决钻井和固井过程中遇到的问题。由于钻井过程和固井过程中遇到的主要问题来自钻井液和水泥浆，因此钻井化学可分为钻井液化学和水泥浆化学。

1.2.1　钻井液化学

（1）钻井液的功能和组成

钻井液是油气钻井过程中具有多种功能的能够满足钻井工作需要的循环流体。钻井液在钻井液泵的作用下，通过钻头水眼喷向井底，再携带着被钻头破碎的岩屑从钻杆与地层（或套管）之间的环空上返至地面，在地面将岩屑除去后，返回钻井液池循环使用。钻井液具有携带和悬浮岩屑、稳定井壁和平衡地层压力、冷却和润滑钻头及钻具、传递水动力等功能，在钻井过程中发挥重要作用。

钻井液一般由分散介质、分散相和钻井液处理剂组成，通常按分散介质分成 3 类，即水基钻井液、油基钻井液和气体钻井流体，分散介质分别是水、油和气体。悬浮体钻井液的分散相为黏土或固体密度调整材料，乳状液钻井液的分散相为油（O/W 型乳状液）或水（W/O 型乳状液），泡沫钻井液的分散相为气体。钻井液处理剂是多种为调节钻井液性能而加入的化学剂，如 pH 控制剂、降滤失剂、降黏剂、增黏剂、絮凝剂、润滑剂、页岩控制剂（又称为防塌剂）、解卡剂、除钙剂、起泡剂、乳化剂、缓蚀剂、温度稳定剂、密度调整材料和堵漏材料等。

（2）钻井液的滤失性及其控制

在钻井过程中，当钻头钻过渗透性地层时，在压差作用下钻井液会渗入地层，并在壁面形成泥饼，这种特性称为钻井液的滤失性。若滤失量过大、泥饼过厚，会引起地层岩石水化膨胀、剥落，使井径扩大或缩小，进而引起卡钻、钻杆折断等事故；对于低渗和黏土含量高的储层，滤失量过大还会引起储层渗透率的下降，因此需要控制钻井液的滤失量。

通常采用钻井液降滤失剂控制钻井液的滤失量，降滤失剂主要有改性褐煤（又称为改性腐殖酸）、改性淀粉、改性纤维素、改性树脂（包括酚醛树脂等）和烯类聚合物（丙烯腈、丙烯酰胺、丙烯酸、2-丙烯酰氨基 -2- 甲基丙磺酸钠、*N*-乙烯吡咯烷酮等单体的聚合物或共聚物）等。

钻井液降滤失剂主要是通过提高钻井液的黏度、在黏土颗粒表面吸附、在滤饼孔隙中滞留、封堵滤饼孔隙入口等方式，阻止水进入储层，起到降低钻井液滤失量的作用。

（3）钻井液的流变性及其调整

钻井液的流变性与其冲洗能力、钻屑携带和悬浮能力、功率传递能力和井壁稳定能力直接相关，主要的流变参数是黏度（表观黏度）和切力（静切力和动切力），过大或过小都会对钻井过程造成不利影响。

一般通过调整钻井液中固相含量、加入流变性调整剂来调整钻井液的黏度和切力。流变性调整剂有以下两类：

① 降黏剂。包括改性单宁（单宁酸钠、栲胶碱液、磺甲基单宁）和烯类低聚物，这些化合物通过氢键作用吸附在黏土颗粒表面，以提高黏土颗粒表面的电负性并增加水化层厚度，或者拆散黏土颗粒之间的连接，起到降低黏度和切力的作用。

② 增黏剂。主要有改性纤维素、黄原胶（XG）、正电胶等类型。改性纤维素通过分子中极性基团的水化和分子间的互相缠绕对钻井液中水相起稠化作用；黄原胶比改性纤维素有更好的提高黏度和切力的作用，更耐盐、耐钙；正电胶是用沉淀剂将混合金属盐溶液中的金属离子沉淀出来，特别适合做水基钻井液的增黏剂。

（4）钻井液密度及其调整

钻井液密度是确保安全、快速钻井和保护油气层的一个十分重要的参数。钻井过程中，有时需要降低钻井液密度，有时需要提高钻井液密度。

① 通常采用加水、混油或充气的方法以降低钻井液密度，也可用机械或化学凝聚的方法清除钻井液中的无用固体来降低钻井液密度。

② 可用加入高密度材料的方法提高钻井液密度。高密度的材料有两类：一类是高密度不溶性矿物或矿石（石灰石、重晶石、菱铁矿、钛铁矿、磁铁矿、黄铁矿等）；另一类是高密度的水溶性盐（KCl、$NaCl$、$CaCl_2$、$CaBr_2$、$ZnBr_2$、甲酸盐等）。为了防止盐对钻具的腐蚀，还需要加入缓蚀剂；有时还要在钻井液中加入盐结晶抑制剂，主要是氨基多羧酸盐，如次氮基三乙酸盐（NTA）、乙二胺四乙酸盐（EDTA）等。

(5) **钻井液的酸碱性及其控制**

钻井液酸碱性影响黏土颗粒的分散性，进而影响钻井液的黏度、切力和其他性能参数。钻井液酸碱性可用 pH 控制剂（或称为碱度控制剂）控制。由于钻井液通常处在弱碱性范围，所以钻井液使用的 pH 控制剂均为碱性化学剂，主要是烧碱、纯碱、熟石灰等碱性物质。

(6) **钻井液中的固相及其含量的控制**

钻井液中的固相主要有配浆黏土、岩屑、密度调整材料和处理剂中的固相物质。在钻井过程中，由于岩屑的不断积累，钻井液的固相含量越来越高，会对井下安全造成很大的危害。

控制钻井液固相含量的方法有物理法和化学法，加入钻井液絮凝剂是主要的化学方法，絮凝剂包括聚丙烯酰胺（PAM）、部分水解聚丙烯酰胺（HPAM）、丙烯酰胺 - 羟甲基丙烯酰胺与丙烯酰胺基亚甲基三甲基氯化铵共聚物等。絮凝剂通过桥接 - 蜷曲、电性中和等起到絮凝作用。

(7) **钻井液的润滑性及其改善**

钻井作业中摩擦阻力的大小不仅与钻井液的润滑性能有关，还和钻柱、套管、地层、井壁泥饼表面的粗糙度等诸多因素有关，其中钻井液的润滑性能是主要的可调节因素。

能改善钻井液润滑性的物质称为钻井液润滑剂，有液体润滑剂和固体润滑剂两类。液体润滑剂主要是油，包括植物油（如豆油、棉籽油、蓖麻油）、动物油（如猪油）和矿物油（如煤油、柴油和机械润滑油），在油中加入表面活性剂能显著改善钻井液的润滑性能；固体润滑剂主要是固体颗粒和石墨。

(8) **井壁稳定性及其控制**

钻井过程中的物理化学因素是造成井壁不稳定的重要原因，一般通过改进钻井液性能，如调整钻井液密度和加入页岩抑制剂等方式解决。能抑制页岩膨胀、分散、剥落的化学剂称为页岩抑制剂，有下列几类：

① 盐类，主要是氯化钠、氯化铵、氯化钾、氯化钙等无机盐，以及甲酸钠、甲酸钾、乙酸钠、乙酸钾等有机盐，稳定页岩效果最好的是钾盐和铵盐。

② 阳离子型表面活性剂，如烷基三甲基氯化铵、烷基氯化吡啶等阳离子型表面活性剂。

③ 阳离子型聚合物，通过中和页岩表面的负电性和在黏土片间桥接吸附起稳定页岩的作用。

④ 非离子型聚合物，聚乙二醇、聚丙二醇、聚氧乙烯聚氧丙烯丙二醇醚等醚型非离子型聚合物，通过黏附在页岩表面，封堵页岩的孔隙，减小页岩与水的接触而稳定页岩。

⑤ 改性沥青，通过黏附在页岩表面，封堵页岩的孔隙，形成憎水油膜，减少页岩与水接触而稳定页岩。

(9) **钻井液漏失与地层堵漏**

在钻井过程中，井眼内钻井液大量流入地层的现象称为钻井液漏失。根据漏失地层的特点，可分为孔隙型漏失、裂缝型漏失、洞穴型漏失等。孔隙型漏失地层可用硅酸凝胶、铬冻胶、酚醛树脂等堵漏材料堵漏；裂缝型漏失地层或洞穴型漏失地层可用纤维性材料（植物纤维、矿物纤维）、颗粒性材料（植物性材料如核桃壳、花生壳、玉米芯）和矿物性材料（黏土、硅藻土、珍珠岩、石灰岩等）等堵漏材料堵漏。

综上所述，钻井液处理剂主要有天然材料改性产物、合成材料和复配物。近年来对天然材料改性处理剂（淀粉改性、纤维素、木质素和腐殖酸等改性产物）研究较少，而对合成材料（烯类单体聚合物）研究最多，油基钻井液处理剂方面的研究逐步增加，复配处理剂较多。

1.2.2 水泥浆化学

固井是由套管向井壁与套管的环空注入水泥浆并使其上返至一定高度，随后水泥浆变成水泥石将井壁与套管固结起来的作业过程，发挥固定和保护套管，封隔油、气、水层及严重漏失层和其他复杂层，保护高压油气层等作用。

水泥浆是固井中使用的工作液。

（1）水泥浆的组成与油井水泥

水泥浆由水、油井水泥、外加剂和外掺料组成，其中，油井水泥是关键材料，配制水泥浆的水可以是淡水或盐水（包括海水）。为了调节水泥浆的性能，还需在其中加入一些特殊物质，根据含量多少，称作外加剂或外掺料。

油井水泥是从硅酸盐水泥中特殊加工而成的适用于油、气井固井专用的水泥。主要由以下成分组成：硅酸三钙（$3CaO \cdot SiO_2$，简称 C_3S）、硅酸二钙（$2CaO \cdot SiO_2$，简称 C_2S）、铝酸三钙（$3CaO \cdot Al_2O_3$，简称 C_3A）和铁铝酸四钙（$4CaO \cdot Al_2O_3 \cdot Fe_2O_3$，简称 C_4AF）。此外，水泥中还含有石膏、碱金属硫酸盐、氧化镁和氧化钙等，这些组分对水泥水化速率和水泥固化后的性能都有一定的影响。

（2）水泥浆的密度及其调整

固井时，为使水泥浆能将井壁与套管间的钻井液替换彻底，要求水泥浆密度大于钻井液密度，但又以不压漏地层为度。根据地层情况的不同，需加入外掺料，将水泥浆的密度调整至不同的范围。

① 降低水泥浆密度的外掺料，包括黏土、粉煤灰、膨胀珍珠岩等。此外，也可用空心玻璃微珠、空心陶瓷微珠和空心脲醛树脂微珠等配制低密度水泥浆。

② 提高水泥浆密度的外掺料，包括高密度固体粉末如重晶石、菱铁矿、钛铁矿、磁铁矿、黄铁矿等和水溶性盐如氯化钠，将其加入水泥浆中，以提高水泥浆密度。此外，也可通过加入水泥浆减阻剂，在保证水泥浆流变性的前提下，大幅度降低水泥浆的水灰比，从而提高水泥浆密度。

（3）水泥浆稠化时间的调整

水泥与水混合后，其各组分与水发生水化反应，形成空间网络结构，水泥浆逐渐变稠，最终固化，水泥浆的这种逐渐变稠的现象称为水泥浆稠化。为满足施工要求，需调整水泥浆的稠化时间，能调整水泥浆稠化时间的物质称为调凝剂，调凝剂又可分为促凝剂和缓凝剂。

① 水泥浆促凝剂：指能缩短水泥浆稠化时间的调凝剂。氯化钙是典型的水泥浆促凝剂，可明显地缩短水泥浆的稠化时间，还能提高水泥石早期的抗压强度。其他水溶性盐，如碳酸盐、磷酸盐、硫酸盐、铝酸盐、低分子有机酸盐等，也可以用作水泥浆促凝剂。

② 水泥浆缓凝剂：指能延长水泥浆稠化时间的调凝剂。

a. 硼酸及其盐，如四硼酸钠、五硼酸钠；

b. 膦酸及其盐，如次氨基三亚甲基膦酸（ATMP）及其盐、次乙基羟基二膦酸（HEDP）及其盐、乙二胺四亚甲基膦酸（EDTMP）及其盐等；

c. 羟基羧酸及其盐，如乳酸及其盐、水杨酸及其盐、五倍子酸及其盐、苹果酸及其盐、酒石酸及其盐、柠檬酸及其盐等；

d. 木质素磺酸盐及其改性产物，如木质素磺酸钠、木质素磺酸钙、铁铬木质素磺酸钠等；

e. 水溶性聚合物，如丙烯酰胺、丙烯酸钠与 2-丙烯酰氨基-2-甲基丙磺酸钠共聚物、钠羧甲基纤维素、羟乙基纤维素、钠羧甲基羟乙基纤维素、钠羧甲基羟丙基纤维素等。

（4）水泥浆的流变性及其调整

水泥浆有与钻井液类似的流变性，这是由于水泥或黏土在水中有类似的带电性和凝聚性。由于水泥浆中固相含量很高，流动阻力很大，因此水泥浆流变性的调整主要是降低水泥浆的流动阻力。可通过加入水泥浆减阻剂降低水泥浆的流动阻力，水泥浆减阻剂包括：

① 羟基羧酸及其盐，如乳酸、五倍子酸、柠檬酸、水杨酸、苹果酸和酒石酸等，以及这些酸的盐。这类减阻剂具有热稳定性高、抗盐性强、缓凝作用好等特点。

② 木质素磺酸盐及其改性产物，如木质素磺酸钠、木质素磺酸钙和铁铬木质素磺酸盐等。这类减阻剂具有与羟基羧酸及其盐类似的特点，但使用时需加消泡剂消泡。

③ 烯类单体低聚物，如聚乙烯磺酸钠、聚苯乙烯磺酸钠、乙烯磺酸钠与丙烯酰胺共聚物、苯乙烯磺酸钠与顺丁烯二酸钠共聚物等，具有热稳定性高、不起泡、不缓凝和减阻效果好等特点。

④ 磺化树脂低缩聚物，如磺化烷基萘甲醛树脂，具有烯类单体低聚物的特点，但有一定的缓凝作用。

（5）水泥浆的滤失性及其控制

不同的固井目的、不同的地层渗透性对水泥浆滤失量有不同的要求，为将水泥浆滤失量控制在要求的范围内，可加入水泥浆降滤失剂。水泥浆降滤失剂包括：

① 固体颗粒，将膨润土、石灰石、沥青和热塑性树脂等固体粉碎成不同粒度的颗粒，用作水泥浆降滤失剂，主要通过捕集和物理堵塞起降滤失作用；

② 胶乳，是由乳液聚合所产生的分散体系，通过黏稠液珠在地层孔隙结构中产生叠加 Jamin 效应起降滤失作用；

③ 水溶性聚合物，有聚乙烯醇、聚 N-乙烯吡咯烷酮、羧甲基纤维素钠、羟乙基纤维素、钠羧甲基羟乙基纤维素、钠羧甲基羟丙基纤维素、磺化苯乙烯与顺丁烯二酸酐共聚物、丙烯酰胺、丙烯酸钠与 2-丙烯酰氨基-2-甲基丙磺酸钠共聚物等，通过增黏、捕集、物理堵塞起降滤失作用。

（6）气窜及其控制

水泥浆在固化阶段和硬化阶段出现体积收缩，会产生气窜现象，高压气层中的气体沿着水泥石与井壁和（或）水泥石与套管间的缝隙进入低压层或上窜至地面。为了控制气窜现象发生，可使用水泥浆膨胀剂（或称为防气窜剂）。常用的水泥浆膨胀剂有半水石膏、铝粉、氧化镁等。

为了减小水泥石的渗透性，防止气体渗漏，还可在水泥浆中加入水溶性聚合物、水溶性表面活性剂和胶乳。水溶性聚合物通过提高水相黏度或物理堵塞减小水泥石的渗透性；水溶性表面活性剂通过气体渗入水泥石孔隙后产生泡沫叠加 Jamin 效应减小水泥石的渗透性；胶乳则通过黏稠的聚合物油珠在水泥石的孔隙中产生叠加 Jamin 效应和（或）通过成膜作用减小水泥石的渗透性。

（7）水泥浆的漏失及其处理

由于水泥浆的密度比相应钻井液的密度大，因此在注水泥浆过程中有时会发生水泥浆漏失。对水泥浆漏失可采取两种方法处理：一种方法是在确保固井质量的前提下尽量减小水泥浆的密度和（或）减小水泥浆的流动压降，以保证注水泥浆时，井下压力低于相应钻井液循环时的最大井下压力。另一种方法是在注水泥浆前注入包含堵漏材料的隔离液，并在水泥浆中也加入堵漏材料。这些堵漏材料主要是短棉绒、石棉纤维等纤维性材料或核桃壳、花生壳、玉米芯、黏土、硅藻土、膨胀珍珠岩、石灰岩等颗粒性材料。

1.3 采油化学

我国东部老油田大多属于陆相沉积，储层非均质严重，原油物性差，自 20 世纪 50 ～ 60 年代大规模开发，目前已陆续进入高含水、特高含水开发阶段，稳产难度进一步增大。近年来，新增探明储量中低渗透、稠油等油藏类型占比上升，页岩油气开发如火如荼。围绕上述油藏类型的油田化学技术也得到长足发展。

1.3.1 压裂液化学

水力压裂是低渗透油藏和页岩油气开采的主要手段，利用地面高压泵组，将高黏液体以大大超过地层吸收能力的排量注入井中，随即在井底附近形成高压。当压力超过井底附近地层破裂压力后，在地层中形成裂缝。继续将带有支撑剂的液体注入裂缝中，使裂缝向前延伸，填入支撑剂，在停泵后可形成一条足够长、具有一定高度和宽度的填砂裂缝，从而改善油气层的导流能力，达到油水井增产增注的目的。目前使用的压裂液主要有水基压裂液和油基压裂液，近年来也发展出泡沫压裂液和清洁压裂液。

（1）水基压裂液

水基压裂液是以水作溶剂或分散介质，向其中加入稠化剂、添加剂配制而成的。

① 稠化剂

主要是 3 种水溶性聚合物：植物胶、纤维素衍生物及合成聚合物。天然植物胶包括胍胶、田菁胶和魔芋胶，通过羟丙基化、羧甲基化等改性方法，热稳定性和耐生物降解性能得以提升；纤维素及其衍生物，是指在纤维素大分子中引入羧甲基、羟乙基或羧甲基羟乙基，其水溶性得到改善；合成聚合物，包括聚丙烯酰胺（PAM）、部分水解聚丙烯酰胺（HPAM）、丙烯酰胺 - 丙烯酸共聚物、亚甲基聚丙烯酰胺、丙烯酰胺 - 亚甲基二丙烯酰胺共聚物等，具有更好的黏温特性和高温稳定性，且增稠能力强。这几种高分子聚合物在水中会溶胀成溶胶，交联后形成黏度极高的冻胶，具有黏度高、悬砂能力强、滤失低、摩阻低等优点。

② 交联剂

通过化学键或配位键与稠化剂发生交联反应的化学剂称为交联剂。常用的压裂液交联剂主要有硼交联剂和锆交联剂。硼交联剂有硼砂、硼酸和有机硼，交联快而且交联作用可逆，形成的水基冻胶压裂液成本低、黏度高、黏弹性好，但在剪切和加热时会变稀；锆交联剂一般用氧氯化锆（$ZrOCl_2$），锆冻胶压裂液在高温下胶体稳定性好，具有高黏度、低摩阻、无残渣、破胶残液有防黏土膨胀等优点；硼交联剂和锆交联剂可复配使用。

③ 破胶剂

压裂液在携砂过程中应维持理想高黏度，一旦泵送完毕，需要破胶降解成稀薄液体，从裂缝中返排出。如果冻胶破胶不彻底，势必造成返排困难，或者滞留在喉道中，降低油气层渗透率，影响压裂效果。目前常用的破胶剂有生物酶、氧化剂和胶囊破胶剂 3 类。生物酶在较低温度下就可以将水基冻胶压裂液完全破胶，并且能大大降低压裂液的残渣，常用的生物酶破胶剂有淀粉酶、纤维素酶、胰酶、蛋白酶等；氧化剂通过氧化交联键和聚合物链使交联冻胶破胶，常用的氧化剂有过硫酸铵、过硫酸钾、高锰酸钾、叔丁基过氧化氢、过氧化氢、重铬酸钾等；胶囊破胶剂是将过硫酸盐作为囊芯，封装在固体石蜡、聚合物等囊衣中而制成的具有延缓释放性能的破胶剂。

（2）油基压裂液

油基压裂液以油做溶剂或分散介质配成的压裂液，适用于水敏地层的压裂作业。稠化油压裂液是将稠化剂溶于油中配成的，可用的稠化剂主要有脂肪酸皂（碳原子数大于 8）、铝膦酸酯、油溶性聚合物（聚顺丁二烯、聚异戊二烯、聚丙烯酸酯等）等 3 类。

（3）泡沫压裂液

泡沫压裂液由气相、液相、表面活性剂和其他化学剂组成，泡沫压裂工艺是低压、低渗、水敏性地层增产的重要措施（宋瑞等，2021）。泡沫的气相一般是氮气或二氧化碳，液相为盐水，发泡剂采用阴离子、阳离子或非离子表面活性剂，稳泡剂多为高分子聚合物。

（4）清洁压裂液

清洁压裂液也称为黏弹性表面活性剂（VES）压裂液，用 VES 在盐水中调配。因为无聚合物的水化，VES 在盐水中很容易溶解，接触地层烃类物质后，会自发破胶，不需要交联剂、破胶剂和其他化学添加剂，因此无地层伤害，并能使填充层保持良好的导流能力。VES 压裂液体系中的主剂通常为长碳链（C_{16} ～ C_{22}）阳离子表面活性剂或长碳链（C_{16} ～ C_{22}）甜菜碱表面活性剂，反离子助剂通常采用水杨酸钠、3-羟基-2-萘酸钠、二甲苯磺酸钠、十六烷基苯磺酸钠等。

1.3.2 酸化体系

酸化是指注入酸液使地层渗透率提高的方法。根据酸化施工的方式和目的，其工艺过程可分为酸洗、基质酸化和压裂酸化。

（1）酸化用酸

酸化用酸主要是盐酸（HCl）和氢氟酸（HF），还有磷酸、氨基磺酸、有机酸、潜在酸等。盐酸可溶解堵塞水井的腐蚀产物，恢复地层的渗透性，也可溶解灰岩（石灰岩、白云岩），改善地层的渗透性。氢氟酸可除去地层渗滤面的黏土堵塞，恢复地层渗透性，也可溶解砂岩，改善地层渗透性。在原油开采中常用土酸（3% 的 HF 和 12% 的 HCl 的混合酸）处理砂岩，溶解天然的黏土和钻采作业带来的黏土。对于碳酸盐岩的酸化不能用氢氟酸，因为氢氟酸与碳酸盐岩中的 Ca^{2+}、Mg^{2+} 反应生成 CaF_2 和 MgF_2 沉淀。在砂岩地层中也含有一定量的碳酸盐，所以用氢氟酸或土酸进行酸化前，须用盐酸进行预处理，以减少 CaF_2 和 MgF_2 沉淀。

（2）酸液添加剂

① 缓速剂

是指加在酸中能延缓酸与地层反应速率的化学剂，包括天然聚合物如多糖类，合成聚合物如丙烯酰胺（AM）、*N*- 乙烯基吡咯烷酮（NVP）、二甲基二烯丙基氯化铵（DMDAAC）、2- 丙烯酰氨基 -2- 甲基丙磺酸（AMPS）钠等单体的共聚物，以及表面活性剂类，如脂肪胺盐酸盐、季铵盐、吡啶盐等阳离子表面活性剂和磺酸盐化、羧酸盐化、磷酸酯盐化或硫酸酯盐化的烷基苯酚聚氧乙烯醚等阴离子表面活性剂。

② 缓蚀剂

是指少量加入就能大幅度降低金属腐蚀的化学剂。按缓蚀机理，缓蚀剂可分为 3 类：

吸附膜型缓蚀剂：含有硫、氮、氧元素，能够吸附于金属表面产生缓蚀剂分子吸附层，抑制金属的腐蚀，如甲醛、硫醇、硫脲、聚醚类表面活性剂，磺酸盐表面活性剂，胺类等，还有季铵盐类表面活性剂如吡啶盐类、咪唑啉类、喹啉类，曼尼希碱类（醛酮胺缩合物）等（王紫旋等，2023）。

“中间相”型缓蚀剂：通过 π 键与金属铁表面形成络合薄膜“中间相”起缓蚀作用，主要是炔醇类如乙炔醇、丁炔二醇、丙炔醇、辛炔醇等。

缓蚀增效剂：作用不同于缓蚀剂，但它们可提高有机缓蚀剂的效率，常用的缓蚀增效剂有碘化钾、氯化亚铜和甲酸等，将这些添加剂加到含有缓蚀剂的配方中可大幅度提高缓蚀剂的效率和使用温度。

③ 铁离子稳定剂

酸化过程中，不可避免地会产生 Fe^{3+} 和 Fe^{2+}，为了防止残酸中产生铁沉淀，通常加入铁离子稳定剂，主要有 3 类：

pH 调节剂：如乙酸，反应非常缓慢，以至于 HCl 反应完后，残酸仍维持低 pH，有助于防止铁的二次沉淀；

络合剂：有柠檬酸、乙二胺四乙酸（EDTA）、次氮基三乙酸（NTA）、乙酸、乳酸等，能与 Fe^{3+} 在酸性溶液中形成稳定络合物；

还原剂：主要有亚硫酸、异抗坏血酸及其钠盐等。

④ 助排剂

在酸液中加入助排剂可降低酸液与原油间的界面张力或酸液的表面张力，增大接触角，从而减小毛细管阻力，促进酸液返排。常用的助排剂有聚氧乙烯醚、含氟表面活性剂、阴离子 - 非离子两性活性剂和含氟活性剂的复配体系等。随着含氟类表面活性剂的使用受限，微乳液型助排剂越来越受到重视（高建波等，2016）。

⑤ 黏土稳定剂

黏土稳定剂可用来抑制酸化施工中可能引起的黏土矿物的膨胀和运移，提高酸化效果。常用的黏土稳定剂有无机钾盐和铵盐（如氯化钾和氯化铵）、带电荷阳离子（如羟基铝和羟基锆）、有机阳离子（如四甲基氯化铵、三甲基苄基氯化铵、氯化胆碱等）、季铵盐表面活性剂、聚季铵盐（二甲胺与环氧氯丙烷的缩合物、聚二甲基二烯丙基氯化铵等）和有机硅等。

⑥ 防乳化剂

原油中的天然表面活性剂、加入酸中的表面活性剂以及酸化产生的岩石微粒都有一定的乳化作用，它们可使原油与酸形成乳状液。能防止原油与酸形成乳状液的化学剂称为防乳化剂，主要有两类：聚醚类表面活性剂（如聚氧乙烯聚氧丙烯丙二醇醚、聚氧乙烯聚氧丙烯五乙烯六胺等）和互溶剂（如乙二醇丁醚、二乙二醇单丁醚、三乙二醇单丁醚等）。

⑦ 防淤渣剂

酸与某些原油接触时会在油 / 酸界面形成酸渣，使用高浓度的酸（20% 或更高）时此问题更严重。酸渣一旦形成，再溶解于原油中就会变得非常困难，最终酸渣会聚结在地层并降低渗透性。阳离子和阴离子表面活性剂都可防止酸渣的生成，它们吸附在油和酸的界面形成保护层。另外，降低酸浓度也可抑制酸渣的生成。常用的防淤渣剂有油溶性表面活性剂、铁离子稳定剂和芳香烃溶剂等。

1.3.3 注入井化学调剖

长期注水开发的老油田，注入地层的水通常有 80% ～ 90% 的量被厚度不大的高渗透层所吸收，平面上黏性指进突出，逐渐形成高渗透带，注入水在纵向和横向上很不均匀。为了提高注入水的波及系数，需要向注入井中添加调剖剂。

按注入工艺，调剖剂可分为单液法调剖剂（如铬冻胶）和双液法调剖剂（如水玻璃 - 氯化钙）。

（1）单液法调剖剂

单液法调剖剂是向油层注入一种工作液，这种工作液所带的物质或随后变成的物质可封堵高渗透层。这类工作液包括：

① 硫酸或硫酸亚铁类

与地层中的钙、镁源反应，产生硫酸钙、硫酸镁、氢氧化亚铁等沉淀，以封堵高渗透层。

② 硅酸凝胶

由水玻璃与盐酸反应生成，在一定的温度、pH 和硅酸含量下，先形成硅酸溶胶，然后胶凝成硅酸凝胶，用于封堵高渗透层。

③ 氢氧化铝凝胶

将三氯化铝与尿素配成溶液注入地层，尿素在地层温度下分解，使溶液由酸性变成碱性，生成氢氧化铝溶胶，接着转变为氢氧化铝凝胶。

④ 铬冻胶

由 Cr^{3+} 组成的多核羟桥络离子交联溶液中带—COO^- 的聚合物（如 HPAM）生成。Cr^{3+} 可来自硫酸铬钾、氯化铬、硝酸铬、醋酸铬等，也可由 Cr^{6+}（如重铬酸钾、重铬酸钠）用还原剂（亚硫酸钠、亚硫酸氢钠）还原得到。

⑤ 铝冻胶

由 Al^{3+} 组成的多核羟桥铝离子交联溶液中带—COO^- 的聚合物（如 HPAM）生成。Al^{3+} 可来自柠檬酸铝。由于铝冻胶强度低，所以通常将它配成胶态分散体冻胶（colloidal dispersion gel，CDG）使用（谢志海等，2017）。CDG 是由低质量浓度的聚合物和低质量浓度的交联剂配成，聚合物与交联剂不足以形成连续的网络，而只能缓慢形成冻凝胶。CDG 适用于远井地带调剖，而且远井地带流动压差小，有利于发挥 CDG 封堵作用。

⑥ 酚醛树脂冻胶

甲醛与苯酚在氢氧化钠催化下缩聚产生酚醛树脂，再与带酰氨基的聚合物（如 HPAM）发生交联反应生成酚醛树脂冻胶。

⑦ 聚乙烯亚胺冻胶

由聚乙烯亚胺交联溶液中带酰氨基聚合物（如 HPAM）生成。聚乙烯亚胺中的亚氨基通过与聚合物中的酰氨基反应，脱出 NH_3 而起交联作用，交联反应生成的交联体称为聚乙烯亚胺冻胶（Ghriga et al.，2019）。

⑧ 水膨体

水膨体是一类适当交联遇水膨胀而不溶解的聚合物，如在丙烯酰胺聚合过程中加入少量交联剂 *N*, *N'* - 亚甲基双丙烯酰胺，聚合后干燥、磨细，就可得到聚丙烯酰胺水膨体。这种水膨体在水中的膨胀速率和膨胀倍数都很高（曹绪龙等，2022）。

⑨ 冻胶微球

冻胶微球是粒度达到纳米级的冻胶分散体，可用乳液聚合方法制得，将丙烯酰胺和其他含烯基的单体如 *N*, *N'* - 亚甲基双丙烯酰胺配成水溶液，用混合表面活性剂（如 Span 80+Tween 60）制成油外相乳状液，加入引发剂反应，单体共聚后，即成冻胶微球。使用时，用反相剂（如 OP-10 等）将油外相的冻胶微球反相分散于水中，注入地层。在地层中，冻胶微球有一定的膨胀倍数，它可在高渗透的通道中通过运移、捕集、变形、再运移、再捕集、再变形等过程，由近及远地起调剖作用（荆波等，2023）。

（2）双液法调剖剂

双液法调剖剂是向油层注入相遇后可产生封堵物质的两种工作液（或工作流体）。注入时，这两种工作液用隔离液隔开，但随着工作液向外推移，隔离液越来越薄，当外推至一定程度，即隔离液薄至一定程度，它将不起隔离作用，两种工作液相遇，产生封堵地层的物质。由于高渗透层吸入更多的工作液，所以封堵主要发生在高渗透层，达到调剖的目的。隔离液一般用水，为了防止水对工作液的稀释，可用烃类液体（如煤油、柴油）。

① 沉淀型双液法调剖剂

沉淀型双液法调剖剂指两种工作液相遇后可产生沉淀封堵高渗透层的调剖剂。如第一工作液 Na_2CO_3 和第二工作液 $FeCl_3$ 体系，第一工作液 $Na_2O \cdot mSiO_2$ 和第二工作液 $FeSO_4$ 体系。

② 凝胶型双液法调剖剂

凝胶型双液法调剖剂是指两种工作液相遇后可产生凝胶封堵高渗透层的调剖剂。例如向地层交替注入水玻璃和硫酸铵，中间以隔离液（如水）隔开，当两种工作液在地层相遇时可发生反应，产生凝胶，封堵高渗透层。

③ 冻胶型双液法调剖剂

冻胶型双液法调剖剂是指两种工作液相遇后可产生冻胶封堵高渗透层的调剖剂。在两种工作液中，通常一种工作液为聚合物溶液，另一种工作液为交联剂溶液。

④ 泡沫型双液法调剖剂

将起泡剂溶液与气体交替注入地层，就可在地层（主要是高渗透层）中形成泡沫，发挥调剖作用。可用的起泡剂包括非离子型表面活性剂（如聚氧乙烯烷基苯酚醚）和阴离子型表面活性剂（如烷基芳基磺酸盐），可用的气体包括氮气和二氧化碳等。

⑤ 絮凝体型双液法调剖剂

将黏土悬浮体与 HPAM 溶液分成几个段塞，中间以隔离液隔开，交替注入地层，它们在地层中相遇会形成絮凝体，这种絮凝体能有效地封堵特高渗透层。

1.3.4 生产井化学堵水

油井堵水剂（简称堵水剂）是指从油井注入地层，控制油井产水的物质，分为选择性堵水剂和非选择性堵水剂。

（1）选择性堵水剂

选择性堵水剂适用于封堵不易用封隔器将水层与油层分隔开的油井，利用油与水的差别或油层与水层的差别达到选择性堵水的目的。

① 阳离子聚合物

丙烯酰胺与二甲基二烯丙基氯化铵或其他阳离子单体共聚后水解形成共聚物，这种堵水剂的分子中有阴离子、阳离子和非离子链段，注入地层后，阳离子链段将牢固吸附在带负电的岩石表面，而阴离子、非离子链段则伸展到水中增加水流阻力，起选择性堵水作用。

② 冻胶（水基）

铬冻胶、锆冻胶、酚醛树脂冻胶、聚乙烯亚胺冻胶等，对油和水有明显的选择性，对油和水的渗透率有不同程度的降低。

③ 泡沫（水基）

以水作分散介质的泡沫可优先进入出水层，并在出水层稳定存在，通过叠加的 Jamin 效应封堵来水。泡沫的起泡剂如磺酸盐型表面活性剂，可在起泡剂中加入稠化剂如羧甲基纤维素钠、聚乙烯醇、聚乙烯吡咯烷酮等。

（2）非选择性堵水剂

非选择性堵水剂适用于封堵单一水层或高含水层，因所用的堵水剂对水和油都没有选择性，它既可堵水，也可堵油。

① 树脂型堵水剂

是一类由低分子物质通过缩聚反应产生不溶、不熔的高分子堵水剂，酚醛树脂、脲醛树脂、环氧树脂等属于这一类堵水剂。最常见的树脂型堵水剂是酚醛树脂，当用酚醛树脂堵水时，可将热固性酚醛树脂与固化剂（指能加速固化的催化剂，如草酸）混合后挤入水层，在水层温度和固化剂作用下，热固性酚醛树脂可在一定时间内交联成不溶、不熔的酚醛树脂，将水层堵住。

② 凝胶型堵水剂

是一类由溶胶胶凝产生的堵水剂。最常用的凝胶型堵水剂是硅酸凝胶，当用硅酸凝胶封堵时，可将水玻璃和活化剂混合后注入地层，也可将它们分成几个段塞，中间以隔离液隔开，交替地注入水层。水玻璃与活化剂混合后，首先生成硅酸溶胶，随后转变为硅酸凝胶。

③ 沉淀型堵水剂

由两种能反应生成沉淀的物质组成，如：$Na_2O \cdot mSiO_2$-$CaCl_2$、$Na_2O \cdot mSiO_2$-$FeSO_4$、$Na_2O \cdot mSiO_2$-$FeCl_3$。若分别将含这两种物质的溶液分成几个段塞，中间以隔离液隔开，交替地注入地层，则它们进入地层一定距离后就可相遇，生成沉淀，堵塞地层。

④ 分散体型堵水剂

主要是固体分散体，用于封堵特高渗透层。例如可用黏土 / 水泥、碳酸钙 / 水泥和粉煤灰 / 水泥等固体分散体在油井封堵特高渗透层。

1.3.5 防蜡与清蜡

通常所说的蜡（石蜡）是指碳原子数不小于 15 的正构烷烃。在油层条件下，蜡溶解在原油中，当原油从油层经井底上升至地面过程中，由于温度和压力的降低以及轻质组分不断逸出，蜡在原油中的溶解度降低，使蜡从原油中开始结晶、析出、聚集，并附着在油管壁和抽油杆上，直接影响油井生产。因此，油井的防蜡和清蜡是保证含蜡原油正常生产的一项十分重要的技术措施。

常用的清蜡、防蜡技术主要有机械清蜡技术、热力清蜡技术、表面能防蜡技术、化学药剂清防蜡技术、磁防蜡技术和微生物清防蜡技术。

（1）化学防蜡法

能抑制原油中蜡晶析出、长大、聚集和在固体表面沉积的化学剂称为防蜡剂。油井防蜡剂有 3 种类型：

① 稠环芳烃型

稠环芳烃指两个或两个以上苯环分别共用两个相邻的碳原子而成的芳香烃，如萘、蒽、菲、芘等，主要来自煤焦油中的馏分。稠环芳烃通过参与组成蜡晶，使晶核扭曲，不利于蜡晶的继续生长而起防蜡作用。

② 表面活性剂型

油溶性表面活性剂是通过改变蜡晶表面的性质而起防蜡作用的，主要有石油磺酸盐和脂肪胺聚醚表面活性剂。水溶性表面活性剂是通过改变结蜡表面（如油管、抽油杆和设备表面）的性质而起防蜡作用的，主要有烷基磺酸钠、烷基三甲基氯化铵、聚氧乙烯烷基醇醚、聚氧乙烯烷基苯酚醚等。

③ 聚合物型

主要是醋酸乙烯酯、（甲基）丙烯酸酯、顺丁烯二酸酯等单体的共聚物，其非极性链节和（或）极性链节中的非极性部分可与蜡共同结晶，而极性链节则使蜡晶的晶型产生扭曲，不利于蜡晶继续长大形成网状结构，因而有优异的防蜡作用。

（2）化学清蜡法

对已结蜡的油井，可用清蜡剂将蜡清除。

① 油基清蜡剂

是一类能溶解蜡的有机溶剂，如苯类（苯、甲苯、二甲苯等）、轻质油（汽油、煤油、柴油等）。但是溶解蜡的有机溶剂大部分是有毒、易燃的物质，使用不安全，所以不常使用。

② 水基清蜡剂

是以水作为分散介质，由表面活性剂（一般为非离子表面活性剂）、互溶剂、碱性物质组成的溶液。表面活性剂用于改变蜡的润湿性，使之易脱落，而互溶剂是为了增加蜡在水中的溶解性，当蜡中含有沥青质时，碱与沥青质反应生成易溶于水的物质，使蜡溶于水。

1.3.6 化学防砂

当地层中砂粒胶结不好时，砂粒会随流体流出造成油水井出砂。油井出砂会引起采油层段、管线和设备的堵塞和损坏，还会引起周围地层的亏空、挤压和冲蚀，造成井壁坍塌、套管受挤压而变形损坏。水井出砂同样会引起注水层位的堵塞，影响正常注水。常见油水井防砂方法有 5 种：化学桥接防砂法、化学胶结防砂法、人工井壁防砂法、滤砂管防砂法和绕丝筛管砾石充填防砂法。

（1）化学桥接防砂法

化学桥接防砂法是将松散的砂粒用桥接剂桥接起来，防止砂粒流入油水井，达到防砂的目的。桥接剂是指能将松散砂粒在接触点处桥接起来的化学剂，主要通过桥接剂分子与砂粒表面的静电作用及氢键作用将砂粒连接固定。化学桥接防砂法的特点是简单、操作方便，对地层的渗透性没有影响，对出砂不严重的油水井的防砂很有效。桥接剂有以下 2 类：

① 无机阳离子型聚合物

因为砂粒由硅酸盐构成，其表面带负电，无机阳离子型聚合物与砂粒表面间存在静电引力，这样桥接剂分子会使砂粒间连接且固定，从而防止砂粒随流体流出。常用的有羟基铝和羟基锆，它们分别是由铝离子和锆离子组成的多核羟桥配位离子与相应的阴离子组成的聚合物。

② 有机阳离子型聚合物

固砂作用与无机阳离子型聚合物相同，支链上有季铵盐结构的有机阳离子型聚合物是常用的桥接剂，桥接剂与砂粒表面之间强烈的静电作用，促进砂粒桥接在一起使砂粒固定，达到防止砂粒随流体流出的目的。

（2）化学胶结防砂法

当出砂很严重时，不能用化学桥接防砂法，而采用化学胶结防砂法。化学胶结防砂法是指用胶结剂将砂粒胶结固定，防止油水井出砂的方法。由于这种固定作用会使地层的渗透性受到影响，因此采用这种防砂方法时，应对油井、注水井先做预处理，以保证胶结后地层的渗透性没有改变。

胶结剂是指能将松散砂粒在接触点处胶结起来的化学剂。胶结剂分为以下两类：一是无机胶结剂，主要是硅酸和硅酸钙；二是有机胶结剂，分冻胶型和树脂型，冻胶型胶结剂包括铬冻胶和锆冻胶，树脂型胶结剂主要有酚醛树脂、脲醛树脂、环氧树脂等。

（3）人工井壁防砂法

针对已出砂砂层，在砂层的亏空处做一个由固结的颗粒物质所组成的有足够渗透率的防砂屏障，即人工井壁。可用下列方法形成人工井壁：

① 填砂胶结法：先向出砂层的亏空处填砂，然后用胶结剂按前面讲到的胶结步骤将砂胶结起来，形成人工井壁。

② 树脂涂敷砂法：预先在砂表面上涂敷上一层树脂（胶结剂），将其充填在砂层的亏空处，然后在热和（或）固化剂作用下使树脂交联成体型结构，将砂粒胶结起来，形成人工井壁，常用的胶结剂有酚醛树脂和环氧树脂。为了提高人工井壁的渗透性，可在树脂涂敷砂中加入质量分数 8% ～ 12% 的树脂涂敷纤维，可用于树脂涂敷的纤维包括聚酯纤维、聚酰胺纤维、聚丙烯纤维、碳纤维和玻璃纤维等。

③ 水泥砂浆法：水泥砂浆是将水、水泥和石英砂按质量比为 0.5∶1∶4 混合配成的。当水泥砂浆在砂层的亏空处固化后，即可作为人工井壁。

④ 水泥熟料法：水泥熟料是由石灰石和黏土按一定比例烧结而成的。将块状的水泥熟料粉碎到一定粒度（如 0.3 ～ 1 mm），即可用于充填亏空砂层。水泥熟料在水的作用下固结，形成人工井壁。

（4）滤砂管防砂法

将滤砂管下至出砂层段，防止砂的产出。

滤砂管最外面是保护罩，其内是滤砂器，再内是中心管。保护罩起保护滤砂器的作用，其上的孔可使地层产出液切线进入，而不直接冲击滤砂器。滤砂器可由金属棉、金属毡或金属丝网制得，其材质是不锈钢，如铬合金钢（含铬量不低于 12%）和铬镍合金钢（一般含铬 18%、镍 8%）；也可用胶结剂胶结石英砂制得，胶结剂常用环氧树脂或水泥。当用环氧树脂胶结石英砂时，可先将环氧树脂、乙二胺（交联剂）和邻苯二甲酸二丁酯（增韧剂）按 100 : 8 : 10 的质量比配好，然后每 20 kg 石英砂用 1 kg 配好的环氧树脂胶结成型制成滤砂器；当用水泥胶结石英砂时，则可将水、水泥和石英砂按 1 : 2.4 : 12 的质量比配好，然后成型制成滤砂器。保护罩与滤砂器通过带孔的中心管，下接丝堵，上接扶正器、油管短节，再连接在悬挂封隔器上，使滤砂管对出砂层段起防砂作用。

（5）绕丝筛管砾石充填防砂法

将不锈钢丝绕焊在纵筋上制成筛筒（不锈钢丝间距在 0.2 ～ 0.4 mm 范围），然后将筛筒套在中心管上，再将筛筒两端焊接在中心管上，就制成了绕丝筛管。

将绕丝筛管下至出砂层段，再用携砂液将砾石（粒度中值为砂层砂粒粒度中值 5 ～ 6 倍的石英砂）充填在出砂层段与绕丝筛管之间，就可形成防砂屏障（即通过绕丝筛管挡充填的砾石，再由充填的砾石挡地层砂），从而使绕丝筛管砾石充填成为有效的防砂法。

1.4 提高采收率技术

国内外油田 70% ～ 80% 的产量来源于已开发老油田，提高采收率是油田开发永恒的主题。我国石油采收率只有 26% 左右，其中，中高渗老油田可采储量采出程度已高达 90% 以上，综合含水 90% 以上，但仍有 50% 以上的储量难以采出；低渗、特低渗油藏常规注水标定采收率仅为 20.3%，采油速度为 0.5% ～ 0.8%；致密、页岩油藏储量动用程度差，预计采收率仅为 3% ～ 10%。不断提高油田采收率是我国油田开发重大战略性发展方向。

我国自 20 世纪 60 年代就开始提高采收率研究和单井试验，90 年代将化学驱定位为提高石油采收率的主导方向，并进行规模化的先导试验和扩大应用。30 多年来，中石油化学驱最高年产量达到 1530 万吨，胜利油田年增油量最高达 170 万吨，为我国原油产量保持在 2 亿吨左右发挥了重要作用。

1.4.1 提高石油采收率原理

用注水方式进行原油开采时，原油采收率一般只能达到 30% ～ 40%，大部分原油仍停留在地下。原油采收率低，首先是由于油层的非均质性、注入水黏性指进、井网型式等因素，驱油剂只能波及部分含油空间，其次是由于油层的润湿性和毛细管的阻力效应，驱油剂波及的油层原油也不可能被全部采出。

将驱油剂波及的油层容积与整个油层含油容积的比值定义为波及系数（E_V），将驱油剂波及的油层所采出的油量与这部分油层储量的比值定义为洗油效率（E_D），原油采收率（η）就是波及系数和洗油效率的乘积，即：

$$\eta = E_V \times E_D$$

式中，E_V 为波及系数；E_D 为洗油效率；η 为采收率。

因此，提高原油采收率有两个途径，一是提高波及系数，二是提高洗油效率。提高波及系数的主要方法是改变驱油剂和（或）原油的流度。流度是流体通过孔隙介质能力的一种量度，一般情况下驱油剂的流度远大于原油的流度，因此驱油时，驱油剂易于沿高渗透层突入油井，为了提高驱油剂的波及系数，必须减小驱油剂的流度和（或）增加原油的流度。提高洗油效率的主要方法是改变岩石表面的润湿性和减小毛细管阻力效应等。

常用的提高采收率方法有化学驱、热力采油、气驱及微生物驱等。

1.4.2 化学驱提高采收率技术

化学驱提高采收率的方法主要有聚合物驱、碱驱、表面活性剂驱、复合驱等。

（1）聚合物驱

① 聚合物驱提高采收率机理

聚合物驱通过以下两种机理发挥提高原油采收率的作用：

一是降低水油流度比。聚合物可通过对水的稠化作用增加水的黏度，通过在孔隙表面的吸附作用和在孔隙介质中的捕集作用减小水的有效渗透率，达到减小水油流度比、增加波及系数的目的，从而提高原油采收率。

二是聚合物溶液黏弹性驱油机理（王德民等，2000）。当聚合物溶液经过孔喉结构受拉伸作用时，溶液中的聚合物分子采取较伸直的构象，但当它离开孔喉结构时拉伸作用消失，溶液中聚合物分子则采取较蜷曲的构象，从而使溶液向流动方向的法线方向膨胀，显示出弹性，驱出水驱不能驱出的砂粒间的残余油，达到提高聚合物溶液洗油效率的目的。

② 驱油用聚合物

驱油用聚合物有两大类：天然聚合物和人工合成聚合物。天然聚合物包括黄原胶（XG）、羧甲基纤维素、羟乙基纤维素等；人工合成聚合物包括聚丙烯酰胺（PAM）、部分水解聚丙烯酰胺（HPAM）等。

黄原胶耐温抗盐性能好，但生物稳定性差，存在溶解残渣，因此目前应用最广泛的是HPAM。

③ 新型耐温抗盐聚合物

随着化学驱规模的不断扩大，高温高盐油藏成为化学驱的主要应用场所。由于常规的HPAM并不适用于高温高矿化度油藏，在提高丙烯酰胺类聚合物耐温抗盐方面做了大量的工作（Abidina et al.，2012）。

a. 耐温抗盐单体共聚物。从聚合物分子的化学组成出发，设计研发不同的耐温抗盐单体，将其与丙烯酰胺、丙烯酸通过自由基聚合合成耐温抗盐共聚物。耐温抗盐单体多选用含C—N、C—C、C—O等对温度和矿化度不敏感的强键单体，避免使用酯基等弱键单体。耐温抗盐单体有*N*-乙烯基吡咯烷酮、*N*,*N*-二甲基丙烯酰胺、*N*-丙烯酰吗啉等非离子型单体，2-丙烯酰氨基-2-甲基丙磺酸、苯乙烯磺酸钠等阴离子型单体。其中，2-丙烯酰氨基-2-甲基丙磺酸是应用最为广泛的耐温抗盐单体。

b. 疏水缔合聚合物。疏水缔合聚合物（HAWP）是在聚丙烯酰胺分子链中引入少量（一般小于2%）缔合型单体合成的水溶性聚合物。疏水缔合聚合物存在临界缔合浓度（CAC），当浓度高于CAC时，聚合物分子链开始聚集，链间疏水基发生缔合，形成空间网状结构，实现增黏性能的提升。实践表明，疏水缔合聚合物经过适当设计，具有良好耐温抗盐性能，但水溶性需要进一步改善，以满足长期注入要求。

c. 热增黏聚合物。热增黏聚合物（TVPs）通过在分子链中引入具有较低临界溶解温度特性的疏水温敏嵌段，使聚合物具有较好的耐温性能，在高温高矿化度油藏中具有良好的应用前景。常见的热增黏聚合物包括聚氧乙烯 - 聚氧丙烯、聚 *N*- 异丙基丙烯酰胺和基于丙烯酰胺二丙酮的聚合物等。

（2）碱驱

碱驱是指以碱溶液作为驱油剂的驱油法。碱驱用的碱包括无机碱（如 NaOH、KOH 等强碱和 Na_2CO_3、Na_2SiO_3、Na_4SiO_4、Na_3PO_4 等弱碱）及有机碱（如乙醇胺等）。

碱可与原油中的石油酸如脂肪酸、环烷酸、胶质酸和沥青质酸等反应，生成相应的石油酸盐，从而大幅度降低油水界面张力，达到提高采收率的目的。

碱驱是研究和应用最早的化学驱提高采收率方法，但由于其在地层中损耗严重、流度控制作用差，一般不单独使用。碱遇地层水易结垢、采出液乳化严重也制约了碱驱的应用。

（3）表面活性剂驱

表面活性剂驱是以表面活性剂作为驱油剂提高原油采收率的方法。

① 表面活性剂驱油体系

驱油用表面活性剂体系有稀表面活性剂体系和浓表面活性剂体系，前者包括活性水和胶束溶液，后者主要指微乳液。因此，表面活性剂驱可分为活性水驱、胶束溶液驱和微乳液驱。

活性水驱是最简单的表面活性剂驱，表面活性剂使用浓度小于临界胶束浓度。其主要原理是降低油水界面张力，但流度控制能力差。

胶束溶液驱是介于活性水驱和微乳液驱之间的表面活性剂驱。表面活性剂使用浓度超过临界胶束浓度，还需加入醇和（或）盐等助剂。由于溶液中有胶束存在，可增溶部分原油，因此提高了胶束溶液的洗油效率。

微乳液驱是以微乳液作驱油剂的驱油法，表面活性剂用量大，一般大于 2%。微乳液能将其与原油和水的界面张力降至超低（10^{-3} mN/m 以下），可与原油形成混相，因此驱油效率很高，可达 90% 以上。

② 表面活性剂驱油机理

表面活性剂驱主要通过以下几种机理提高原油采收率。

a. 降低油水界面张力。注水开发末期，残余油以静止的球形油滴分散于油藏岩石的孔隙中，作用于这些静止的球珠上的力主要是毛细管力和黏滞力。黏滞力与毛细管力之比就是毛细管数 N_c：

$$N_c = \frac{\mu_w v}{\gamma}$$

式中，μ_w 为驱替相黏度；v 为通过单位截面积的注水流量；γ 为油水界面张力。

N_c 值越大，驱油效率越高，剩余油饱和度越低。为提高毛细管数，除增大注水流量外，提高驱替相黏度、降低油水界面张力也是很重要的措施。油田注水开发后期，油藏的毛细管数在 10^{-7} ～ 10^{-6}，若加入表面活性剂使油水界面张力降至 10^{-3} ～ 10^{-2} mN/m，就可使 N_c 提高 4 ～ 5 个数量级，采收率将在水驱基础上大幅度增加。

b. 乳化。表面活性剂体系对原油具有较强的乳化能力，在水油两相流动剪切的条件下，能迅速将岩石表面的原油分散、剥离，形成水包油（O/W）型乳状液，从而改善油水两相的流度比，提高波及系数。同时，由于表面活性剂在油滴表面吸附而使油滴表面带有电荷，油滴不易重新黏附到地层表面，从而被驱替相夹带着流向采油井。

c. 改变岩石表面的润湿性（润湿反转机理）。要将原油从储油层的岩石孔隙中剥离流入采油井，首先需要克服原油与岩石表面结合的黏合功 W_a：

$$W_a = \gamma(1 - \cos\theta)$$

式中，W_a 为黏合功；γ 为油水界面张力；θ 为油对岩石的润湿角。

显然，驱油效率与岩石的润湿性密切相关。油湿表面的 θ 较小，驱油效率差；水湿表面 θ 较大，驱油效率好。表面活性剂可在油水界面发生正吸附，使界面张力降低，同时适当的表面活性剂可通过在岩石表面的吸附使其从油湿表面转变为水湿表面。因此，原油与岩石的黏合功得以大幅度降低，易于从岩石表面被剥离而被驱替。

d. 提高表面电荷密度机理。当驱油表面活性剂为阴离子（或非离子 - 阴离子型）表面活性剂时，它们吸附在油滴和岩石表面上，可提高表面的电荷密度，增加油滴与岩石表面间的静电斥力，使油滴易被驱替介质带走，提高洗油效率。

③ 表面活性剂驱中常用的表面活性剂

表面活性剂驱主要用到下列表面活性剂（Isaac et al.，2022）：

a. 磺酸盐型表面活性剂：烷基磺酸盐、石油磺酸盐、烷基苯磺酸盐、重烷基苯磺酸盐、烷基甲苯磺酸盐等。

b. 羧酸盐型表面活性剂：脂肪酸盐、石油羧酸盐等。

c. 聚醚型表面活性剂：平平加型表面活性剂、OP 型表面活性剂、Tween 型表面活性剂等。

d. 非离子 - 阴离子型表面活性剂：聚氧乙烯聚氧丙烯烷基醇醚磺酸盐、聚氧乙烯聚氧丙烯烷基醇醚羧酸盐、聚氧乙烯聚氧丙烯烷基醇醚硫酸酯盐、聚氧乙烯聚氧丙烯烷基醇醚磷酸酯盐等。

e. 特殊类型表面活性剂：内烯烃磺酸盐、α-烯烃磺酸盐、甜菜碱型两性表面活性剂、生物基表面活性剂等。

（4）复合驱

① 复合驱的概念

复合驱是指两种或两种以上驱油成分组合起来的驱油方法，其中主剂是聚合物、碱、表面活性剂，它们可按不同的方式组成各种复合驱，如碱 + 聚合物的驱油方法称为稠化碱驱或碱强化聚合物驱，表面活性剂 + 聚合物的驱油方法称为稠化表面活性剂驱或表面活性剂强化聚合物驱，碱 + 表面活性剂的驱油方法称为碱强化表面活性剂驱或表面活性剂强化碱驱，碱 + 表面活性剂 + 聚合物的驱油方法称为 ASP 三元复合驱。

② 复合驱中驱油成分之间的协同效应

复合驱中的聚合物、表面活性剂和碱之间有协同效应，它们在协同效应中发挥各自的作用。

聚合物改善了表面活性剂和（或）碱溶液对油的流度比；聚合物对驱油介质的稠化，可减小表面活性剂和碱的扩散速率，从而减小它们的损耗；聚合物可与钙、镁离子反应，保护表面活性剂，使它不易形成低表面活性的钙、镁盐；聚合物提高了碱和表面活性剂形成的水包油乳状液的稳定性，使波及系数和（或）洗油能力有较大提高。

表面活性剂可以降低聚合物溶液与油相的界面张力，使它具有洗油能力；表面活性剂可使油乳化，提高驱油介质的黏度，乳化油越多，乳状液的黏度越高；若表面活性剂与聚合物形成络合结构，则表面活性剂可提高聚合物的增黏能力；表面活性剂可补充碱与石油酸反应产生表面活性物质的不足。

碱与石油酸反应产生的表面活性物质可将油乳化，提高驱油介质黏度，因而可增强聚合物控制流度的能力；碱与石油酸反应产生的表面活性物质与合成的表面活性剂有协同效应；碱可与钙、镁离子反应或与黏土进行离子交换，起牺牲剂作用，保护聚合物与表面活性剂；碱可提高砂岩表面的负电性，减少砂岩表面对聚合物和表面活性剂的吸附量，由于各成分的相互作用，因此复合体系的驱油效率高，化学剂消耗少，成本降低。

③ 我国复合驱油技术现状

我国自 20 世纪 90 年代开展 ASP 三元复合驱技术研究及应用。大庆油田攻克了表面活性剂这一关键核心难关，填补了国内空白，成本降低 40%；还解决了复合驱油井结垢的世界级难题，自主研发清防垢剂系列产品，配套三元复合驱采油井复杂垢质清防垢举升工艺技术，大幅度降低了维护成本。ASP 三元复合驱技术可在水驱基础上提高采收率 20 个百分点以上。截至 2020 年，复合驱在大庆油田累计动用地质储量 2.57 亿吨，采出原油 3759 万吨，产量连续五年超过 400 万吨。

胜利油田根据地层温度高、地层水矿化度高、原油黏度高等苛刻条件，研发了 SP 二元复合驱，无需添加碱，避免了碱带来的注采系统结垢、产出液难以处理、储层损害等问题。通过特定的表面活性剂组合，可在无碱条件下将油水界面张力降至超低水平，突破了二元复合驱数值模拟、复合驱分层注入、二元复合驱开采动态评价、驱油剂跟踪分析等一系列关键技术，并实现了工业化推广。

非均相复合驱油技术是针对聚合物驱后油藏提高采收率而研发的一项技术。它的特点是使用具有黏弹性的颗粒驱油剂 PPG，固相、液相同时存在于驱油体系中。该技术能扩大驱油剂在油藏中的波及范围，提高驱油效率。

1.4.3 稠油化学降黏开采

（1）稠油的性质

稠油是指在油层温度下脱气原油的黏度超过 100 mPa•s，密度大于 0.92 g/cm^3 的原油。稠油中胶质、沥青质含量高，由于沥青质分子的特殊结构和胶质特殊的分散性质，它们在相对移动时，需要克服氢键和分子之间纠缠所产生的内部摩擦力，因此稠油具有高的黏度，给稠油的开采和外输带来困难。

（2）稠油降黏的方法

有许多方法可用于降低稠油的黏度，如稀释降黏法、乳化降黏法、氧化降黏法、催化水热裂解降黏法等。

① 稀释降黏法

在稠油中加入稀油（如煤油、柴油、轻质油、低黏度原油等），可使稀释后的稠油黏度降低。这是由于稀油的加入增加了胶质、沥青质分散体之间的距离，减小了它们之间的相互作用力，从而使原油中的聚集结构产生一定程度的破坏。

② 乳化降黏法

在一定油水比的条件下，用水溶性表面活性剂溶液可将稠油乳化成水包油乳状液，这种乳状液的黏度远低于稠油的黏度，并与稠油黏度无关。稠油乳化降黏可使用亲水亲油平衡（HLB）值为 7 ～ 18 的表面活性剂，如烷基磺酸盐、烷基苯磺酸盐、聚氧乙烯烷基醇醚、聚氧乙烯烷基苯酚醚、聚氧乙烯聚氧丙烯丙二醇醚、聚氧乙烯烷基醇醚硫酸酯钠盐、聚氧乙烯烷基苯酚醚硫酸酯钠盐、聚氧乙烯烷基醇醚羧酸钠盐、聚氧乙烯烷基苯酚醚羧酸钠盐等。

③ 氧化降黏法

在稠油中加入氧化剂，可使沥青质中稠环部分连接的碳链或含杂原子碳链通过氧化反应断裂，减小沥青质形成聚集结构的能力，达到稠油降黏的目的。可用的氧化剂（主剂）为 $NaIO_4$ 和质量分数为 30% 的 H_2O_2；可用的提供氢的物质（助剂）为 NaH_2PO_4 和 CH_3COOH。

④ 催化水热裂解降黏法

在高温和催化剂存在的条件下，稠油中的活性组分（指稠环部分连接的碳链中有硫键的胶质、沥青质）可与水发生降解反应，导致稠油降黏（史建民等，2021）。

1.5 油水处理及集输化学品

1.5.1 原油的乳化与破乳

（1）原油乳状液的形成

原油中含有胶质、沥青质、环烷酸等天然乳化剂，在开采和集输过程中，经过地层孔隙、管线、泵、阀门的搅动和突然脱气造成的搅拌，水会被分散成单独的微小液滴，而天然乳化剂以及微晶蜡、细砂、黏土等微细分散的固体物质吸附于油水界面上形成保护膜，使得产出的油成为乳状液。大多数原油乳状液为 W/O 型的（尤其是原油含水量在 60% 以下时），也有 O/W 型的，或者两种类型兼有。在油田开发各个生产环节所添加的化学剂，如压裂、酸化中的各种化学助剂，化学驱中的化学剂，清、防蜡所用的清、防蜡剂，各种防垢剂，缓蚀剂等，也会影响所形成乳状液的类型和稳定性。在某些条件下，由于原油与水的多次混合和搅拌，形成多重乳状液，即 O/W/O 型或 W/O/W 型乳状液。此外，温度、电解质和 pH 也会影响乳状液的稳定。

（2）原油乳状液的破乳

破乳过程通常分为凝聚、聚结和沉降三步，凝聚是指分散液滴聚集在一起，聚结是指分散的小液滴变为大液滴，沉降是指乳状液破乳，油水分层。主要的原油脱水技术有沉降分离、电脱水、化学破乳、润湿聚结脱水等。其中沉降分离是原油乳状液脱水最基础的过程，化学破乳是处理复杂乳状液最常用的方法。

化学破乳法是向乳状液中加入化学剂，破坏其乳化状态，使油水分层。这类化学剂叫破乳剂，一般是表面活性剂或含有两亲结构的高分子表面活性剂。

① W/O 型原油破乳剂

低分子表面活性剂如脂肪酸盐、烷基硫酸酯盐、烷基磺酸盐、烷基苯磺酸盐、OP 型表面活性剂、平平加型表面活性剂和 Tween 型表面活性剂等可用作破乳剂，但高效的油包水乳状液破乳剂是高分子破乳剂。这些破乳剂可由引发剂（如丙二醇、丙三醇、二乙烯三胺、三乙烯四胺、四乙烯五胺、酚醛树脂、酚胺树脂等）和环氧化合物（如环氧乙烷、环氧丙烷等）反应生成。为了提高破乳剂的分子量，可使用扩链剂（如异氰酸酯、二元羧酸等）。为了改变破乳剂的亲水亲油平衡，可使用封尾剂（如松香酸、羧酸等）。

上述破乳剂通过取代原来的乳化层形成疏松的吸附层，在不同的水珠间起桥接作用，增溶乳化剂等原理起破乳作用。

② O/W 型原油破乳剂

O/W 型原油破乳剂主要有 4 种类型：电解质、低分子醇、表面活性剂和聚合物。

电解质类有盐酸、氯化钠、氯化镁、氯化钙、硝酸铝、氧氯化锆等，通过减小油珠表面的负电性和改变乳化剂的亲水亲油平衡起作用。低分子醇如甲醇、乙醇、丙醇等水溶性醇和己醇、庚醇等油溶性醇，通过改变油水相的极性（使油相极性增加，水相极性减小），使乳化剂移向油相或水相起破乳作用。表面活性剂类包括阳离子型表面活性剂和阴离子型表面活性剂，通过与乳化剂反应（阳离子型表面活性剂）、形成不牢固吸附膜（有支化结构的阴离子型表面活性剂）和抵消作用（油溶性表面活性剂）等起破乳作用。聚合物类包括阳离子聚合物、非离子聚合物和非离子-阳离子聚合物，非离子聚合物通过桥接机理起破乳作用，阳离子聚合物和非离子-阳离子聚合物通过减小油珠表面负电性起破乳作用。

1.5.2 原油输送的降凝与减阻

原油管道输送需要较高能耗，为了改善长距离管道输送原油的流动状况，减少能源消耗，降低输油成本，原油凝固点的降低（降凝）和原油管输阻力的减小（减阻）就成了原油集输中两个重要的问题。在解决这些问题时，化学方法一直是被采用的主要方法。

（1）原油的降凝输送

原油失去流动性有两个原因：一是由于原油的黏度随温度的降低而升高，当黏度升高到一定程度时，原油即失去流动性；二是由原油中的蜡引起，当温度降低至原油的析蜡温度时，蜡晶析出，随着温度进一步降低，蜡晶数量增多并长大、聚结，直到形成遍及整个原油的网络结构时，原油即失去流动性。一般来说，原油的蜡含量越高，其凝固点越高。

原油降凝有物理法、化学法、物理 - 化学法，其中化学法由于其经济性和易操作性得到广泛应用。化学降凝法是指在原油中加降凝剂的方法。原油降凝剂主要有 2 类：一类是表面活性剂型原油降凝剂，如石油磺酸盐和聚氧乙烯烷基胺等，它们通过在蜡晶表面吸附的机理，使蜡不易形成遍及整个体系的网络结构而起降凝作用；另一类是聚合物型原油降凝剂，其非极性部分可与蜡共同结晶（共晶），极性部分使蜡晶产生扭曲，从而抑制蜡晶的生长。聚合物型降凝剂主要是乙烯、α-烯烃、醋酸乙烯酯、（甲基）丙烯酸酯、马来酸酯、苯乙烯等单体的共聚物，降凝剂结构与原油蜡组成关系密切，使用时需要根据原油中蜡的组成设计合成高效降凝剂。

（2）原油的减阻输送

流体在管道中的流动有层流和紊流等方式，层流中流体的流动阻力由流体相邻各流层之间的动量交换产生，紊流中流体的流动阻力则由尺度大小随机、运动随机的旋涡所引起。处于紊流状态的原油需消耗大量的管输能量，为了减少能量消耗，通常在原油输送时加入减阻剂。

可以作为原油减阻剂的化学剂主要有聚α-烯烃、聚乙基烷基乙烯、聚异丁烯、聚甲基丙烯酸酯、聚异戊二烯等，原油性质和减阻剂结构（单体类型、比例、支链化程度、分子量等）都影响减阻效率。

1.5.3 油田污水处理

从油井产出液中脱出的水叫油田污水（简称污水）。由于污水含有固体悬浮物、原油，并有腐蚀、结垢和细菌繁殖等问题，因此需用相应的化学剂处理，这些化学剂总称为污水处理剂。污水处理的目的主要有6个，即除油、除氧、除固体悬浮物（絮凝）、防垢、缓蚀、杀菌，因此除油剂、除氧剂、絮凝剂、防垢剂、缓蚀剂、杀菌剂均属污水处理剂。

（1）除油

污水中的油以油珠的形式存在于水中，由于吸附了阴离子型表面活性物质（如羧酸盐型表面活性物质），表面形成扩散双电层而带负电。可通过除油剂的作用，使污水中的这些油珠聚并、上浮，在除油罐（沉降罐）中除去。

除油剂主要有2类：一类是阳离子聚合物，起中和油珠表面的负电性并桥接油珠的作用；另一类是有分支结构的表面活性剂，可取代油珠表面的吸附膜，削弱吸附膜的保护作用，使油珠聚并、上浮，与污水分离。

（2）除氧

污水中的溶解氧会增加金属的腐蚀，最常用的除氧方法是添加除氧剂，除氧剂都是还原剂，主要有亚硫酸盐、甲醛、联氨、硫脲、异抗坏血酸等。

（3）絮凝

污水中的固体悬浮物主要是黏土颗粒，由于黏土颗粒表面带负电，它们相互排斥，不易聚并、下沉，一般用絮凝的方法去除固体悬浮物。絮凝剂通常包括混凝剂和助凝剂，混凝剂如羟基铝、羟基铁、羟基锆等，可在水中产生高价的多核羟桥络离子，中和固体悬浮物表面的负电性；助凝剂主要是水溶性阳离子聚合物。

（4）防垢

在一定条件下从水中析出的溶解度很小的无机物质称为垢，油田中最常见的垢是碳酸钙垢、硫酸钙垢、硫酸钡垢。垢在管线表面、设备表面或地层表面的沉积影响油田正常生产，可用防垢剂防止或延缓水中成垢离子的成垢沉积。

防垢剂主要有下面几类：

① 缩聚磷酸盐：如三聚磷酸盐、六偏磷酸盐等。

② 膦酸盐：由多氨基化合物与甲醛和亚磷酸反应，再用碱中和生成，如次乙基羟基二膦酸盐、次乙基氨基二膦酸盐（AEDP）、次氨基三亚甲基膦酸盐、乙二胺四亚甲基膦酸盐、六亚甲基二胺四亚甲基膦酸盐（HMDTMP）、二乙烯三胺五亚甲基膦酸盐（DETPMP）等，膦酸盐比缩聚磷酸盐的热稳定性好，用量低。

③ 氨基多羧酸盐：由氨基化合物与氯乙酸在碱性条件下反应生成，主要有次氮基三乙酸盐、乙二胺四乙酸盐、二乙烯三胺五乙酸盐（DTPA）、三乙烯四胺六乙酸盐（TTHA）等。

④ 表面活性剂：主要是聚氧乙烯烷基醇（酚）醚的羧酸盐、磺酸盐和硫酸酯盐。

⑤ 聚合物：低分子量（小于 50000）的带羧基链节的均聚物和共聚物可用于防垢，如聚丙烯酸盐、聚顺丁烯二酸盐、聚羧甲基丙烯酸盐、丙烯酸盐与丙烯酸甲酯共聚物等，聚天冬氨酸和聚环氧琥珀酸钠盐是两种新型环保的防垢剂。

防垢的原理主要有晶格畸变、静电排斥和络合（螯合）机理。晶格畸变机理是指防垢剂吸附在垢表面，使正常结垢状态受到干扰，抑制或部分抑制垢晶体的继续长大，使成垢离子处在饱和状态或形成松散的垢被水流带走；静电排斥机理是指防垢剂在垢表面吸附，形成扩散双电层，使垢表面带电，抑制垢晶体间的聚并，达到防垢的目的；络合（螯合）机理是指防垢剂把能产生沉淀的金属离子（阳离子）变成可溶性的螯合离子或络合离子，从而抑制阳离子（如 Ca^{2+}、Mg^{2+}、Ba^{2+}）和阴离子（CO_3^{2-}、SO_4^{2-}）结合产生沉淀。

（5）缓蚀

污水的 pH 在 6 ～ 8 范围内，属于中性介质，可用中性介质缓蚀剂缓蚀。按作用机理，这类缓蚀剂可分成以下 3 类：氧化膜型缓蚀剂，通过氧化在金属表面产生致密的保护膜，保护膜极易促进金属的阳极钝化，主要有重铬酸盐（如 $Na_2Cr_2O_7$ 和 $K_2Cr_2O_7$）和钼酸盐等；沉淀膜型缓蚀剂，通过在腐蚀电池的阳极或阴极表面上形成沉淀膜而起缓蚀作用，主要有硅酸钠和硫酸锌等；吸附膜型缓蚀剂，通过在腐蚀电池的阳极表面和阴极表面上形成吸附膜而起缓蚀作用，主要有烷基三甲基氯化铵、烷基氯化吡啶、1-聚氨乙基-2-烷基咪唑啉、聚氧乙烯烷基胺等。

（6）杀菌

污水中的细菌主要是硫酸盐还原菌、铁细菌和腐生菌，它们可引起金属腐蚀、地层堵塞和化学剂变质，因此需要杀菌。常用的杀菌剂有 3 类：氧化型杀菌剂，通过氧化作用杀菌，如氯气、臭氧、二氧化氯、次氯酸钠、高锰酸钾等；吸附型杀菌剂，通过吸附在细菌表面，影响细菌正常的新陈代谢而起杀菌作用，由于细菌表面通常带负电，所以季铵盐化合物是特别有效的吸附型杀菌剂，如烷基三甲基氯化铵、烷基苄基二甲基氯化铵、烷基氯化吡啶等；渗透型杀菌剂，通过渗入细胞的细胞质中，破坏菌体内的生物酶而起杀菌作用，如甲醛、戊二醛等。

参考文献

曹绪龙，刘煜，曹伟东，2022. 非均相复合驱中黏弹性颗粒驱油剂与储层孔喉匹配关系［J］. 石油学报，43（2）：262-269.

陈大均，2006. 油气田应用化学［M］. 北京：石油工业出版社 .

荆波，冯其红，2023. 非均质油藏深部调驱用聚合物微球的制备及性能评价［J］. 油田化学，40（2）：264-271.

高建波，王乔怡如，2016. 高界面活性微乳液型助排剂 AO-4 的制备及效果评价［J］. 石油与天然气化工，45（3）：67-71.

史建民，吴志连，王耀国，2021. 稠油水热催化裂解降粘研究进展［J］. 广州化工，49（6）：11-13.

伍晓林，楚艳苹，2013. 大庆原油中酸性及含氮组分对界面张力的影响［J］. 石油学报（石油加工），9（4）：681-686.

宋瑞，宋峙潮，李小刚，等，2021. 煤储层低伤害 CO_2 泡沫压裂液［J］. 钻井液与完井液，38（5）：641-647.

王德民，程杰成，杨清彦，2000. 粘弹性聚合物溶液能够提高岩心的微观驱油效率［J］. 石油学报，21（5）：45-51.

王紫旋，池伸，柳杰，等，2023. 曼尼希碱缓蚀剂的合成及其缓蚀效果［J］. 腐蚀与防护，44（6）：75-81.

谢志海，王玲燕，王海力，等，2017. 低温耐盐胶态分散凝胶深部调驱体系的研究［J］. 化工时刊，31（4）：11-13.

Ghriga M A，Grassl B，Gareche M，et al，2019. Review of recent advances in polyethylenimine crosslinked polymer gels used for conformance control applications[J]. Polymer Bulletin，76：6001-6029.

Abidina A Z，Puspasari T，Nugroho W A，2012. Polymers for enhanced oil recovery technology[J]. Procedia Chemistry，4：11-16.

Isaac O T，Pu H，Oni B A，et al，2022. Surfactants employed in conventional and unconventional reservoirs for enhanced oil recovery-A review[J]. Energy Reports，8：2806-2830.

第 2 章

分子模拟概论

分子模拟是利用计算机获取微观尺度下分子的结构性质，可对实验结果进行解释和性质预测，是另外一种运用计算机所做的“计算机实验”。根据理论基础，分子模拟方法可分为量子力学和分子力学两大类，前者包括以求解薛定谔方程的从头算或者密度泛函理论方法，后者则包括以求解牛顿运动方程的分子动力学模拟方法。从时间和空间尺度上看，以分子力学为基础的分子动力学模拟在油田化学中更受青睐。

目前，通常所说的分子模拟更多是指以分子力场为势函数的分子动力学或者 Monte Carlo 方法。本章将聚焦分子动力学模拟，内容包括分子力场、积分运动形式、控温方法，结构和性质分析等。

2.1 模拟方法分类

针对分子及其聚集结构（介观和宏观体系），利用计算机获取这些实体的静态或动态行为，预测微观尺度下的分子结构性质，筛选出能量极值点和相应的分子构象，这种对分子性质的计算机模拟，简称为分子模拟（苑世领等，2022）。目前通常所说的分子模拟更多是指以分子力场为势函数的分子动力学或者 Monte Carlo（MC）方法，或者更大尺度上的介观模拟方法（如 DPD 或 MesoDyn），而不包括以求解薛定谔方程为目标的从头算（ab initio）或者密度泛函理论（DFT）方法。

分子模拟在理论（theory）与实验（experiment）之间起桥梁作用，它是把某一宏观实验现象抽提成微观理论模型（由理论、启发性或者经验方法建立），借助数学表达式构建数学模型（用自变量、因变量、状态方程、运动方程、各个参数等描述），然后通过模拟计算（由边界条件、初始条件、算法、求解及结果分析等）获取微观尺度下的分子性质。模拟结果与实验数据之间通过抽象理论和相应的程序设计相关联，而其中的模拟计算仅仅是在一定条件下的程序执行结果和对结果的分析，是另外一种“计算机”实验。

在分子模拟中，组成分子或者聚集体的模型有不同的表达方式。这里所说的“模型”代表着一种近似描述，可以是原子、基团或链段。应用最为普遍的模型是原子球谐振动模型，即量子力学计算时所采用的“原子模型”，蕴藏着精准的电子信息。另外一种较简化的模型是分子力场下的“原子模型”，它不包括详细的电子信息，电子的作用通过原子之间或者官能团上的化学键和键角的变化来体现；这种模型对电子信息无能为力（反应力场除外），更适合研究分子的聚集行为，研究尺度（在空间和时间上）相对量子力学有大幅提高。上述两种原子模型提供的信息在层次上是不同的。

为了提高运算速度和扩大研究体系，有些近似方法在模型上采用联合原子的处理方式，此时的氢原子都附着在非氢的重原子上。如甲基（CH_3—）可以看作只是一个简单的粒子，而这个粒子的范德华半径和质量也已经包含了氢原子。采用联合原子的简化模型之后，相应的模拟粒子数可以下降到原来的 1/3 ～ 1/2，这样可以模拟更大的研究体系。

在更大尺度上的粗粒模型中，可以把一个苯环（如 DPD 方法）或者四个亚甲基（如 Martini 力场）看作一个粒子，这样计算的体系会更大，模拟的时间会更长。当然用这种方式处理后，则无法讨论聚合物链上的键、键角或者其他原子尺度下的性质。这样的粗粒模型，略去了对化学键的详细描述，但却更能突出发生相转换时（如囊泡相的形成）粒子与粒子之间的相互作用。

因此，依据“模型”大小，即依据时间尺度和空间尺度，有不同的模拟方法可供选择。图 2.1 展示出了发生在固体表面的化学吸附或物理吸附，及其表面聚集结构与模拟方法在空间和时间尺度上的关系（Mehana et al.，2021）。横坐标给出的是模拟模型的空间尺度，纵坐标为相应聚集体动力学行为的时间尺度。空间尺度上固体表面从埃数量级、纳米数量级，到微米，甚至米数量级；时间尺度上代表电荷转移皮秒数量级，以及吸附行为的纳秒、微秒数量级，直至流体行为的秒数量级。图 2.1 中说明了各种等级的计算机模拟方法适用的时间和空间范围。显然，量子力学（包括密度泛函方法）只适于处理比较小的结构单元，更多体现的是电子结构性质，空间尺度在 1Å（10^{-10} m）～ 100Å（10 nm），对应微观行为的时间范围为 1 fs ～ 1 ns。分子动力学模拟（或 Monte Carlo）以及粗粒模拟，结构单元被逐步放大，目的是处理更长时间间隔内发生的各种现象，也是本书阐述的重点。流体力学属数值模拟范畴，不在我们的研究范围内。

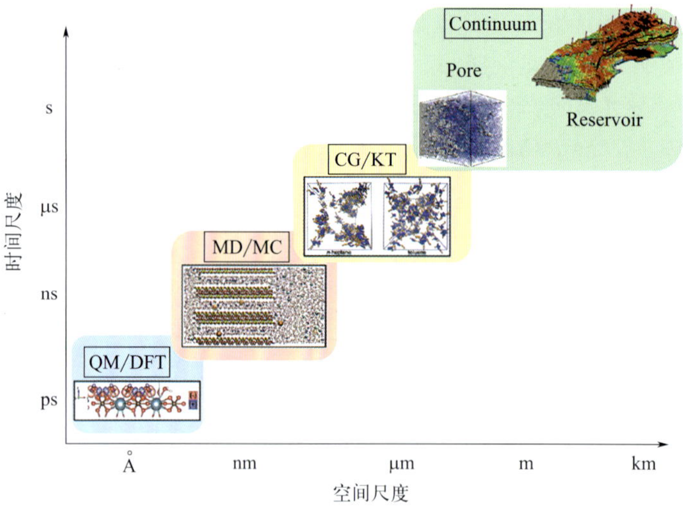

图 2.1　与固体表面模型相关的时间和空间尺度（Mehana et al.，2021）

量子力学（QM）可描述方解石表面附近的电荷分布，判断表面的润湿性能；分子动力学（MD）或者 Monte Carlo 可描述黏土孔隙间溶剂的吸附；粗粒（coarse grain，CG）模拟或者动力学模拟（Kinetic，KT）可描述甲苯、庚烷中沥青质的聚集行为；流体（Continuum）尺度可描述孔隙（Pore）、储层（Reservoir）微观尺度下的流体行为，如 CO_2 驱替中孔隙尺度和储层模拟

针对不同的研究目的，需要仔细斟酌选择合适等级的模拟方法。例如，化学反应发生（成键或断键）的时间尺度是 fs，必须选用量子力学计算，而不可能选择原子模拟或粗粒模拟；大分子构象变化发生在 ps 间隔，可采用原子模拟或粗粒模拟，而采用量子力学方法计算，会受到模拟最小单位的限制，现有计算机功能无法满足。综合考虑，为了获取一个模拟体系更完整的从微观到介观的计算信息，必须根据实体行为的时空尺度选用不同等级的处理方法，预测研究体系的静态或动态性质，从中分析、概括有规律的结论。以此与实验数据或现象相比较，检测模型理论中的假设、概念和近似处理等的合理性。

本书重点讲述分子动力学模拟，因此在以下叙述中主要讲述分子动力学模拟原理，包括力场、积分方法、周期处理、系综（控温方法），以及后续分析方法。

2.2　力场

分子模拟中的势函数由力场描述，力场是分子模拟精度和使用范围的关键。在分子模拟计算中，直角坐标（即笛卡尔坐标）和内坐标都可以表达势函数，但是用包含键长、键角和二面角等分子结构的内坐标来表示力场更接近化学家的直觉，对理解和推导势函数更为方便，因此常用内坐标作为力场的自变量（杨小震，2010）。

真实的势函数形式是未知的，但是如果假定分子的结构只在其能量最低点附近变化，就可以通过泰勒级数的展开形式描述能量极值点的势能。对于由分子内旋转而引起的能量变化，则可以通过傅里叶级数展开获得。分子力场普遍使用泰勒级数和傅里叶级数展开的函数形式，而函数形式中的待定常数即为力场参数。相应的分子力场就是确定体系的坐标、函数形式，以及其中的待定参数。

当确定力场之后，就可以运用牛顿力学原理来计算分子的性质。例如通过寻找能量最小点可以得到分子的平衡结构；通过转动分子内旋转的二面角可以计算分子的构象能，预测异构体的结构；通过计算能量的二阶导数可以计算振动频率以及热力学性质等。

力场的概念最早出现于 20 世纪 30、40 年代，随着分子动力学和 Monte Carlo 方法的出现，在 60、70 年代开始发展。当时世界上有多个课题组在此方面开展了大量的工作，其中有代表性的有 Lifson 和 Warshel（1968）、Boyd（1968）、Engler（1973）、Ermer 和 Lifson（1973）、Allinger（1976）、White 和 Bovill（1976），虽然这些力场在函数形式上相似，但是参数不同，预测的结果也不尽相同。不同的力场有其适用的范围，对同一个体系，某些力场描述得很好，但是换作另一个力场可能就有另外一个结果。

20 世纪 80 年代相继出现了一些规模较大、覆盖面较广的力场（杨小震，2010）。包括 MM2、AMBER、CHARMM 以及 CVFF 力场。到了 90 年代，随着计算机技术的高速发展，力场方法发展迅速，出现了 MM3、MM4、AMBER 和 CHARMM（更新版本）、CFF 和 COMPASS 力场。MM 系列力场着重于有机小分子，在其使用范围内可以准确描述分子的结构、构象、振动频率和生成热。AMBER、CHARMM 力场着重于蛋白质、核糖核酸分子。CFF 力场是第一个通过拟合量化数据得到的力场，主要用于有机分子和生物大分子。随着计算机技术的进步，力场方法的应用逐步从预测个别分子的性质向预测大量分子在凝聚相中的统计性质过渡，从简单能量优化向大规模分子动力学和 Monte Carlo 模拟过渡。力场研发着重于决定凝聚相性质的关键参数，即范德华半径和电荷参数，出现了能够准确预测流体热力学性质的 OPLS 和 COMPASS 力场。

由于力场的开发远不能满足实际应用的需要，一些研究者也发展了一些精度不太高但有很大覆盖面的力场，其中 DREINDING 和 UFF 最具代表性。在 UFF 力场中，力场参数由原子的特性参数、电离能、范德华半径、原子化合价等组合而成，因此可以覆盖原子周期表中任意原子所组成的分子。

为了模拟大规模的体系，在一定的温度、压力范围内，氢原子的运动细节是可以忽略的。因此力场中引用了将非极化氢原子归并到相连的重原子上，组成联合原子模型。除了相互作用被简化以外，联合原子力场的原理与全原子力场是一样的，在这方面有代表性的是 TraPPE 力场和 GROMOS 力场。

2.2.1 力场形式

在实际应用中，通常把分子力场分解成若干组成部分，包括四种相对简单的分子内和分子间相互作用。这些相互作用有两种来源：一是键长、键角和二面角的振动或旋转，属成键相互作用；二是体系中的非键相互作用，主要通过键的变化和原子的运动来体现这些能量形式的贡献。此外，更复杂的力场可能含有其他形式，但上述最基本形式不可或缺。

分子力场是由特定的分子内坐标的变化所体现，如键长、键角、二面角或者原子位置的相对运动等。这种能量形式表示如下（Leach，2001）：

$$E(r^N)=\sum_{\text{bonds}}\frac{k_i}{2}(l_i-l_{i,0})^2+\sum_{\text{angles}}\frac{k_i}{2}(\theta_i-\theta_{i,0})^2+\sum_{\text{torsions}}\frac{V_n}{2}[1+\cos(n\omega-\gamma)]$$

$$+\sum_{i=1}^{N}\sum_{j=i+1}^{N}\left(4\varepsilon_{ij}\left[\left(\frac{\sigma_{ij}}{r_{ij}}\right)^{12}-\left(\frac{\sigma_{ij}}{r_{ij}}\right)^{6}\right]+\frac{q_iq_j}{r_{ij}}\right)$$

上式体现了势能 E 是 N 个粒子（通常指原子）位置 r 的函数。不同作用方式见图 2.2。公式中第一项为成对成键原子之间的相互作用势，由谐振动势给出键长从 $l_{i,0}$ 变化到 l_i 过程中能量的变化；第二项是分子中键角运动对能量的贡献，同样采用一个谐振动形式加以描述；第三项为二面角的贡献，描述了如何通过键的旋转体现能量变化；第四项是非键形式，它包含不同分子间或者同一分子（至少含有三个键）中成对原子之间的相互作用，通常由 Coulomb 势能（表示静电相互作用）和 Lennard-Jones 势能（表示 van der Waals 相互作用）组成。

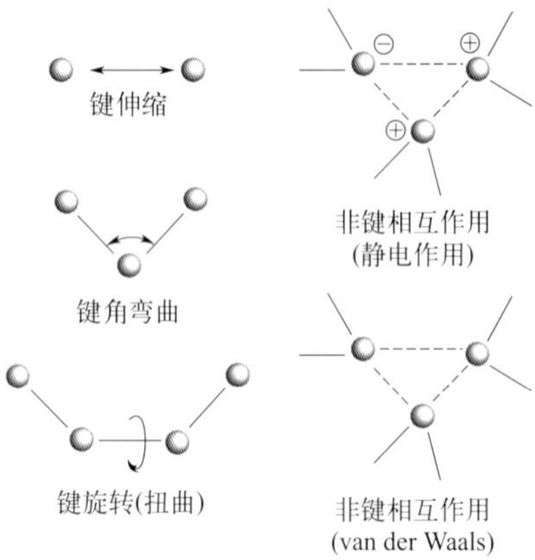

图 2.2 力场中主要的相互作用项

成键（键伸缩、键角弯曲和二面角形式）和非键（van der Waals 和静电）相互作用

需要指出的是，公式中力场的每个组成都是相应此类函数中最简化的形式，例如键长，它是由复杂的 Morse 势通过泰勒级数展开后用到的最简单的函数形式，更精细的力场会选取泰勒级数展开的前几项，如 MM 系列力场。在更精细的力场中还包括成键部分的离平面项、（键长 / 键角 / 二面角）交叉耦合项，以及非键部分的氢键项。具体的函数形式请参见文献（苑世领等，2022）。

通常所说的力场不外乎有以下的八种形式：

$$E(r,l,\theta,\omega,\chi)=\sum_{\text{bonds}}u_b(l)+\sum_{\text{angles}}u_\theta(\theta)+\sum_{\text{dihedral}}u_\omega(\omega)+\sum_{\text{out-of-plane}}u_\chi(\chi)$$

$$+\sum_{\text{cross}}u(l,\theta,\omega)+\sum_{\text{non-bonds}}u_{\text{nb}}(r)+\sum u_{\text{ele}}+\sum_{\text{H-bonding}}u(r)$$

该式包括了分子内和分子间相互作用势。不同势函数中力参数决定着整个分子力场品质的优劣。键长和键角参数可以通过 X 射线、红外、核磁共振谱等实验手段得到，而非键参数可以通过分子束实验或者二级维里系数的实验数据获得。另外，有些参数也可以采用从头算和半经验方法计算得到，这也是不同力场参数来源的途径。

应该指出的是，在各种势能形式中非键相互作用的重要性是第一位的。因此，有些情况下，可以根据研究体系和出发点的不同，把键长和键角的形式忽略，仅仅考虑范德华力和静电相互作用。但是更多的力场还是包括了最基本的力场函数形式。

例如 CFF 力场，其力场参数中除了引用了大量的实验数据以外，还参考了许多精确的量子力学计算结果。CFF 力场尤其适用于有机分子及不含过渡金属的分子体系。其力场形式为：

$$\begin{aligned}
E = & \sum_{b}\left[K_2(b-b_0)^2 + K_3(b-b_0)^3 + K_4(b-b_0)^4\right] \\
& + \sum_{\theta}\left[H_2(\theta-\theta_0)^2 + H_3(\theta-\theta_0)^3 + H_4(\theta-\theta_0)^4\right] \\
& + \sum_{\phi}\left\{V_1[1-\cos(\phi-\phi_1^0)] + V_2[1-\cos(2\phi-\phi_2^0)] + V_3[1-\cos(3\phi-\phi_3^0)]\right\} \\
& + \sum_{\chi} K_{\chi}\chi^2 + \sum_{b}\sum_{b'} F_{bb'}(b-b_0)(b'-b_0') + \sum_{\theta}\sum_{\theta'} F_{\theta\theta'}(\theta-\theta_0)(\theta'-\theta_0') \\
& + \sum_{b}\sum_{\theta} F_{b\theta}(b-b_0)(\theta-\theta_0) + \sum_{b}\sum_{\phi}(b-b_0)(V_1\cos\phi + V_2\cos 2\phi + V_3\cos 3\phi) \\
& + \sum_{b'}\sum_{\phi}(b'-b_0')(V_1\cos\phi + V_2\cos 2\phi + V_3\cos 3\phi) \\
& + \sum_{\theta}\sum_{\phi}(\theta-\theta_0)(V_1\cos\phi + V_2\cos 2\phi + V_3\cos 3\phi) \\
& + \sum_{\phi}\sum_{\theta}\sum_{\theta'} K_{b\theta\theta'}\cos\phi(\theta-\theta_0)(\theta'-\theta_0') \\
& + \sum_{i>j}\frac{q_i q_j}{\varepsilon r_{ij}} + \sum_{i>j}\left(\frac{A_{ij}}{r_{ij}^9} - \frac{B_{ij}}{r_{ij}^6}\right)
\end{aligned}$$

从函数形式来看，CFF 力场中各个函数形式并不是简单的谐振动势（如键长），而是考虑了泰勒级数或者傅里叶变换的前几项。但是总的函数形式也包括了成键作用（键长项、键角项、二面角项、离平面项和交叉耦合项）以及非键作用（静电和范德华作用）；而且范德华作用使用的 9-6 势并不是通常用到的 12-6 势（Lennord-Jones 势）。CFF 力场中的氢键势已经融入到非键相互作用中。以 CFF 力场为基础，随后派生出的 CFF91、PCFF 等力场，针对原有研究体系，在有机物和金属原子上给予了扩展，函数形式变化不大。

2.2.2 选择力场

对于分子模拟计算的使用者来说，经常会提出两个问题：第一是如何选择最好的力场解决问题？第二是模拟结果可信吗？对于第一个问题，解决办法很简单。如果我们不想进行力场的尝试，那么就直接选择前人曾经使用过的最有效的力场，当然所谓“有效”指的是力场参数的有效，而且将要研究的问题与前人的问题要尽可能的相近。例如，研究的是蛋白质的构型性质，选择模拟蛋白质的参数力场可能更有效。

如果没有办法保证我们所研究的类似体系是前人曾经模拟过的，在这种情况下选择力场就是一件困难的事情。有些情况下，实验数据可以作为选择力场的一种参考。但是，当实验数据也不可靠的情况下，与量子力学计算结果的对比将是最好的选择（如果计算能力允许的话），此时可以把从头算结果作为一种实验数据，与之比较。如果这些办法都不合适，那么力场的选择就会有很大的不确定性，对得到的模拟结果应该小心评价。

另外应该注意，大多数的力场主要针对生化分子或者有机分子。而无机化学家对解决无机化学中的问题更感兴趣。遗憾的是，现在还没有一个普适的力场能够精确解决大范围的无机体系，特别是金属配合物。在无机化合物中，力场参数的可移植性非常低，也就是说简单金属原子的力场参数不适合化合物（如配合物、晶体），因为其中的金属离子有着非常多的原子类型，因此，选择合适的力场解决这个问题现在还有一定的难度。

2.3 分子动力学模拟

分子模拟是随着计算机的发展而发展起来的。1953 年 Metropolis 用最简单的势函数完成了 Monte Carlo 模拟的思想框架，它是通过随机产生的尝试构象，通过计算这些尝试构象的能量，按照一定的规则接受或者拒绝这个尝试构象，从而完成一个 Monte Carlo 模拟步骤。Alder 和 Wainwright 在 1957 年创立了分子动力学模拟方法，其基本思想是根据分子间的作用力改变分子的坐标和动量，通过求解分子的运动方程，完成一个分子动力学步骤，进而获取体系的动力学信息。与 Monte Carlo 模拟相比，分子动力学方法始终受时间控制，得到的是含时性质（苑世领等，2022）。

无论是分子动力学还是 Monte Carlo 方法，都需要借助势函数（力场）描述体系的能量，再通过能量变化按照不同的运动规则完成一步模拟。因此，计算分子之间的相互作用是上述两种方法的核心问题。对于任何一种模拟方法，其模拟首要原则是既快又准确地描述分子或者聚集体的性质，这样最直接考虑的就是尽量选择小的模拟体系。但是模拟体系越小与实际体系就会相差越大，其精确度就会越低，这种矛盾关系反过来就需要选择不同的数学方法进行处理，更多体现的就是如何处理力场中的非键相互作用。

2.3.1 非键相互作用的处理

从分子间相互作用的强度与距离方面考虑，分子之间的相互作用可以分为短程作用和长程作用。在非键相互作用中，范德华相互作用属于前者，静电相互作用属于后者。我们先从范德华相互作用谈起。

计算分子之间的相互作用时，需要考虑 $N(N-1)/2$ 个运算。对于含有上千个分子的体系（含有上万个原子），一般选取立方格子（或者其他形状的空间格子）以减少积分数目，并且为尽量消除表面分子与本体分子之间的性质差异，而在格子三个方向上采用周期边界条件。

在采用周期边界条件下，最耗时的仍然是计算非键相互作用能。范德华相互作用势随粒子间距离衰减得非常快，在距离 2.5σ 处已经是 1σ 处的 1%。如果考虑更长距离的相互作用会耗费更多的机时，但是在长程上舍弃这种相互作用也不会引起太大的误差。因此在周期边界条件下，用得最多的处理方式就是非键截断半径和最近镜像方法。

在最近镜像方法中，每个粒子最多看到其他粒子的一个镜像，也就是说，只能计算这个粒子与其他粒子（或者其他粒子的镜像）之间的相互作用（图 2.3），此时大于镜像截断距离上的相互作用规定为 0。所以，当使用周期边界条件时，截断距离不应大到看到当前粒子的镜像，即相同分子之间的相互作用不能计算两次。对于立方格子中的研究体系，截断半径不应大于立方格子边长的一半。

其实，对于非键相互作用势的计算，周期边界条件和截断半径的使用并没有大幅度降低计算时间，这是因为在模拟计算中不得不首先考虑每对原子之间的距离，然后再判断是否在截断半径以内，最后才能决定是否计算它们之间的相互作用能。这里计算 $N(N-1)/2$ 个距离与计算相应的能量两个方面所花费的时间相差无几。

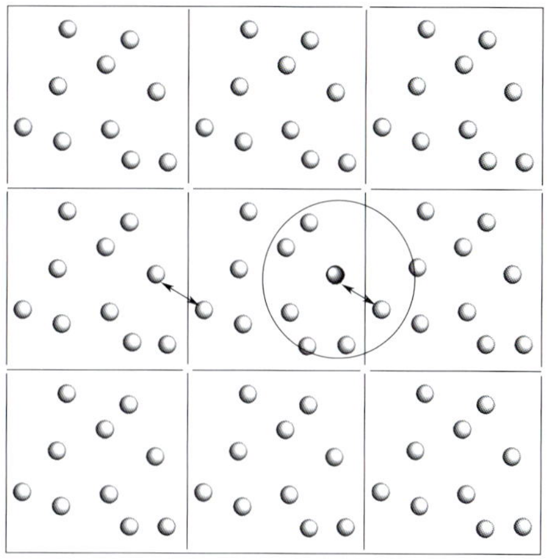

图 2.3　截断半径和最近镜像

模拟发现，液体中一个原子周围“相邻”的原子（即在截断距离以内的原子）在 10 ～ 20 步分子动力学模拟中变化并不大。如果我们事先知道了截断距离范围以内“相邻”的原子（例如把相应的原子事先储存起来），那么我们就可以直接计算“相邻”的原子与该原子的非键相互作用，而不必事先计算它们之间的距离随后再判断是否在截断半径以内。这就是 Verlet 提出的近邻列表（neighbor lists）理念（Verlet，1967）。

在近邻列表中，普遍认可的更新频率是 10 ～ 20 步。需要说明的是，并没有一成不变的规则要求近邻列表的截断距离比非键截断距离大多少，但是在截断距离和更新频率之间存在一种平衡，也就是说，更新频率越小，截断距离就越大，反之亦然。采用近邻列表方法一般可大幅度降低计算时间。

如果模拟体系比较大，即使采用近邻列表方法在计算时间上产生的效果也不是很理想。后来研究者提出了特别适合大体系的簿记方法（bookkeeping method）。在这种模拟方法中，模拟盒子（box）被分成一定数目的格子（cell），每个格子的边长要大于非键截断距离。这样一来，原子 i 所有相邻的原子都被分配到周围的格子中。这种连锁格子法（linked-cells）最重要的就是确定每个格子中的原子数目，采用的模式和近邻列表方法相类似，只不过后者更新的是包含一定数量原子的格子，而不是直接更新原子。

经过近邻列表和连锁格子方法以后，计算时间与粒子数之间的关系就从 N^2 量级降到了 N 数量级。

上述计算分子间短程相互作用（即范德华相互作用）的措施，如周期边界条件、截断半径和近邻列表等，是在分子模拟中普遍采用的方法，可以避免由于表面效应引起的错误结果，而且可以大大减少模拟时间。但是对于长程相互作用，如库仑、偶极等相互作用，其表现范围已经大大超出了模拟格子的长度。最简单的解决办法是回到最初的模型构建上选取足够大的模拟格子，但是这在模拟计算上是不可行的。还应该指出，与非极性分子相比，涉及极性分子的静电相互作用有更大的不确定性和误差，因此有必要采用特定的方法来讨论极性相互作用。

目前处理长程相互作用有 Ewald 方法、反应场（reaction field）方法和格子多重（cell multiple）方法等。Ewald 加和法也许是目前处理长程相互作用应用最好的方法（Allen et al.，1987）。在这种方法中，设想每个粒子都要与模拟盒子中的其他粒子和周期粒子中所有粒子的镜像发生相互作用。为了加快计算速度，该方法还设想每一个粒子都被有等量但符号相反电荷的可中和的电荷分布所包围，这样在点电荷的总静电相互作用中等于“加上”了中和电荷分布的点电荷之间的相互作用。电荷分布的另一个贡献是抵消或者中和上面所假设的电荷分布，因此静电相互作用的加和形式可以认为是在倒易空间（reciprocal space）上形成的函数。另外的相互作用也应包括电荷分布之间的相互作用，以及模拟盒子周围介质与盒子之间的校正相互作用。最终的静电相互作用表达式可以写成：

$$E = E_{\text{real-space}} + E_{\text{recip-space}} + E_{\text{Gauss}} + E_{\text{corr}} = \frac{1}{2}\sum_{i=1}^{N}\sum_{j=1}^{N}\left\{\begin{aligned} &\sum_{n=0}^{\infty}\frac{q_i q_j \operatorname{erfc}\left(\alpha\left|r_{ij}+n\right|\right)}{\left|r_{ij}+n\right|} \\ &+\sum_{k\neq 0}\frac{4\pi q_i q_j}{k^2L^3}\exp\left(-\frac{k^2}{4\alpha^2}\right)\cos\left(kr_{ij}\right) \\ &-\frac{\alpha}{\sqrt{\pi}}\sum_{k=1}^{N}q_k^2+\frac{2\pi}{3L^3}\left|\sum_{k=1}^{N}q_k r_k\right|^2 \end{aligned}\right.$$

Ewald 加和法因为需要计算许多的加和项，因此在计算上相当费时，其速度约为无计算静电相互作用时的 1/10。快速傅里叶转换方法处理的是离散数据，这样在 Ewald 加和法中加入 FTT，需要用基于网格（grid-based）分布的电荷取代连续坐标下的点电荷。此时每个原子的电荷要处理成分布在其周围的网格点上，这样在原始点周围就会产生电势。周围划分的网格点越多，计算的结果越准确，当然计算量就会越大。粒子网格方法（particle-mesh method）（Hockney et al.，1988）在三维空间上考虑最近的 27 个格子点。通过这种格子电荷密度，利用 FTT 方法计算每个格子点上的电势，随后再转化到作用在每个粒子上的势（或者力）。在采用不同的变量时，傅里叶变换会产生不同的函数形式，这样派生出 PM Ewald（particle-mesh Ewald）方法（Darden et al.，1993）和 PPPM（particle-particle-particle-mesh）方法（Hockney et al.，1988）。

Ewald 加和方法包括了所有的长程相互作用效应，是计算机模拟中最准确的方法，一般应用在高电荷的体系如金属离子，同时也应用在静电相互作用比较重要的体系如磷脂双层、蛋白质和 DNA 等。

2.3.2 积分形式

分子动力学模拟通过积分算法求解牛顿运动方程以获取随时间变化的构象。理论上，标准的有限积分算法就可以求解这些运动方程，但是由于复杂的相互作用势，采用解析的积分方法是不可能的。在实际应用中都是采用有限差分的方法，就是用有限的时间段 Δt 以取代无限小的时间段 dt，然后通过数值积分方法完成。Δt 为时间步长，它的选取视原子核的运动快慢而定。通常原子核的振动时间尺度为 10^{-14} s 数量级，故对于通常化合物的分子动力学模拟的时间步长选取 $\Delta t=10^{-15}$ s =1 fs。在分子动力学模拟中，通过经典力学求解原子核骨架行为，依据分子力场计算每个瞬时势能，依据统计力学求算各体系的性质。

分子动力学中改进的有限积分算法可以分为两类：预测方法（predictor method）和预测校正方法（predictor-corrector method）。对于前者，通过当前步或者通过更以前的已知步更新下一步的分子坐标，如 Verlet 算法（1967）及其随后改进的方法都属此类；而对于后者则相反，首先预测新的分子坐标，然后通过这个预测坐标计算相关函数，最后通过此函数值再校正最初的预测，广泛应用的 Gear 算法（1971）就属此类。需要指出的是这些算法很容易应用于原子体系，但是对于分子体系还需要做特殊的处理（如进行约束化等）。我们在此只讨论最基础的 Verlet 积分算法。

分子动力学中 Verlet 算法（1967）可能是求解牛顿运动方程应用最广的积分方法。随后出现的改进方法都称作 Verlet 系列方法。最初的 Verlet 算法运用了 Taylor 级数展开式，考虑粒子坐标 $r(t)$，Taylor 级数展开式为：

$$r(t+\delta t)=r(t)+\frac{\mathrm{d}r}{\mathrm{d}t}\delta t+\frac{1}{2!}\times\frac{\mathrm{d}^2 t}{\mathrm{d}t^2}\delta t^2+\cdots$$

$$r(t-\delta t)=r(t)-\frac{\mathrm{d}r}{\mathrm{d}t}\delta t+\frac{1}{2!}\times\frac{\mathrm{d}^2 t}{\mathrm{d}t^2}\delta t^2+\cdots$$

二者相加：

$$r(t+\delta t)=2r(t)-r(t-\delta t)+\frac{\mathrm{d}^2 t}{\mathrm{d}t^2}\delta t^2$$

此式就是著名的 Verlet 算法，它可以不计算速度就得到分子位移，但是模拟中还需要知道速度从而计算体系的动能。

二者相减：

$$r(t)=\frac{\mathrm{d}r}{\mathrm{d}t}=\frac{1}{2\delta t}[r(t+\delta t)-r(t-\delta t)]$$

此式表明 t 时刻的速度可由 $(t+\delta t)$ 及 $(t-\delta t)$ 时刻的坐标计算得到。

Verlet 算法很容易应用和程序化，是分子动力学模拟中普遍采用的一种算法，其优点之一是时间可逆，即 t 时刻前后一步的位置均由 t 时刻的位置求得，体现时间的可逆，而时间可逆是牛顿运动方程的基本要求，粒子坐标 $r(t)$ 的泰勒级数展开形式在长时间的模拟中能够保证能量守恒；Verlet 算法的另一个优点是每一步只需要计算一次力。但是 Verlet 算法的一个不足是关于此方法的启动步骤，即在 $t=0$ 时，必须估算 $t=-\delta t$ 时的分子位置。当然只要模拟时间足够长，体系进入平衡态，那么模拟到一定时间之后，时间演化就会与初始条件无关。另外 Verlet 算法的主要缺点是对速度的计算。计算的速度是当前位置的速度而不是相应新位置的速度。在 Verlet 算法出现以后，为了在位移、速度和加速度上的同步，又派生了蛙跳 Verlet 算法、速度 Verlet 算法和 Beeman 算法，以及 Gear 预测校正方法。但是无论何种积分算法，主要的原则还是尽量追求精度和速度。

2.3.3 控温方法

因为牛顿运动方程就是保持能量守恒，因此微正则系综也是分子动力学模拟的默认（缺省）系综。但是从实际应用角度来看，微正则系综在所有分子动力学模拟中所占的比重并不大，因为我们一般更注重的是温度而不是能量。这样正则系综中的温度、体积、粒子数恒定就引起了人们的重视。在正则系综中，采用不同的方法维持温度恒定，如速度标度（velocity scaling）法、热浴耦合（heat-bath coupling）方法，还有其他的调温方法包括 Andersen 热浴法（Andersen，1980）、Nosé 热浴法（Nosé，1984）和 Hoover 方法（Hoover，1985）等。

（1）速度标度法

理论上讲，这是最简单保持温度恒定的方法，它需要周期性的重新标度粒子速度（Woodcock，1971）。根据粒子速度、动能与温度的关系，可以得到关系式：

$$T = \frac{1}{2Nk}\left\langle \sum_i m_i v_i \cdot v_i \right\rangle$$

此式可以确保模拟中能够随时检测系综的温度。也可以通过实际 T_A 和设定温度 T_D 获得模拟速度：

$$v_{ix}^{\text{new}} = v_{ix}\sqrt{\frac{T_D}{T_A}}$$

$$v_{iy}^{\text{new}} = v_{iy}\sqrt{\frac{T_D}{T_A}}$$

$$v_{iz}^{\text{new}} = v_{iz}\sqrt{\frac{T_D}{T_A}}$$

(2) 热浴耦合方法

另外一种方法是通过体系和外部的热浴相耦合维持预设温度，也称作 Berendsen 速度标度法（Berendsen et al，1984）。热浴的功能就是为体系补偿或移走多余能量。实际温度的变化速率与设定的温度（热浴温度）有关。

$$\frac{dT_A}{dt} = \frac{T_D - T_A}{\tau}$$

式中，τ 表示热浴和体系之间的耦合常数，其量纲为时间，故称为弛豫时间。

相应的速度标度为：

$$v_{ix}^{\text{new}} = v_{ix}\sqrt{1 + \frac{\Delta t}{\tau}\left(\frac{T_D}{T_A} - 1\right)}$$

$$v_{iy}^{\text{new}} = v_{iy}\sqrt{1 + \frac{\Delta t}{\tau}\left(\frac{T_D}{T_A} - 1\right)}$$

$$v_{iz}^{\text{new}} = v_{iz}\sqrt{1 + \frac{\Delta t}{\tau}\left(\frac{T_D}{T_A} - 1\right)}$$

当 $\tau = \Delta t$ 时，上式可简化为简单的速度标度方法。标度形式类似微正则系综的算法，一般当 $\frac{\Delta t}{\tau} = 0.0025$ 时，能够给出满意的结果。

(3) Andersen 热浴法

Andersen 提出了另外一个替代速度标度的方法，这种方法把分子动力学和随机过程结合了起来（Andersen，1980）。设体系放置在一个指定温度 T 的大热浴内，热浴与体系的相互作用体现在随机选取某个粒子上的随机碰撞。碰撞的强度由一个设定的随机碰撞频率 ν 来决定。一个粒子在任意时间间隔 Δt 内遇到一次随机碰撞的概率为 $\nu\Delta t$ 。假设任意先后连接的两次碰撞之间是独立事件，这样可以认为碰撞发生的时间分布符合 Poisson 分布：

$$P(t) = \nu e^{-\nu t}$$

这样 $P(t)\Delta t$ 为时间间隔 t 与 $t + \Delta t$ 之间碰撞的概率。

合适的 ν 应满足：

$$\nu = \frac{\nu_{\mathrm{C}}}{N^{2/3}}$$

式中，ν_{C} 为碰撞频率。

由于 Andersen 热浴引入的随机力并不真实存在，所以它们干扰了真实的时间演化过程，粒子速度之间的相关性减弱，这样速度时间相关函数也会减弱，显然会影响体系中对扩散系数的计算。所以一般来说，Andersen 热浴适合模拟体系的静态性质，而不适合模拟体系的动态性质（陈敏伯，2009）。

总体来看，简单速度标度法和热浴耦合法简单，应用比较广泛，但是理论依据粗糙；Andersen 热浴法由于引入了随机碰撞，本质上破坏了经典分子动力学的动态性质，在相空间中的时间演化轨迹上发生了间断。更严格的理论应该属于下面叙述的 Nosé 热浴法。

（4）Nosé 热浴法（恒温扩展法）

受到 And ersen 在恒压分子动力学模拟中的“约化变量”和哈密顿量的“扩展”思想启发，Nosé 提出了扩展的哈密顿量的方法（Nosé，1984）。在这种方法中，热浴被认为是体系积分的一部分，由额外的自由度 s 表示。扩展体系的哈密顿量为：

$$H_{\mathrm{ext}} = \sum_{i=1}^{N} \frac{p_i^2}{2m_i s^2} + V(q) + \frac{p_s^2}{2Q} + gkT_{\mathrm{D}} \ln s$$

式中，第一项为体系粒子的总动能；第二项为粒子间的势能；第三项为热浴的动能；第四项为热浴的势能 $E_{\mathrm{potential}}^{\mathrm{res}} = gkT_{\mathrm{D}} \ln s$，其中 g 表示体系的自由度数。对热浴势能的表达形式即为该方法的巧妙之处。热浴的动能也可以通过下式计算：

$$E_{\mathrm{kinetic}}^{\mathrm{res}} = \frac{1}{2Q}\left(\frac{\mathrm{d}s}{\mathrm{d}t}\right)^2 = \frac{p_s^2}{2Q}$$

式中，Q 表示热浴与真实体系之间的耦合常数，表征热浴的响应速度，它影响着温度的升降，单位是能量 × 时间 ^{2}。相应的，Q 正比于 gkT_{D}，比例系数由模拟本身决定，表示是否能满足维持设定温度不变。如果 Q 太大，在热浴和模拟体系之间很难有能量交换；相反，如果 Q 太小，能量就会发生波动抑制平衡。

Nosé 热浴法现在更多的称为 Nosé 动力学方法，其重要性不仅仅限于对控温方法的处理，更重要的是它提出了扩展体系哈密顿量的思想。此种处理方式不仅适用于恒温体系，也可以沿用到恒压体系或恒温恒压体系，拓展了通向其他统计系综的思路。Nosé 动力学之后，学术上逐步明确了要从根本原理上追求一个完美的分子动力学方法，即积分的运动方程应该满足：准遍态历经性、时间可逆性和具有相应的系综分布（如 NVT 系综中的正则分布）。但是该方法的缺陷在于通过虚拟时间等间距抽样满足正则分布，所以在真实时间上并不是等间距，于是给后续的模拟处理带来了麻烦。例如对时间相关函数的计算，尤其是对非平衡过程的模拟处理。

2.3.4 相关函数

对于微观上的相依子体系，由于粒子之间存在相互作用，所以在不同空间位置上的粒子之间存在相互联系；同样同一粒子也会在不同时间上存在相互联系，这些都称为相关

(correlation)，我们用相关函数来表征这样的联系。分子模拟中包括两类相关函数：空间相关函数和时间相关函数。这两种相关函数是描述处理非平衡体系和平衡体系的重要工具，在分子模拟中有非常广泛的应用（陈敏伯，2009）。

(1) 时间相关函数

分子动力学模拟会产生不同时间前后的构象，因此可以计算体系的含时性质。含时性质通常利用时间相关系数（time correlation coefficient）来计算。

对于模拟中产生的数据 x 和 y，如何确定二者之间是否存在关联？例如设想采用分子动力学方法模拟液体在纳米孔道内的运动，如何确定液体中某个分子的速度是否与器壁之间的距离存在相关性，就可以通过相关函数（也称作相关系数）表征是否存在相关性以及相关的程度。

通常分子动力学模拟中 x、y 会围绕非零的系综平均 $\langle x\rangle$ 和 $\langle y\rangle$ 涨落，当考虑此涨落后，其相关函数为：

$$C_{xy}=\frac{\langle (x_i-\langle x\rangle)(y_i-\langle y\rangle)\rangle}{\sqrt{\langle (x_i-\langle x\rangle)^2\rangle\langle (y_i-\langle y\rangle)^2\rangle}}$$

上式中的 $\langle x\rangle$ 和 $\langle y\rangle$ 并不需要在计算相关系数之前就知道，只需在模拟过程中收集数据再计算即可。

分子动力学模拟可以提供不同时刻的数据，可以研究当前时刻的某个性质与当前或者某个指定时刻的其他性质之间的关联，这就是时间相关系数。其相关函数可写成：

$$C_{xy}(t)=\langle x(t)y(0)\rangle$$

相应的有两个极限条件：

$$\lim_{t\to 0}C_{xy}(0)=\langle xy\rangle$$

$$\lim_{t\to 0}C_{xy}(t)=\langle x\rangle\langle y\rangle$$

如果 x、y 性质不同，此时相关函数称作交叉相关函数（cross-correlation function）；如果 x、y 性质相同，称作自相关函数（autocorrelation function）。自相关函数反映了体系保留以前步骤信息的能力，即体系对以前的信息有多长的保留时间。例如速度自相关函数（velocity autocorrelation function），反映了 t 时刻的速度与初始速度之间的关联程度。分子动力学模拟中有些相关函数可以是体系中所有粒子的平均性质（如速度相关函数），而也有一些相关函数代表了整个体系的某个性质（如体系的偶极矩）。N 个粒子的体系中速度相关函数经归一化后得：

$$C_{vv}(t)=\frac{1}{N}\sum_{i=1}^{N}\frac{\langle v_i(t)v_i(0)\rangle}{\langle v_i(0)v_i(0)\rangle}$$

一般情况下，自相关函数（如速度相关函数）模拟之初等于 1，长时间之后等于 0。相关函数降到 0 所模拟的时间称作相关时间（correlation time）或弛豫时间（relaxation time）。

时间相关函数是非平衡统计力学的基本描述工具之一，所有对弛豫、输运和涨落行为的描述都离不开时间相关函数。即使是平衡态体系，在微观上其内部微观结构、分子自身的结构或者分子之间的相互作用等都是一个动态过程，这就需要经常使用时间相关函数来描述动态行为。

（2）空间相关函数

即使物质在宏观上空间位置分布是均匀的，但是由于分子的运动，物质在微观上的分布仍然是不均匀的。在分子模拟中，描述物质的某种性质在空间位置上的分布就是空间相关函数。空间相关函数表示在体系的某一空间位置处的某种性质通过粒子间的相互作用，对另外一个空间位置处的另一种（或同一种）性质所造成的影响程度，体现了原因和结果在空间上的联系。相关长度（correlation length）表征了这种联系的空间尺度。关于液体中“平均配位数”的概念实际上就是与空间相关函数相联系的概念。

性质 x 在位置 r 处的涨落有：

$$\Delta x(r) \equiv x(r) - \langle x(r) \rangle$$

显然处于平衡态的体系，其涨落的平均值应为零，但是涨落平方的系综平均值具有确定的数值，设定为 a，则

$$\langle (\Delta x(r))^2 \rangle \equiv \left\langle \left[x(r) - \langle x(r) \rangle \right]^2 \right\rangle = a$$

在不存在外场作用下，处于平衡态的体系应当是均匀的，于是 a 的值与位置无关。

考虑体系内，不同空间位置 r 和 r' 处，性质 x 和 y 乘积的系综平均，即为二者的空间相关函数。

$$C_{xy}(r, r') = \langle x(r) y(r') \rangle$$

此空间相关函数 $C_{xy}(r, r')$ 描述了空间某 r 处的性质 x 和另一 r' 处的性质 y 之间的相互联系。如果上述两个性质相同，则称为空间自相关函数，即

$$C_{xx}(r, r') = \langle x(r) x(r') \rangle$$

空间自相关函数 $C_{xx}(r, r')$ 描述了两个不同空间位置处同一性质 x 之间的相互联系。

（3）输运性质

输运是指能够导致材料从一个区域向另一个区域流动的现象。例如在一个溶质未平衡分布的溶液中，溶质最终达到均匀扩散的过程就是输运。输运现象的存在意味着体系未达到平衡，以此计算输运性质而发展起来的是非平衡分子动力学。本部分关注的是如何从平衡分子动力学中计算非平衡性质。考虑到在平衡状态下，微观局域内仍然存在不平衡的状态，由此计算非平衡性质也是可能的。当然非平衡分子动力学在计算输运性质方面更有效。

按照 Einstein 统计理论，液体中分子的扩散系数与均方距 $\left\langle \left[r(t) - r(0) \right]^2 \right\rangle$ 有关。三维下，均方位移（mean square displacement，MSD）为：

$$3D = \lim_{t \to \infty} \frac{\left\langle \left[r(t) - r(0) \right]^2 \right\rangle}{2t}$$

当然这个关系式，只有当$t \to \infty$时才严格遵守。

通过上述 Einstein 关系式可以在平衡分子动力学模拟中计算扩散系数，就是通过 MSD 对时间 t 的函数，用有限模拟时间推测 $t \to \infty$ 时的行为从而得到扩散系数。式中采用 $r(t)-r(0)$ 以便更好地消除统计误差。

Einstein 关系式也可以计算其他输运性质，如剪切黏度（shear viscosity）、本体黏度（bulk viscosity）等。其中剪切黏度可表示为：

$$\eta_{xy} = \frac{1}{Vk_{\mathrm{B}}T}\lim_{t\to\infty}\frac{\left\langle \left[\sum_{i=1}^{N} m\dot{x}_i(t)y_i(t) - \sum_{i=1}^{N} m\dot{y}_i(t)x_i(t)\right]^2 \right\rangle}{2t}$$

剪切黏度是个矢量，有六个组分：η_{xy}、η_{xz}、η_{yx}、η_{yz}、η_{zx} 和 η_{zy}，表示整个体系的性质而不是指单个原子，所以其计算的准确性要比扩散系数差。

2.3.5 性质分析方法

分子动力学模拟可以给出研究体系的热力学性质、结构性质，我们需要做的是在海量的数据中选择需要我们解释模拟现象的数据，或者进一步将这些数据转化成表格、图形，以利于读者观察和思考。这些图表所提供的信息可帮助我们理解实验现象，找寻结构变化规律，提出体系状态变化机制。我们在此摘选了在油田化学驱油体系中经常用到的一些分子模拟性质分析方法，供读者参考，这些性质在后续章节中都有体现。

（1）热力学性质

分子动力学模拟可以计算各种各样的热力学函数，还可以对难以获得或不可能获得的热力学数据进行预测，也能够提供关于分子结构的信息。如在正则系综中有：

① 能量

内能很容易从模拟中获得，是状态能量的系综平均。模拟中可监控能量变化。

$$U = \langle E \rangle = \frac{1}{M}\sum_{i=1}^{M} E_i$$

② 压力

压力一般通过克劳修斯的位力定理计算。对于实际气体或液体，相应的压力表达式可以写成：

$$p = \frac{1}{V}\left[Nk_{\mathrm{B}}T - \frac{1}{3}\sum_{i=1}^{N}\sum_{j=i+1}^{N} r_{ij} f_{ij}\right]$$

式中，$\frac{\mathrm{d}v(r_{ij})}{\mathrm{d}r_{ij}} = f_{ij}$，为作用在原子 i 和原子 j 之间的作用力。

③ 温度

正则系综中，温度是恒定的。在微正则系综中，温度是波动的。温度直接与系统的动能有关：

$$K = \sum_{j=i+1}^{N} \frac{|p_i|^2}{2m_i} = \frac{k_{\mathrm{B}}T}{2}(3N - N_{\mathrm{c}})$$

式中，p_i 是粒子 i 的总动量；m_i 是它的质量。按照能量均分理论，每个自由度的贡献为 $k_B T/2$。如果体系含有 N 个粒子，每个粒子有 3 个自由度，那么动能的贡献就等于 $3Nk_B T/2$。N_c 是体系中的约束项数。

（2）径向分布函数

设参考原子为 A，被统计的原子为 B，则 A-B 型径向分布函数（radial distribution function，RDF）体现距离 A 原子 r 距离壳层内 B 原子的密度相对于整个盒子中 B 原子的平均密度的比值。RDF 在一定程度上可以体现出在凝聚相下 A、B 原子间的相互作用（图 2.4）。

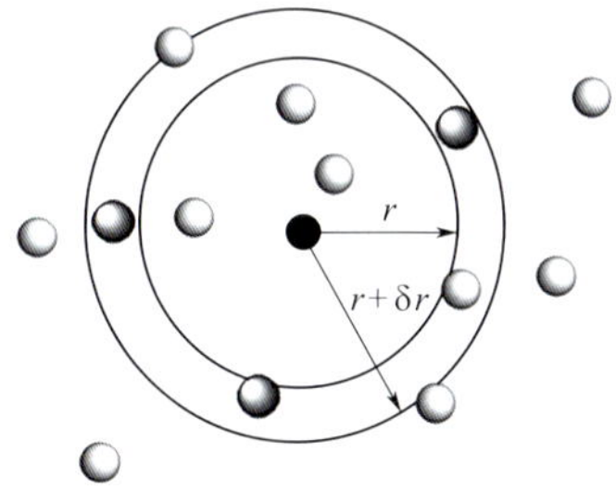

图 2.4　径向分布函数示意图（图中的中心粒子为 A，其他粒子为 B）

A 类型粒子与 B 类型粒子之间的 $g_{AB}(r)$ 定义为：

$$g_{AB}(r)=\frac{\langle\rho_B(r)\rangle}{\langle\rho_B\rangle_{local}}=\frac{1}{\langle\rho_B\rangle_{local}}\frac{1}{N_A}\sum_{i\in A}^{N_A}\sum_{j\in B}^{N_B}\frac{\sigma(r_{ij}-r)}{4\pi r^2}$$

式中，$\langle\rho_B(r)\rangle$ 为 A 类型粒子周围距离 r 处 B 类型粒子的密度；$\langle\rho_B\rangle_{local}$ 为所有以 A 粒子为中心，半径为 r_{max} 的壳层内 B 粒子的平均密度。通常 r_{max} 的值取为盒子长度的一半，具体计算时，分析程序会将系统划为球形切片（从 r 到 r+dr），并生成一个直方图。

（3）空间分布函数

分布函数的概念可推广到三维，三维空间的分布函数被称为空间分布函数（spatial distribution function，SDF），可定义为与粒子的局部数密度与平均数密度之比，数学实质是三维上的某种密度分布。

$$\Omega(x,y,z)=\frac{\rho(x,y,z)}{\bar{\rho}}$$

（4）扩散系数

根据不同的外界限制条件，粒子的扩散有多种模式，如静态模式、简单（或布朗）扩散模式、定向扩散（传输）模式、限制扩散模式和受障模式，不同扩散模式下粒子的均方位移（MSD）与时间 t 的关系也不同。大多数情况下，分子动力学模拟研究的是粒子的简单扩散模式。

分子的扩散性质借助 MSD 分析。MSD 是时间的函数，衡量经过 t 时间粒子位移量的平方的平均值。均方位移的计算公式为：

$$\mathrm{MSD}(t)=\left\langle\frac{1}{N_\alpha}\sum_{i=1}^{N_\alpha}\left|r_i(t)-r_i(0)\right|^2\right\rangle$$

式中，N_α 表示体系中的分子数量；$r_i(t)$ 表示分子 i 在 t 时刻的位置。均方位移可以用来表示分子相较于它们初始位置的变化情况。扩散系数 D 体现分子的扩散速率，其计算公式为：

$$D_\alpha=\frac{1}{2dN_\alpha}\lim_{t\to\infty}\frac{\mathrm{d}}{\mathrm{d}t}\sum_{i=1}^{N_\alpha}\left\langle\left|r_i(t)-r_i(0)\right|^2\right\rangle$$

式中，d 表示整个体系的维数。

（5）氢键

氢键就是键合于一个分子或分子碎片 X—H 上的氢原子与另外一个原子或原子团之间形成的吸引力，有分子间氢键和分子内氢键之分，其 X 的电负性比氢原子强。可表示为 X—H···Y，其中"···"是氢键。X—H 是氢键给体，Y 是氢键受体。Y 可以是分子、离子或者分子片段。受体 Y 必须是负电的，可以是含孤对电子的 Y 原子，也可以是含 π 键的 Y 分子。X、Y 原子相同时形成对称氢键。

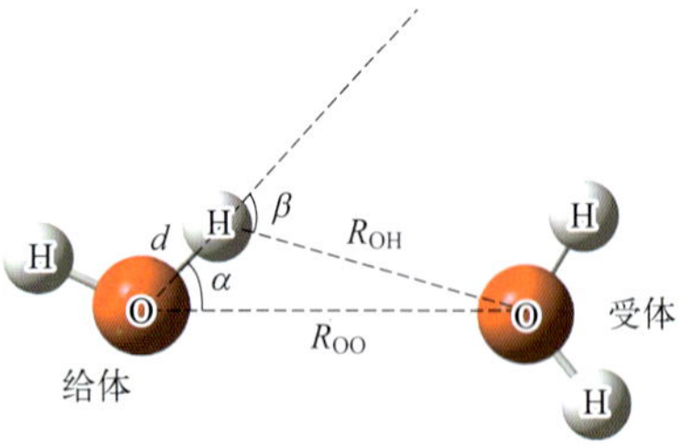

图 2.5　水分子之间形成的氢键

氢键在分子动力学模拟结果的分析中占有重要地位，但是在分子模拟中的氢键判断标准有多种，例如能量准则、电子结构准则、几何准则等。其中几何准则涉及的计算量相对较小，被广泛使用。Gromacs 软件中对氢键的判断标准为几何准则，对应的结构示意图如图 2.5 所示。

相应的角度和距离之间的函数关系有：

$$R_{OO}\sin\alpha = R_{OH}\sin\beta$$

$$R_{OO}\cos\alpha = R_{OH}\cos\beta + d$$

$$R_{OH}^2 = R_{OO}^2 + d^2 - 2R_{OO}d\cos\alpha$$

$$\sin\beta = \frac{R_{OO}\sin\alpha}{R_{OH}} = \frac{R_{OO}\sin\alpha}{\sqrt{R_{OO}^2 + d^2 - 2R_{OO}d\cos\alpha}}$$

$$\beta = \arcsin\frac{R_{OO}\sin\alpha}{\sqrt{R_{OO}^2 + d^2 - 2R_{OO}d\cos\alpha}}$$

根据上式，若 $R_{OO} = 0.35\ \text{nm}$，$d = 0.1\ \text{nm}$，$\alpha = 30°$，则 $\beta = 40.7°$。

Gromacs 程序基于命令 gmx hbond 分析所有的给体（donor）和受体（acceptor）之间的氢键（HB）。参考值 r_{HB}=0.35 nm，对应于 SPC 水模型 RDF 的第一极小位置，其中 $R_{OO} \leqslant r_{HB}$=0.35 nm 和 $\alpha \leqslant \alpha_{HB} = 30°$。

（6）弛豫时间

弛豫时间能够说明粒子在一定空间范围内存在的时间长短。以表面活性剂水溶液为例，弛豫时间越长，则表明表面活性剂对水分子的束缚作用越强，其表面结合的水分子也越稳定，水分子越不易脱离。

弛豫时间通常由一个时间步长内仍然残留于该水化层内的水分子所占的比例确定，可通过时间自相关函数 $C_r(t)$ 计算得到：

$$C_r(t) = \frac{1}{N_W}\sum_{j=1}^{N_W}\frac{\langle P_{Rj}(0)P_{Rj}(t)\rangle}{\langle P_{Rj}(0)^2\rangle}$$

式中，P_{Rj} 为一个二值函数；N_W 为水化层内的水分子数。如果第 j 个水分子在 t 时刻时仍停留在该水化层内，则 $P_{Rj}(t_1) = 1$，否则 $P_{Rj}(t_1) = 0$，如图 2.6 所示。

为了定量表示某原子周围第一水化层内水分子的弛豫时间，对时间自相关函数进行指数拟合，即得弛豫时间，公式如下：

$$C_r(t) = A_r \exp\left(-\frac{t}{\tau_r}\right)$$

式中，A_r 表示强度系数；τ_r 为弛豫时间。原子周围水分子的弛豫时间与扩散系数一一对应，水分子的弛豫时间越长，则表明原子对其束缚越强，其扩散系数就越小。

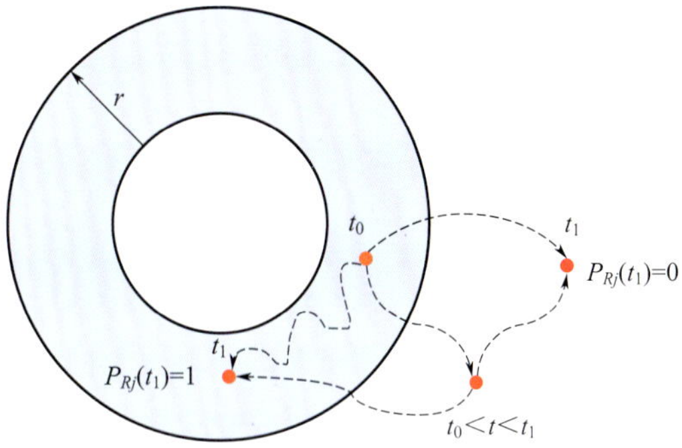

图 2.6 P_{Rj} 示意图

（7）表面张力

在物理上表面张力的狭义定义是指液体试图获得最小表面位能的倾向；广义上讲，所有两种不同物态的物质之间界面上的张力被称为表面张力，单位为 N/m 或者 J/m²，即单位长度的力或者单位面积的能。表面张力最常见的例子发生在液体与其他物质的接触面上。以水为例，水的表面张力来自由范德华力所造成的内聚力。在材料科学里，表面张力也称为表面应力和表面自由能。

热力学上对表面张力的定义为：在温度 T 和压力 p 不变的情况下，表面张力系数 σ 是吉布斯自由能 G 对面积 A 的偏导数。

$$\sigma = \left(\frac{\partial G}{\partial A}\right)_{T,p}$$

在分子动力学模拟中，表面张力计算公式为（以平行于 XY 界面为例）：

$$\gamma(t) = L_z\left\{\bar{P}_{zz}(t) - \frac{1}{2}\left[\bar{P}_{xx}(t) + \bar{P}_{yy}(t)\right]\right\}$$

（8）均力势

伞式抽样是沿反应坐标计算自由能的方法。在伞式抽样过程中，沿（一维或多维的）反应坐标的偏离势（bias potential）驱动系统从一种热力学状态到另一种热力学状态（例如反应物和生成物），中间步骤由一系列窗口覆盖，在每个窗口执行分子动力学模拟。偏离势可以是任意函数形式，通常选用较为简单的谐振势。根据系统沿反应坐标的采样分布，可以计算出各个窗口自由能的变化。然后通过加权直方图分析方法（WHAM）组合窗口，从而得到沿反应坐标的自由能变化，即均力势（potential of mean force，PMF）。

系统的正则配分函数 Q 可以通过对整个相空间，即构型空间和动量空间作积分计算。如果势能 E 独立于动量，后者的积分是与 Q 相关的常数，可以忽略。于是，Q 可以通过以下公式得到：

$$Q = \int \exp\left[-E(r)/k_B T\right] d^N r$$

式中，k_B 是玻尔兹曼常数；T 是绝对温度；N 是系统的自由度。

在正则系综中，亥姆霍兹自由能 $A = -k_B T \ln Q_{NVT}$；在等温等压系综中，吉布斯自由能 $G = -k_B T \ln Q_{NpT}$。

2.4 模拟过程

尽管分子动力学、Monte Carlo 等模拟方法在理论上有许多不同之处，但是它们在初始运行时都有相同的处理方式。第一个相同点是选择何种能量形式来计算体系的能量。由于我们感兴趣的是含有大量原子的体系，需要计算大量的积分和运行很长的时间，因此分子内或者分子间相互作用几乎都是采用经验的能量形式——分子力学进行计算。当然，随着功能强大的计算机和新理论方法的不断出现，有些模拟会采用量子力学，或者量子力学与分子力学（QM/MM）相结合的方式。

选择好计算能量的方式以后，一个完整的模拟过程一般包括四个步骤。第一步最重要的一点是建立初始构型。因为初始构型往往决定了模拟结果的好坏，如果初始构型选择不当，会浪费相当长的时间才能达到平衡，甚至根本无法达到平衡。构建完初始构型之后，第二步是平衡态性质的计算。在这个过程中，通过检测许多热力学和结构性质来评价模拟是否达到平衡；有时候需要选择不同的系综进行模拟，特别是对于非均相体系更应小心选择。第三步是信息收集阶段，在这个过程中将会计算体系的许多性质，并且按照一定的模拟步数储存这些信息，已备后续过程分析之用。最后一步是分析阶段，提取原先储存的信息，观察模拟过程中体系结构变化，以及检查模拟过程中遇到的不寻常的性质变化等。

2.4.1 选择初始构型

如上所述，初始构型的选择非常重要，如果选择不当不仅仅浪费模拟时间，而且极有可能得不到理想的结果。因此在构建初始构型时，需要进行大量的文献调研，并根据实验的实际情况，提出合理的初始构型，要尽量避免选择体系的高能构象，以确保模拟能够稳定运行。有时候可以利用能量最小化方法，在运行分子动力学和 Monte Carlo 方法之前进行构象优化，以减少不合理的构象，如分子重叠、相互交叉等。

如果已经测定了分子结构（如蛋白质的晶体结构），那么就可以方便地以此结构作为初始构型。但是对于含有大量相同粒子的均相液体体系，通常选择标准的格子结构作为初始构型，因为随机的分子排列可能会引起分子重叠等高能构象，而且还要尽可能地按照实际的实验密度选择合适的模拟格子，这样就会更加接近实际情形。有些情况下，也有必要细心地排列每一个分子，例如较大的分子，但更重要的是选择的初始构型要尽量接近于平衡结构。

对于非均相体系或者是分子聚集体等情况，一般需要更严格的实验结构数据，如 X 射线衍射或 NMR 等实验数据，若无这些信息资料，则可由分子力学能量最小化的结果作为初始构型。

对于复杂的自聚集体系，我们需要从实验数据入手讨论构建初始构型的问题。例如：对于驱油体系中孔喉附近的聚合物，实验推测聚合物是在孔喉附近聚集，因此构建初始构型时就应该更接近这种结构，以便缩短模拟时间从而更有利于讨论动力学模拟过程（Yuan et al.，2024a）。图 2.7 为研究改性聚丙烯酰胺聚合物在孔喉附近的聚集、运移过程，能够看出来随着模拟时间的延长，聚合物结构从聚集成团到逐渐伸展的过程，模拟现象与实验推测是一致的。

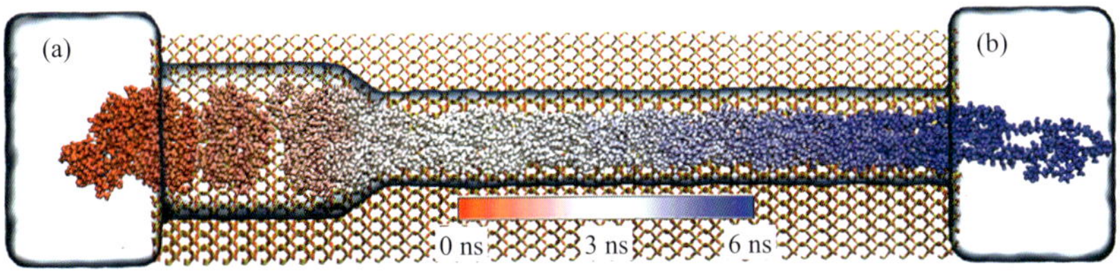

图 2.7　改性聚丙烯酰胺聚合物在孔喉附近的初始结构到平衡结构的运移轨迹（Yuan et al.，2024a）

2.4.2　判断平衡

平衡阶段的目的是使体系从初始构型出发达到平衡状态，以保证体系的性质达到稳定。判断体系是否达到平衡有不同的方法，包括一些热力学性质随时间的变化，例如能量、温度、压力或者结构性质等。对于液体的模拟，一般采用相应的固体构型作为初始结构，因此在模拟之初首先使格子“熔化”。下面介绍几种比较常见的判断体系达到平衡的方法，以供参考。当然，最简单的方法是检查体系的能量、温度、压力等热力学函数随模拟时间的变化是否达到了平衡，有些时候则需要把多种方法结合起来才能检测体系是否真正达到了平衡。

在分子动力学模拟过程中，是否采用能量变化来判断体系是否达到平衡，要看具体的研究体系。即使在 *NVT* 系综下，在凝聚相中能量的变化是依赖控温方法的，特别是在体系很大的情况下，采用总能量变化判断体系是否达到平衡会有一定的麻烦。不过有时候可以采用体系中的某种能量形式，例如在研究聚合物链环糊精与金刚烷主客体相互作用时，可以采用聚集过程中的相互作用能来判断体系是否达到平衡。图 2.8 为两个聚合物链相互作用能的变化，以此讨论其他结构性质是否达到平衡。

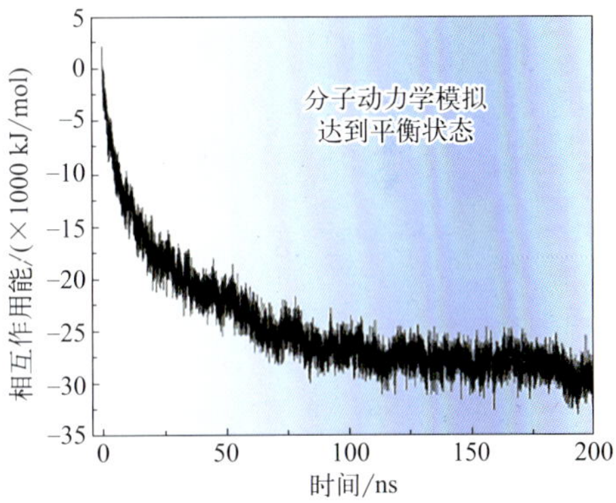

图 2.8　包含环糊精与金刚烷的两个聚合物链之间的相互作用能随模拟时间的变化（Yuan et al.，2023）

有时候可以采用吸附饱和或者形成的氢键数量等来判断体系是否达到平衡。在研究膜蒸馏过程中讨论含油物质对膜污染的影响，可根据聚氟乙烯膜表面吸附油分子数量的变化，结合吸附面积等判断体系是否达到了平衡（Yuan et al.，2024b）。图 2.9 为在不同吸附阶段，根据油滴在聚氧乙烯膜上油分子吸附数量，可推测在模拟时间 15 ns 以后体系已经达到平衡，可以进行后续统计分析。

根据模拟体系，也可以通过可接触面积、聚合物链的回转半径、聚集体之间的距离等判断体系是否达到平衡。为研究沥青质在 SiO_2 表面的吸附，Ji 等人采用聚集体的溶剂可接触面积（SASA）来判断体系是是否达到平衡，以此探讨吸附过程中的动力学行为（Ji et al.，2019）。图 2.10 表示固体表面聚集行为的 SASA 随模拟时间的变化，很明显在 30 ns 以后，在以己烷为溶剂的体系中，沥青质聚集并吸附于固体表面并最终达到了平衡，这样就可以进行动力学平衡性质的统计。

采用何种方法探讨体系是否达到平衡，需要根据实际研究体系做出判断，没有固定方法。

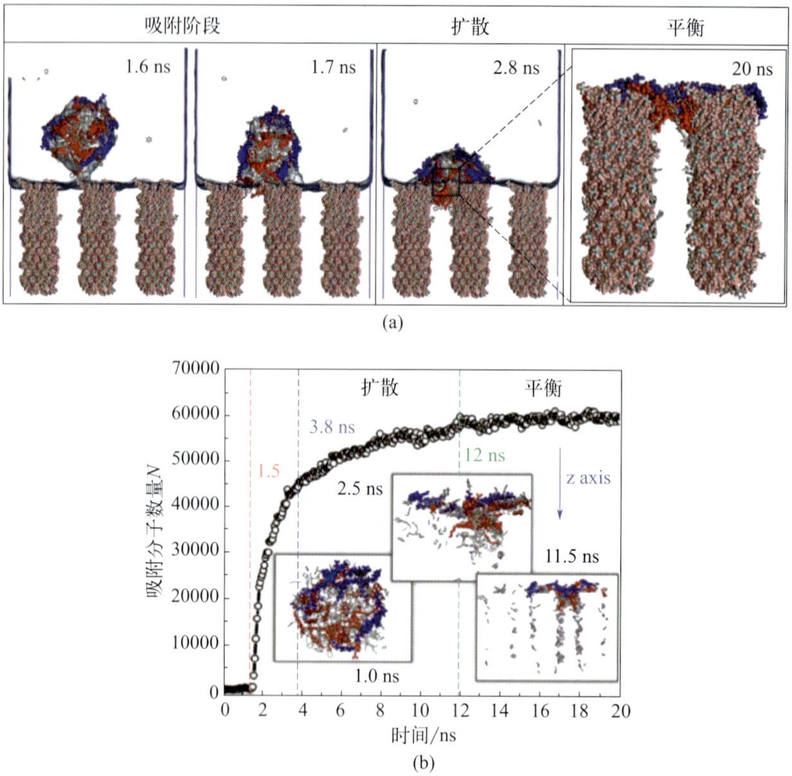

图 2.9　油滴在聚氟乙烯膜表面的吸附与渗透（a）和吸附分子数量随时间的变化（b）（Yuan et al.，2024b）

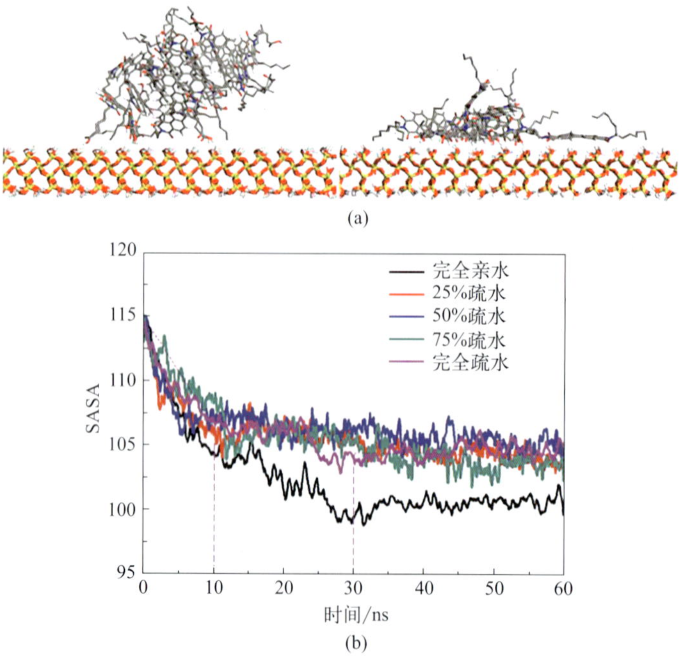

图 2.10　沥青质在亲油亲水表面的吸附聚集结构（a）和聚集结构随模拟时间的溶剂可接触面积的变化（b）（Ji et al.，2019）

2.4.3 模拟结果与偏差分析

模拟运算完成之后，会产生大量的数据，分析这些数据并与相应的结构、性质建立联系，是非常艰巨的任务，也能体现对模拟方法掌握的熟练程度。对于一个特定的模拟而言，最直接的目的是通过简单的物理或者热力学性质来研究分子的构型变化。但是分子构型从当前步到下一步的变化幅度并不大，因此一般采取 5 ～ 25 步储存一个构型（当然要看研究的体系和计算机的储存能力），最后进行数据分析。通过检测整个模拟过程中构型的变化，可以关注分子动力学或者 Monte Carlo 中一般和特殊的构型变化。在分子动力学中，往往关心的是体系的结构性质，而不是计算相应的热力学函数。因此在这里我们强调的是，不同模拟方法对分析结果的侧重点是不同的。

模拟计算其实就是用计算机做实验，在一定程度上说，模拟结果应与实验现象相一致。但是如果模拟结论与实验现象相差较大，那就要小心求证，反复确认，只有排除计算环节中力场、模型等等的原因，才会给出较为合理的解释。目前来看，分子模拟在油田化学中的应用还是更多为了解释实验现象，为实验提供理论参照的作用。这样，模拟计算应是实验的一种重要补充，在分子尺度上对实验现象进行解释，因此，分子模拟结果应该与实验现象相一致，否则就要重新构建模型、选择不同的力场，甚至更改计算软件（方法）。

在无助表面活性剂存在下，单链表面活性剂在合适的实验条件下也能形成囊泡。分子模拟方法揭示了实验发现表面活性剂双层稳定存在的原因。模拟结果表明，对于十二烷基硫酸钠（SDS）体系，当尾链之间相互交叉接近 31.7% 时，表面活性剂双层可以稳定存在，在此基础上再讨论囊泡的结构性质，比如表面活性剂 SDS 与钠离子、水分子之间的相互作用等（Zhang et al.，2017）。图 2.11 示出了表面活性剂双层膜下单分子占有面积与交叉比例的关系，从模拟结果找寻实验现象之间的联系，随后讨论实验现象与模拟结果一致下，实验发现单链表面活性剂形成囊泡的原因，这是在大量模拟结果中找寻与实验现象相一致的典型案例。

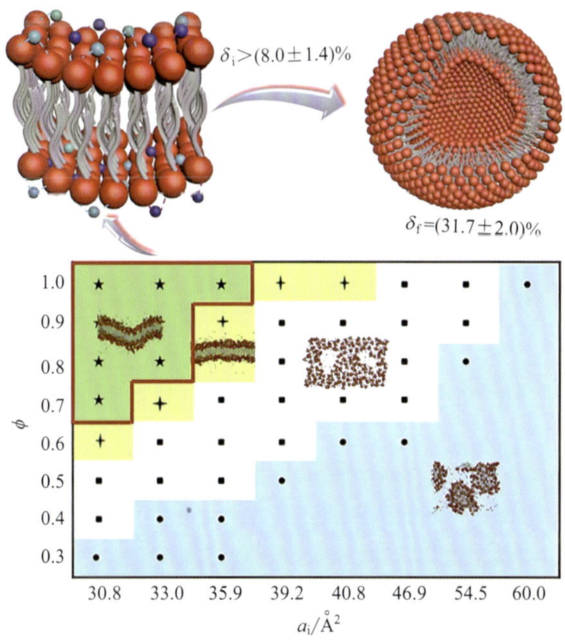

图 2.11 单分子占有面积与烷基链交叉程度的关系（Zhang et al.，2017）

其中表示初始构型为交叉程度 8.0%，最终模拟交叉程度达到 31.7% 以上才有助于 SDS 双层膜的稳定性任何计算模拟都存在误差，而这种误差是否合理则需要认真考虑。计算软件运行过程中，会产生两种类型的误差：系统误差和统计误差。前者是由于计算机或者软件本身造成的，它对一个“合适”结果呈现一致的偏差，系统误差最严重的问题是在很大程度上偏离了“合适”的结果。系统误差很难被检测出来，因此在模拟计算过程中应该小心地选择模拟程序，诸如力场等都要认真对待，以便尽可能消除由此造成的系统误差。

即使消除了所有可能的系统误差，模拟计算的统计误差也会存在。这些误差通常以标准偏差的形式体现。对于一系列的观测数据，某个性质 x 的算术平均为：

$$\bar{x} = \frac{1}{N}\sum_{i=1}^{N} x_i$$

N 代表着数据的数目。这个平均在统计学中也可以写作 $\langle x \rangle$。标准偏差（standard deviation，σ）表示总体数据对平均数据的偏差程度：

$$\sigma = \sqrt{\frac{1}{N}\sum_{i=1}^{N}\left(x_i - \bar{x}\right)^2}$$

从上式可以知道，标准偏差与数据数目的平方根成反比。因此，长时间的模拟将会储存更多的数据，因而也就会得到更准确的模拟结果。

另外一种降低模拟误差的方法是在计算过程中增加原子或者分子数目，尤其是对体系的大小有依赖关系的性质，如能量、热容等物理量。

综合考虑，一般说来，对于较大体系进行较长时间的模拟总会得到较准确的结果。

参考文献

陈敏伯，2009. 计算化学 - 从理论化学到分子模拟［M］. 北京：科学出版社 .

杨小震，2010. 软物质的计算机模拟与理论方法［M］. 北京：化学工业出版社 .

苑世领，张恒，张冬菊，2022. 分子模拟［M］.2 版 . 北京：化学工业出版社 .

Allen M P，Tildesley D J，1987. Computer simulation of liquids［M］. Oxford：Claredon Press.

Allinger N L，1976. Calculation of molecular structure and energy by force-field methods［J］. Advances in Physical Organic Chemistry，13：1-82.

Andersen H C，1980. Molecular dynamics at constant pressure and/or temperature［J］. Journal of Chemical Physics，72：2384-2393.

Berendsen H J C，Postman J P M，van Gunsteren W F，1984. Molecular dynamics with coupling to an external bath［J］. Journal of Chemical Physics，81：3684-3690.

Boyd R H，1968. Method for Calculation of the Conformation of minimum potential-energy and thermodynamic functions of molecules from empirical valence-force potentials- application to the cyclophanes［J］. Journal of Chemical Physics，49：2574-2583.

Darden T A，York D，Pedesen L，1993. Particle-mesh Ewald：an Nlog（N）method for Ewald sums in large systems［J］. Journal of Chemical Physics，98：10089-10092.

Engler E M，Andose J D，Schleyer P R，1973. Critical evaluation of molecular mechanics［J］. Journal of the American

Chemical Society, 95: 8005-8025.

Ermer O, Lifson S, 1973. Consistent force field calculations parts, vibrations, conformations, and heats of hydrogenation of nonconjugated olefins[J]. Journal of the American Chemical Society, 95: 4121-4132.

Ji D L, Liu G, Zhang X L, et al, 2019. Adsorption of C5Pe molecules on silica surfaces with different hydrophobicity studied by molecular dynamics simulation[J]. Applied Surface Science, 495: 143624.

Hockney R W, Eastwood J W, 1988. Computer simulation using particles[M]. Bristol: Adam Hilger.

Hoover W G, 1985. Canonical dynamics: equilibrium phase-space distribution[J]. Physical Review A, 31: 1695-1697.

Gear C W, 1971. Numerical initial value problems in ordinary differential equations[M]. Englewood Cliffs, NJ: Prentice Hall.

Leach A R, 2001. Molecular modeling: principles and applications[M]. Second edition. Pearson education limited.

Lifson S, Warshel A, 1968. Consistent force field for calculations of conformations, vibrational spectra and enthalpies of cycloalkane and n-alkane molecules[J]. Journal of Chemical Physics, 49: 5116-5129.

Marrink S J, Jelger Risselada H, Yefimov S, et al, 2007. The MARTINI force field: coarse grained model for biomolecular simulations[J]. Journal of Physical Chemistry B, 111: 7812-7824.

Mehana M, Kang Q, Nasrabadi H, et al, 2021. Molecular modeling of subsurface phenomena related to petroleum engineering[J]. Energy& Fuels, 35: 2851-2869.

Nosé, S, 1984. A unified formulation of the constant temperature molecular dynamics methods[J]. Journal of Chemical Physics, 81: 511-519.

Verlet, L, 1967. Computer experiments on classical fluids. I. Thermodynamical properties of Lennard-Jones molecules[J]. Physical Review, 159: 98-103.

White D N J, Bovill M J, 1976. The effect of non-bonded H-H potentials on calculated molecular conformations and steric energies[J]. Journal of Molecular Structure, 33: 273-277.

Woodcock L V, 1971. Isothermal molecular dynamics calculations for liquid salts[J]. Chemical Physics Letters, 10 (3): 257-261.

Yuan S D, Guo A Q, Zhang H, et al, 2024a. Molecular dynamics simulations of supramolecular polymers within nanoconfinements for enhancedoil recovery[J]. ACS Applied Materials Interfaces, 16: 5255-5267.

Yuan S D, Sun L H, Li L, et al, 2023. Microscopic understanding of the supramolecular interaction in enhanced oil recovery[J]. Journal of Molecular Liquids, 386: 122546.

Yuan S D, Yang X, Zhang N, et al, 2024b. Molecular insights into the adsorption and penetration of oil droplets on hydrophobic membrane in membrane distillation[J]. Water Research, 253: 121329.

Zhang H S, Yuan S L, Sun J C, et al, 2017. Molecular dynamics simulation of sodium dodecylsulfate (SDS) bilayers[J]. Journal of Colloid and Interface Science, 506: 227-235.

第3章

表面活性剂的耐盐实质

表面活性剂在三次采油中的良好应用效果，在于其在体相（包括油相和水相）、界面（包括固液、气液和液液界面）处的聚集行为。大量的实验集中于研究表面活性剂的油水界面张力、固液界面吸附和润湿性、油相或水相中的聚集结构等，而分子模拟技术可研究表面活性剂的微观聚集行为，为油田化学实验提供丰富的分子水平上的信息，是对实验的一种有益补充。采用的方法包括量子力学、分子力学和介观模拟等，研究体系也从单分子结构到聚集体系，跨越多个空间尺度，可供选择的模拟计算软件众多，所得模拟结论也为众多实验工作者所认可，并在一定程度上为实验研究提供理论参照作用，并适时缩短了油田化学用表面活性剂的设计研发周期。

本章将从模拟计算角度论述表面活性剂在体相、界面处与阳离子的相互作用，探讨油田化学用表面活性剂的耐盐实质，为相关领域研究提供微观研究思路。

3.1 表面活性剂油水界面性质

针对目前驱油体系中用到的表面活性剂，采用分子模拟方法研究它们在油水界面处的聚集行为，对理解提高原油采收率中表面活性剂的作用非常重要。复杂的地质环境条件，总会影响人们所期望的驱油效果。对于传统驱油体系，岩石表面的物理化学性质影响表面活性剂的吸附损失，多数实验归结为表面活性剂与岩面之间的非键相互作用。其实表面活性剂与胶质、沥青质等之间的非键相互作用，也会造成表面活性剂在岩石表面的吸附损失。我们将从这几个方面在微观角度上进行论述。

3.1.1 阴离子表面活性剂

与其他类型表面活性剂相比，阴离子表面活性剂因产量大、品种多而成为石油开采过程中应用最为广泛的表面活性剂。日常生活中常用的阴离子表面活性剂，从分子结构上可分为四大类：磷酸盐型（$—OPO_3Na$），常用于金属钝化等；硫酸盐型（$—OSO_3Na$），常用于洗涤、乳化等；羧酸盐型（—COONa），具有良好的乳化性能，价格便宜；磺酸盐型（$—SO_3Na$），在溶液中性质稳定。与其他三种类型相比，油田化学中的磺酸盐表面活性剂，通常通过磺化富含芳烃的原油获得，因此与原油有良好的相容性，且具有较强地降低界面张力的能力，呈现出较好的驱油效果，并且在耐温耐盐方面表现良好（Fu et al.，2022）。

在油水界面处，阴离子表面活性剂的浓度决定着要执行的分子动力学模拟时间，影响油水界面的性质。从初始结构到平衡结构，不同文献中所报道的模拟平衡时间相差几个数量级，表现在两方面：一是表面活性剂从溶剂相扩散到油水界面的时间，二是表面活性剂分子在界面上的构型转化时间。Paredes 等人采用分子动力学方法，模拟磺酸盐表面活性剂 $8C_{16}$ 在十四烷 / 水界面处的聚集行为，模拟发现在这种缓慢的平衡过程中，界面张力随模拟时间缓慢增加，与之相对应的是界面能的缓慢降低（图 3.1），二者的变化都与界面处表面活性剂的聚集结构有关（Paredes et al.，2018）。在长达 1300 ns 的模拟时间内，获得的界面张力为（47.42±0.07）mN/m，数值明显高于前 200 ns 的界面张力。当然 Paredes 等人的工作只是为了说明聚集结构对界面张力的影响，在其研究的油水界面处，仅仅放置了少数几个表面活性剂分子（未达到饱和状态）。预计随着界面上表面活性剂浓度增加，界面张力的涨落还会扩大。模拟也说明，分子动力学模拟很难获得表面活性剂油水体系的超低界面张力（主要在于建模过程中如何掌控表面活性剂浓度上），模拟误差大于实验数据，这是在模拟中需要注意的。

在模拟系列 mC_{16} 烷基苯磺酸盐表面活性剂在油水界面的聚集性质时，Aray 等人发现无论苯磺酸盐极性头位于烷基链（C_{16}）的任何位置，亲水的极性头与水分子之间都存在强烈的水合作用；在结合能数据上，与十四碳油相的结合能为 -162.3 mN/m，与水相的结合能为 -1445.8 mN/m，二者相差一个数量级（Aray et al.，2017）。同样针对系列类烷基苯磺酸盐表面活性剂，模拟发现随着烷基尾链碳原子数增加，表面活性剂分子间的空间位阻增大，在界面处的分布越加稀疏，界面上的表面活性剂活性减弱（Liu et al.，2015）。因此，在实际应用中，表面活性剂通常选择 8 ～ 18 个碳原子的疏水烷基链。

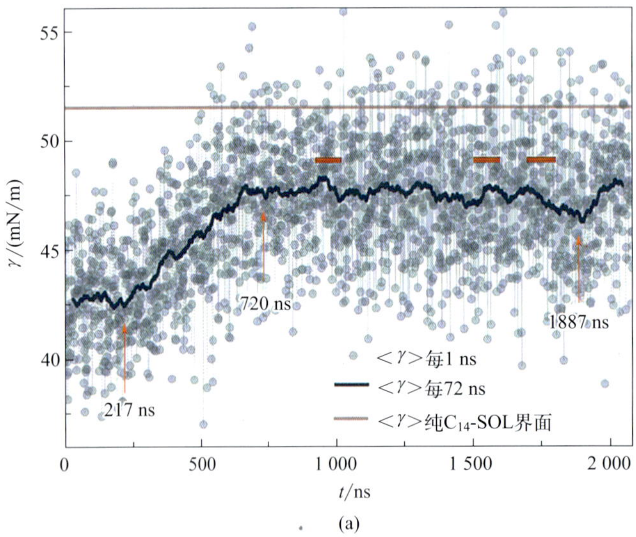

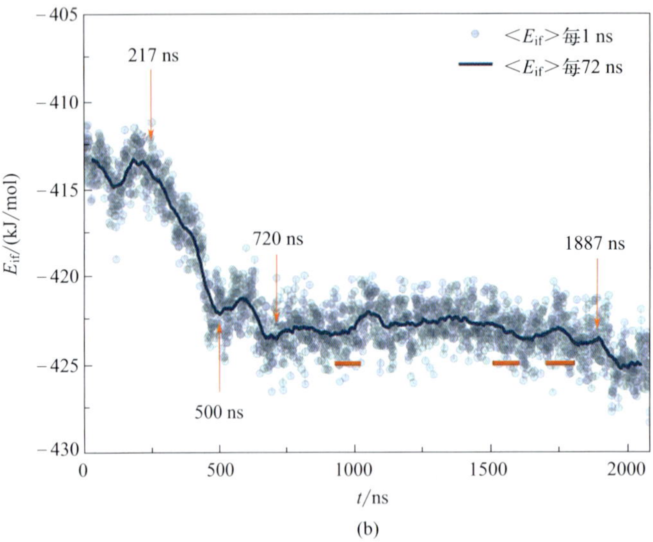

图 3.1　磺酸盐表面活性剂 8C16 在十四烷 / 水界面处界面张力和界面能随时间的变化（Paredes et al.，2018）

模拟过程中至少存在两个平衡平台，（a）中的直线为纯十四烷 / 水的界面张力数值

同时改变烷基苯磺酸盐的极性头与疏水尾链的长度和位置，也是表面活性剂在分子设计方面所采取的策略。Tan 等人通过分子动力学模拟，比较了烷基苯磺酸盐表面活性剂六种异构体在油水界面的自组装行为（Tan et al.，2017）。研究表明，烷烃疏水尾链显著影响界面性质，可有效降低油水界面张力。当表面活性剂浓度较高时，芳香基处在主链第二和第三碳位的表面活性剂，更利于其从油相（以癸烷代表）进入水相形成水包油型乳液。图 3.2 为模拟中选择的表面活性剂的分子结构示意图，表 3.1 为不同类型表面活性剂与油相、水相的相互作用能。从中可发现，间位取代的表面活性剂 m16 和 m14o2，与对位取代的表面活性剂相比，显示出与水相有更强的相互作用，以及与癸烷油相有更弱的相互作用，也说明间位取代

的表面活性剂烷基尾链能够较少地被癸烷所溶剂化。相较于对位取代，间位取代的表面活性剂分子之间存在更强的相互作用。在所研究的表面活性剂中，三取代的表面活性剂具有最弱的表面活性剂间相互作用能，这与表面活性剂的相转变（或者说随表面活性剂浓度增加聚集形貌发生改变）有关。

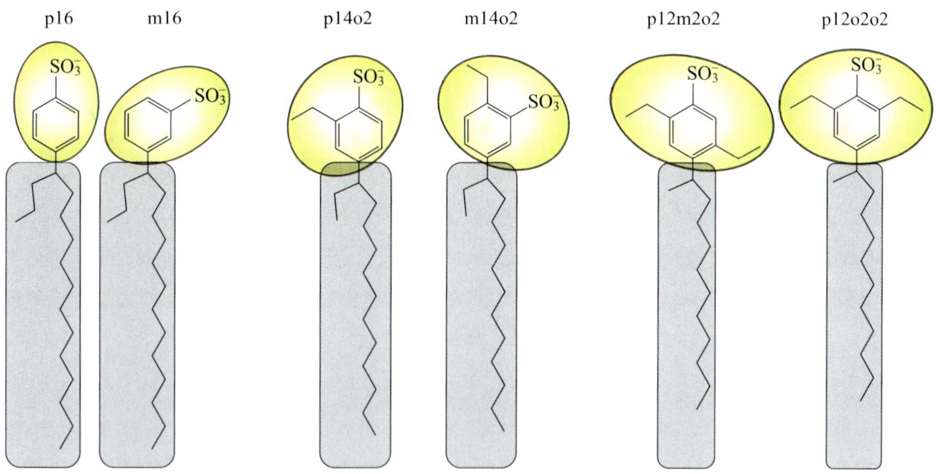

图 3.2　研究中所使用的表面活性剂的分子结构示意图（Tan et al.，2017）

椭圆和矩形分别表示表面活性剂头部和尾部占据的错落形状和空间位置

表 3.1　不同覆盖度下表面活性剂、油相和水相之间的相互作用能　　单位：kJ/mol

覆盖度 /nm^2	p16	m16	p14o2	m14o2	p12m2o2	p12o2o2
表面活性剂 - 表面活性剂						
4.00	−5.30±0.19	−5.52±0.16	−5.35±0.19	−5.45±0.17	−4.32±0.18	−4.41±0.15
2.04	−12.35±0.12	−12.43±0.16	−11.64±0.16	−12.53±0.13	−10.24±0.15	−10.13±0.14
1.23	−21.55±0.15	−22.26±0.15	−20.62±0.15	−23.00±0.13	−19.13±0.12	−18.56±0.14
0.69	−38.52±0.14	−40.52±0.14	−38.50±0.14	−42.62±0.14	−36.97±0.14	−34.96+0.15
表面活性剂 - 水						
4.00	−84.44±1.14	−90.35±0.35	−94.91±0.16	−100.99±0.55	−102.57±0.91	−102.15±1.19
2.04	−82.00±0.35	−86.66±0.53	−92.14±0.84	−96.64±0.53	−98.11±0.59	−98.33±0.61
1.23	−77.90±0.61	−81.57±0.55	−86.15±0.71	−89.52±0.43	−92.43±0.48	−91.25±0.47
0.69	−66.14±0.75	−68.01±0.48	−71.96±0.67	−72.58±1.17	−75.38±0.77	−75.24±0.83
表面活性剂 - 癸烷						
4.00	−130.85±0.26	−122.11±0.43	−123.49±0.37	−115.44±0.20	−121.62±0.38	−121.40±0.32
2.04	−119.21±0.17	−110.82±0.29	−112.69±0.37	−105.12±0.23	−112.47±0.27	−112.01±0.20
1.23	−103.39±0.28	−95.79±0.24	−98.59±0.19	−90.54±0.14	−98.63±0.17	−98.73±0.19
0.69	−75.06±0.23	−68.08±0.11	−71.54±0.14	−64.54±0.16	−72.50±0.15	−72.81±0.27

对表面活性剂 / 异辛烷 / 水体系，盐浓度也会影响油水界面膜的强度。在静电相互作用下，盐（NaCl）的加入可以改变表面活性剂丁二酸二（2-乙基）己酯磺酸钠（AOT）在油水界面的排列，改变界面膜的强度。随着盐浓度的增加，Na^+ 的扩散能力存在一个临界点，即反离子在合适的浓度下有最大迁移能力，超过这个浓度 Na^+ 的迁移能力反而减弱。可以认为在临界点以下（低离子浓度时），主要以表面活性剂极性头与 Na^+ 之间的相互作用为主，超过临界点时（高离子强度时），水合 Na^+ 本身之间的相互影响加剧，从而限制了 Na^+ 的迁移，这些信息有助于理解乳状液破乳过程中无机盐对界面膜的稳定影响（张秀青等，2005）。

表面活性剂头基的分子结构影响表面活性剂在油水体系所表现的宏观性质。以十二烷基磺酸钠（SDSn）、十二烷基硫酸钠（SDS）、十二烷基苯磺酸钠（SDBS）和十二烷基双氧乙烯醚硫酸钠（AES）为研究对象，Xu 等人测定了四种表面活性剂存在下十二烷 / 水体系的界面张力，其数据大小顺序为 SDSn > SDS > SDBS > AES；同时采用密度泛函理论（DFT）计算得到的偶极矩（代表着表面活性剂分子的极性），其大小顺序为 SDSn < SDS < SDBS < AES，表明定性上实验结果和模拟计算是一致的（Xu et al.，2013）。量化计算表明，表面活性剂的极性与分子结构有关，氧原子、苯环和烷氧基都可以增强表面活性剂的极性，增加油水界面能和界面膜厚度，以及表面活性剂与水分子之间的相互作用，其宏观表现就是在表面活性剂存在的情况下，油水界面张力降低。上述研究表明表面活性剂的分子结构决定其宏观性质，其研究思想也为我们后续研究和解释实验现象提供了思路。

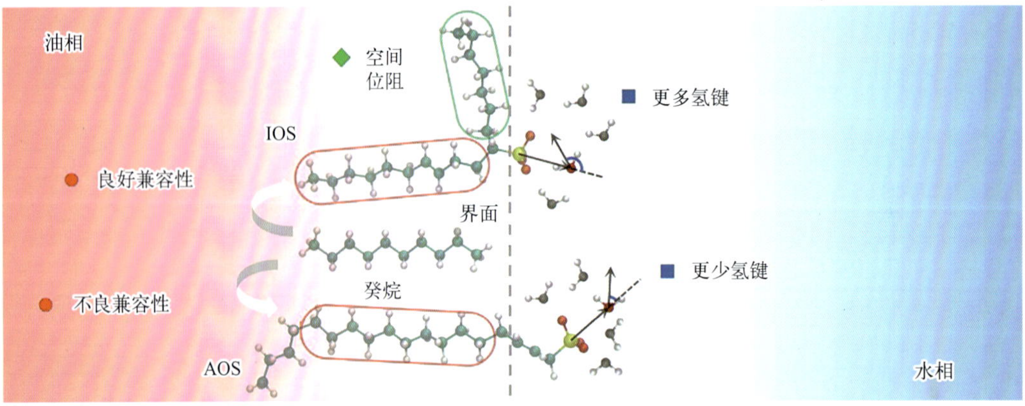

图 3.3　烯烃磺酸盐表面活性剂的分子结构及在油水界面倾向示意图（Jia et al.，2022）

烯烃磺酸盐异构体在油水体系中能实现超低界面张力，而且在油藏条件下耐高温高盐，已经被许多实验确定为是有效的化学驱油剂。对 α- 烯烃（单尾结构的 AOS）与内烯烃（双尾结构的 IOS）磺酸盐表面活性剂在油水界面处聚集行为的模拟表明，IOS 能够显著降低油水界面张力，在界面上所形成的单分子膜比 AOS 更稳定（图 3.3）。IOS 短链的空间位阻效应可以抑制其聚集行为，从而导致更大的界面覆盖，这有利于水相和癸烷油相的分离。IOS 分子头基之间的较大空间，对表面活性剂和水分子之间形成氢键有利，因而增强了界面处 IOS 与水分子之间的相互作用。与 AOS 的单尾结构相比，IOS 的双尾结构与油相能够更好地混溶，因此，就界面性能而言，双尾结构优于单尾结构，可以考虑在强化采油（EOR）实施中应用此类型的表面活性剂（Jia et al.，2022）。

3.1.2 阳离子表面活性剂

复杂的地层条件和原油性质限制了阳离子表面活性剂的应用。因为阳离子表面活性剂极性基团带有正电荷，容易吸附在带有负电荷的岩石表面形成薄膜，使岩石表面呈现出一种疏水状态，利于原油中沥青质、胶质吸附，因此在早期驱油体系中很少关注阳离子表面活性剂。但是随着研究的深入，研究人员发现阳离子表面活性剂不仅具有很强的杀菌能力，而且其带正电荷的极性基团也具有抗静电作用，可以与阴离子表面活性剂或者与原油中的活性成分相结合。鉴于这些特点，近些年来阳离子表面活性剂也逐渐被引入到原油开采之中。

实验研究发现，当无机盐（KBr、KCl 和 NaCl 等）添加到阳离子表面活性剂溶液中，会减弱表面活性剂头基之间的静电相互作用，有利于表面活性形成胶束（Qiao et al.，2011），这归因于电解质存在下形成的抗衡离子壳层；而当有机酸盐水杨酸钠加入阳离子表面活性剂溶液中时，会改变胶束表面的电荷分布，促进球形胶束向蠕虫状胶束转变，这是因为水杨酸根离子插入到表面活性剂壳层中（图 3.4），降低了表面活性剂壳的平均曲率，最终导致表面活性剂聚集状态发生改变（Mohanty et al.，2001）。在 Wang 和 Larson 的分子模拟工作中，发现 NaCl 的加入会削弱阴离子（Cl^-）与 CTAC（十六烷基三甲基氯化铵）胶束表面的缔合作用，胶束表面的抗衡离子解离度下降，表明电解质是通过屏蔽胶束表面极性头之间的静电排斥进而改变胶束形状的；而水杨酸盐可渗透到胶束内部，其亲水基团留在胶束壳区域，疏水基则嵌入胶束疏水核心，水杨酸根离子与表面活性剂极性头间的结合，促进表面活性剂分子的紧密堆积，有效降低了表面活性剂单分子占有面积，利于球形胶束向蠕虫状胶束转变（Wang et al.，2009）。实验观察和模拟结论是一致的。

近年来，在研究双子表面活性剂连接基团的结构差异对界面性质的影响时，人们发现阳离子双子表面活性剂也可以用于石油开采。对十二烷基三甲基溴化铵双子表面活性剂 12-*S*-12（*S*=3、6、12，其中 12 表示两个疏水碳链的长度，*S* 表示两个极性头基之间的联结烷基链长度）模拟发现，表面活性剂单层膜在油水界面上的分布明显要宽于在气液界面上的分布；模拟表明连接基团越长，分子的柔韧性越好（图 3.5），表面活性剂越倾向于以弯曲形式进入油相，利于表面活性剂分子在油水界面的聚集（Wu et al.，2009）。

邻苯二甲酸（PA）和对苯二甲酸（TA）中羧酸官能团的位置，会影响阳离子表面活性剂 DTAB 最终的自组装结构。分子动力学模拟证实，在油水界面 DTAB 与邻苯二甲酸之间有更强的界面吸附，表明邻苯二甲酸可明显增强彼此之间的静电相互作用。羧酸根位置对水化层的分布和界面分子取向有明显的影响，处于对位羧酸根基团的 TA^{2-} 分子，难以破坏油相表面由阳离子表面活性剂形成的水化层，而会更多地以平行状态吸附于油水界面［图 3.6（a）］；相比之下，PA^{2-} 分子会比较容易地以垂直取向伸向油水界面，此种方式不仅可以促进自身的吸附，也增加了界面膜的稳定性［图 3.6（b）］。邻苯二甲酸和对苯二甲酸在油水界面的吸附数量也有明显差异（Xu et al.，2022）。

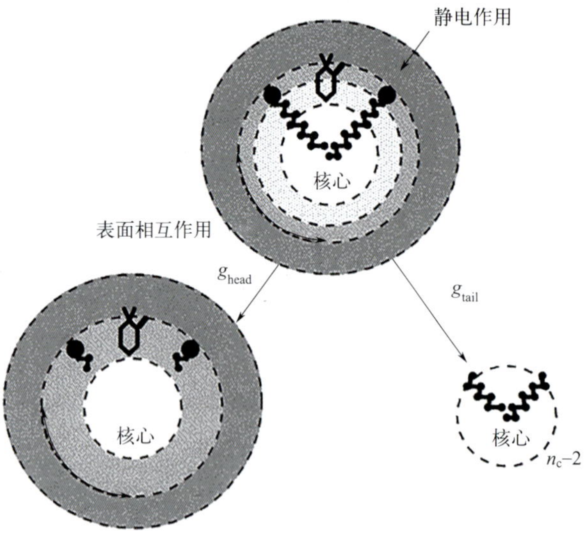

图 3.4　水杨酸根离子存在下表面活性剂的胶束聚集模型（Mohanty et al.，2001）

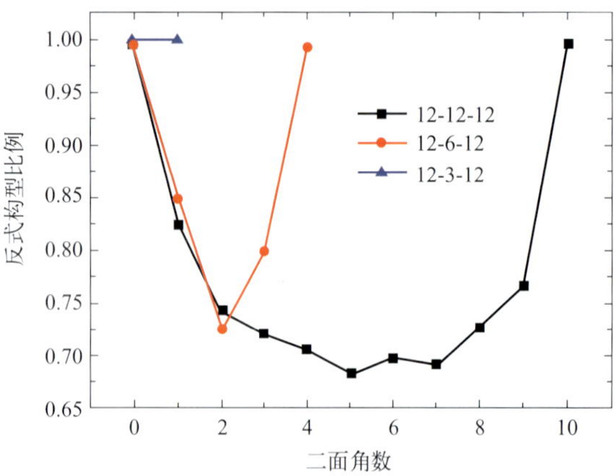

图 3.5　双子表面活性剂中连接基团上每个二面角的 Trans 构型比例（Wu et al.，2009）

体现了 12-12-12 表面活性剂有最大的柔性结构，利于分子进入油相

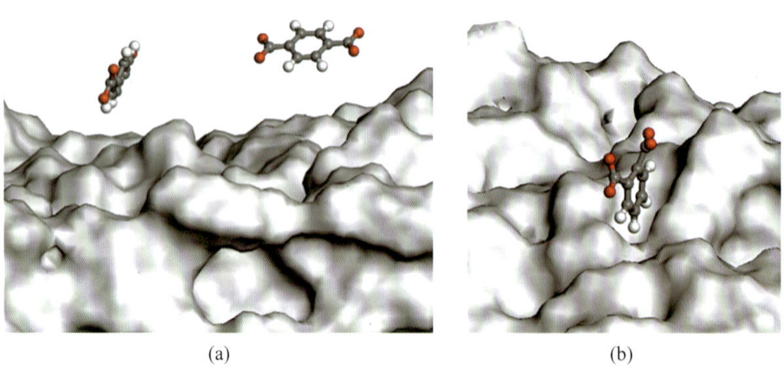

图 3.6　对苯二甲酸与邻苯二甲酸在油水界面处的分子取向（Xu et al.，2022）

灰色表示油相界面

3.1.3 两性离子表面活性剂

与其他类型表面活性剂相比，两性离子表面活性剂有独具特色的电荷分布，呈现相容性好、刺激性低等优点，而且具有优异的耐盐性。两性离子表面活性剂可以减少油层中金属离子的干扰，减少表面活性剂的损失，因此在高矿化度油藏驱油中具有明显的优势。

磺基甜菜碱类表面活性剂是最常见的两性离子表面活性剂，目前实验研究多集中在甜菜碱表面活性剂结构以及浓度和盐度等对溶液、界面性质的影响等方面。在油水界面，当吸附浓度低于饱和吸附浓度时，磺基甜菜碱分子存在垂直排列的趋势；而当高于饱和吸附浓度时，这种界面膜会坍塌导致界面面积增加。模拟发现，磺基甜菜碱中的磺酸根与羟基含氧官能团会与水分子形成氢键，而远离磺酸官能团的醚基几乎与水分子不发生相互作用，这与油水界面形成的单层膜结构有关。在模拟温度范围内，Qu 等人发现表面活性剂与水分子之间形成的氢键数量随温度升高变化并不大，但是可降低两相之间的非键相互作用，界面张力有所下降；由于季铵盐与磺酸基之间形成了内盐结构，削弱了表面活性剂分子对离子的吸引力，降低了阳离子对表面活性剂性质的影响（Qu et al.，2016）。图 3.7 为模拟的磺基甜菜碱在油水界面的分子结构。

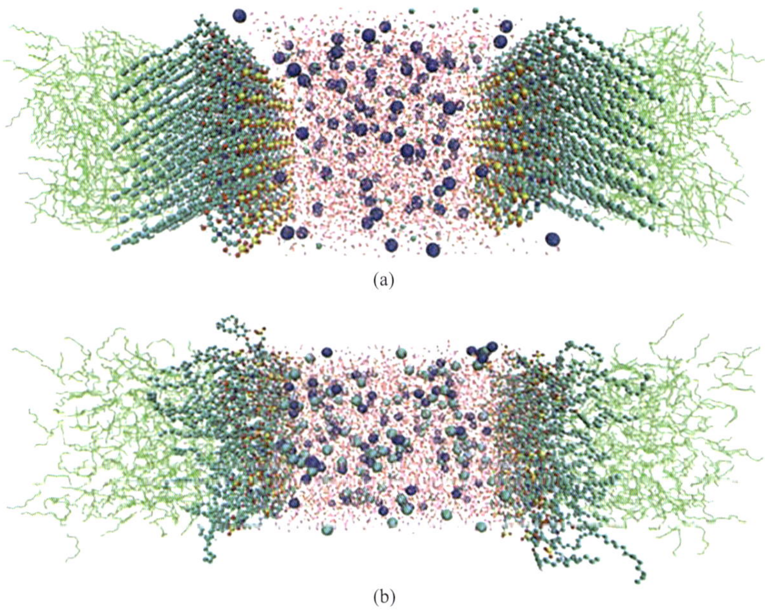

图 3.7 无机盐离子存在下磺基甜菜碱在油水界面的聚集结构（Qu et al.，2016）

（a）初始构型；（b）平衡构型

疏水尾链结构，影响着表面活性剂在油水界面的聚集行为。Liu 等人研究发现，芳香取代基会将烷基链分为两部分，靠近极性基团的部分倾向于垂直于油水界面，而末端的尾链部分倾向于平躺于界面，这在一定程度上会降低表面活性剂在界面上的聚集紧密程度（Liu et al.，2017）。图 3.8 为模拟中两种两性表面活性剂分子结构吸附构型图。

上面阐述的三种离子型表面活性剂，在油田化学中都是非常重要的驱油剂。根据表面性剂的特性，针对矿藏地质条件，需要科学地选择合适的表面活性剂以提高原油采收率。在驱油过程中，原油的分散性和流动性不仅与原油组成和性质有关，也与驱油体系、界面结构等诸多方面有关。用分子动力学模拟研究表面活性剂在油水界面的行为，用界面密度、界面宽度、均方位移等参数来表征表面活性剂在油水界面上的吸附规律，系统研究表面活性剂的分子结构、油相组成、温度和盐度等环境条件对表面活性剂界面行为的影响，这些影响与界面张力等表观性质有关，可建立驱油用表面活性剂的微观结构与性质之间的关系。

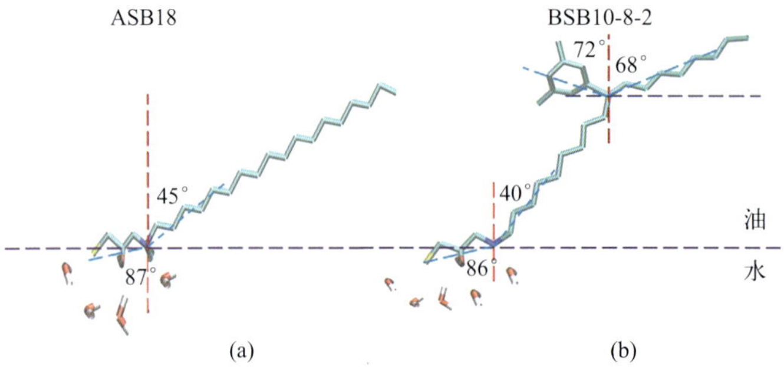

图 3.8　甜菜碱表面活性剂分子在油水界面的吸附构型图（Liu et al.，2017）

3.1.4　非离子表面活性剂

非离子型表面活性剂在水溶液中不会电离产生离子，所以相对于离子型表面活性剂而言，其稳定性更高，在石油开采中也有广泛的应用，例如聚氧乙烯烷基醇醚可用于驱油及原油破乳。油田中常用的非离子表面活性剂，根据亲水结构不同，主要分为聚氧乙烯类、多元醇类以及烷基醇酰胺类等，而且非离子表面活性剂与其他类型的表面活性剂相比，也具有良好的相容性，所以在采油过程中往往会以复配的形式使用。非离子型基团的亲水性比离子型基团弱很多，因此，非离子型表面活性剂要保持较强的乳化作用，其分子结构中一般要含有多个亲水基团，包括醚键、酯键、酰胺键、羟基或者它们相互组合的结构（耿铁等，2019）。

Chanda 等人采用分子动力学模拟对比了非离子表面活性剂烷基聚氧乙烯（$C_{12}E_2$）在油水界面和气液界面上的吸附结构差异。模拟结果表明，油水界面表现为粗糙界面，油相（癸烷）与表面活性剂疏水烷基链之间有明显重叠，归因于二者之间的强疏水相互作用，导致表面活性剂尾部伸向油相，结果就是油水界面处的单层膜厚度大于气液界面处的单层膜厚度。模拟也发现，表面活性剂在两个系统中的扩散行为不同，在油水体系，表面活性剂的平移和旋转明显受到限制；同样的，表面活性剂头基水化层中的水分子，在平移和定向运动中也受到限制，而在油相介质下，水化层中水分子的流动性变差。图 3.9 为水分子在油水界面和气液界面处的自相关函数，显然油水体系中水分子受到了更多的限制，弛豫时间更长（Chanda et al.，2006）。

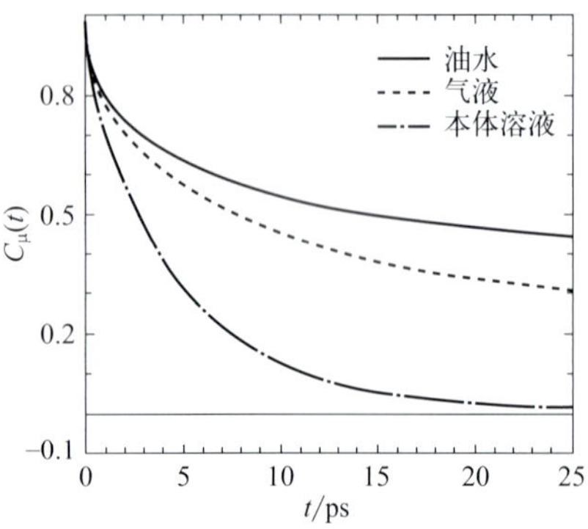

图 3.9　油水和气液界面处表面活性剂水化层中水分子的偶极子的重取向时间相关函数比较（Chanda et al.，2006）

侯梦蝶等选取常见的非离子表面活性剂辛基

酚聚氧乙烯醚（$OPEO_n$），模拟了在醋酸乙烯酯 / 水体系中氧乙烯基团数目对系列非离子表面活性剂性能的影响（侯梦蝶等，2018）。模拟计算表明，界面生成能随着氧乙烯基数量的增加呈现先上升后下降的趋势，在氧乙烯基数目为 12 时，$OPEO_n$ 的界面生成能最高，降低油水界面张力的能力最强。根据“10% ～ 90% 厚度规则”拟合界面厚度，模拟发现在氧乙烯基数量为 12 时，呈现较好的界面活性。

值得注意的是，非离子表面活性剂可抑制油相中沥青质沉淀。由于石油中沥青质分子结构非常复杂，了解表面活性剂与沥青质之间的作用机理，对于制备抑制剂和分散剂，以及最终为提高采收率而选择合适的表面活性剂很有帮助。Ahmadi 等人用分子动力学方法研究了 SDS 和 Triton X-100（TX-100）对沥青质沉淀的影响，模拟中他们选用群岛或岛状结构的沥青质模型分子为研究对象，结果表明沥青质沉淀主要取决于其本身的芳香性，芳香性越高，聚集程度越高。SDS 和 TX-100 能分散具有岛状结构的沥青质，溶解参数随温度升高而略有下降，然而溶解参数和系统温度之间没有线性关系。在四种表面活性剂（SDS、TX-100、CTAB 和 CAPB）中，阴离子和非阴离子表面活性剂的溶解参数最低，最接近沥青质（溶解参数之差越小，混相概率越高）（Ahmadi et al.，2020）。当然，模拟结果也表明，在这四种表面活性剂中，阴离子表面活性剂 SDS 是形成氢键能力最强的，可以与油水界面上的水、沥青质之间发生相互作用，减少沥青质分子之间的 π-π 相互作用。

3.2 阳离子对表面活性剂水化层的影响

3.2.1 水合离子结构和动力学

阴离子表面活性剂，如常见的烷基羧酸钠、烷基磺酸钠、烷基苯磺酸钠等，会在溶液中电离出钠离子，而水中 Ca^{2+}、Mg^{2+} 或 Ba^{2+} 也会与阴离子极性头（羧酸根或磺酸根）结合，影响表面活性剂在溶液、界面处的活性。在实际应用中，碱金属和碱土金属离子都会展示出离子特异性效应，影响油水界面阴离子表面活性剂界面膜的性质。Ca^{2+}、Mg^{2+} 是最为常见的二价阳离子，其离子特异性效应反映在三个方面：离子的水合数（体现水合离子的稳定结构、水分子与离子之间的相互作用）、离子周围配位水分子的交换速率（体现配位水分子的动力学性质），以及离子和水分子之间的相互作用能（体现离子在强或弱相互作用下形成的紧密或松散的水合分子结构）。驱油体系中，离子、水分子和驱油剂之间的相互作用强弱，会影响表面活性剂所表现出的宏观性质。

测定离子周围的水合数，在实验上并不是一件容易的事。大多数结构分析实验，如 X 射线和中子衍射实验，都必须在高浓度的盐溶液中进行，这种情况下抗衡离子效应、离子对等都会对水合作用有影响。相对而言，模拟计算（包括分子动力学模拟或从头算分子动力学）会容易一些，通过结合能和径向分布函数可以获取离子周围的水合数。需要说明的是，单纯使用径向分布函数的峰值和谷底，并不能反映水合结构中多体效应所引起的所有变化，还需要考虑配体水分子的位置、分子取向等信息。依据阳离子不同，对水化层的划分是不同的，特别是第二水化层。表 3.2 为部分离子的水合数（N）和水合半径（R）（Rode et al.，

2004)。需要说明的是，不同的计算方法、实验检测得到的水化层中结合水数目也不一样，在 2022 年的一篇文献中（Zhou et al.，2022)，采用基于密度泛函的分子动力学方法（DFT-MD)，计算了部分单价阳离子与阴离子的水化层结构，通过径向分布函数拟合得到了更为详细的第一水化半径以及结合水数目，其计算数据与表 3.2 略有不同，读者可参考对比。

表 3.2　部分阳离子的第一、第二水化层结构（Rode et al.，2004）

离子	方法	R_1/Å	N_1	R_2/Å	N_2
Na^+	QM	2.33	5.6		—
	MD	2.36	6.5		—
	实验	2.41	6		
K^+	QM	2.81	8.3	—	—
	MD	2.78	7.8	—	—
	实验	2.7	6		—
Mg^{2+}	QM	2.03	6	4.12	18.3
	MD	2.13	8	4.23	26.6
	实验	2.0	6	4.1	12
Ca^{2+}	QM	2.46	7.6	4.78	19.1
	MD	2.5	7.1	5	14.8
	实验	2.39	6.9	—	—

相对阳离子，对阴离子溶剂化的模拟计算要少得多，尽管它们对理解电解质溶液同样重要。表 3.3 总结了水合氟离子和氯离子的结果，包括径向分布函数的峰值位置和水分子配位数，并将实验和模拟结果进行了对比（Rode et al.，2004)。数据分析表明，氟化物与水分子之间形成的氢键，大大偏离了直线；在氯化物的水化层中，水分子取向中更多只有一个氢原子指向离子。需要指出的是，在实际情况中氟离子的水分子配位数肯定低于模拟计算数据。从计算方法上来看，Hartree-Fock 方法低估了氢键的强度。由于阴离子与水的相互作用相对较弱，且受氢键支配，理论计算方法可能会导致描述错误，这也是用量子力学方法研究表面活性剂水溶液体系困难的原因，而分子模拟计算会相对好一些。

表 3.3　部分阴离子的水化层结构（Rode et al.，2004）

离子	方法	$g_{X\text{-}O}$/Å	$g_{X\text{-}H_1}$/Å	$g_{X\text{-}H_2}$/Å	N_1
F^-	QM/MM	2.68	1.74	3.21	4.6
	MD	2.53 ~ 2.67	1.56 ~ 1.73	2.81 ~ 3.07	5.8 ~ 6.3
	实验	2.6 ~ 2.9	—	—	4 ~ 6
Cl^-	QM	3.24	2.42	—	5.6
	MD	3.15 ~ 3.29	2.29 ~ 2.35	—	5.9 ~ 7.2
	实验	3.1 ~ 3.3	—	—	4 ~ 9

溶液中离子参与反应的重要特征之一就是释放配体，再与另一个相同或不相同的配体配位。水化层的惰性决定了离子反应的速度，从而决定了离子与矿物质表面、生物分子等的结合难易程度，因此配体交换过程动力学也是驱油实验中比较关注的问题。金属离子（如 Li^+、Ca^{2+} 等）与第一水化层中水分子的交换，发生在 MD 时间尺度上，可在难以获得实验数据的情况下，为研究溶剂化动力学提供新的研究思路，适用方法包括经典 MD 和 QM/MM 方法。

简单的化学模型将水化层中的交换过程分为缔合（associative）和解离（dissociative），而交换过程（interchange）就是指体现缔合或解离步骤占主导地位的协同机制。采用从头算的 QM/MM 方法，计算 Ca^{2+} 与第一、第二水化层中水分子之间的交换，其平均弛豫时间分别为 40 ps 和 17 ps。这样短的交换时间，在实验上是很难获得的。即便如此，我们也认为模拟计算获得的数据，其数量级应该是正确的，尽管这种几十皮秒的数量级已经远远超出了实验精度，也说明有时候采用谱线宽度所做的实验估计，也许就会造成几个数量级的误差，模拟计算的弛豫时间可以作为实验的一种有益补充，当作参考数据加以讨论。

3.2.2 阳离子与表面活性剂极性头之间的结合模型

表面活性剂的双亲特性使其在水溶液中会形成疏水核心，在油水界面会有亲水端伸入水相、疏水端插入油相。表面活性剂分子结构复杂，一般由数十个甚至上百个原子组成，这种柔性结构增加了用量子化学方法计算表面活性剂性质的难度，更多的是采用分子动力学模拟研究表面活性剂在溶液或界面处的聚集行为。

在早期采用量子化学方法计算十二烷基羧酸盐和十烷基硫酸盐表面活性剂分子的电荷分布时，计算数据表明，与等烷基链相比，表面活性剂的烷基尾链带有部分的负电荷；在反离子作用下，烷基尾链的电荷会重新分布，表面活性剂尾链也带有了部分弱正电荷（曹绪龙等，2010）。简单模型中阴离子表面活性剂的电荷全部集中在亲水极性头上，但是在实际情况中，电荷更多分布于极性头上的多个原子甚至也分布在表面活性剂疏水尾链上（图 3.10），而在静电相互作用下反离子如 Na^+、Ca^{2+} 等离子也不是以整数电荷形式存在。早期理解是表面活性剂疏水尾链一般是无极性的，根本不受极性头的影响，但是量子化学计算表明，各类表面活性剂疏水尾链受极性头的影响而带有少量弱电荷，从而呈现部分极性，此电荷的变化直接影响着表面活性剂在溶液或界面上的聚集。事实上，分子中不同电荷分布对评价分子间的静电相互作用非常重要，这种相互作用直接影响表面活性剂在不同介质中的自组装，以及所表现出的物理化学性质。

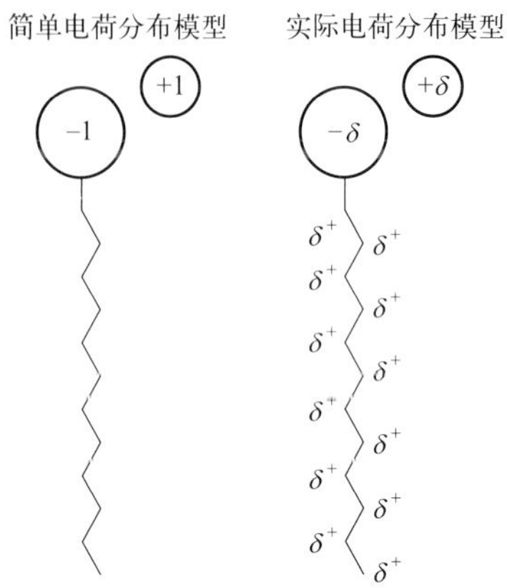

图 3.10　阴离子表面活性剂与阳离子结合形成离子对后的简单电荷分布和实际电荷分布模型

磺酸盐阴离子表面活性剂极性头上有三个氧原子，均带有部分负电荷，在静电相互作用下会与阳离子发生相互作用，形成离子对。无论初始构型为 1∶1 型（即极性头中的一个氧原子与离子结合）、2∶1 型或 3∶1 型的极端模型，量子化学优化后（选择 B3LYP 6-31G 水平上）离子对会形成 2∶1 型或 3∶1 型，变化最大的为 1∶1 型离子对，优化后其构象变成了 3∶1 型，说明表面活性剂分子以一个氧原子结合阳离子的可能性最小，也说明多个氧原子与阳离子形成离子对会更加稳定。结构形式如图 3.11 所示，结构数据列于表 3.4。

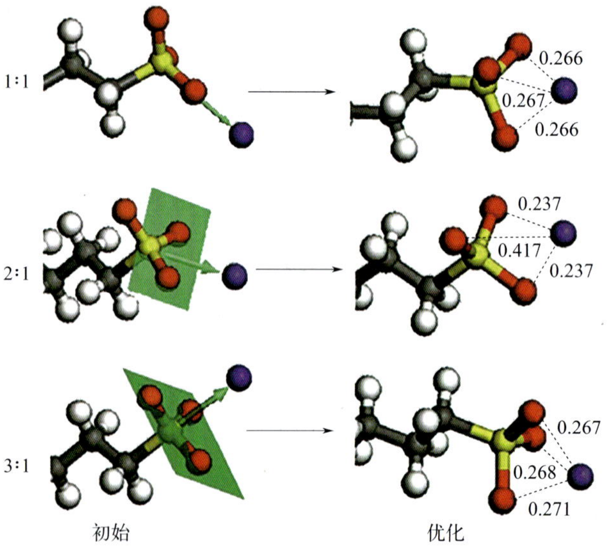

图 3.11　钠离子与磺酸盐极性头可能的结合方式以及优化结果（曹绪龙等，2010）

表 3.4　阴离子表面活性剂与阳离子形成的离子对的几何参数和结合能（曹绪龙等，2010）

类型		$C_{12}H_{25}SO_4^-$						
		初始			优化			
		$R_{O\text{-}ion}$/nm	$R_{O\text{-}ion}$/nm	$R_{O\text{-}ion}$/nm	$R_{O\text{-}ion}$/nm	$R_{O\text{-}ion}$/nm	$R_{O\text{-}ion}$/nm	ΔE/（kJ/mol）
Na^+	1∶1	0.220	0.445	0.445	0.266	0.266	0.267	−44.18
	2∶1	0.235	0.235	0.400	0.237	0.237	0.417	−74.64*
	3∶1	0.280	0.280	0.282	0.267	0.268	0.271	−44.63
Mg^{2+}	1∶1	0.200	0.426	0.426	0.208	0.208	0.393	−154.70
	2∶1	0.235	0.235	0.400	0.208	0.208	0.393	−155.27
	3∶1	0.280	0.280	0.282	0.208	0.208	0.393	−155.41*
Ca^{2+}	1∶1	0.240	0.463	0.463	0.263	0.264	0.264	−113.90
	2∶1	0.252	0.252	0.419	0.244	0.244	0.429	−157.87*
	3∶1	0.298	0.298	0.299	0.264	0.264	0.265	−114.14

表 3.4 中结合能数据表明，$\Delta E_{saa\text{-}Mg} \approx \Delta E_{saa\text{-}Ca} > \Delta E_{saa\text{-}Na}$，针对 2∶1 型结合方式，彼此差距分别约 2 kJ/mol 和 80 kJ/mol，说明相对于 Na^+ 而言，Ca^{2+} 和 Mg^{2+} 与极性头结合后并不容易发生解离，易形成稳定的表面活性剂离子对，体现在表面活性剂抗钙镁能力弱。结合能数据大小反映阴离子表面活性剂与离子之间结合强度大小，实验中 Ca^{2+}、Mg^{2+} 与羧酸盐结合稳定性高，体现在羧酸盐表面活性剂抗钙镁能力远小于磺酸盐，计算数据表明羧酸盐与 Ca^{2+}、Mg^{2+} 的结合能要比磺酸盐高约 36 ～ 43 kJ/mol，意味着一旦阳离子与羧酸盐结合形成

离子对，发生解离时相对磺酸盐要困难。理论计算从分子水平上可以解释磺酸盐抗钙镁强的原因。

对于 Na^+、Ca^{2+} 和 Mg^{2+}，两种表面活性剂均表明 2∶1 型结合模式的结合能最低，磺酸盐表面活性剂中，其结合能数据比 3∶1 型模式的能量低 30 ～ 43 kJ/mol，特别是 Mg^{2+}，尽管初始构型为 3∶1 型模式，但是优化后得到的结果仍然为 2∶1 型。模拟也注意到，对于十二烷基磺酸钠在形成 3∶1 型的结合模式中，键长要比 2∶1 型中的键长要长，其中 3∶1 型中键长处在 0.267 ～ 0.271 nm 之间，且基本相等，可与中心 S 原子共同形成稳定的六面体双向锥形结构；2∶1 型中的键长减为 0.237 nm，会与中心原子形成稳定的平面四边形。

采用约束密度泛函理论（CDFT）方法，计算 1 个、2 个和 3 个烷基羧酸根离子与 Na^+、Ca^{2+} 的结合，随距离变化阳离子与羧酸根基团之间存在明显的电荷转移。在结合能变化曲线上，DFT 方法与 MM 方法计算的趋势是一致的（Mehandzhiyski et al.，2015）。其计算结果表明，当 Na^+ 与羧酸根中的两个 O 原子相结合时，所形成的离子对形式最为稳定。同样的处理方式，在计算两个烷基羧酸根与 Na^+ 结合时，阳离子处于两个羧酸根之间也最为稳定（图 3.12）。

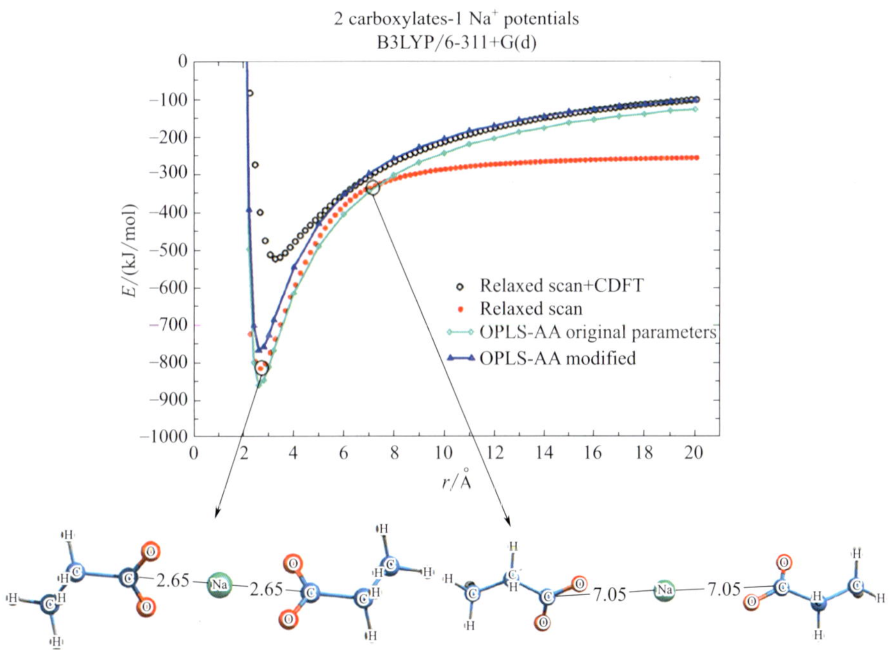

图 3.12　2 个羧酸根（—COO^-）与 Na^+ 的势能曲线及相应的结合方式（Mehandzhiyski et al.，2015）

其中不同曲线代表不同的计算方法，如柔性扫描、CDFT 和 OPLS-AA 力场方法等

3.2.3　阳离子下的表面活性剂电荷分布

简单计算每个原子上的电荷很难体现整体的分子性质，在定义了烷基链、亚甲基和极性头等基团后，讨论电荷对表面活性剂物理性质的影响可能更有意义。相应的电荷分布如图 3.13 所示，从中可以看出，并不是所有电荷都出现在表面活性剂极性头上，而是有相当

一部分电荷分布于 α- 亚甲基和其余的烷基链上（曹绪龙等，2010）。

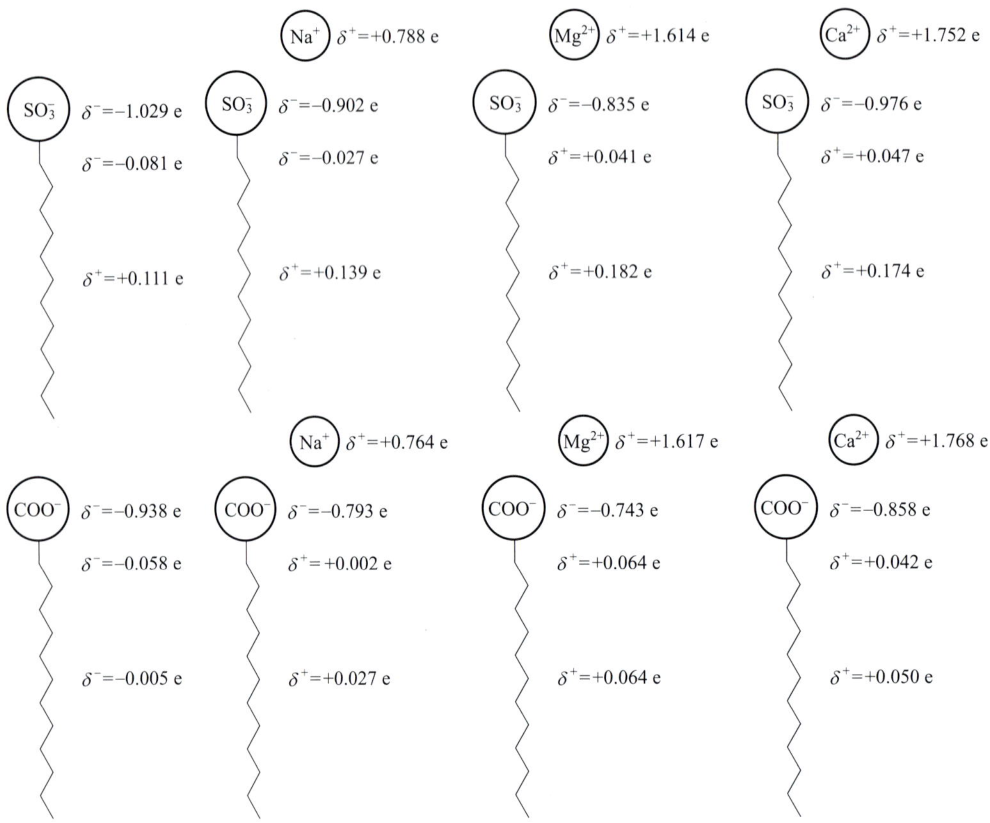

图 3.13　表面活性剂极性头、α- 亚甲基和剩余烷基链上的电荷分布（曹绪龙等，2010）

部分电荷的计算有几种明显的趋势，整体带有一个负电荷的磺酸盐表面活性剂，其烷基尾链大约带有 10% 的正电荷，而羧酸盐表面活性剂尾链带有约 0.5% 的弱负电荷；相应的，前者中 α-亚甲基带有约 8% 的负电荷，而后者中 α-亚甲基带有约 6% 的负电荷，说明无反离子存在时，部分数量的电荷从极性头转移到了 α-亚甲基上。通常认为，极性头是亲水的，与水分子有直接接触，而表面活性剂分子的其余部分通常认为是处于无水（或者说极性较弱）环境下。根据电荷分布，两种表面活性剂分子中的 α-亚甲基都带有一定的或正或负的电荷，因此可看成表面活性剂极性头的一部分。当与阳离子结合后，两种阴离子表面活性剂上的 α-亚甲基电荷发生了改变，从带有弱的负电荷转成了带有部分弱正电荷（磺酸钠盐除外），带正电的 α-亚甲基对极性头电荷的贡献减弱，表明表面活性剂极性头作用范围在减小。

表面活性剂尾链带有部分弱电荷也会直接影响极性头之间的静电排斥，同时也影响尾链之间的聚集，特别会对不同表面活性剂之间的复配有影响。当表面活性剂分子与阳离子结合后，烷基链电荷均发生了改变，除了上面提到的 α-亚甲基从负电荷转到了正电荷，烷基链不管是与 Na^+ 还是与 Ca^{2+}、Mg^{2+} 结合时，均带有了部分弱正电。模拟计算表明，两种表面活性剂尾链电荷分布是不同的，这很有可能是造成两种表面活性剂胶束大小以及聚集数不同的原因之一。事实上，尾链电荷的变化也是引起胶束内核极性不同的原因。

在阳离子存在的情况下，阴离子表面活性剂在水溶液中形成胶束模型可以分为三个区域：胶束内核的弱正电区域、在极性头附近的强负电区域以及胶束外阳离子强正电区域，如图3.14所示。与离子结合的表面活性剂分子的前几个亚甲基，均带有大小不等的弱正电荷，特别是包括α-亚甲基在内的前两个亚甲基，弱正电荷稍高于其他亚甲基，此种现象在静电相互作用下，会吸引带有较大负电荷的阴离子表面活性剂极性头，这样会引起胶束中表面活性剂极性头的交错排列（图3.14）。而阳离子在水溶液中的扩散，体现了阳离子与极性头之间的结合与分离，使表面活性剂分子特别是烷基尾链上的电荷在弱正电和弱负电之间转换，促进了胶束中表面活性剂极性头乃至整个分子的动态平衡，有利于胶束的平衡与稳定。这种聚集模型也适用于油水界面，界面处的表面活性剂分子也由于水相中阳离子的运动而引发动态平衡。

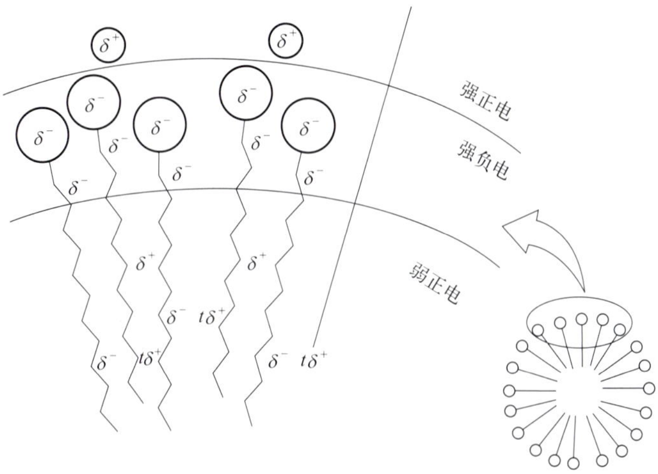

图3.14　阴离子表面活性剂的胶束模型（曹绪龙等，2010）

两性表面活性剂由于良好的耐盐性能也逐渐被引入到油田化学中，不仅仅局限于驱油体系，在乳化降黏等领域也有应用。以十二烷基磺基甜菜碱为例，Ca^{2+}和Cl^-的加入，也同样会引起表面活性剂分子中电荷的分布变化（李振泉等，2011）。为体现分子的整体性质，同样可以根据电荷分布状况定义多种基团，包括负电荷中心（—SO_3）、正电荷中心$[\gt\overset{+}{N}(CH_3)_2]$、正负电荷中心桥联的三个亚甲基（$m-3CH_2$）、与正电荷中心相连的$\alpha$-亚甲基（$\alpha$-$CH_2$）以及剩余的烷基链，通过这些基团模式讨论电荷对分子性质的影响。相应的电荷分布如图3.15所示，从中可以看出，并不是所有的电荷都集中在正、负电荷中心，而有相当一部分电荷分布于m-3CH_2、α-CH_2和剩余的烷基链上。电荷分布表明，当两性表面活性剂与离子（Ca^{2+}、Cl^-）发生结合时，对于两性离子表面活性剂分子而言，其表面活性剂极性头作用范围在增大，体现在正、负电荷中心所表现的电荷影响范围增大。同时，电荷分布也表明烷基尾链上亚甲基的电荷变化受外部阴、阳离子的影响很小，体现了两性表面活性剂耐盐实质，是磺基甜菜碱抗皂化能力强的原因。

3.2.4　阳离子下的表面活性剂水化层

为了探究表面活性剂活性，以十二苯磺酸钠为例，计算的最高占据轨道（HOMO）和最低未占据轨道（LUMO）均集中在芳香苯基和磺酸根基团上（图3.16）。HOMO位于磺酸基团上，而 HOMO-1 分布在芳香苯基和磺酸基上；LUMO 和 LUMO+1 主要分布在芳香苯基上。HOMO 主要集中于磺酸基上，表明磺酸基为主要活性部分，因此表面活性剂头基与离子或水的结合是下述讨论的重点。

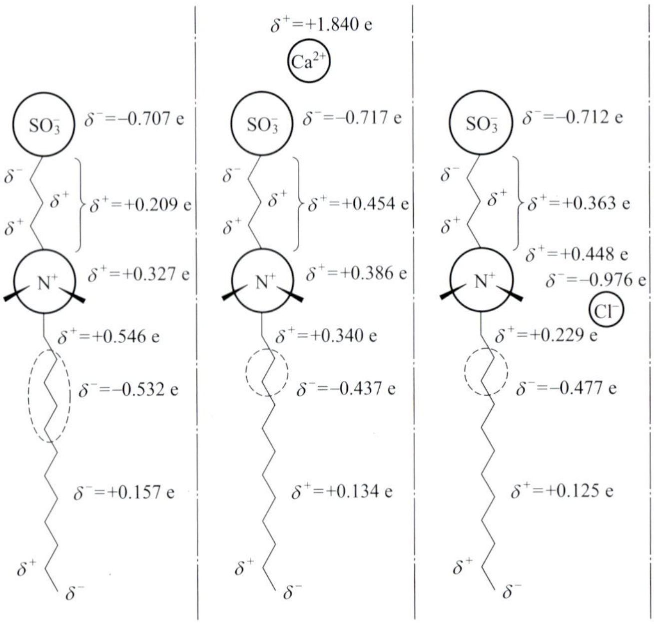

图 3.15　阴阳离子存在下磺基甜菜碱两性表面活性剂分子上的电荷分布（李振泉等，2011）

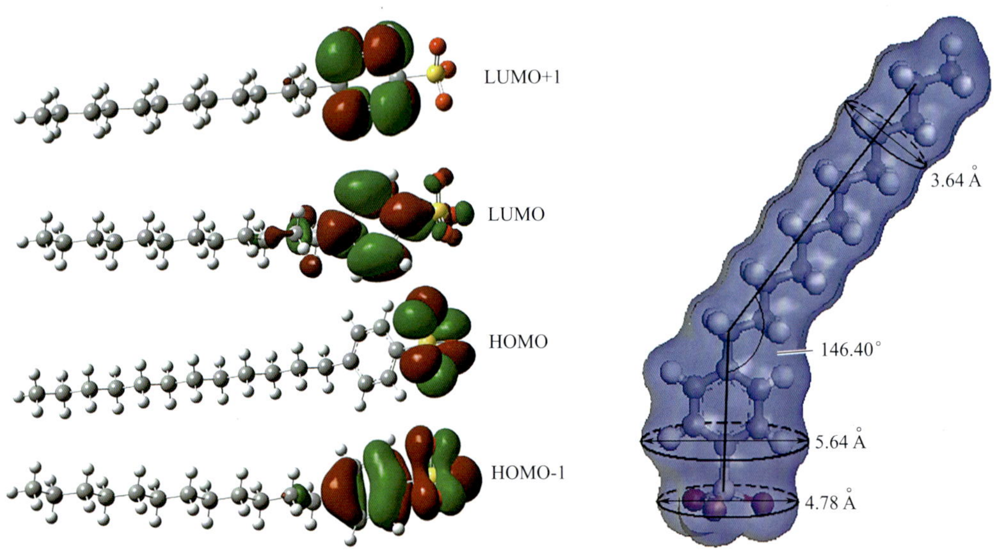

图 3.16　十二烷基苯磺酸盐表面活性剂的轨道能量和分子结构

表面活性剂的活性集中于极性头，亲水极性头会吸附水分子形成水化层，并影响水化层附近水分子上的电荷分布。在带有一个负电荷的十二烷基苯磺酸盐附近，会发生电荷转移，其中水分子上的平均电荷随距离增大而减小（图 3.17）。在半经验 AM1 方法下，极性头

RSO_3^- 上的电荷也不是整数 -1e，而是带有 -0.868e 的负电，这样造成表面活性剂附近的水分子带有了部分正电荷。尽管计算的数值依据不同的计算方法（如前面采用的 DFT）会有所不同，但是总体变化趋势是一致的，即极性头附近水分子整体是带有电荷的，并随距离的增大而变小并趋向于零。

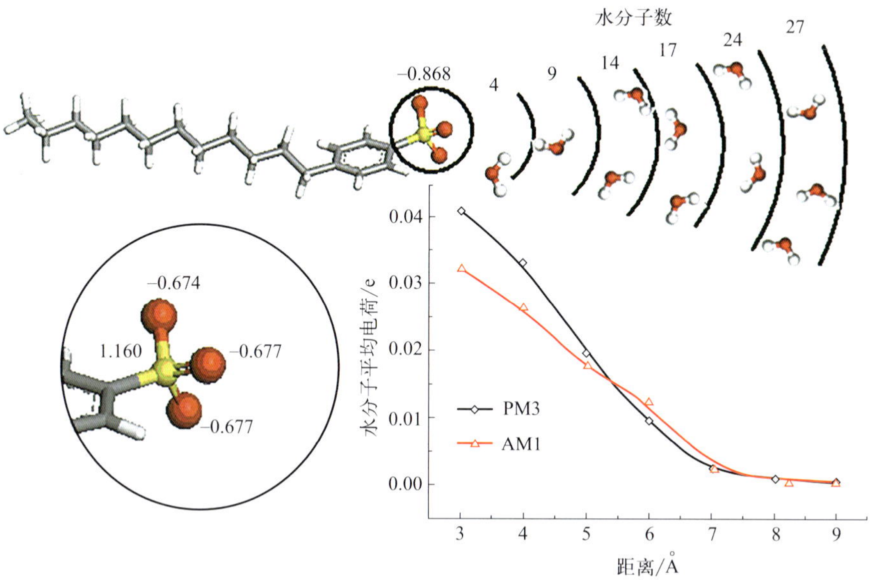

图 3.17　十二烷基苯磺酸盐及附近水分子的平均电荷（Yuan et al.，2010）

表面活性剂周围会形成水化层，在极性头与水分子之间的氢键作用下，第一水化层相对稳定。如图 3.18 所示，磺酸基极性头会插入到水相中，以氢键形式形成水化层。第一水化层是直接与极性头形成氢键的 4 个水分子，通过此 4 个水分子以氢键形式与其他 13 个水分子形成第二水化层。氢键是极性头与水分子之间的主要非键相互作用。Connolly 表面勾勒出了水化层包围极性头的状态，体现较为稳定的水化层结构。外来“粒子”（如其他水分子或者离子等）如要与磺酸根极性头相互作用，就需要额外的外力破坏水化层结构取代水化层中的水分子再与之结合。

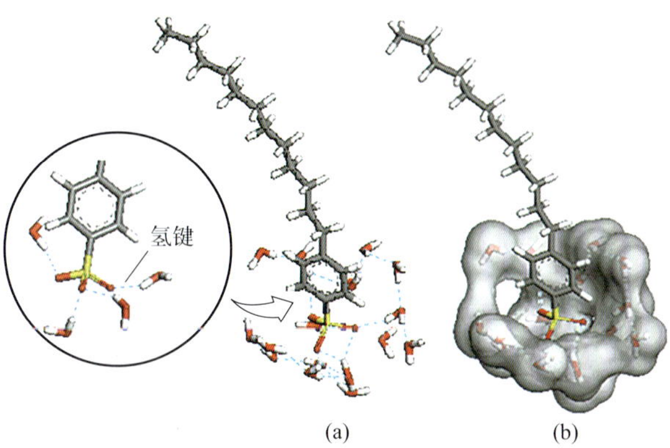

图 3.18　十二烷基苯磺酸盐形成的水化层（Yuan et al.，2010）

在水分子存在下，采用从头算分子动力学模拟，在距离 2 ～ 6 Å 范围内，通过计算固定极性头与离子之间的作用力，根据公式：

$$A = -\int_{r_1}^{r_2} \langle \overline{F}(r) \rangle \, \mathrm{d}r$$

计算烷基羧酸根基团与阳离子之间的自由能变化，得到的自由能变化曲线如图 3.19 所示。

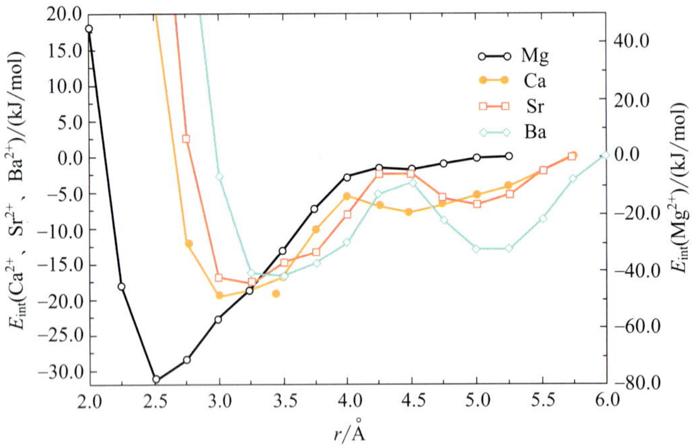

图 3.19　水溶液中羧酸根与阳离子之间的 Helmholtz 自由能变化（Mehandzhiyski et al.，2015）

模拟计算发现，羧酸根与 Mg^{2+} 之间的相互作用能最高，为 77.99 kJ/mol，其次为 Ca^{2+}，为 19.50 kJ/mol。如表 3.5 所示，势阱最小值的位置随着离子半径的增加而增加，其顺序如下 Mg^{2+}（2.5 Å）、Ca^{2+}（3 Å）、Sr^{2+}（3.25 Å）、Ba^{2+}（3.5 Å）。从图 3.19 和表 3.5 中还可以观察到金属离子与羧酸盐缔合反应的自由能垒。最高自由能垒为 Ba^{2+}（9.30 kJ/mol），其次是 Sr^{2+}（4.26 kJ/mol）和 Ca^{2+}（2.43 kJ/mol），但在 Mg^{2+} 与羧酸盐间几乎没有观察到自由能垒。对于二价阳离子，自由能垒的大小随着半径的增加而增加，这与周期表第二族中半径增加趋势一致。

通过势能曲线可以解释实验中环烷酸钙的沉淀选择性。上述模拟计算表明，与 Ca^{2+} 和 Mg^{2+} 相比，Sr^{2+}、Ba^{2+} 的自由能垒更高，与羧酸根离子反应的可能性更低，因此 Sr^{2+} 和 Ba^{2+} 形成沉淀的可能性不大，这与实验结果是一致的。但是从势能曲线也发现，Mg^{2+} 相互自由能是 Ca^{2+} 相互自由能的 4 倍，而且还不存在能垒，这表明羧酸盐更倾向于与 Mg^{2+} 而不是 Ca^{2+} 发生反应，这个结论似乎与实验结果相矛盾。Mehandzhiyski 认为在模拟计算中简单使用 Mg^{2+}，与实验中还存在 Na^+ 的情况会有所不同；而且实际状况中可能还存在多个极性头与一个阳离子相结合的状况。在 Na^+ 存在的情况下，仅考虑羧酸盐和 Mg^{2+} 之间的作用并不能完全解释该机制，也说明单纯用自由能变化讨论阳离子与极性头之间的结合可能并不充分。表 3.5 中也示出了 Na^+ 与羧酸盐之间的自由能变化，可作为一种参考对比。

表 3.5　水溶液中羧酸盐与金属离子相互自由能和结合自由能垒（Mehandzhiyski et al.，2015）

离子	自由能 /（kJ/mol）	缔合反应自由能垒 /（kJ/mol）
Mg^{2+}	−77.99	0.56
Ca^{2+}	−19.50	2.43

续表

离子	自由能 /（kJ/mol）	缔合反应自由能垒 /（kJ/mol）
Sr^{2+}	−17.76	4.26
Ba^{2+}	−16.86	9.30
Na^{+}	−2.98	7.78

正如上面所讨论的，实际实验体系中可能存在多个羧酸盐与一个金属离子相互作用的结合方式。Mehadzhiyski 通过分子动力学模拟方法描绘了 Ca^{2+} 和 Mg^{2+} 的羧酸根基团中的 C 原子与金属离子之间的角度分布。随着羧酸盐离子之间分离距离的增加，可获得各个角度分布状况（图 3.20）。在 4 ～ 8 Å 范围，角度最大概率在 140° 和 170° 左右，6 Å 处有个例外，角度集中在 95° 左右，并在 120° 处有个最小值。随着羧酸盐之间距离的增加（9 ～ 10 Å），分布变得更宽、更平坦，这意味着羧酸盐受到的限制更少，流动性更强，并且在水相中会更容易流动（Mehandzhiyski et al.，2015）。

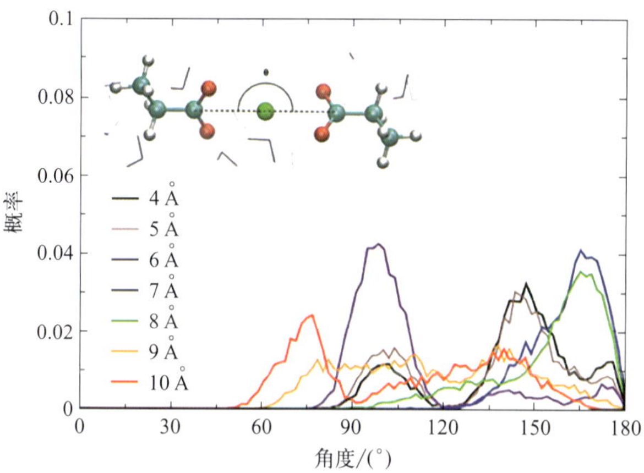

图 3.20　水溶液中羧酸盐与阳离子复合物（$COO^-—Ca^{2+}—COO^-$）的角度分布（Mehandzhiyski et al.，2015）

3.3　水溶液中硫酸盐和磺酸盐表面活性剂的耐盐比较

磺酸盐型和硫酸盐型表面活性剂都是三次采油中常用的表面活性剂，实验表明磺酸盐表面活性剂的耐盐性能要强于硫酸盐表面活性剂。前面讨论了表面活性剂的活性位点主要集中在极性头区域，而磺酸盐和硫酸盐表面活性剂极性头的结构非常相似（图 3.21），二者具有相同的疏水链长，仅在极性头部位存在差异。同时两种表面活性剂具有一些比较接近的物理性质，如 SDS 和 SDSn 的临界胶束浓度（CMC）分别为 8.7×10^{-3} mol/L 和 9.7×10^{-3} mol/L，气液界面上二者的最大吸附量分别为 3.1×10^{-6} mol/m^2 和 2.9×10^{-6} mol/m^2，但是 Krafft 点差别较大，分别为 38 ℃和 9 ℃。

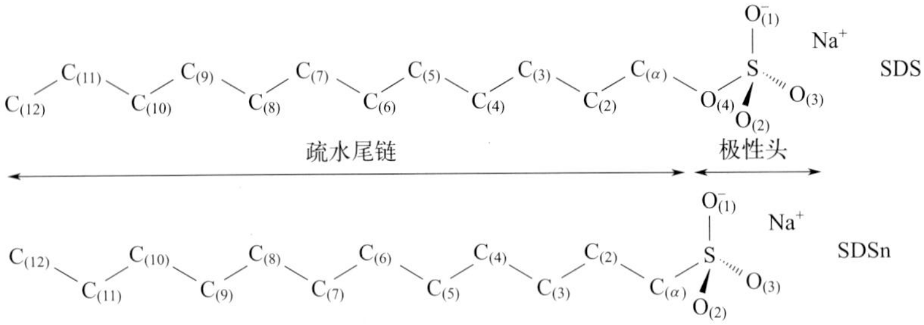

图 3.21　SDS 和 SDSn 的构型图

目前针对硫酸盐和磺酸盐表面活性剂的自组装体系的理论研究有很多报道，但是大多数集中在研究表面活性剂在溶液中与聚合物、阳离子表面活性剂的相互作用方面。例如，研究发现聚合物和表面活性剂复配体系具有两种可能的结构：①聚合物包裹胶束形成“项链”结构；②表面活性剂分子聚集在聚合物疏水部位形成“珠子”结构。SDS 与 PEO 的复配体系具有“项链”结构，而 SDSn 与 PEO 复配具有“珠子”结构。在溶液中，与阳离子型表面活性剂 CTAB 复配时，有研究发现 SDSn-CTAB 体系比 SDS-CTAB 体系溶解性更好，二者在相行为和聚集结构性质上也有很大差异。从微观上，这些性质的差异体现在 SDS 和 SDSn 在极性头和疏水尾链上的电荷分布上。在提高采油率实验中，SDSn 表现出了比 SDS 更高的驱油效率，特别是在高盐浓度条件下，也就是说磺酸盐比硫酸盐具有更高的耐盐性能。

这些差异必然与单分子结构和多个分子组成的聚集结构有关，科研工作者希望能够在分子水平上研究磺酸盐和硫酸盐与钙、镁离子的相互作用，探寻不同极性头和阳离子的作用机制。

3.3.1　表面活性剂极性头与水分子的相互作用

以 40 个表面活性剂分子为研究体系，加入部分 $CaCl_2$ 和 $MgCl_2$，模拟表面活性剂在盐溶液中的聚集行为，模拟发现两种表面活性剂在水溶液中均能形成胶束。分子动力学模拟可以根据表面活性剂水溶液中极性头与水分子的径向分布函数（RDF），考察水溶液中表面活性剂极性头的水化层结构。对于 SDS 分子，考察了 $g\left[r_{O_{(1\sim3)}-O_{(w)}}\right]$、$g\left[r_{O_{(4)}-O_{(w)}}\right]$ 和 $g(r_{O_{(\alpha)}-O_{(w)}})$ 三种氧原子与水中氧原子之间的 RDF，而对 SDSn 分子，考察了 $g\left[r_{O_{(1\sim3)}-O_{(w)}}\right]$ 和 $g(r_{O_{(\alpha)}-O_{(w)}})$ 两种，结果如图 3.22 所示。模拟发现两种表面活性剂水溶液中的 $g\left[r_{O_{(1\sim3)}-O_{(w)}}\right]$ 曲线几乎相同，其中第一个峰值出现在 2.78 Å。SDS 中 $O_{(4)}$ 和水之间 RDF 第一个峰和 $O_{(1\sim3)}$ 的一致，并且第一个峰值的最小位置也一致。这说明 SDS 极性头中的 4 个氧原子和周围水分子的非键相互作用是相似的，仅在强度上有区别，这是由于疏水尾链和极性头基的空间位阻效应，一定程度上阻止了 $O_{(4)}$ 和水的相互作用（Yan et al.，2010）。

当向水溶液中加入无机盐，在径向分布函数 RDF 曲线 4.03 Å 处出现了一个新的中间峰，意味着极性头周围水合层结构发生了改变。通过考察极性头和钙、镁以及氯离子之间的 RDF，如图 3.23 所示（以 SDSn 为例），证实了二价阳离子可以进入表面活性剂分子的第一个水合层，并与极性头发生相互作用。从 RDF 中展示出的两个峰值，可以知道二价阳离子能够进入第一和第二水合层之间，从而改变极性头周围的氢键结构。在 SDS 和 SDSn 体系中均出现了这种情况，表示对于含有 SO_4^{2-} 官能团（或—SO_3^{2-}）的阴离子表面活性剂，Ca^{2+} 和 Mg^{2+} 的加入，可与极性头之间形成离子对。由离子对所引起的极性头周围的水合结构变化，应该是一个普遍现象。

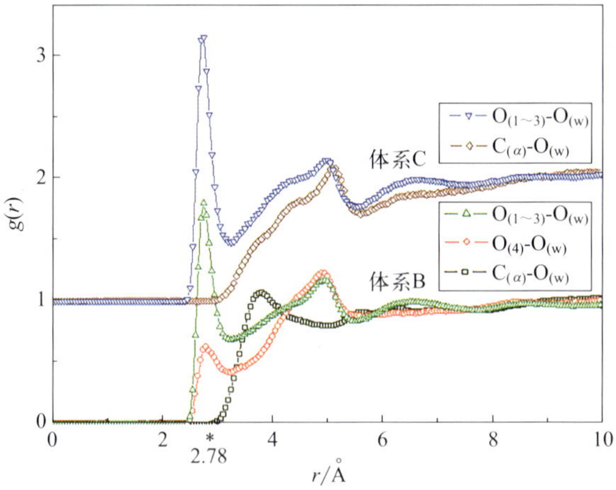

图 3.22　水溶液中极性头和水分子的径向分布函数

其中 B 表示 SDS 溶液，C 表示 SDSn 溶液

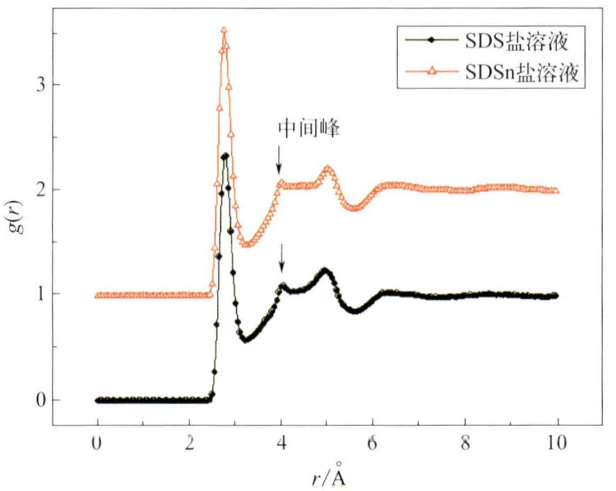

图 3.23　盐溶液中极性头和水之间的径向分布函数

根据以上径向分布函数，可以大体勾勒出极性头周围水分子的空间结构：在水溶液中，水分子与极性头之间通过氢键形成了两个明显的水化层［如图 3.24（a）所示，体现在图 3.23 中径向分布函数的两个峰］，并主要通过第一水化层中 O 原子和第二水化层中 H 原子形成氢键，即第一水化层中的水分子是氢键给体而第二水化层中水分子为氢键受体；当 Ca^{2+} 和 Mg^{2+} 加入溶液中后，在强烈静电相互作用下，二价离子首先与极性头发生相互作用，阳离子周围也会被水分子所包围。由于水分子中氧原子带有部分负电荷，带有正电荷的 Ca^{2+} 也会促使第二水化层中的水分子向 Ca^{2+} 移动，原先的第二水化层结构遭到破坏（这是径向分布函数第二个峰值减小的原因），而在第一和第二水化层之间，围绕 Ca^{2+} 形成一个新的水合结构（径向分布函数中第三个中间峰出现的原因），此时部分第一水化层中水分子由氢键给体

变成氢键受体，结构示意图参见图 3.24（a）和图 3.24（b）。

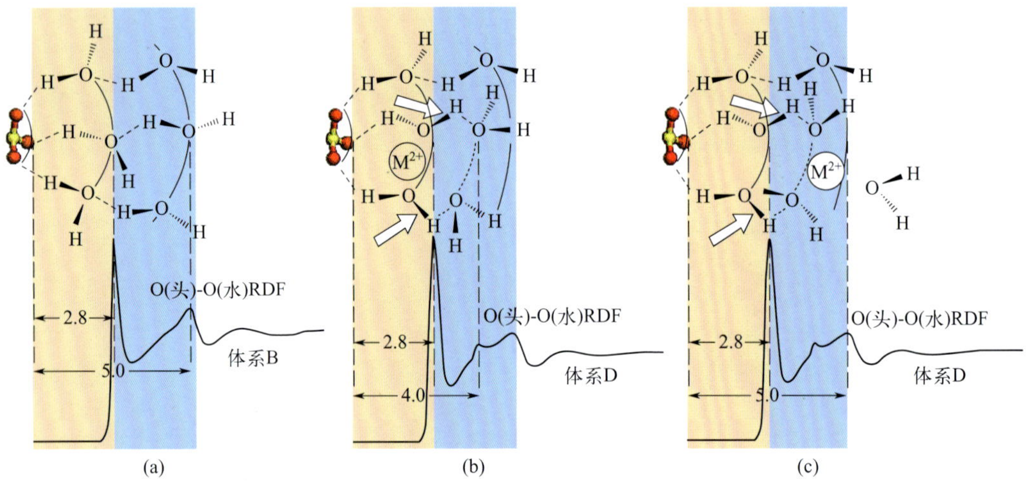

图 3.24　二价金属阳离子改变极性头周围氢键结构示意图

体系 B 表示 SDS 溶液，体系 D 表示 SDS 盐溶液

从分子动力学轨迹中，随机选取表面活性剂分子及周围与其形成氢键的水分子，从图 3.25（a）中可以看到，直接与表面活性剂极性头形成氢键的有 5 个水分子，这是极性头的第一个水化层。这一水化层中的水分子都作为氢键给体与极性头中的氧原子形成氢键。第一水化层外另有 11 个水分子组成了极性头的第二水化层，这些水分子既有氢键给体也有氢键受体。图 3.25（b）显示了表面活性剂分子的分子表面积，可以清晰地看到，极性头包含的水化层越多，分子比表面积越大。

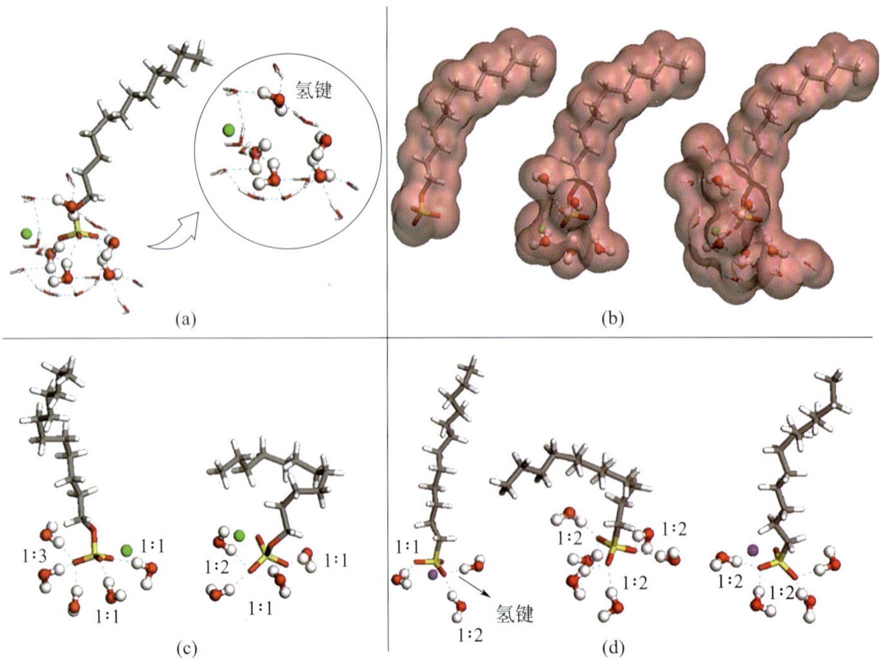

图 3.25　极性头周围氢键结构

依据极性头和水分子形成氢键的形式，定义氢键类型，如图 3.25（c）、（d）所示：① 1∶1 型，即 1 个极性头中的氧原子和 1 个水分子形成氢键；② 1∶2 型，即 1 个极性头中的氧原子和 2 个水分子形成氢键；③ 1∶3 型，即 1 个极性头中的氧原子和 3 个水分子形成氢键；④ 2∶1 型，即极性头中的 2 个氧原子和 1 个水分子形成氢键。由于极性头中的氧原子只可以作为氢键受体，第一水化层的水分子只能作为氢键给体，所以 1∶2 型的情况最多，也发现很少量的 2∶1 型甚至 n∶1 型。

3.3.2 表面活性剂极性头与阳离子的相互作用

由上述分析可知，钙、镁离子能够进入极性头的水合层，从而影响极性头周围的水合结构。模拟体系中始终存在 Na^+，既然 Ca^{2+} 和 Mg^{2+} 能够影响极性头周围的水合结构，但是在表面活性剂水溶液情况下（SDS 和 SDSn），从 RDF 上来看，Na^+ 对极性头周围的水合结构影响却较小。Ca^{2+}、Mg^{2+} 和 Na^+ 均带有正电荷，与带有负电荷的极性头之间可以形成强度不同的离子对。由表面活性剂极性头与阳离子之间形成的离子对，二者从高能排斥到相互吸引，最终随着距离的增加逐步接近为零，这个过程中的能量曲线可以用离子对均力势（potential of mean force，PMF）表示。PMF 可以通过方程 $E_{(r)} = -k_B T \ln g(r)$ 计算，其中 k_B 是玻尔兹曼常数，T 是模拟的绝对温度，$g(r)$ 是离子对之间的径向分布函数。

针对 SDS 和 SDSn 这两种表面活性剂分子，分别计算其极性头和 Mg^{2+}、Na^+ 之间的 PMF，如图 3.26 所示。以 SDS 水溶液体系中极性头和 Mg^{2+} 的离子对［图 3.26（a）］为例说明以下几点：（i）在 $r_{H-Mg} = 2.2$ Å 处有一个接触极小；（ii）在 3.0 Å 处有一个溶剂分离极小；（iii）在两个极小之间形成一个溶剂层能垒。这个溶剂层能垒显示了 Mg^{2+} 进入极性头周围与之形成离子对所需要克服的能垒大小，也表明如果外部离子要靠近极性头必须要克服相应的能量。

极性头和离子的结合能量取决于 SSM 和 BARR，即 $\Delta E^+ = E_{BARR} - E_{SSM}$；而其解离能量取决于 CM 和 BARR，即 $\Delta E^- = E_{BARR} - E_{CM}$。图 3.26 表明溶剂层障能的大小顺序相应为：$\Delta E_{Head\text{-}Mg} > \Delta E_{Head\text{-}Ca} > \Delta E_{Head\text{-}Na}$。其中 Mg^{2+} 与极性头之间的结合能最高，约为 32.99 kJ/mol，表明 Mg^{2+} 最难进入极性头水合层与极性头相结合，而 Na^+ 最容易与极性头结合形成离子对。也同样体现了 Ca^{2+}、Mg^{2+} 尽管难与极性头相结合，但是一旦结合后，又难以解离。我们也注意到，Na^+ 结合和解离所需要的能量最低，表明 Na^+ 既容易结合，也容易脱离。因此 Na^+ 与极性头的结合并不是处于一个非常稳定的状态，也相对容易脱离极性头水化层。而对于具有高结合能和高解离能的 Ca^{2+}、Mg^{2+} 而言，其与极性头结合困难，但是解离更难，是多数表面活性剂在高矿化度下特别是 Ca^{2+} 存在下容易失去活性的主要原因。结合考虑 Na^+ 和 Ca^{2+} 的水合半径（Na^+：0.358 nm；Ca^{2+}：0.412 nm）及其化合价，证实 Na^+ 不容易停留在极性头的水化层中，因此 Na^+ 对于极性头周围水合结构的影响也就比较微弱。

对比硫酸盐和磺酸盐与 Ca^{2+}、Mg^{2+} 结合的能力，模拟发现二价离子与 SDSn 的结合能要高于与 SDS 的结合能，这说明相比硫酸盐，磺酸盐更难与二价阳离子结合。这样，分子动力学方法在分子水平上用能垒高低解释了磺酸盐抗钙镁的实质。用 PMF 这一函数也可以评估或者预测常用驱油表面活性剂的耐盐能力，为 EOR 实验提供科研思路。

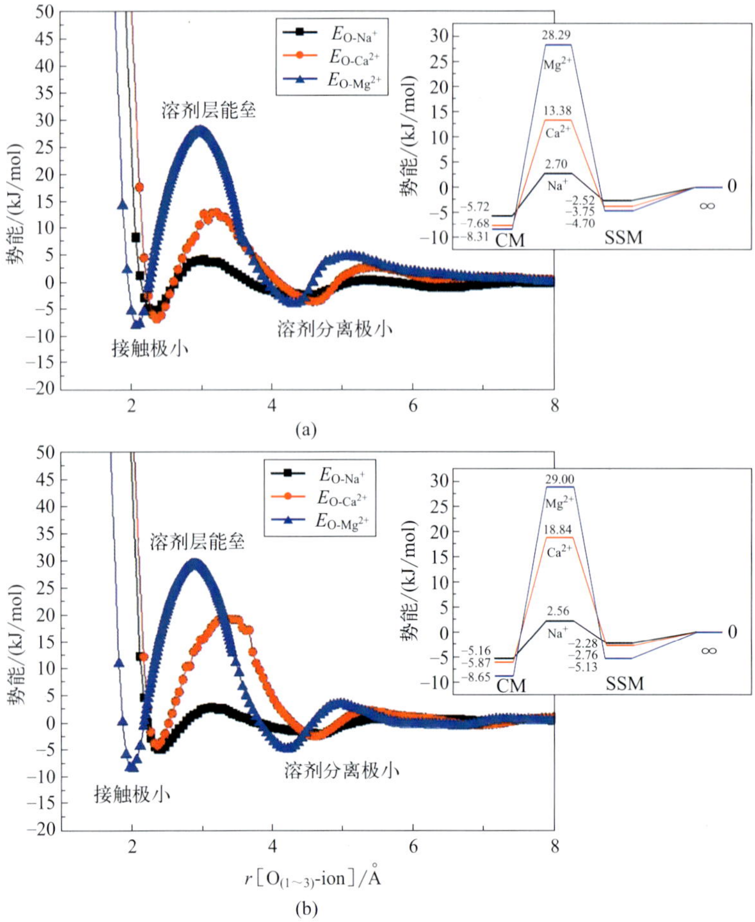

图 3.26 极性头和不同离子之间的均力势

（a）SDS 体系；（b）SDSn 体系

空间分布函数可以清晰地表明 Ca^{2+}、Mg^{2+} 对极性头的影响。图 3.27 表示在水溶液中 SDS 极性头附近水分子的空间位置，从中可发现在每个氧原子周围均形成了一个圆圈形的密度云，随着 Ca^{2+} 和 Mg^{2+} 的加入，在圆圈形的密度云外围又会形成一个明显的圆形密度云（图 3.28）。这是 Ca^{2+}、Mg^{2+} 与极性头形成离子对后，引起极性头周围水化层的结构变化所造成的。SDSn 体系中，极性头周围水分子的空间分布与 SDS 体系类似。由前面的讨论得知，Ca^{2+} 影响了极性头周围的氢键结构，从空间分布图可以直观地观察到周围水分子的空间分布。图 3.29 显示了 Ca^{2+}、Mg^{2+} 出现在 S—O 延长线方向上的概率比较大。当 Ca^{2+}、Mg^{2+} 占据水分子环状分布的中心时，Ca^{2+}、Mg^{2+} 能够吸引外层水分子，形成一种水 - 离子 - 极性头的桥连结构。

在无机盐离子存在下，表面活性剂的聚集结构受到了影响。图 3.30 为随机选取的位于两个表面活性剂极性头之间的 Ca^{2+}，形成了典型的盐桥结构。在量子力学计算中，我们曾经讨论了阳离子易于与极性头中的氧原子形成 2∶1 型的结合模式，在聚集结构中同样也发现了来自不同表面活性剂中的氧原子与之所形成的 2∶1 型结构，表示一个 Ca^{2+} 与两个极性头中的氧原子形成了 2∶1 型的结合方式。量子力学计算和分子动力学计算结果是一致的。

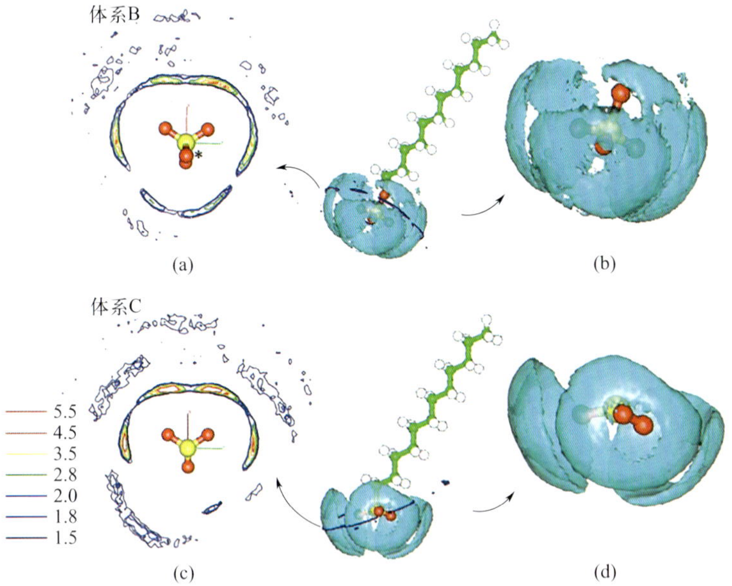

图 3.27　水溶液中极性头周围水分子的空间位置

其中体系 B 表示 SDS 溶液，体系 C 表示 SDSn 溶液

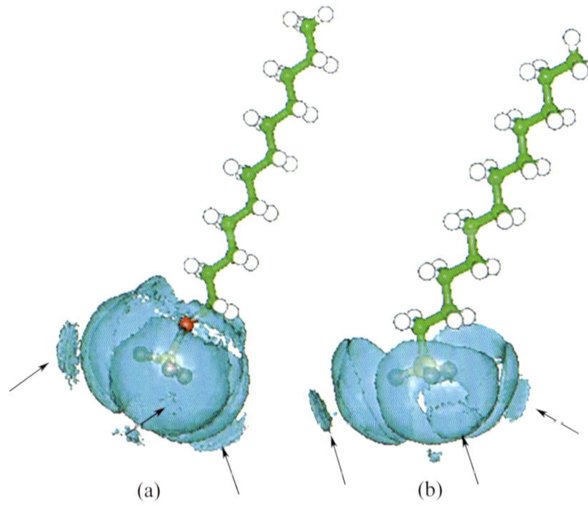

图 3.28　盐溶液中极性头周围的水分子分布情况

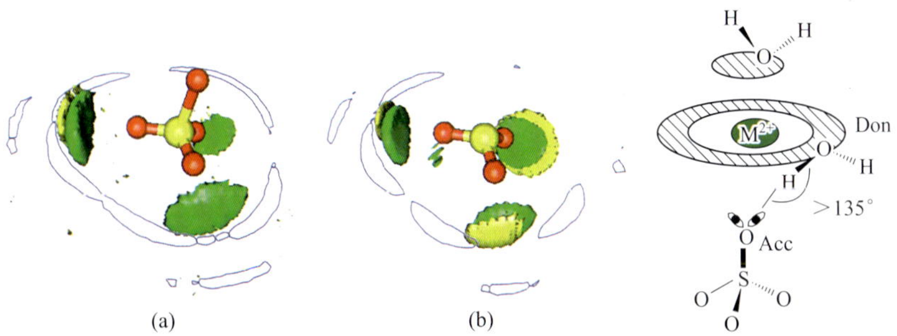

图 3.29　极性头周围钙镁离子的空间分布

根据上面的讨论，可以得出以下结论：

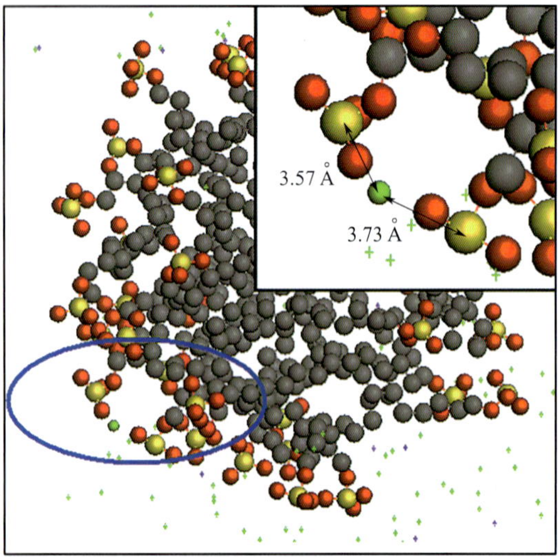

图 3.30 Ca^{2+} 与极性头之间形成的盐桥结构

① 十二烷基硫酸钠（SDS）和十二烷基磺酸钠（SDSn）性质差异体现在极性头水合结构的不同。径向分布函数和空间分布函数同时表明，钙、镁离子都能够进入极性头水合层，改变或破坏极性头周围的氢键结构，聚集体能够吸引离子形成离子对，致使表面活性剂失去水合水分子，从而导致表面活性剂水合分子数降低。

② 极性头和离子之间的均力势表明，阳离子与极性头形成离子对，需要翻越极性头周围两个水化层间的能垒。均力势表明，磺酸盐表面活性剂和离子结合所需要克服的能垒要高于硫酸盐表面活性剂，说明磺酸盐的耐盐性能要高于硫酸盐。其中 Mg^{2+} 与表面活性剂的结合能最高，证明 Mg^{2+} 最难进入极性头的水合层与极性头形成离子对，但是一旦 Mg^{2+} 和表面活性剂结合后同样也最难解离。而 Na^{+} 的情形恰好相反，Na^{+} 容易进入极性头的水化层，同时又易脱离表面活性剂极性头的束缚。因而 Mg^{2+} 对表面活性剂的影响最大，而 Na^{+} 影响最小。

表面活性剂极性头和离子之间的均力势可以作为驱油实验中评价表面活性剂耐盐性能的一项指标，通过均力势中离子与表面活性剂结合能力的强弱，反映不同表面活性剂耐盐性能的差异，为驱油用表面活性剂分子的设计和筛选指明方向。

③ 二价阳离子能够屏蔽表面活性剂极性头和钠离子的相互作用，并吸附于表面活性剂聚集体表面与极性头发生相互作用，形成盐桥结构，这也是无机盐影响表面活性剂聚集结构的一个重要方式。

3.4 模拟操作案例

3.4.1 阴离子表面活性剂与阳离子之间的相互作用

操作软件： Gaussian、Gaussian View、Multiwfn、VMD。

知识要点或性质分析： 单点能、结合能、轨道能量、静电势、弱相互作用。

本实验使用密度泛函方法，运用 Gaussian 程序对阴离子表面活性剂十二烷基磺酸盐与阳离子形成的离子对进行结构优化。计算两者之间的结合能，并将分子轨道、静电势和弱相互作用进行可视化分析。（曹绪龙等，2010）

具体步骤如下：

（1）绘制初始构型

构建十二烷基磺酸根（DS^-）、阳离子（Na^+）以及 DS^- 与 Na^+ 相互作用的 3D 模型，并分别保存为 DS.pdb、NA.pdb 和 DS-NA.pdb。其中 DS^- 与 Na^+ 相互作用的分子构型来自参考文献所提供的分子动力学模拟结果。

（2）准备初始分子模型的输入文件

① 启动 Gauss View 6.0.16，通过菜单栏的 File|Open 选项打开含有初始分子构型的 PDB 文件。

② 从菜单栏打开 Calculate|Gaussian Calculation Setup，任务类型选择 Optimization，将初始构型优化至能量最低，如图 3.31（a）。

③ 选择计算泛函和基组。对话框 Method 中依次选择 Ground State- DFT- Default Spin-B3LYP。选用 6-311G +（d）基组，电荷根据实际情况进行选择（DS.pdb 电荷为 -1，NA.pdb 电荷为 1，DS-NA.pdb 电荷为 0），自旋多重度设置为 1，如图 3.31（b）。

④ 对话框 Title 中设置任务名称，如图 3.31（c）。

⑤ 选择溶剂类型。Solvent 对话框中选择隐式溶剂为 Water，以模拟 DS^- 与 Na^+ 在水溶液中的相互作用，如图 3.31（d）。若在真空中模拟，此选项可忽略。

⑥ 保存输入文件。点击 Submit-Save，保存输入文件到指定路径，文件格式为 .gjf。弹出的提示框选择不提交至 Gaussian。

(a) 任务类型设置

(b) 泛函和基组设置

(c) 任务名称设置

(d) 溶剂类型设置

图 3.31　设置初始分子模型的输入文件

⑦ 以上为 Windows 系统中运行所需要的输入文件。上述命令也可以在 Linux 命令下进行，不过需对 .gjf 文件做以下修改，修改后的文件如图 3.32 所示。

```
第一行：%chk=文件名.chk，将文件名前的路径删除
第二行：将geom=connectivity删除
[空行]
第四行：优化过程命名（不需要修改）
[空行]
第六行：电荷[空格]自旋多重度（不需要修改）
位置信息（不需要修改）
将位置信息后的键信息删除，并在文件末至少保留两空行
[空行]
[空行]
```

```
%chk=DS-NA.chk
# opt b3lyp/6-311+g(d) scrf=(solvent=water)

OPTIMIZATION FOR DS-NA

0 1
 O          5.12899284   1.54229326  -0.88654347
 S          5.46739599   0.39082203   0.00581193
 O          6.71889887  -0.31332136  -0.41299760
 O          5.47659436   0.76820953   1.45295508
 C          4.13622787  -0.83411796  -0.20146171
 C          2.74849448  -0.32217160   0.17384967
 C          1.67154604  -1.39759873  -0.03079134
 C          0.25936535  -0.97515668   0.40325882
 C         -0.35963398   0.14865447  -0.43867617
 C         -1.77846114   0.55876441  -0.01365362
 C         -2.85812204  -0.50708095  -0.23859624
 C         -4.26968237  -0.02294625   0.11369269
 C         -5.34663055  -1.08751025  -0.12640897
 C         -6.77247753  -0.73080963   0.32619216
```

图 3.32 结构优化的初始文件

（3）初始构型优化

以下均是基于 Linux 命令下的计算过程。所有命令都在装有 Gaussian16 程序的 Linux 界面下输入。

将初始构型进行优化。输入文件为 DS-NA.gjf，在指定文件内执行命令：

```
>>g16 <DS -NA.gjf>DS -NA.out
```

输出结果保存在 DS-NA.out 文件中，并产生一个 DS-NA.chk 文件。输入命令：

```
>>formchk DS -NA.chk
```

通过 formchk 功能将 DS-NA.chk 文件转化为可以在 Windows 中打开的 DS-NA.fchk 文件。将优化后的 DS-NA.fchk 文件导入 GaussView 6.0.16，可查看优化过程中的构型变化。换成 NA.gjf 和 DS.gjf，分别重复以上过程进行构型优化。

（4）计算单点能和结合能

选择 .fchk 文件中的最终构型，右键单击显示面板，选择 Results|Optimization，可查看

构型优化过程中的总能量变化曲线。Results|Summary 可以查看最终构型的总能量值，该值为计算构型的单点能，如图 3.33。

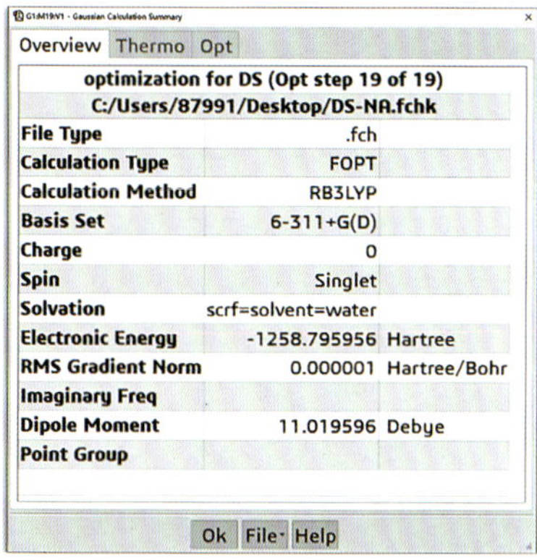

图 3.33　DS-NA 的能量计算数据

阴离子表面活性剂与阳离子相互作用运行脚本

DS^- 与 Na^+ 结合能可用下式计算：

$$E=E_{DS\text{-}NA}-E_{DS}-E_{NA}$$

式中，$E_{DS\text{-}NA}$、E_{DS} 和 E_{NA} 分别为 DS^- 与 Na^+ 的作用构型、DS^- 和 Na^+ 的单点能。

（5）绘制阴离子表面活性剂的分子轨道

在 Gauss View 6.0.16 中打开 DS.fchk。右键点击显示面板 |Tools|Mos，可查看分子轨道。在弹出对话框的右侧显示框中选择最低占据轨道（LUMO 轨道），点击下方菜单栏 Visualize 中的 Update 进行加载后，结果如图 3.34 所示。

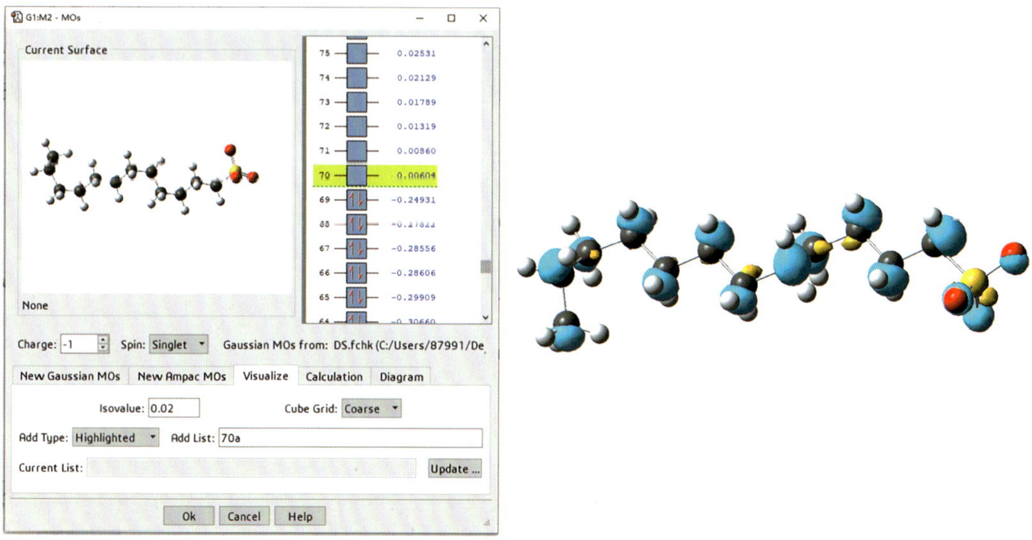

图 3.34　LUMO 轨道绘制面板以及十二烷基磺酸根分子的 LUMO 轨道

重新在右侧显示框中选择最高占据轨道（HUMO 轨道）。点击下方菜单栏 Visualize 中的 Update 进行加载后，结果如图 3.35 所示。

右键单击当前显示面板 |View|Display Format 可对显示信息（常规信息、图像质量、分子显示风格、文字显示和表面绘制风格）进行更改。操作面板如图 3.36 所示。右键单击当前显示面板 |File| Save Image File 可保存分子轨道绘制结果。

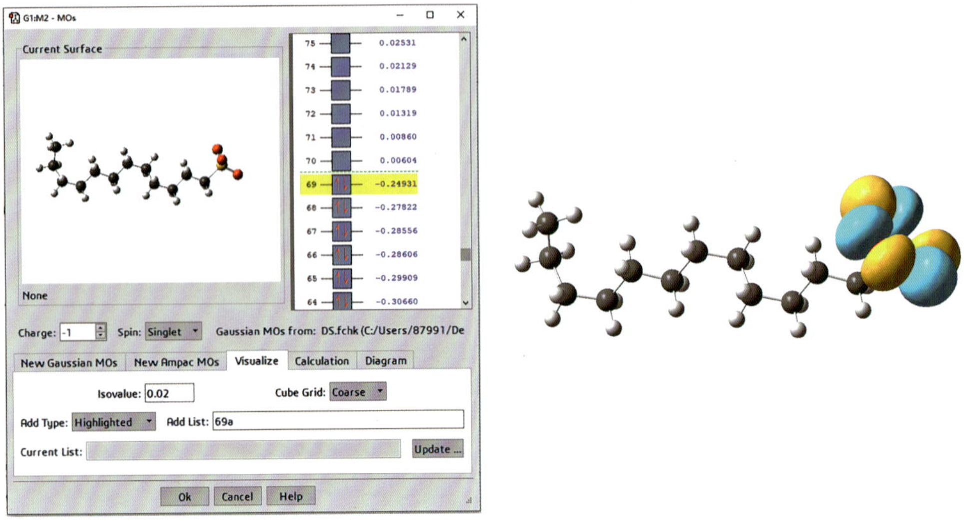

图 3.35　HUMO 轨道绘制面板以及十二烷基磺酸根分子的 HUMO 轨道

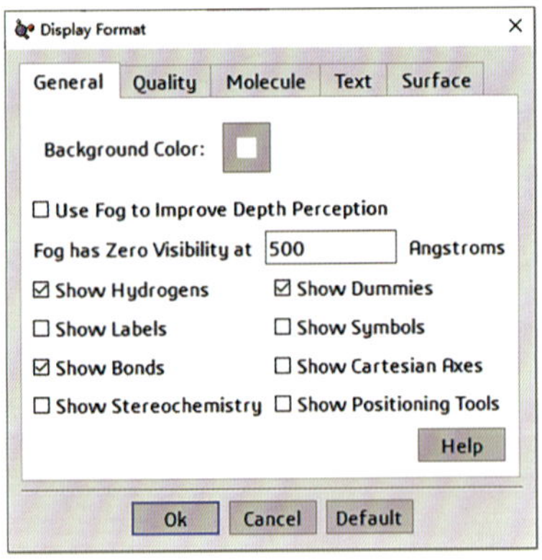

图 3.36　显示信息设置

（6）绘制阴离子表面活性剂的静电势

在 Gaussian View 6.0.16 中打开 DS.fchk。右键点击显示面板 |Results|Surfaces|Contours 弹出对话框。在对话框右上角 Cube Actions 中打开下拉菜单 New cube，调出有计算选项的对话框。计算类型选择 Total Density，密度矩阵选择 SCF，格点选择 Medium。操作界面如图 3.37 所示。

点击 Ok 进行确认，此时 Gaussian 将进行计算。计算结束后，对话框中 Surface Actions 选项被激活，在 Surface Actions 下拉菜单中选择 New Mapped Surface，调出 Surface Mapping 对话框。所需绘制静电势的类型选择 ESP，密度矩阵选择 SCF。操作如图 3.37 所示。

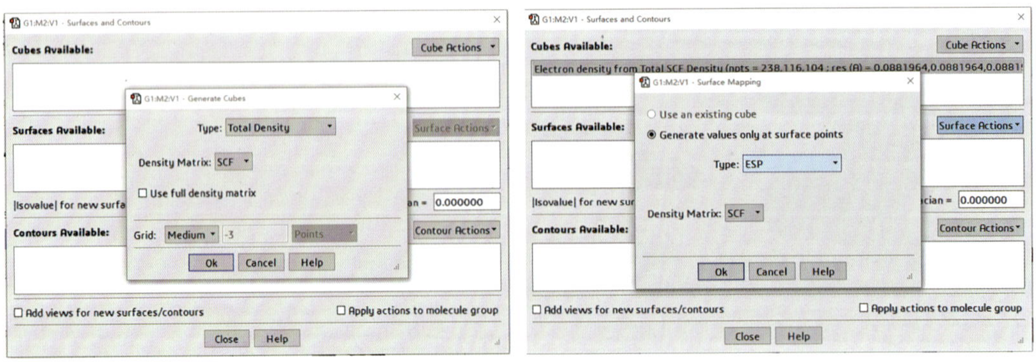

图 3.37　绘制分子表面静电势的 Cube Actions 和 Surface Actions 对话框

点击 Ok 进行确认，点击 Close 关闭对话框，在显示面板中可查看分子表面静电势图。右键单击当前显示面板 |View|Display Format|Surface，将显示风格设置为 Transparent，并选择合适的透明度。最终绘制的分子表面静电势图如图 3.38 所示。

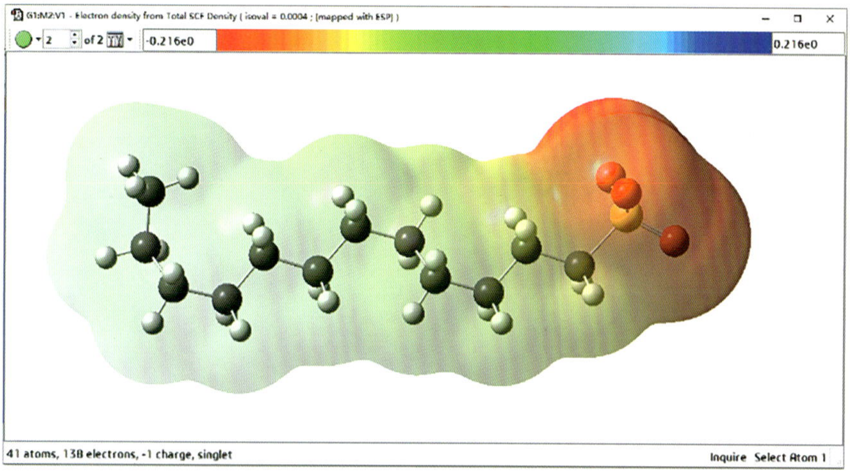

图 3.38 十二烷基磺酸根分子的表面静电势图

（7）计算分子间弱相互作用能并进行可视化显示

计算分子间弱相互作用能。在 Windows 的 cmd 命令行窗口下，启动 Multiwfn 3.8，将 DS-NA.fchk 文件拖入程序面板，并按 Enter 键加载程序菜单，如图 3.39。

```
D:\Multiwfn\Multiwfn_3.8_dev_bin_Win64\Multiwfn.exe

Formula: H25 C12 O3 Na1 S1      Total atoms:      42
Molecule weight:       272.38012 Da
Point group: C1

"q": Exit program gracefully          "r": Load a new file
                 ************ Main function menu ************
0 Show molecular structure and view orbitals
1 Output all properties at a point       2 Topology analysis
3 Output and plot specific property in a line
4 Output and plot specific property in a plane
5 Output and plot specific property within a spatial region (calc. grid data)
6 Check & modify wavefunction
7 Population analysis and calculation of atomic charges
8 Orbital composition analysis           9 Bond order analysis
10 Plot total DOS, partial DOS, OPDOS, local DOS and photoelectron spectrum
11 Plot IR/Raman/UV-Vis/ECD/VCD/ROA/NMR spectrum
12 Quantitative analysis of molecular surface
13 Process grid data (No grid data is presented currently)
14 Adaptive natural density partitioning (AdNDP) analysis
15 Fuzzy atomic space analysis
16 Charge decomposition analysis (CDA) and plot orbital interaction diagram
17 Basin analysis                        18 Electron excitation analysis
19 Orbital localization analysis         20 Visual study of weak interaction
21 Energy decomposition analysis         22 Conceptual DFT (CDFT) analysis
23 ETS-NOCV analysis                     24 (Hyper)polarizability analysis
25 Electron delocalization and aromaticity analyses
26 Structure and geometry related analyses
100 Other functions (Part 1)             200 Other functions (Part 2)
300 Other functions (Part 3)
```

图 3.39 Multiwfn 主功能菜单

后续操作仅需将对应数字输入操作面板，并按 Enter 键加载指令或进行计算。以下每行文本对应输入一次指令，每次只需要输入文本 // 前的数字。

```
20      // 弱相互作用可视化研究
11      // IGMH分析
2       // 输入需要定义片段的数量，分析DS⁻与Na⁺之间的相互作用能
1 -41   // 第一个片段（DS⁻）的原子序号
42      // 第一个片段（Na⁺）的原子序号
3       // 高质量格点
```

等待计算结束后，选择 3 将 .cube 文件输出到 Multiwfn 3.8.exe 所在的文件目录，等待加载完成。

将 Multiwfn 文件包里 examples 目录下的 IGM_inter.vmd 脚本复制到 vmd.exe 文件所在目录中（此步骤仅需操作一次，无需重复）。将文件夹中的 dg.cub、sl2r.cub、dg_intra.cub 和 dg_inter.cub 复制到 vmd.exe 所在的文件目录。启动 vmd，输入 source IGM_inter.vmd，即可显示分子的弱相互作用分析图。图中等值面上蓝色部分表示氢键作用区域，绿色部分表示分子间范德华作用区域，红色部分表示存在位阻作用。通过主控制面板中的 Graphics|Representations 选项中的 Isovalue，可对等值面进行调节。如图 3.40 所示，Na^+ 与 DS^- 的—SO_3 端的两个 O 存在范德华相互作用。

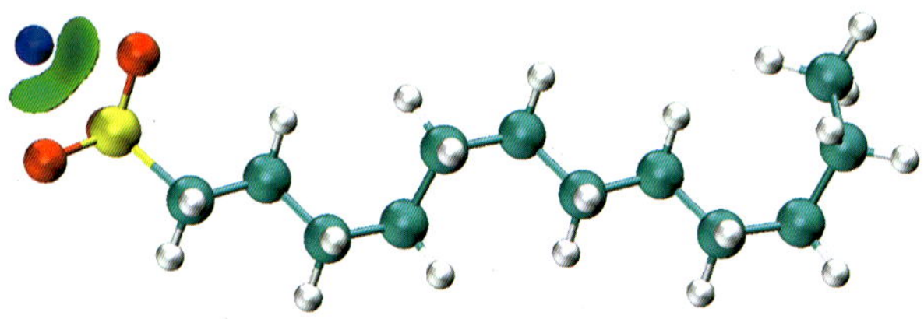

图 3.40　Na^+ 与 DS^- 之间的弱相互作用显示

3.4.2　水溶液中阴离子表面活性剂胶束的形成

操作软件：Gromacs、VMD。

性质分析：径向分布函数、空间分布函数。

本实验以阴离子表面活性剂十二烷基硫酸钠（SDS）为例，使用分子动力学模拟其胶束化过程，并计算表面活性剂极性头基周围水分子的径向和空间分布函数、极性头基和水分子之间的氢键。

具体步骤如下：

（1）力场参数和结构文件

Gromacs 程序运行需要结构和力场参数文件。力场形式不同（如 Amber、GROMOS、Charmm、OPLS 等），力场参数文件的构建或者获取方式也有所不同。现有多种 Gromacs 拓扑文件产生工具可供选择，本实验中采用应用广泛、性能可靠的 OPLS 力场。该力场特别适用于描述液体体系中的分子内和分子间相互作用，一般和 TIP3P 或 TIP4P 的水模型搭配使用，也有大量文献使用 SPC 或 SPC/E 水模型。本次实验使用该工具获取 OPLS 全原子力场参数及拓扑文件进行模拟计算。

登录 LigParGen 服务器（https：//traken.chem.yale.edu/ligpargen/）。注意分子中原子个数最大为200。有两种提交分子结构的方式，一种是使用化学结构的线性表示方法（SMILES），一种是使用其他建模工具（如 Materials studio、Gaussview 等）画出分子结构保存为 pdb 或 mol 格式并上传服务器。第一种方式较为简洁，在“Draw Molecule”窗口中绘制 SDS 的结构式。在第二步（Step 2：Options）中，选择“1.14*CM1A[1]（Neutral or Charged molecules）”电荷模型，并将 Molecule charge 改为 -1。点击“Submit Molecule”提交分子后，网页提示“Parameter and topology files successfully generated!!!”表示运行成功，点击 ALL 下载所有格式文件。从压缩包中取出本实验所需的结构和力场参数文件：****.pdb（或 gro）和 ****.itp 两个文件，并分别重命名为 SDS.pdb 和 SDS.itp。将 SDS.itp 中［atomtypes］部分全部转移保存到一个新的文档中，命名为 atomtypes.itp，将分子的名称由 UNK 改为 SDS。

（2）构建 SDS 胶束模拟体系

将 SDS.itp、atomtypes.itp 和 SDS.itp 三个文件放置到计算目录中，构建含有 60 个 SDS 分子的模拟盒子，体积为 6 nm×6 nm×6 nm，此时 SDS 的浓度超过其临界胶束浓度。使用 Gromacs（version 2023.3）程序指令，分别构建模拟盒子，添加分子和溶剂水。

```
>>gmx editconf  -f SDS.pdb -box 6 6 6 -o box.pdb
>>gmx insert -molecules -f box.pdb -ci SDS.pdb -nmol 59 -o box1.pdb
>>gmx solvate -cp box1.pdb -cs -o boxw.pdb
```

运行结束后，提示 Number of solvent molecules：6103。模拟盒子中此时含有 60 个 SDS 分子和 6103 个水分子。

添加钠离子：

准备动力学计算参数文件和体系拓扑文件 em.mdp 和 system.top。前者 mdp 文件中参数设置详情请参考 Gromacs 手册《Run Parameters and Programs》。后者在最后三行分别指定各组分的分子数。

```
>>gmx grompp -f em.mdp -c boxw.pdb -p system.top -o ion.tpr -maxwarn 1
>>gmx genion -s ion.tpr -np 60 -pname NA -o boxion.pdb -p system.top
```

提示 Select a group：，输入 4，［Group 4（SOL）has 18309 elements，将 SOL 组中的 60 个分子替换为 Na^+］。

将得到的模拟初始构型 boxion.pdb 文件用 VMD 打开，依次操作：

VMD 的命令控制端输入 pbc box；VMD Main 窗口点击 Graphics，在 Graphical Representations 对话框中点击 Create Rep，Selected Atoms 中输入“resname NA SDS”，点击 Apply 按钮；点击 Draw style 标签，Drawing Method 下拉菜单选择 VDW。显示初始构型如图 3.41 所示。

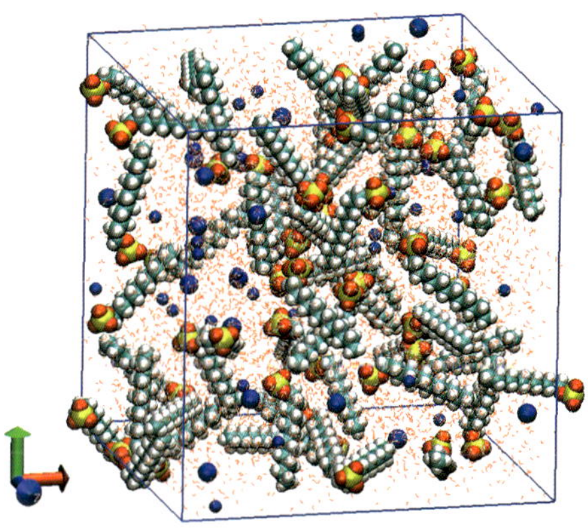

图 3.41　初始构型图

(3) 能量最小化及分子动力学计算

模型构建完毕后，通常要先进行能量最小化，来消除体系中可能存在的构象重叠，然后再进行分子动力学模拟计算。本实验是在 *NPT* 系综下进行 10 ns 的分子动力学模拟，进行预平衡计算，模拟运算参数输入文件 npt.mdp，各参数详情参考 Gromacs 手册《Run Parameters and Programs》。

能量最小化：

```
>>gmx grompp -f em.mdp -c boxion.pdb -p system.top -o em.tpr -maxwarn 1
>>gmx mdrun -deffnm em
```

NPT 系综预平衡：

```
>>gmx grompp -f npt.mdp -c em.gro -p system.top -o npt.tpr -maxwarn 1
>>gmx mdrun -deffnm npt
```

NPT 系综模拟完成之后，用最后一帧构型进行 100 ns 的 *NVT* 模拟，用于性质分析：

```
>>gmx grompp -f nvt.mdp -c npt.gro -p system.top -o nvt.tpr
>>gmx mdrun -deffnm nvt
```

(4) 动力学结果分析

分子动力学模拟计算完成之后，运动轨迹储存在 nvt.trr 文件中，使用 VMD 软件加载如轨迹文件 nvt.trr，可观察体系内各组分的运动状态。操作如下：

VMD Graphical Representations 对话框中，双击第一行 Rep（Lines Name all），隐藏溶剂水分子以便于观察胶束；VMD Main 窗口 File-Load Data Into Molecule 载入 nvt.trr，待载入完毕，即可拖动 VMD Main 窗口滑块观察运动轨迹。本实验中 100 ns 模拟之后，SDS 分子聚集成为 3 个胶束，如图 3.42 所示。可进一步延长时间以观察其是否会进一步聚并。本实验中需计算径向分布函数和空间分布函数，轨迹帧数足够多的情况下无需进一步模拟。

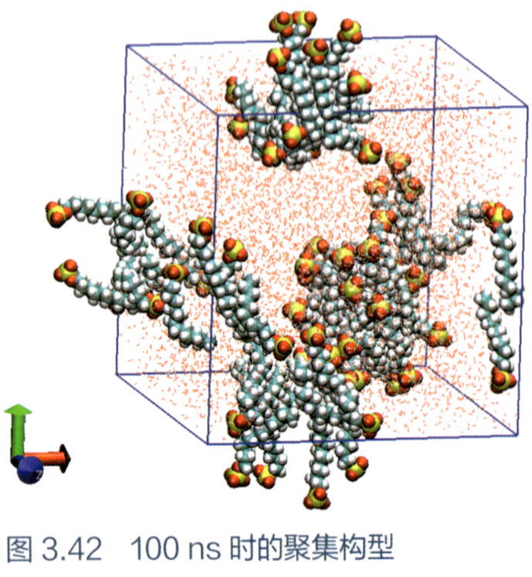

图 3.42　100 ns 时的聚集构型

计算 SDS 极性头基周围水的径向分布函数（RDF），首先创建分组：

```
>>gmx make_ndx -f nvt.gro -o rdf.ndx
```

```
  0 System              : 20709 atoms
  1 Other               :  2520 atoms
  2 SDS                 :  2520 atoms
  3 NA                  :    60 atoms
  4 Water               : 18129 atoms
  5 SOL                 : 18129 atoms
  6 non-Water           :  2580 atoms
  7 Ion                 :    60 atoms
  8 Water_and_ions      : 18189 atoms

 nr : group      '!': not  'name' nr name   'splitch' nr    Enter: list groups
 'a': atom       '&': and  'del' nr         'splitres' nr   'l': list residues
 't': atom type  '|': or   'keep' nr        'splitat' nr    'h': help
 'r': residue              'res' nr         'chain' char
 "name": group             'case': case sensitive           'q': save and quit
 'ri': residue index

> a O0C O0E O0F O0G

Found 240 atoms with names O0C O0E O0F O0G

> a OW

Found 6043 atoms with name OW

> q
```

O0C O0E O0F O0G 是 SDS 分子中四个氧原子的名称，OW 是水分子中氧原子的名称，使用选择原子指令将这两类原子分别编组，两个组的序号分别为 9 和 10。使用 RDF 计算指令：

```
>>gmx rdf -s nvt.tpr -f nvt.trr -ref'group 9' -sel'group 10' -o O -W.xvg
-n rdf.ndx
```

其中 -ref 指定中心组原子，即极性头基氧原子；-sel 为要统计 RDF 分布的组，即水氧原子组。O-W.xvg 的 RDF 如图 3.43 所示。

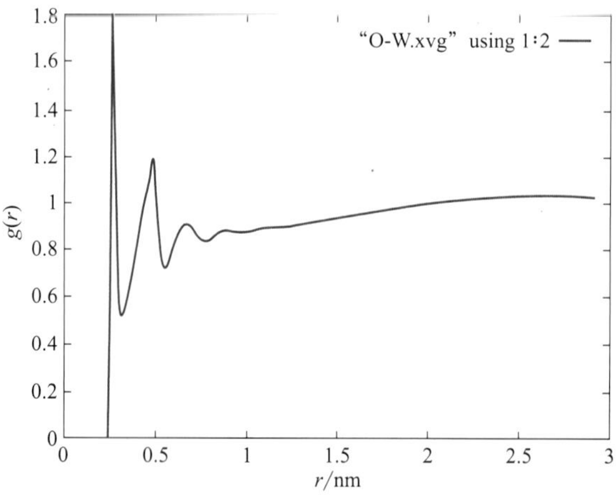

图 3.43　水中 O—O 的径向分布函数

计算SDS极性头基周围水的空间分布函数（SDF），在索引文件rdf.ndx末尾添加一个分组，其中14、15、16、17为第1个SDS分子中—SO_4基团的原子序号。

```
20476 20479 20482 20485 20488 20491
20521 20524 20527 20530 20533 20536
20566 20569 20572 20575 20578 20581
20611 20614 20617 20620 20623 20626
[ 1so4 ]
14 15 16 17
```

以该基团为中心组，计算其周围水分子的分布，指令如下：

```
>>gmx trjconv -s nvt.tpr -f nvt.trr -n rdf.ndx -o 1.trr -center -ur
compact -pbc mol
```

```
Select group for centering
Group     0 (         System) has 20709 elements
Group     1 (          Other) has  2520 elements
Group     2 (            SDS) has  2520 elements
Group     3 (             NA) has    60 elements
Group     4 (          Water) has 18129 elements
Group     5 (            SOL) has 18129 elements
Group     6 (      non-Water) has  2580 elements
Group     7 (            Ion) has    60 elements
Group     8 ( Water_and_ions) has 18189 elements
Group     9 (O0C_O0E_O0F_O0G) has   240 elements
Group    10 (             OW) has  6043 elements
Group    11 (           1SO4) has     4 elements
Select a group: 11
Selected 11: '1SO4'
Select group for output
Group     0 (         System) has 20709 elements
Group     1 (          Other) has  2520 elements
Group     2 (            SDS) has  2520 elements
Group     3 (             NA) has    60 elements
Group     4 (          Water) has 18129 elements
Group     5 (            SOL) has 18129 elements
Group     6 (      non-Water) has  2580 elements
Group     7 (            Ion) has    60 elements
Group     8 ( Water_and_ions) has 18189 elements
Group     9 (O0C_O0E_O0F_O0G) has   240 elements
Group    10 (             OW) has  6043 elements
Group    11 (           1SO4) has     4 elements
Select a group: 0
Selected 0: 'System'
```

Select group for centering时选择中心分子组，Select group for output时选择System组。该命令使中心组在模拟盒子内居中，同时使所有其他分子处于盒子内。

```
>>gmx trjconv -s nvt.tpr -f 1.trr -n rdf.ndx -o 2.trr -fit rot+trans
```

Select group for least squares fit时选择中心分子组，Select group for output时选择System组。使用产生的轨迹文件2.trr计算SDF：

```
>>gmx spatial -s nvt.tpr -f 2.trr -n rdf.ndx
```

Select group to generate SDF 时 选 择 第 10 组 OW，Select group to output coords（e.g. solute）时选择中心分子组。运行完成后，产生 grid.cube 文件。

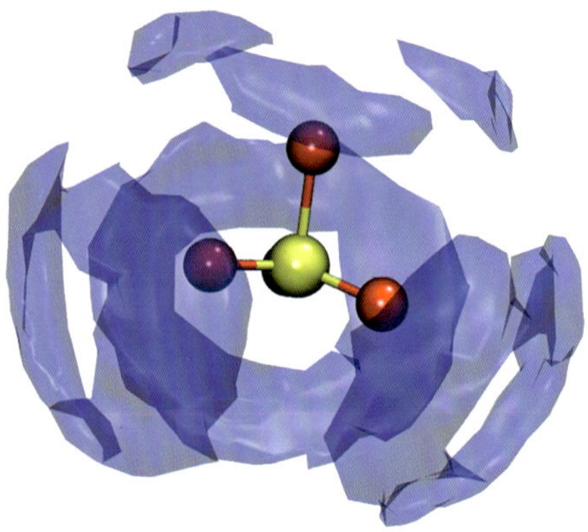

图 3.44 SDS 极性头基周围水分子的空间分布

使用 VMD File-New molecule… 导入 grid.cube 后，图形窗口显示中心组 SO_4 基团结构，Graphical Representations 对话框中点击 Create Rep 创建新的图层。Drawing Method 改为 isosurface，将等值面 isosurface value 改为 13，调整原子和等值面显示风格，如图 3.44 所示。

RDF 和 SDF 均显示 SDS 极性头基周围水分子的分布，表现出非常强的亲水性质。使用 gmx hbond 指令分析 SDS 分子与水形成氢键的情况：

```
>>gmx hbond -s nvt.tpr -f nvt.trr -n hb.ndx -num
```

```
Specify 2 groups to analyze:
Group     0 (         System) has 20709 elements
Group     1 (          Other) has  2520 elements
Group     2 (            SDS) has  2520 elements
Group     3 (             NA) has    60 elements
Group     4 (          Water) has 18129 elements
Group     5 (            SOL) has 18129 elements
Group     6 (      non-Water) has  2580 elements
Group     7 (            Ion) has    60 elements
Group     8 ( Water_and_ions) has 18189 elements
Select a group: 2
Selected 2: 'SDS'
Select a group: 5
Selected 5: 'SOL'
```

第一组选择 group 2 即所有 SDS，第二组选择 group 5 即所有水分子，计算二者之间氢键个数随模拟时间的变化。程序默认 O 和 N 原子为氢键受体。选项 -num 默认输出文件 hbnum.xvg，第一列数据是模拟时间，第二列是氢键个数，第三列是 0.35 nm 以内的但是不满足氢键判定条件的分子对数（因此其意义不大）。取前两列作图（图 3.45），氢键个数在模拟时间内维持在 430 个左右。

在 VMD 软件中显示某个 SDS 分子与水形成的氢键结构。如图 3.42 所示，显示最后一帧即 100 ns 时的结构（nvt.gro）。任意选择一个在模拟盒子内部 SDS 分子显示，VMD Graphical Representations 对话框中点击“Create Rep”新建图层，在 Selected Atoms 中输入“resid 55”点击“Apply”并改变 draw style 以突显该分子，其中 55 为选中的 SDS 分子的序号。该 SDS 分子极性头基四个氧原子的序号分别为 2281、2283、2284、2285，以这四个氧原子为中心选择其周围 0.35 nm 范围内的水分子，新建图层在 Selected Atoms 中输入“resname SOL and within 3.6 of serial 2281 2283 2284 2285”。其周围符合范围的原子被选中，并复制了 55 号 SDS 的显示风格。再次复制当前图层，Drawing Method 改为 Hbonds，这样即可查看形成氢键的水分子的分子序号，为了完整显示这些水分子，新建图层在选择框中输入“resid

4719 1125 656 783 4475 420 5838 55”，其中前 7 个为水分子，第 8 个为 55 号 SDS 分子。复制该图层，并改为 HBonds 显示方法。VMD 图层窗口如图 3.46 所示。其中不需要的图层可以删除或者双击隐藏（红色），改为 HBonds 显示时，将 Distance Cutoff 和 Angle Cutoff 分别改为 3.5（单位 Å）和 30 度，以和 gmx hbond 指令默认氢键判定标准一致。

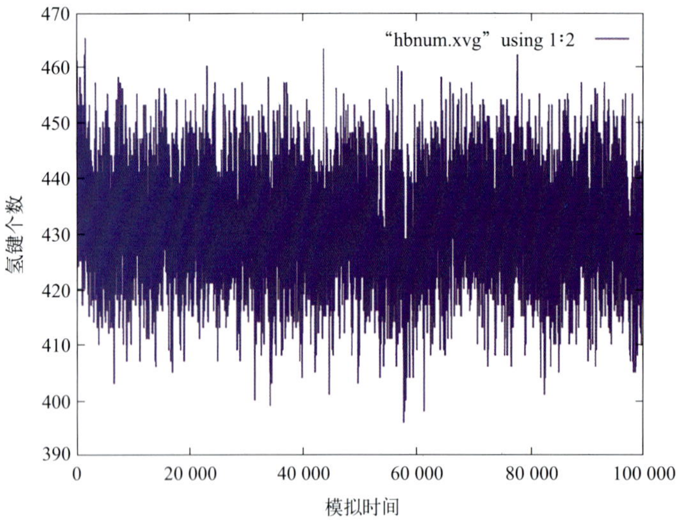

图 3.45　氢键个数随模拟时间的变化

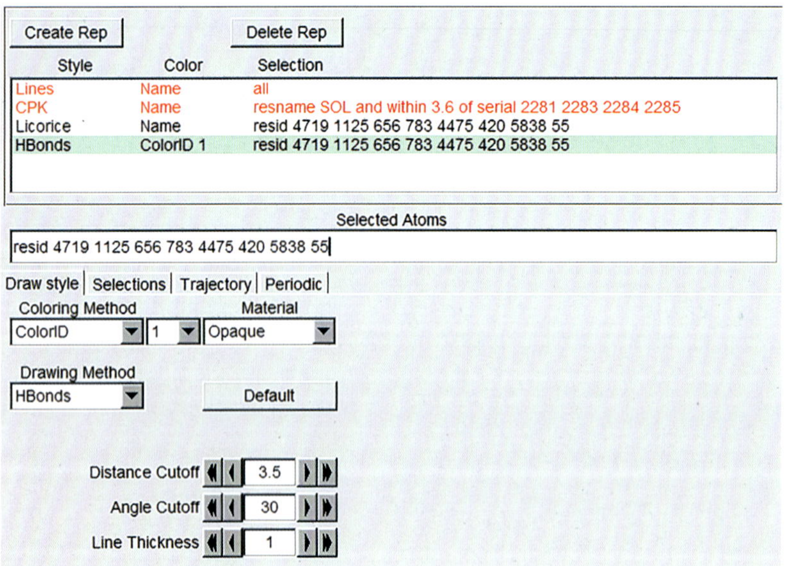

图 3.46　VMD 图层窗口设置

被选中的 SDS 分子与周围 7 个水分子形成氢键，如图 3.47 左图所示。如需显示周围环境，可打开图 3.47 中所示第一个图层，以线条风格显示周围其他分子，如图 3.47 右图所示。

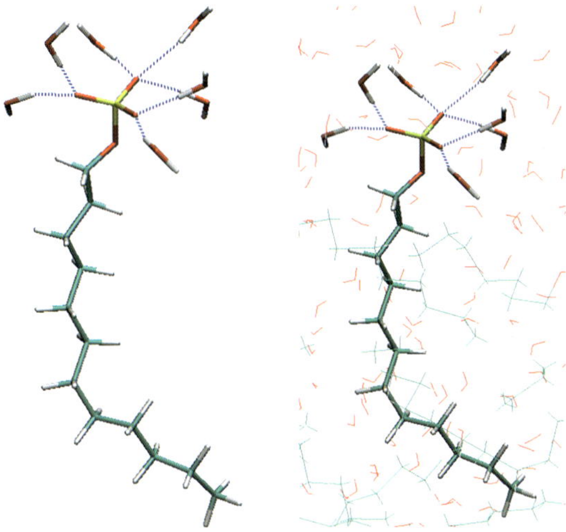

图 3.47　SDS 分子和周围水分子之间的氢键结构

水溶液中阴离子
表面活性剂胶束
的形成运行脚本

参考文献

张秀清，苑世领，陈怡建，徐桂英，2005. 油水界面上 AOT 聚集行为的分子动力学模拟［J］. 山东大学学报（理学版），40：97-101.

耿铁，赵春花，刘雪婧，等，2019. 表面活性剂分子在油水界面聚集行为：分子模拟研究进展［J］. 日用化学工业，49：537-544.

侯梦蝶，李慧萍，胡子昭，2018. OPEO 表面活性剂在油水界面的分子动力学模拟［J］. 日用化学工业，48：243-246.

曹绪龙，吕凯，崔晓红，等，2010. 阴离子表面活性剂与阳离子的相互作用［J］. 物理化学学报，26（7）：1959-1964.

李振泉，延辉，宋新旺，苑世领，2011. 磺基甜菜碱两性表面活性剂的结构性质［J］. 化学学报，69：898-904.

Ahmadi M，Chen Z X，2020. Insight into the interfacial behavior of surfactants and asphaltenes：molecular dynamics simulation study［J］. Energy & Fuel，34：13536-13551.

Aray Y，Parra J G，Jiménez D M，et al，2017. Exploring the effect of the O-（1- heptylnonyl）benzene sulfonate surfactant on the nature of the linear hydrocarbons/ water interface by means of an atomistic molecular dynamics simulation［J］. Journal of Computational Methods in Sciences and Engineering，17（1）：39-53.

Chanda J，Bandyopadhyay S，2006. Molecular dynamics study of surfactant monolayers adsorbed at the oil/water and air/water interfaces［J］. Journal of Physical Chemistry B，110：23482-23488.

Fu L，Gu F，Liao K. et al，2022. Application of molecular simulation in tertiary oil recovery：a systematic review［J］. Journal of Petroleum Science and Engineering，212：110196.

Jia J，Li J，Liang Y，et al, 2022. Molecular dynamics study on performance of olefin sulfonate at the decane-water interface：effect of molecular architecture［J］. Fuel, 308：122013.

Liu Z Y，Xu Z H，Zhou H，et al，2017. Interfacial behaviors of betaine and binary betaine/carboxylic acid mixtures in molecular dynamics simulation［J］. Journal of Molecular Liquids，240：412-419.

Liu Z Y, Wei N, Wang C, et al, 2015. Interfacial assignment of branched-alkyl benzene sulfonates: a molecular simulation[J]. Aip Advances, 5 (11): 117203.

Mehandzhiyski A Y, Riccardi E, van Erp T S, et al, 2015. Density functional theory study on the interactions of metal ions with long chain deprotonated carboxylic acids[J]. Journal of Physical Chemistry A, 119: 10195-10203.

Mehandzhiyski A Y, Riccardi E, van Erp T S, et al, 2015. Ab initio molecular dynamics study on the interactions between carboxylate ions and metal ions in water[J]. Journal of Physical Chemistry B, 119: 10710-10719.

Mohanty S, Davis H T, McComick A V, 2001. Complementary use of simulations and free energy model for CTAB/NaSal systems[J]. Langmuir, 17: 7160-7171.

Paredes R, Farinas-Sanchez A I, Medina-Rodriguez B, 2018. Dynamics of surfactant clustering at interfaces and its influence on the interfacial tension: atomistic simulation of a sodium hexadecane-benzene sulfonate-tetradecane-water system[J]. Langmuir, 34: 3146-3157.

Qiao Y, Lin Y, Huang J, et al, 2011. Metal-Driven viscoelastic wormlike micelle in anionic/zwitterionic surfactant systems and template-directed synthesis of dendritic silver nanostructures[J]. Langmuir, 27 (5): 1718-1723.

Qu G, Xue C, Zhang M, et al, 2016. Molecular dynamics simulation of sulfobetaine-type zwitterionic surfactants at the decane/water interface: structure, interfacial properties[J]. Journal of Dispersion Science and Technology, 37: 1710-1717.

Rode B M, Schwenk C F, Tongraar A, 2004. Structure and dynamics of hydrated ions – new insights through quantum mechanical simulations[J]. Journal of Molecular Liquids, 110: 105-122.

Tan J S, Zhang L, Lim F, et al, 2017. Interfacial properties and monolayer collapse of alkyl benzenesulfonate surfactant monolayers at the decane-water interface from molecular dynamics simulations[J]. Langmuir, 33 (18): 4461-4476.

Wang Z, Larson R G, 2009. Molecular dynamics simulations of threadlike cetyltrimethylammonium chloride micelles: effects of sodium chloride and sodium salicylate salts[J]. Journal of Physical Chemistry B, 113: 13697-13710.

Wu R L, Deng M L, Kong B, et al, 2009. Molecular dynamics simulations of ammonium surfactant monolayers at the heptane/water interface[J]. Journal of Physical Chemistry B, 113 (38): 12680-12686.

Xu J F, Zhang Y, Chen H X, et al, 2013. Effect of surfactant headgroups on the oil/water interface: an interfacial tension measurement and simulation study[J]. Journal of Molecular Structure, 1052: 50-56.

Xu Y, Song J, Wang T, et al, 2022. Novel insights into the self-assembly behaviors of cationic surfactant and bivalent acid: effects of group positions in bivalent acid[J]. Journal of Molecular Liquids, 348: 118012.

Yan H, Yuan S L, Xu GY, et al, 2010. Effect of Ca^{2+} and Mg^{2+} ions on surfactant solutions investigated by molecular dynamics simulation[J]. Langmuir, 26: 10448-10459.

Yuan S M, Yan H, Lv K, et al, 2010. Surface behavior of a model surfactant: a theoretical simulation study[J]. Journal of Colloid and Interface Science, 348: 159-166.

Zhou K, Qian C, Liu Y, 2022. Quantifying the structure of water and hydrated monovalent ions by density functional theory-based molecular dynamics[J]. Journal of Physical Chemistry B, 126: 10471-10480.

第 4 章

表面活性剂驱油体系

地下油藏经水驱后，剩余油以不连续的油块形式圈捕在储油岩石孔隙内，在分子层面上体现的就是油相（油滴）与固相（岩石）之间的相互作用，而在宏观上体现的是流体与固体之间的黏滞力。若使油滴通过岩石间微纳米通道运移，必然会引起油滴形变，而影响其形变的主要因素就是黏滞力，或者说油水界面张力。如果减小了油水界面张力，就减小了油滴形变的阻力，最终结果就是减少了驱油后的残余油量。

大量实验表明，在注入水中加入表面活性剂可降低油水界面张力，改变地下岩层润湿性，从而使吸附在岩石表面的油膜脱离并被注入水带走，达到提高原油采收率的目的。其工作机理主要有：降低油水界面张力，便于油膜采出；改变岩石的润湿性，提高原油的亲水性；实现对原油的增溶、膨化、乳化。表面活性剂驱油被认为是一种驱油效果理想、有前途的方法。

4.1 表面活性剂复配体系

在石油开采过程中，很多情况下使用单一表面活性剂并不能达到技术要求，实践表明表面活性剂复配体系往往表现出比单一表面活性剂体系更为优越的性能。复配体系可以增强表面活性剂对不同油水体系的适应性，而且可以降低表面活性剂的用量和成本，具有良好的经济优势，目前表面活性剂复配体系已经广泛应用于实际采油工作中。

在驱油体系中，离子型和非离子型表面活性剂复配往往能够提高表面活性。阴离子表面活性剂和非离子表面活性剂的结合，可以降低阴离子表面活性剂极性头基之间的静电排斥，促进混合胶束或混合吸附层的形成，最终表面活性剂分子在油水界面上形成的吸附层会更加紧密。阳离子表面活性剂与非离子表面活性剂复配后，阳离子表面活性剂极性头基之间的静电斥力相应减小，使得胶束的形成变得更容易。相比较而言，阴离子表面活性剂与非离子表面活性剂的相互作用会更强一些。

阴离子表面活性剂和阳离子表面活性剂复配后，阴、阳离子表面活性剂亲水头基的正负电荷间的强静电作用可促进两种表面活性剂在体相中的缔合，增加了界面层中表面活性剂的吸附密度，使其更容易在油水界面上吸附聚集，保证溶液具有更高的表面活性。而两性离子表面活性剂分子中正电荷基团，也会在静电相互作用下与阴离子表面活性剂形成混合胶束或混合吸附层，既可以减少阴离子表面活性剂头基之间的排斥作用，也会减少两性表面活性剂头基之间的排斥作用。

对于复配体系而言，表面活性剂分子在界面处的排列方式对复配效果有很大的影响，通过分子模拟可以直接从分子层面理解不同表面活性剂分子之间的协同作用。

4.1.1 阴离子 / 非离子表面活性剂体系

理论上表面活性剂可以大幅提高驱油效率，提高原油采收率。然而，在实际应用中，由于复杂的地质条件，当某类表面活性剂单独使用时，油水体系的界面张力很难降低到预期的水平。有资料表明，油水体系界面张力的降低主要受油水界面与表面活性剂亲水基团之间的相互作用影响，而不同类型表面活性剂的混合体系通常具有协同效应，有利于降低油水界面张力（Fu et al., 2022）。

研究表明，油水界面处离子表面活性剂与非离子表面活性剂复配会增加界面吸附量，形成混合吸附层，减少极性基团之间的静电排斥，提高界面活性（Zhao et al., 2017）。阴离子表面活性剂十二烷基硫酸钠（SDS）除了在油水界面上与沥青质分子相互作用以外，在油相中还能够减少沥青质分子之间的 π-π 相互作用，起到分散沥青质聚集的作用（Ahmadi et al., 2020）。非离子表面活性剂辛基苯聚氧乙烯醚与 SDS 在水相中可形成混合胶束，在油水界面处非离子表面活性剂占有较大空间，而阴离子表面活性剂会在其空隙中聚集。如图 4.1 所示，两种非离子表面活性剂 Span 20 和 Tween 80 的混合体系中，分子量较小的 Span 20 会填充在分子量较大的 Tween 80 分子空隙之间，导致混合体系的界面排列比单一表面活性剂的界面排列更紧密，模拟表明，两种表面活性剂之间也存在明显的协同效应（Posocco et al.，2016）。

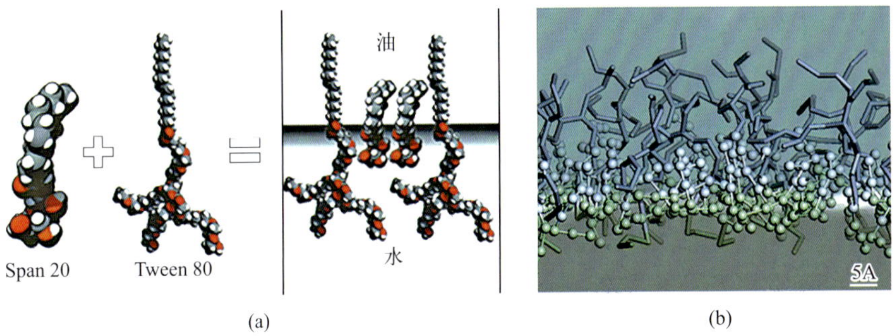

图 4.1 两种非离子表面活性剂聚集结构示意图（a）和油水界面聚集结构（b）（Posocco et al.，2016）

（b）中棒状结构为 Tween 80，球棒结构为 Span 20

阴离子 / 非离子表面活性剂复配体系稳定性高，当加入碱性组分时，复配体系中阴离子表面活性剂的抗盐性能得到了提高，非离子表面活性剂的溶解性和耐温性也得到了优化，同时复配体系比单一表面活性剂具有更好的稳定性。考虑到不同油藏条件下无机盐种类和浓度的巨大差异，在对阴离子 / 非离子表面活性剂复配体系进行浓度扫描时，在合适的 NaCl 浓度范围内可以降低体系的临界胶束浓度，提高表面活性；在少量盐的存在下，也能促进复配体系溶液中其他聚集体如囊泡的形成。

在研究聚氧乙烯醚阴非离子表面活性剂与沥青质相互作用时，模拟发现改变表面活性剂的分子结构（疏水链长、头基结构和乙氧基聚合度）和油相组成，会对表面活性剂在油水界面上的吸附和聚集行为产生影响。例如，当表面活性剂的疏水链长度增加时，阴非离子表面活性剂的亲水性减弱；然而当混合油相中长碳链分子较多时，随着表面活性剂疏水链长度的增加，表面活性剂的亲水亲油平衡也增加，有利于降低界面张力。研究也发现，当阴非离子表面活性剂中疏水链与乙氧基链长度相同时，磺酸盐型阴非离子表面活性剂的亲水性要强于羧酸盐型阴非离子表面活性剂。

4.1.2 阴离子 / 阳离子表面活性剂体系

根据传统观点，当阴离子表面活性剂和阳离子表面活性剂共同使用时，会产生沉淀，造成表面活性剂损失。然而，后来的模拟发现，尽管阴离子表面活性剂和阳离子表面活性剂之间存在强烈的静电相互作用，如果表面活性剂的种类和比例选择适当，复配体系也会有更低的相互作用能，界面聚集会更加紧密，从而更能有效地提高界面活性。在不同摩尔比的阴离子表面活性剂聚醚羧酸钠（PECNa）和阳离子表面活性剂十八烷基三甲基氯化铵（OTAC）复配体系中，分子动力学模拟表明复配体系比单一表面活性剂体系有更低的油水界面张力（刘佳霖等，2019）。两种表面活性剂头基相反电荷间的吸引作用，使表面活性剂对各自反离子的静电吸引减弱，且在等摩尔比的体系中尤为明显。阴离子表面活性剂的亲水头基，对阳离子表面活性剂亲水头基周围形成的水化层内水分子的结构取向无显著影响，反之亦然。通过调节两种离子型表面活性剂的复配比例，可调整油水界面吸附层的微观结构，有望降低油水界面张力，提高采收率。

在探索阴、阳离子表面活性剂最佳配比的过程中，Bergstrom 等人选择了常用的表面活性剂 SDS 和 DTAC（十二烷基三甲基氯化铵），观察了不同配比下的相行为（Bergstrom et al.，1998）。研究发现，当两者比例在 1∶1 时会发生沉淀，在其他混合比例下会形成囊泡、盘状胶束等聚集体；当表面张力最高、表面活性表现最差时，两种表面活性剂的摩尔比接近 1∶1。Horbaschek 等人不仅发现当两种表面活性剂的摩尔比接近 1 时最容易发生沉淀，而且发现表面活性剂的类型、疏水尾链的长度也影响混合体系的界面活性（Horbaschek et al.，2000）。当两种表面活性剂的疏水尾链为直链时易沉淀，但如果是带支链的疏水尾链则不易沉淀，表明尾链的空间结构也影响界面活性，而后者具有较强的界面活性。

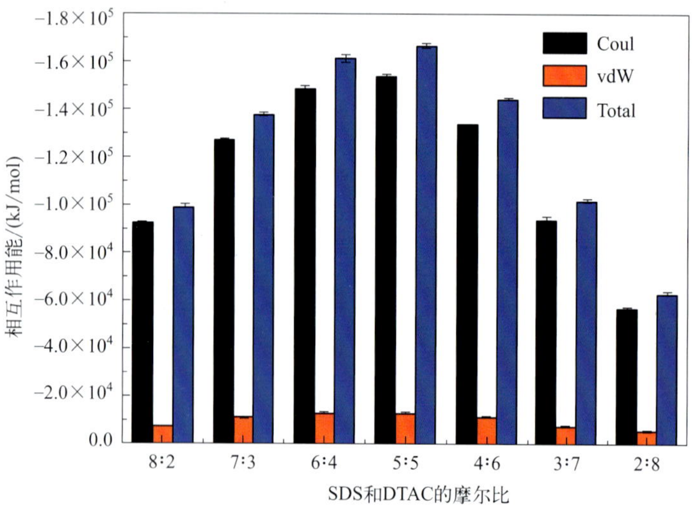

图 4.2　混合表面活性剂体系中 SDS 与 DTAC 之间的相互作用（Cai et al.，2023）

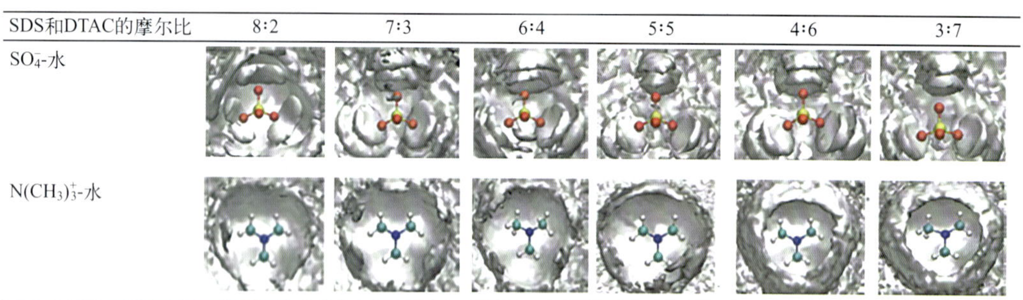

图 4.3　不同摩尔配比下 SDS 和 DTAC 极性头与水分子之间的空间分布函数对比（Cai et al.，2023）

采用分子动力学模拟，Cai 等人研究了 SDS 和 DTAC 两种表面活性剂不同摩尔比下的吸附和聚集（Cai et al.，2023）。模拟表明，阴离子表面活性剂和阳离子表面活性剂复配，可形成比单一表面活性剂更致密的界面单分子层，而且在气液界面上最终趋向于形成等摩尔吸附。复配体系中存在着强相互作用，其中以静电相互作用为主（图 4.2），这也是等摩尔与非等摩尔混合体系中扩散双电层差异的原因。此复配表面活性剂体系中的空间分布函数表明，

SDS 的亲水性要大于 DTAC 的亲水性（图 4.3），因此 SDS 能够更好地稳定油水界面，而少量 DTAC 的存在，会有利于 SDS 的均匀分散和紧密排列，两者相辅相成稳定油水界面。

模拟和实验均证实在采油过程中，使用阴离子表面活性剂和阳离子表面活性剂复配体系，可以达到提高采收率的目的，更深入地研究其微观机理也有助于优化和选择合适的驱油用表面活性剂。

4.1.3 阴离子 / 两性离子表面活性剂体系

在阴离子 / 两性离子表面活性剂复配体系中，前者具有产量高、使用范围广、成本低，但是抗硬水能力差等特点，后者具有水溶性好、刺激性低、抗硬水能力强等特点。两者复配不仅可以降低成本，还可优化表面活性剂的性能。因此，阴离子表面活性剂和两性离子表面活性剂的组合具有很高的实用价值。与传统实验方法相比，分子动力学模拟很容易区分本体分子和界面分子，可以从分子水平上解释彼此之间的相互作用，探究复配体系在界面上的聚集行为，进而进一步解释驱油机理。Liu 等人模拟不同碳链长度的羧酸盐阴离子表面活性剂和甜菜碱两性离子表面活性剂组成的复配体系，发现界面上甜菜碱表面活性剂分子之间的孔隙为羧酸盐表面活性剂分子所填充，当羧酸盐的碳链长度适中时，两种表面活性剂分子排列紧密，协同效果最佳（图 4.4）（Liu et al.，2017）。

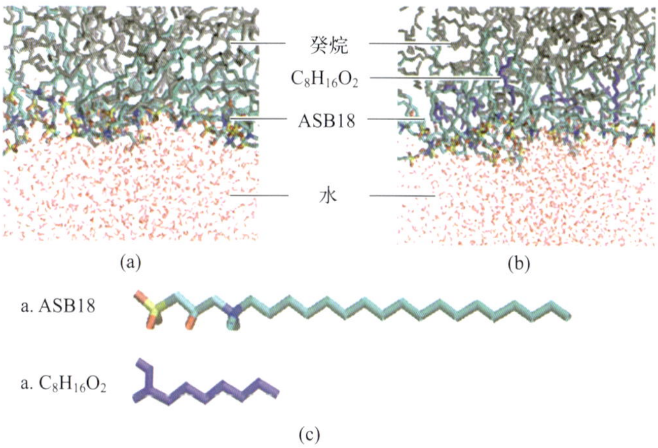

图 4.4　甜菜碱 ASB18 体系（a）和 ASB18/$C_8H_{16}O_2$ 体系（b）在界面处的聚集行为，可见羧酸表面活性剂插入到甜菜碱分子之间（Liu et al.，2017）

考虑到各种无机盐离子的影响，Sun 等人选用阴离子表面活性剂 AES 与两性离子表面活性剂羧酸甜菜碱（CAB）或磺基甜菜碱（DSB）进行复配（Sun et al.，2015），通过分子模拟研究了两种复配体系在气液界面上的聚集行为和耐盐性。模拟表明，多价无机阳离子可以与表面活性剂带负电荷的头基结合，直接参与界面层的形成，不仅影响表面活性剂分子的界面行为，还改变了泡沫膜中水分子的微观状态，从而进一步影响泡沫性能。表面活性剂带负电荷的头基与水合二价阳离子（如 Mg^{2+} 或 Ca^{2+}）会形成离子对，增加了界面膜对水分子的吸附，有利于泡沫稳定性。此外，多价阳离子与表面活性剂头基之间的强相互作用，有助于减少带电头基之间的静电排斥，使多价阳离子起到“盐桥”作用，将表面活性剂分子结合在一起，从而增加表面活性剂在气液和油水界面上的吸附。

两性表面活性剂的分子结构也对界面聚集结构有影响。Su 等人选择带有不同正电中心的磺基甜菜碱与 SDBS 复配，通过实验测量和分子动力学模拟发现（图 4.5）（Su et al., 2021），与单一表面活性剂水溶液相比，混合表面活性剂水溶液降低界面张力的能力大大提高，这归因于不同类型表面活性剂分子之间的协同效应。此外，分子动力学模拟直接证实，不同的两性离子 / 阴离子表面活性剂复配体系在油水界面有不同的排列方式，而表面活性剂分子结构中的芳香组分会增强这种协同效应，增加表面活性剂单层膜的致密性。对于 ASB/SDBS 体系，SDBS 分子倾向于与 ASB 分子平行，在界面上产生竞争吸附，形成相对疏松的表面活性剂单层；与之相反，在 ImS3/SDBS 和 BzImS3/SDBS 体系中，SDBS 分子主要位于 ImS3 和 BzImS3 疏水链的夹缝中，产生混合吸附。在 π-π 堆积作用下，BzImS3/SDBS 体系的协同效应比 ImS3/SDBS 体系更强，导致表面活性剂单层膜更加致密，这有助于大幅降低油水界面张力（图 4.6）。模拟研究能在分子水平上解释两性离子 / 阴离子表面活性剂混合体系在油水界面的吸附机理，为深入理解提高采收率中表面活性剂的优化选择提供理论参照。

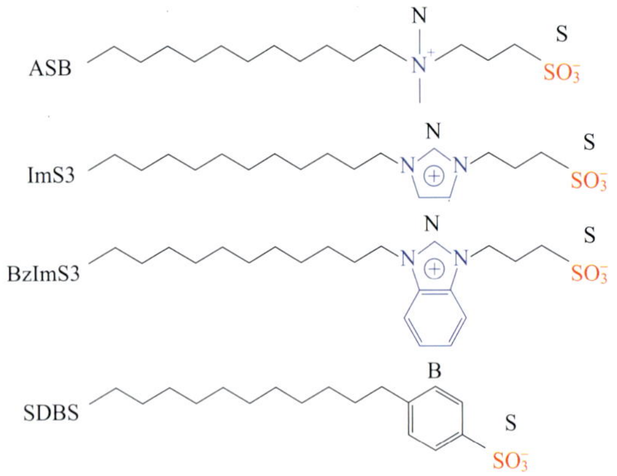

图 4.5　不同类型磺基甜菜碱的分子结构（Su et al.，2021）

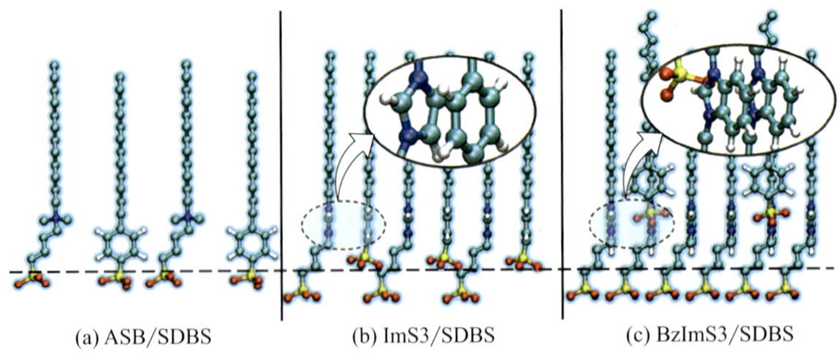

图 4.6　不同类型磺基甜菜碱与 SDBS 在油水界面聚集示意图（Su et al.，2021）

4.1.4　聚合物 / 表面活性剂体系

聚合物驱已经成为老油田提高采收率的重要手段，但是传统实验却很难获得地下驱替过程中驱油体系的流变行为。分子模拟技术可以从微观角度模拟聚合物的流变机理，以及聚合物与不同原油组分在油相、水相、不同界面处的聚集行为，进而将宏观实验现象与模拟计算结果相结合。分子模拟已经成为聚合物驱油实验以外的另一重要研究手段，在此主要阐述聚合物驱油后期与表面活性剂相结合的研究体系。

从微观角度探索聚合物与表面活性剂的相互作用，吴刚等人在2016年总结了聚合物与表面活性剂在水相和气液界面的聚集行为，并结合实验研究，将表面活性剂和聚合物之间的相互作用分为五类（吴刚等，2016）：①表面活性剂沿聚合物长链方向与之相互作用；②单个表面活性剂分子与多个聚合物结合位点的相互作用；③表面活性剂在聚合物链上吸附形成的分子刷结构；④聚合物链段和表面活性剂分子结合形成的胶束结构；⑤聚合物和表面活性剂形成的复合结构以及离散的胶束结构。前两种情况主要发生在聚合物结合位点与表面活性剂分子之间的结合力比表面活性剂分子彼此之间的相互作用力更强的情况；后三种情况受聚合物分子量、电荷、链的柔韧性，以及表面活性剂的性质、电解质、pH等因素的影响。

采用分子动力学模拟，Wu等人研究了部分水解聚丙烯酰胺（HPAM）影响SDS稳定的泡沫体系（Wu et al.，2017），结果表明随着HPAM浓度的增加，HPAM与SDS之间的相互作用增强，SDS头基周围水合水分子数增加，减弱了HPAM周围水合分子的流动性，液膜体系排液能力减弱，有利于提高泡沫的稳定性。根据水合分子数，Wu等人认为HPAM的水解度在20%～30%范围内，泡沫稳定性最好（图4.7）。

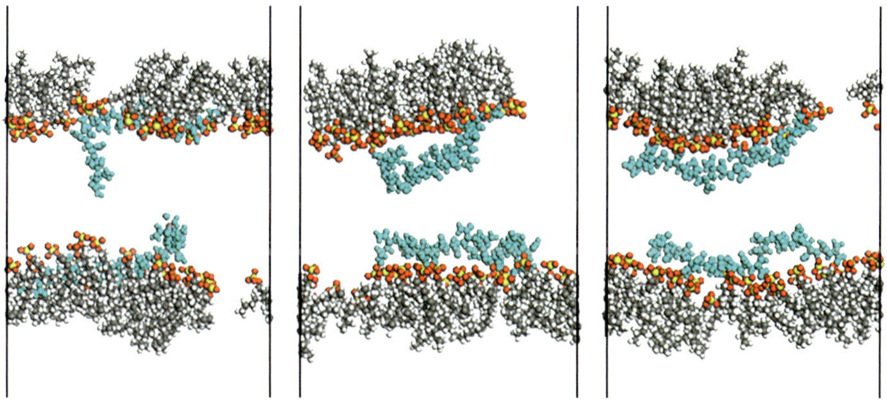

(a) (b) (c)

图4.7 不同水解度下HPAM与SDS单层的聚集位置（Wu et al.，2017）

（a）10%；（b）20%；（c）30%

当调整溶液中的pH时，模拟发现在碱性条件下“SDBS/HPAM/OH^-”水基泡沫体系的稳定性要好于SDBS/HPAM体系（Wang et al.，2023）。相对于柔性的HPAM链，刚性的SDBS分子尾链倾斜角度小，SDBS分子会更多倾向于在气液界面“直立”，不利于阻止气体分子在界面的聚集和渗透。HPAM的存在可以限制液膜的排液和气体分子的扩散，而显著增强液膜的稳定性，同时高pH下的OH^-不仅增强了SDBS分子的界面活性，还减少了HPAM链上—COO^-基团之间的静电排斥，使泡沫更加稳定。随着pH、SDBS和HPAM浓度的增加，泡沫液膜的稳定性增强。这些结果有助于增强人们对水基泡沫形成和稳定机理的新认识。

无机盐离子会影响HPAM的聚集结构。Abdel-Azeim等人通过分子动力学模拟发现，在不同聚合度下（20、50和100），HPAM具有高度的构象多样性（Abdel-Azeim et al.，2018），包括纯水下的卷曲构象到盐水下的聚集构象。在盐水溶液中，HPAM对离子非常敏感，并且以更紧密的构象存在。与 Mg^{2+} 和 Na^{+} 相比，Ca^{2+} 对 HPAM 有更高的亲和力。对于油水体系，模拟表明在无表面活性剂存在下，HPAM 对界面张力的变化没有贡献。图 4.8 为不同聚合度下反映 HPAM 聚集行为的末端距、回转半径与构象自由能之间的关系。

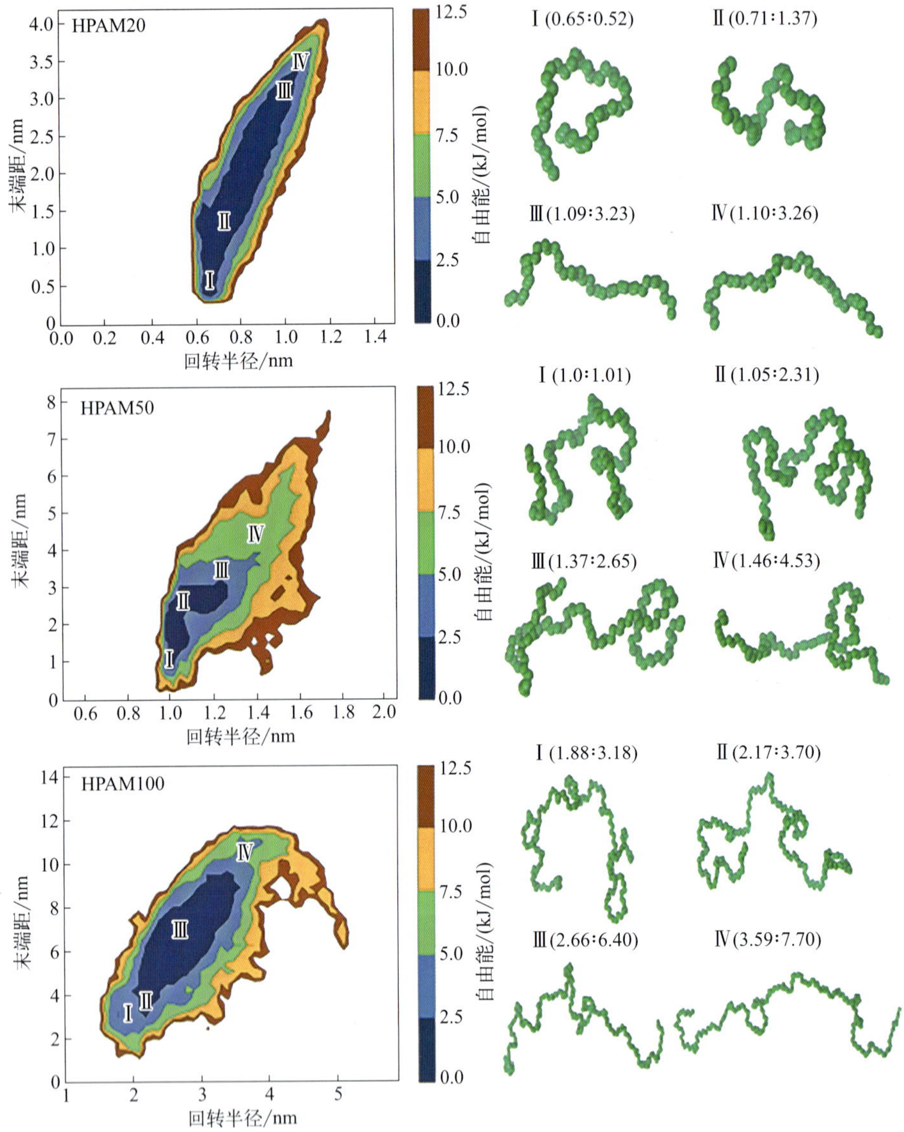

图 4.8　不同回转半径和末端距下聚合物自由能的变化（Abdel-Azeim et al.，2018）

4.2　泡沫驱油中表面活性剂的稳定作用

泡沫是一种典型的热力学不稳定的气液体系，广泛应用于日常生活、工农业生产等众多领域，产生稳定泡沫或消除多余泡沫在生产实际中都是十分重要的。在实验上，细小的固体颗粒、油滴等都被认为是典型的消泡剂，可以阻止过量泡沫的生成；但是有时候也要加入表面活性剂，以保证有一定量的稳定泡沫生成，二者体现了矛盾的两个方面。在产生泡沫或消除泡沫过程中，起泡剂（表面活性剂）和消泡剂（油滴、纳米颗粒等）之间会存在一种平衡，理解二者的不同作用方式，即泡沫如何稳定以及泡沫如何破裂，以此为理论基础选择合适的起泡剂和消泡剂，对工农业生产来说都非常重要。

采用实验技术，如 X 射线反射技术、拉曼共振散射技术和界面黏度测量等，已经能够合理地研究水基泡沫的性质，这些实验技术提供了很多关于泡沫的宏观信息。同时，依据实验结果所提出的泡沫破裂机理，也被众多学者所关注。借助高速摄像技术，有学者提出了桥伸缩（bridge-stretching）机理（图 4.9），该机理被认为能够合理解释在消泡剂存在下泡沫的破裂过程（这里消泡剂是油滴）。当消泡颗粒进入到泡沫液膜区域并且被两侧的泡沫液膜所挤压时，会促进消泡颗粒进入液膜中间，形成“桥”结构。大多数情况下，外界压力可以让“桥”在水油气三相界面稳定存在。但是，不平衡的外界压力会在径向上拉伸“桥”结构，最终造成“桥”结构的破裂（Basheva et al.，2000）。

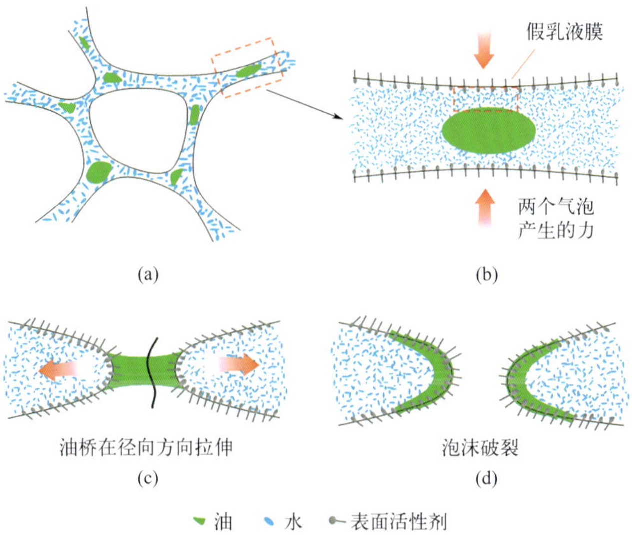

图 4.9　桥伸缩机理示意图（Gao et al.，2014）

以油滴表示桥结构。当油滴逐渐靠近泡沫液膜时，会出现一个不对称的油 - 水 - 气薄膜［图 4.9（b）］，此液膜被定义为假乳液膜（pseudoemulsion film），而且它的稳定性能够直接影响泡沫稳定性。泡沫液膜的波动，影响假乳液膜的稳定性，如果外界压力太小，假乳液膜基本不受外界的影响，会稳定存在于体系中；但是如果外界压力比较大，泡沫就会很快破裂。假乳液膜的形成和破坏是泡沫破裂过程中必不可少的步骤（Basheva et al.，2001）。

假乳液膜破裂以后，在泡沫中央就会形成一个油桥结构［图 4.9（c）］。对于油桥来说，即使很小的扰动，也可能诱导稳定的油桥结构发生变化，甚至导致泡沫体系的破裂［图 4.9（d）］。在实验中，平衡油水界面和油气界面的外界压力是稳定油桥结构的关键。如果外界压力不稳定，油桥结构就会随着时间变化在径向上被拉伸［图 4.9（c）］，并最终断裂。

在分子水平上研究泡沫破裂过程，可充分了解稳泡剂（即表面活性剂）在泡沫破裂中的作用，也能理解作为消泡剂的油滴、纳米颗粒等在泡沫破裂中的作用，从而弥补宏观实验所不能观察到的微观细节，为与泡沫相关的起泡剂或消泡剂的分子设计助力。

4.2.1 泡沫体系的结构性质

在石油工业中，泡沫液膜表面的油滴对泡沫稳定性有显著影响。因此，我们选择了目前应用广泛的阴非离子表面活性剂十二烷基聚氧乙烯烷基醚羧酸钠（AEC），模拟的油滴由正十二烷烃组成。首先构建尺寸为 16 nm×4 nm×4 nm 的水相，然后在水相两侧随机放置 160 个 AEC 和 160 个十二烷分子。为了保持体系电中性，320 个钠离子被随机放置于水相。最后，把格子 *Z* 轴扩展至 20 nm，以消除因周期性造成的构型重叠，如图 4.10（b）所示，该体系被命名为体系Ⅰ。在原油体系中，许多表面活性剂分子会吸附到消泡剂表面形成乳化油滴，因此，模拟中把由 60 个 C_{12} 分子和 10 个 AEC 组成的乳化油滴放在泡沫的中间［图 4.11（a）］，用以模拟泡沫的破裂过程，该体系命名为体系Ⅱ。

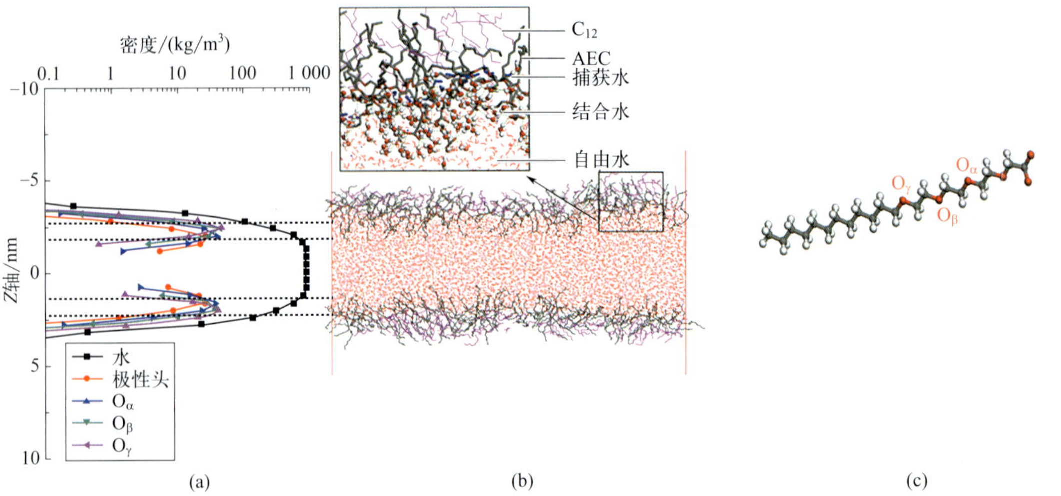

图 4.10 水和聚氧乙烯中氧原子的密度分布图（a），泡沫示意图（b）和 AEC 单体的示意图（c）

蓝色的是捕获水，红色的是自由水，CPK 模型表示的是结合水，氢键用绿色表示

在研究油桥伸缩机理中，需要关注两种外力：一是来自泡沫液膜上下两侧的外力，该力垂直于泡沫液膜，主要模拟气泡压力下液膜的排液过程，表现在油桥结构的形成［图 4.9（b）］；另一种是施加在液膜水平方向的外力，该力会拉伸油桥，最终导致泡沫破裂［图 4.9（c）］。

在体系Ⅰ中（即未有油滴的液膜体系），AEC 的两亲性会促进表面活性剂在气液界面上有序排列，其中极性头插入水相，烷烃链伸向气相，而且由于疏水作用，C_{12} 分子与 AEC 的疏水链纠缠在一起［图 4.10（b）］，形成稳定的泡沫膜结构。为了研究 AEC 分子在界面的排列情况，模拟中将聚氧乙烯上的氧原子命名为 O_α、O_β、O_γ［图 4.10（c）］。图 4.10（a）表示的是水分子和氧原子在 *Z* 方向上的密度分布，氧原子的位置可以用来表征泡沫中表面活性剂的分布状况。通常情况下，用“10 ～ 90”规则来定义复杂界面的厚度。在此，我们根据界面一侧水分子密度曲线上 10% ～ 90% 的距离来计算气液界面厚度，界面两侧水分子密度曲线上 90% 的距离定义为水相厚度［参照图 4.10（a）］。模拟发现，AEC 分子中聚氧乙烯上的所有氧原子都分布在气液界面，羧酸极性头插入到水相中。对比氧原子的位置，O_α 相较 O_β 和 O_γ 更靠近水相，这说明 O_α 插入水相要深一些，而 O_β 和 O_γ 主要在界面外层。

根据与 AEC 的相互作用位置，可以将体系中的水分子划分为三种类型［图 4.10（b）］，分别为结合水、捕获水和自由水。通过氢键与表面活性剂 AEC 结合在一起的水分子定义为结合水（图 4.10 中以 CPK 模式显示）。结合水能够阻挡外界因素对泡沫的影响，因此结合水非常有利于维持泡沫的稳定性。在实验中，如果结合水的数目较少，泡沫就越容易被破坏。图 4.10（b）中的捕获水，主要分布在表面活性剂和扩散油相的缝隙间，它们同样可以增强泡沫的稳定性。其他的水为自由水，代表泡沫液膜之间的水相。

模拟数据表明，结合水的扩散速度要小于捕获水和自由水的扩散速度，这可归因于 AEC 极性头和结合水通过氢键结合，妨碍了结合水的移动。正是因为极性头和结合水之间的强氢键作用，导致结合水对泡沫的稳定性有显著影响。捕获水的扩散系数比结合水略大，但是明显小于自由水的扩散系数。这说明 AEC 和 C_{12} 分子的烷烃链限制了捕获水的自由移动。

4.2.2 从假乳液膜到油桥结构

在体系 I 的基础上，乳化油滴（作为消泡剂）被放置在泡沫的水相中间（体系 II），用来研究假乳液膜的破裂和油桥形成过程。当乳化油滴进入泡沫以后，体系中会出现假乳液膜［图 4.11（a）］，假乳液膜中的水分子主要是结合水，而且它们会在外力作用下进入到水相。一旦假乳液膜中的水分子完全消失，油桥结构就会形成。

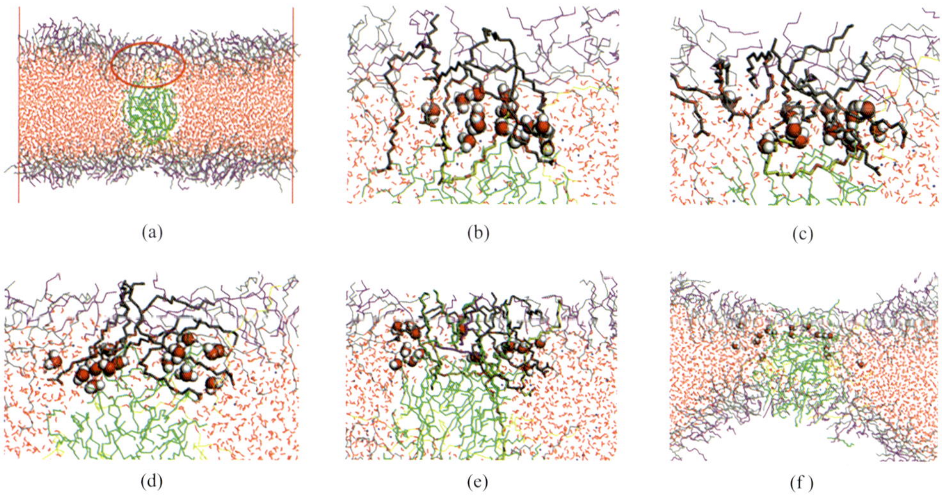

图 4.11 假乳液膜（a），假乳液膜在初始（b）、50 ps（c）、150 ps（d）、300 ps（e）时的放大图和油桥结构（f）

图 4.11 表示的是假乳液膜的消失过程。在模拟过程中，我们更关注假乳液膜中水分子的变化情况。对于初始时的泡沫体系，假乳液膜的厚度大约为 8.5 Å［图 4.11（a）］。如图 4.9（b）所示，对泡沫两侧施加作用力，泡沫液膜会逐渐靠近消泡剂（油滴）。同时，假乳液膜中的水分子逐渐被排挤。以部分水分子为例（图 4.11 中 CPK 模型），研究在挤压过

程中水分子的结构变化。模拟之初，假乳液膜中的水分子主要通过氢键与 AEC 的极性头结合在一起［图 4.11（b）］。当外力挤压泡沫液膜时，结合水在 AEC 分子极性头的带动下，逐渐靠近油滴［图 4.11（c）］。随着外力的逐渐增大，AEC 分子围绕油滴分成了两部分，同时，结合水在极性头的带动下也分成了两部分［图 4.11（d）］。最终，油滴中烷烃分子在疏水作用下，与泡沫中的表面活性剂的烷烃链相互缠绕［图 4.11（e）］，从而导致假乳液膜的彻底消失，形成油桥结构［图 4.11（f）］。

消泡剂油滴能否进入到泡沫液膜中，完全取决于假乳液膜是否消失。假乳液膜消失的决定因素在于假乳液膜能垒，代表着需要对泡沫液膜所施加的最大外力，主要受消泡剂性质以及泡沫中表面活性剂浓度的影响。在模拟过程中，为了研究假乳液膜能垒大小，用下式表示对泡沫液膜施加的外力：

$$F(t)=k\left\{vt-\left[r(t)-r_0\right]n\right\}$$

式中，k 表示力常数；v 表示运动速度；r_0 和 r（t）表示的是在最初和 t 时刻的位置。

对表面活性剂泡沫体系施加外力后，泡沫液膜逐渐向消泡剂靠近，假乳液膜逐渐消失。在这个过程中，泡沫液膜与消泡剂之间的排斥力，阻碍了泡沫液膜的移动。随着外力的增大，排斥力逐渐被克服，且假乳液膜中的水分子也被排出。当泡沫液膜中的表面活性剂与消泡剂接触以后，外力达到最大值［图 4.12（b）］。此时，假乳液膜消失，泡沫液膜处出现油桥结构［图 4.11（f）］。图 4.12（b）中所示施加外力的临界点，对应的就是假乳液膜能垒。在体系Ⅱ中，外力的最大值约为 2100 kJ/（mol·nm），体系Ⅲ的最大值约为 900 kJ/（mol·nm）（体系Ⅲ的表面活性剂浓度略低）。两个体系中，所施加的外力大小不同，主要归因于泡沫液膜中表面活性剂浓度的不同。这说明表面活性剂的浓度会影响泡沫液膜与消泡剂之间的排斥力，排斥力越大，假乳液膜越稳定，油桥结构就会越难形成。

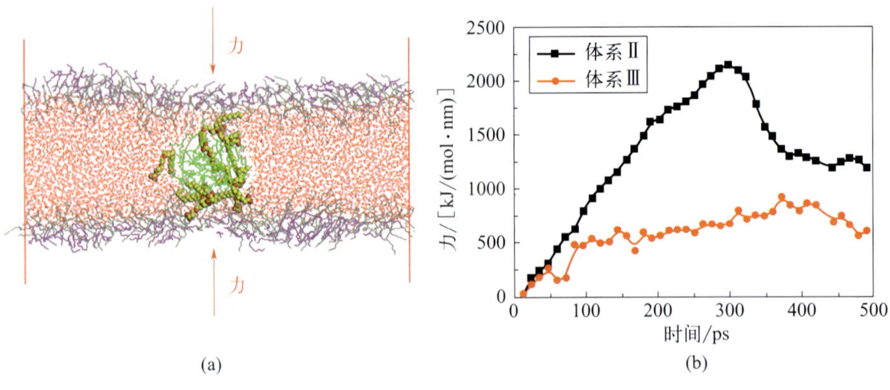

图 4.12　在垂直方向施加外力的示意图（a）和体系Ⅱ体系Ⅲ中施加外力的大小（b）

其中气液界面上体系Ⅲ的表面活性剂浓度为体系Ⅱ的一半

对比不同浓度的表面活性剂泡沫体系，从所施加的外力变化曲线来看，低浓度的表面活性剂体系，所施加的外力要小一些，归因于表面活性剂与消泡剂之间的排斥力相对小一些，有利于泡沫液膜向消泡剂靠近，而且也降低了泡沫液膜的稳定性。不论哪种泡沫体系，消泡剂必须要克服假乳液膜能垒，才能进入到泡沫液膜中，也就是说假乳液膜能垒高低对假乳液膜的消失有着非常重要的影响。

4.2.3 从油桥结构到泡沫破裂

随着假乳液膜的消失，泡沫液膜中间形成了一个有油滴标识的区域［图 4.11（f）］，即形成了油桥结构。在泡沫实验中，油水界面和油气界面的外界压力，对于维持泡沫体系平衡有重要影响。如果外界压力不平衡，油桥结构就会很容易被破坏。不平衡的外界压力会在径向方向上拉伸油桥，导致油桥结构中间变薄，形成不稳定结构。为了模拟油桥的拉伸过程，需要对表面活性剂泡沫体系施加水平方向上的外力，通过动力学轨迹观察油桥的结构变化。相应的结构示意图和施加的总外力如图 4.13 所示。

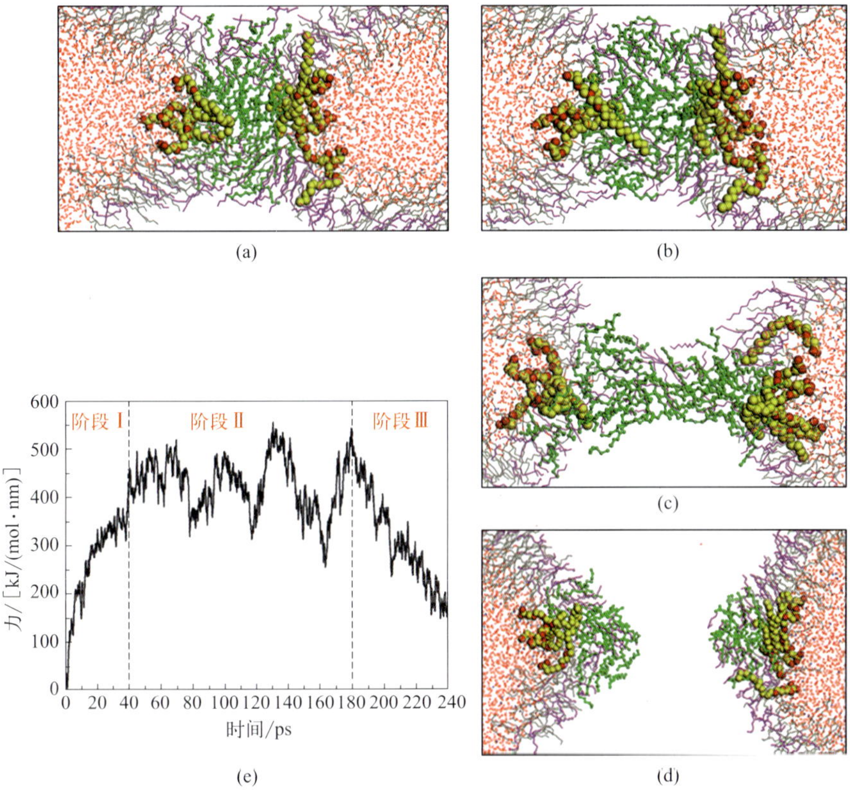

图 4.13 油桥结构在 0 ps（a）、40 ps（b）、180 ps（c）、240 ps（d）的示意图和油桥在限制性动力学过程中总受力的大小（e）

用 CPK 模式表示的乳化油滴的 AEC 分子

油桥在拉伸过程中，根据受力状况可以划分为三个阶段。阶段Ⅰ，模拟之初到 40 ps，泡沫液膜中的表面活性剂通过烷基链的疏水作用与消泡剂发生缠绕。在外力的作用下，油桥结构在水平方向被拉伸，但是烷烃链之间的疏水作用阻碍了油桥在水平方向的运动。因此，逐渐增大的外力是为了克服烷烃链之间的疏水作用，也就是说表面活性剂尾链间的疏水作用是维持泡沫稳定的决定因素之一，会影响水平上所施加的外力大小。

阶段Ⅱ（40 ps 到 180 ps），所施加外力随着时间延长而波动，意味着对油桥结构施加的外力与油桥内部分子之间的疏水作用力处于动态平衡之中。在此过程中油桥结构逐渐变薄，这一过程主要由油滴性质决定，也就是说，油滴分子之间的疏水作用是决定油桥稳定性的另一决定因素。如果油相分子之间的疏水作用力大到足以抵抗外力对油桥的拉伸，拉伸过程就需要很长时间才能导致油桥部分变薄。否则，油桥就会很容易在外力作用下断裂。在此阶段，油桥结构一直处于动态平衡之中。

当施加的外力超过油滴分子之间的疏水作用力时，油桥结构就会断裂，因此阶段Ⅲ代表了油桥的断裂过程［图 4.13（c）到图 4.13（d）］。在此阶段，施加的外力会显著下降，说明过度拉伸下油桥结构间的疏水作用逐渐变弱，大约 240 ps 时，油桥结构最终断裂［图 4.13（d）］。基于外力变化的三阶段模型，合理揭示了油桥结构断裂的整个过程。

综上所述，我们认为决定油桥结构在径向拉伸作用下断裂的主要决定因素是油滴分子之间的疏水作用力，而该疏水作用力是由油滴分子本身性质所决定的。

4.2.4 混合表面活性剂对液膜的影响

十二烷基硫酸钠（SDS）具有良好的乳化和起泡性能，非离子表面活性剂脂肪醇聚氧乙烯醚（AEO）具有一定的稳泡效果，二者复配已被证明可以减少过多泡沫的形成。当在 SDS 表面活性剂单层膜中加入 AEO 分子，AEO 会存在于 SDS 分子之间（图 4.14），起到降低静电斥力和界面能的作用。这可以抑制液膜的形成，从而降低泡沫膜的稳定性。研究二者在界面膜中的相互作用，就需要关注 AEO 对泡沫稳定性的影响（Zhang et al.，2022）。

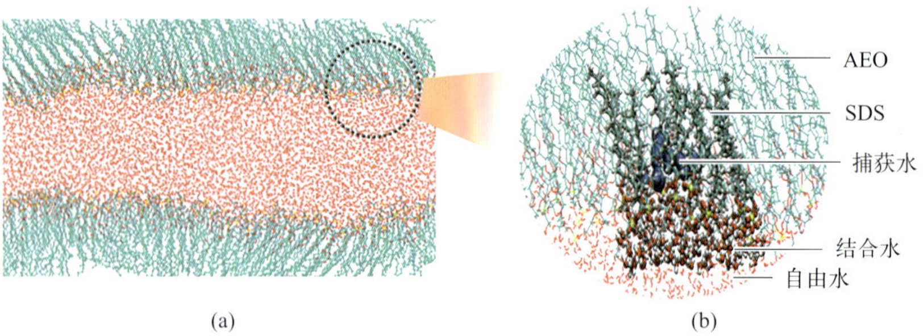

图 4.14 SDS 和 AEO 形成的液膜结构

图中可见两种表面活性剂结构组合及水分子类型

自由能变化可以探究 SDS 和 AEO 在液膜界面处的相互作用。采用伞氏抽样方法可计算自由能的变化，就是模拟 SDS 或 AEO 分子从水相经过 SDS 相到达气相的运动过程。在此首先构建 SDS-SDS 体系和 SDS-AEO 混合体系。SDS-SDS 体系和 SDS-AEO 体系所受的总外力如图 4.15 所示，其中“Force on SDS”代表 SDS-SDS 体系，“Force on AEO”代表 SDS-AEO 体系。在拉升过程中，所产生的一系列构型，SDS-SDS 和 SDS-AEO 体系的水密度和自由能分布变化如图 4.16 所示，其中左侧区域代表界面区域（以水密度的 10% ～ 90% 范围表示），而右侧区域代表 SDS 相。

在外力作用下，体相中的表面活性剂分子开始向气相移动。当表面活性剂分子与水 /SDS 界面接触，并逐渐进入界面时，外力逐渐增大，直到外力达到最大。此时，阻止表面活性剂分子进入 SDS 相的弱相互作用达到最大值。从总外力变化曲线上可以看出，作用在 AEO 分子上的总外力大于作用在 SDS 分子上的总外力，说明水 /SDS 界面对 AEO 有很强的阻碍作用，而 SDS 却会相对容易地进入 SDS 相。

在表面活性剂分子通过水 /SDS 界面完全进入 SDS 相后，作用在表面活性剂分子上的总外力达到最小值。而表面活性剂分子继续向气相移动时，总外力会重新开始增大。当外力再次达到最大值时，表面活性剂分子完全通过 SDS/ 气界面。此时作用在 SDS 分子上的外力大于 AEO 分子，说明 SDS 相能强烈阻碍 SDS 分子的离开。总的来看，SDS 分子与 SDS 相有更强的相互作用，比 AEO 分子与 SDS 相的相互作用要强。

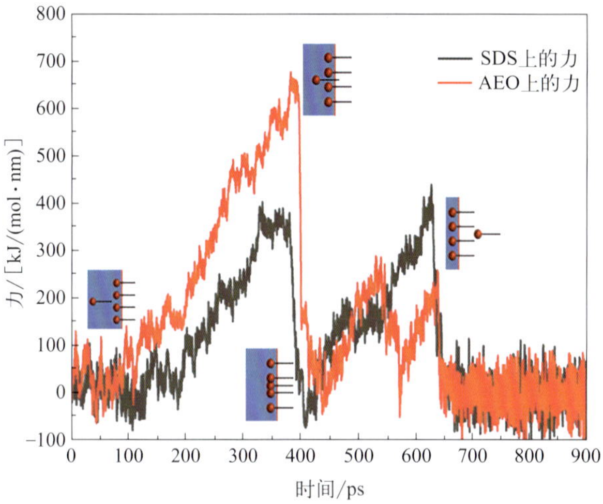

图 4.15　从水相到气相中作用于 SDS 和 AEO 分子的总力大小（水相—界面—界面膜—气相）

图 4.16 为 SDS-SDS 和 SDS-AEO 体系中 SDS 或 AEO 分子从水相到气相的自由能变化。SDS/AEO 从水相到水 /SDS 界面的自由能差，描述为 $\Delta G_{\text{bulk water-interface}}=\Delta G(i_1)-\Delta G(i_0)$（$i$=a、b，a 代表 SDS-SDS 体系和 b 代表 SDS-AEO 体系），从 SDS 相到达 SDS/ 空气界面的 ΔG 被定义为 $\Delta G_{\text{SDS-gas}}=\Delta G(i_3)-\Delta G(i_2)$（$i$=a、b）。由图 4.16 可知，在水 /SDS 界面，$\Delta G(a_1) < \Delta G(b_1)$；在 SDS 相中，$\Delta G(a_2) < \Delta G(b_2)$，这说明 SDS 分子比 AEO 分子更容易进入水 / SDS 界面和 SDS 相。在气相中 $\Delta G(b_3) < \Delta G(a_3)$，表明 AEO 分子比 SDS 分子更容易进入气相，说明 SDS 与 SDS 的相互作用强于 AEO 与 SDS 的相互作用。

根据外力曲线和自由能变化曲线，可进一步解释 AEO 加入 SDS 体系可以减少界面表面活性剂之间的相互作用，从而降低泡沫膜的稳定性。也就是说添加非离子表面活性剂，可降低由阴离子表面活性剂所形成的泡沫的稳定性。

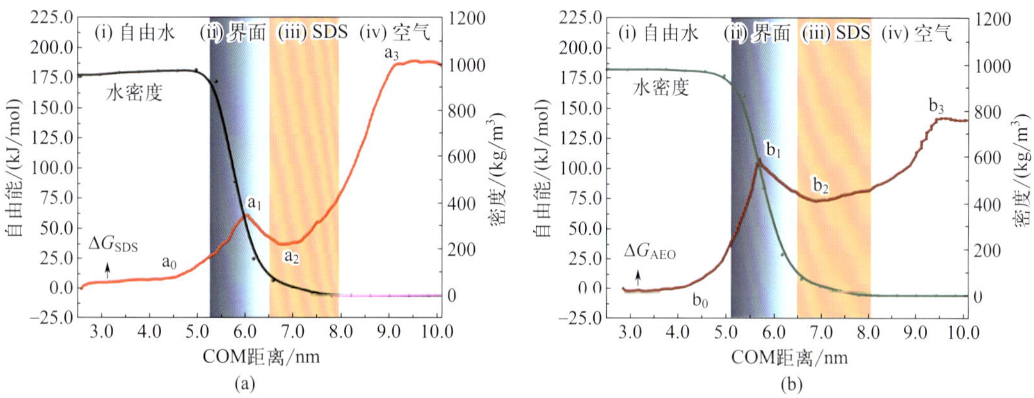

图 4.16　随着 SDS 和 AEO 分子与水分子之间的 COM 距离变化，SDS 和 AEO 分子的自由能变化

（a）SDS 分子自由能变化；（b）AEO 分子自由能变化

4.3 稠油乳化油滴中表面活性剂的稳定作用

沥青质和胶质是稠油中的重质组分，由于其表面活性和分子结构特征，可在油水界面处聚集，对原油稳定性有着重要影响。通过测量界面张力等实验数据，可以获取沥青质和胶质在表面活性剂乳化稠油油滴过程中的界面动态行为，比较不同类型表面活性剂的稠油乳化效果。通过分子动力学模拟，还可以获得实验中难以得到的分子层面上的信息，以此讨论表面活性剂与沥青质和胶质之间的相互作用。

本研究主要考察阴离子表面活性剂十二烷基硫酸钠（SDS）和非离子表面活性剂壬基酚聚氧乙烯醚（NP-4）对稠油油滴稳定性的影响，探讨稠油乳化过程中沥青质和胶质的聚集结构变化，以及它们之间的相互作用。模拟表明，阴离子表面活性剂 SDS 只吸附在稠油油滴表面（Song et al.，2018），而非离子表面活性剂 NP-4 不仅吸附在稠油油滴表面，还可以进入稠油油滴内部（Zhang et al.，2022）。我们希望通过分子模拟方法，研究不同类型表面活性剂在油滴内部和界面处的结构变化，寻找不同类型表面活性剂对乳化油滴稳定性的影响规律。

4.3.1 稠油油滴结构

原油的化学成分相当复杂，特别是沥青质和胶质，分子结构多种多样、变化多端。就目前的技术方法，准确分析原油中重质组分（沥青质和胶质）的精确组成还是非常困难的。因此，我们选择了文献中阐述的具有代表性的沥青质或胶质模型分子。其他学者也有采用类似的模式，例如 Yang 等人的工作中，选择了名为 IAA 和 RA 的沥青质模型分子，充当稳定原油乳液中的沥青质组分（Yang et al.，2015）。然而，这里需要说明的是，任何沥青质或胶质模型分子都不能反映原油中重质组分的复杂性。

在模拟中我们选取了两种沥青质（Boek et al.，2009）和六种胶质（Castellano et al.，2012）代表重质油组分，并将烷烃、环烷烃和芳香烃（包括已烷、庚烷、辛烷、壬烷、环庚烷、环己烷、苯、甲苯）按照一定比例组成轻质原油组分（Kunieda et al.，2010），二者混合形成重质稠油油滴。模拟中将上述原油组分按照比例随机放入一个足够大的模拟盒子中，其中沥青质和胶质的质量分数分别为 13.68% 和 25.32%，此比例接近实际高稠油比例。经能量最小化消除构象重叠后，在温度 300 K 和压力 1 atm（101325 Pa）下，经 *NPT* 系综模拟得到合理的密度。当 *NPT* 系综模拟完成后，将压缩的原油立方格子放入到另一个空的立方模拟盒子中，并以合理的密度向盒子中添加水分子。然后进行能量最小化以消除重叠构象，并进行 *NVT* 系综模拟，最后可以观察到油分子逐渐形成球形油滴模型。

接着，在形成油滴的体系中加入不同浓度的表面活性剂分子，阴离子表面活性剂 SDS 和非离子表面活性剂 NP-4，以此讨论表面活性剂对油滴乳化作用的影响。图 4.17 显示了模拟中选择的沥青质和胶质模型分子。

水溶液中油滴的堆积结构如图 4.18 所示。模拟发现，沥青质全部分布在油水界面附近，表明沥青质具有明显的亲水性，归因于沥青质分子中的氮、氧、硫等杂原子可以与水分子形成氢键；胶质在油滴中的分布似乎是相对随机的，有些在油滴的表面，有些在油滴内部。与胶质相比，沥青质会更容易形成面对面堆积结构。我们注意到每种沥青质分子都可以通过面对面堆积或边对面堆积，与其他沥青质或胶质分子聚集，在稠油液滴中形成稳定的网状结构。连接沥青质和胶质分子质心，可呈现油滴内部的网状结构，这种网状结构决定着 O/W 型乳液中油滴的稳定性，也是乳液黏度高、后续难以破乳的主要原因。

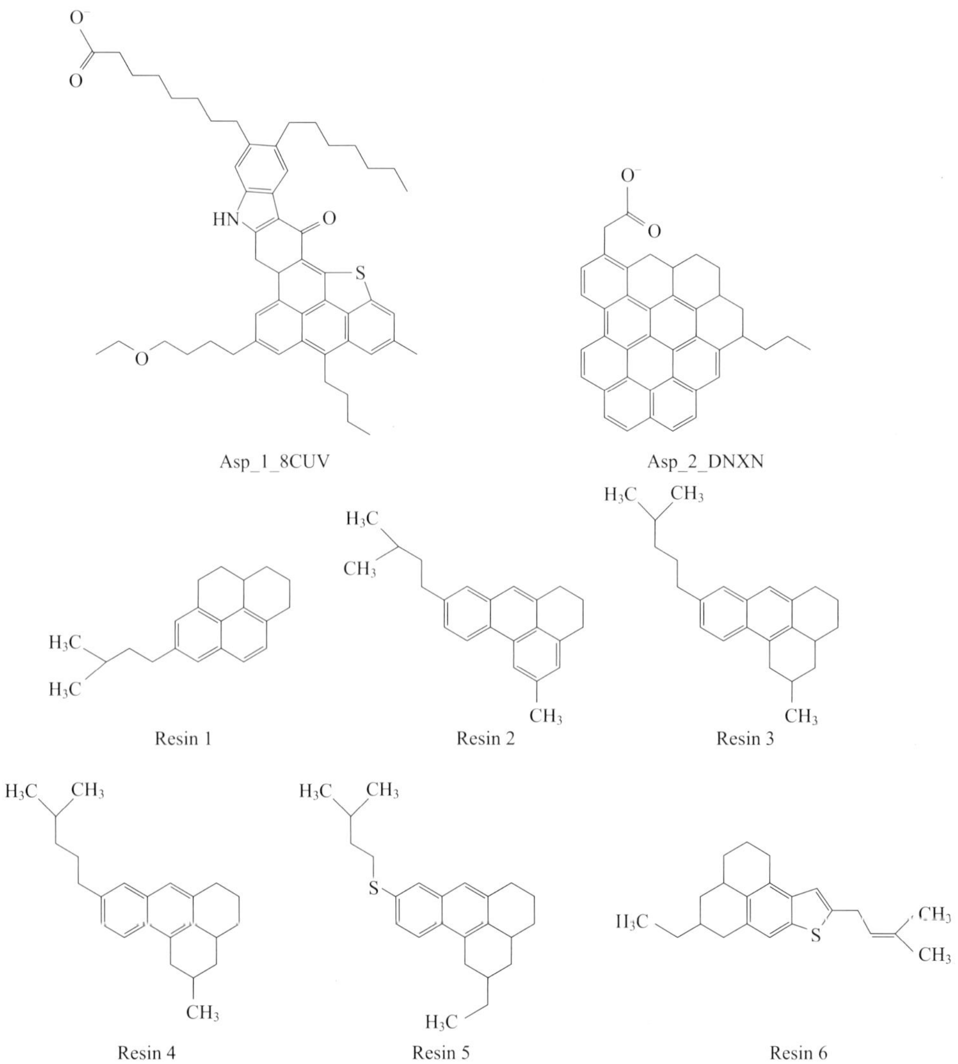

图 4.17　模拟中所使用到的沥青质和胶质分子模型

为了理解不同油组分之间的相互作用，在 *NVT* 模拟平衡后分析了平衡构型的径向分布函数。图 4.19（a）显示了油滴质心和沥青质或胶质分子之间的径向分布函数，图中显示，沥青质的分布峰集中在 2.5 nm 处，说明沥青质分子主要集中在油水界面，证明沥青质分子具有两亲性。沥青质分子对油滴质心的径向分布函数，明显不同于胶质的径向分布函数，胶质分子在油滴中是随机分布的。

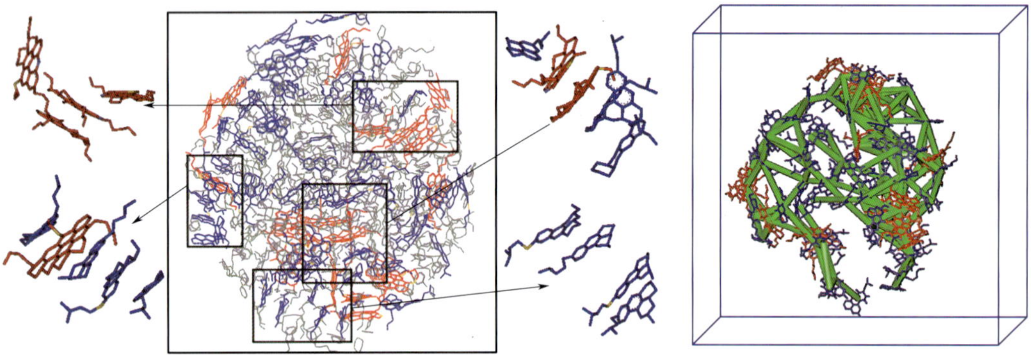

图 4.18　稠油油滴中沥青质与胶质之间的聚集方式和网状结构

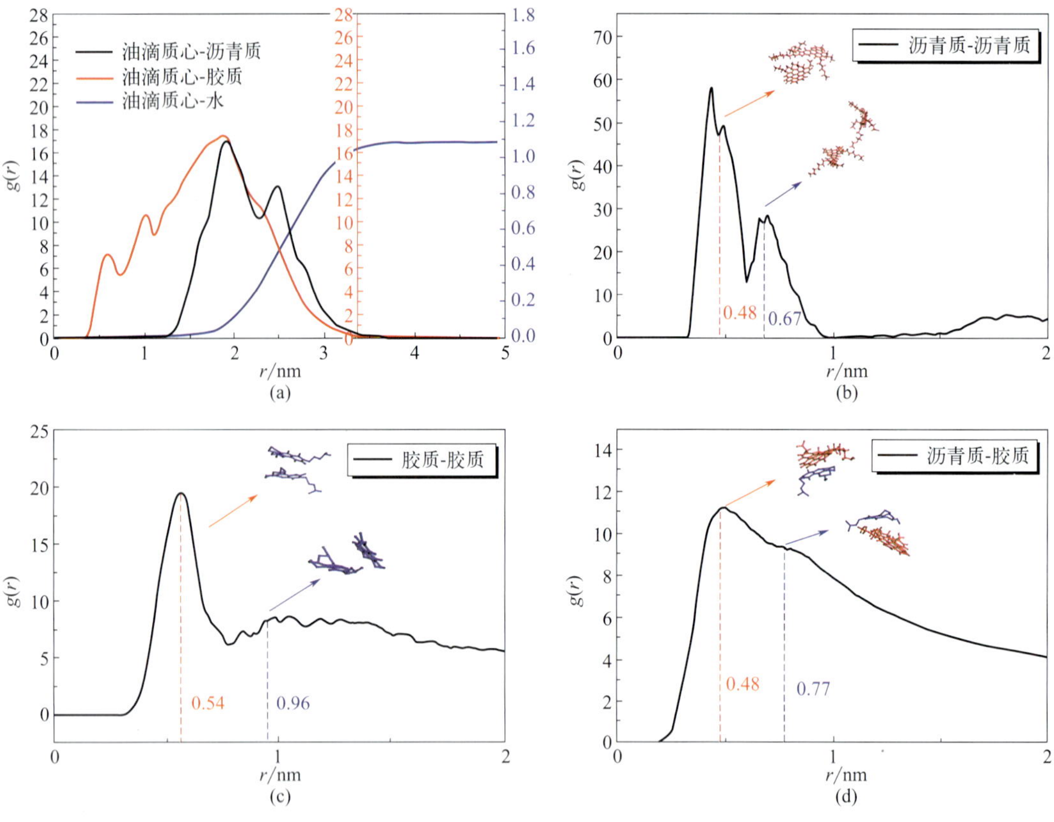

图 4.19　不含 SDS 的原油液滴的径向分布函数（RDF）

（a）沥青质和胶质分子对于油滴质心；（b）沥青质对于沥青质；（c）胶质对于胶质；（d）沥青质对于胶质

图 4.19 中（b）～（d）的 RDF 可看成主要由两个峰组成，每个峰代表着不同的堆积方式。图 4.19（b）中 0.48 nm 处的分布峰对应着沥青质分子之间的面对面堆积方式，0.67 nm 处的分布峰对应着边对面堆积方式。与图 4.19（d）相比，图 4.19（c）中的第二个峰比较平缓，表明胶质分子之间主要呈现面对面堆积，并且主要分布在油滴内部。图 4.19（d）中两个峰接近，高度相差不多，说明沥青质和胶质的堆积结构主要分布在特定区域。此外，我们注意到沥青质面对面堆积结构的径向分布函数峰高于边对面堆积结构的峰，这表明沥青质分

子之间以面对面堆积方式为主。图 4.19（c）和图 4.19（b）中的 RDF 变化趋势相似，表明胶质之间的堆积方式与沥青质之间的堆积方式几乎相同。沥青质和胶质之间的相互作用影响着油滴的内部结构，我们认为沥青质和胶质形成的堆积结构促进了油滴稳定，这也是原油油滴具有高黏度的原因。

4.3.2 稠油乳化油滴结构

（1）阴离子表面活性剂乳化油滴结构

在稠油体系中，添加合适的表面活性剂会降低稠油黏度。普遍接受的观点是，表面活性剂可改变油水界面的亲水性，从而使原油黏度降低。当把不同浓度的表面活性剂分子添加到模拟体系时，模拟后乳化油滴见图 4.20，从中可观察到，在浓度较低时，SDS 分子会吸附到油滴表面，极性头留于水相而尾链插入油滴内部。但是随着表面活性剂浓度（质量分数）的增加，更多的 SDS 分子会在水相中聚集，SDS 在油滴表面吸附达到饱和后，多余的 SDS 分子会在水相中聚集形成胶束。

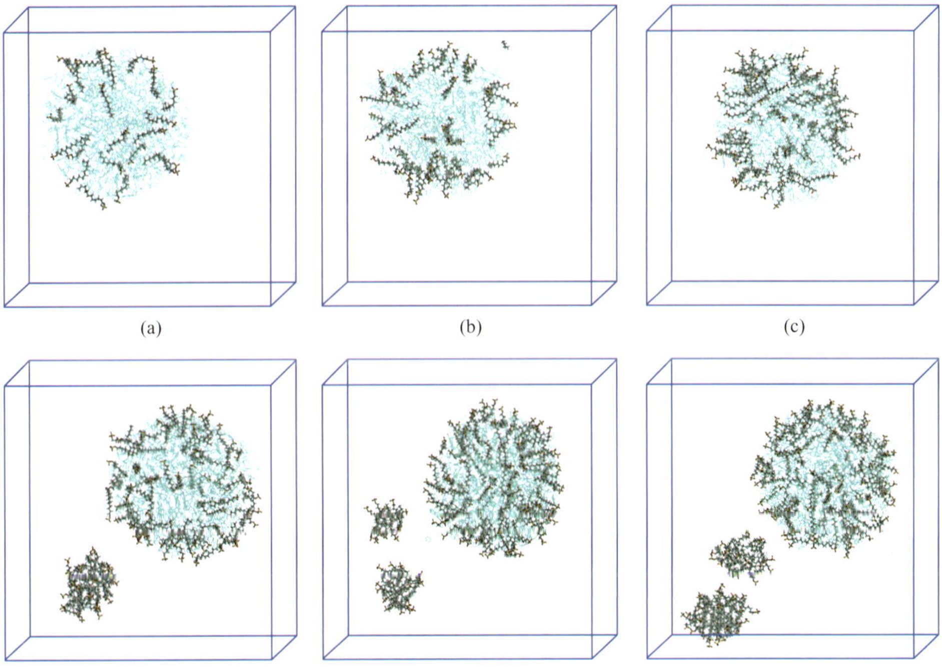

图 4.20 模拟盒子构象图

（a）体系Ⅰ，SDS 1.5%；（b）体系Ⅱ，SDS 3%；（c）体系Ⅲ，SDS 4.5%；（d）体系Ⅳ，SDS 6%；（e）体系Ⅴ，SDS 7.5%；（f）体系Ⅵ，SDS 9%

径向分布函数表明（图 4.21），无论体系中添加多少 SDS 分子，很少有 SDS 分子进入油滴内部，其主要分布于油滴表面，这也体现了表面活性剂的两亲性质。与没有表面活性剂的稠油油滴相比，胶质依然分布于整个乳化油滴中，也就是说 SDS 很少影响油滴中胶质的分布，而沥青质分子的排列却发生了显著变化。在稠油油滴中，沥青质主要分布在原油油滴的表面，在乳化油滴中表面活性剂（有可能是 SDS 的亲水性强的缘故）会影响油水界面处的沥青质，促使其进入稠油油滴内部。这种变化表明，SDS 分子会通过沥青质的聚集变化影响稠油油滴的内部结构。

根据图 4.21 中径向分布函数分布图，可以通过积分面积，计算沥青质与沥青质之间面对面堆积与边对面堆积的比例。研究发现随着 SDS 浓度的增加，两种堆积方式的面积比并没有显著变化，表示乳化油滴下面对面堆积仍然是主要的堆积模式，而且相对稳定，也不容易被破坏。或者说 SDS 的加入对沥青质和胶质彼此间的堆积方式影响不大，也表明 SDS 并不改变沥青质和胶质的堆积模式，其降黏的决定因素可能并不在于此。

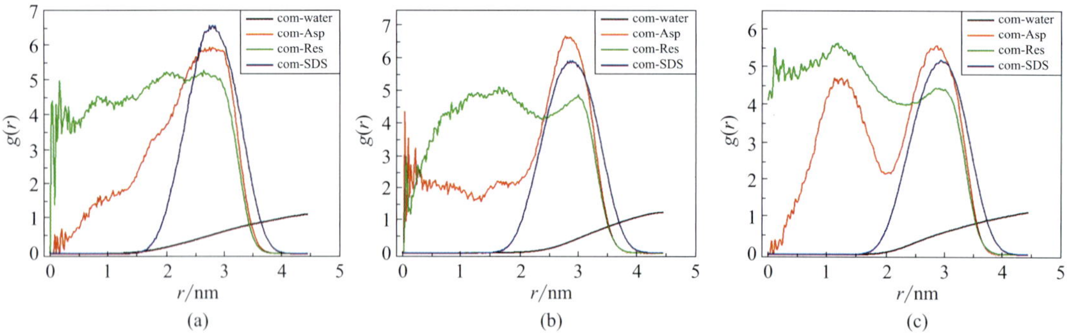

图 4.21 选择的三个模拟体系的径向分布函数

（a）体系Ⅰ，1.5% SDS；（b）体系 Ⅱ，3% SDS；（c）体系Ⅲ，4.5% SDS；其中 Asp 代表沥青质，Res 代表胶质，com 代表油滴

（2）非离子表面活性剂乳化油滴结构

图 4.22 显示了经 *NVT* 系综模拟后，不同浓度（质量分数）非离子表面活性剂乳化后的油滴模型快照。对比不同浓度下的结构图，可以发现一些有趣的现象。首先，随着表面活性剂浓度的增加，水中不再有游离的 NP-4 分子，所有的 NP-4 分子全部被油滴所吸附，这表明油滴对 NP-4 分子有很高的亲和力。其次，当 NP-4 分子的表面活性剂浓度较低时（2%），NP-4 分子松散地平铺在油滴表面。当 NP-4 的浓度增加时（4%），明显观察到一些非离子表面活性剂已经进入到油滴内部，表面活性剂的极性部分位于与水接触的油滴表面，非极性部分则钻入油滴内部。在高浓度下（6%），7 个 NP-4 分子进入了油滴内部，并且表面上的其他 NP-4 分子的结构也会出现结构弯曲。最后，随着 NP-4 的浓度从 8% 增加到 12% 时，油滴表面上的 NP-4 分子会更加拥挤，NP-4 分子扭曲并相互缠绕，同时进入油滴的 NP-4 分子数量不断增加。

在平衡构型上，原油液滴质心的径向分布函数（RDF）（图 4.23）可以描述图 4.22 中原油液滴的内部结构。一个 NP-4 分子具有 4 个醚键、1 个长链极性头和一个具有 9 个碳原子的疏水尾链，基于这种结构，NP-4 分子具有两亲性质。根据 RDF 显示，在低浓度下［图 4.23（a）］，没有 NP-4 分子进入油滴内部，非离子表面活性剂仅限于油滴表面。但是随着浓度的增加，我们观察到 NP-4 分子围绕从油滴质心的分布峰发生了显著变化，峰值逐渐向内偏移。而且当浓度超过 8%［图 4.23（d）］时，可以在油滴内部观察到分布峰，说明有部分 NP-4 分子已经进入油滴内部。

与没有 NP-4 分子的体系相似，胶质分子仍然随机分布在整个油滴内部，沥青质分子主要集中在油滴表面。但是沥青质和胶质的分布峰有了显著变化，表明进入油滴内部的 NP-4

分子会影响胶质和沥青质分子之间的聚集结构。当 NP-4 浓度低于 4% 时［图 4.23（b）］，沥青质分布峰的范围相对较宽，并且随着 NP-4 浓度的增加，沥青质分布峰变得更加集中。当浓度大于 10% 时［图 4.23（e）］，胶质的分布峰与 NP-4 分子的分布峰类似，表明随着 NP-4 进入油滴内部，油滴内部结构发生了改变，进而影响了油滴的结构性质。

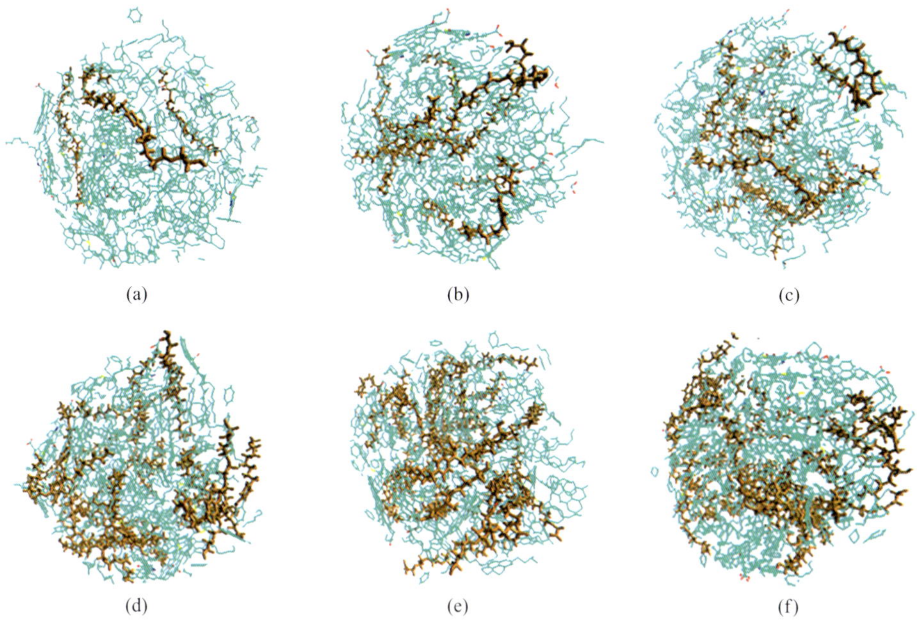

图 4.22 模拟箱快照（忽略水）

（a）体系Ⅰ，2%；（b）体系Ⅱ，4%；（c）体系Ⅲ，6%；（d）体系Ⅳ，8%；（e）体系Ⅴ，10%；（f）体系Ⅵ，12%

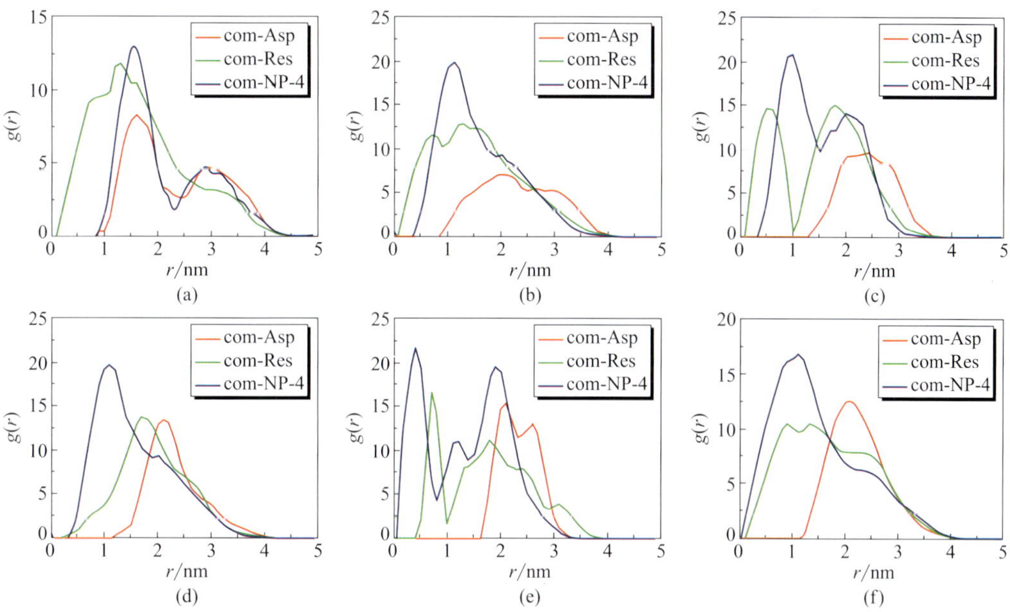

图 4.23 六个体系的 RDFs

（a）体系Ⅰ，2%；（b）体系Ⅱ，4%；（c）体系 Ⅲ，6%；（d）体系Ⅳ，8%；（e）体系Ⅴ，10%；（f）体系Ⅵ，12%

在这里，其实我们更关心非离子表面活性剂乳化油滴与阴离子表面活性剂乳化油滴之间的区别。沥青质和胶质分子之间的径向分布函数，可以描述 NP-4 分子如何影响乳化油滴中面对面和边对面的堆积方式。RDF 曲线积分面积比，可以看作是不同聚集结构之间的比例。我们认为曲线的鞍形部分是面对面堆叠结构和边对面堆积结构之间的分界线［图 4.24（a）］，因此从 0 ～ 0.6 nm 的区域被认为是面对面堆积结构区域，而超过 0.6 nm 的区域被认为是边对面堆积结构区域。而面对面堆叠结构面积所占比例如图 4.24（b）所示，显然随着 NP-4 浓度的增加，沥青质和胶质之间的面对面堆积结构的比例在降低。

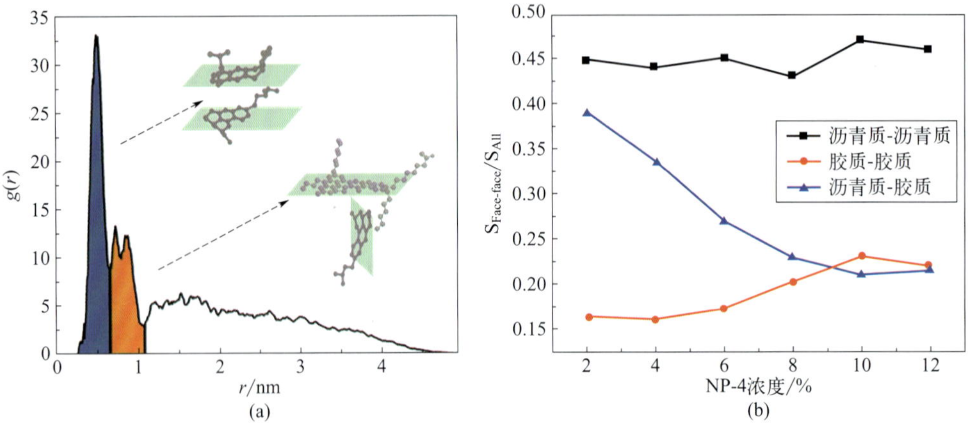

图 4.24　两种堆积相互作用的分界（a）和面对面堆积结构所占比例（b）

图 4.24 中有几个关键点值得我们进一步讨论。首先，沥青质之间的面对面堆积是主要的堆积结构，沥青质之间的相互作用很强，聚集结构很难被改变。其次，胶质之间面对面堆积比例随表面活性剂浓度增加变化不大。最后，随着 NP-4 浓度的增加，沥青质和胶质的面对面堆积结构的比例显著降低。沥青质和胶质的面对面堆积，可以将油滴中的稳定组分黏结在一起，使油滴成为一个整体。而 NP-4 分子可以通过进入油滴内部降低这种结构带来的黏附效应，进而改变油滴的稳定性和整体黏度。其实，我们更想知道 NP-4 是如何影响堆积结构的。

（3）非离子表面活性剂分子的乳化过程

图 4.25 显示了 NP-4 分子乳化油滴的过程。溶液中的 NP-4 分子逐渐接近油滴，NP-4 极性头首先与油滴表面相接触，整个分子在油滴表面铺展，发生扭曲，然后疏水尾链钻入油滴内部。如图所示，当 NP-4 分子进入油滴内部后，会继续沿着沥青质之间的空隙运动，在此过程中沥青质之间的堆积结构发生改变。图 4.26 显示了 NP-4 分子在油滴内部的移动轨迹，显示了表面活性剂分子并不是在某空间位置不动，而是在不断运动变化。我们也注意到，表面活性剂分子会更倾向于停留在由沥青质和胶质分子形成的堆积结构附近。NP-4 分子会削弱甚至破坏堆积结构之间的相互作用，这是改变原油油滴内部结构的关键。

4.3.3　乳化油滴表面水化层

（1）阴离子表面活性剂乳化油滴表面水化层

随着 SDS 浓度（质量分数）的增加，稠油油滴和水分子之间的氢键数量急剧增加

（图 4.27）。图中显示，稠油液滴表面上每个 SDS 分子可与水分子形成约 6 ～ 7 个氢键，且随着 SDS 浓度的增加稍有降低。径向分布函数表明，在乳化油滴周围可以形成两个水化层：第一水化层代表通过氢键与油滴表面 SDS 分子相互作用的水分子，第二水化层代表通过氢键与第一水化层相互作用的水分子。随着 SDS 质量分数的增加，第一和第二水化层中的水分子数量急剧增加，也就意味着 SDS 分子可以增加稠油油滴表面的亲水性。通过分析油滴的氢键，我们认为，SDS 分子增加了油滴表面的亲水性，进而改变了油滴表面的亲水亲油平衡，是最终导致稠油黏度降低的原因之一。

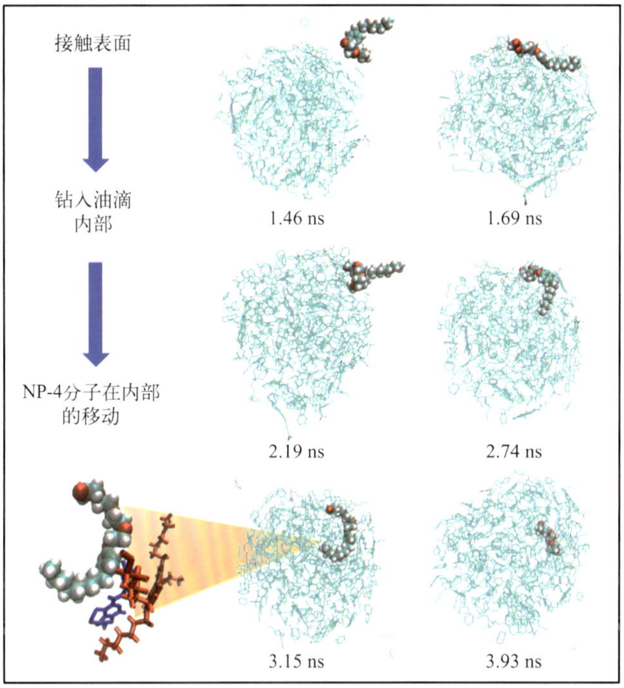

图 4.25　NP-4 分子乳化油滴的过程

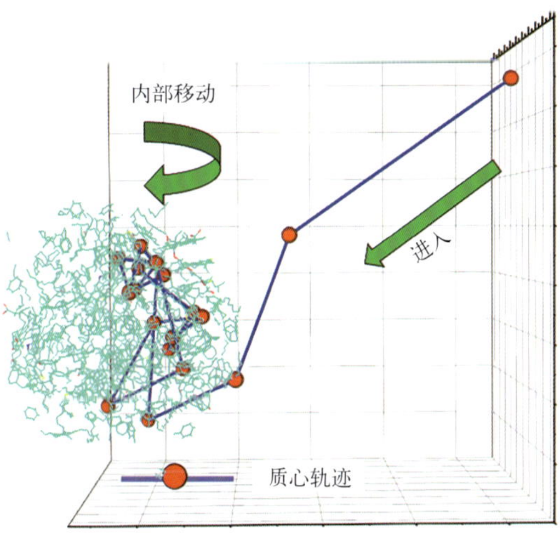

图 4.26　NP-4 分子进入油滴内部的轨迹

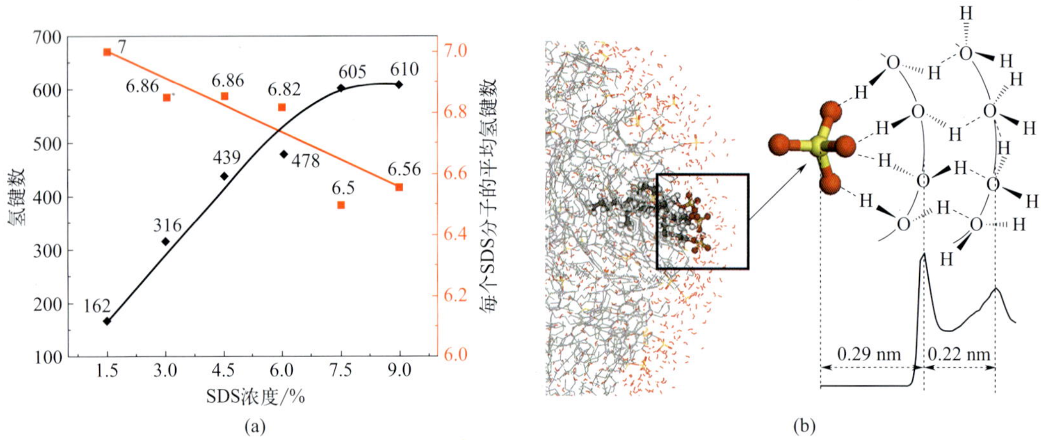

图 4.27　稠油油滴表面 SDS 分子的平均氢键数（a）和径向分布函数表示的水化层（b）

稠油油滴表面形成氢键数量的增加，意味着油滴表面的亲水性增加，也体现了油滴表面与水分子之间的相互作用增强，并促进更多的水分子结合到稠油液滴表面。数据也表明，乳化油滴亲水表面积和疏水表面积都有所增加（如图 4.28），但是增加幅度并不一致，例如在低浓度时疏水表面积与亲水表面积的比值约为 7，而随着表面活性剂浓度的增加，比值迅速降低到 3，并有达到稳定的趋势。因此，可以得出结论：增加的 SDS 分子主要增加了稠油油滴的亲水表面积，或者说吸附在油滴表面的 SDS 增加了油滴的亲水表面积，随着阴离子表面活性剂浓度的增加，油滴表面的亲水性越来越强。

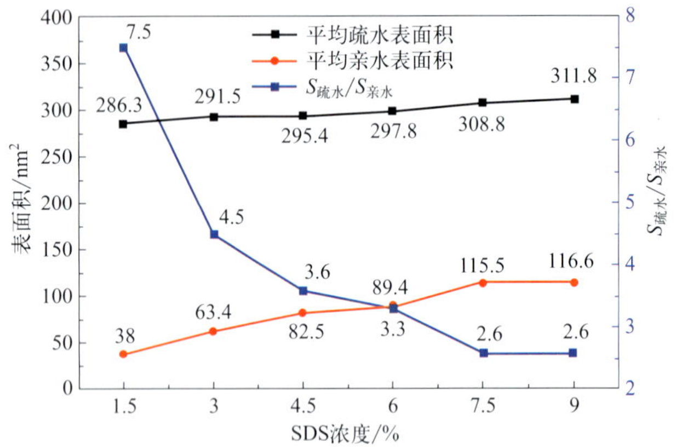

图 4.28　稠油油滴的亲水和疏水表面积变化

（2）非离子表面活性剂乳化油滴表面水化层

在非离子表面活性剂乳化油滴体系中，随着 NP-4 浓度（质量分数）的增加，由于油滴表面的亲水性增强，油滴表面与水分子的相互作用增加了与水分子结合的能力，此时油滴的亲水表面积和疏水表面积均增加。亲水表面积从 175 nm^2 增加到 193 nm^2，疏水面积从 23 nm^2 增加到 29 nm^2（图 4.29）。与疏水表面相比，亲水表面增加更显著。当 NP-4 的质量分数为 2% 时，疏水表面积是亲水表面积的 7.7 倍，而当 NP-4 的浓度为 12% 时，疏水表面积仅为亲水表面积的 6.5 倍。可以得出结论：油滴表面的亲水面积随着 NP-4 浓度的增加而增加，但是增加的幅度要小于阴离子表面活性剂 SDS 体系。为了更直观地观察油滴表面亲水面积的变化，用不同的颜色标记模拟平衡下油滴表面的不同区域（图 4.30），可以观察到油滴表面的红色区域（亲水氧原子）明显增加，表明吸附在油滴表面的 NP-4 分子可以增加油滴的亲水表面积，从而提高油滴的亲水性。

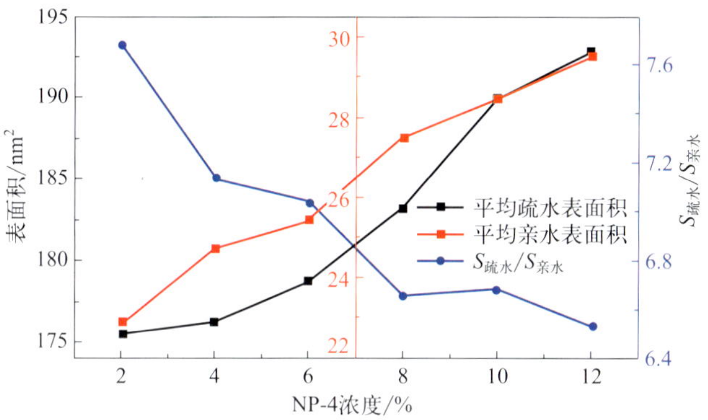

图 4.29　平均疏水和亲水表面积

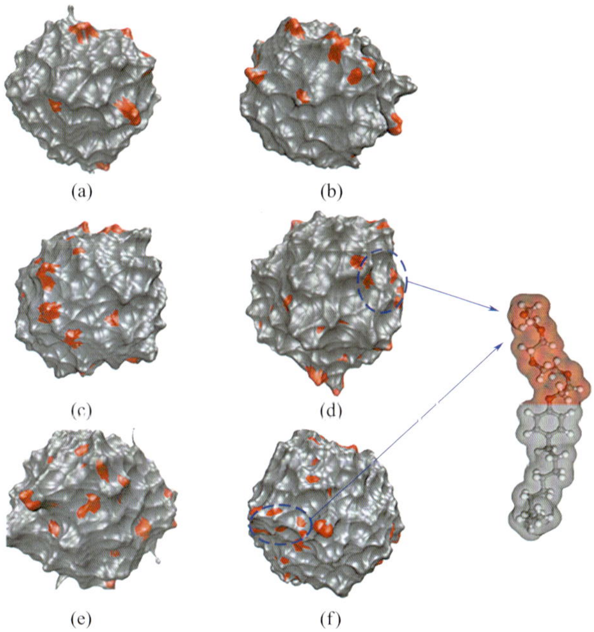

图 4.30　配色方案

（a）体系Ⅰ，2%；（b）体系Ⅱ，4%；（c）体系Ⅲ，6%；（d）体系Ⅳ，8%；（e）体系Ⅴ，10%；（f）体系Ⅵ，12%

4.3.4　表面活性剂对乳化油滴的稳定性影响

（1）阴离子表面活性剂体系

综上所述，阴离子表面活性剂的加入改变了油滴的内部和表面结构，内部体现了胶质和沥青质之间的排列，界面体现了阴离子表面活性剂的吸附影响。拉伸分子动力学（SMD）模拟中的力参数，可直观地反映油滴内部的结构稳定性。模拟中将油滴均分为两组：拉伸组和冻结组。拉伸示意图和油滴受力情况如图 4.31 所示。

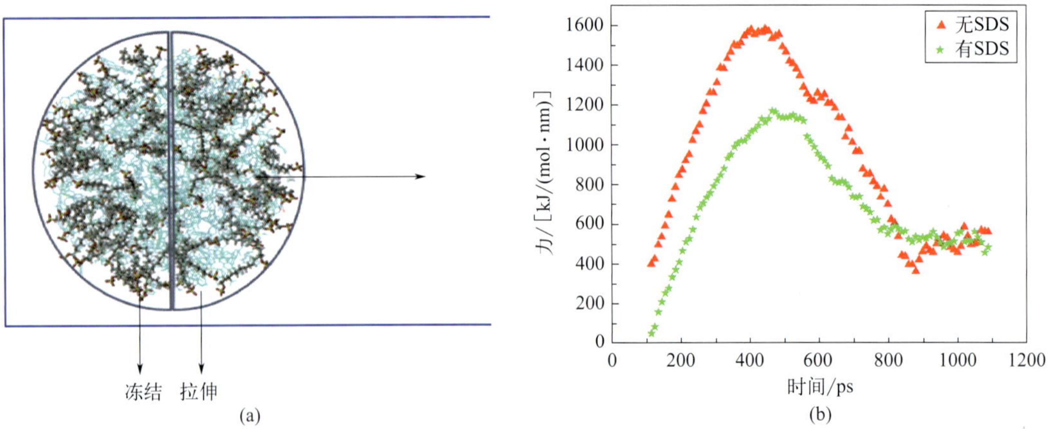

图 4.31　稠油油滴拉伸示意图（a）和有无表面活性剂下油滴受力情况（b）

拉伸过程中，力参数的波动代表着冷冻组和拉伸组之间的相互作用，从中可以看出，施加在稠油乳化油滴的作用力，明显小于未添加 SDS 的稠油油滴上的作用力。也就意味着，表面活性剂 SDS 改变了油水界面的结构，体现了油滴破裂过程中的受力变化；换句话说，表面活性剂分子对油滴降低黏度和破乳有很大影响。之所以有这样的作用力效果，与稠油乳化油滴表面 SDS 分子的分布状况有关。根据 RDF，SDS 分子存在的情况下，沥青质分子会从油水界面移动到油滴内部，油水界面也充满了 SDS 分子。在拉伸期间，SDS 极性头间的相互作用要弱于沥青质间的面面堆积相互作用，有利于乳化油滴的破裂，起到促进破乳和降低黏度的作用。

分子动力学模拟表明，稠油中的沥青质和胶质在复杂的原油体系中，可以聚集形成有序结构，促进水包油型油滴的形成，其中沥青质和胶质彼此之间存在面对面或边对面堆积形式，这种聚集行为可能发生在油水界面，也会发生在稠油油滴内部。更重要的是，聚集形成的网状结构，是稠油具有高黏度难以破乳的主要原因。阴离子表面活性剂 SDS 的加入，可形成吸附表面活性剂的乳化油滴。随着表面活性剂浓度的增加，油滴表面的亲水表面积增加幅度要大于疏水表面积的增加幅度，意味着乳化油滴的亲水性逐渐增加。拉伸分子动力学模拟证明了 SDS 在乳化方面的作用，破坏乳化油滴的外力明显要小于稠油油滴的外力，对乳化降黏和破乳作用有利。

（2）非离子表面活性剂体系

用同样的处理方式，采用拉伸分子动力学方法，研究非离子表面活性剂对乳化油滴稳定性的影响。图 4.32 显示了力参数随模拟时间的变化。显然，与我们设想的一致，当 NP-4 浓度为 2% 时，在两部分即将分离时，作用力达到最大值，并迅速下降到 0。当浓度为 8% 时，曲线稍低并缓慢下降至 0，曲线的低斜率表明油滴的机械性能较弱，同时，较长的破裂时间表明油滴的分离过程更像是油滴被撕裂的过程。根据力学变化曲线，可以得出结论，非离子表面活性剂乳化油滴的力学性质与阴离子表面活性剂乳化油滴性质有显著不同，非离子表面活性剂下的乳化油滴从一个难以破碎的刚性球变成了一个易于破碎的柔性球，这可解释非离子表面活性剂乳化降黏作用方式上的差异。

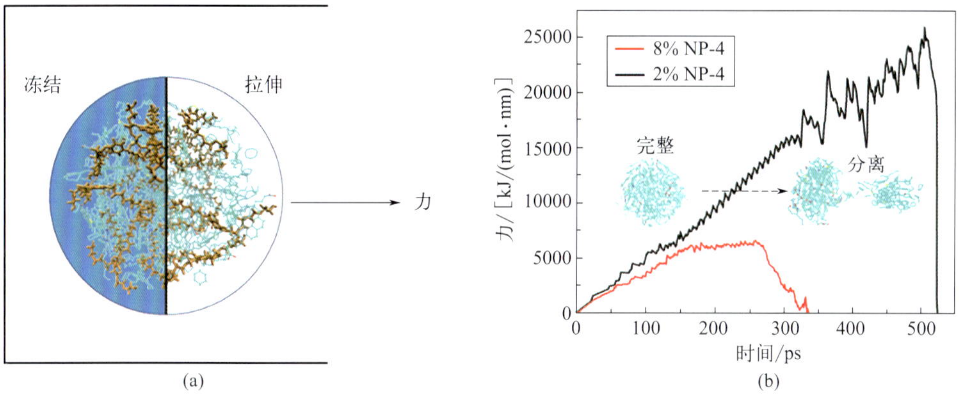

图 4.32 稠油油滴拉伸示意图（a）和有无表面活性剂下油滴受力情况（b）

非离子表面活性剂的乳化机理不同于阴离子表面活性剂。NP-4 分子对油滴稳定性的影响来自内部和外部两方面。NP-4 分子可以进入油滴内部，影响油滴内部结构，主要是减少沥青质和胶质堆积结构；暴露于油滴表面的 NP-4 分子可以增加油滴表面的氢键数目和水分子的弛豫时间，从而大大增加原油表面的亲水性。在外部因素和内部因素的双重作用下，NP-4 分子可以达到稠油乳化的目的。

4.4 模拟操作案例

4.4.1 稠油乳化油滴的构建

操作软件： Gromacs、VMD、Materials Studio。

知识要点或性质分析： 油滴的构建、径向分布函数、能量输出。

稠油可分轻质组分与重质组分，其中轻质组分是由各种烃类组成，包括饱和烃和芳香烃等，重质组分主要是由沥青质和胶质等非烃类组成。而沥青质和胶质具有一定的表面活性，可在界面处聚集，对油滴的稳定性有着重要影响。本部分主要对油滴的构建及形成进行模拟。

具体操作步骤如下：

（1）构建原油各组分分子结构及拓扑文件

模拟中选择两种沥青质、六种胶质用来代表重质原油组分，使用多种烷烃分子作为轻质原油组分。其中沥青质包括两种类型，分别为 Asp_1_8CUV 和 Asp_2_DNXN，其分子构型如图 4.17 所示。胶质分子包含六种类型，分别为 Resin 1、Resin 2、Resin 3、Resin 4、Resin 5 和 Resin 6，其分子构型如图 4.17 所示。

根据以上模型在 Materials Studio 中构建这些分子的结构，并由 ATB 网站（https：//atb.uq.edu.au/index.py）生成相应的 itp 文件（由于先前 ATB 网站上已经对这些分子进行了计算，读者亦可直接下载优化后的 pdb 和 itp 文件）。

（2）构建模拟格子

重质油组分包含两种沥青质分子（Asp_1_8CUV 和 Asp_2_DNXN）各 4 个，六种胶质分子（Resin 1、Resin 2、Resin 3、Resin 4、Resin 5 和 Resin 6）各 5 个。轻质原油组分包含芳烃分子 13 个苯和 35 个甲苯分子，烷烃分子包含 32 个己烷、29 个庚烷、34 个辛烷和 40 个壬烷分子，环烷烃分子包含 35 个环庚烷和 22 个环己烷分子。构建 10 nm×10 nm×10 nm 的模拟格子，将原油组分填充到模拟格子中，使得沥青质和胶质的质量分数分别保持在 13.68% 和 25.32%。

首先，将从 ATB 网站上获得的优化后的 pdb 和 itp 文件放在同一个目标目录下。在目标目录下执行以下操作。

```
>>gmx insert -molecules -box 10 10 10 -ci Asp1.pdb -nmol 4 -o 1.pdb
>>gmx insert -molecules -f 1.pdb -ci Asp2.pdb -nmol 4 -o 2.pdb
…
>>gmx insert -molecules -f 15.pdb -ci toluene.pdb -nmol 22 -o 16.pdb
```

为中和沥青质分子所带的负电荷，体系中还应加入 8 个钠离子：

```
>>gmx insert -molecules -f 16.pdb -ci Na.pdb -nmol 8 -o 17.pdb
```

构建完成的体系盒子如图 4.33 所示。

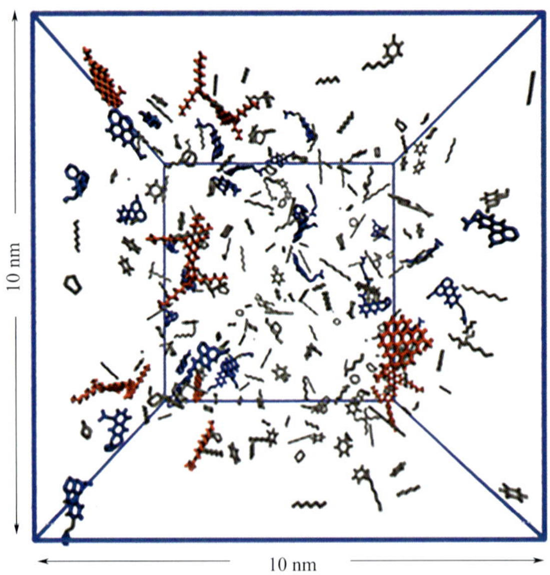

图 4.33 构建油滴模型

红色为沥青质分子、蓝色为胶质分子、灰色为轻质组分

（3）构建模拟所需的 topol 力场文件

本模拟中将所需的 topol 文件命名为 topol.top（内容如图 4.34），该文件主要是给程序提供所需的力场文件所在的路径位置，以及模拟体系的名字和体系中所包含的分子个数。例如，对于本实验的模拟体系，图 4.34 的第一行表示要用到路径“/home/chem/oil/gromos54a7.ff”的 forcefield.itp，第二行之后没有提供详细路径表示文件在当前路径下，Asp1.itp 等文件就是从 ATB 上生成的 itp 文件。[system] 下为体系命名，[molecules] 提供体系所包含分子的种类和个数。例如 8CUV 行代表体系中含有 4 个 Asp1 分子，DNXN 代表体系含有 4 个 Asp2 分子等。其中名称来源于 itp 和 pdb 文件中的 resid 列（图 4.35），此列代表该分子在模拟中的残基名称。[molecules] 下分子类型的排列顺序，与上面提供文件路径的分子类型排列顺序最好保持一致。

```
#include "/home/chem/oil/gromos54a7.ff/forcefield.itp"
#include "Asp1.itp"
#include "Asp2.itp"
#include "resin1.itp"
#include "resin2.itp"
#include "resin3.itp"
#include "resin4.itp"
#include "resin5.itp"
#include "resin6.itp"
#include "benzene.itp"
#include "cycloheptane.itp"
#include "cyclohexane.itp"
#include "heptane.itp"
#include "hexane.itp"
#include "nonane.itp"
#include "octane.itp"
#include "toluene.itp"
#include "Na.itp"
```

文件路径

```
[ system ]
demulsification in water

[ molecules ]
8CUV      4
DNXN      4
RE1       5
RE2       5
RE3       5
RE4       5
RE5       5
RE6       5
BEN       13
CHP       35
CHX       22
HEP       29
HEX       32
NON       40
OCT       34
TOL       35
NA        8
```

分子种类及数目

图 4.34　topol 文件示例

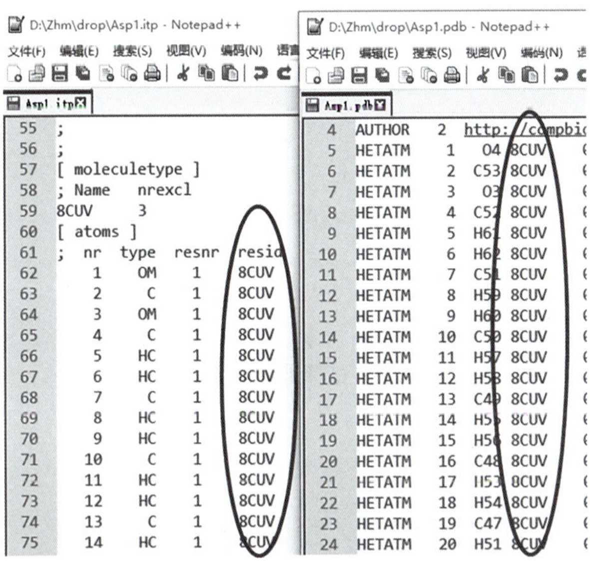

图 4.35　Asp1.itp 和 Asp1.pdb 文件部分示例

（4）执行分子动力学模拟

执行分子动力学模拟之前，除了需要力场文件和坐标文件外，还需要控制文件，在Gromacs软件中，此类文件后缀为“.mdp”。本实验主要用到两个mdp文件：em.mdp和npt.mdp控制文件，分别对应于能量最小化和*NPT*系综模拟。首先用grompp将结构、topol和模拟控制参数组装到一个二进制输入文件（*.tpr）中，然后通过GromacsMD程序，mdrun，运行能量最小化和*NPT*系综模拟。

在此模型的基础上，先进行10 ns的*NPT*系综模拟，将原油密度压缩至平衡，具体操作如下。

能量最小化过程：

```
>>gmx grompp -f em.mdp -c 17.pdb -p topol.top -o mini.tpr -maxwarn 2
>>gmx mdrun -v -s mini.tpr -deffnm mini &
```

*NPT*系综模拟：

```
>>gmx grompp -f npt.mdp -c mini.gro -p topol.top -o npt.tpr -maxwarn 2
>>gmx mdrun -v -s npt.tpr -deffnm npt &
```

对上一步最后一帧构型进行周期性处理，使得原油各组分分子保持完整：

```
>>gmx trjconv -f npt.gro -s npt.tpr -pbc mol -ur compact -o npt_pbc.pdb
```

将该原油团簇放置于10 nm×10 nm×10 nm格子中心：

```
>>gmx editconf -f npt_pbc.pdb -box 10 10 10 -center 5 5 5 -o oil_in_center.pdb
```

添加溶剂（水）分子：

```
>>gmx solvate -cp oil_in_center.pdb -cs spc216.gro -o withwater.pdb -p topol.top
```

将水分子力场文件的具体路径“/home/chem/oil/gromos54a7.ff/spc.itp”添加到topol.top文件中文件路径部分。再执行20 ns *NPT*系综模拟，即可得到乳化油滴模型，如图4.36所示。

能量最小化过程：

```
>>gmx grompp -f em.mdp -c withwater.pdb -p topol.top -o mini2.tpr -maxwarn 2
>>gmx mdrun -v -s mini2.tpr -deffnm mini2 &
```

*NPT*系综模拟：

```
>>gmx grompp -f npt.mdp -c mini2.gro -p topol.top -o npt2.tpr -maxwarn 2
>>gmx mdrun -v -s npt2.tpr -deffnm npt2 &
```

（5）结果分析

根据模拟结果，如图4.36所示，沥青质分子主要分布在油滴的表面层，而胶质分子则分布的比较随机，在油滴的表面和内层均有分布。为了进一步认识油滴中各类分子的堆积结构，通过计算分子的径向分布函数，可以很好地描述特定分子周围其他分子的分布情况。

在计算之前需要获取包含目标分子（沥青质分子、胶质分子）的索引文件。使用以下命令来获取：

```
>>gmx make_mdx -f npt2.gro -o rdf.ndx
```

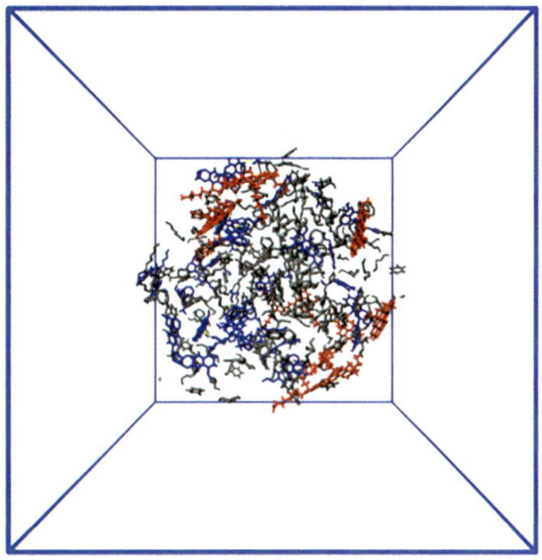

图4.36 乳化油滴模型

红色为沥青质分子、蓝色为胶质分子、灰色为轻质组分

在出现的交互式界面输入“23|24”，回车，选中所有沥青质分子，使用“name 41 Aes”将包含沥青质分子的41组命名为“Aes”，输入“q”保存并退出，生成包含“Aes”组的索引文件rdf.ndx。再使用下面的命令和相同的选组方式，将所有的胶质分子集中在“Res”组内，并写入rdf.ndx文件，完成对胶质分子的分组。

```
>>gmx make_mdx -f npt2.gro -o rdf.ndx -n rdf.ndx
```

使用如下命令可以计算RDF，根据提示选择想要计算的分子，在这里计算沥青质-沥青质、胶质-胶质和沥青质-胶质最后1 ns的RDF。

```
>>gmx rdf -f npt2.xtc -s npt2.tpr -n rdf.ndx -bin 0.05 -o aes -aes -rdf.xvg -b 19000 -selrpos mol_com -seltype mol_com
>>gmx rdf -f npt2.xtc -s npt2.tpr -n rdf.ndx -bin 0.05 -o res -res -rdf.xvg -b 19000 -selrpos mol_com -seltype mol_com
>>gmx rdf -f npt2.xtc -s npt2.tpr -n rdf.ndx -bin 0.05 -o aes -res -rdf.xvg -b 19000 -selrpos mol_com -seltype mol_com
```

将计算出的数据导入Origin作图，如图4.37（a）为沥青质相对于沥青质的径向分布函数，该分子的径向分布函数存在两个峰值，分别为0.65 nm和1.23 nm。根据观察发现这两种堆积方式分别为在0.65 nm处为面对面堆积，而在1.23 nm处为边对面堆积结构。图4.37（b）为胶质和胶质分子间的RDF，也存在两个峰，分别位于0.54 nm和0.84 nm处，堆积方式分别为面对面堆积和边对面堆积结构。图4.37（c）为沥青质相对于胶质的RDF分析，两个峰的位置分别为0.52 nm和0.87 nm，比较两个峰的峰值，可以看出，第二个峰的峰值明显低于第一个峰的峰值，因此，二者之间的堆积方式以面对面堆积为主。

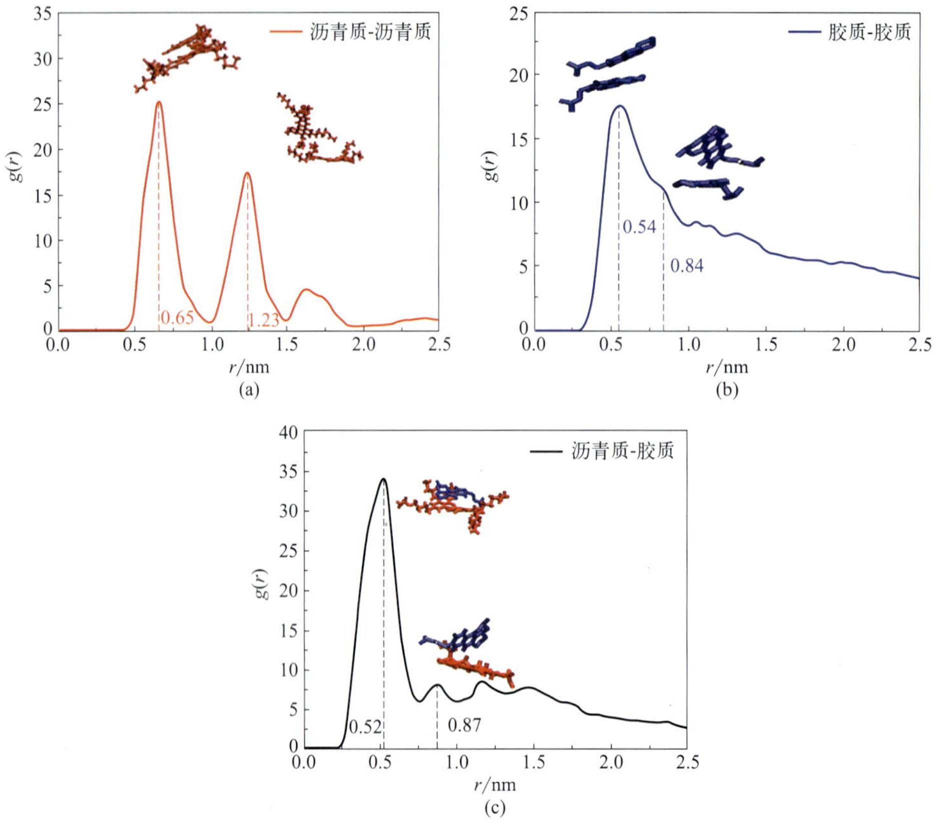

图 4.37　沥青质和胶质分子的径向分布函数

（a）沥青质对于沥青质；（b）胶质对于胶质；（c）沥青质对于胶质

重质油成分分子之间的相互作用对于维持油滴结构具有十分重要的意义。在这里，我们主要计算沥青质 - 沥青质、胶质 - 胶质和沥青质 - 胶质之间的相互作用能。首先，使用索引文件定义目标组，rdf.ndx 文件中已对目标组进行了定义（“Aes”和“Res”组）。以计算沥青质 - 胶质之间的相互作用能为例，将“Aes”和“Res”组写在 npt.mdp 中的能量项处［图 4.38（a）］。使用 grompp 工具整合成新的二进制文件 en.tpr。使用 gmx mdrun 的 -rerun 选项指定原来的轨迹文件再跑一次模拟，此时会产生新的 edr 文件。这个 edr 文件包含了 en.tpr 文件中定义的各个能量组及相互作用能（库伦相互作用能和范德华相互作用能等）。具体操作如下：

```
>>gmx grompp -f npt.mdp -c mini2.gro -p topol.top -o en.tpr -n rdf.ndx
-maxwarn 1
>>gmx mdrun -s en.tpr -v -deffnm en -rerun npt2.xtc -ntmpi 1
```

提取所需能量项。使用 gmx energy 工具后，出现图 4.38（b）的交互式界面，其中“Coul-SR”代表分子间库伦相互作用能，“LJ-SR”代表分子间范德华相互作用能。选择“15”和“16”，回车两次，系统将“Aes”和“Res”组（沥青质和胶质）之间的库伦和范德华相互作用能随时间的变化输出至 aes-res.xvg。选择“11”和“12”或“23”和“24”，可以导出沥青质和沥青质或胶质和胶质之间的库伦和范德华相互作用能。

```
>>gmx energy -f en.edr -o aes -res.xvg
>>gmx energy -f en.edr -o aes -aes.xvg
>>gmx energy -f en.edr -o res -res.xvg
```

```
; Berendsen temperature coupling is on
tcoupl          = v-rescale
tc-grps         = system
tau_t           = 0.1 ; 0.1 0.1
ref_t           = 300; 261 261
; Energy monitoring
energygrps      = Aes Res
; Semiisotropic pressure coupling is now on
Pcoupl          = Berendsen
Pcoupltype      = isotropic
tau_p           = 1     ; 1     ; 5    5    5    5
compressibility = 4.5e-5 ;4.5e-5 ; 4.5e-5 0    0    0
ref_p           = 1.0   ; 1.0   ; 1.0  0    0    0
; Generate velocites is on at 261K.
gen_vel         = yes
gen_temp        = 300
gen_seed        = 173529
```

计算能量的目标组

(a)

```
-------------------------------------------------------------------
  1  G96Bond           2  G96Angle          3  Proper-Dih.       4  Improper-Dih.
  5  LJ-14             6  Coulomb-14        7  LJ-(SR)           8  Coulomb-(SR)
  9  Coul.-recip.                          10  Potential
 11  Coul-SR:Aes-Aes                       12  LJ-SR:Aes-Aes
 13  Coul-14:Aes-Aes                       14  LJ-14:Aes-Aes
 15  Coul-SR:Aes-Res                       16  LJ-SR:Aes-Res
 17  Coul-14:Aes-Res                       18  LJ-14:Aes-Res
 19  Coul-SR:Aes-rest                      20  LJ-SR:Aes-rest
 21  Coul-14:Aes-rest                      22  LJ-14:Aes-rest
 23  Coul-SR:Res-Res                       24  LJ-SR:Res-Res
 25  Coul-14:Res-Res                       26  LJ-14:Res-Res
 27  Coul-SR:Res-rest                      28  LJ-SR:Res-rest
 29  Coul-14:Res-rest                      30  LJ-14:Res-rest
 31  Coul-SR:rest-rest                     32  LJ-SR:rest-rest
 33  Coul-14:rest-rest                     34  LJ-14:rest-rest

15 16

Last energy frame read 4000 time 20000.000

Statistics over 20000001 steps [ 0.0000 through 20000.0000 ps ], 2 data sets
All statistics are over 4001 points (frames)

Energy                  Average   Err.Est.     RMSD  Tot-Drift
-------------------------------------------------------------------------------
Coul-SR:Aes-Res        -21.2068        2.2  9.73452   -15.0844  (kJ/mol)
LJ-SR:Aes-Res          -616.555         27  88.0236   -144.285  (kJ/mol)
```

(b)

图 4.38　计算能量时 npt.mdp 能量项设置（a）和提取能量的交互式界面（b）

包含能量的 .xvg 文件中的后两列数据之和为分子间总的相互作用能。将数据导入 Origin 中作图，结果如图 4.39 所示，通过比较，发现沥青质和沥青质分子之间的相互作用能最强，其次是胶质和胶质分子之间的相互作用能，最小的为沥青质和胶质分子之间的相互作用能。这说明维持油滴结构起主要作用的是沥青质 - 沥青质堆积结构和胶质 - 胶质堆积结构。

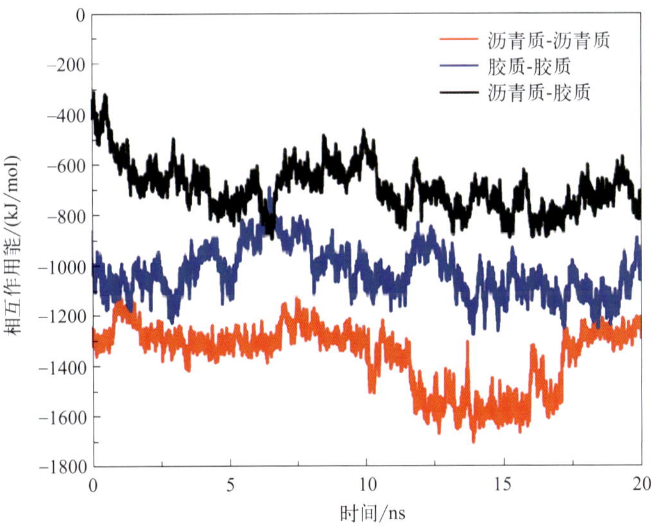

图 4.39　沥青质 - 沥青质、胶质 - 胶质和沥青质 - 胶质之间的相互作用能

稠油乳化油滴的形成运行脚本

4.4.2　纳米颗粒对泡沫稳定性的影响

操作软件： Gromacs、VMD、Materials Studio、genmixmem 工具。

知识要点或性质分析：SiO_2 纳米颗粒、泡沫膜构建、非平衡分子动力学。

亲水 SiO_2 纳米颗粒可以与表面活性剂协同提高泡沫稳定性。这主要表现在两个方面：一是亲水 SiO_2 纳米颗粒在界面处表现出更高的吸附能，从而提高了泡沫膜的机械强度；二是水通道中的亲水 SiO_2 纳米颗粒可以通过范德华力和氢键与泡沫膜表面连接，与表面活性剂形成稳定的桥结构，降低液膜的排水效率，从而增强泡沫膜的稳定性。后者主要是通过桥接 - 脱湿机制来完成。本节利用平衡分子动力学和拉伸分子动力学（steered molecular dynamics，SMD）对含有亲水 SiO_2 纳米颗粒的泡沫膜破裂过程进行模拟。

具体操作步骤如下：

（1）构建亲水 SiO_2 纳米颗粒模型

使用 Materials Studio 构建亲水 SiO_2 纳米颗粒。从菜单栏中点击 File | Import，在弹出的 Import Document 对话框中选择 Structures | metal-oxides | SiO2_quartz.msi，得到 SiO_2 的晶胞结构；对 SiO_2 晶胞结构进行扩胞，从菜单栏中依次选择 Build | Symmetry | Supercell，弹出超晶胞对话框，将 A、B、C 分别设置为 6、6、6，点击 Create Supercell［图 4.40（a）］，得到 SiO_2 超晶胞［图 4.40（b）］。在得到超晶胞的基础上，点击菜单栏中的 Build | Build Nanostructure | Nanocluster；在弹出的 Build Nanocluster 对话框中选择 Shape，将 Shape 设置为 Sphere、Radius 设置为 10.0［图 4.41（a）］，点击 Build，这样就得到了半径为 10 Å 的 SiO_2 纳米球［图 4.41（b）］；对 SiO_2 纳米球进行加氢处理；点击菜单栏 Edit | Atom Selection，弹出 Atom Selection 对话框，将性质改为 Element Is Si，将 Selection model 设置为 Create a new selection from all visible atoms，点击 Select，选中所有的 Si 原子［图 4.42（a）］；将 Atom Selection 对话框的性质改为 Connected，将 Selection model 设置为 Create a new selection from all visible atoms，点击 Select，选中与 Si 原子相连的所有原子［图 4.42（b）］；然后再将性质改为 Element Is H，将 Selection model 设置为 Select from the existing election，点击 Select，选中与 Si 原子相连的 H 原子［图 4.42（c）］，将 H 原子替换为 O 原子，并对替换的 O 原子加氢，得到完全亲水的 SiO_2 纳米颗粒［图 4.42（d）］。

点击 File | Export，导出 SiO_2 纳米颗粒的坐标信息文件（pdb 文件），提交至 ATB 网站，得到优化后的 pdb 文件和 itp 文件。或者使用 Materials Studio 对 SiO_2 纳米颗粒进行结构优化，根据文献提供的 SiO_2 参数，利用 gmx x2top 得到 SiO_2 纳米颗粒的 itp 文件信息，具体操作见此网站操作方法（https：//jerkwin.github.io/GMX/GMXtut-8/）。

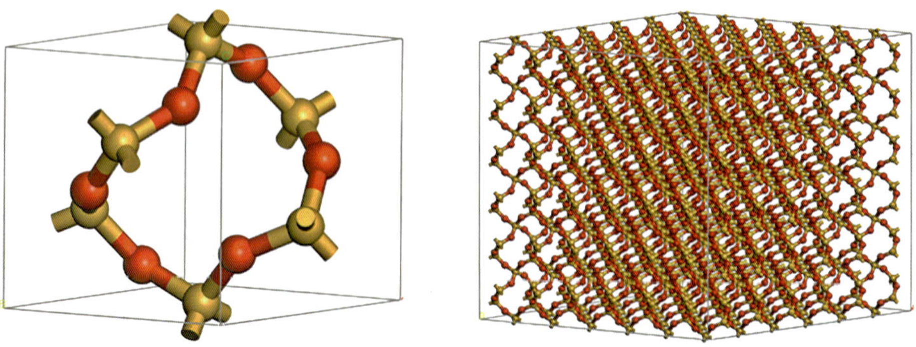

(a) (b)

图 4.40 SiO_2 单晶胞和超晶胞

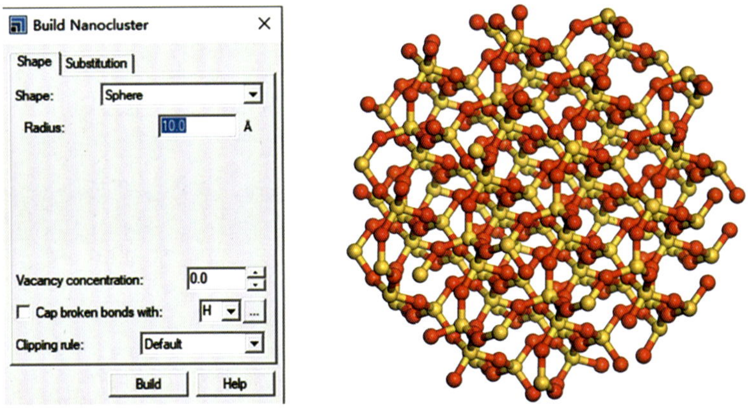

(a) (b)

图 4.41 纳米球设置对话框（a）和 SiO_2 纳米球（b）

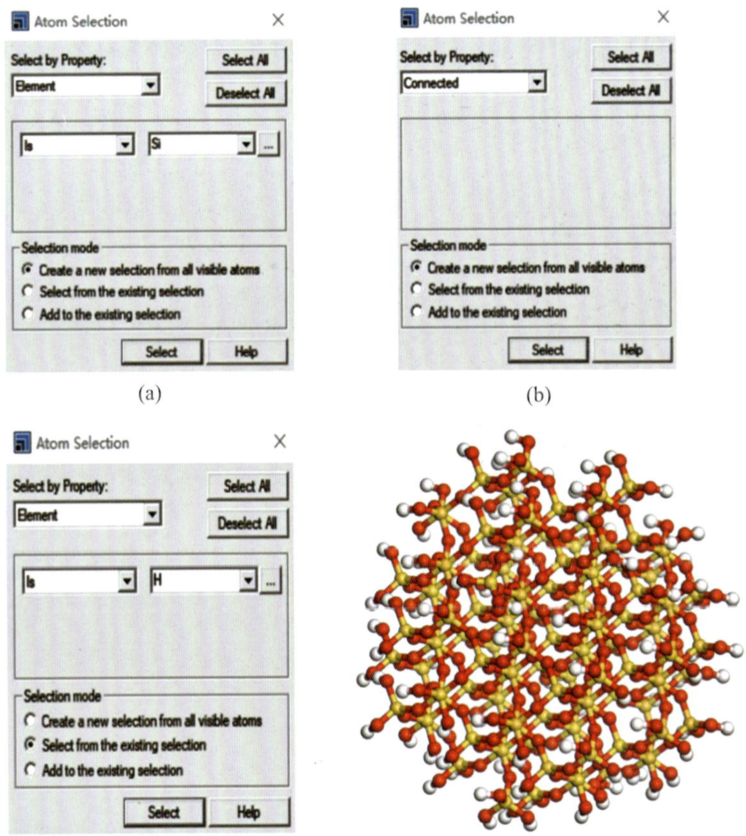

(a) (b)

(c) (d)

图 4.42 亲水 SiO_2 纳米球的设置对话框及亲水 SiO_2 纳米颗粒

（2）构建含有亲水 SiO_2 纳米颗粒的泡沫膜模型

泡沫膜包含表面活性剂构成的上泡沫膜、下泡沫膜和含有 SiO_2 纳米颗粒的水相。以十二烷基硫酸钠（SDS）构成的泡沫膜为代表，可以通过 Materials Studio 构建 SDS 分子，提交至 ATB 网站，获得 SDS 优化后的 pdb 文件和 itp 文件。将相应文件放置在目标目录下。

① 构建含有亲水 SiO_2 纳米颗粒的水层。首先，将 SiO_2 纳米颗粒放置在 16 nm×4 nm×3 nm 的盒子中心，添加水分子，构建水相。根据泡沫膜中 SDS 的含量添加一定数量的 Na^+，这里添加 384 个 Na^+。将此水层放置在 16 nm×4 nm×24 nm 的盒子中心。具体操作如下：

```
>>gmx editconf -f SiO2.pdb -box 16 4 3 -center 8 2 1.5 -o 1.pdb
>>gmx solvate -cp 1.pdb -cs spc216.gro -o 2.pdb
>>gmx insert -molecules -f 2.pdb -ci Na.pdb -nmol 384 -o 3.pdb
>>gmx editconf -f 3.pdb -box 16 4 24 -center 8 2 12 -o 4.pdb
```

② 构建泡沫膜。由于构建的模型包括上、下泡沫膜，所以采用磷脂双层膜构建方式来构建。我们使用生成混合组分的磷脂双层膜结构文件的工具 genmixmem[图 4.43（a）]，此工具的具体用法以及安装包见此网站（http：//sobereva.com/245）。将 SDS.pdb 放在 pdbinput 文件下，在 input.txt 输入图 4.43（b）的内容，运行 genmixmem.exe，得到双层方形膜 film.pdb[图 4.44（a）]，SDS 数量为 8×8。再利用 Materials Studio 对双层膜进行复制、粘贴和移动，完成扩建，构成新的泡沫膜 film-e.pdb[图 4.44（b）]。使用 Gromacs 软件将泡沫膜放置在 16 nm×4 nm×24 nm 的盒子中心，操作如下：

```
>>gmx editconf -f film -e.pdb -box 16 4 24 -center 8 2 12 -o film -e -b.pdb
```

③ 将含有 SiO_2 纳米颗粒的水层和泡沫膜合并，完成对含有 SiO_2 纳米颗粒泡沫膜模型的构建（图 4.45）。具体操作如下：

```
>>gmx solvate -cp film -e -b.pdb -cs 4.pdb -o film -SiO2.pdb
```

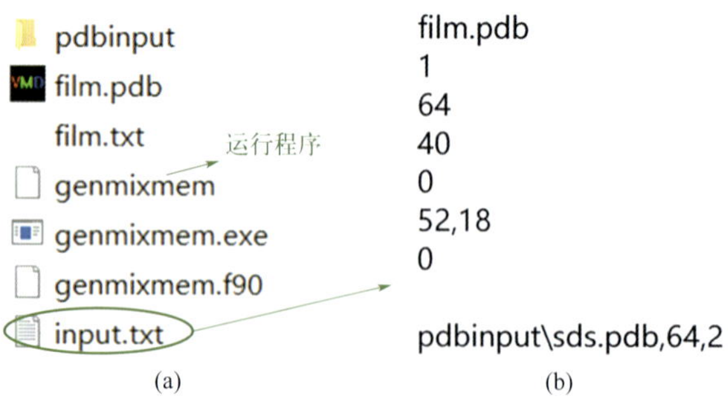

图 4.43 genmixmem 工具（a）和 input.txt 文件内容（b）

（3）构建模拟所需的 topol 力场文件

本模拟中将所需的 topol 文件命名为 topol.top（图 4.46），该文件主要是给程序提供所需的力场文件所在的路径位置，以及模拟体系的名字和体系中所包含的分子个数。[system] 下为体系名字，[molecules] 提供体系所包含分子的种类和个数。

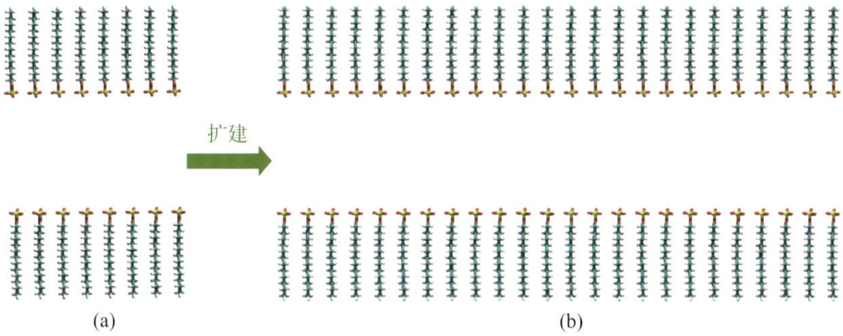

图 4.44　SDS 双层膜

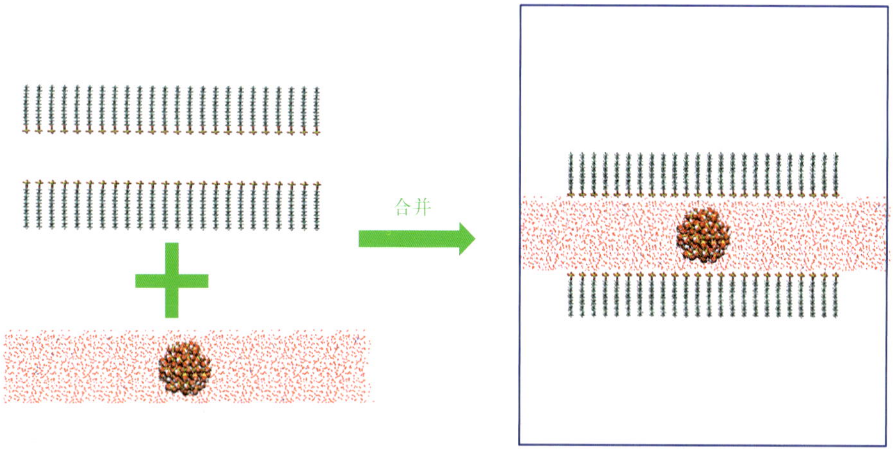

图 4.45　含有 SiO_2 纳米颗粒的构建过程

```
#include "/home/chem/film/gromos54a7_atb.ff/forcefield.itp"
#include "sds.itp"
#include "sio2.itp"
#include "/home/chem/film/gromos54a7_atb.ff/spc.itp"
#include "/home/chem/film/gromos54a7_atb.ff/ions.itp"

[ system ]
; Name
MOL and
_TF

[ molecules ]
; Compound        #mols
SDS              384
MOL                1
SOL        5611
NA            384
```

图 4.46　topol 文件示例

（4）执行平衡分子动力学模拟，得到泡沫膜模型

使用 Gromacs 执行分子动力学模拟之前，本实验主要用到两个控制文件：em.mdp 和 nvt.mdp 控制文件，分别对应于能量最小化和 *NVT* 系综模拟。用 grompp 将结构、topol 和模拟控制参数组装到一个二进制输入文件（*.tpr）中，然后通过 GromacsMD 程序，mdrun，运行能量最小化和 50 ns 的 *NVT* 系综模拟，得到含有 SiO_2 纳米颗粒稳定的泡沫膜模型。具体操作如下：

能量最小化：

```
>>gmx grompp -f em.mdp -c film -SiO2.pdb -p topol.top -o em.tpr -maxwarn 2
>>gmx mdrun -s em.tpr -v -deffnm em &
```

平衡分子动力学模拟计算：

```
>>gmx grompp -f nvt.mdp -c em.gro -p topol.top -o nvt.tpr -maxwarn 2
>>gmx mdrun -s nvt.tpr -v -deffnm nvt &
```

（5）执行非平衡分子动力学（SMD）模拟，模拟泡沫膜破裂过程

在执行模拟之前需要获取 SMD 所需要的索引文件和控制文件：index.ndx 文件和 pull.mdp 文件，并且对 *NVT* 系综模拟得到的泡沫膜模型进行周期性处理，使得泡沫膜中各组分分子保持完整。

```
>>gmx trjconv -f npt.gro -s nvt.tpr -pbc mol -ur compact -o nvt_pbc.gro
```

① index.ndx 文件中包含用户可定义的原子集合，使用以下命令创建所需的索引文件，出现图 4.47（a）所示内容，输入“q”，然后回车，完成 index.ndx 文件的创建。打开 index.ndx 文件，将组的名称写在方括号之间，下面为原子编号，可以延续很多行，例如“com”“you”和“zuo”组，如图 4.47（b）所示。这三个索引组为进行 SMD 模拟的参考组和拉伸组。目标索引组在泡沫膜中的位置如图 4.48 所示，com 为水通道左侧中心位置的水分子，拉伸组 you 为 SiO_2 纳米颗粒质心位置右侧 2 nm 内 SDS 中的 O 原子，拉伸组 zuo 为 SiO_2 纳米颗粒质心位置左侧 2 nm 内 SDS 中的 O 原子和 SiO_2 纳米颗粒本身。

```
>>gmx make_ndx -f nvt_pbc.gro -o index.ndx
```

② 本次模拟使用到的 pull.mdp 文件，是在 nvt.mdp 文件中添加如图 4.49（a）所示的内容。其中，“you”和“zuo”为定义的拉伸组的名称，“com”为定义的参考组的名称，组内原子的编号信息分配在 index.ndx 文件中。模拟中将参考组作为拉伸组拉动对象，使用冻结设置将参考组固定。除此之外，由于拉伸组过大，为拉伸组分别添加用于处理周期性边界条件的参考原子，即“pull-pbc-ref-prev-step-com = yes”“pull-group1-pbcatom = 5883”和“pull-group2-pbcatom = 16312”，该原子一般位于该组的中心位置。若不添加这类原子，则在使用 gmx grompp 整合 .tpr 文件时会出现如图 4.49（b）的提示。我们也可以使用此方式检查并选择出拉伸组的参考原子。图 4.49（a）中其他信息的详细介绍见 Gromacs 手册 COM pulling 部分（https://manual.gromacs.org/current/user-guide/mdp-options.html#general-information）。

```
  0 System              : 33840 atoms
  1 Other               : 16623 atoms
  2 SDS                 : 16128 atoms
  3 MOL                 :   495 atoms
  4 NA                  :   384 atoms
  5 Water               : 16833 atoms
  6 SOL                 : 16833 atoms
  7 non-Water           : 17007 atoms
  8 Ion                 :   384 atoms
  9 SDS                 : 16128 atoms
 10 MOL                 :   495 atoms
 11 NA                  :   384 atoms
 12 Water_and_ions      : 17217 atoms

 nr : group      '!': not   'name' nr name    'splitch' nr    Enter: list groups
 'a': atom       '&': and   'del' nr          'splitres' nr   'l': list residues
 't': atom type  '|': or    'keep' nr         'splitat' nr    'h': help
 'r': residue               'res' nr          'chain' char
 "name": group              'case': case sensitive            'q': save and quit
 'ri': residue index

> q
```

(a)

```
[ com ]
25363 25364 25365
[ you ]
 253  255  256  257 2731 2733 2734 2735 2773 2775 2776 2777 2983 2985 2986
2987 3025 3027 3028 3029 3109 3111 3112 3113 3193 3195 3196 3197 3319 3321
3322 3323 3445 3447 3448 3449 3487 3489 3490 3491 3613 3615 3616 3617 3655
3657 3658 3659 4201 4203 4204 4205 4285 4287 4288 4289 4411 4413 4414 4415
5167 5169 5170 5171 5377 5379 5380 5381 5881 5883 5884 5885 6217 6219 6220
6221 6343 6345 6346 6347 6679 6681 6682 6683 9661 9663 9664 9665 10081 10083
10084 10085 10123 10125 10126 10127 10459 10461 10462 10463 10585 10587 10588 10589 10627
10629 10630 10631 10669 10671 10672 10673 11845 11847 11848 11849 11887 11889 11890 11891
12139 12141 12142 12143 12769 12771 12772 12773 12853 12855 12856 12857 13021 13023 13024
13025 13231 13233 13234 13235
[ zuo ]
2857 2859 2860 2861 2899 2901 2902 2903 2941 2943 2944 2945 3235 3237 3238
3239 3529 3531 3532 3533 4075 4077 4078 4079 5419 5421 5422 5423 5587 5589
5590 5591 5629 5631 5632 5633 6133 6135 6136 6137 8149 8151 8152 8153 8359
8361 8362 8363 9493 9495 9496 9497 9829 9831 9832 9833 10207 10209 10210 10211
10333 10335 10336 10337 10501 10503 10504 10505 10543 10545 10546 10547 10711 10713 10714
10715 11173 11175 11176 11177 12055 12057 12058 12059 12181 12183 12184 12185 12559 12561
12562 12563 12601 12603 12604 12605 12643 12645 12646 12647 12811 12813 12814 12815 12979
12981 12982 12983 13063 13065 13066 13067 13147 13149 13150 13151 13357 13359 13360 13361
```

(b)

图 4.47　生成 index.ndx 文件的操作界面（a）和 index.ndx 文件（b）

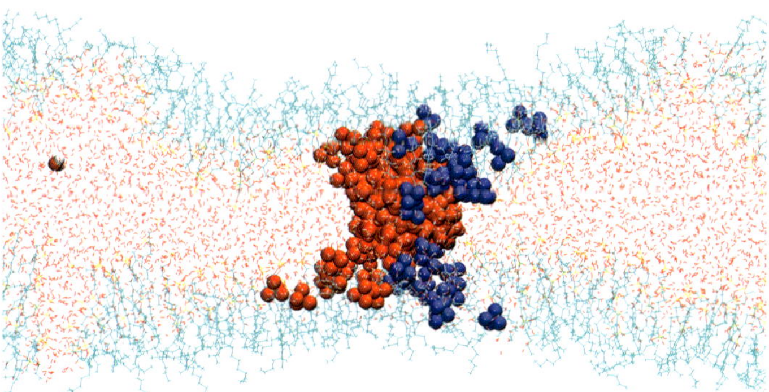

图 4.48　蓝色为拉伸组 you，红色为拉伸组 zuo

纳米颗粒对泡沫稳定性的影响运行脚本

执行 500 ps 的非平衡分子动力学模拟计算：

```
>>gmx grompp -f pull.mdp -c nvt_pbc.gro -p topol.top -n index.ndx -o pull.tpr -maxwarn 2
>>gmx mdrun -s pull.tpr -v -deffnm pull &
```

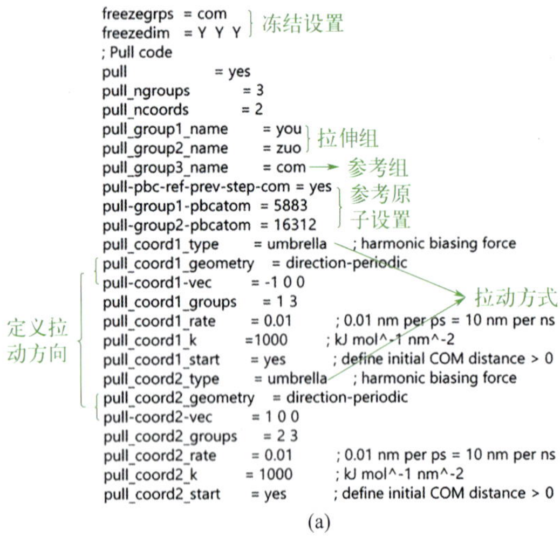

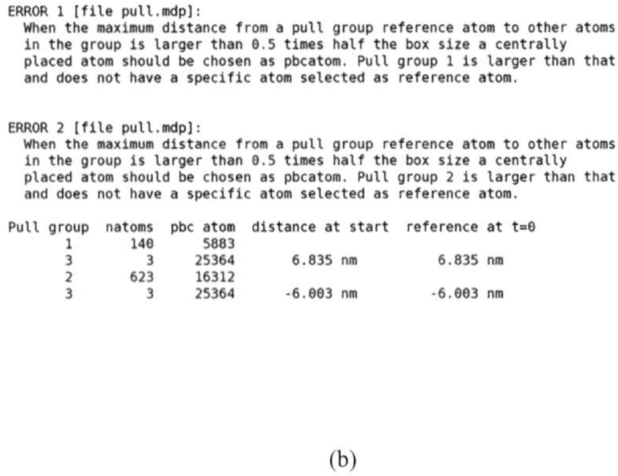

图 4.49　SMD 控制文件设置（a）和未设参考原子时的错误警示（b）

（6）结果分析

① 固体桥结构的形成过程。使用 VMD 软件对 *NVT* 系综平衡 50 ns 后形成的泡沫膜结构（nvt.gro）进行观察，如图 4.50（a）（SiO_2 纳米颗粒和周围 SDS 用棍状模型显示，其他 SDS 用线状模型显示，水分子和 Na^+ 不显示）所示，上、下泡沫膜与 SiO_2 纳米颗粒接触，形成固体桥结构。为了观察固体桥结构的形成过程，对平衡分子动力学轨迹进行处理，使分子保持完整。

```
>>gmx trjconv -f nvt.xtc -s nvt.tpr -o nvt_pbc.xtc -pbc mol
```

在弹出的交互式界面选择“0”。将处理后的轨迹文件 nvt_pbc.xtc 导入 VMD，对固体桥结构的形成进行观察，图 4.50（b）展示了固体桥结构的形成过程，从中可以看出在 33 ps 时，一些水分子与 SiO_2 纳米颗粒和 SDS 形成了氢键，并在中心聚集。在 SiO_2 纳米颗粒和 SDS 的压缩下，未结合的水分子开始扩散。在 445 ps 时，部分 SDS 吸附在 SiO_2 纳米颗粒的表面，周围的 SDS 显示出环绕 SiO_2 纳米颗粒的趋势。在 1102 ps 时，SDS 逐渐吸附在 SiO_2 纳米颗粒的侧面，在泡沫膜之间形成了桥结构。

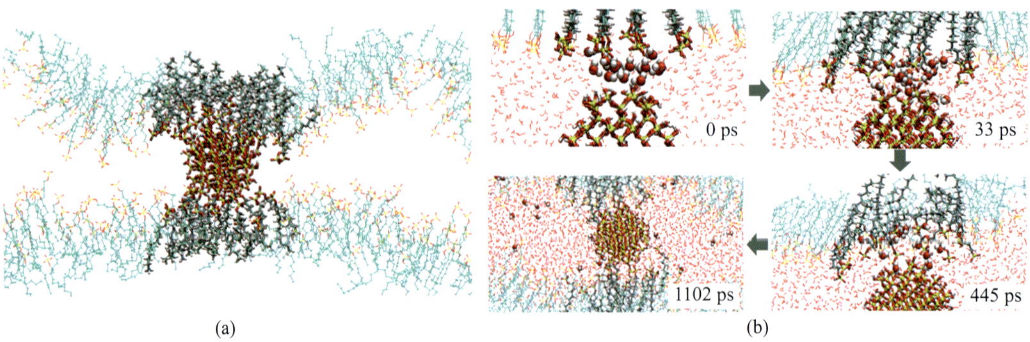

图 4.50　形成的固体桥结构（a）和固体桥结构的形成过程（b）

② 桥结构的断裂过程。在完成非平衡动力学模拟后，相较于平衡分子动力学而言会多出 pull_pullx.xvg 和 pull_pullf.xvg 两个文件。pull_pullx.xvg 文件包含两个拉伸组距离随时间的变化。pull_pullf.xvg 文件包含两个拉伸组受力随时间的变化，在本模拟中选择将拉伸 zuo 组的受力情况随时间变化的数据导入 Origin 中进行作图分析。图 4.51（a）保留了拉伸过程中的有效数据，展现了桥结构断裂过程中受力变化情况。

另外，保持分子的完成性能够很好地在 VMD 中观察桥结构的断裂过程。首先，对非平衡动力学模拟的轨迹进行处理，保持轨迹中分子的完整性。

```
>>gmx trjconv -f pull.xtc -s pull.tpr -o pull_pbc.xtc -pbc mol
```

在弹出的交互式界面选择“0”，完成对轨迹的处理。然后将 pull.gro 和 pull_pbc.xtc 导入 VMD 中，观察桥结构的断裂过程，如图 4.51（b）。

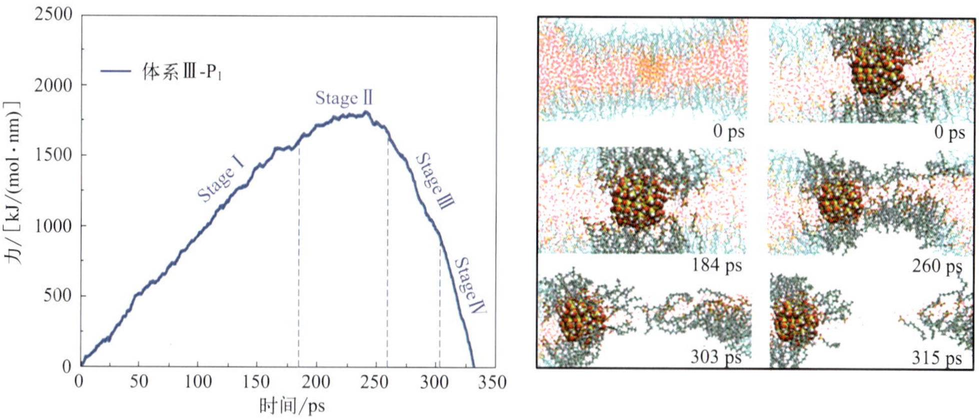

(a) (b)

图 4.51 固体桥结构断裂过程中的受力情况（a）和固体桥结构断裂过程（b）

根据力的变化曲线，含有固体颗粒的泡沫膜破裂过程可以划分为四个阶段：外力增长阶段（Stage Ⅰ）、动态平衡阶段（Stage Ⅱ）、固体桥结构断裂阶段（Stage Ⅲ）和水桥断裂阶段（Stage Ⅳ）。

参考文献

Abdel-Azeim S，Kanj M Y，et al，2018. Dynamics，aggregation，and interfacial properties of the partially hydrolyzed polyacrylamide polymer for enhanced oil recovery applications：insights from molecular dynamics simulations[J]. Energy & Fuels，32：3335-3343.

Ahmadi M，Chen Z X，2020. Insight into the interfacial behavior of surfactants and asphaltenes：molecular dynamics simulation study[J]. Energy & Fuel，34（11）：13536-13551.

Basheva E S，Ganchev D，Denkov N，et al，2000. Role of betaine as foam booster in the presence of silicone oil drops[J]. Langmuir, 16: 1000-1013.

Basheva, E S, Stoyanov S, Denkov N, et al, 2001. Foam boosting by amphiphilic molecules in the presence of silicone oil[J]. Langmuir, 17: 969-979.

Bergström M, Pedersen J S, 1998. Small-angle neutron scattering (SANS) study of aggregates formed from aqueous mixtures of sodium dodecyl sulfate (SDS) and dodecyltrimethylammonium bromide (DTAB) [J]. Langmuir, 14 (14): 3754-3761.

Boek E S, Yakovlev D S, Headen T F, 2009. Quantitative molecular representation of asphaltenes and molecular dynamics simulation of their aggregation. Energy & Fuels, 23 (2): 1209-1219.

Cai L, Chang Z, Dang H, et al, 2023. Effects of interfacial molar ratios of anionic/cationic surfactant mixtures on properties at the gas-liquid interface: a molecular dynamics study[J]. Journal of Dispersion Science and Technology, 44: 2023-2033.

Castellano O, Gimon R, Canelon C, et al, 2012. Molecular interactions between orinoco belt resins[J]. Energy & Fuels, 26 (5): 2711-2720.

Fu L, Gu F, Liao K, et al, 2022. Application of molecular simulation in tertiary oil recovery: a systematic review[J]. Journal of Petroleum Science and Engineering, 212: 110196.

Horbaschek K, Hoffmann H, Hao J, 2000. Classic Lα phases as opposed to vesicle phases in cationic-anionic surfactant mixtures[J]. Journal of Physical Chemistry B, 104 (13): 2781-2784.

Gao F, Yan H, Wang S, et al, 2014. Mechanism of foam destruction by antifoams: a molecular dynamics study[J]. Phys Chem Chem Phys, 16 (32): 17231-17237.

Kunieda M, Nakaoka N, Liang Y, et al, 2010. Self-accumulation of aromatics at the oil-water interface through weak hydrogen bonding. Journal of the American Chemical Society, 132 (51): 18281-18286.

Liu Z Y, Xu Z C, He Z, et al, 2017. Interfacial behaviors of betaine and binary betaine/carboxylic acid mixtures in molecular dynamics simulation[J]. Journal of Molecular Liquids, 240: 412-419.

Posocco P, Perazzo A, Preziosi V, et al, 2016. Interfacial tension of oil/water emulsions with composite non-ionic surfactants: comparison between experiments and molecular simulations[J]. RSC Advance, 6 (6): 4723-4729.

Song S, Zhang H, Sun L, et al, 2018. Molecular dynamics study on aggregating behavior of asphaltene and resin in emulsified heavy oil droplets with sodium dodecyl sulfate[J]. Energy & Fuel, 32: 12383-12393.

Su L, Sun J, Ding F, et al, 2021. Effect of molecular structure on synergism in mixed zwitterionic/anionic surfactant system: An experimental and simulation study[J]. Journal of Molecular Liquids, 322: 114933.

Sun Y, Li Y, Li C, et al, 2015. Molecular array behavior and synergistic effect of sodium alcohol ether sulphate and carboxyl betaine/sulfobetaine in foam film under high salt conditions[J]. Colloid and Surfaces A, 480: 138-148.

Wang Y, Le X, Wang X, et al, 2023. Molecular dynamics simulation of the synergistic effect of alkali/surfactant/polymer on the formation and stabilization of water-based foam systems[J]. Polymers, 15: 584.

Wu G, Zhu Q, Yuan C, et al, 2017. Molecular dynamics simulation of the influence of polyacrylamide on the stability of sodium dodecyl sulfate foam[J]. Chemical Engineering Science, 166: 313-319.

Yang F, Tchoukov P, Dettman H, et al, 2015. Asphaltene subfractions responsible for stabilizing water-in-crude oil emulsions: Part 2. Molecular representations and molecular dynamic simulations[J]. Energy & Fuels, 29: 4783-4794.

Zhao H, Bai Y Y, Sun H Y, et al, 2017. Study of the molecular array behaviours and interfacial activities of green surfactant alkyl polyglycoside and the composite systems with other surfactants on oil-water interface[J]. Molecular Simulation，43（13）：1107-1115.

Zhang Z，Qiao M，Zhao H，et al，2022. Effect of mixed surfactants on foam stabilization：a molecular dynamics simulation[J]. Journal of Molecular Liquids，365：120096.

刘佳霖，任瑛，陈卫，等，2019. 油水界面上阴/阳离子型复配表面活性剂体系的分子动力学模拟 [J]. 过程工程学报，19（3）：533-543.

吴刚，纪贤晶，张田田，等，2016. 聚合物与表面活性剂相互作用的分子模拟研究进展 [J]. 高分子通报，(8)：51-60.

第 5 章

固体表面的润湿反转

在强化采油技术中，表面活性剂能够有效降低界面张力，改变润湿性、降低原油黏度和提高蒸气稳定性，驱油效果明显。表面活性剂提高稠油采收率表现在两个方面：一是能够促进油水体系形成原油乳状液，增强稠油的流动性，进而驱替更多的原油；二是有助于油藏岩石表面发生润湿反转，特别是针对碳酸盐岩地质下的油藏（Ahmadi et al.，2020）。

Pratama等人在接近热采的条件下，选取多种表面活性剂讨论了砂岩和碳酸盐岩表面的润湿性变化，在接近 200 ℃的温度下测量了液相与岩石表面的接触角和界面张力（Pratama et al.，2020）。根据实验结果，在蒸气温度下改变砂岩润湿性最有效的化学品是阴离子表面活性剂。砂岩表面主要带负电荷，这导致岩石与沥青质和阴离子表面活性剂极性头之间有更大的排斥力。另外，实验研究也表明，地层压力对润湿性改变没有显著影响，而盐溶液中无机盐离子的吸附对固体表面的润湿性改变有不利影响。

分子动力学模拟除了研究油水体系中表面活性剂与沥青质之间的相互作用、界面膜厚度、油水界面张力等以外，还被广泛用于研究储层岩石的润湿性变化。通过分子动力学模拟，可以研究表面活性剂结构、极性头和疏水尾链对动态接触角的影响，提供表面活性剂在岩石表面的分布状况，以揭示润湿性变化机制。

本章主要关注在岩石介质存在下，表面活性剂与油相组分之间的相互作用，以评估表面活性剂和岩石成分对原油分离机制的影响。我们先从多孔介质下表面活性剂与原油的相互作用开始，然后列举我们曾经做过的润湿反转的分子动力学模拟实例。

5.1 岩石表面上表面活性剂与油相组分的相互作用

在多孔介质中，原油组分中沥青质、胶质的电荷分布，岩石表面性质（包括电荷分布和亲水亲油性），表面活性剂头基电荷以及尾链长度，都会影响多孔介质表面、表面活性剂与稠油各组分之间的相互作用。在以往的研究中，人们更感兴趣的是沥青质分子之间的相互作用，包括沥青质和胶质芳香环之间的面对面堆积，这些都是导致稠油分子聚集产生高黏度的原因。为了降低稠油黏度，需要增加稠油体系的亲水面积，表面活性剂的作用即在于此。

表面活性剂改变岩石润湿性的效果受岩石类型的影响，体现在油相/固相交界处形成水通道的快慢，以及表面活性剂在岩石表面的扩散速度，而离子型表面活性剂受到的影响更明显。在表面活性剂注入储油地层后，岩石表面脱除原油的过程可以分为几步，而岩石类型会影响每一步所需要的时间。第一，表面活性剂从水相中胶束形态下被解离，然后向油层表面扩散；第二，表面活性剂吸附到油层表面，增加油相亲水面积，使其更容易变形，促进水分子穿透油层形成水通道；第三，油滴从岩石表面脱离。值得强调的是，固相/油相分离的速度取决于表面活性剂产生水通道的半径，水通道半径越大，穿过油层的水越多，油滴从岩石表面分离的速度就越快。此外，如果表面活性剂分子尺寸大于水通道尺寸，表面活性剂和水分子进入水通道的扩散速度会变慢，会延长岩石表面油相的剥离时间。

岩石表面的粗糙度也对固相/油相分离和固体表面润湿性改变有影响。岩石表面下陷越深，从凹型处被剥离的油相就会越少，但是在足够长时间下似乎润湿性与岩石粗糙度关系并不大。然而如果凹型的深度足够大，就会增加凹型内固体表面与油相组分之间的相互作用，会导致油滴难以从凹型中去除。

岩石表面的化学组成也极大影响岩石表面剥离油滴的时间。这是因为表面活性剂的亲水亲油部位和岩石表面之间有着不同强度的相互作用，而这些相互作用也会影响穿过油层形成水通道的难易程度，以及后续水分子在岩石表面的扩散，最终会影响油相在岩石表面的剥离。

下面将从岩石类型、流动相等方面探讨分子模拟在岩石润湿反转过程中的应用。

5.1.1 岩石类型与表面活性剂的影响

润湿反转被认为是低矿化度下最被学者们所接受的驱油机理，但是迄今为止无论是实验还是分子模拟都未能很好地从微观层面上解释润湿反转机理，也未能为人们所完全理解，相关的驱油机理也在尝试发展过程中。在这其中，我们曾经在 2012 年首次提出了润湿反转过程中“水通道”的概念（Liu et al.，2012），现在逐渐为人们所认可，水通道的形成被认为是亲油固体表面润湿反转的关键。Ahmadi 曾经在综述性文章中大篇幅介绍了该理念（Ahmadi et al.，2020），这里，我们首先讨论水通道。

采用分子动力学模拟阳离子表面活性剂十六烷基三甲基溴化铵（CTAB）对 SiO_2 表面的除油过程，模拟中使用十二烷烃代表油相（Liu et al.，2012）。图 5.1 示出了不同模拟时间下，水、CTAB、十二烷烃和 SiO_2 表面的构型变化。如图 5.1（a）所示，十二烷烃分子首先吸附于 SiO_2 表面，并形成层状有序结构；2.5 ns后，表面活性剂分子向水和十二烷烃的界面扩散，并吸附在 SiO_2 表面。在整个过程中，CTAB 和 SiO_2 表面之间的静电相互作用是水分子扩散的驱动力，促进了水通道的形成［图 5.1（b）］；随着模拟时间延长，水分子会持续不断地沿着 SiO_2 表面移动（图中箭头所指），最终剥离油层，体系达到平衡。此外，部分表面活性剂吸附于油水界面，会降低两相间的界面张力和表面能，增加油水之间的界面面积，减少 SiO_2 表面和油相之间的界面面积［如图 5.1（d）］。

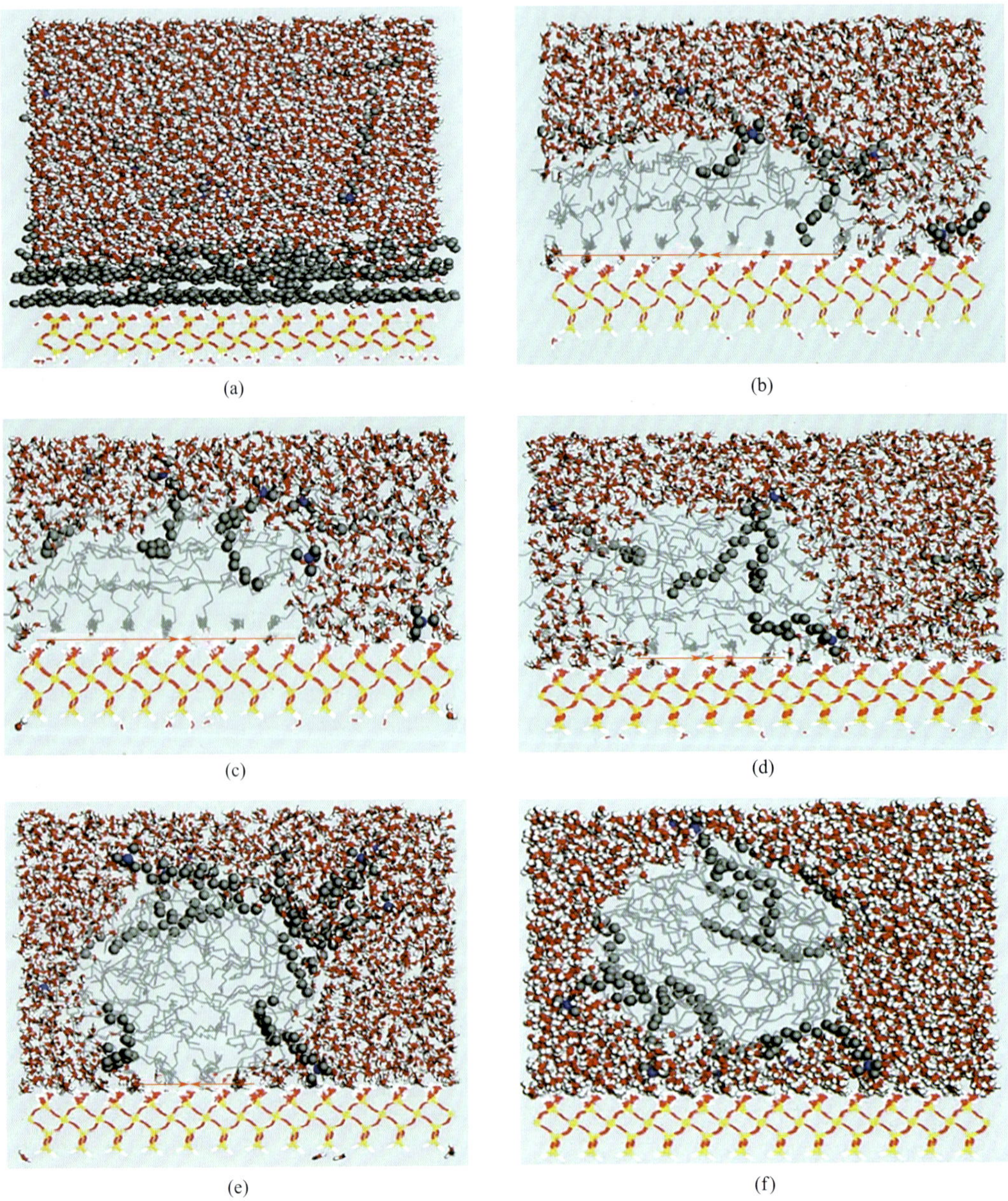

图 5.1　岩石表面表面活性剂水溶液剥离油滴的分子结构变化图（Liu et al.，2012）

（a）0 ns；（b）2.5 ns；（c）3 ns；（d）4 ns；（e）5 ns；（f）10 ns

图中 CPK 模式为 CTAB 分子，球棒模式为水分子，灰色线棒模式为油分子，底层为 SiO_2 表面一段时间后，表面活性剂分子会扩散到油滴表面，同时吸附于 SiO_2 表面。水和表面活性剂的吸附会促进亲油 SiO_2 表面重新变成亲水表面，导致油相和 SiO_2 表面之间的接触面积变小，使得油滴变得不稳定，如图 5.1（e）所示。在水分子与 SiO_2 表面之间的氢键作用下，会形成更稳定的水化层，导致 SiO_2 岩石表面的水密度高于本体水密度。在油滴剥离的最后阶段，油滴在浮力作用下最终与 SiO_2 表面完全分离［图 5.1（f）］。在整个油相剥离过程中，水通道的形成是关键，而表面活性剂分子的作用则是加速了水通道的形成。

随后，Lowry 等人使用环烷烃、饱和烷烃、甲苯、非极性沥青质等混合物组成原油模型，选择表面活性剂水溶液，以方解石为固相研究油水固三相体系，讨论岩石表面的润湿反转（Lowry et al.，2016）。模拟发现，胶束或微乳液中的表面活性剂都有吸附到混合油滴表面的倾向，并且能够扰乱油相各组分聚集结构，加速岩石表面油滴的剥离。而对于纯水体系，没有表面活性剂的扰动，增加了油相剥离的难度。当水溶液作为流动相时，由于沥青质与岩石表面之间的强相互作用，纯水体系不能将油相从岩石表面剥离；而对微乳液体系，会发生胶束浸润，表面活性剂会促进油滴溶胀，使油相变得不稳定，易在流动相驱使下将油滴从岩石表面剥离（图 5.2）。

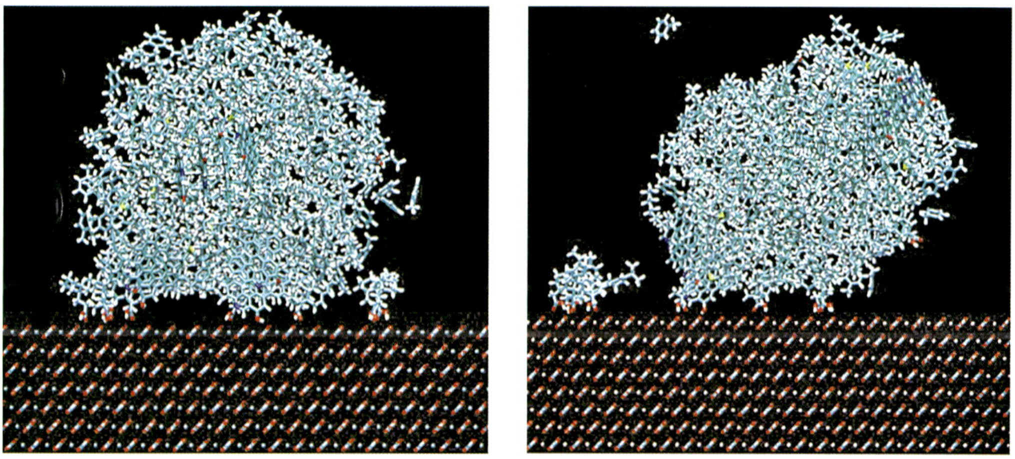

(a)

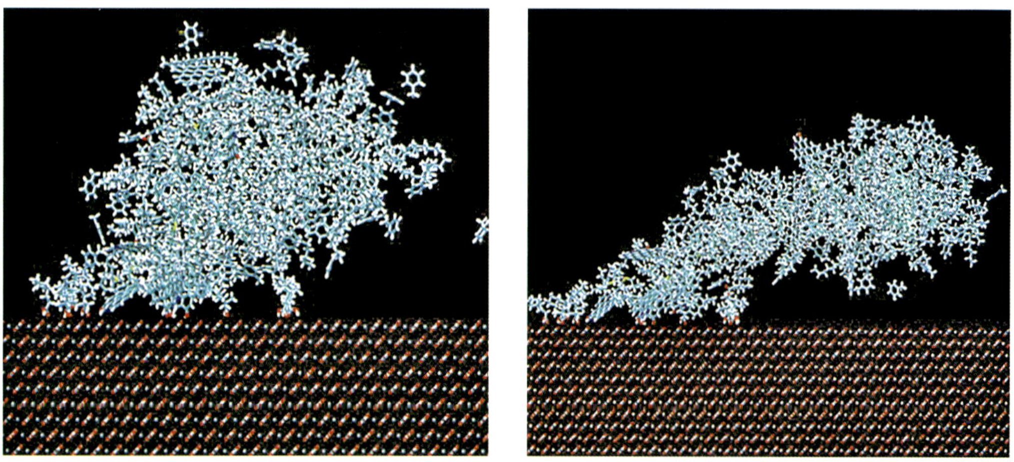

(b)

图 5.2

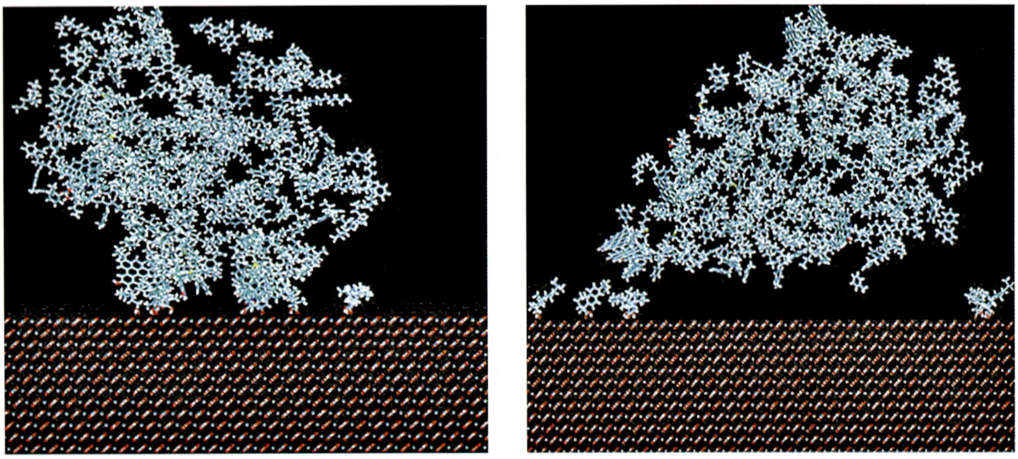

(c)

图 5.2　包含水（a）、表面活性剂（b）和微乳液（c）不同体系中油滴的分子结构（Lowry et al.，2016）

其中左图为初始构型，右图为 100 ns 下的构型。为清晰所见，水分子及表面活性剂分子等未显示

Li 等人使用四种类型表面活性剂，包括阴非离子、阳离子、两性和阴离子表面活性剂，研究油滴从白云石表面的剥离过程（Li et al.，2016）。模拟发现，在白云石表面，四种表面活性剂都能沿固体表面扩散，并促进油相被剥离，其中阴离子表面活性剂效果最佳；相比较而言，两性离子表面活性剂下形成水通道的时间最长。另外，他们还关注了非离子表面活性剂与不同岩石（包括白云石、方解石、菱铁矿和石英）之间的相互作用。与其他岩石相比，白云石表面发生油相分离的时间最短，而方解石表面时间最长。这种现象可归因于每种岩石都有不同的化学成分和分子结构，会导致岩石表面与表面活性剂之间存在不同的相互作用。如上面所述，水通道的形成和扩张主要受岩石表面与表面活性剂之间的相互作用影响。表面活性剂尾链或头基伴随水分子进入水通道，并促进油相从岩石表面剥离。一般将石油从岩石表面的分离过程分为三个阶段，如图 5.3 所示，包括表面活性剂胶束在油层表面的扩散、油滴变形，以及油相从岩石表面剥离。

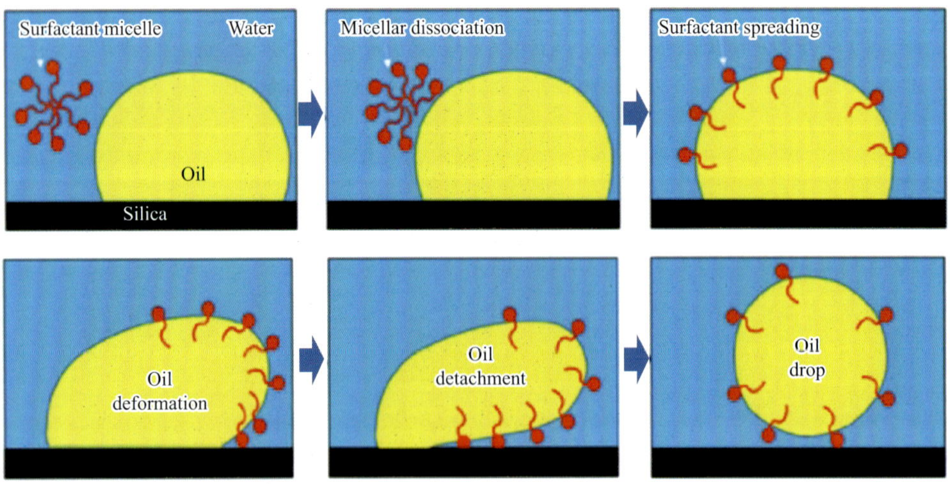

图 5.3　表面活性剂胶束存在下油滴自岩石表面剥离示意图（Tang X et al.，2018）

5.1.2 流动相影响

Tang 等人为模拟流动条件下表面活性剂溶液对孔道中残余油的影响，构建了如图 5.4 所示的纳米孔道模型，其中选择了阳离子表面活性剂十二烷基三甲基溴化铵（DTAB）和阴离子表面活性剂十二烷基苯磺酸钠（SDBS），油相组成包括沥青质、胶质、芳香烃和饱和烃等。首先在模拟格子左侧以一定速度推动模板以模拟表面活性剂溶液流动，右侧施加一定的压力以保证液相能够整体移动，在此基础上研究表面活性剂、水、油和 SiO_2 表面之间的相互作用（Tang X et al.，2018）。

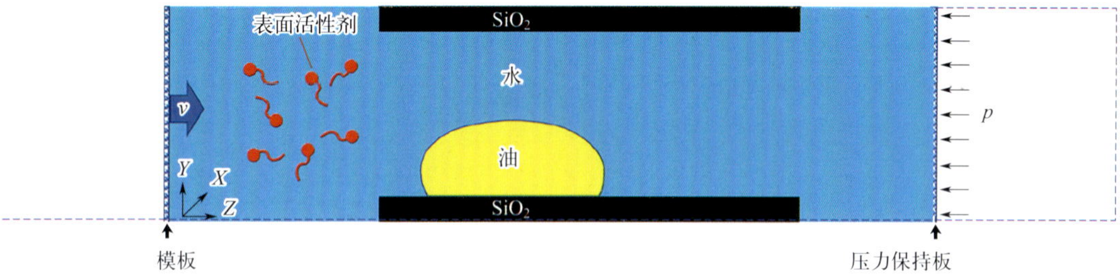

图 5.4 纳米孔道模拟模型（Tang X et al.，2018）

根据油相质心的移动速率，与 DTAB 体系相比，SDBS 体系有更快的油滴剥离速率；表面活性剂浓度越高，油相脱离的速率也就越快。模拟中他们定义了 ΔZ 参数，用来量化表面活性剂分子在油水界面处的移动速率。ΔZ 被定义为油相最小坐标与平行于油水界面的表面活性剂头基最小坐标之差，如图 5.5 所示，描绘了两种表面活性剂的 ΔZ 数值随模拟时间的变化。可以根据图中曲线的斜率来计算表面活性剂在油水界面的移动速率，与 DTAB 相比，SDBS 在油水界面有更快的移动速度。这种速度差异可能来自表面活性剂分子结构以及与水分子之间形成氢键的能力不同。作为阴离子表面活性剂，SDBS 包含 SO_3^- 头基，可与水分子形成强氢键。在流动相下，与油 / 固界面间相互作用相比，更强的表面活性剂与水分子之间的相互作用会促进油滴加速变形，有利于从岩石表面剥离油相。

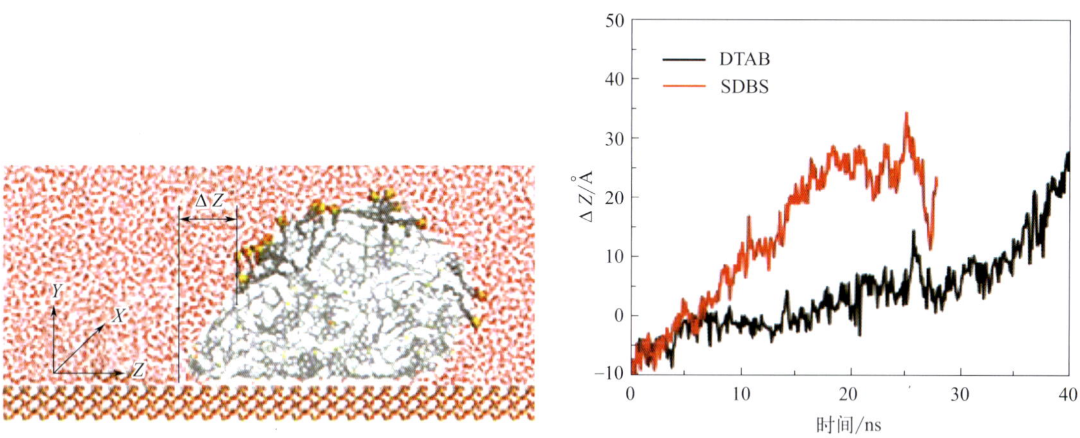

图 5.5 表面活性剂在油水界面的移动速率（Tang X et al.，2018）

5.1.3 岩石表面粗糙度影响

Zhu 等人研究了在 β- 环糊精（β-CD）存在下，岩石表面粗糙度对油相（以十二烷烃代表）剥离过程的影响（Zhu et al.，2018）。为了量化 SiO_2 表面的粗糙度，他们使用了 Wenzel 模型，并提出如下的计算公式：

$$R = \frac{(w+s)l + 2hl}{(w+s)l} = 1 + \frac{2h}{(w+s)}$$

式中，R 代表岩石表面粗糙度；w 代表凹槽的宽度；h 代表凹槽的高度；l 代表凹槽的长度；s 为凹槽的台阶宽度。模拟中构建了 R=1 到 3.57 不等的多个凹槽。

模拟发现，随着 SiO_2 粗糙度的增加，凹槽内的油组分与凹槽外的油组分之间的相互作用减弱。其实实验也证实了这一观察结果，即增加岩石表面的粗糙度，接触角也增加。模拟发现从 R=1 到 R=3.5 粗糙度的 SiO_2 表面，其接触角也从 0° 变化到 72°。图 5.6 也描绘了粗糙度 R=2.55 时，油、水和表面活性剂的构型变化，从中可以看出，油组分从凹槽中被剥离受两方面的影响：一是 β-CD 与十二烷烃之间的相互作用，二是水通道的形成。

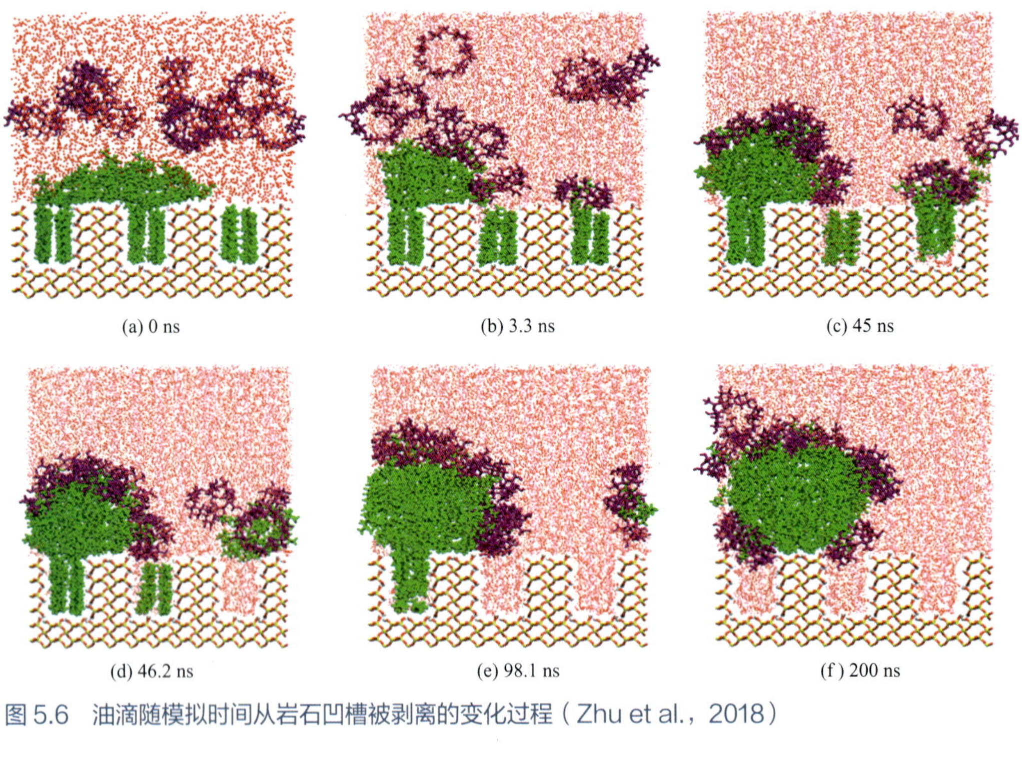

图 5.6 油滴随模拟时间从岩石凹槽被剥离的变化过程（Zhu et al.，2018）

采用伞式抽样，计算油组分从凹槽脱离所需的均力势（PMF），数据显示 β-CD 的加入可以减少不同粗糙度下的 PMF（图 5.7），这意味着添加化学物质可以降低从凹槽中分离油组分所需的能量。根据均力势随距离的变化曲线，可以判断油组分是易被困于凹槽还是容易脱离凹槽。伞式抽样显示，一方面，如果外部施加能量高于 PMF 值，则油组分就可以从凹槽壁溢出；另一方面，随着凹槽深度的增加，外部所施加的能量减弱，从凹槽中抽提油组分将变得困难。

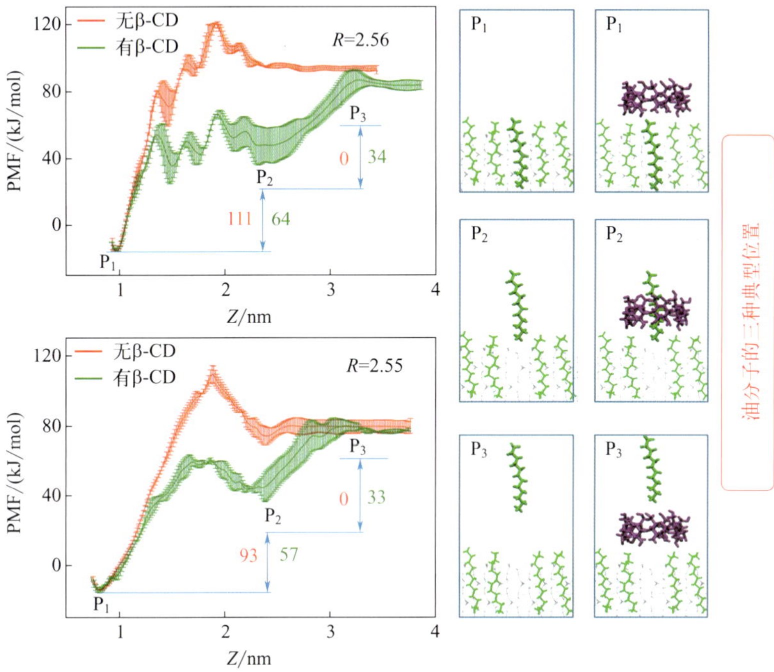

图 5.7　油滴从 SiO_2 表面凹槽中脱离的均力势（Zhu et al.，2018）

5.1.4　表面活性剂对水通道大小的影响

Tang 等人研究了不同表面活性剂对十二烷烃油层的扰动影响（Tang J et al.，2018）。在模拟条件下，三种表面活性剂 OP-10、SDBS 和 CTAB 均会扰动十二烷烃外层，并在油相中形成裂缝。油层表面裂缝会引发后续水通道的形成，促进水分子穿透油层接触 SiO_2 表面。表面活性剂对油层的持续扰动，SiO_2 表面和水分子之间的强静电作用，都会促进水通道的形成。

比较三种表面活性剂在相同模拟时间下的模拟结果，可以获取有关水、表面活性剂扩散到油层的速率，以及油相被剥离的速率等相关信息。在油相从储油层岩石表面被剥离的过程中，最重要的步骤是水通道的形成，然而不同表面活性剂引发水通道形成的能力是不同的。

模拟发现，在含有非离子表面活性剂 OP-10 分子的模拟体系中，会形成两个水通道，这意味着 OP-10 具有更显著干扰油分子聚集的能力。水通道的扩张速度很大程度上取决于水分子与岩石表面羟基以及水通道中水分子与水分子之间的氢键。此外，能够影响油相从岩石表面剥离的另一推动力是表面活性剂与水分子之间的相互作用，这种相互作用可以提高水分子扩散到油层中的速率。与 SDBS 和 DTAB 相比，OP-10 分子链较长，很难进入水通道中，影响了水分子的扩散速率，也影响了油层被剥离的速率。

相对而言，SDBS 和 DTAB 有稍高的扩散速率，部分表面活性剂分子向水通道移动，可帮助水分子扰动油滴并促使其变形，易于油层从 SiO_2 表面剥离。离子表面活性剂的头基易与水分子形成氢键，其尾链也易与油层接触，这些都会增强对油层的扰动，促进水通道的形成，有利于越来越多的水分子吸附到 SiO_2 表面。与其他表面活性剂相比，OP-10 对水通道的形成影响最小。

相同模拟时间下，DTAB、SDBS 和 OP-10 均形成了水通道，但是水通道的大小（半径）取决于表面活性剂的类型、结构以及与油组分之间的相互作用。其中 OP-10 形成最小孔径的水通道，这意味着与 SDBS 和 DTAB 相比，含 OP-10 表面活性剂的体系从岩石表面剥离油层的速度是最慢的。而 SDBS 可以产生更大孔径的水通道，能够更快地从岩石表面剥离油层。

5.2 润湿反转中的水通道

在三次采油中，表面活性剂驱是一种极具发展潜力的提高采收率的方法。目前实验研究认为表面活性剂将油滴从固体表面剥离的过程主要分为三个阶段：第一个阶段，表面活性剂吸附到油水界面，导致油水界面张力迅速降低，从而引起接触角和接触线的快速变化，表现为油珠底面收缩；第二个阶段，油水界面张力基本达到平衡，这一阶段主要是水相（表面活性剂溶液相）沿着油固接触面渗透和扩散，该阶段油珠的形态没有太大的变化，并且这一过程在整个油珠剥离过程中持续时间最长；第三个阶段，是油珠在浮力的作用下“缩颈”直到被拉断，最终油滴从固体表面被剥离。这些机理虽然概括了表面活性剂剥离油滴的原理，但是均未从微观细节上反映表面活性剂是如何将油相从岩石表面剥离的。

实验证明水分子在油固界面之间的渗透，是引起油固水三相界面收缩的主要原因，在宏观上表现为油滴的“卷缩”。表面力测量方法（surface-force measurements）可研究二氧化硅表面水分子的扩散，以及驱油用聚合物的吸附过程（Adler et al.，2001）。实验发现部分硅氧键会发生断裂并羟基化，吸附水分子形成稳定的凝胶层，对聚合物吸附产生影响。在潮湿的空气中，固体表面发生溶胀，表面积扩大，有水分子聚集。因此，人们认为水分子在水固界面上会形成凝胶层，并且在接近固体表面的三相接触线上发生渗透和扩散，而在后续实验中确实直接观测到油固界面之间的水膜渗透（Phan et al.，2003）。一旦这层分离的水膜形成，一个轻微的剪切作用就可以将油滴从固体表面剥离。实验发现当油滴形状不稳定时，浮力就能引起油滴脱离。

本节将从分子水平上研究水分子在油相/二氧化硅表面的渗透机理，在油滴剥离过程中，水通道的形成是影响油滴剥离的关键步骤（Liu et al.，2012）。

5.2.1 油滴从固体表面剥离过程中的水通道

在自然界中，二氧化硅表面具有天然的亲水性，但是当与原油相接触后，二氧化硅表面将变成疏水表面。因此，模拟之初应首先构建疏水油层。选取十二烷烃作为油相，放于二氧化硅表面之上。由于烷烃与二氧化硅表面的相互作用，C_{12} 分子会快速吸附到固体表面，最终在 SiO_2 亲水表面形成三层烷烃层。数密度图表明［图 5.8（b）］，第二层分子膜有序程度明显低于第一层分子膜，而且在两层之间有少数分子相连［图 5.8（a）］。对于表面活性剂而言，如果把油相从二氧化硅表面剥离，最大的困难应该是破坏固体表面有序的烷烃层，这样才能有利于水分子与二氧化硅表面相接触。因此油相的脱附重点在于水分子如何穿过有序油膜，最终与二氧化硅表面相接触。

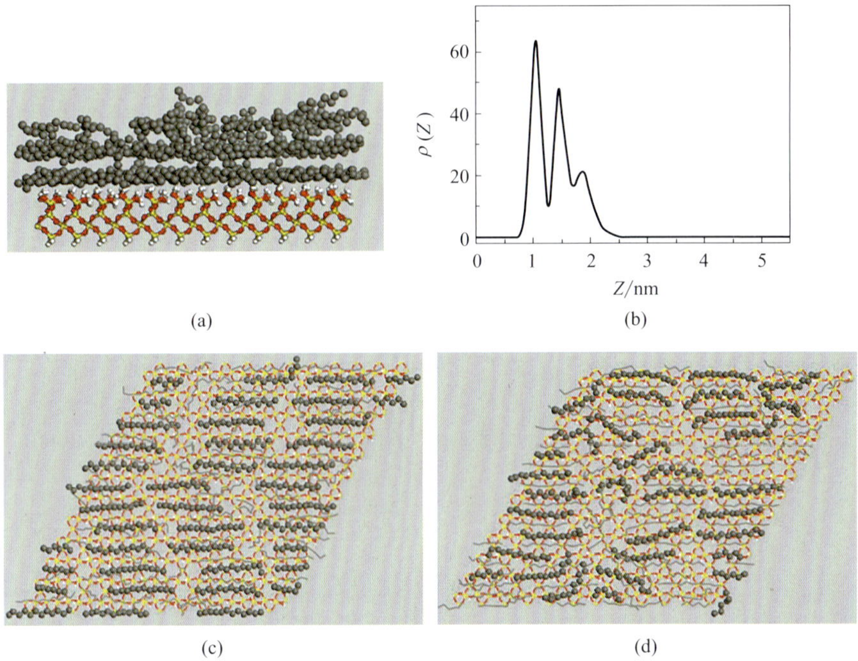

图 5.8　C_{12} 分子在二氧化硅表面吸附的最终结构、数密度图及第一吸附层和第二吸附层结构

由于吸附烷烃，亲水二氧化硅表面变成了疏水表面［图 5.9（a）］。在初始模拟模型中，表面上的烷基层厚度约为 2.5 nm，二氧化硅表面并没有水分子。在表面活性剂溶液中，覆盖烷烃的二氧化硅表面在热力学上是不稳定的。理论上讲，烷烃最终是可以在 CTAB 作用下从二氧化硅表面被剥离的［图 5.9（b）］。当将含有 CTAB 表面活性剂的水溶液置于烷烃油层上方时，表面活性剂会通过烷基链与烷烃分子的疏水作用吸附于油水界面［图 5.10（a）］。

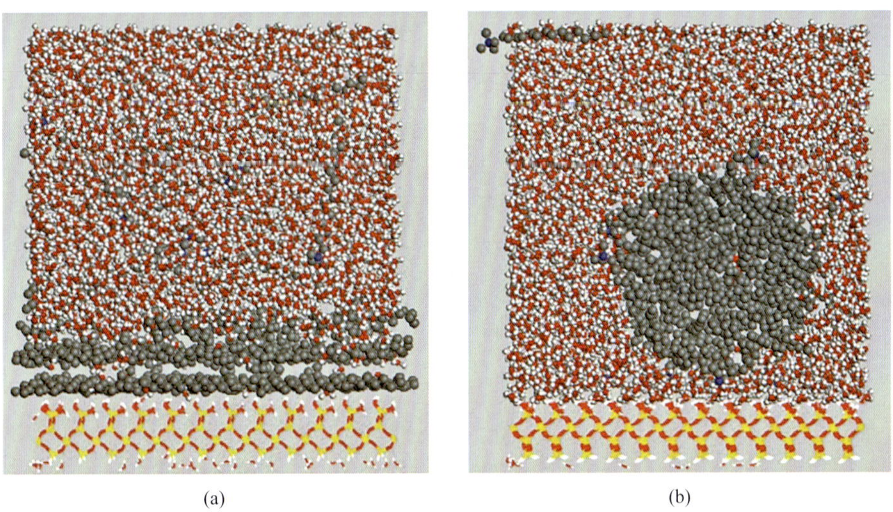

图 5.9　模拟运行开始（a）和结束（b）时体系聚集结构变化

当表面活性剂与二氧化硅表面的烷烃接触后，静电相互作用是烷烃被剥离固体表面的主要驱动力。静电相互作用属长程相互作用，其作用范围达纳米数量级，而范德华相互作用属

于短程相互作用，作用范围要小得多。模拟模型中，在亲水 SiO_2 表面上构建了 2.5 nm 的烷烃油层，此厚度处在静电相互作用范围内。在模拟中，二氧化硅表面为无定形结构，且带有净负电荷，其中二氧化硅表面上的 O、H 和 Si 原子分别带有 −0.71e、+0.40e 和 +0.31e。此外，CTAB 表面活性剂分子中头部基团的 N 原子为 +1.22e，特别是水分子，模拟中选择了 SPC 模型，这样氧原子带有 −0.82e，氢原子带有 +0.41e。尽管表面活性剂的烷基链是疏水的，但我们注意到在表面活性剂极性头或烷基链周围都存在多个水分子［图 5.10（a）］。这些现象归因于烷基链的甲基、水分子和硅羟基之间的静电相互作用。

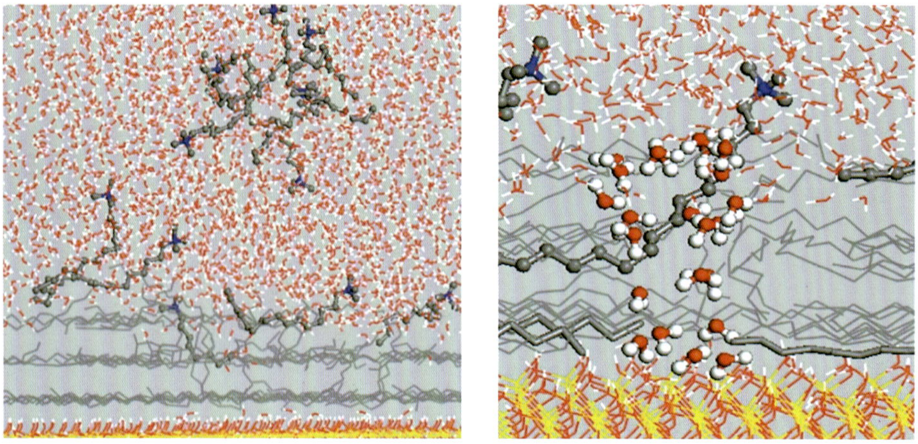

图 5.10　100 ps 时 CTA^+ 在水油界面上的吸附

表面活性剂周围的 CTAB 和水分子以 CPK 模式显示，第一层中的 C_{12} 分子以棒状模式显示

事实上，带有少数水分子的表面活性剂尾链会扰动烷烃聚集结构，尤其是最上层的烷烃层，这层［图 5.10（a）］不太有序的烷烃层将首先被表面活性剂疏水烷基链所扰动，此时疏水烷基链所携带的少数水分子会在与二氧化硅表面间强长程静电相互作用下进入下一个烷烃层。在持续扰动下，水分子会不断破坏烷烃分子所形成的有序结构。最终，部分水分子将首先穿透有序烷烃层到达二氧化硅表面［图 5.11（a）］，此时通过油相，在水溶液和二氧化硅表面之间形成了水通道。在此过程中，水分子和二氧化硅表面之间的长程静电相互作用促进了水分子向二氧化硅表面的运动。

一旦油层和固体表面之间形成水通道，氢键将成为油滴从固体表面脱离的另一重要驱动力。这里的氢键类型，包括水分子与硅羟基之间的氢键和水通道中水分子之间的氢键，前者有助于水分子在二氧化硅表面上的铺展，后者可以确保更多的水分子通过水通道到达固体表面。最后，水通道随模拟时间逐渐扩大［图 5.11（a）、（b）、（c）］。当油滴脱离二氧化硅表面时，固体表面已经形成了一层水化层，水分子与二氧化硅表面之间存在着强氢键。图 5.11（d）显示了水分子和硅羟基之间的氢键结构，也表明在亲水性二氧化硅表面附近形成了一层凝胶层。

事实上，当水通道形成时，我们更关注二氧化硅表面第一层的烷烃分子结构。我们注意到，在空间排斥作用下，水通道周围的烷烃聚集结构从最初平行于表面变为垂直于二氧化硅表面［图 5.12（a）］。此外，水分子和硅羟基之间的氢键有助于水分子沿着二氧化硅表面移动，因此会有更多有序的烷烃分子从固体表面被剥离。最后，二氧化硅表面形成的水化层促进了油滴的剥离［图 5.12（b）］。

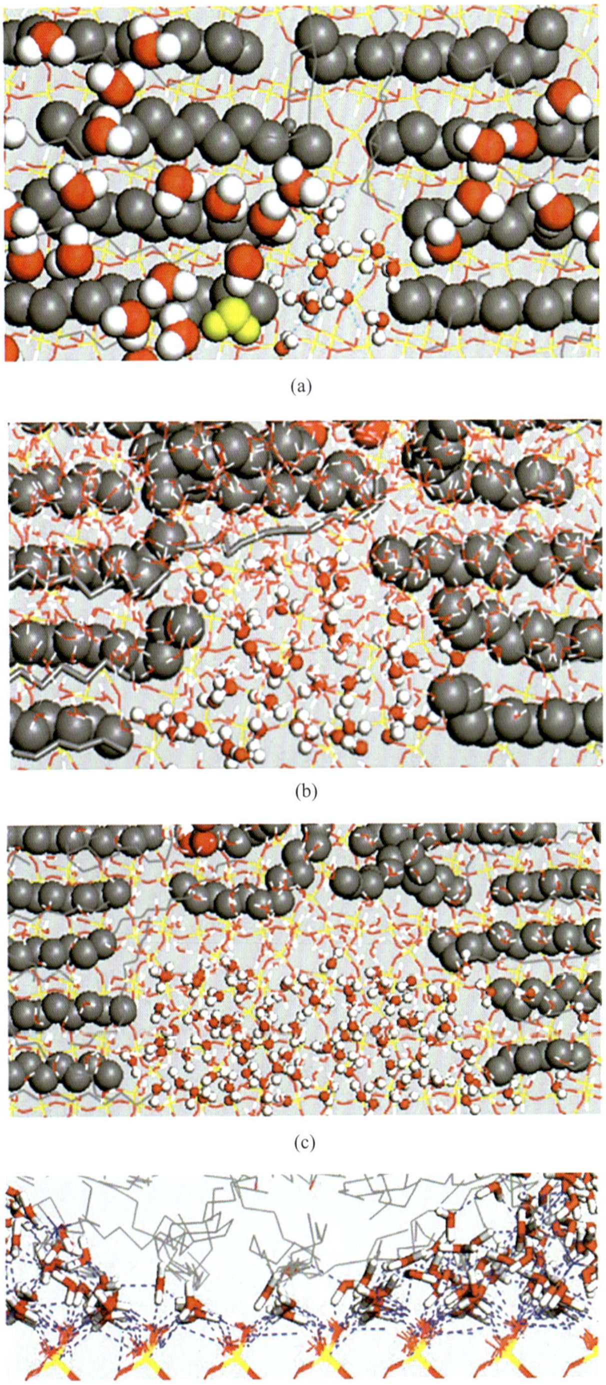

图 5.11 水通道形成的连续快照[（a）150 ps;（b）700 ps;（c）1500 ps] 和 4 ns 时水分子和二氧化硅表面羟基之间的氢键结构（d）

水通道中的水分子以球棒模式显示，C_{12} 分子以 CPK 模式显示

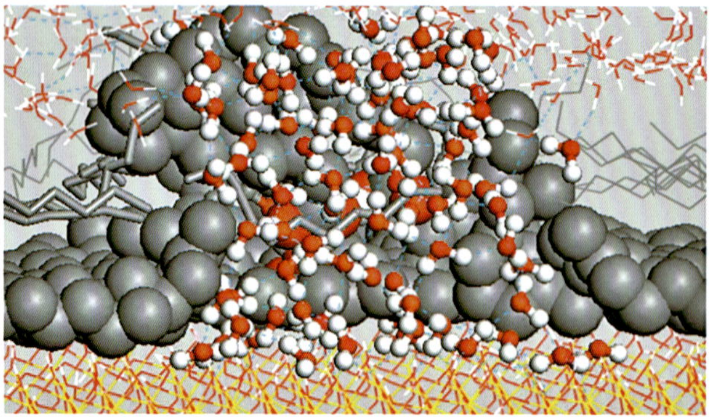

(a)

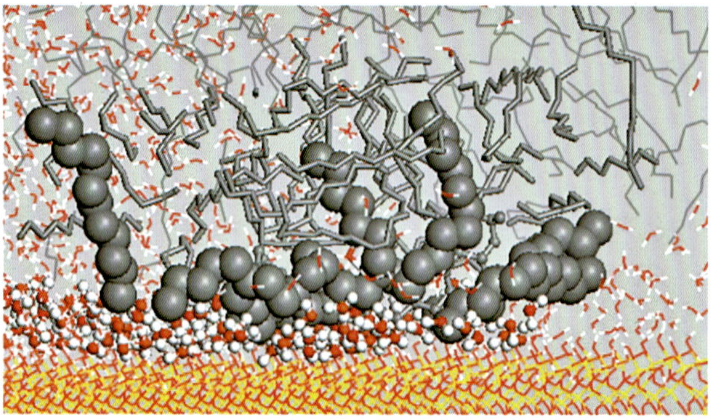

(b)

图 5.12　石油分子烷基链的微观构象变化

为清晰起见，水通道（a）和二氧化硅表面（b）附近的水分子以球棒模式显示，第一层中的 C_{12} 分子以 CPK 模式显示

5.2.2　油滴从固体表面剥离机理

在水溶液中，如上所述，烷烃分子在亲水表面上的吸附在热力学上是不稳定的。因此，即使在纯水中（不含任何表面活性剂），油滴也可以从玻璃基底上被剥离，但在自然地质条件下，这一过程将非常缓慢。因此，表面活性剂的存在不是水分子渗透到玻璃和油相之间的先决条件，而是当表面活性剂存在时，它会加快油滴在固体表面的剥离。另外，如果固体基底基本上是疏水的，很难形成水化层，则表面活性剂向固液接触线处的移动，将是油滴被剥离的必要条件。

图 5.13 显示了体系总能量随模拟时间的变化，根据变化趋势可以将其大致分为三个阶段。在最初的 3 ns（阶段Ⅰ），表面活性剂从水溶液吸附到油层，体系的总能量缓慢下降，这一阶段包括烷烃层的破坏，初始水通道的形成以及氢键作用下水通道的扩大。在第二阶段（阶段Ⅱ），在水分子与硅羟基之间的氢键作用下，水分子沿二氧化硅表面扩散，油滴从二氧化硅表面快速脱离，体系的总能量快速下降。第三阶段（阶段Ⅲ），脱离固体表面的烷烃油相与表面活性剂在水溶液中会吸附、聚集，此时体系能量波动平缓，表明聚集结构处于动态调整过程中。基于模拟体系总能量变化的三阶段模型，解释了表面活性剂在油相被剥离过程中所起到的作用。

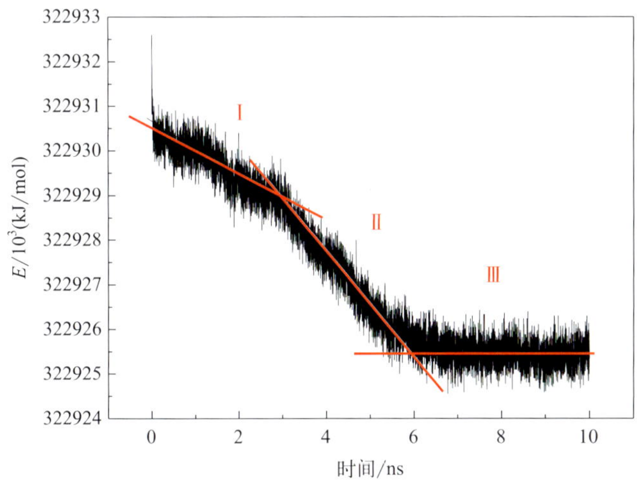

图 5.13　体系总能量随着时间的变化

在工农业生产和日常生活中，油滴从固体表面的剥离过程常为人们所关注。通常，在水相中，油滴会吸附于固体表面［图 5.14（a）］。本项研究主要集中在纳米尺度上，研究了表面活性剂溶液下的固 / 油 / 水界面状态变化［图 5.14（b）、（c）、（d）、（f）］，从中证明了水通道的形成是影响油滴剥离的关键。另外，水分子在油 / 固界面上的渗透扩散、凝胶层的形成，都是影响油滴从固体表面被剥离的重要因素。

具体的固体表面油层剥离过程可以分为：阶段Ⅰ，表面活性剂疏水尾链首先吸附于油水界面，此时水分子、表面活性剂极性头与固体表面之间的静电相互作用会促进表面活性剂逐渐破坏有序排列的油层，并向固体表面移动，从而形成水通道［图 5.14（b）、（c）］。阶段Ⅱ，水分子和硅羟基之间的氢键，有助于水分子沿着二氧化硅表面渗透扩散，水 / 油 / 固三相接触线逐渐收缩，最终在固体表面形成水凝胶层［图 5.14（d）］。阶段Ⅲ，当接触线变得足够小时，油滴吸附形状不稳定，在外力作用下，油滴从固体表面脱离，并在水溶液中做结构调整［图 5.14（e）］。

5.2.3　亲 / 疏水混合界面膜中的水通道

Abbott 课题组曾经在实验中研究了在三种不同亲水、疏水表面上，液态水穿透油相到达固体表面的变化过程（Yang et al.，2010）。研究发现，在十八烷基三甲氧基硅烷（OTS）处理过的玻璃表面以及裸露的玻璃表面上，均形成了大小和数量不等的水滴（图 5.15）。裸露玻璃表面出现水滴，正如 5.2.1 ～ 5.2.3 部分所述，为水分子与 SiO_2 表面长程静电相互作用所致；而 OTS 处理的玻璃也有水滴，可以理解为 OTS 处理玻璃表面过程中，由于实验精细程度，可能有部分裸露玻璃未被单层膜覆盖，造成玻璃经 OTS 处理后仍有水滴出现。为证实推测，我们构建了混合疏水单层膜（Zhang P L et al.，2014），如图 5.16 所示。

首先以 C_{12} 烷烃链连接硅羟基形成疏水表面，并在疏水表面中心预留一个圆形的完全亲水的表面［图 5.16（a）］，体现实验中可能出现的未接枝烷烃所造成的裸露玻璃，形成疏水和亲水相间的混合表面。同时将 C_{12} 烷烃分子加入模拟格子中，最终使混合亲 / 疏水表面变成完全疏水表面。经过分子动力学模拟，由于存在烷烃分子吸附，混合表面成为完全疏水表面，如图 5.16（b）所示。

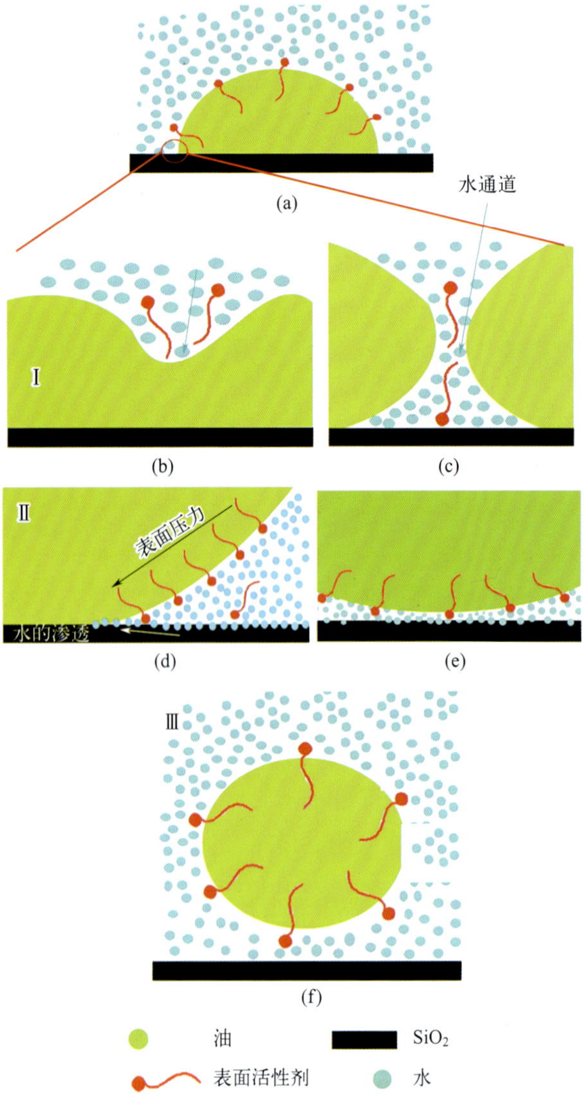

图 5.14　表面活性剂溶液中油滴从固体表面剥离的示意图

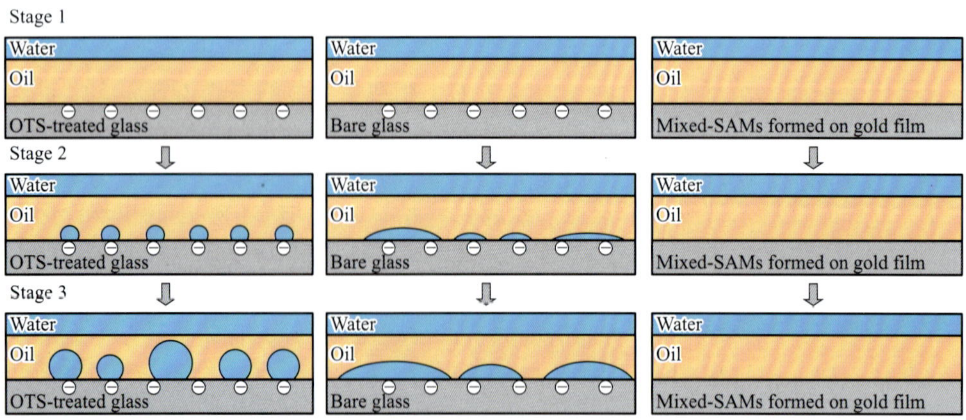

图 5.15　不同底层对浸没于水中油膜影响的示意图（Yang et al.，2010）

自左向右分别为 OTS 处理的玻璃表面、裸露的玻璃表面和单面膜处理的金表面

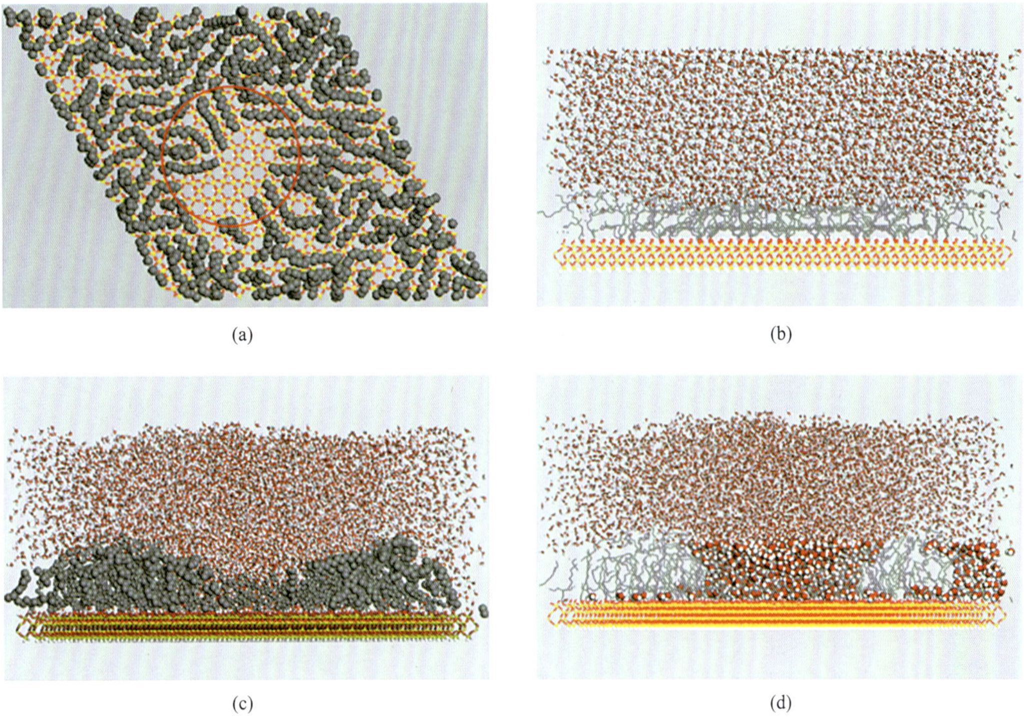

图 5.16　体系的不同结构

（a）优化后混合表面的俯视图，其中红色的圆形部分是完全亲水的表面；（b）体系的初始结构侧视图；（c）、（d）模拟的最终结构

在分子动力学模拟下，水分子能够穿透油层与固体表面接触，并将油滴剥离（图 5.16）。而与 5.2.1 部分不同的是：水通道形成初期是沿着烷烃链（即接枝到 SiO_2 表面的烷烃）渗透到 SiO_2 表面的（图 5.17），而不是在裸露玻璃上方穿透油层［即模型正中间，示意图为 5.16（a）］。此种方式表明，接枝烷烃链尽管表现亲油性质，但是与 C_{12} 烷烃所形成的油膜相比，其紧密程度要弱于纯 C_{12} 所形成的油膜；同时接枝烷烃链由于受 SiO_2 表面电荷的影响，烷烃链上的 C、H 原子均带有部分弱电荷，此种电荷增加了与 H_2O 分子之间的静电相互作用，也意味着在空间上延长了水分子与 SiO_2 表面之间的静电作用距离，此种现象有利于水分子穿透油膜与 SiO_2 表面接触。

模拟表明，吸附在混合表面上的 C_{12} 烷烃油层也是热力学不稳定体系，在没有表面活性剂存在下，理论上讲油层也是能够被剥离的，只是时间长短的问题。由于 SiO_2 表面连接有烷烃链，在疏水相互作用下，C_{12} 烷烃油滴会与烷烃链相互缠绕，并插入烷烃链之间的空隙，并不能从混合表面上被完全剥离。

根据体系总能量、氢键数目随模拟时间的变化，可以将油相被剥离的过程分为以下几个阶段（图 5.18）。第一阶段，在长程静电作用下，溶液中的水分子能够扰动有序油层［图 5.18（b）］，并穿透疏水层到达固体表面，从而形成对油滴剥离有重要影响的水通道［图 5.18（b）］，此时水分子是沿着接枝改性烷烃链缝隙渗透到固体表面的。第二阶段，水分子与硅羟基之间的强氢键，会促使更多的水分子进入扩大的水通道中［图 5.18（b）、（c）］，同时吸附在 SiO_2 表面的水分子会沿着固体表面向完全亲水表面移动［图 5.18（d）］，而油相也会向疏水部分的烷烃链迁移，最终在 SiO_2 表面形成水凝胶层［图 5.18（e）］。第三阶段，水分子占据完全亲水表面，形成大的水通道，而且烷烃分子会与 SiO_2 表面上连接的烷烃链相互缠绕，并插入烷烃链之间的空隙，导致油滴不能完全从混合表面上被剥离［图 5.18（f）］。

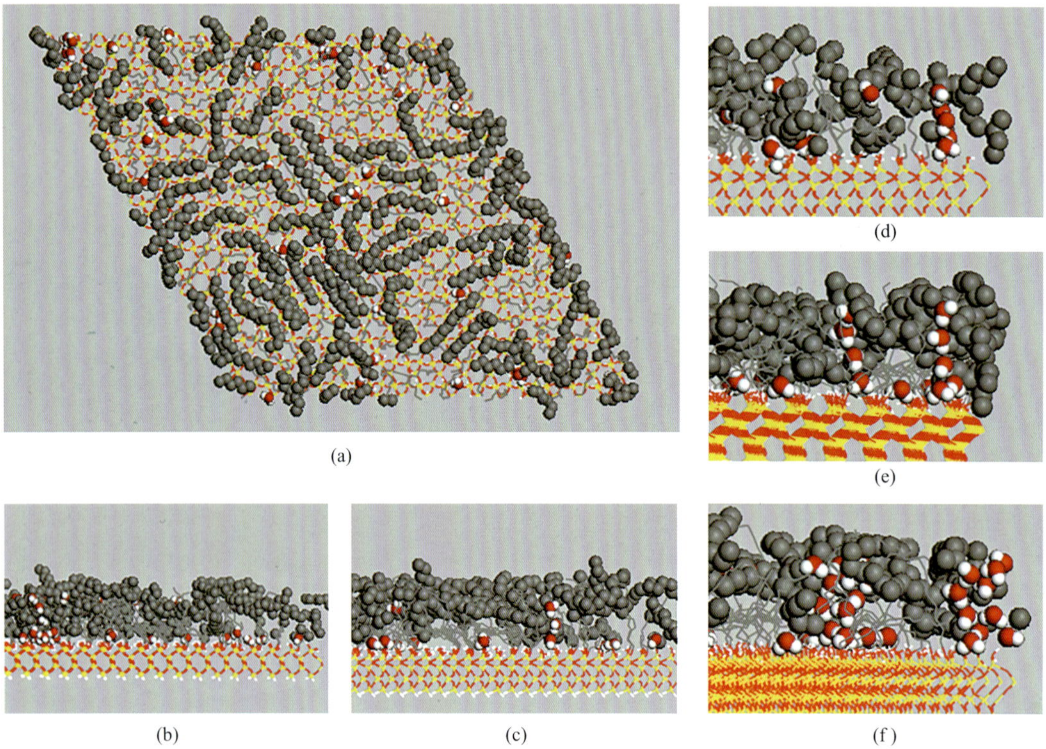

图 5.17　水通道的形成与变化

（a）40 ps 时水通道的俯视图。不同时期水通道的侧视图：（b）2 ns，（c）40 ps，（d）40 ps，（e）110 ps，（f）200 ps。其中，烷烃分子显示模式是 CPK 模式，烷烃链的显示模式是线型

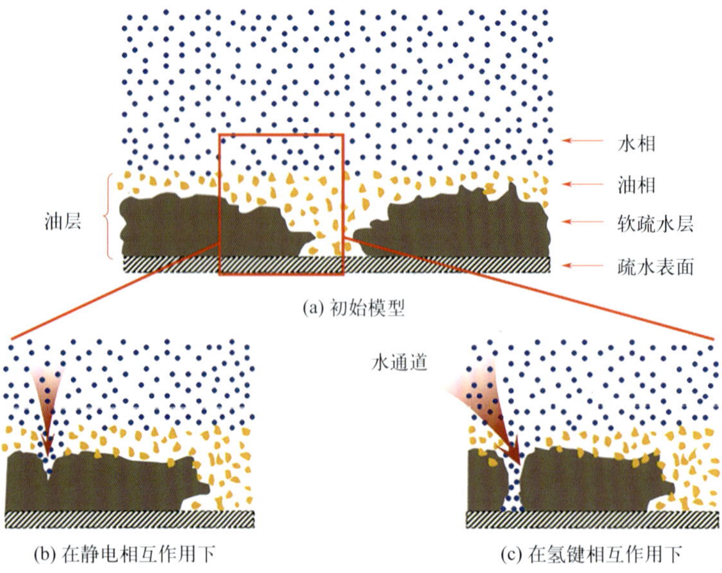

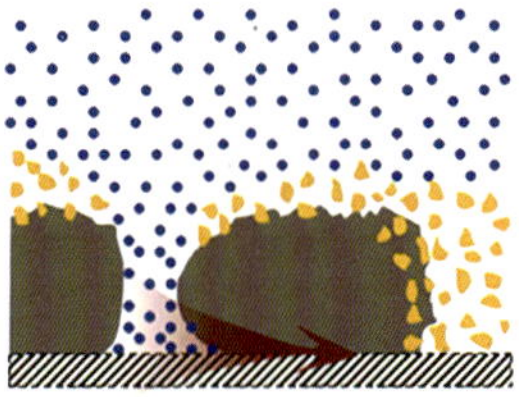

(d) 通过水扩散

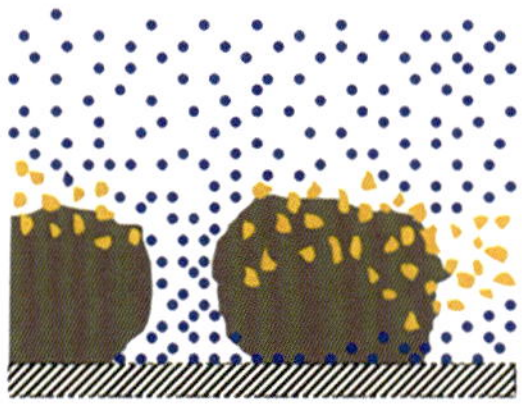

(e) 形成表面凝胶层

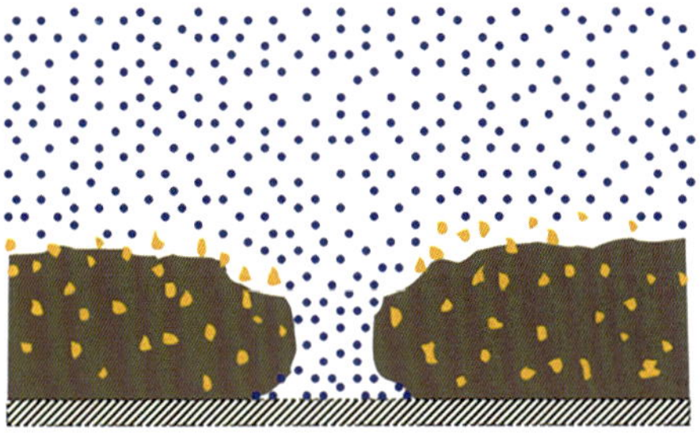

(f) 最后结果

图 5.18　水溶液中改性 SiO_2 表面上油滴剥离的示意图

5.3　表面活性剂单层膜的润湿反转

云母片在溶液中易失去钾离子而导致云母表面带负电荷，阳离子表面活性剂如十六烷基三甲基溴化铵（CTAB）等会很容易吸附于云母表面完成自组装。实验也发现，水溶液中 CTAB 在云母表面的吸附结构与其他固体表面如 SiO_2 和石墨等的吸附状态并不相同。云母表面的特殊结构是造成表面活性剂自组装结构不同的原因，也引起了广大科研工作者的浓厚兴趣。

早期实验研究表明，CTAB 浓度大于临界胶束浓度时，能够在水溶液中形成虫状胶束。实验发现，当裸露的云母片放入溶液中时，表面显正电荷的胶束能够快速吸附于带负电的云母表面，而后逐渐重组形成双层膜。尽管许多实验都研究过 CTAB 单分子膜在云母表面上的重组，但是依然很难通过实验获得分子水平上的结构变化细节。因此，本节采用分子动力学模拟在分子水平上研究了 CTAB 单分子膜在云母表面的聚集重组，阐述了云母表面上吸附单层膜是如何转换成双层结构的，希望模拟发现能为岩石表面的润湿反转提供更多微观信息（Sun et al，2018）。

5.3.1　云母表面上表面活性剂的聚集结构

自然界中，云母是一种包含两个四面体层和一个八面体层结构的层状硅酸盐。对于四面体层，主要是由硅和氧键连组成的，其中有四分之一的硅原子由铝原子替代与氧原子键连；八面体层以铝原子为中心，通过氧原子与两个四面体层相连。云母就是以两个片状结构以及片状结构中间的钾离子，形成了类似“三明治”的夹心层状硅酸盐。

模型构建时，选取云母单晶结构并扩展至 80 Å×82 Å 大小。为了得到疏水表面，云母表面整齐排列 210 个表面活性剂分子，此时亲水的云母包含两层片状结构以及使整个云母成电中性的 540 个钾离子。经过 10 ns 分子动力学模拟，云母表面吸附的表面活性剂形成疏水的单分子膜。在此基础上加入约 5 nm 厚的水层，最终模拟模型如图 5.19（a）所示。

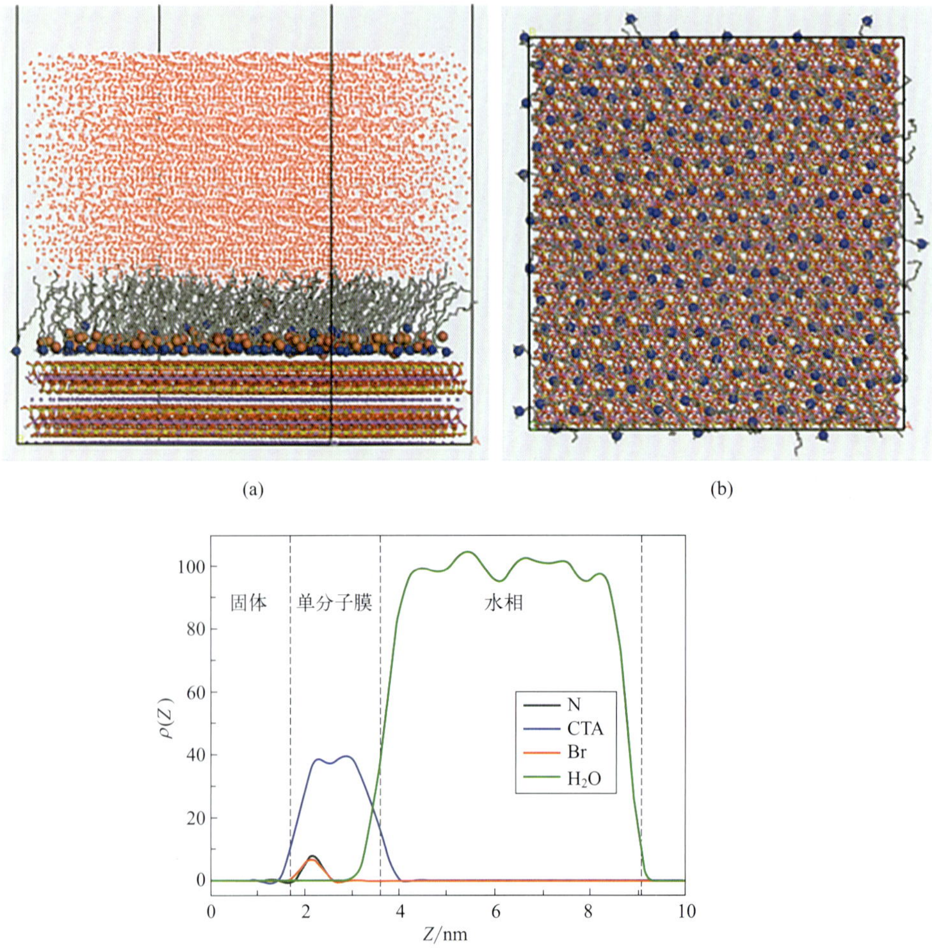

图 5.19　体系构型的初始结构（a）、优化后表面活性剂单分子膜的分布（b）和体系中各个组分的数密度分布（c）

模拟发现，经过 10 ns 的分子动力学模拟，CTAB 尾链已经发生倾斜，并使云母表面变成完全疏水表面。由于云母表面显示负电性，阳离子表面活性剂极性头吸附在云母表面，外伸的尾链形成一层疏水膜，隔离云母表面与水溶液，从图 5.19（b）中可观察到，优化后的 CTAB 单分子膜在云母表面上的分布是均匀的。数密度分布表明［图 5.19（c）］，溴离子与 CTAB 极性头的峰位置基本一致，说明溴离子围绕在 CTAB 极性头周围。由图 5.19（c）可知，表面活性剂单分子膜厚度大约为 1.9 nm。

正如前面所述，静电作用属于长程相互作用，作用范围能够达到纳米数量级。构建的模型中，CTAB 的单分子占有面积为 0.64 nm^2，体现 CTA^+ 所带电荷在云母表面的占有面积为

0.64 nm^2，而云母表面单个负电荷所占面积为 0.48 nm^2，由此可知，中和表面活性剂单分子膜所带正电荷后，云母表面仍然会带有少量的负电荷。在选择的力场下，云母表面上各类原子所带电荷分别为：铝原子为 +0.80e，氧原子为 -0.55e，与铝原子相连的氧原子为 -0.783e，硅原子为 +1.1e。模拟体系中，水分子的模型采用 SPC 模型，其中氧原子为 -0.82e，氢原子为 +0.41e。另外，CTAB 极性头上 N 原子所带电荷为 +1.22e。不同原子上具有明显差异的正负电荷，有利于彼此之间产生静电作用。模拟也发现，尽管云母表面带有负电荷，体系中仍有部分表面活性剂极性头会向水溶液移动。这一现象正是由表面活性剂极性头、水分子、溴离子，以及云母表面之间的静电作用造成的。

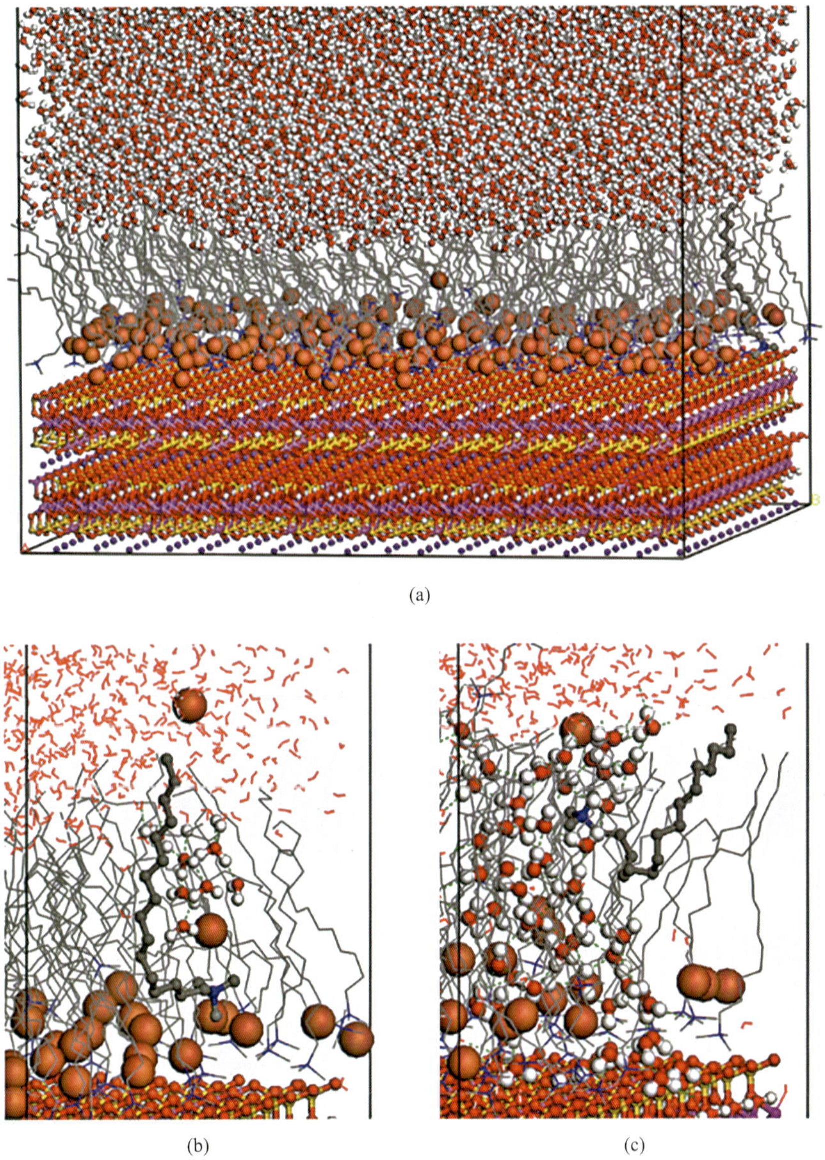

图 5.20　模拟前期表面活性剂随溴离子与水分子的变化

（a）初始时期；（b）300 ps；（c）5.8 ns

水溶液中，云母表面的负电性，一是利于阳离子表面活性剂在其表面上吸附，二是排斥溴离子穿透疏水层进入水相。而且，一旦溴离子向水相运动，在溴离子与表面活性剂极性头之间静电引力的作用下，溴离子也会带动表面活性剂极性头翻转进入水相。如图 5.20（b）、（c）所示，部分表面活性剂极性头会随着溴离子的运动开始翻转，同时，部分水分子也随着溴离子的扰动从水相进入到疏水层；5.8 ns 时，水分子穿透表面活性剂单分子膜，将水相和云母表面连通，而翻转的表面活性剂数量也明显增多。模拟表明，溴离子与表面活性剂极性头之间及其与云母表面之间的静电作用，是初始时期表面活性剂翻转的主要驱动力。

在云母表面与溴离子之间的静电斥力作用下，溴离子能够穿透疏水层进入水相；与此同时，溴离子与表面活性剂极性头之间的静电引力，使表面活性剂极性头发生翻转从而扰动单分子层，有利于部分水分子穿透并扰动单分子层，与云母表面接触。在云母表面与水分子之间的静电作用以及水分子之间的氢键作用共同影响下，越来越多的水分子穿透疏水层，在水溶液与云母表面之间形成“桥”联的水通道（图 5.21），并到达云母表面。

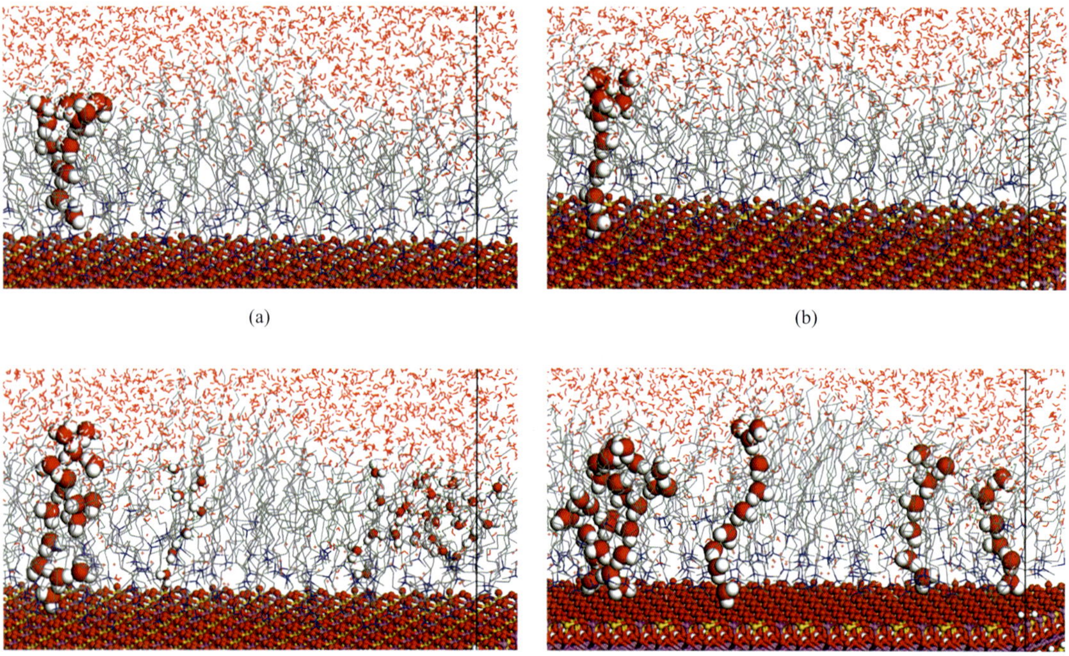

(a) (b) (c) (d)

图 5.21　水通道的形成及变化

（a）35 ps；（b）70 ps；（c）240 ps；（d）900 ps

一旦水分子穿透疏水层形成连通水溶液与云母表面的水通道，氢键的作用会促进水通道迅速扩大。这里氢键的类型主要有两种：水通道中水分子之间的氢键以及水分子与云母表面之间的氢键。前者主要促进更多的水分子进入水通道，而后者则使更多的水分子吸附在云母表面。如图 5.21 中，模拟体系在 70 ps 时形成第一个水通道，而随着模拟时间延长此水通道逐渐变大。同时在体系的其他位置也逐渐有水分子进入疏水层向云母表面靠近，到 900 ps 时，在整个模拟体系中形成了四个水通道，其中最早形成的第一个水通道直径明显变大。

随模拟时间水通道逐渐扩大，有更多的表面活性剂开始翻转。与此同时，更多的溴离子在翻转的表面活性剂极性头静电引力下向水溶液中扩散。水通道的扩大以及水溶液中越来越多的溴离子，使表面活性剂更容易翻转（如图 5.22）。

由图 5.23（a）可以看出，模拟进行 50 ns 时，持续部分表面活性剂的翻转使模拟初期的云母表面单层膜逐渐转变为双层结构。此时双层结构的厚度并不是两层表面活性剂单分子膜厚度的叠加，而是明显低于两层单分子膜的厚度，体现了双层膜中表面活性剂尾链是相互交叉的。模拟结构变化表明，表面活性剂持续不断地翻转使单分子膜逐渐转变成一个大的圆柱形聚集体［图 5.23（b）］，直至形成表面活性剂双层结构。

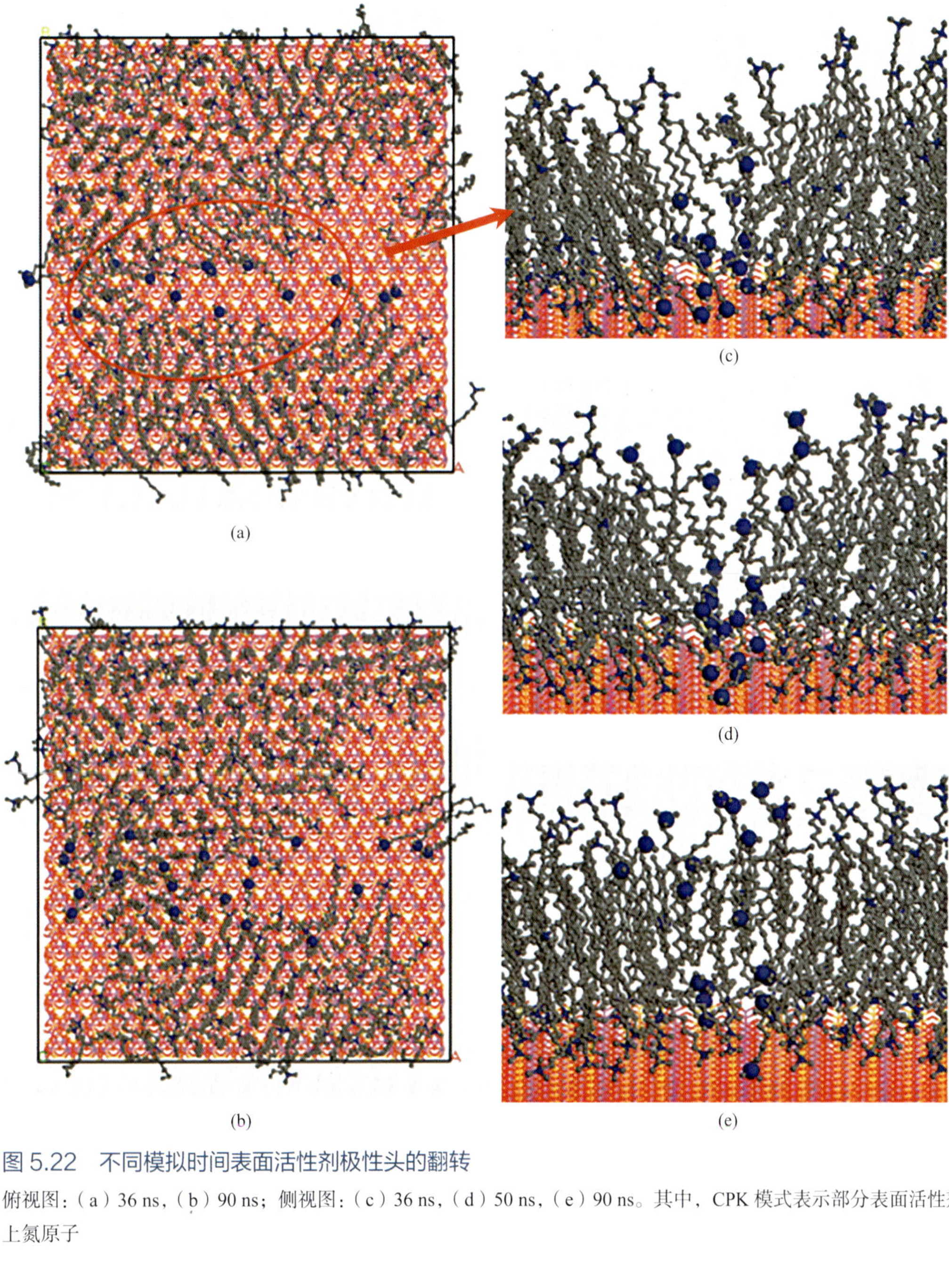

图 5.22　不同模拟时间表面活性剂极性头的翻转

俯视图：（a）36 ns，（b）90 ns；侧视图：（c）36 ns，（d）50 ns，（e）90 ns。其中，CPK 模式表示部分表面活性剂极性头上氮原子

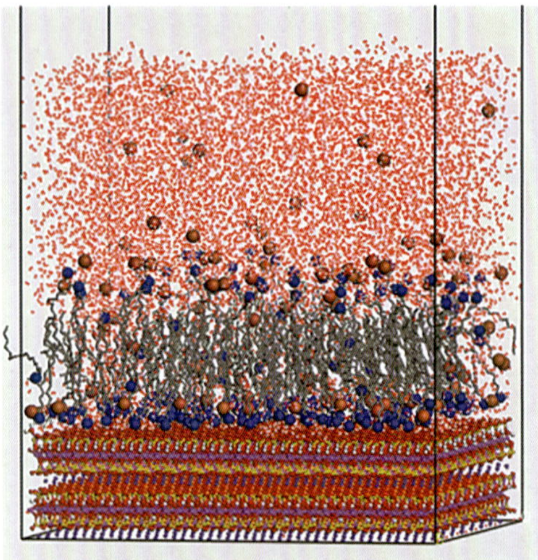

(a)

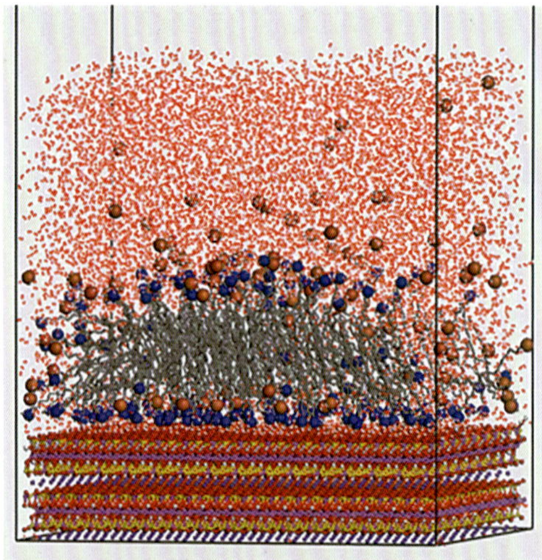

(b)

图 5.23　表面活性剂单分子膜重组的结构以及翻转的表面活性剂个数随时间的变化

（a）50 ns 时形成双层结构；（b）模拟最终结果，180 ns 时形成大的圆柱形聚集体

5.3.2　润湿反转机理

基于以上讨论，CTAB 单层膜在云母表面的吸附在热力学上是不稳定的。因此，疏水的表面活性剂单分子膜能够在水溶液中聚集重组，在云母表面发生结构翻转形成双层膜，这主要归因于静电作用下的溴离子对单层膜的扰动作用，以及在表面活性剂单层膜间所形成的水通道。

为了更直观地描述表面活性剂极性头周围粒子的概率分布，采用空间分布函数（SDF）研究了极性头周围水分子和溴离子的三维空间分布。SDF 能够更清晰地显示表面活性剂极性头周围溴离子和水分子的分布情况。图 5.24（a）、（c）、（e）中，随着模拟时间的增加，溴离子在云母表面的静电斥力下逐渐向水溶液扩散；与之相对应的，30 ps 时与紫红色的水分子分布相比，绿色的溴离子分布更靠近表面活性剂极性头［图 5.24（b）］。模拟进行到 1 ns 时，极性头周围溴离子的分布开始减少而水分子的分布开始增多［图 5.24（d）］。3 ns 时，极性头周围水分子分布于内侧，而溴离子分布于外侧［图 5.24（f）］。体现在水通道扩大的情况下，更多的溴离子会扩散进入水溶液［图 5.24（e）］，此时对表面活性剂翻转起主导作用的溴离子所表现的作用开始变弱，水分子的作用开始变强。

根据水分子与云母表面形成的氢键数目随模拟时间的变化情况，可以将 CTAB 在云母表面的重组分为三个阶段。第一阶段即模拟前 10 ns，水分子穿透疏水层与云母表面形成氢键，在氢键作用下水通道扩大，氢键数目快速增多。在此阶段少数表面活性剂翻转扰乱了单分子膜的有序结构，对表面活性剂单分子膜的聚集重组具有重要影响。为了更清楚地描述表面活性剂极性头翻转过程，我们任取一个表面活性剂分子跟踪其极性头上 N 原子，以及疏水链末端碳原子（C1）的空间位置变化，探索其在翻转过程中的结构变化［图 5.25（a）～（c）］。图 5.25（d）中极性头上 N 原子的位置主要沿着 Z 轴上升，最终在 Z 轴坐标约 4.4 nm 处波动，与表面活性剂数密度随时间的变化吻合［图 5.26（a）］；图 5.25（e）中 C 原子与图 5.25（d）中 N 原子的变化情况恰恰相反，Z 轴坐标随模拟时间增加而逐渐减小，即从初始结构远离云母表面到翻转后与云母表面的距离大大减小，与图 5.25（a）、（c）的变化吻合。在此阶段，随着水通道的逐渐扩大，表面活性剂翻转的驱动力由初始时期与溴离子之间的静电作用为主导，逐渐转变为以水分子之间的氢键作用为主导。

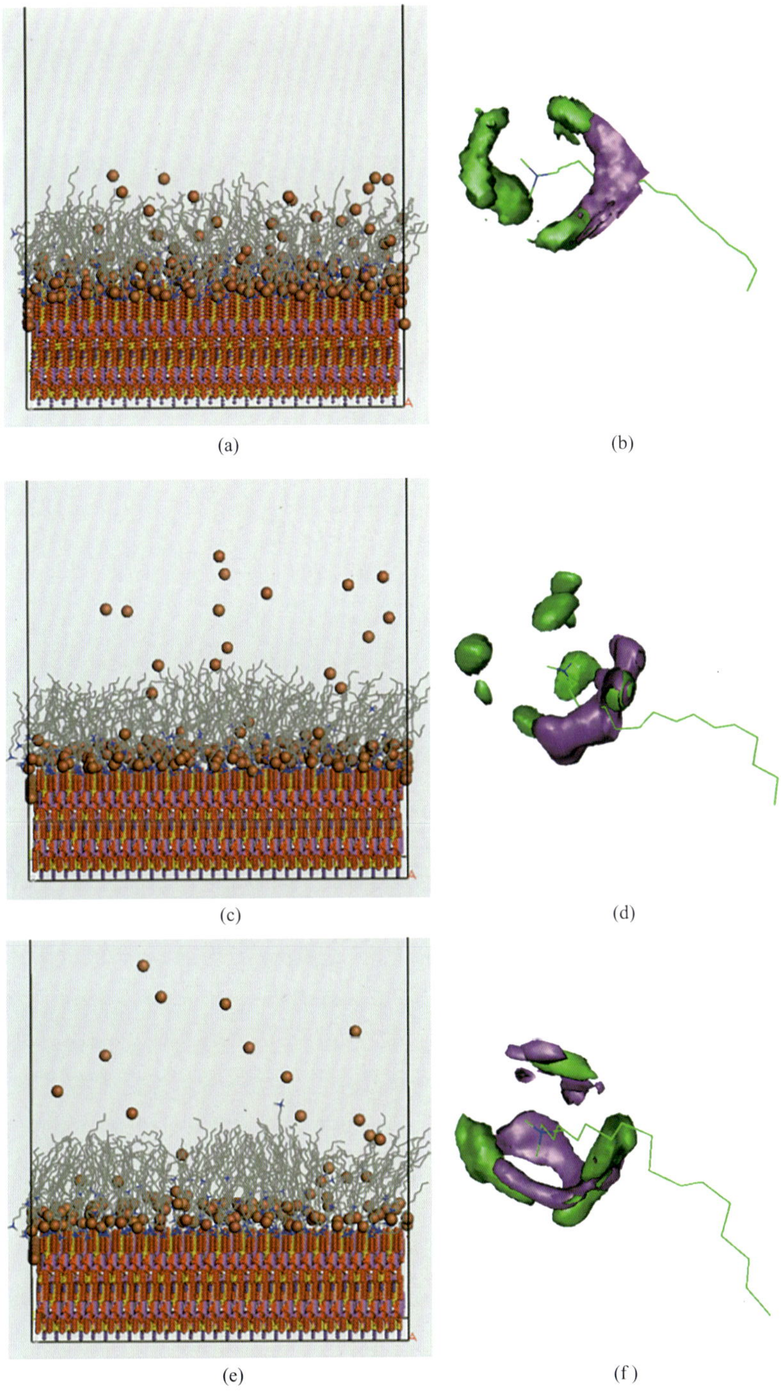

图 5.24 不同时期体系中溴离子的分布 [（a）30 ps；（c）1 ns；（e）3 ns] 以及不同时期表面活性剂极性头周围水分子与溴离子的空间分布函数 [（b）30 ps；（d）1 ns；（f）3 ns]

其中绿色表示溴离子，紫红色表示水分子

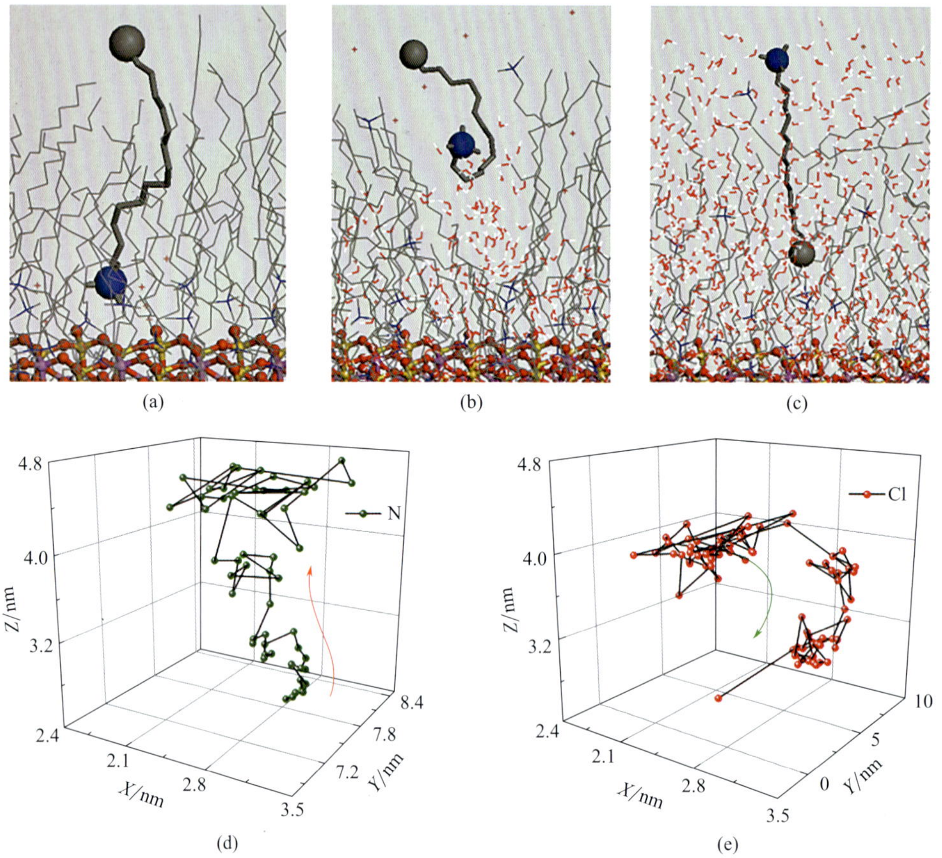

图 5.25　模拟过程中单个表面活性剂的翻转

表面活性剂不同时期的结构图：（a）初始，（b）5.8 ns，（c）8.4 ns。表面活性剂极性头上 N 原子的坐标（d）以及末端 C 原子的坐标随时间的变化（e）

与第一阶段相比，第二阶段（10 ～ 65 ns）氢键数目的增长速度开始变缓，而随着水通道的扩大，越来越多的表面活性剂极性头开始翻转（图 5.22）。此阶段中表面活性剂的翻转仍然主要依赖所形成的水通道，翻转的表面活性剂分子数目不断增多。50 ns 时，单分子膜重组为厚度约 2.2 nm 的双层结构，如图 5.23（a）所示。图 5.26（a）中表面活性剂极性头的数密度分布包含三个峰，第一个峰为云母表面吸附的表面活性剂，第二个峰表示圆柱形聚集体两端的表面活性剂极性头，第三个峰为完全翻转的表面活性剂极性头。从图中可以看出，随着时间变化，第一个峰值逐渐减小，第三个峰值逐渐增大，尤其是在 10 ～ 60 ns 时变化尤为明显。相应地，图 5.26（b）中溴离子的变化与图 5.26（a）中极性头上 N 原子的变化类似，表明大部分溴离子在整个过程中始终围绕在极性头周围。

第三阶段（65 ～ 180 ns）为氢键数目的平衡阶段。在此阶段中水分子与云母表面产生的氢键数目不再增加，而仍然有部分表面活性剂极性头翻转，但是速度明显变慢，直到形成圆柱形的聚集体［图 5.23（b）］。从图 5.26 中也可以看出这一点，N 原子数密度的分布中，第一个峰与第三个峰的变化逐渐变小，同样，溴离子的峰值变化也在减小，即表面活性剂极性头翻转的速度在变缓，直到表面活性剂单分子膜重组成大的圆柱形聚集体，是聚集体内部结构调整阶段。此时，体系总能量达到平衡，整个体系处于稳定状态。

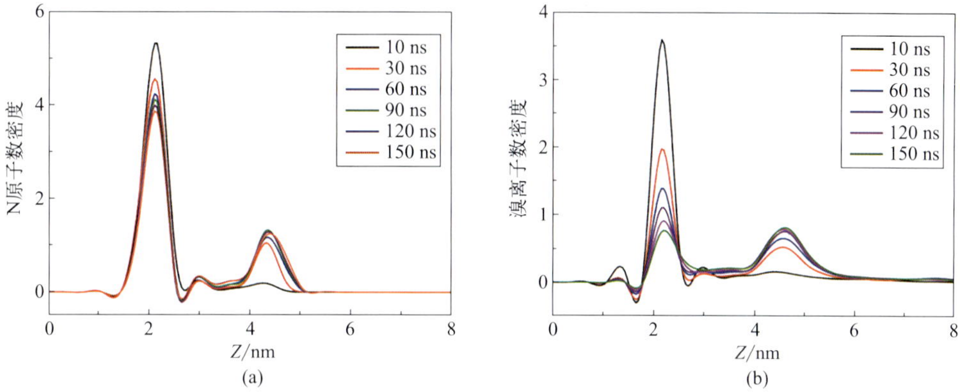

图 5.26　表面活性剂极性头上 N 原子（a）以及溴离子（b）的数密度分布随模拟时间的变化

模拟结果表明，溴离子和水分子在表面活性剂聚集重组过程中起重要作用。而在这一重组过程中，除了溴离子与云母表面、表面活性剂极性头之间的静电作用外，表面活性剂单分子膜与云母表面之间形成的水通道，则是表面活性剂聚集重组的主要原因。

5.4　纳米孔道中表面活性剂对油塞的疏解作用

表面活性剂流动体系下，固体表面润湿性改变归因于表面活性剂的表面活性。在过去几十年间，人们通常采用圆柱形的毛细管作为微观模型，构建多孔介质下的多相流体系，用以模拟采油过程中的微观情况，探讨石油驱替过程中表面活性剂对残余油的驱替行为。Tiberg 等人发现即使在表面活性剂浓度很高的情况下，表面活性剂溶液也很难主动浸入毛细管中（Tiberg et al，2000）。根据上述实验现象，Hammond 等人采用强制浸入模型，发现在外力的作用下，半月板状油滴移动速度加快，体现在表面活性剂分子在毛细管壁吸附作用下对流体动力学的影响（Hammond et al.，2009）。而 Zhang 等人利用玻璃毛细管壁研究了十二烷基硫酸钠（SDS）胶束溶液对十六烷烃油相的驱替，他们发现圆柱形液滴最终会脱离毛细管表面并形成球形液滴（Zhang H et al.，2014），根据观察结果，他们构建了相应理论模型用于评估圆柱管内不相溶液体的润湿反转速率。

常规实验研究有助于我们了解毛细管中表面活性剂溶液驱替油滴的过程，但实验技术很难从微观上深入了解原油脱离机理。此外，由于毛细管尺寸相对较小，对其进行实验测量仍具有挑战性，尤其是对纳米级直径的毛细管测量。本节我们将从分子模拟出发，构建纳米 SiO_2 管道，以模拟驱油过程中表面活性剂对油塞的驱替，从微观上探讨表面活性剂在纳米管道中的润湿反转作用（Yan et al.，2016）。

5.4.1　轻质原油在二氧化硅孔道内的结构

根据 Matsuoka 等人提出的组成比例构建轻质原油模型，包括一定比例的己烷、庚烷、辛烷、壬烷、环己烷、环庚烷、甲苯和苯等分子（Kunieda et al.，2010），同时构建二氧化硅的孔道模型（图 5.27）。孔隙长度要足够大，以便为后续的拉伸分子动力学提供足够的空间。添加羟基饱和内孔壁上裸露的硅原子，从而在内层表面形成两种硅羟基基团［$Si(OH)_2$ 和 Si—OH］，总表面密度为 7.0-OH/nm^2。

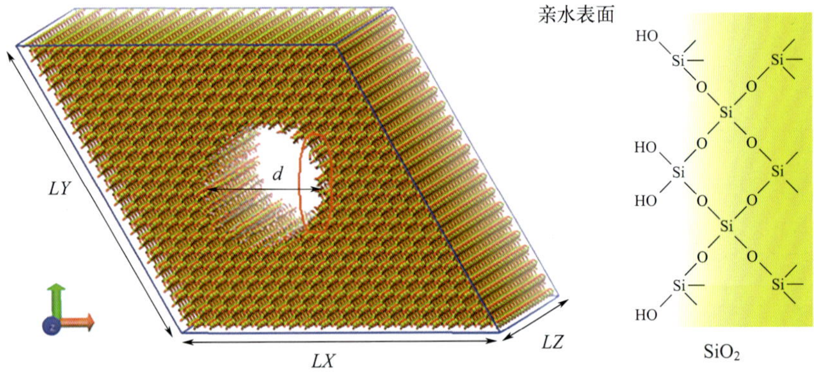

图 5.27　二氧化硅纳米孔模型（左图）和孔壁官能团示意图（右图）

左图中的坐标轴表示纳米孔在模拟盒子内相对于 *Z* 轴的方向，*d* 表示二氧化硅孔的直径

在体系Ⅰ中，油组分完全充满圆柱孔内部，然后进行平衡分子动力学模拟。体系Ⅱ是在体系Ⅰ基础上截取一段残余油后形成油塞，其余充满水分子。体系Ⅲ是在水相中再加入一定量的表面活性剂分子所形成的体系，并加入溴离子以保持体系电中性。

体系达平衡后，计算油组分中碳原子和硅羟基中氧原子的密度分布，用以表示油相和硅羟基的分布状况，如图 5.28（a）所示，为体系Ⅰ中各组分沿孔径中心轴方向（即模拟盒子的 *Z* 轴方向）的密度分布。从密度曲线上可以观察到三个明显的峰，表明纳米孔内的油组分具有分层结构。密度分布图中第一个峰的宽度约为 0.5 nm，约等于一个正烷烃分子的直径，这表明油分子在孔壁上吸附形成了单层。图 5.28（b）显示了分层结构的俯视图，为三个不同的油层，与密度剖面图中的三个峰相对应。三个峰值的强度不同，表明三个油层是由不同油组分聚集形成的。模拟也发现，外层的油组分覆盖了孔隙表面，形成了相对聚集有序的结构。而内层与外层相比存在更多的空位，这是由不同的分子取向所造成的。

用油分子末端原子连线，与孔隙轴线和分子质心连线的夹角 θ，讨论油分子在孔隙内的取向［图 5.28（c）］。模拟中计算了三种油分子的取向，包括正烷烃、环烷烃和芳香烃。以正烷烃分子为例，分子矢量以连接两个末端碳原子定义，图 5.28（c）显示了正烷烃类分子在两个确定矢量之间的取向角。需要说明的是，当 θ 值为 90° 时，相应的分子矢量与孔壁平行；如果 θ 值为 0° 或 180°，表明分子垂直于孔壁。正烷烃分子的取向概率分布见图 5.28（d）。模拟发现，正烷烃和芳香烃的分子取向倾向于平行于孔壁，与孔轴线的距离约为 1.5 nm。这意味着外层分子倾向于吸附于孔壁，而内层分子倾向于与孔壁呈一定的角度。环烷烃在孔隙内并没有优先取向，吸附在孔壁上的油组分有序性强是油相被脱附的关键所在。

5.4.2　残余油在二氧化硅孔道内的结构

根据分子动力学模拟轨迹，可以通过监测油塞厚度随时间的变化来确定体系是否达到平衡。经过分子动力学模拟后，体系Ⅱ和体系Ⅲ中以油塞表示的油滴并没有发生迁移

（图 5.29）。这期间，CTAB 分子的疏水链插入到油相，而亲水头基则停留在油水界面。

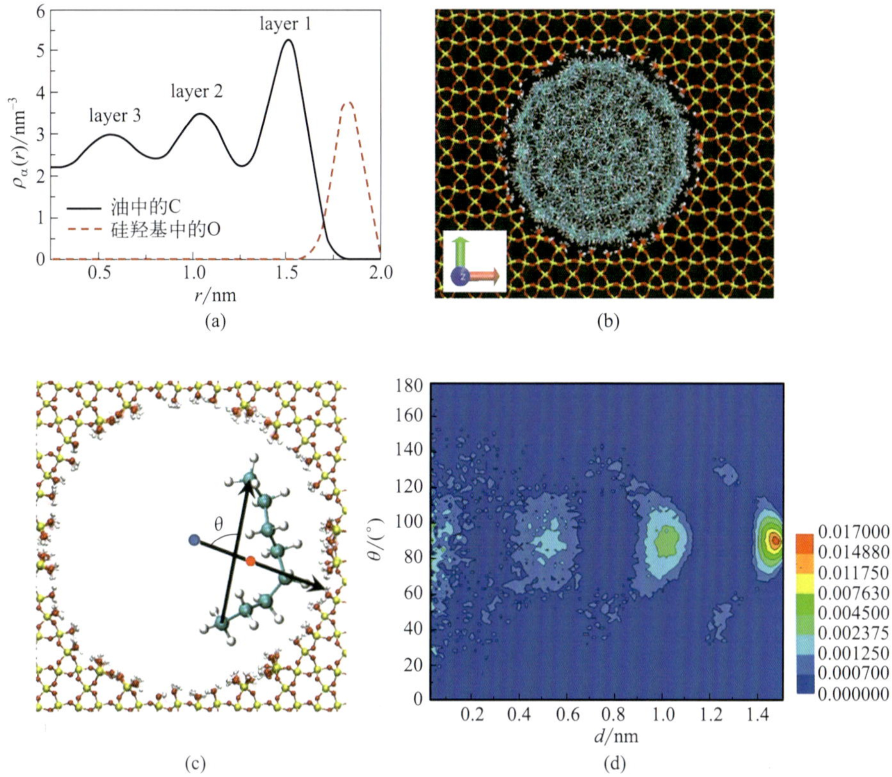

图 5.28 相对于孔道中心轴的径向数密度分布（a），油分子在孔道内的结构图（b），分子倾向角的示意图（c）和分子倾向的分布概率（d）

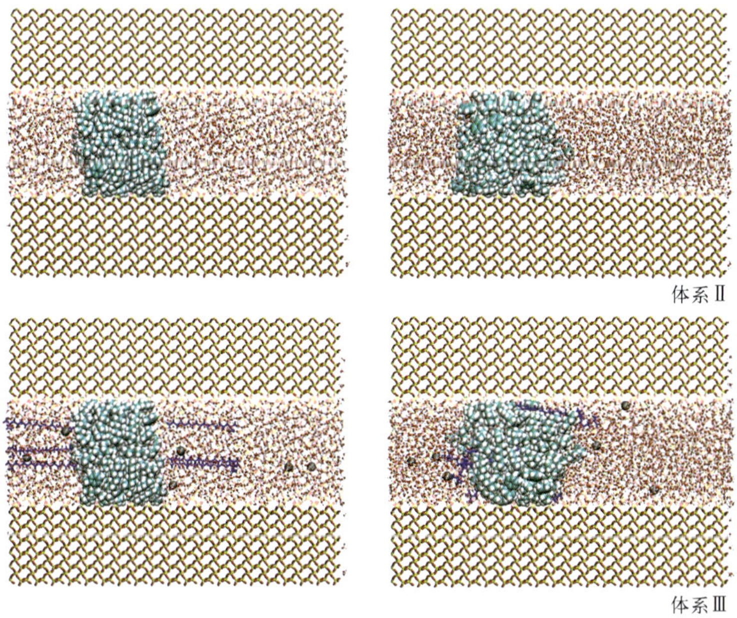

图 5.29 体系Ⅱ和Ⅲ的模拟初始（左）和最终构型（右）

油组分沿孔壁径向的数密度分布表明，残余油滴仍然存在分层结构。不过，三个密度峰相较于图 5.28（a）的强度明显降低，尤其是含有 CTAB 的体系Ⅲ。这表明在驱替液填充孔隙后，残余油滴中的分层结构发生了改变。在不含 CTAB 的体系中，水分子分布在油滴和孔隙表面之间。图 5.30（a）显示，水分子移动到油聚集体附近并形成水通道。有趣的是，水通道主要是在带有 $Si(OH)_2$ 基团的表面形成，而且水通道是随着油组分的移动逐渐形成的，这就为更多的水分子沿着 SiO_2 表面进入固液缝隙提供了便利。我们认为，水分子与不同密度羟基间有着不同强度的相互作用，促进了水通道的形成。很明显，$Si(OH)_2$ 基团与水分子之间的相互作用要强于 Si—OH 基团与水分子之间的相互作用。

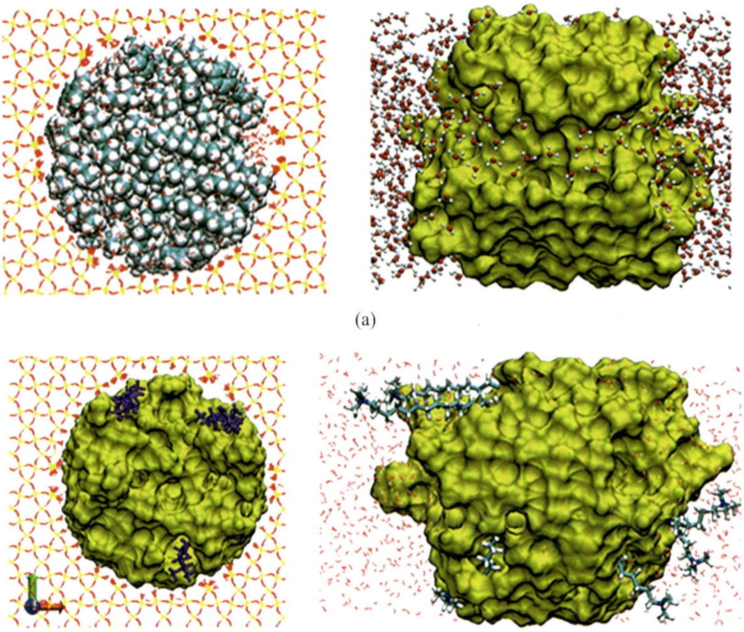

(a)

(b)

图 5.30　体系Ⅱ和Ⅲ的局部构型图

图 5.30（b）显示，在表面活性剂烷基链与油组分之间的相互作用下，CTAB 进入了油相的不同聚集层。如果 CTAB 吸附到二氧化硅表面，水分子聚集在 CTAB 的极性头周围，油相和二氧化硅表面之间就会更容易形成水通道。随着表面活性剂的烷基链进入油层，油分子的排列发生了改变。此外，由于表面活性剂溶解到液滴中，油柱的厚度比没有表面活性剂时有所增加。因此，可以得出结论，在改变吸附在孔壁上的油滴的微观结构方面，表面活性剂溶液比纯水更有效。我们也注意到，虽然在有、无表面活性剂的两个模拟体系中，油相结构都发生了改变，但油滴仍未从 SiO_2 表面被剥离，可能缺少的就是驱动外力。根据正烷烃分子相对于孔隙表面的取向角，表明吸附在孔壁上的烷烃分子仍然倾向于吸附在孔壁。为了进一步模拟油滴从 SiO_2 表面脱离的过程，随后我们进行了拉伸分子动力学模拟。

5.4.3　流动外力对油滴剥离的影响

在拉伸分子动力学模拟中，对油滴施加外力以模拟采油过程中来自驱替液的驱动力。模拟中，通过拉动油滴的质心，模拟油滴沿着二氧化硅孔隙移动。为了说明油滴在孔隙内的移动情况，计算了油滴的质心与不动参照物之间的距离随时间的变化情况。从中发现，在最初约 300 ps 期间，外力迅速增加，随后一段时间维持平衡。

根据拉伸分子动力学模拟轨迹，我们发现在约 300 ps 时，外层的油相会开始脱离孔隙表面。此时，需要克服油相与孔壁表面之间的吸附作用力。随着吸附在孔壁上的油组分逐渐减少，拉动油滴所需的外力也随之减少，直到整个油滴沿着孔隙被拉动约 3.5 nm，此时 SMD 模拟结束，油滴被认为完全脱离了二氧化硅孔隙（变化图形参照图 5.31），但是孔壁上还残留着一些油分子。对于含有 CTAB 的体系，SMD 模拟也有类似的观察结果。

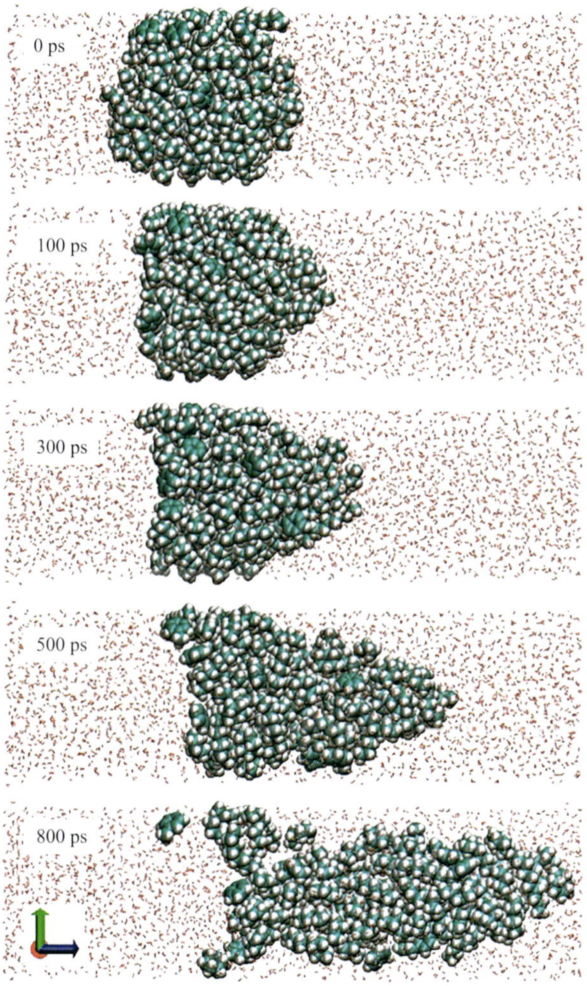

图 5.31　体系 Ⅱ 的拉伸模拟中不同时间的构型图

此外，还研究了不同拉动速率（即 0.0025 nm/ps、0.01 nm/ps 和 0.025 nm/ps）下油滴脱离过程。我们注意到在每一个拉动速率下，结构变化的顺序都是相同的，外力的变化趋势也类似，施加的最大外力与结构变化有关。因此，在一定范围内使用的拉动速率不会影响 SMD 模拟结论。需要指出的是，这里使用有偏采样 MD 模拟是为了实现一种特殊现象，即油滴沿孔隙迁移，而传统 MD 方法很难做到这一点。

根据 SMD 轨迹，可以更详细地了解表面活性剂影响油滴从二氧化硅表面的脱离过程，在此我们重点研究了 CTAB 分子插入油层区域时的结构变化。图 5.32（a）显示了体系Ⅲ在 SMD 模拟 300 ps 时的构型。如上所述，外层的油组分在大约 300 ps 时开始脱离孔隙表面。从图中可以看出，水分子会聚集在表面活性剂极性头周围，在固油界面形成水通道，这归因于 CTAB 的极性头与水分子之间的强相互作用。当油滴沿着孔隙移动时，水通道扩大，会促进油组分从孔壁脱离［图 5.32（b）］。我们也注意到在无 CTAB 的体系中，水通道也是存在的，但是水通道并没有随着液滴的移动而扩大，相反，由于孔壁吸附了油组分，水通道反而变小了。显然，有、无表面活性剂对纳米孔隙内所出现的水通道大小有明显影响。

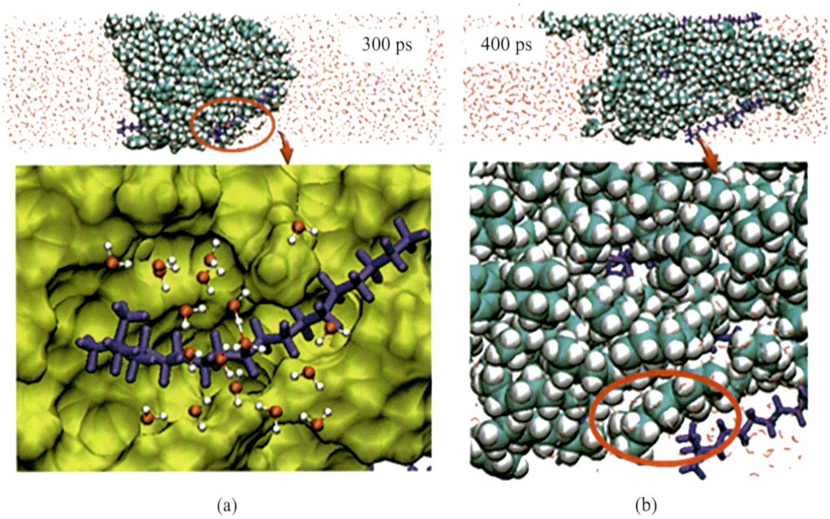

图 5.32 分子动力学模拟中 300 ps 和 400 ps 时水通道的构型图

5.4.4 油塞移动过程中的热力学特性

采用伞状取样法计算了二氧化硅孔隙内油组分脱离过程的均力势（PMF）。图 5.33 显示了体系Ⅱ和体系Ⅲ中在多个拉动速率下油滴脱离孔隙的 PMF 曲线。图 5.33 表明，含有 CTAB 的体系自由能变化始终小于不含表面活性剂的体系。虽然不同拉动速率下 PMF 曲线之间存在一定差异，但能量变化的总体趋势是一致的，即在反应坐标的起始阶段（体系Ⅱ 和体系Ⅲ 的最初 0.75 nm 和 1.50 nm），能量曲线缓慢增长。在这一阶段，油滴对孔壁的吸附作用和碳氢化合物分子间的色散作用是自由能的主要来源，也表明当外力较小时，油滴倾向于保持其在孔内的位置，外力无法抵消油滴与孔壁之间的相互作用。因此，需要额外的能量才能使油滴迁移，这就产生了两种体系中的 ΔG 增量。ΔG 的总体正值表明油滴沿孔隙移动的过程是非自发的。

在随后的阶段，能量快速增大。根据液滴的迁移距离和外层的碳原子数变化，我们认为液滴外层的油组分在外力作用下会在某个瞬间脱离孔壁。在含有 CTAB 的体系中，表面活性剂分子头基周围形成的水通道会在二氧化硅表面扩展，导致孔隙表面的润湿性改变，促进了油相脱离，这使得外力很容易克服液滴与孔壁之间的相互作用。因此，在表面活性剂溶液中，油滴脱落和迁移所需的额外能量较少。可以得出结论，与水溶液相比，表面活性剂溶液会促进油相的剥离。因此，为了提高采油效率，必须合理选择表面活性剂，体现其对纳米通道润湿反转的影响，这有助于降低固油界面张力，促进油滴在纳米孔道中的运移。

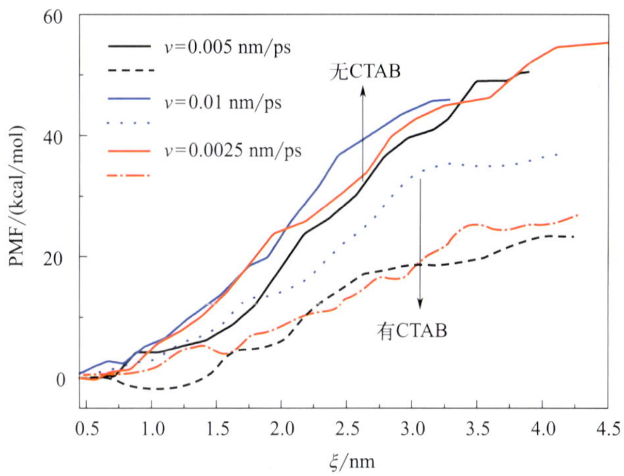

图 5.33　均力势随油滴质心移动距离的变化曲线

5.5　模拟操作案例

5.5.1　二氧化硅表面的润湿反转

操作软件：Gromacs、VMD、Materials Studio。

知识要点或性质分析：数密度分析、微观动力学分析。

运用分子动力学模拟，观察表面活性剂水溶液中，烷烃油相在固体表面的微观构象变化，证明表面活性剂有助于固体表面润湿反转，促进固体表面从亲油表面变成亲水表面。

具体步骤如下：

（1）力场参数和结构文件

Gromacs 程序运行需要结构和力场参数文件。力场形式不同（如 Amber、GROMOS、Charmm、OPLS 等），力场参数文件的构建或者获取方式也有所不同。现有多种 Gromacs 拓扑文件产生工具可供选择。本实验中采用的力场为应用广泛、性能可靠的 GROMOS 54A7 力场。

首先获取所需要的结构文件。对于表面羟基化的 SiO_2 的结构可以通过 Materials Studio（MS）构建。首先打开 MS 软件，从菜单栏中点击 File | Import，在弹出的 Import Document 对话框中选择 Structures 文件夹，从文件夹内的 metal-oxides 中选择 SiO2 _quartz.msi。然后从菜单栏中点击 Build | Symmetry | Supercell，弹出构建超晶胞的对话框，我们将 SiO_2 的基底在 X、Y 方向扩大 16 倍，即将 A、B、C 分别设置为 16、16、1，点击 Creat Supercell。为了

得到表面羟基化的 SiO_2 板，选择 0 0 1 晶面，点击 Build 栏中的 Surfaces|Cleave surface，调整晶面的位置和厚度，如图 5.34，点击 Cleave ，随后点击自动加氢按钮，记下此时基底的宽度与长度，即 Length A 和 Length B 均为 78.61 Å。最后构建真空层，导出为 pdb 文件，至此得到了表面羟基化的 SiO_2 表面。随后导出 SiO_2 的 pdb 文件，将其放置在 Gromacs 主目录 /share/top/gromacs54a7.ff/ 的文件夹内，并且新建一个 n2t 文件，内容如图 5.35 所示。在该文件夹下运行命令：

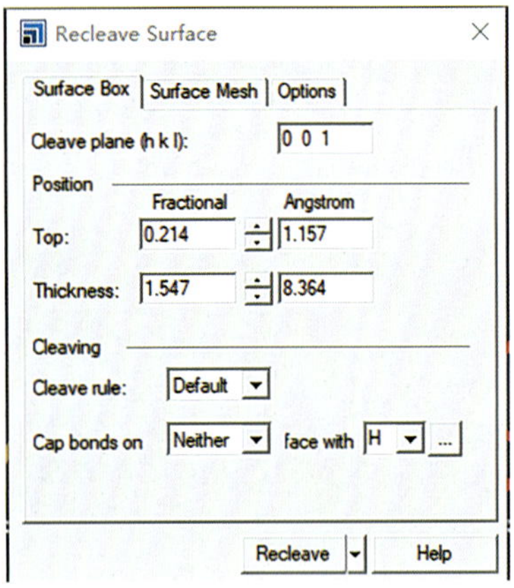

图 5.34 Recleave Surface 对话框

```
>>gmx x2top -f sio2.pdb -o sio2.top -ff select
```

选择力场 14，得到了一个原始的 SiO_2 拓扑文件。删除 top 文件的最后几行内容，并将其命名为 sio2.itp。相应 SiO_2 板的 pdb 文件和 itp 文件可以扫描二维码获取。

随后登陆 ATB 网站，在 Existing Molecules 栏目中以正十二烷的化学式进行搜索，在搜索结果中选择 Moild 号为 3249 的分子，在 Molecular Dynamics Files 标签下，下载 Gromacs G54A7FF United-Atom（ITP file）和 United-Atom PDB（optimized geometry）两个文件，分别命名为 c12.itp 和 c12.pdb。用同样的方法下载十六烷基三甲基铵根离子（$C_{19}H_{42}N^+$）的相应文件，保存为 ctac.itp 和 ctac.pdb。

```
Si SI1  0.31 28.0855 4 O 0.1609 O 0.1609 O 0.1609 O 0.1609
O OX1 -0.71 15.9994 2 Si 0.1609 Si 0.1609
O OX1 -0.71 15.9994 2 Si 0.1609 H 0.111
O OX1 -0.71 15.9994 1 Si 0.1609
H   H  0.40  1.008  1 O 0.111
```

图 5.35 n2t 文件示例

（2）疏水 SiO_2 表面的构建

利用上一步得到的正十二烷和 SiO_2 板的分子结构坐标文件来构建疏水二氧化硅表面。首先给 SiO_2 板加一个模拟盒子，执行命令：

```
>>gmx editconf -f sio2.pdb -bt triclinic -angles 90 90 120 -box 7.8608 7.8608 14 -o si1.pdb
```

随后在盒子中随机插入 270 个十二烷分子：

```
>>gmx insert-molecules -f si1.pdb -ci c12.pdb -nmol 270 -o si2.pdb
```

准备动力学计算参数文件和体系的拓扑文件 em.mdp、nvt.mdp 和 topol.top，需要注意的是，我们需要在 mdp 文件中将 SiO_2 板固定。

能量最小化：

```
>>gmx grompp -f em.mdp -c sio2.pdb -p topol.top -o mini.tpr -maxwarn 3
>>gmx mdrun -nt 16 -v -s mini.tpr -deffnm mini
```

10 ns *NVT* 系综模拟：

```
>>gmx grompp -f nvt.mdp -c mini.gro -p topol.top -o nvt.tpr -maxwarn 3
>>gmx mdrun -nt 16 -v -s nvt.tpr -deffnm nvt
```

动力学模拟完成之后，我们得到了体系的平衡动力学轨迹，通过轨迹处理命令 trjconv 提取烷烃分子的运动轨迹。

```
>>gmx trjconv -f nvt.xtc -s nvt.tpr -center -pbc mol -ur tric -dt 1000
-o nvt_1.xtc
```

然后选择 0 组，导出整个体系的轨迹文件，使用 VMD 软件载入。需要注意的是，较新版本的 Gromacs 输出的轨迹文件会把所有原子排列成长方体的形状，方便查看，计算过程中的盒子和看到的长方体不一样。如果要把原子全部放到盒子中，需要在 VMD 的命令行窗口中执行 pbc wrap 命令，随后输入 mol bondscrecalc all；topo retypebonds，此时会对当前帧所有体系所有原子重新判断成键。

图 5.36 为模拟运行结束时的系统快照。通过观察轨迹，可以发现亲水性二氧化硅表面会因为烷烃的吸附而变成疏水性表面。

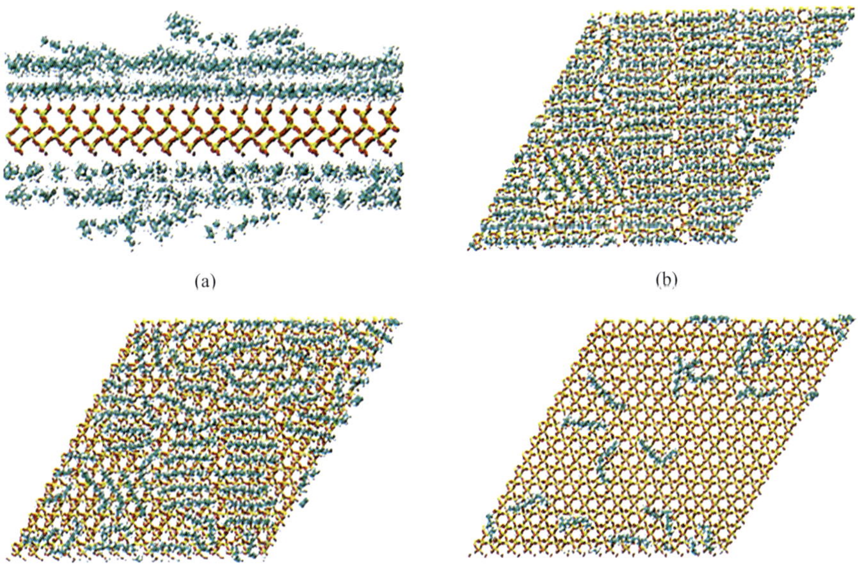

(a) (b) (c) (d)

图 5.36 模拟运行结束时系统的快照

十二烷烃在二氧化硅表面的排列方式可以由其沿 *Z* 轴的密度分布表征，通过 Gromacs 分析工具 gmx density 计算：

```
>>gmx density -f nvt.xtc -s nvt.tpr -ng 1 -d Z -sl 200 -b 5000 -o density_c12.xvg -dens number
```

上述命令中，选择 group 3，计算得到 C_{12} 分子沿 Z 轴的密度分布数据并保存在 density_c12.xvg 文件中，使用 Origin 软件，绘制曲线如图 5.37。

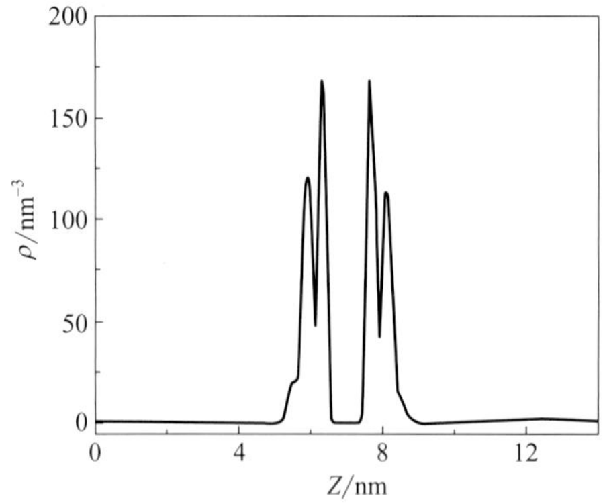

图 5.37　平衡时刻正十二烷分子沿 Z 轴的密度分布

（3）油滴从固体基质表面分离过程的动力学

取出上一步的体系的最后一帧构象命名为 sio2 _c12.pdb，在其两侧加入 CTAC 溶液：

```
>>gmx editconf -f sio2_c12.pdb -bt triclinic -angles 90 90 120 -box 7.8608 7.8608 8 -o box.pdb
>>gmx insert-molecules -f box.pdb -ci ctac.pdb -nmol 35 -o box_ctac.pdb
>>gmx solvate -cp box_ctac.pdb -cs spc216.gro -o box_sol.pdb
```

由于 CTAC 是一种阳离子表面活性剂，因此需要在体系中加入相应的阴离子来使整个体系保持电中性。需要准备相应的动力学计算参数文件和体系拓扑文件 em.mdp 和 topol.top，前者 mdp 文件中参数设置同上，后者在最后三行分别指定新加入各组分的分子数，具体参数可以参考上一部分的模拟。

```
>>gmx grompp -f em.mdp -c box_sol.pdb -p topol.top -o ion.tpr -maxwarn 2
>>gmx genion -s ion.tpr -np 35 -pname CL -o boxion.pdb
```

加入离子后，同步更新 top 文件。随后对构建的体系进行能量最小化，来消除体系中可能存在的构象重叠，然后进行分子动力学模拟。本实验是在 *NVT* 系综下运行 100 ns 的动力学模拟。

能量最小化：

```
>>gmx grompp -f em.mdp -c boxion.pdb -p topol.top -o mini1.tpr -maxwarn 3
>>gmx mdrun -nt 16 -v -s mini1.tpr -deffnm mini1
```

分子动力学模拟：

```
>>gmx grompp -f nvt1.mdp -c mini1.gro -p topol.top -o nvt1.tpr -maxwarn 3
>>gmx mdrun -nt 16 -v -s nvt1.tpr -deffnm nvt1
```

（4）动力学结果分析

由于我们关心的是在 CTAC 溶液中油滴从固体基质被剥离的过程，因此首先可以提取整个体系的运动轨迹。

```
>>gmx trjconv -f nvt1.xtc -s nvt1.tpr -center -pbc mol -ur tric -dt 1000
-o nvt_1.xtc
```

选择 group 0，导出整个体系的轨迹文件，使用 VMD 软件载入。通过一系列的 VMD 显示操作，可以清楚地观察到，在初始模型模拟中，表面上约有 2 nm 的烷基层，SiO_2 表面没有水［图 5.38（a）］，在 CTAC 溶液存在的情况下，最终烷烃会从亲水 SiO_2 表面脱离出来［图 5.38（b）］。

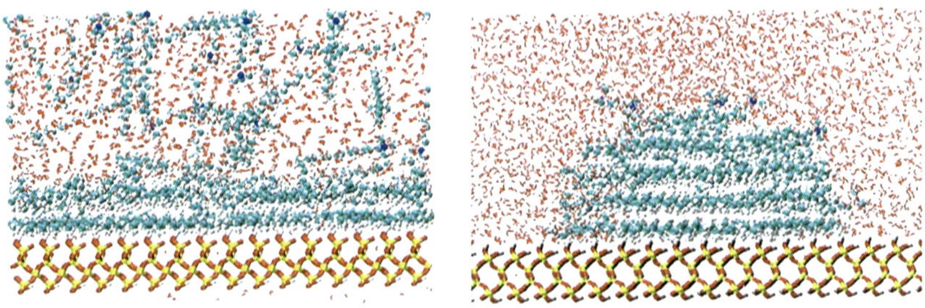

(a)　　　　(b)

图 5.38　模拟运行开始和结束时系统的快照

同时通过 Gromacs 分析工具 gmx density 计算：

```
>>gmx density -f nvt1.xtc -s nvt1.tpr -ng 2 -d Z -sl 200 -b 5000 -e 6000
-dt 100 -o density.xvg -dens number
```

然后选择正十二烷和水作分组处理，分别改变 -b 和 -e 值，从而得到不同时间段油组分和水分子在 *Z* 轴上的密度分布（图 5.39）。

根据图 5.40 以及运动的轨迹，能够发现表面活性剂和水分子在与烷基分子接触后，疏水相互作用和静电相互作用驱动烷烃分子分离。在模拟模型中，亲水表面构建了 2 nm 左右的烷烃分子油层，它刚好也在静电相互作用的范围内。因此我们认为，表面活性剂分子的长链会在疏水相互作用下扰乱烷烃分子的聚集，尤其是最上层的烷烃。与此同时，水分子在长程静电相互作用下，扰乱了下层烷烃分子的有序性。最终，一些水分子将进入烷烃分子和 SiO_2 表面的间隙，这样在水溶液和 SiO_2 表面间通过油层形成了一个个水通道。随后，在氢键相互作用下油滴从 SiO_2 表面被剥离，此时水通道会随时间的增加逐渐变宽。更详细的信息读者可在 VMD 软件中观察到。

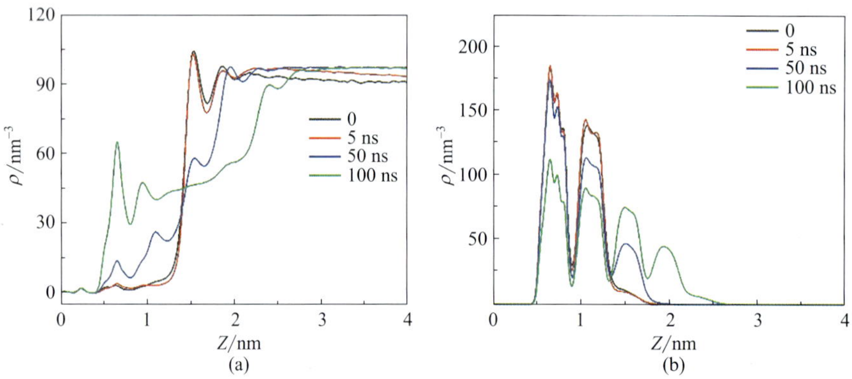

图 5.39 水（a）和正十二烷（b）沿 Z 轴的数密度分布随时间的演化

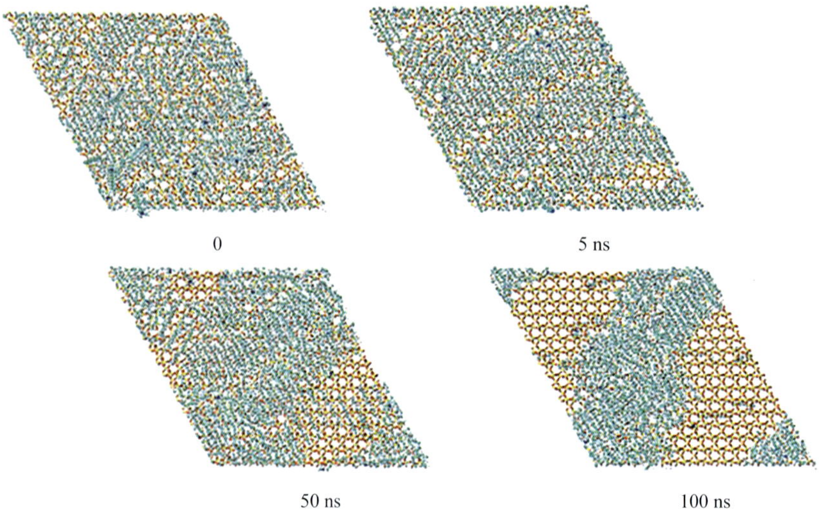

图 5.40 CTAC 溶液将油滴从固体基质中驱离的过程快照

5.5.2 纳米孔道内表面活性剂对油塞的疏解

操作软件：Materials Studio、Gromacs、VMD。

知识要点或性质分析：纳米孔道的构建、图形展示。

本实验以阳离子表面活性剂十六烷基氯化铵（CTAC）为例，使用分子动力学模拟其对纳米孔道内油塞的疏解过程，并使用拉伸分子动力学方法模拟油塞的迁移。

具体步骤如下：

（1）构建 SiO_2 孔道的结构

① 构建纳米孔道模型

启动 Materials Studio 并新建 project 之后，导入二氧化硅石英结构：File—Import—\Structures \metal-oxides\SiO2_quartz.msi。

切晶体结构的（100）面：Build —Surfaces—Cleave Surface。

Cleave plane（h k l）：输入 1 0 0，点击 Cleave 后，产生 SiO2_quartz（1 0 0）.xsd 文档并自动打开，调整 Thickness 至 60.188 Angstrom。

创建超胞：Build—Symmetry—Supercell。U、V 分别设置为 12 和 11，点击 Create Supercell。

构建晶体：Build—Crystals—Build Vacuum Slab…。Build Vacuum Slab Crystal 对话框中，将 Vacuum thickness 改为 0，点击 Build，警告窗口点击 Yes 忽略。得到长方体模拟盒子如图 5.41 所示，尺寸为 58.956 Å×59.457 Å×59.567 Å。

在产生的 SiO_2 晶体结构中切出直径约为 30 Å 的孔道。使用鼠标框选位于矩形盒子最中间的一行硅原子，以其为中心选择 15 Å 以内的原子：Edit— Atom Selection。

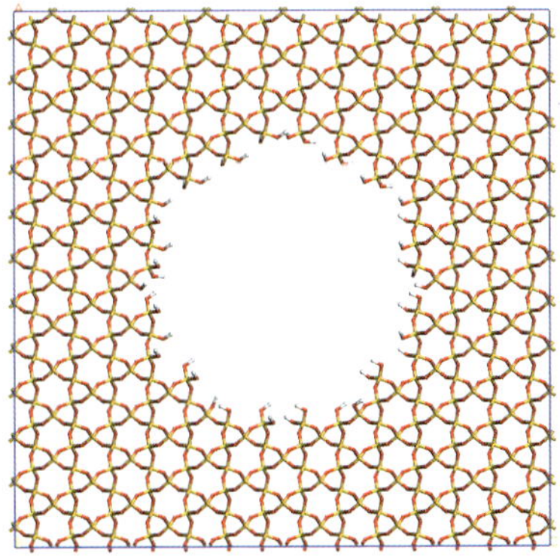

图 5.41　带纳米微孔的 SiO_2 超晶胞

Atom Selection 对话框中将 Select by Property 改为 Radial Distance，within 设置 15 Å，点击 Select；Select by Property 改为 Element，Is 后面下拉框选择 Si，将 Selection mode 改为 Select from the existing selection，点击 Select。按 delete 键删除所选中的 Si 原子。将 Property 改为 Bond Count，条件为 Equal to O，selction mode 改回第一个选择并删除孔道内所有未成键的 O 原子。

为孔道内裸露的 O 原子添加 H 原子：Modify—Adjust Hydrogen。得到如图 5.41 的纳米孔道结构，其中内壁上的硅原子用 1 或 2 个硅羟基饱和。

② 导出固体结构

根据文献报道，硅羟基三个原子的电荷为 Si：+0.31e，O：-0.71e，H：+0.41e。打开 Charges 对话框：Modify—Charges—Edit。

选中所有 H 原子，Set all charges to 设置为 0.41，点击 Assign。以选中的 H 为中心，使用上述 Atom Selection 方法，依次选择 within 2.5 Å 以内的 O 和 Si 原子，分别 Set all charges to-0.71 和 0.31。赋值完成后，整个固体带负电 -45.57，所以仍需给 147 个 Si 原子赋值电荷才能保持整体电中性，这一步骤将在后续处理力场文件时完成。保存成 SiO2.car 文件：File— Export，保存类型选择 Insight Ⅱ Molecule Files（*.car，*.cor）。

导出固体结构：Build—Symmetry—Nonperiodic Superstructure。该操作用于去除周期边界条件。注意观察整个固体在原周期边界处有未与孔道固体键连的 OH 基团或者单个氧原子，这是因为去掉周期边界条件所致。将这些未与主体连接的羟基或者氧原子删除，导出孔道的结构 SiO2.pdb：File—Export，保存类型选择 Protein Data Bank Files（*.pdb，*.ent）。

（2）力场参数

使用 Gromacs 的 x2top 工具产生 SiO_2 孔道的力场参数文件。在 Gromacs 安装路径中 OPLS 力场参数文件夹下（～\gmx2023.2\gmx\share\gromacs\top\oplsaa.ff），创建 atomname2type.n2t 文件，其内容是定义的 SiO_2 固体中所有原子类型共 8 种，如下所示：

```
1 SI      SI        0.000 28.0800  4    O  0.155    O 0.155    O 0.155    O 0.155
2 SI      SI        0.000 28.0800  3    O  0.155    O 0.155    O 0.155
3 SI      SI        0.000 28.0800  2    O  0.155    O 0.155
4 SI      SI        0.000 28.0800  1    O  0.155
5 O    opls_187     0.000 15.9994  2    SI 0.155    H 0.111
6 O    opls_187     0.000 15.9994  2    SI 0.155   SI 0.155
7 O    opls_187     0.000 15.9994  1    SI 0.155
8 H    opls_188     0.000   1.008  1    O  0.095
9
```

第一至五列分别是原子名称、OPLS 力场原子类型、电荷、原子量、成键原子个数。例如第一行 Si 原子，其力场原子类型自定义为 SI，这类硅原子连接 4 个原子。数字 4 后面所列为与 Si 相连的 4 个原子及 Si—O 距离 0.155 nm。第五行是连接 Si 和 H 的 O 原子，也就是硅羟基中的 O 原子，它在 OPLS 力场中原子类型为 opls_187。运行 gmx x2top：

```
>>gmx x2top -f sio2.pdb -o sio2.top -ff select
```

使用文本编辑打开 sio2.top 文件，做以下处理。[moleculetype] 下分子的名称由 ICE 改为 SIO，resnr 全部改为 1，residue 改为 SIO。由于后续模拟中 SiO_2 原子固定，键角和二面角参数无效，因此将 [angles] 和 [dihedrals] 部分全部删除。打开 SDS.car 文件，原子部分的最后一列是原子电荷。选取 147 行 Si 原子，将 "Si 0.000" 替换为 "Si 0.310"，即任意选取 147 个除硅羟基以外的 Si 原子，将其电荷赋值为 0.31。由于模拟中关注的是纳米孔道壁上硅羟基与孔道内分子的作用，其来自内部其他原子的作用则可忽略，因此这一步的目的仅仅是为了使体系整体保持电中性。

替换完成之后，按 alt 键 + 鼠标左键矩形选择将 sio2.top 文件中 charge 一列替换成 car 文件中的最后一列电荷。将 sio2.top 文件中 [moleculetype] 至 [molecules] 部分取出单独保存为 sio2.itp 文件，以使 top 文件简洁。本实验中使用辛烷（OCT）代表油分子，表面活性剂为 CTAC，这两种分子的结构和力场参数通过 LigParGen 服务器（https：//traken.chem.yale.edu/ligpargen/）获取，使用方法参考 3.4.2 一节。需要注意的是 OCT 和 CTA^+ 两个分子的力场参数（itp）文件中 [atomtypes] 部分需要合并到一个 atomtypes.itp 文件中。原子类型有重复的情况，可将第二个分子比如 CTAC 分子中原子类型 "opls_8**" 全部改为 "opls_10**"（不能使用 9 开头数字）。此外，由于电荷数值有效数字问题，电荷加和可能不是整数，需检查并微调使其整体电荷为整数。在 sio2.top 中 #include "oplsaa.ff/forcefield.itp" 一行下面，添加一行 #include "atomtypes.itp"。atomtypes.itp 添加一行 Si 原子的力场参数：

```
[ atomtypes ]
 SI        SI      28.0800    0.000    A    3.38550e-01   2.44704e+00
  opls 818  H818     1.0080    0.000    A    2.50000E-01   1.25520E-01
```

至此得到结构文件 sio2.pdb、CTA.pdb、OCT.pdb，以及力场参数文件 atomtypes.itp、sio2.top、sio2.itp、CTA.itp 和 OCT.itp。

（3）孔道内油塞模型

使用 Packmol 程序构建辛烷组成的球形油滴，再将油滴放入孔道内，经动力学模拟平衡后获得油塞模型。Packmol 输入参数如下：

```
structure OCT.pdb
   number 60
   inside sphere 0. 0. 0. 10.
end structure
```

运行结构产生油滴的结构文件 oil.pdb。将油滴放置于孔道合适的位置：

```
>>gmx editconf -f oil.pdb -translate 2.9478 2.97285 2 -o oil.pdb
```

得到如图 5.42 所示结构（分别为正视图和侧视图）。

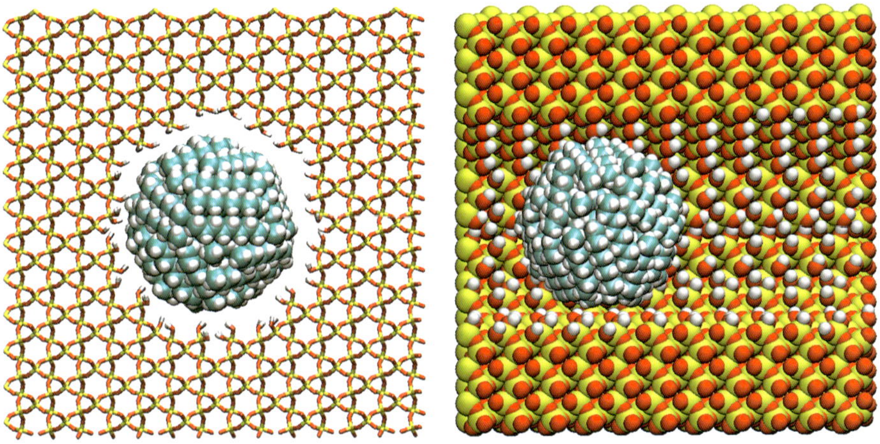

图 5.42　填充油滴的纳米孔道

创建索引文件，指定体系中需要固定的组：

```
>>gmx make -ndx -f oil.pdb
```

```
  0 System              : 17102 atoms
  1 Other               : 17102 atoms
  2 SIO                 : 13982 atoms
  3 UNK                 :  3120 atoms

 nr : group       '!': not   'name' nr name   'splitch' nr    Enter: list groups
 'a': atom        '&': and   'del' nr         'splitres' nr   'l': list residues
 't': atom type   '|': or    'keep' nr        'splitat' nr    'h': help
 'r': residue                'res' nr         'chain' char
 "name": group               'case': case sensitive           'q': save and quit
 'ri': residue index

> r SIO & ! a H

Found 13982 atoms with residue name SIO
Found 472 atoms with name H
Complemented group: 16630 atoms
Merged two groups with AND: 13982 16630 -> 13510

> name 4 FIX


> q
```

选定 SIO 除孔道表面 H 原子以外编为一组，并命名为 FIX，分别在 em.mdp 和 nvt.mdp 文件的最后添加两行内容：第一行为 freezegrps = FIX，第二行为 freezedim = YYY，使得该组在最小化和动力学模拟过程中设置为原子坐标固定。

能量最小化及动力学计算：

```
>>gmx grompp -f em.mdp -c oil.pdb -p sio2.top -o em.tpr -n index.ndx
>>gmx mdrun -deffnm em
>>gmx grompp -f nvt.mdp -c em.gro -p sio2.top -o nvt.tpr -n index.ndx
>>gmx mdrun -deffnm nvt
```

（4）表面活性剂润湿作用

使用 MS Visualizer 向上述油塞结构中添加 3 个 CTA 分子和 3 个氯离子，保存为 oil-cta.pdb，并添加水分子，修改 sio2.top 中组分的种类和个数（图 5.43）。

```
>>gmx solvate -cp oil -cta.pdb -cs spc216.gro -o oil -cta -w.pdb
```

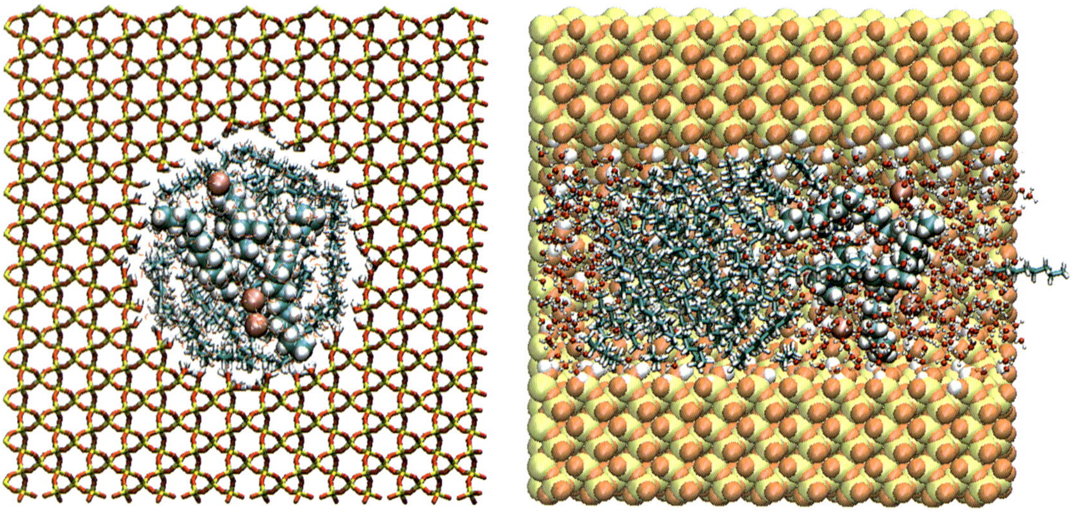

图 5.43　加入表面活性剂的油滴纳米孔道

创建索引文件，并指定体系中需要固定的组：

```
>>gmx make -ndx -f oil-cat-w.pdb
```

在 sio2.top 文件中添加相应分子的 itp 文件路径及其分子个数，然后进行能量最小化以及分子动力学模拟：

```
>>gmx grompp -f em.mdp -c oil-cta-w.pdb -p sio2.top -o em.tpr -n index.
ndx
>>gmx mdrun -deffnm em
>>gmx grompp -f nvt.mdp -c em.gro -p sio2.top -o nvt.tpr -n index.ndx
>>gmx mdrun -deffnm nvt
```

经过 100 ns 模拟，CTAC 分子尾部有逐渐插入油塞的趋势，其带正电的极性头基更容易吸附在孔道内壁上（图 5.44）。

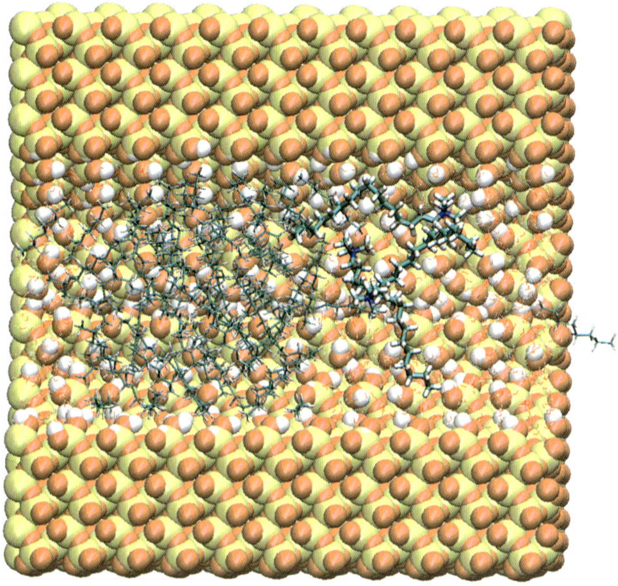

图 5.44　表面活性剂吸附纳米孔道内部结构

二氧化硅表面的润湿反转运行脚本

参考文献

刘佳霖，任瑛，陈卫，等，2019. 油水界面上阴 / 阳离子型复配表面活性剂体系的分子动力学模拟 [J]. 过程工程学报，19（3）：533-543.

Adler J J，Rabinovich Y I，Moudgil B M，2001. Origins of the non-DLVO force between glass surfaces in aqueous solution[J]. Journal of Colloid and Interface Science，237：249-258.

Ahmadi M，Hou Q，Wang Y，et al，2020. Interfacial and molecular interactions between fractions of heavy oil and surfactants in porous media：comprehensive review[J]. Advances in Colloid and Interface Science，283：102242.

Hammond P S，Unsal E，2009. Spontaneous and forced imbibition of aqueous wettability altering surfactant solution into an initially oil-wet capillary[J]. Langmuir，25：12591-12603.

Kunieda M，Nakaoka N，Matsuoka T，et al，2010. Self-accumulation of aromatics at the oil-water interface through weak hydrogen bonding[J]. Journal of the American Chemical Society，132（51）：18281-18286.

Li X，Xue Q，Zhu L，et al，2016. How to select an optimal surfactant molecule to speed up the oil-detachment from solid surface：a computational simulation[J]. Chemical Engineering Science，147：47-53.

Liu Q，Yuan S，Yan H，et al，2012. Mechanism of oil detachment from a silica surface in aqueous surfactant solutions：molecular dynamics simulations[J]. The Journal of Physical Chemistry B，116：2867-2875.

Lowry E，Sedghi M，Goual L，2016. Molecular simulations of NAPL removal from mineral surfaces using microemulsions and surfactants[J]. Colloids and Surface A，506：485-494.

Phan C M，Nguyen A V，Evans G M，2003. Assessment of hydrodynamic and molecular-kinetic models applied to the motion of the dewetting contact line between a small bubble and a solid surface[J]. Langmuir, 19: 6796-6801.

Pratama R A, Babadagli T, 2020. Effect of temperature, phase change, and chemical additives on wettability alteration during steam applications in sands and carbonates[J]. SPE Reservoir Evaluation Engineering, 23: 292-310.

Sun J C, Shi J, Zhang P L, et al, 2018. The mechanism of restructuring of surfactant monolayer on mica surface in aqueous solution: molecular dynamics simulation[J]. Molecular Simulation, 44: 396-404.

Tang X, Xiao S, Lei Q, et al, 2018. Molecular dynamics simulation of surfactant flooding driven oil-detachment in nano-silica channels[J]. The Journal of Physical Chemistry B, 123 (1): 277-288.

Tang J, Qu Z, Luo J, et al, 2018. Molecular dynamics simulations of the oil-detachment from the hydroxylated silica surface: effects of surfactants, electrostatic interactions, and water flows on the water molecular channel formation[J]. Journal of Physical Chemistry B, 122: 1905-1918.

Tiberg F, Zhmud B, Hallstensson K, et al, 2000. Capillary rise of surfactant solutions[J]. Physical Chemistry Chemical Physics, 2: 5189-5196.

Yan H, Yuan S, 2016. Molecular dynamics simulation of the oil detachment process within sililca nanopores[J]. Journal of Physical Chemistry C, 120: 2667-2674.

Yang Z, Abbott N L, 2010. Spontaneous formation of water droplets at oil-solid interfaces[J]. Langmuir, 26: 13797-13804.

Zhang H, Nikolov A, Wasan D, 2014. Dewetting film dynamics inside a capillary using a micellar nanofluid[J]. Langmuir, 30: 9430-9435.

Zhang P L, Xu Z, Liu Q, et al, 2014. Mechanism of oil detachment from hybrid hydrophobic and hydrophilic surface in aqueous solution[J]. Journal of Chemical Physics, 140: 164702.

Zhu X, Chen D, Zhang Y, et al, 2018. Insights into the oil adsorption and cyclodextrin extraction process on rough silica surface by molecular dynamics simulation[J]. Journal of Physical Chemistry C, 122: 2997-3005.

第6章

聚合物增黏体系

强化采油（EOR）技术可以最大限度地提高石油产量，与二次采油相比约增产 10.0% ~ 35.0%。使用的非常规技术包括注入化学剂、热敏流体、微生物剂和混相气体等，其中化学强化采油（cEOR）体系由聚合物、表面活性剂、碱或这些成分的混合物组成。在这一类别中，聚合物驱通常被认为是最有前途的方法，约占 cEOR 的 77%（de Aguiar et al.，2021）。

聚合物可以增加注入流体的黏度，降低水油流度比，提高波及系数，从而提高石油采收率。在各类聚合物中，聚丙烯酰胺因其相对较低的成本而有广泛的应用。部分水解聚丙烯酰胺（HPAM）具有超高的分子量，分子结构中羧基间存在静电排斥和易形成氢键，在溶液中会有更高的流体动力学体积，因而增加了聚合物溶液的黏度。然而，HPAM 在恶劣的油藏条件下（高盐度和高温度）也存在稳定性问题，特别是在二价阳离子存在下，聚合物溶液的黏度会大大降低，从而降低聚合物驱的驱油效率，因此，克服 HPAM 局限性的替代方法包括使用疏水改性缔合聚合物（HMAPs）、热增黏聚合物（TVPs）和与纳米颗粒复配等。

本章主要介绍油藏条件下（高盐度和高温度）应用 HMAPs、TVPs 和纳米颗粒提高原油采收率的方法，并阐述采用分子动力学模拟研究聚丙烯酰胺类聚合物的增黏机理。

6.1 聚合物驱油体系

聚合物驱是将高分子量的水溶性聚合物添加到注入流体中，以增加其黏度，从而降低水油流度比，提高波及率。由于聚合物驱良好的驱油效率以及经济和技术上的可行性，聚合物驱被认为是最有前途的 EOR 技术之一。聚合物驱是在 20 世纪 60 年代中期为科研人员所提出，目前该方法已成功应用于国内外油田，如大庆油田、苏里南 Tambaredjo 油田、加拿大东博多油田以及阿曼 Marmul 油田等。

在强化采油技术中，最重要的参数之一是水油流度比，它代表了相对渗透率和油水黏度对流体流度的影响，遵循 Darcy 定律：

$$M=\frac{\lambda_w}{\lambda_o}=\frac{k_w/\mu_w}{k_o/\mu_o}=\frac{k_w\mu_o}{k_o\mu_w}$$

式中，M 是水油之间的流度比；λ_w 代表水相流动性；λ_o 表示油相流动性；μ_w 是水相黏度；μ_o 是油相黏度；k_w 代表水相的相对渗透率；k_o 是油相的相对渗透率。

聚合物驱能够增加注入水的黏度（μ_w）和降低储层水相的相对渗透率（k_w）。因此，水油之间的流度比降低（$M\leqslant 1$）并产生均匀的前缘流，充当活塞角色将原油推入生产井，从而提高波及系数和采收率［图 6.1（b）］。而对于水驱体系，由于注入水流体黏度较低，水油流度比大（$M\gg 1$），在储层中会形成“手指”而降低波及效率，无法驱替大量可开采石油。

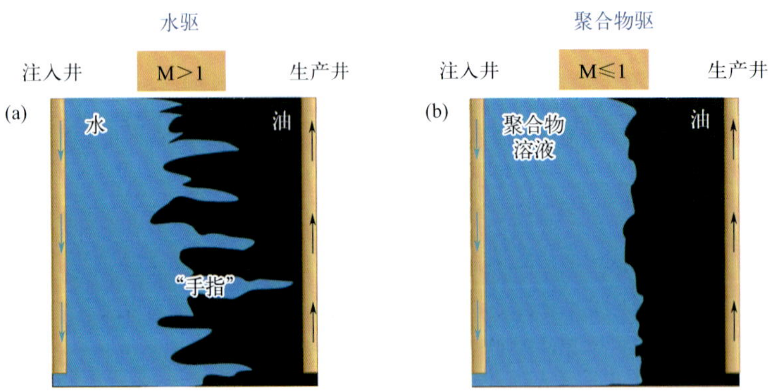

图 6.1　水驱和聚合物驱的比较（Ferreira et al.，2020）

（a）水驱形成“手指”并降低波及效率；（b）聚合物驱使前缘流动标准化并提高波及效率

聚合物驱中其他重要参数还有阻力系数（R_{F^*}）和剩余阻力系数（R_{RF}），可根据模拟岩心采油试验得到。R_{F^*} 为盐水迁移率和聚合物溶液迁移率之比；R_{RF} 指聚合物注入前后盐水渗透率之比（Ferreira et al.，2020）。

$$R_{F^*}=\frac{\lambda_{brine}}{\lambda_{polymer\ solution}}$$

$$R_{RF} = \frac{k_{w(\text{before polymer flooding})}}{k_{w(\text{after polymer flooding})}}$$

聚合物驱油技术可应用于砂岩和碳酸盐岩油田。根据 Wei 等人的实验，不建议对黏度高于 200 mPa•s 的油藏使用聚合物驱（Wei et al.，2014），因为在这种情况下，必须添加浓度非常高的聚合物，这在经济上是不可行的。此外，溶液的高黏度也会增加向储层注入流体的成本。

聚合物驱中所使用的聚合物可分为两大类：合成聚合物和生物聚合物（de Aguiar et al.，2021）。在合成聚合物中最典型的是部分水解聚丙烯酰胺，该聚合物因其成本低、黏度特性优异和物理化学性质良好而在 cEOR 中使用最多。HPAM 的高增黏能力与其分子量和水解度相关，其水解度通常在 10% ～ 35% 范围。随着水解度的增加，会形成更多的羧基，静电排斥增加，在溶液中会产生更高的流体动力体积，从而增加黏度。然而，较高的水解度会导致聚合物对介质盐度更敏感，因为在含有二价阳离子（主要是 Mg^{2+} 和 Ca^{2+}）的盐水中，由于二价阳离子和 HPAM 羧基之间的络合，会产生沉淀，降低了聚丙烯酰胺在水中的溶解度。另外，HPAM 在高温油藏中表现不佳，高温有利于聚合物链中酰氨基热水解，会产生更多的羧基，增加在高盐度下的沉淀。

除了基于丙烯酰胺的合成聚合物外，生物聚合物是用于 cEOR 的另一类大分子，尤其是黄原胶（XG）。黄原胶是由黄单胞菌发酵产生的高分子量水溶性多糖，由于其本身存在刚性链，XG 对盐度和硬度的敏感性较低，在高温油藏中热稳定性较好，剪切强度大于聚丙烯酰胺。然而，黄原胶对微生物降解敏感，生产成本比 HPAM 高，并且由于细胞碎片含量大，堵塞岩石孔隙的风险也大，限制了其大规模应用。

为了尽量减少合成聚合物和生物聚合物的这些限制，目前众多科研单位将精力集中在对聚丙烯酰胺的性能改性上，已经开发了很多疏水改性的缔合聚合物、热增黏聚合物，并适当与纳米颗粒复配。

6.1.1 疏水改性缔合聚合物体系

疏水改性缔合聚合物（HMAPs）是在水溶性聚合物链中插入少量疏水基团而形成的水溶性聚合物，主要通过疏水单体与亲水单体的共聚反应，或通过将这些基团接枝到水溶性聚合物链上制备得到。为了确保 HMAPs 在水相中的溶解性，聚合物链中疏水部分浓度要小于 5%（质量体积比）。HMAPs 可显著改善高盐高温油藏下注入聚合物的性能。

HMAPs 溶液的流变行为受聚合物的临界聚集浓度（CAC）影响。在 CAC（稀释体系）以下，以疏水基团分子内相互作用有主，可略微增加系统黏度。在高于 CAC（半稀释体系）时，分子间缔合成为主要方式，易形成空间网状结构，导致聚合物溶液的黏度显著增加。图 6.2 描述了 HMAPs 的作用机理，黏度随聚合物浓度而增加。

Dubin 等人在 1967 年通过烷基乙烯基醚与马来酸共聚，生产出了第一种疏水改性的缔合聚合物（Dubin et al.，1967），1985 年 Landoll 等人合成了含有 8 ～ 25 个碳原子的长烷基链改性羟乙基纤维素，并申请了专利（Landoll，1985）。2007 年，HMAPs 在我国渤海湾油田高盐度条件下进行了先导性试验，结果显示采油量大幅增加，而产水量减少了 40%，这表明 HMAPs 作为添加剂有广阔的应用前景（Zhou et al.，2007）。此后，我国大批研究人员在此领域展开了工作，目前聚合物驱用 HMAPs 已经在多个油田有所应用。

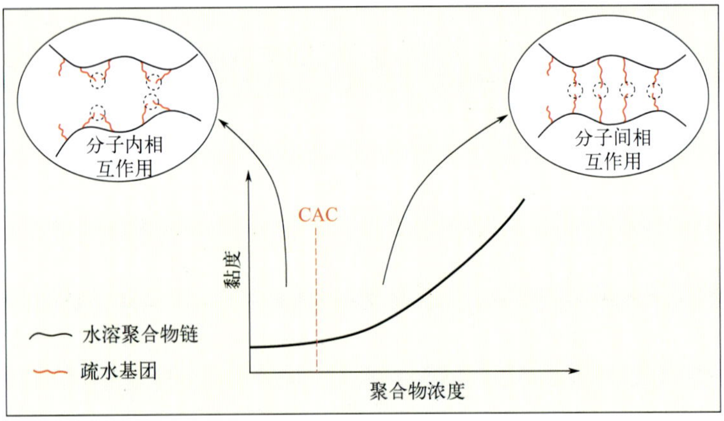

图 6.2　HMAPs 对聚合物溶液黏度随浓度变化的作用机理（de Aguiar et al.，2021）

6.1.2　热增黏聚合物体系

热增黏聚合物（TVPs）也已成为高温高盐油藏聚合物驱的替代品。TVPs 是在水溶性聚合物主链上接枝具有低临界溶解温度（LCST）的疏水热敏嵌段。引入的主要热敏基团有聚环氧乙烷 - 聚环氧丙烷共聚物（PEOPPO）、聚 N- 异丙基丙烯酰胺共聚物（PNIPAM）和基于丙烯酰胺二丙酮的大分子单体（MPAD）等（de Aguiar et al.，2021）。

这些聚合物在室温下表现的像水溶性大分子，但在临界缔合温度（T_{ass}）或 LCST 以上，热敏序列会可逆地自聚集，形成能增加聚合物溶液黏度的疏水微区，增加体系黏度，其聚集结构示意图如图 6.3 所示。

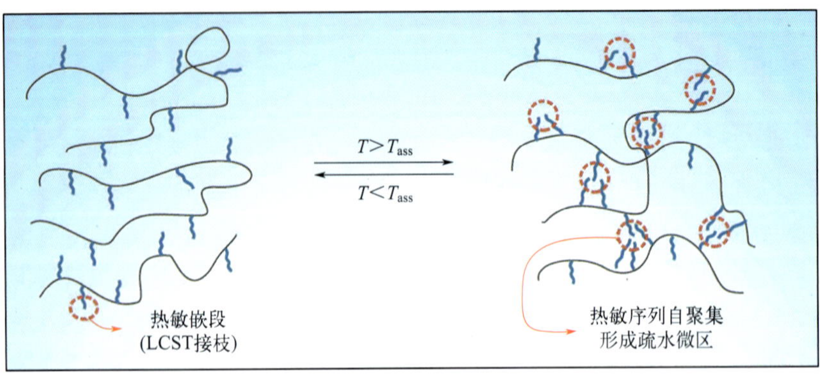

图 6.3　热增黏聚合物的缔合机理（de Aguiar et al.，2021）

Hourdet 等人开发了第一个用于石油工业的 TVPs，在聚丙烯酸胺中引入 PEO 热敏链段（Hourdet et al.，1994）。根据实验，在高于 LCST 的温度时体系黏度显著增加，并且在其结构中，当 PEO 含量较高时 TVPs 的热增黏效应更明显，这表明 PEO 序列能够形成微区，并增加聚合物溶液的黏度。

自 TVPs 在石油工业中应用后，众多科研工作者开始在该领域进一步开展研究工作。如 Wang 等人通过自由基共聚反应合成了水溶性共聚物 P（AM-co-MPAD），研究发现溶液的黏度随着温度的升高而降低，而当 TVPs 达到 T_{ass} 时 P（AM-co-MPAD）表现出相反的行为。此外，他们注意到 T_{ass} 会随盐含量的增加而降低，从而增加聚合物溶液在较低温度下的黏度。所研究的 TVPs 是一种很好的替代 HPAM 的产品，可以降低注入高温高盐油藏的流体流度比（$M \ll 1$），从而提高波及效率（Wang et al.，2010）。

6.1.3 纳米粒子聚合物体系

纳米粒子在聚合物驱中的应用目前正在研究之中，其作为一种新型技术可显著改善注入聚合物的流变性能、耐盐性、耐温性和抗剪切性。尺寸在 1 ～ 100 nm 范围内的纳米颗粒，其性能与其尺寸大小直接相关，小尺寸有更大的接触表面，从而使纳米流体具有令人满意的特性，可提高石油采收率。目前众多科研团队所研究的纳米填料包括二氧化硅（SiO_2）、氧化钛（TiO_2）、氧化铝（Al_2O_3）、氧化铁（Fe_2O_3）和氧化镍（NiO），以及纳米黏土和碳纳米管等纳米粒子（de Aguiar et al.，2021）。

Zhu 等人对比了疏水缔合聚丙烯酰胺（HAPAM）和 HAPAM/ 二氧化硅纳米粒子混合体系，并评估了两个体系水溶液的流变行为（Zhu et al.，2014）。他们发现加入纳米二氧化硅的 HPAM 溶液，其表观黏度和储能模量均增加。纳米颗粒浓度从 0.5% 提高到 2.5%，体系黏度显著增加，而且此种混合体系还表现出更高的热稳定性和耐盐性，这归因于颗粒表面硅羟基和 HPAM 酰氨基之间的氢键，以及后续所形成的聚合物网状结构（图 6.4）。岩心驱油试验表明，注入 HPAM 的采油率为 5.44%，而 HPAM- 纳米二氧化硅混合物的采油率则达到 10.57%。目前许多科研团队都在此方面作尝试并进行先导性试验。应用纳米粒子试验结果表明，混合纳米聚合物体系可提高注入聚合物的性能，增加驱替体系黏度，并可显著提高石油采收率。

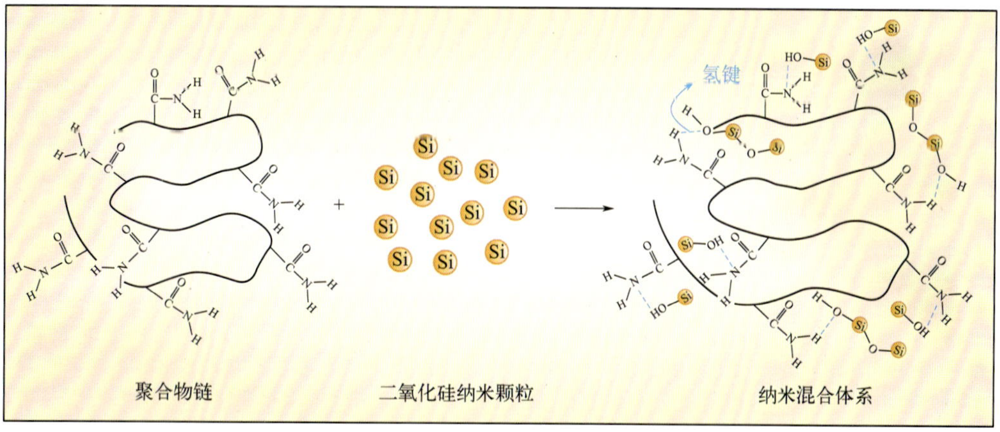

图 6.4 形成纳米混合体系的代表性方案（de Aguiar et al.，2021）

总的来说，在化学强化采油方法中，作为增黏剂的聚合物因其驱油效率以及经济上的可行性而受到广泛关注，特别是部分水解聚丙烯酰胺聚合物，具有良好的增黏性能、应用面广和成本低等特点。然而，HPAM 在盐度和温度条件恶劣的储层中存在稳定性问题。因此，疏水改性缔合聚合物（HMAPs）、热增黏聚合物（TVPs）和纳米混合体系将是下一个研究和应用重点。但有文献也表明，有几个因素会影响 HMAPs 和 TVPs 的性能，如聚合物浓度、水溶性聚合物链中插入的化学基团类型、盐度、温度和剪切速率等。但是不管如何，HMAPs 和 TVPs 均可显著提高驱替体系的耐盐性、耐温性和抗剪切性，同时含纳米粒子的混合聚合物体系也可显著改善注入聚合物的性能，增加驱替体系黏度。

表 6.1　聚合物驱油过程中增黏聚合物体系的主要作用机理和优势概述

体系	机理	优点
疏水改性缔合聚合物体系	主链中插入基团的疏水缔合效应	更好的热稳定性和耐盐性；CAC 以上黏度大幅增加；提高石油采收率
热增黏聚合物体系	热敏序列通过形成物理相互作用可逆地自聚集，形成疏水微区	改善了聚合物在高温高盐条件下的性能；在高于 LCST 的温度下，黏度随温度升高而增加；提高石油采收率
纳米粒子聚合物体系	纳米粒子和聚合物链中的官能团之间的物理或化学相互作用	改进的热稳定性和耐盐性；改善流变性能；允许应用较低的聚合物浓度；提高石油采收率

注：优点是相对于 HPAM 体系而言。

6.2　丙烯酰胺类聚合物及纳米颗粒复合增黏机理

丙烯酰胺类聚合物因其良好的水溶性、高黏度和可调控的分子结构，在石油开采中常被用作驱油剂和堵水剂，可显著提高采收率。然而，单一的丙烯酰胺类聚合物在高温高盐等极端条件下增黏效果和稳定性往往受到限制，难以满足实际生产要求。为了解决这一问题，近年来研究者们通过引入纳米颗粒，与丙烯酰胺类聚合物复合，以期在增黏效果和材料稳定性方面取得突破性发展。

纳米颗粒由于其高比表面积、独特的表面化学特性和优异的物理性能，能够在复合材料中发挥多重作用，不仅可以提高聚合物的机械强度和热稳定性，还可以通过与聚合物相互作用显著提升体系黏度。然而，纳米颗粒与丙烯酰胺类聚合物在微观层面的相互作用机理复杂，涉及多种物理化学过程，其复合增黏机理尚未得到全面系统揭示。

本节旨在通过系列分子动力学模拟，探讨丙烯酰胺类聚合物的致黏机理以及纳米颗粒复合增黏机制，以揭示纳米颗粒在复合材料中的关键作用，帮助理解这一复合增黏体系的性能优势及其潜在应用价值，期望能够为高效增黏材料的工业应用提供理论依据。

6.2.1　聚丙烯酰胺体系的增黏机理

首先构建水解度为 25% 的无规聚合物链段和二氧化硅纳米颗粒，其模拟模型如图 6.5（a）所示。①将一定数目的 HPAM 聚合物链加入模拟格子中，并以此结构作为初始构型，经优化后得最初聚集结构，随后加入抗衡离子 Na^+ 和水分子，研究 HPAM 在水溶液中的增黏机制；②向存在 HPAM 聚合物链的模拟格子中加入一定数目的二氧化硅纳米颗粒，研究二氧化硅颗粒和 HPAM 聚合物的复合增黏机制［图 6.5（c）］。

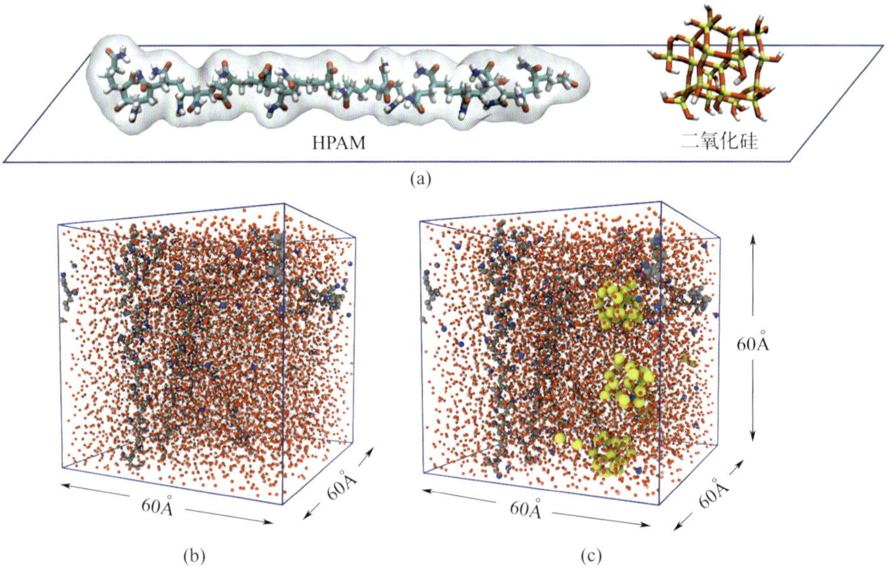

图 6.5　本研究中使用的聚丙烯酰胺和二氧化硅颗粒结构（a），纯聚丙烯酰胺模拟体系（b）和聚丙烯酰胺与二氧化硅复合模拟体系（c）

早期实验已经证实，水解聚丙烯酰胺（HPAM）可以通过分子间缔合在溶液中形成空间网状结构，而水分子填充于网状结构之中，分子动力学模拟结果与之一致［图 6.6（a）］。为进一步研究聚合物分子链之间的相互作用，模拟中计算了 HPAM 聚合物链间单体的碰撞数目和溶剂可接触表面积随模拟时间的变化，如图 6.6（b）所示，在 20 ns 后聚合物的溶剂可接触表面积基本不再发生变化，这说明体系已经达到了平衡。聚合物链间单体碰撞数目的增加和溶剂可接触表面积的减少，都意味着聚合物链间自组装形成了空间网状结构。图 6.6（c）直观展示了溶液中所形成的三维网状结构，此种结构利于体系黏度的增加。图 6.6（d）～（f）为选择的 HPAM 链两个单体间形成氢键的过程，发现聚合物链会以氢键为锚点形成空间网状结构，这是体系黏度增加的主要原因。

由于聚丙烯酰胺单体中存在着丰富的氢键给体和受体，除了在图 6.6（f）中观察到的基本氢键形式以外，在模拟中还存在着其他类型的多重氢键形式，如图 6.7 所示。根据 HPAM 中的单体结构，可以推断氢键给体为酰氨基团上的氢原子，而氢键受体为酰氨基团或羧基中的氧原子。值得注意的是，上述提到的两种基本氢键单元在模拟体系中普遍存在［图 6.7（a）和图 6.7（c）］，而其他氢键形式均为这种基本氢键单元的有机组合。另外模拟体系中，还会发现其他具有代表性的氢键结构，其中有出现频率较高的三聚体氢键结构。根据三聚体氢键结构的连接方式，可分为两种：一种是以酰氨基团作为中间连接单元，羰基氧为氢键受体连接一侧聚合物链中的酰氨基团，氨基氢作为氢键给体连接另一侧聚合物链中的酰氨基团［图 6.7（d）］；另一种则是在三个酰氨基团两两之间形成氢键，多个氢键共存，在聚合物链间呈现三维网状结构［图 6.7（f）］。此外，酰氨基团中的羰基氧还可以作为氢键受体与周围多个酰氨基团形成氢键，最终形成一个类四面体的四聚体结构［图 6.7（e）］。这些多重氢键结构增强了聚合物链之间的相互作用，使得三维网状结构稳定性增强，有利于聚合物体系黏度的增加，从而提高油藏中流体的携带能力，有助于提高原油采收率。

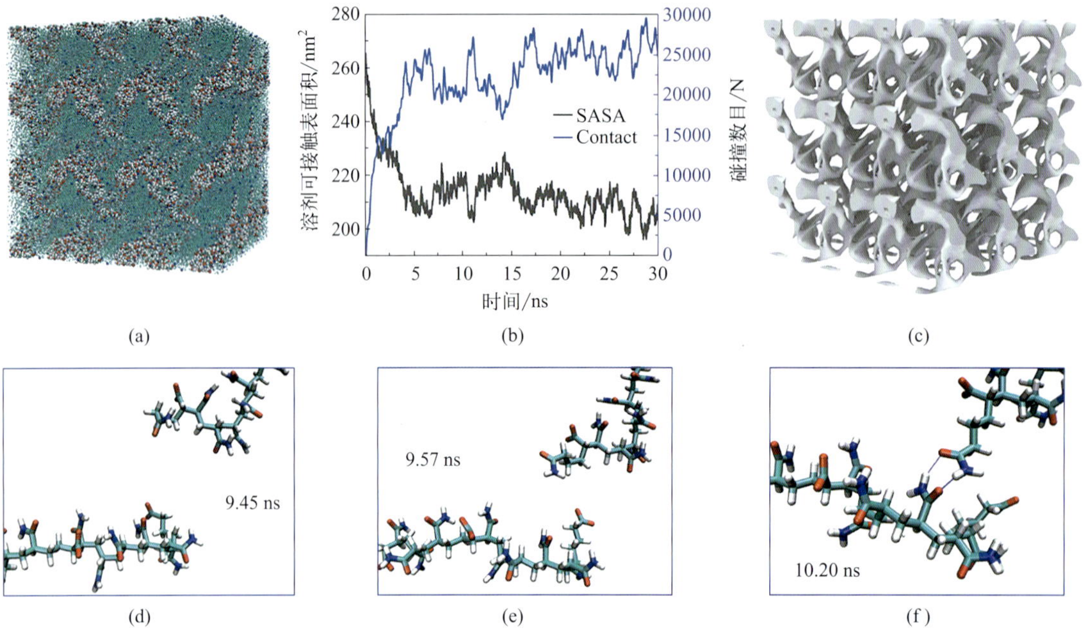

图 6.6　模拟完成后纯 HPAM 体系的快照（a），HPAM 聚合物分子的溶剂可接触表面积及分子间的范德华碰撞数目随时间的变化（b），模拟完成后纯 HPAM 体系的分子骨架（c）和 HPAM 分子间的组装过程（d）~（f）

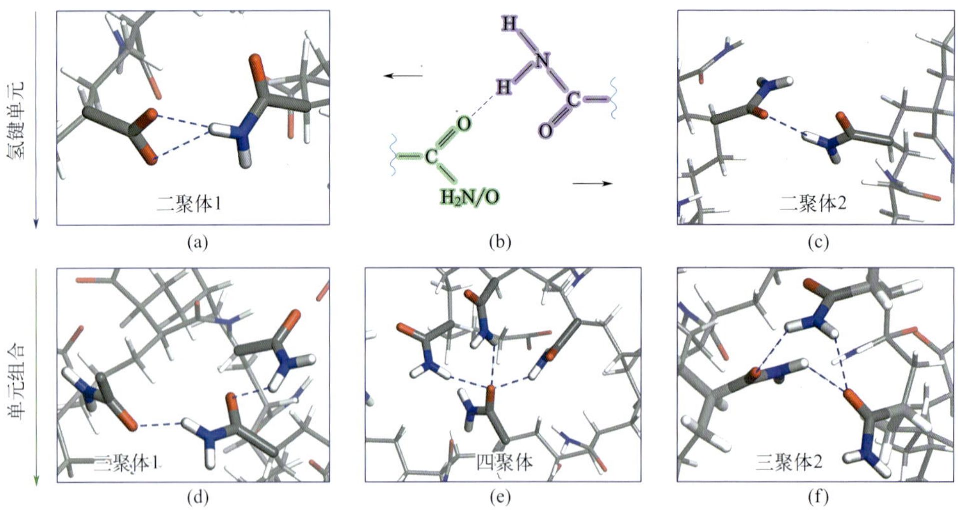

图 6.7　模拟体系中的多重氢键结构

利用能量分解法，可以评判多重氢键结构下 HPAM 链间的相互作用强弱。相互作用能可以分为四个部分，包括片段间库伦相互作用中的静电项、体现片段内和片段间占据轨道与非占据轨道混合或者体现片段内电子分布被极化片段间电子转移对能量影响的轨道项、描述片段间交换互斥作用的交换项，以及描述片段间色散作用的色散项。如图 6.8（a）所示，各种氢键相互作用能中静电项占比都很大，这也对应着氢键特征，而色散项和轨道项虽然对氢键结合也有贡献，但是这种贡献并不稳定，受构型影响较大。例如在二聚体氢键中色散项贡献较低，而在多聚体中色散项贡献较高。此外通过对比基本氢键结构单元二聚体 1 和二聚体 2 的相互作用能，可以发现由羧基和酰氨基之间形成的氢键，其相互作用能要大于由两个酰氨基之间形成的氢键相互作用能。这是由相互作用能中静电项和轨道项增加所导致的，而带电基团形成的氢键对于色散项影响较小。

在多聚体氢键结构中，除了静电相互作用能外，色散相互作用的贡献也不可忽视，尤其是对于四聚体而言。为了进一步分析氢键结构下所发生的相互作用区域，采用非共价分析，用图形显示不同分子间的非共价相互作用，如图 6.8（b）所示。图中的独立梯度模型（IGM）等值面为蓝色和绿色，表明分子间相互作用区域的电子密度非常低，这意味着分子结合的主要驱动力为氢键吸引和色散吸引。值得注意的是，四聚体中等值面的面积明显大于三聚体，这也揭示了多聚体中色散相互作用占比大的原因，即多聚体中较大的分子间接触面积会促进范德华接触，进而增加分子间色散作用。基于相互作用能量分解分析，可以揭示如何通过分子结构来设计官能团，以增加聚合物链间的范德华相互作用，进一步增加色散相互作用，从而提高聚合物的耐温耐盐性能。

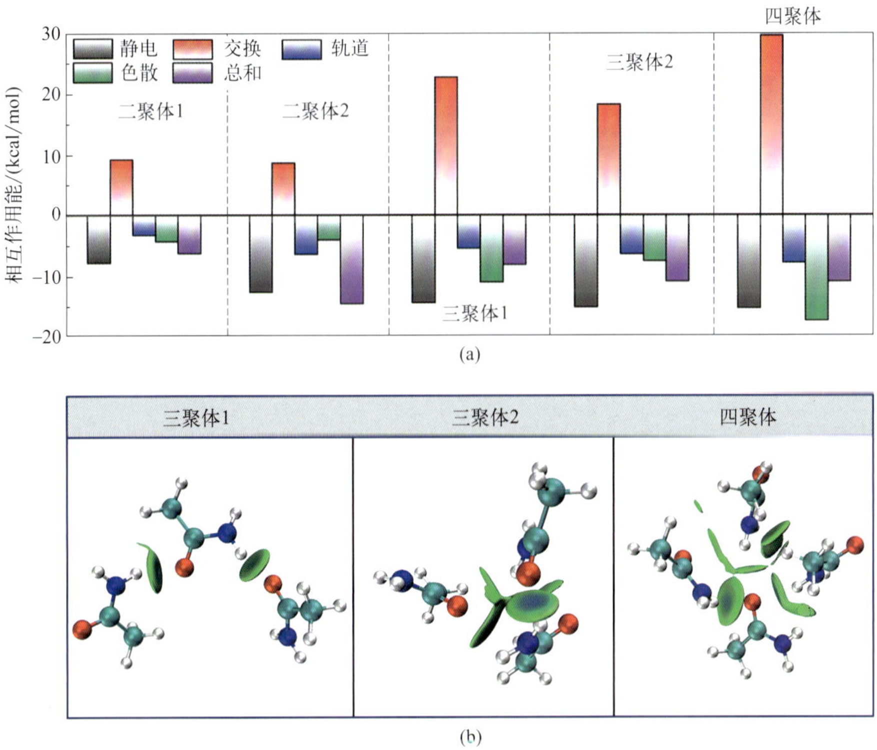

图 6.8 不同节点中聚丙烯酰胺单体分子之间的相互作用能分解（a）和可视化分子节点间不同聚合物单体之间的相互作用（b）

聚合物浓度对体系动力学性质也有显著影响。黏度是衡量聚合物驱动性能的重要指标，在分子动力学模拟中，黏度也可以通过扩散系数作间接测量和反映。具体而言，扩散系数与分子运动速度相关，与流体的内摩擦力相关。因此，一般来说，扩散系数越大，黏度越低，反之亦然。首先计算不同体系内 HPAM 聚合物的均方位移（MSD），由均方位移得到聚合物链的扩散系数。从图 6.9（a）中可以看出，聚合物的均方位移随着浓度的增加而减小，这说明在高浓度下聚合物分子的运动受到了更大阻力。黏度反映了流体抵抗变形的能力，表现体系的黏度随着聚合物浓度的增加而增加。图 6.9（b）中进一步通过聚合物扩散系数和系统黏度数值来估算浓度对体系黏度的影响，计算中，当体系达到平衡状态时，沿模型 X 方向施加剪切力，该剪切力在 Z 方向呈正弦变化，通过 Z 方向稠油体系的速度梯度计算剪切黏度：

$$\rho\frac{\partial u_x(z)}{\partial t}=\rho a_x(z)+\eta\frac{\partial^2 u_x(z)}{\partial z^2}$$

最终得到在不同振幅 A 下的剪切黏度，黏度的计算公式为：

$$\eta=\frac{A}{V}\times\frac{\rho}{k^2}$$

如图 6.9（b）所示，体系的黏度在低浓度时约为 346 μPa•s，而在高浓度时则达到了 535 μPa•s，这意味着黏度增加了约 55%。由前面的分析可知，体系的黏度与聚合物链的稳定性息息相关，而聚合物三维网状结构在很大程度上就取决于聚合物链间的连接程度，也就是指形成氢键的强弱。这样 HPAM 体系致黏机制可以归为两个方面：一方面是聚合物体系内的氢键数量，随着聚合物浓度的增加，体系内氢键数量增加［图 6.9（c）］，这增加了聚合物三维网状结构连接点的强度；另一方面当聚合物浓度增加到一定程度后，聚合物体系形成三维网络结构，导致体系的黏度急剧增加。

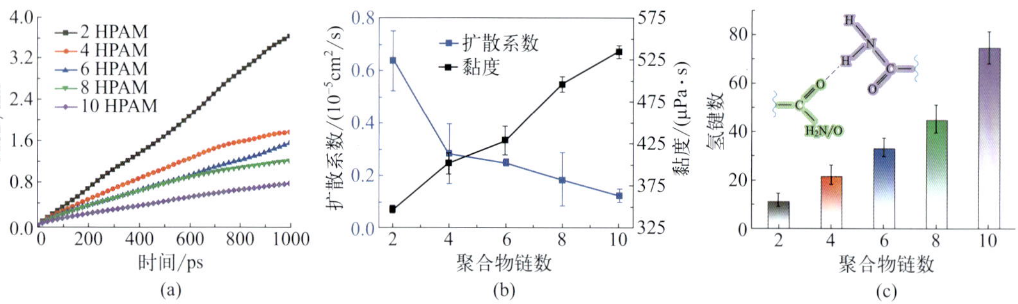

图 6.9 不同浓度下 HPAM 聚合物分子在最后 1 ns 内的均方位移（a），不同浓度下 HPAM 的扩散系数和整体黏度（b）和不同浓度下 HPAM 聚合物间形成的氢键数目（c）

6.2.2 纳米颗粒和 HPAM 复合致黏机理

将二氧化硅纳米颗粒加入 HPAM 溶液中，复合体系也呈现空间网状结构［图 6.10（b）］。与纯 HPAM 体系相比，二氧化硅纳米颗粒的加入显著改变了聚合物网络的微观结构。在纯 HPAM 体系中，三维网状结构的结合点主要体现 HPAM 链间的氢键，而在含有二氧化硅的复合体系中，更多体现了二氧化硅颗粒与 HPAM 链段之间的氢键［图 6.10（a）］。二氧化硅颗粒的加入，增加了空间网状结构的刚性和抗拉强度，使复合材料在高温高压等极端条件下仍能保持良好的稳定性。模拟表明，二氧化硅与 HPAM 之间也是主要通过二者之间的氢键衔接，图 6.10（c）则是给出了纳米颗粒和 HPAM 聚合物组装的具体过程。可以看出，在 9.9 ns 时，二氧化硅颗粒首先吸附第一根 HPAM 聚合物链，另一根 HPAM 聚合物链也向其靠近。最终，第二根 HPAM 聚合物链也与二氧化硅颗粒发生相互作用，形成两个聚合物链将二氧化硅颗粒夹在中间的复合结构（10.1 ns）。纳米颗粒的加入增加了聚合物网络中的交联点，同时限制了 HPAM 聚合物链的运动，使得聚合物链之间的相对滑移减少。这种限制作用在分子层面上增强了材料的力学性质，并能提高其聚合物体系通过油藏孔喉后恢复形成复合结构的能力。

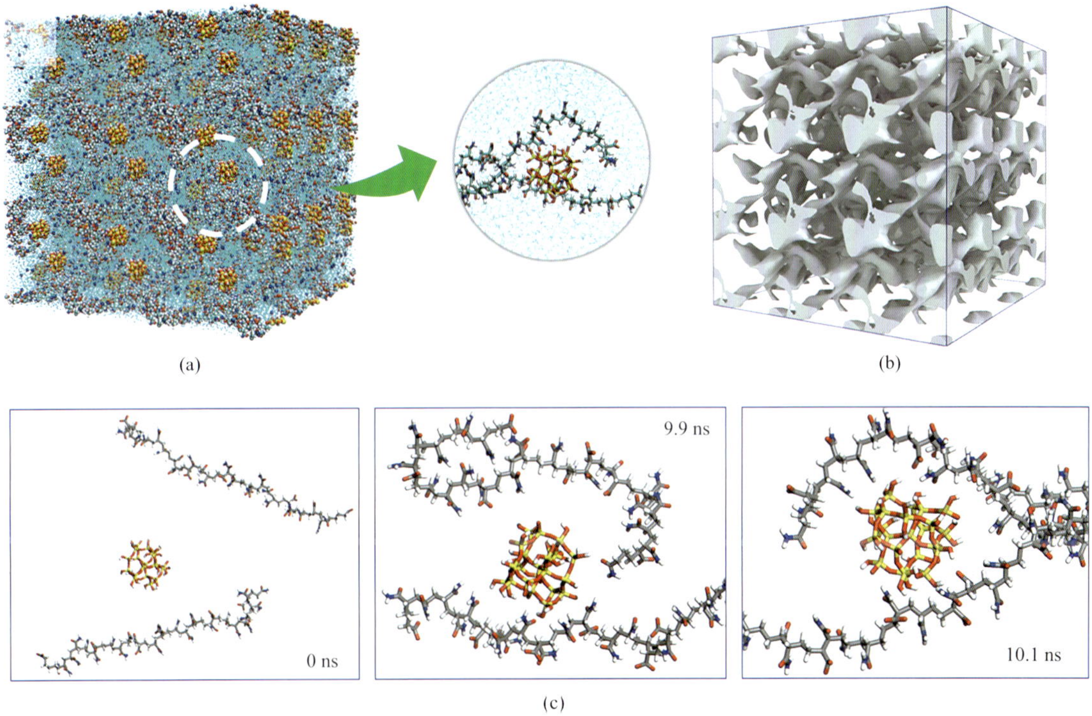

图 6.10　模拟完成后 HPAM 和纳米颗粒复合体系的快照（a），模拟完成后 HPAM 和纳米颗粒复合体系的分子骨架（b）和 HPAM 分子与二氧化硅颗粒的组装过程（c）

与纯 HPAM 体系类似，二氧化硅 /HPAM 复合体系中的结合形式也多种多样，我们挑选了其中具有代表性的结合单元，并将模拟快照放在图 6.11 中。二氧化硅表面具有丰富的硅羟基，既可以成为氢键受体也可以成为氢键给体，与 HPAM 链上的酰氨基和羧基一起丰富了 HPAM/ 二氧化硅复合体系的氢键类型。另外在图 6.11 中还可以看出，结合处复合构型大多数由一个二氧化硅颗粒与两个 HPAM 聚合物链构成，连接点由硅羟基与酰氨基之间的氢键体现。

此外，与纯 HPAM 体系类似，与二氧化硅纳米颗粒相连的 HPAM 聚合物链间，也会发生氢键连接，形成了一个小的空间网状结构，这意味着复合材料内部的分子排列更加紧密，从而提高了材料的稳定性。总体来看，二氧化硅纳米颗粒下的网状结构比纯 HPAM 体系更稳定、更密集和复杂，增加了流体流动时的阻力。

含二氧化硅复合体体系的三维网状结构很大程度上依赖于连接点的稳定性，而这种稳定性可由连接点复合结构的相互作用能所反映。经对比发现，含有纳米颗粒复合结构的相互作用能（大约 -22 kcal/mol）明显高于纯 HPAM 体系 （大约 10 kcal/mol），这表明纳米颗粒在连接点处提供了额外的物理交联点，增强了聚合物网络的整体稳定性。

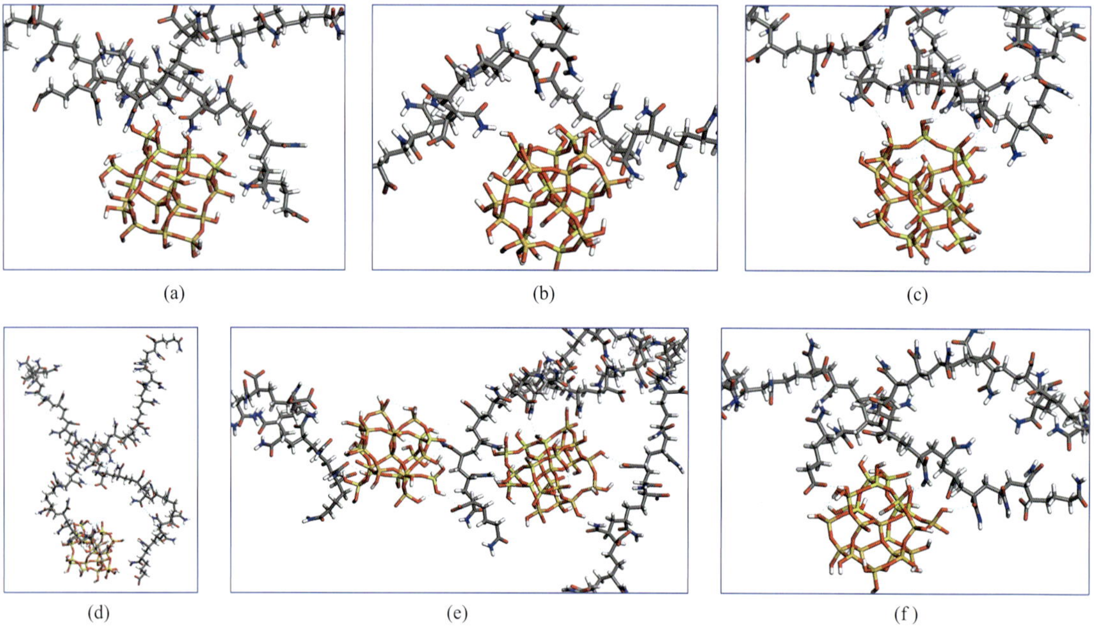

图 6.11　HPAM 和二氧化硅复合模拟体系中形成的节点单元

综合分析表明，纳米颗粒在增强体系黏度中有双重作用：首先，纳米颗粒为 HPAM 链提供了更多能形成氢键的硅羟基，在强氢键结构下限制了聚合物链的自由运动，增加了流体黏度；其次，纳米颗粒本身也受聚合物网络结构的限制，形成了一种互相制约的动态平衡体系，进一步增强了体系的稳定性和黏度。

6.3 改性丙烯酰氨基共聚物的主客体相互作用

聚集结构单元通过定向弱相互作用发生自聚集，可形成超分子聚合物，为高分子材料的发展提供新的研究思路。在聚丙烯酰胺主链中引入疏水基团，所形成的疏水缔合超分子网状结构具有优异的抗剪切、耐盐和耐温性能。与普通共价网状结构相比，这种超分子聚合物具有“自愈”功能，可以轻松穿过低渗透、特低渗透油藏的孔喉，并在下一环节重新自组装，形成网状结构，保持体系黏度。总体而言，引入超分子聚合物是 EOR 中一种非常有前途的新兴技术。

β-环糊精（β-CD）是一种具有疏水内部空腔的环状低聚物，金刚烷（ADA）是一种表现疏水性质的多环烃，在溶液中疏水性金刚烷可进入 β- 环糊精空腔形成主客体包合物。

由于 ADA 和 β-CD 复合物具有很强的结合能力，目前 β-CD 和 ADA 已经被广泛用于修饰 HPAM 共聚物，并应用于驱油实验中。实验表明，ADA 和 β-CD 改性的 HPAM 聚合物体系（MHPAM）具有明显的盐稠现象，采收率也显著提高。尽管改性 HPAM 的优异性能已被证实，但人们对这些聚合物的结合模式和相互作用机制仍然知之甚少。

分子动力学模拟和量子化学计算可在分子水平上研究聚合物三维网状结构，研究 ADA 和 β-CD 改性 HPAM 共聚物的自组装过程，探究配合物之间的相互作用，可在分子水平上评估 HPAM 和改性 HPAM 的溶液黏度特性（Yuan et al.，2023）。

6.3.1 主客体之间的交联方式

根据图 6.12（a）的化学结构，构建 MHPAM 模型分子，主链单体中包括丙烯酸（AA）、β- 环糊精（β-CD）、丙烯酰胺（AM）和金刚烷（ADA），为体现聚丙烯酰胺的 HPAM 水解度，其主链模型中 AM 与 AA 的比例为 1∶3（x/y=1/3），表示水解度为 25%。首先对构建的聚合物链做预平衡，然后将数根 MHPAM 链随机放入模拟格子中，并充满水分子，加入 Na^+ 以保持体系电中性。进行能量最小化以消除高能重叠构象，接着进行 *NVT* 系综模拟对体系做松弛，最后进行 *NPT* 系综模拟以研究 MHPAM 之间的主客体相互作用。

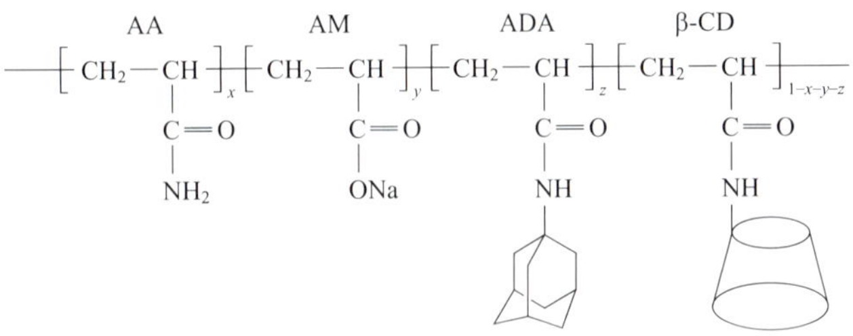

(a)

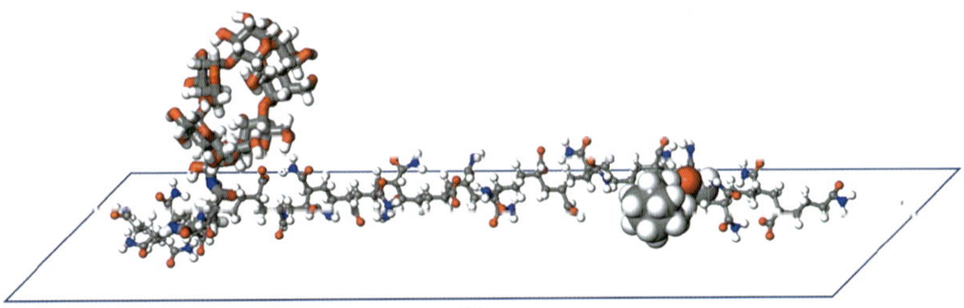

(b)

图 6.12 改性水解聚丙烯酰胺 (MHPAM) 的结构示意图（a）和模拟中 MHPAM 分子模型（b）

在 MHPAM 的结构中，红球代表 O 原子，白色代表 H，灰色代表 C，蓝色代表 N

模拟最后多个 MHPAM 链之间呈现相合缠绕，发生主客体相互作用，形成空间网状结构，与实验推测相一致。在所研究的浓度范围内，我们发现随着聚合物浓度的降低，聚合物之间的交联程度也随之降低。在分子水平上，也观察到在主客体之间存在不同的交联方式。

最多的一种交联方式仍是以支链上的 *N*-β-CD（作为主体），用合适的空腔封装另一支链上的 *N*-ADA（作为客体），其中的主客体相互作用过程如图 6.13 所示。模拟快照显示，随模拟时间的增加，MHPAM 聚合物上支链 *N*-ADA 逐渐接近另一 MHPAM 聚合物链上的 *N*-β-CD，

并进入 *N*-β-CD 空腔，形成主客体复合物。模拟发现，单体 AM 上的羧基氧与 *N*-β-CD 中的羟基作为主客体相互作用的第一个接触点［图 6.13（b）中箭头所指］，随后 *N*-ADA 围绕该接触点旋转，直至找到进入 *N*-β-CD 的最佳角度［图 6.13（c）～（d）］。换句话说，主体和客体之间的接触点在氢键作用下充当了锚定点，锚住了 *N*-β-CD 的表面，随后 *N*-ADA 从 *N*-β-CD 的一侧插入到 *N*-β-CD 空腔中，形成稳定的主客体包合物。

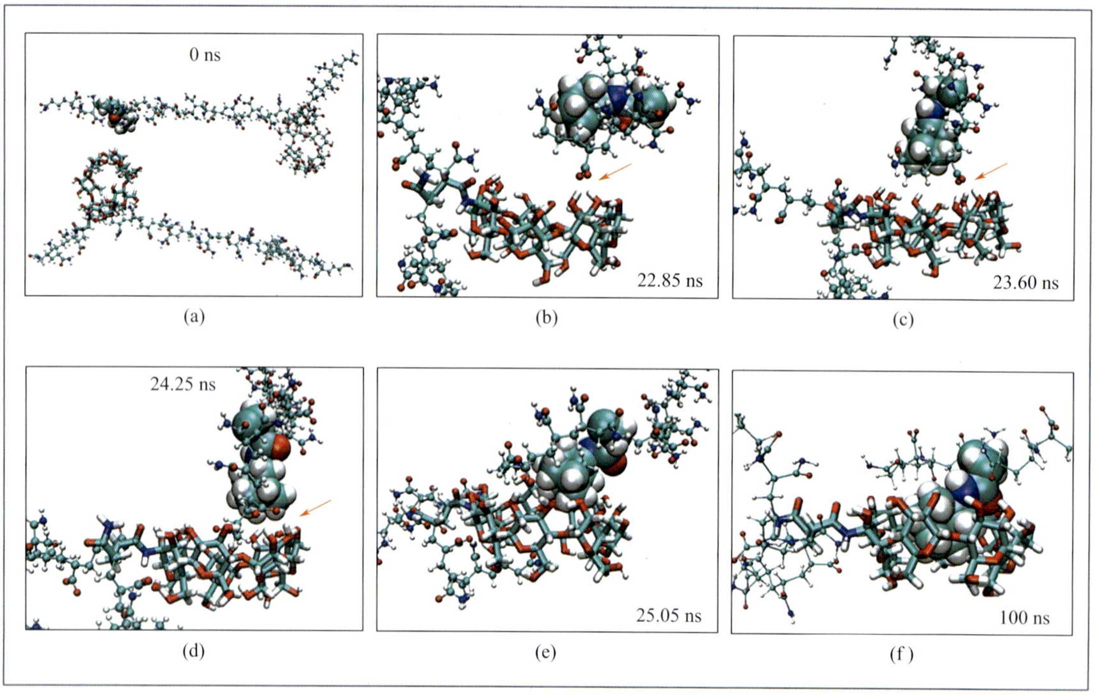

图 6.13　MHPAM 分子的主客体相互作用过程快照（*N*-β-CD 作为主体，*N*-ADA 作为客体）

没有显示水分子以清楚地显示该过程

其实模拟中主客体之间不仅仅存在 *N*-ADA 插入到 *N*-β-CD 空腔的这一种结合方式，图 6.14 总结了客体 *N*-ADA 与主体 *N*-β-CD 之间的另外六种结合方式。在模型命名过程中，我们将 *N*-ADA 称为点，*N*-β-CD 的一侧称为边，面 *N*-β-CD 的线称为面，AA/AM 聚合物线称为线。这样，如图 6.14（a）所示，*N*-ADA 还可以通过 ADA-to-edge 项与 *N*-β-CD 连接。在 ADA-to-edge 的情况下，*N*-ADA 分子面向 *N*-β-CD 的一侧，两个分子中原子之间的最短距离为 2.12 Å。此外，还发现两个 *N*-β-CD 分子可以通过面到面和边到面模式形成交联网状结构，如图 6.14（b）～（c）所示。类似地，一个 *N*-ADA 分子也可以通过 ADA-to-ADA 的方式与另一个 *N*-ADA 分子结合，形成聚合物交联网络。此外，聚合物一端的线性分子［MHPAM 中的 AM/AA/AA/AA，见图 6.14（b）］也可以插入 *N*-β-CD 的空腔中，组装成超分子网络。除了两组分相互作用外［图 6.13 和图 6.14（a）～（e）］，多个 *N*-β-CD 分子也可以聚集在一起形成交联结构［图 6.14（f）］，称为 Multi-β-CD。

也就是说在聚合物体系中，围绕 *N*-β-CD、*N*-ADA 会有不同的自组装模式，而且相互作用能大小不同。以主客体相互作用（即以 *N*-ADA 插入到 *N*-β-CD 空腔方式）为例，可以将相互作用能分为静电能、排斥能（范德华相互作用中的排斥项）和色散能（范德华相互作用中的吸引项）。如图 6.15（a）所示，静电项和色散项的值呈现为负值，意味着它们在相互作用中表现为吸引，而排斥项呈现正值，说明表现为斥力。此外，相互作用能中的吸引部分主要由色散分量决定，而且即使静电相互作用不如色散强，其对相互作用的贡献也不容忽视。另外，根据相互作用能的定义，负值代表着能量有利的相互作用，或者说相互作用能的负值越大，交联构型越稳定。总体来看，这几种交联方式的相互作用能均为负值，只不过以 *N*-ADA 插入到 *N*-β-CD 空腔方式所表示的主客体相互作用能数值最负（−378.59 kJ/mol），而 ADA-to-ADA 复合物中的相互作用能最高（−11.07 kJ/mol），体现出相互作用最弱。

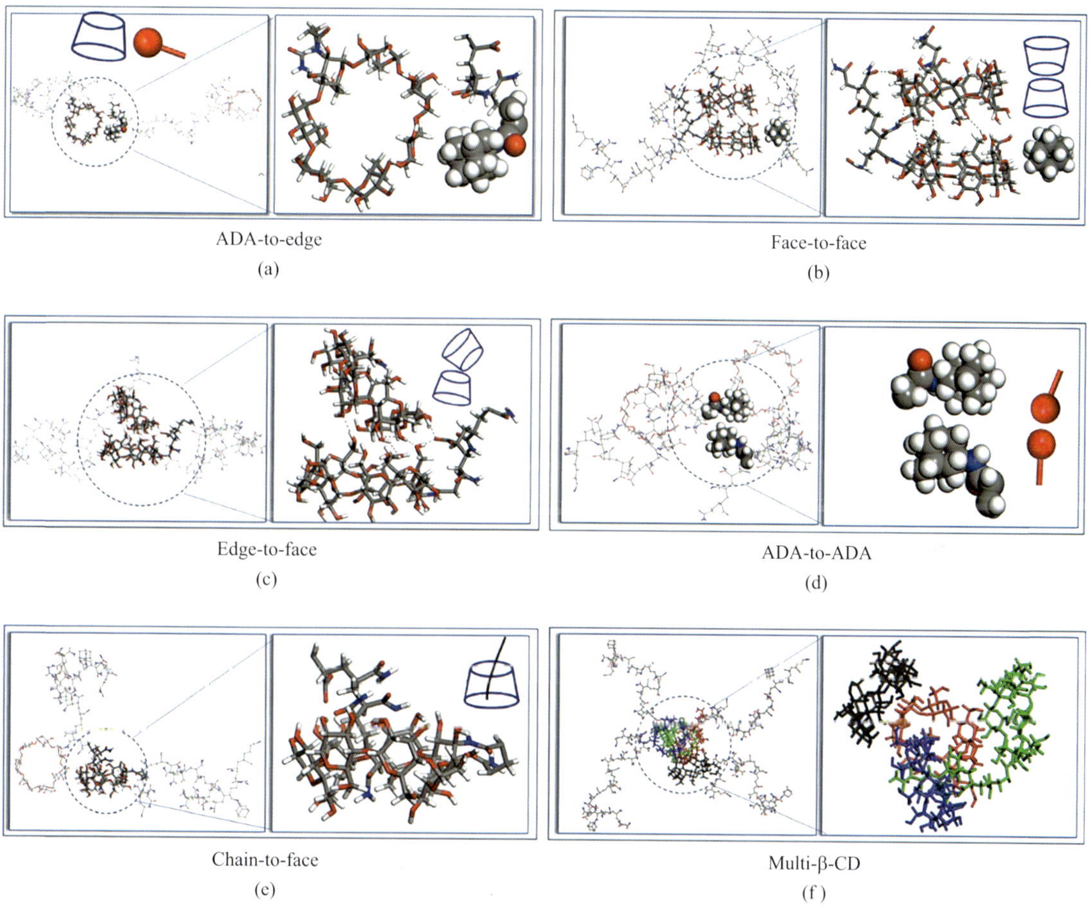

图 6.14　MHPAM 分子的不同组合

（a）ADA 到边缘项；（b）面到面项；（c）边到面项；（d）ADA 到 ADA 项；（e）链到面项；（f）多 β-CD 项

经数据统计，如图 6.15（b）所示，在整个模拟体系三维网状结构中，主要形式是主客体相互作用（*N*-ADA 插入 *N*-β-CD 中，约占 40%），这可以归因于这种方式具有较高的相互作用能。需要说明的是，其他相互作用方式，如边到面项（16%）、链到面项（12%）、ADA 到面项（12%）、Multi-β-CD 项（16%）和 ADA-to-ADA（4%）等，尽管每种结合方式所占的比例都不如主客体方式那么高，但是其对三维网络结构的贡献也不可忽视。

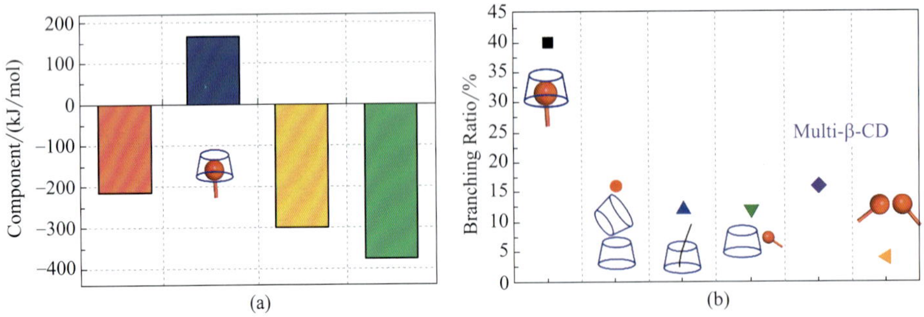

图 6.15　主客体相互作用能量分解（分别为静电、排斥和色散作用，以及总能量）（a）和六种结合方式所占比例（依次为主客体、边到面项、链到面项、ADA 到面项、Multi-**β**-CD 项、ADA 到 ADA 项）（b）

6.3.2　主客体之间的相互作用

为了更好地显示主客体（*N*-β-CD 和 *N*-ADA）之间的相互作用，我们采用 Multiwfn 方法分析了分子间相互作用所发生的区域。非共价相互作用分析表明，主客体相互作用体现在如图 6.16 中的 Inter1 和 Inter2 两区域，在 *N*-β-CD 周围的范德华（绿色区域）和氢键（蓝色区域）作用区域有助于吸引 *N*-ADA。图 6.16 中条形码上方的蓝色部分代表着氢键和范德华作用中的引力部分，而下方的红色部分代表着范德华作用中的排斥部分和空间位阻，因此根据颜色可以合理地识别 *N*-ADA 和 *N*-β-CD 之间的结合位点。聚合物主链与 β-CD 的相互作用可以增强主客体相互作用，有利于形成空间网络结构。

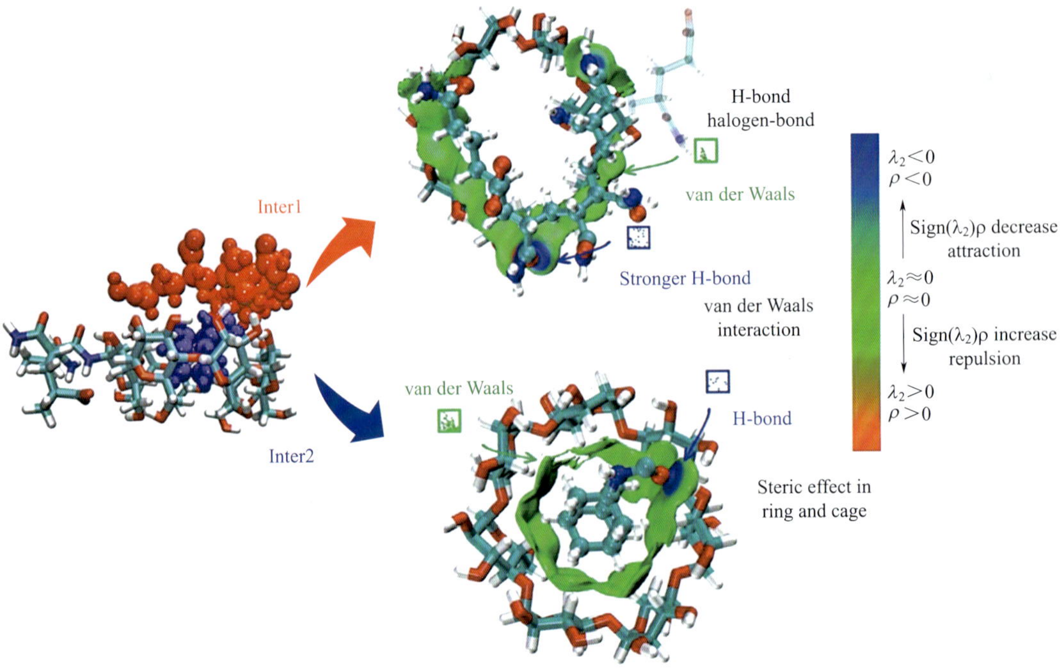

图 6.16　基于主客体复杂结构赫什菲尔德分区等值面图的独立梯度模型

图 6.16 表示主客体相互作用能中，主要以静电势和范德华势为主，静电势与范德华势可表征主客体相互作用区域，如图 6.17（a）和图 6.17（b）中，*N*-ADA 和 *N*-β-CD 上的氧原子和碳原子的静电势分别为负值和正值。结合图 6.14 和图 6.17，相互作用能中的强静电分量归因于 *N*-β-CD 分子的正静电势区域与 *N*-ADA 分子中的负静电势区域之间的相互作用（属 ADA 到面结合方式），或者与 *N*-β-CD 分子的负静电势区域（属面对面结合方式）的相互作用。由于 *N*-β-CD 和 *N*-ADA 的极性低，范德华相互作用在分子间络合过程中与其静电成分一样重要，图 6.17（c）和图 6.17（d）中显示了范德华势的负电区域。

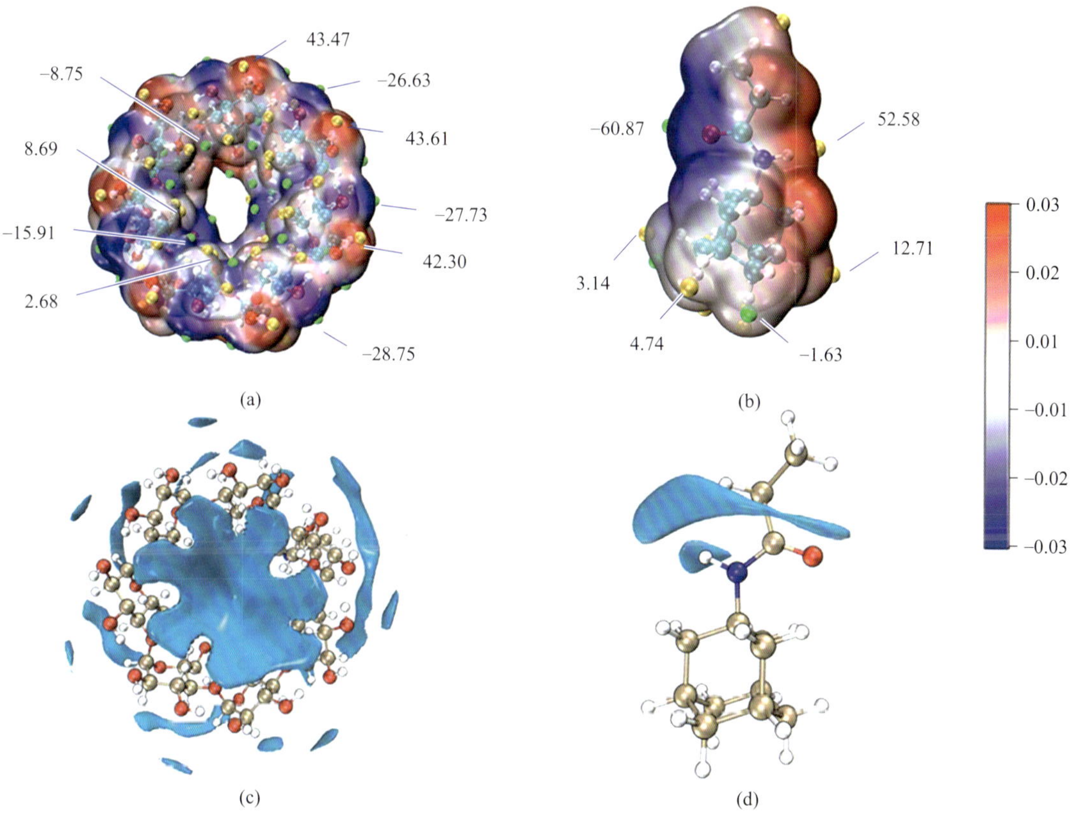

图 6.17　β- 环糊精（a）和 *N*- 金刚烷分子（b）的单分子静电势，以碳为探针原子的 β- 环糊精（a）和 *N*- 金刚烷分子（b）的范德华势，β- 环糊精（c）和 *N*- 金刚烷分子（d）的范德华势中的负电区域

（a）、（b）中的绿色和黄色点分别代表局部最小值位置和最大值位置，单位为 kcal/mol

图 6.18 表示 MHPAM 聚合物链的分子表面绘制图，可以表征聚合物链的空间网状结构。在低浓度下［图 6.18（a）］，聚合物链之间相互作用较弱，聚合物链在体系中是游离的，这也解释了 HPAM 和 MHPAM 的黏度在低浓度下差别不大的原因。当 MHPAM 聚合物链的浓度较高时，空间网络结构逐渐形成，导致体系黏度随着 MHPAM 浓度增加而迅速增加。一般来说，当 MHPAM 浓度增加时，分子间缔合会显著改善，因此可以促进主客体网状结构的形成，从而导致体系具有更高的黏度。

总之，MHPAM 聚合物链之间的相互作用可以促进三维聚合物网状结构的形成。除了常见的主客体结合模式外，分子动力学模拟中还观察到了其他聚合物链间的交联方式，如ADA到面、面到面、边到面、ADA到ADA、链到面和Multi-β-CD等形式。当然主客体复合物表现出最高的相互作用能（−378.59 kJ/mol），表明主客体相互作用形式最稳定。模拟表明，MHPAM分子间相互作用能主要体现色散成分，而静电相互作用并不如色散部分强，但其对相互作用的贡献也不容忽视。由于相互作用能较高，空间网状结构的形成以主客体相互作用占主导（*N*-ADA插入*N*-β-CD中的方式，约占40%）。

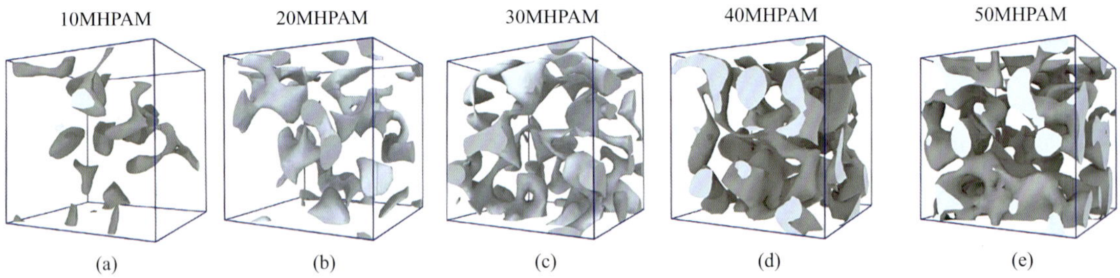

图6.18 不同浓度下，10MHPAM（a）、20MHPAM（b）、30MHPAM（c）、40MHPAM（d）和50MHPAM（e）体系MD模拟后的MHPAM表面

其中10MHPAM等中的数字代表体系中的聚合物链数

6.4 堵水调剖中的预制颗粒凝胶

预制颗粒凝胶（PPG）作为一种新型波及控制技术，由中国石油化工研究院于1996年推出。多年来，从最简单的PPG开始，国内很多科研单位开发了系列PPG产品。这些产品包括典型PPG[交联剂为*N*, *N*-亚甲基双丙烯酰胺（MBA）]、增加溶胀功能的PPG（单体为丙烯酰胺、丙烯酸，交联剂为MBA）、加入黏土增加凝胶强度的PPG（交联剂为MBA或者PEG等）、同时具有稳定和不稳定交联剂的PPG（单体中加入苯乙烯，交联剂既有MBA又有PEG）、带有星状支链的PPG、超吸附PPG（对凝胶颗粒磺化，以硝酸铝纳米水合物作为交联剂）等。

不同尺寸的预制颗粒凝胶（PPG）与水接触时，通常会溶胀到原来尺寸的几倍到几百倍，膨胀后颗粒变得有弹性和可变性。将溶胀的颗粒以1000～20000 mg/kg的浓度注入所需地层，可有效降低如裂缝和水通道的渗透。纳米至微米尺寸的小颗粒凝胶，可用于减少非均值油藏的产出水，并起到调剖作用；微米至毫米尺寸的大颗粒凝胶，对于控制渗透率超过几个达西的地层裂缝或通道非常有用，能够部分堵塞高渗透层。我们将采用分子动力学模拟研究预制颗粒凝胶在纳米孔道中的运移。

6.4.1 PPG在水溶液中的溶胀过程

首先构建水解度为25%的无规HPAM链段，通过图6.19（a）所示的分子结构将聚合物链连接，形成网状结构的PPG。随后采用分子动力学模拟PPG在水溶液中的聚集行为。相对于“干粉”状态，PPG的溶剂可接触表面积及体积等均有所增大，吸水溶胀后计算的膨胀倍数约为1，但远小于多数实验中几十倍的增量。这主要是由于模拟体系中的聚合物分子量小，仅有3.5万左右，远小于实验中几百万数量级的分子量，并且选取的是在0.47 nm范围内的水分子，比典型实验中的尺度也小很多。但是模拟和实验中PPG遇水溶胀的变化趋势是一致的，也就是说PPG在水环境下会发生溶胀（马莹等，2015）。

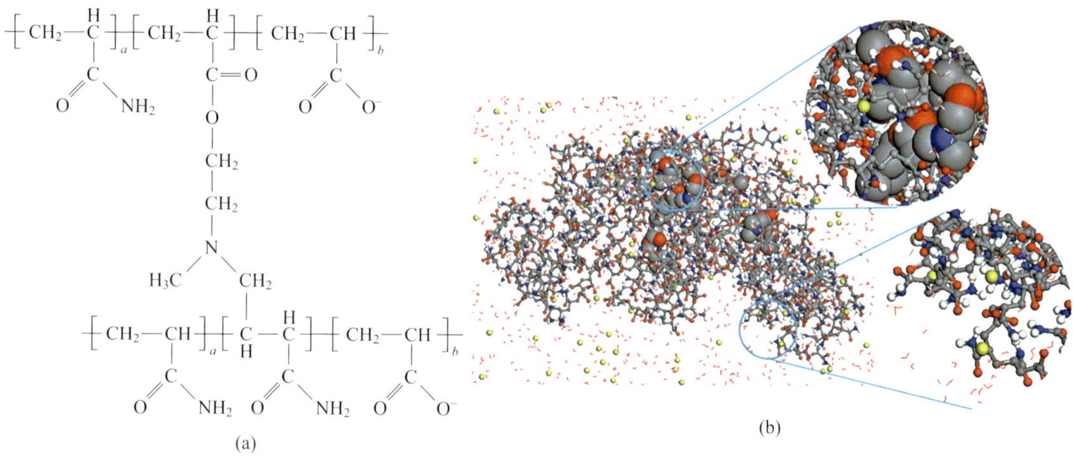

图6.19　疏水缔合的部分水解聚丙烯酰胺的结构及模拟初始构型图

（a）疏水缔合的部分水解聚丙烯酰胺结构式；（b）连接成网状结构的聚合物链在溶液中模拟的初始构型，图中放大部分分别为处于内核中的疏水连接基团（CPK模式显示）和外围的亲水部分

PPG聚合物链上的—COO^-以及—$CONH_2$官能团，因为极性较大且含有丰富的氢键受体和给体，致使这些亲水基团与水分子结合之后，其周围会形成相对稳定的水化层，且将水分子束缚其中。根据羧基和酰氨基与水分子之间的空间分布函数（SDF）和径向分布函数（RDF），可大致勾勒出亲水基团周围水化层的结构（图6.20）。在径向分布函数中存在两个波峰，对应的是水分子与部分水解聚丙烯酰胺之间所形成的两个水化层。第一水化层内的结合水通过氢键与亲水基团中心原子结合；第二水化层内的束缚水通过氢键与第一水化层内的结合水结合，但是结合强度有所降低，容易脱离。

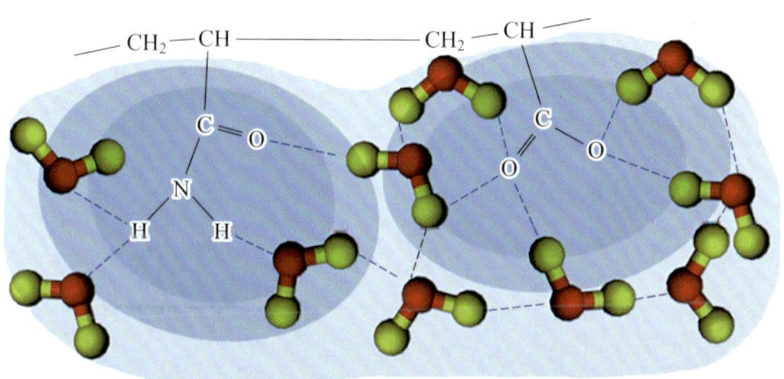

图6.20　疏水缔合的部分水解聚丙烯酰胺亲水基团周围水分子的分布及氢键网络示意图

6.4.2 PPG 在纳米孔道内的运移

将吸水溶胀后的 PPG 放置于 SiO_2 纳米孔道内，并对 PPG 施加外力，以模拟水驱压力下 PPG 在纳米孔道内的运移。图 6.21（a）为模拟中所使用的 SiO_2 纳米孔道，其中内径裸露的 Si 原子以硅羟基形式出现。模拟中通过计算 PPG 的骨架 C 原子和水分子中 O 原子的密度分布，来探讨 PPG 和水分子在二氧化硅纳米孔道内的分布情况。从图 6.21（b）中可以看出，硅羟基上的 O 与 H 主要分布在二氧化硅纳米孔道距离孔心位置 2.5 nm 处，而溶胀后的 PPG 大部分位于纳米孔道的孔心位置，并且沿孔道中心向二氧化硅内表面方向的分布逐渐减少。通过水分子上 O 原子在纳米孔道内的分布图，可以发现，在纳米孔道表面出现一个排列紧密的水化层，该水化层被硅羟基所束缚，厚度约为 0.4 nm。

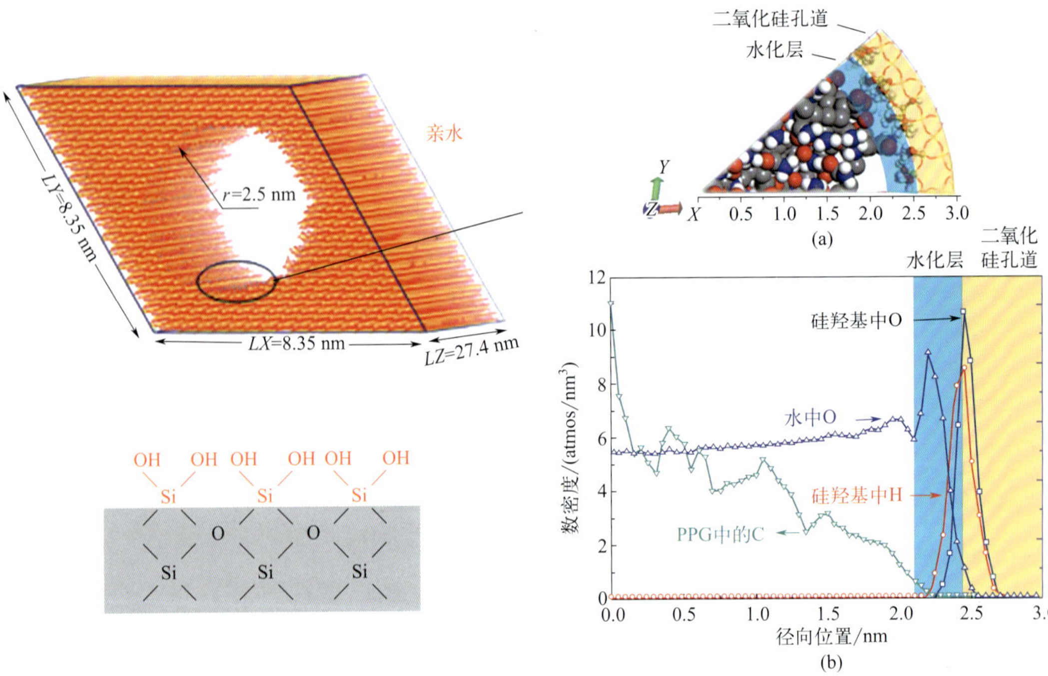

图 6.21 用羟基处理过的二氧化硅纳米孔道（直径 5 nm，长 27 nm）（a）和二氧化硅纳米孔道内部分原子的密度分布图（b）

图 6.22 为二氧化硅纳米孔道内不同径向位置（R）处的水分子的轴向扩散系数。这里水分子的扩散系数只考虑了轴向扩散，作为对比用虚线表示体相水的扩散。从图中可知，与体相水（约 4.14×10^{-5} cm^2/s）相比，纳米孔道内表面附近水分子的可运动性明显降低。在纳米孔道内表面附近（$R>2.0$ nm），水分子的扩散系数几乎接近于 0，这说明水分子被硅羟基通过氢键束缚，我们把第一水化层中的水分子定义为结合水。这层被牢牢束缚的水化层形成了天然的物理能垒，以阻碍 PPG 直接与纳米孔道表面发生相互作用。

在第一水化层之外，水分子扩散系数逐渐增加。我们定义第二水化层（1.2 nm $<R<$ 2.1 nm），在图 6.21（b）与 6.22 中可以清晰观察到第二水化层的存在。与第一水化层中的结合水不同，第二水化层内的水分子由束缚水构成，与第一水化层里的水分子形成氢键，扩散系数有所升高。

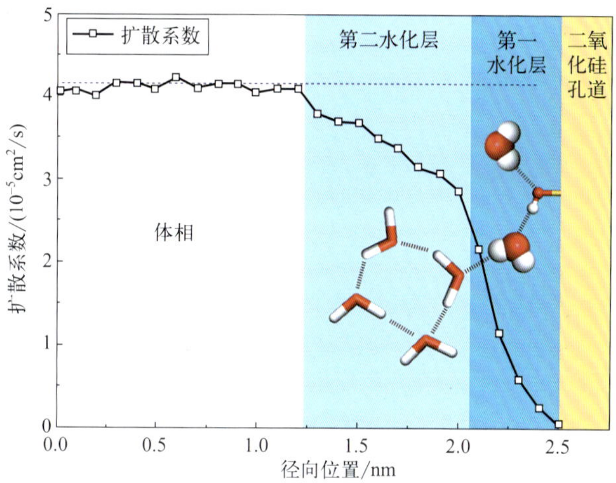

图 6.22　SiO_2 纳米孔道内不同径向位置处水分子的扩散系数

其中蓝色的虚线表示体相水的扩散系数，深蓝色区域代表第一水化层，浅蓝色是第二水化层。二氧化硅纳米孔道内表面的 Si—OH 基团用球棍模型表示，第一水化层的水分子用 CPK 模型表示，第二水化层的 H_2O 用棍棒模型表示，体系内的氢键用黑色虚线表示

模拟中通过施加外力模拟原油开采过程中的水驱压力，施加外力和 PPG 质心位移随时间的变化如图 6.23（a）所示，表明 PPG 在纳米孔道内的运移过程可以分为三个阶段：①在模拟的最初 0.4 ns 内，外力迅速增加但是 PPG 质心几乎没有变化，这归因于外力驱动 PPG 在沿纳米孔道向前移动的过程中，需克服与 PPG 相关的阻力，比如 PPG 与纳米孔道内表面之间的相互作用、PPG 周围的氢键等。②当外力增加到一定程度后，PPG 聚集体开始沿纳米孔道缓慢运移，在这一阶段，外力经过调整基本与 PPG 受到的阻力相平衡。③在模拟 1.1 ns 之后，外力达到最大并保持相对稳定，PPG 在纳米孔道内匀速移动。

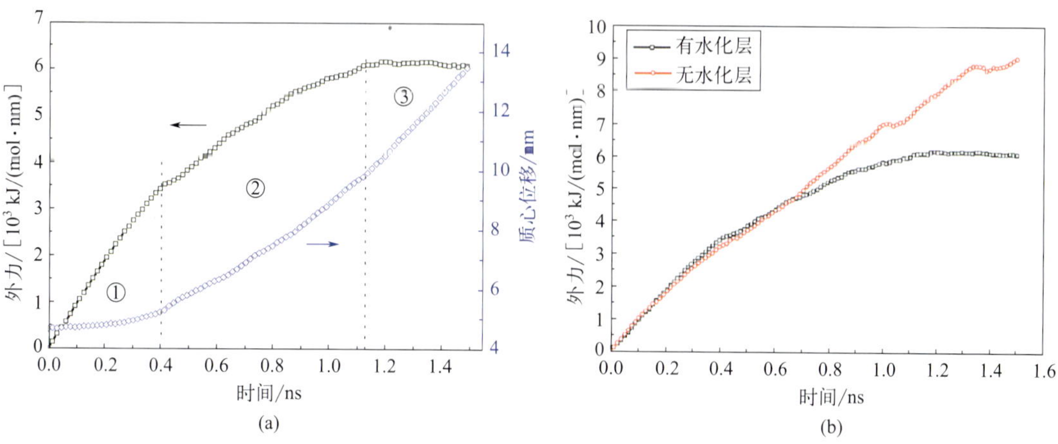

图 6.23　PPG 运移过程中施加的外力和质心位移随模拟时间的变化（a）和二氧化硅孔道内有无水化层体系的外力随时间的变化（b）

通过以上三个阶段的分析，可以发现所施加的外力必须能够破坏 PPG 周围的氢键，克服由 PPG 与孔道内表面之间的相互作用所带来的阻力。图 6.23（b）比较了纳米孔道在存在或不存在水化层情况下，PPG 运移过程所施加外力情况，发现在②、③阶段，前者所施加外

力要小于后者，也就是说固体表面所形成的水化层减弱了 PPG 与孔道内表面之间的相互作用，起到了部分润滑作用，因而减小了 PPG 在运移过程中所要克服的阻力，相应的就是减弱了在注入 PPG 过程中所需施加的压力（Ma et al.，2016）。

6.4.3 PPG 在孔喉处的运移

实际地层中更多会遇到纳米孔道直径变化的情况，因此模拟中我们另外构建了一端直径为 5 nm，另一端直径分别为 2 nm、3 nm、4 nm 的三个孔喉微观模型（d50-d20、d50-d30、d50-d40），以模拟 PPG 通过孔喉过程所引起的结构变化。以在 d50-d30 纳米孔道中运移为例，虽然在直径不同的二氧化硅纳米孔道的连接处，PPG 运移缓慢几乎滞留，但是最终仍然能够穿过孔喉运移。如图 6.24 所示，PPG 在模拟 1500 ps 时，从初始状态到达 d50-d30 纳米孔道的连接处，因为二氧化硅纳米孔径变小，PPG 运移缓慢，2500 ps 时在外力拉伸下 PPG 变形进入孔径小的纳米孔道，并在 2900 ps 时全部运移至 3 nm 的纳米孔道中。图 6.25 为模拟过程中，所施加外力和 PPG 的质心位置随模拟时间的变化，可以观察到 PPG 从初始状态的 3 nm 运移到 15 nm 处，但是 PPG 质心在纳米孔道的径向变化并不明显，平均偏差约为 0.1 nm，也就是说 PPG 的质心在 3 ns 的模拟过程中几乎都是处于纳米孔道的轴心位置。

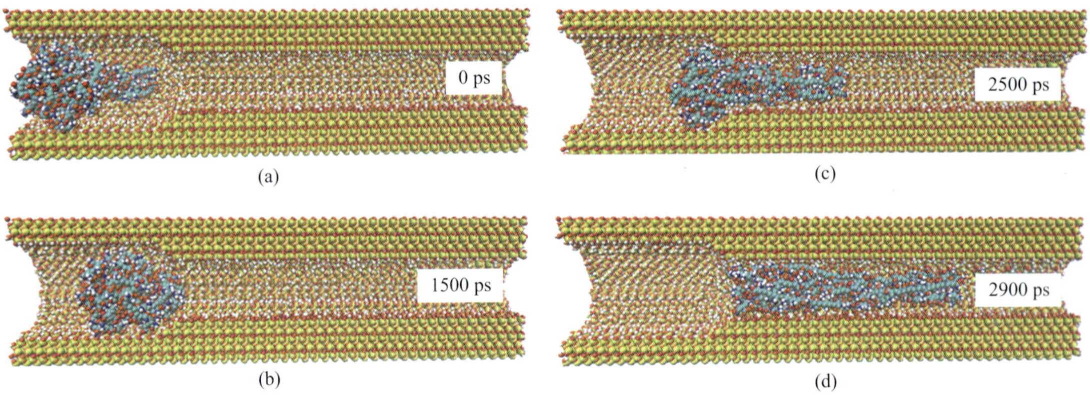

图 6.24　外力拉动 PPG 在 d50-d30 纳米孔道中运移时不同模拟时间的构象图

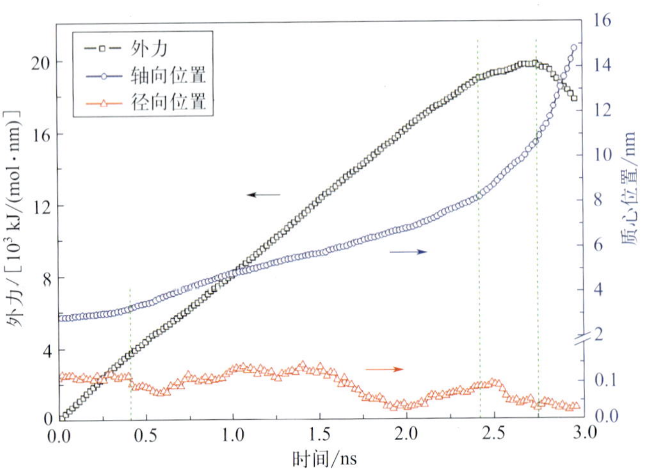

图 6.25　d50-d30 纳米孔道内 PPG 的运移过程中施加的外力和聚集体的质心位置随模拟时间的变化

结合 PPG 质心位置和外力变化情况，我们可以将 PPG 在不同孔径纳米孔道中的运移过程分为四个阶段：①在模拟的最初 0.4 ns 内，外力迅速增加但是 PPG 质心几乎没有移动，表明外力驱动下 PPG 需克服与纳米孔道间的静摩擦力。②当外力与静摩擦力相抗衡之后，PPG 开始沿纳米孔道缓慢移动。在这个阶段，外力和 PPG 质心位置几乎呈线性变化。此时 PPG 在孔道轴向上的回旋半径减小（图 6.26），意味着 PPG 开始被压缩变形，只有当外力超过某一数值后，聚集体沿轴向的回旋半径迅速增大，表明 PPG 聚集体开始运移到较小纳米孔道中。③在 2.4 ns 之后，变形的 PPG 聚集体大部分进入孔径小的纳米孔道，因此外力增加变缓。④2.75 ns 之后，PPG 聚集体全部进入孔径小的纳米孔道中，外力开始减小。

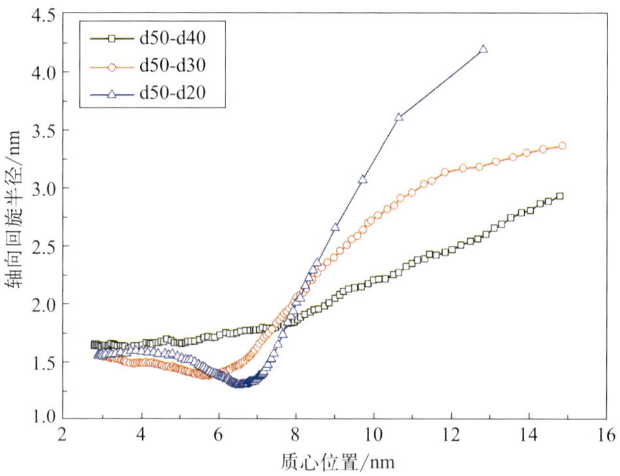

图 6.26　PPG 聚集体运移过程中纳米孔轴向回旋半径的变化

6.4.4　PPG 聚集体运移过程中的变形和脱水

PPG 聚集体在纳米孔道的运移过程中，会发生构象变化（图 6.24）。对于 d50-d30 体系，在模拟前 1.5 ns，也就是 PPG 聚集体在达到孔喉之前，PPG 聚集体的构象能并没有发生明显的变化（图 6.27）。在 1.5 ns 后，PPG 聚集体开始进入孔径较小的纳米孔道，构象能迅速增大，主要来自于键角的弯曲和二面角的扭曲。对比三种不同纳米孔道，可以发现纳米孔道越小，PPG 聚集体构象能的变化越明显，势能也就越高。也就是说，孔喉一侧的孔道越小，PPG 聚集体相对于初始状态构象变形越明显。

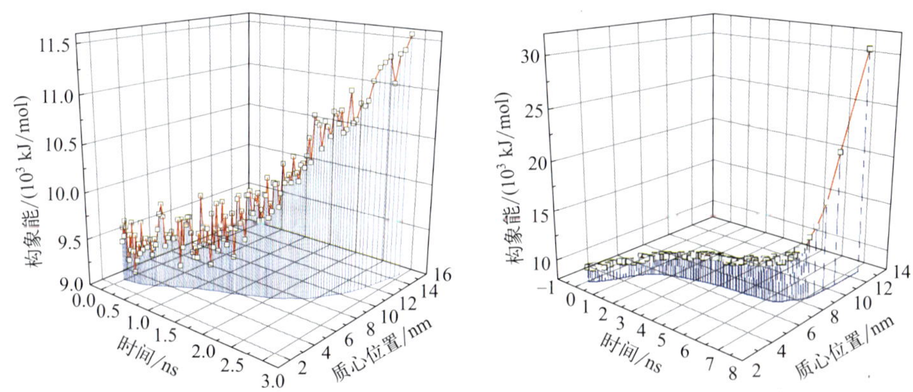

图 6.27　在 d50-d30 和 d50-d30 纳米孔道中 PPG 聚集体质心位置和构象能变化图

柔性的水化凝胶颗粒通过较小孔径的纳米孔道时，通常会发生变形和脱水。很显然，这和颗粒本身的物理性质，包括颗粒的大小、孔径大小以及颗粒与纳米孔道表面的相互作用有关。为了进一步探讨 PPG 在不同孔径纳米孔道中的运移机制，对运移过程中 PPG 聚集体周围水化层内的水分子数进行了统计分析，图 6.28 为 PPG 聚集体周围 0.4 nm 范围内水分子数目随 PPG 移动距离的变化。

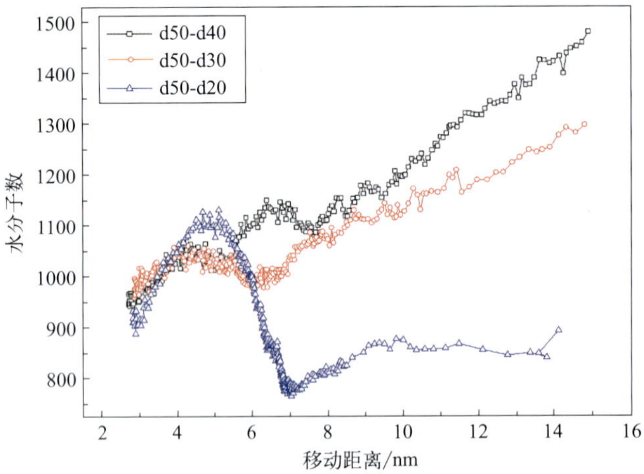

图 6.28 在不同孔径的纳米孔道中运移时 PPG 聚集体水化层内水分子数目的变化

如图 6.28 所示，在三个模拟体系的最初阶段，PPG 聚集体周围水分子数目呈逐渐增大的趋势。这是由于外力拉动聚集体，增大了聚集体的溶剂可接触表面积。当聚集体到达 2 nm 孔道连接部位时，PPG 因纳米孔径变小而被挤压，水化层中的水分子在外力作用下脱离，导致水化层内的水分子减少。当 PPG 通过连接处进入到孔径较小的纳米孔道时，又重新吸收水分子发生溶胀，所以水化层内水分子数目有所增加。对比三个体系的水化层内水分子的变化情况，可以发现，孔径越小，PPG 聚集体脱水数目越多，聚集体变形越明显，这与实验结果是一致的。

PPG 聚集体脱水的过程必须要克服因水分子与亲水基团相互作用产生的能垒，其能垒与聚集体亲水基团相关的非键相互作用，如与固体表面和水分子相关的范德华力、静电和氢键等有关。也就是说，PPG 聚集体脱水需克服的能垒与 PPG 本身物理化学性质及表面结构息息相关。

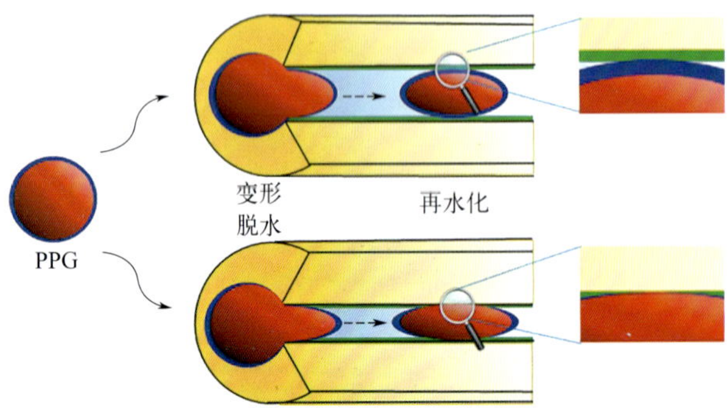

图 6.29 PPG 聚集体通过不同孔径纳米孔道的结构变化以及孔道表面水化层和 PPG 水化层变化

总之，通过拉伸分子动力学模拟，可以研究PPG聚集体通过孔喉的过程，在运移过程中，PPG聚集体发生了脱水、变形，构象变化引起构象能升高，部分水分子与亲水基团解离。因此外力拉伸下，PPG进入小孔径纳米孔道需要克服该构象变化所引起的能量变化以及亲水基团与水分子解离所需要跨越的能垒。图6.29为PPG聚集体通过不同孔径纳米孔道的形变示意图，其中大孔道体现孔道表面水化层与PPG表面水化层之间的润滑作用，有利于PPG在孔道中的运移；而小孔道会挤压孔道水化层和PPG表面水化层，发生PPG聚集体的变形和脱水，有堵塞纳米孔道的作用（Zhang et al.，2016）。

6.5 纳米颗粒与聚丙烯酰胺复合增黏体系模拟操作案例

操作软件：Gromacs、VMD。

性质分析：扩散系数、黏度、氢键数目、径向分布函数。

本实验以二氧化硅（SiO_2）与部分水解聚丙烯酰胺（HPAM）为例，使用分子动力学模拟其组装过程，并计算SiO_2与聚丙烯酰胺复合体系的扩散系数、黏度、氢键数目等。

具体步骤如下：

（1）力场参数和结构文件

Gromacs程序运行需要结构和力场参数文件。力场形式不同（如Amber、GROMOS、Charmm、OPLS等），力场参数文件的构建或者获取方式也有所不同。现有多种Gromacs拓扑文件产生工具可供选择，本实验中采用应用广泛、性能可靠的GROMOS 54A7力场。GROMOS力场一般和SPC或SPC/E水模型搭配使用。二氧化硅（SiO_2）与聚丙烯酰胺分子的结构可以通过Material Studio软件构建，也可以通过在线网站产生分子结构和力场，这里介绍利用力场在线产生工具Automated Topology Builder（ATB，http://atb.uq.edu.au/index.py）获取所需结构文件和力场文件的方法。

首先在Material Studio软件中构建聚合度为28的25%水解的聚丙烯酰胺与半径为9.37 Å的SiO_2颗粒［参考《分子模拟》（第二版）中第十一章内容］。通过ATB可以产生两种力场：一个是全原子力场［GROMACS G54A7FF All-Atom（ITP file）］，另一个是联合原子力场［GROMACS G54A7FF United-Atom（ITP file）］。本实验采用全原子力场，在力场下载页面中选择“GROMACS G54A7FF All-Atom（ITP file）”和对应的坐标文件“All-Atom PDB（optimised geometry）”，得到相应的力场文件和坐标文件。为了方便，我们将文件名称分别修改为“HPAM.itp”“HPAM.pdb”“silica.pdb”和“silica.itp”。至此我们得到了模拟所需分子的结构坐标及其力场文件。

（2）构建纳米颗粒与聚丙烯酰胺复合体系

将HPAM.itp、atomtypes.itp、silica.pdb、silica.itp等文件放置到计算目录中。构建含有6条HPAM链和1个silica纳米颗粒的复合体系，模拟格子体积为（6×6×6）nm^3，使用Gromacs（version 2023.3）程序指令，分别构建模拟盒子、添加分子和溶剂水。

```
>> gmx insert-molecules -ci HPAM.pdb -box 6 6 6 -nmol 6 -o box.gro
>> gmx insert-molecules -ci silica.pdb -f box.gro -nmol 1 -o box1.gro
>> gmx solvate -cp box1.gro -o box2.gro
```

运行结束后，提示 Number of solvent molecules：6148。模拟盒子中此时含有 6 个 HPAM 分子、1 个 silica 纳米颗粒和 6148 个水分子。

添加钠离子：

准备动力学计算参数文件和体系拓扑文件 em.mdp 和 system.top。前者 mdp 文件中参数设置详情请参考 Gromacs 手册《Run Parameters and Programs》。后者在最后三行分别指定各组分的分子数。

```
>> gmx grompp -f em.mdp -c box2.gro -p system.top -o ion.tpr -maxwarn 1
>> gmx genion -s ion.tpr -np 42 -pname NA -o boxion.pdb -p system.top
```

提示 Select a group:，输入 5，[Group 5（SOL）has 19245 elements，将 SOL 组中的 42 个分子替换为 Na^+]。

将得到的模拟初始构型 boxion.pdb 文件用 VMD 打开，依次操作：

VMD 的命令控制端输入 pbc box；VMD Main 窗口点击 Graphics，在 Graphical Representations 对话框中点击 Create Rep，Selected Atoms 中输入“resname silica NA HPAM”，点击 Apply 按钮；点击 Draw style 标签，Drawing Method 下拉菜单选择 VDW。显示初始构型如图 6.30 所示。

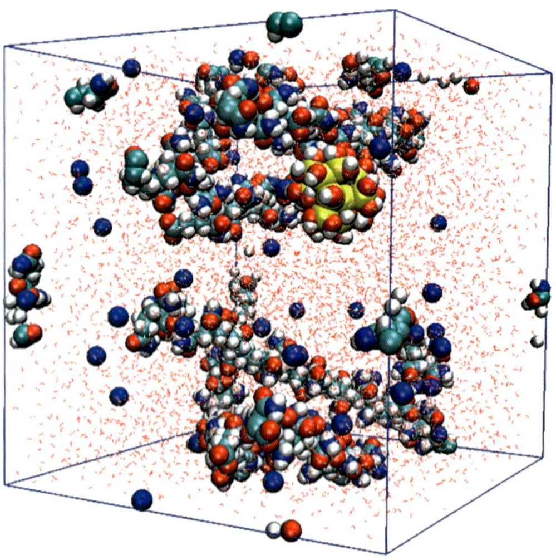

图 6.30　初始构型图

（3）能量最小化及分子动力学计算

模型构建完毕后，通常要先进行能量最小化，消除体系中可能存在的构象重叠，然后再进行分子动力学模拟计算。本实验是在 *NPT* 系综下进行 10 ns 的分子动力学模拟，进行预平衡计算，模拟运算参数输入文件 npt.mdp，各参数详情参考 Gromacs 手册《Run Parameters and Programs》。

能量最小化：

```
>> gmx grompp -f em.mdp -c boxion.pdb -p system.top -o em.tpr -maxwarn 1
>> gmx mdrun -deffnm em
```

NPT 系综预平衡：

```
>> gmx grompp -f npt.mdp -c em.gro -p system.top -o npt.tpr -maxwarn 1
>> gmx mdrun -deffnm npt
```

NPT 系综模拟完成之后，用最后一帧构型进行 100 ns 的 *NVT* 模拟用于性质分析：

```
>> gmx grompp -f nvt.mdp -c npt.gro -p system.top -o nvt.tpr -maxwarn 1
>> gmx mdrun -deffnm nvt
```

（4）动力学结果分析

分子动力学模拟计算完成之后，运动轨迹储存在 nvt.trr 文件中，使用 VMD 软件加载轨迹文件 nvt.trr，可观察体系内各组分的运动状态。操作方法为：

VMD Graphical Representations 对话框中，双击第一行 Rep（Lines Name all），隐藏溶剂水分子以便观察胶束；VMD Main 窗口 File-Load Data Into Molecule 载入 nvt.trr，待载入完毕，即可拖动 VMD Main 窗口滑块观察运动轨迹。本实验中 100 ns 模拟之后，HPAM 分子与纳米颗粒发生自组装，如图 6.31 所示。可进一步延长时间以观察其是否会进一步聚并。本实验中需计算各种动力学数据，轨迹帧数足够多的情况下无需进一步模拟。

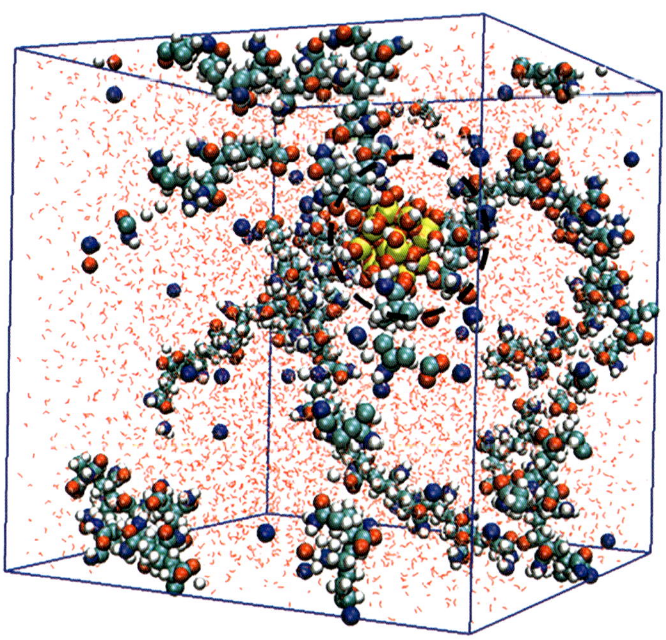

图 6.31　100 ns 时的聚集构型

计算 HPAM 羧基周围水的径向分布函数（RDF），首先创建分组：

```
>> gmx make_ndx -f nvt.gro -o rdf.ndx
```

```
  0 System              : 20919 atoms
  1 Other               :  1839 atoms
  2 HPAM                :  1728 atoms
  3 NA                  :    42 atoms
  4 silica              :   111 atoms
  5 Ion                 :    42 atoms
  6 HPAM                :  1728 atoms
  7 NA                  :    42 atoms
  8 silica              :   111 atoms
  9 Water               : 19038 atoms
 10 SOL                 : 19038 atoms
 11 non-Water           :  1881 atoms
 12 Water_and_ions      : 19080 atoms

 nr : group      '!': not  'name' nr name   'splitch' nr    Enter: list groups
 'a': atom       '&': and  'del' nr         'splitres' nr   'l': list residues
 't': atom type  '|': or   'keep' nr        'splitat' nr    'h': help
 'r': residue              'res' nr         'chain' char
 "name": group             'case': case sensitive           'q': save and quit
 'ri': residue index

> t OM

Found 84 atoms with type OM

 13 OM                  :    84 atoms

> a OW

Found 6346 atoms with name OW

 14 OW                  :  6346 atoms

> q
```

OM 是 HPAM 中羧基氧原子类型，OW 是水分子中氧原子的名称，使用选择原子指令将这两类原子分别编组，两个组的序号分别为 13 和 14。使用 RDF 计算指令：

```
>> gmx rdf -s nvt.tpr -f nvt.trr -ref 'group 13' -sel 'group 14' -o O-W.xvg
-n rdf.ndx
```

其中 -ref 指定中心组原子，即羧基氧原子，-sel 为要统计 RDF 分布的组，即水氧原子组。O-W.xvg 的 RDF 如图 6.32 所示。

随后计算 98 ～ 100 ns 之间 HPAM 与水分子形成的氢键数目，输入命令：

```
>> gmx hbond -s nvt.tpr -f nvt.trr -n rdf.ndx -num hbond.xvg -b 98000
```

第一组选择 group 2 即所有 SDS，第二组选择 group 10 即所有水分子，计算二者之间氢键数目随模拟时间的变化。取前两列作图 6.33，氢键数目在模拟时间内维持在 440 个左右。

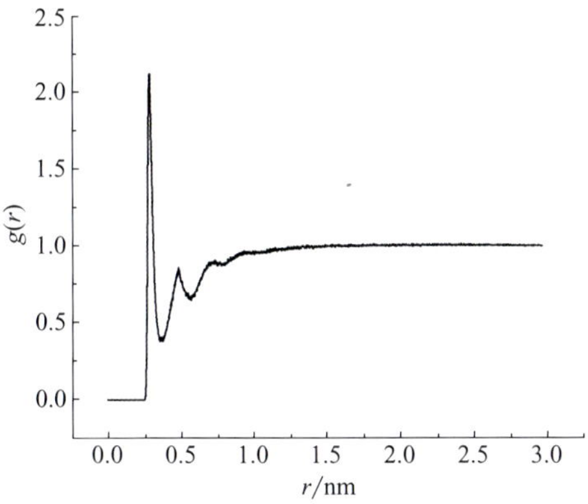

图 6.32　HPAM 中羧基与水分子的径向分布函数

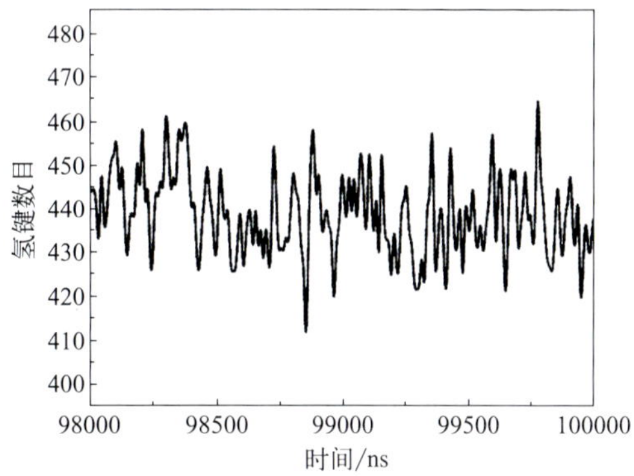

图 6.33　氢键数目随模拟时间的变化

体系的动力学数值对于纳米颗粒增黏体系的研究至关重要，下面计算体系的动力学数据，首先是扩散系数。分子的扩散性质借助 MSD 分析。MSD 是时间的函数，衡量经过 t 时间粒子位移量平方的平均值。均方位移的计算公式如下所示：

$$\mathrm{MSD}(t)=\left\langle \frac{1}{N_\alpha}\sum_{i=1}^{N_\alpha}\left|r_i(t)-r_i(0)\right|^2 \right\rangle$$

N_α 表示体系中的分子数，$r_i(t)$ 代表分子 i 在 t 时刻的位置。均方位移可以用来表示分子相较于它们初始位置的变化情况。扩散系数 D 体现分子的扩散速度，其计算公式为：

$$D_\alpha=\frac{1}{2dN_\alpha}\lim_{t\to\infty}\frac{\mathrm{d}}{\mathrm{d}t}\sum_{i=1}^{N_\alpha}\left\langle\left|r_i(t)-r_i(0)\right|^2\right\rangle$$

式中，d 是整个体系的维数。

具体操作步骤如下：①确定待分析的目标分子：使用 gmx make_ndx 创建两个组，一个组是 HPAM 组，另一个组是纳米颗粒组，分组的操作参考上例。②计算复合体系中各组分的均方位移（MSD）及扩散系数（D_α）输入命令：

```
» gmx msd -s nvt.tpr -f nvt.trr -n rdf.ndx -o HPAM.xvg -b 9900
```

“Select a group”时，选择“2”，这样就可以计算出 HPAM 分子在平衡最后 100 ps 内的 MSD。Gromacs 能够直接给出这部分水分子的扩散系数（D_α）为（0.238 9±0.116 1）×10^{-5} cm^2/s，如图 6.34 所示。将 HPAM.xvg 里的数据作图即可得到 MSD 随时间的变化，如图 6.35 所示。

接下来计算体系的黏度（图 6.36），在确保模拟体系已达到平衡稳定状态之后，下一步使用周期性微扰方法（PPM）计算稠油体系的黏度（具体公式参见 6.2 节）。

使用周期扰动法需要在 mdp 里用 cos-acceleration = N 关键词，代表对不同 z 位置的粒子在 x 方向施加不同的加速度。N 的单位为 nm/ps^2，此例中我们选用 0.05 数值。具体操作为将之前 nvp.mdp 拷贝为 vis.mdp，添加 cos-acceleration = 0.05 关键词，模拟时间改为 2 ns。

```
Select a group to calculate mean squared displacement for:
Group     0 (         System) has 20919 elements
Group     1 (          Other) has  1839 elements
Group     2 (           HPAM) has  1728 elements
Group     3 (             NA) has    42 elements
Group     4 (         silica) has   111 elements
Group     5 (            Ion) has    42 elements
Group     6 (           HPAM) has  1728 elements
Group     7 (             NA) has    42 elements
Group     8 (         silica) has   111 elements
Group     9 (          Water) has 19038 elements
Group    10 (            SOL) has 19038 elements
Group    11 (      non-Water) has  1881 elements
Group    12 ( Water_and_ions) has 19080 elements
Group    13 (             OM) has    84 elements
Group    14 (             OW) has  6346 elements
Select a group: 2
Selected 2: 'HPAM'
```

```
Used 11 restart points spaced 10 ps over 100 ps

Fitting from 10 to 90 ps

D[       HPAM] 0.2389 (+/- 0.1161) 1e-5 cm^2/s
```

图 6.34　计算 MSD 及结果界面

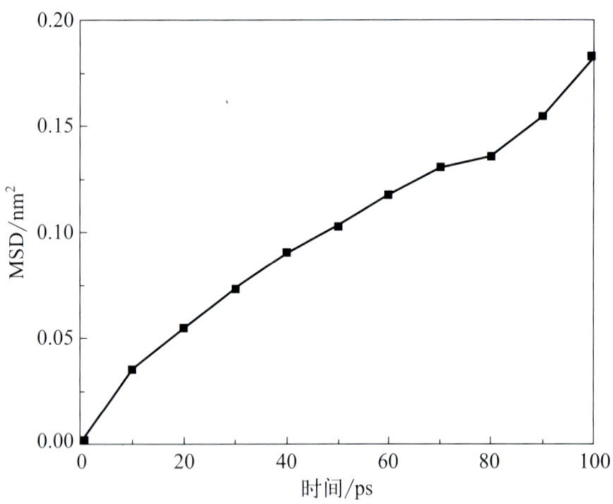

图 6.35　均方位移

纳米颗粒与聚丙烯酰胺复合增黏体系运行脚本

```
>> gmx grompp -f vis.mdp -c nvt.gro -p system.top -o vis.tpr -maxwarn
>> gmx mdrun -deffnm vis
>> gmx energy -f vis.edr -b 1000
```

将结果取倒数即可得到黏度数值。由于刚开始加外力时体系可能没有达到平衡，因此从 1 ns 时开始进行统计。

在 VMD 软件中显示 HPAM 与 silica 形成的交联结构。将最后一帧即 100 ns 时的结构（nvt.gro）载入到 VMD 中，VMD Graphical Representations 对话框中点击“Create Rep”新

建图层，在 Selected Atoms 中输入 “resname SILI”，点击 “Apply” 并将 Drawing method 改为 Licorice 以突显该分子，进一步点击 “Create Rep” 新建图层，在 Selected Atoms 中输入 “same resid as {resname HPAM and within 11 of resname SILI }”，点击 “Apply” 并将 Drawing method 改为 Licorice 以突显 silica 和 HPAM 的交联结构，选择界面如图 6.37 所示，显示结果如图 6.38 所示。

```
Select the terms you want from the following list by
selecting either (part of) the name or the number or a combination.
End your selection with an empty line or a zero.
-------------------------------------------------------------------
  1  G96Bond          2  G96Angle         3  Proper-Dih.      4  Improper-Dih.
  5  LJ-14            6  Coulomb-14       7  LJ-(SR)          8  Disper.-corr.
  9  Coulomb-(SR)    10  Coul.-recip.    11  Potential       12  Kinetic-En.
 13  Total-Energy    14  Conserved-En.   15  Temperature     16  Pres.-DC
 17  Pressure        18  Constr.-rmsd    19  Vir-XX          20  Vir-XY
 21  Vir-XZ          22  Vir-YX          23  Vir-YY          24  Vir-YZ
 25  Vir-ZX          26  Vir-ZY          27  Vir-ZZ          28  Pres-XX
 29  Pres-XY         30  Pres-XZ         31  Pres-YX         32  Pres-YY
 33  Pres-YZ         34  Pres-ZX         35  Pres-ZY         36  Pres-ZZ
 37  #Surf*SurfTen   38  2CosZ*Vel-X     39  1/Viscosity     40  T-System
 41  Lamb-System

39

Last energy frame read 20000 time 2000.000

Statistics over 1000001 steps [ 1000.0000 through 2000.0000 ps ], 1 data sets
All statistics are over 10001 points (frames)

Energy                      Average   Err.Est.       RMSD  Tot-Drift
-------------------------------------------------------------------------------
1/Viscosity                 1702.15         22    159.905    138.857  (m s/kg)

GROMACS reminds you: "If Java had true garbage collection, most programs would delete themselves upon
 execution." (Robert Sewell)
```

图 6.36　体系黏度计算界面

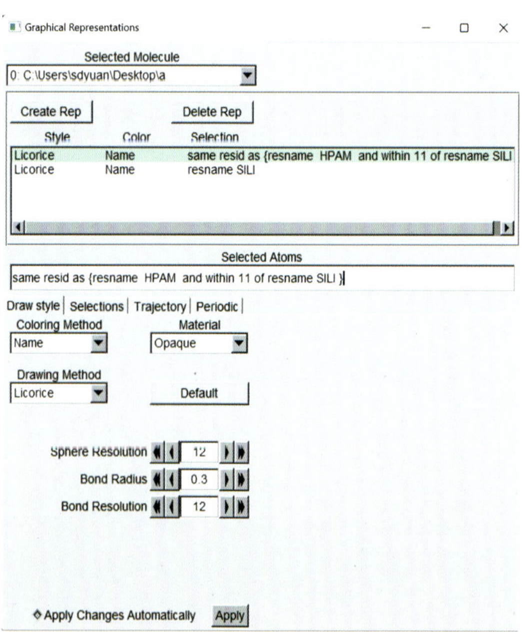

图 6.37　VMD 选择界面

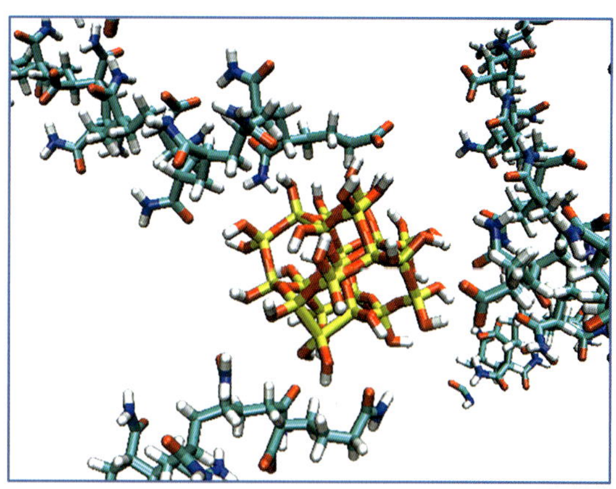

图 6.38　HPAM 和 silica 的交联结构

参考文献

de Aguiar K L N P，Palermo L C M，Mansur C R E，2021. Polymer viscosifier systems with potential application for enhanced oil recovery：a review[J]. Oil & Gas Science and Technology，76：65.

Dubin P，Strauss U P，1967. Hydrophobic hypercoiling in copolymers of maleic acid and alkyl vinyl ethers[J]. Journal of Physical Chemistry，71（8）：2757-2759.

Ferreira V H S，Moreno R B Z L，2020. Experimental evaluation of low concentration scleroglucan biopolymer solution for enhanced oil recovery in carbonate[J]. Oil & Gas Science Technology，75（61）：1-17.

Hourdet D，L'Alloret F，Audebert R，1994. Reversible thermothickening of aqueous polymer solutions[J]. Polymer，35（12）：2624-2630.

Landoll L，1985. Hydrophobically modified polymers：US n. 4529523A，16 Jul.

Ma Y，Zhang H，Hao Q，et al，2016. Molecular dynamics study on mechanism of preformed particle gel transporting through nanopores：deformation and dehydration[J]. The Journal of Physical Chemistry C，120：19389-19398.

Yuan S D，Zhang H，Yuan S L，2023. Molecular insights into cyclodextrin-adamantine-modified copolymer host-guest interactions[J]. Lanmguir，39：3619-3627.

Wang Y，Feng Y，Wang B，et al，2010. A novel thermoviscosifying water-soluble polymer：synthesis and aqueous solution properties[J]. Journal of Applied Polymer Science，116（6）：3516-3524.

Wei B，Romero-Zerón L，2014. The evaluation of a technological trend in polymer flooding for heavy oil recovery[J]. Journal of Petroleum Science & Engineering，32（19）：2396-2404.

Zhang H，Ma Y，Hao Q，et al，2016. Molecular dynamics study on mechanism of preformed particle gel transporting through nanopores：surface hydration[J]. RSC Advance，6：7172.

Zhou W，Zhang J，Han M，et al，2007. Application of hydrophobically associating watersoluble polymer for polymer flooding in China offshore heavy oilfield[J]. International Petroleum Technology Conference，Dubai：1-5.

Zhu D，Han Y，Zhang J，et al，2014. Enhancing rheological properties of hydrophobically associative polyacrylamide aqueous solutions by hybriding with silica nanoparticles[J]. Journal of Applied Polymer Science，131（19）：40876-40883.

马莹，张恒，苑世领，2015. 部分水解的预交联凝胶型聚丙烯酰胺的水化层结构 [J]. 高等学校化学学报，36，386-394.

第 7 章

二氧化碳压裂与驱油技术

随着我国常规油气资源的逐渐减少以及大量非常规油气资源的发现，油气资源开发重点逐渐向非常规资源转移。与常规油气资源相比，国内非常规油气资源储量更大，但地质条件更复杂，因此，非常规油气资源的开采难度和成本更高。

当 CO_2 用于提高非常规油气藏的采收率时，CO_2 可以被永久储存于地层，同时能实现缓解温室效应的作用，因此许多科学家开始将目光转向了 CO_2 的压裂、驱油和封存上。特别是在目前碳达峰和碳中和的双碳背景下，CO_2 压裂和驱油成为了非常规油气资源研究的热点。在超临界状态下，CO_2 呈现低黏度、强扩散性和高溶解性特点，因此 CO_2 在提高孔隙率、增加裂缝量、减少储层损害和提高采收率等方面独具优势，相关技术和作用机制也得到了广泛关注。

CO_2 压裂、开采和储存是最切实可行的大规模减碳技术，同时也是大大提高非常规油气藏采收率的关键技术。CO_2 压裂技术中的液态 CO_2 可部分或全部替代传统水基压裂液，CO_2 驱油技术将 CO_2 气体用作驱油介质以提高石油采收率。本章将重点讨论 CO_2 压裂和开采技术，以及 CO_2 在提高采收率方面的应用，最后简要介绍采用分子模拟技术探讨最小混相压力的计算方法和与 CO_2 驱油相关的模拟计算。

7.1 CO_2 压裂技术和提高采收率技术

7.1.1 CO_2 压裂机理

我国非常规油气储量丰富，但常规压裂技术难以取得良好的增产效果，因此以 CO_2 压裂液部分或全部取代水基压裂液代表了未来压裂技术的发展方向。CO_2 压裂技术可充分发挥 CO_2 特性，提高压裂效果并能保持原有流动通道，目前国内部分油田正在逐步实施（Fu et al.，2023）。

① 降低岩石破裂压力。当 CO_2 处于超临界状态时，超临界 CO_2 会使储层中岩石更容易破裂和膨胀，从而降低岩石破裂压力。同时，超临界 CO_2 具有良好的扩散性，波及更远，体现在两个方面：一是 CO_2 会增加孔隙压力；二是 CO_2 遇水后会生成碳酸，从而腐蚀石灰石等岩石，使岩石更脆弱。

针对不同流体进行岩石压裂试验，结果发现超临界 CO_2、液态 CO_2 和纯水的起始压力分别为 8.8 MPa、9.6 MPa 和 19.7 MPa（Ding et al.，2018）。实验还发现 CO_2 压裂可以降低岩石破裂阈值压力，Song 等人在一定条件下进行了水压裂试验（Song et al.，2019），发现即使压力增加到 37 MPa，样品也没有断裂。然而在相同条件下进行 CO_2 压裂试验，破裂压力仅为 28 MPa。类似的试验也发现超临界 CO_2 的破裂压力比水基压裂液的破裂压力降低 27%。这些研究表明，超临界 CO_2 确实可以显著降低岩石破裂压力（Zhou et al.，2018）。

试验也发现，当样品中方解石的比例增加，岩石破裂压力会下降，可以理解为是由方解石溶解所造成的。破裂压力也随着温度的升高而降低，当温度从 30 ℃上升到 60 ℃时，岩石破裂压力下降了 4.3 MPa，可见温度变化对破裂压力影响更大。研究表明，碳酸可以使一些岩石变得更脆弱，从而降低岩石破裂压力。

② 增加裂缝的波及范围。与常规水基压裂液相比，液态 CO_2 具有黏度低、扩散能力强等特点，可以进入储层的微小裂缝，从而扩大波及面积。Pramudyo（2021）首次在常规和真三轴应力条件下进行了 CO_2 压裂试验，结果表明超临界 CO_2 能够激活天然裂缝，有利于更多网状裂缝的形成，并且由于超临界 CO_2 的强渗透性，CO_2 会更容易渗透到微小裂缝，因此也更容易扩展到裂缝末端。Ishida 等人使用超临界 CO_2、液态 CO_2、水和稠油（黏度为 0.051 ～ 336.6 mPa•s）对花岗岩样品进行压裂试验，他们发现 CO_2 压裂所形成的裂缝比水压裂形成的裂缝更加复杂和广泛，这表明 CO_2 压裂可以在地层中造成更复杂的裂缝（Ishida et al.，2016）。

③ 保持原有的流动通道。CO_2 可以通过冲刷裂缝和腐蚀岩石而清除地层堵塞，同时酸性环境和无机盐可以抑制黏土矿物的膨胀，从而防止地层中的流动通道被堵塞，因此它非常适用于水敏地层。最重要的是 CO_2 压裂不会有压裂液残留，因此可以最大程度地保持原有的流动通道，对储层的伤害比水基压裂液小。实验也发现，相同条件下不同黏土的体积变化是不同的。蒙脱石、伊利石和绿泥石在去离子水中会发生膨胀，但加入无机盐溶液后，黏土矿物的碰撞率会降低，因此无机盐可以抑制黏土矿物的膨胀，从而维持油藏原有的流体

流动通道。

④ 返排能力强。返排是压裂过程中的一个重要环节，不完全返排会降低气体的相对渗透率，从而降低采收率。返排可以通过气体膨胀为地层提供足够的能量，从而提高液体举升能力。通过驱替实验发现，当注入的 CO_2 浓度增加时，膨胀系数增加，原油膨胀可以显著增加地层能量，从而可以更好地返排原油。研究表明，CO_2 压裂返排效果很好。

7.1.2 CO_2 压裂技术

CO_2 压裂主要通过降低岩石破裂压力，增加裂缝波及范围和复杂性，保持原始储层流体流动通道，并具有强大的返排能力。然而，这项技术仍有缺点，如携砂能力不足等。目前，该技术主要通过添加增稠剂、纳米颗粒和其他物质来提高体系黏度和泡沫稳定性，从而改善增产效果，相关的压裂技术包括（Fu et al.，2023）：

① CO_2 干法压裂技术。该技术使用纯液态 CO_2 作为压裂液。由于干式压裂液不含水，可有效保护储层免受水敏等反应造成的损害，因此它可用于水敏性油藏。同时在返排过程中，通过降低压力将其转化为气体，可以快速排放 CO_2。为解决 CO_2 压裂液携砂能力不足的问题，研究者在纯液态 CO_2 压裂液中加入增稠剂，如 Kong（2017）等人研究的增稠剂，在 1.5% ～ 2.0% 的剂量下，其黏度增加了 240 ～ 490 倍。目前 CO_2 增稠剂通常分为四类：表面活性剂、烃类聚合物、含氟聚合物和硅氧烷聚合物。

② 超临界 CO_2 压裂技术。该技术使用超临界 CO_2 作为压裂液，从而产生人工裂缝并提高采收率，超临界 CO_2 连续油管喷射压裂的原理如图 7.1 所示。超临界 CO_2 还具有气液两相特性，它的密度和黏度介于气体和液体之间，因此可以在储层中传播得更远。该技术比一般的干法压裂技术具有更好的增产效果。在低渗透率油层，超临界 CO_2 压裂液也需要加入增稠剂。与常规水压裂相比，超临界 CO_2 压裂可以大大提高平均产量和返排率。

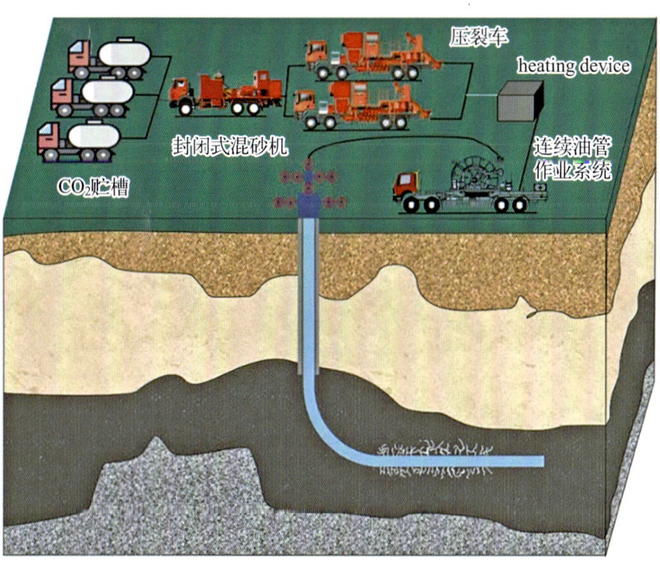

图 7.1　超临界 CO_2 连续油管喷射压裂原理（Li et al., 2021）

③ CO_2 增能压裂技术。该技术使用混合压裂液进行压裂，包括液态 CO_2 和水基压裂液，

因此，兼具膨胀地层和良好的携砂能力。首先注入 CO_2，然后使用水基携砂压裂液来压裂、扩张和支撑裂缝。吉林油田 H8 区块的现场试验表明，在相同的注入量下，使用液态 CO_2 增能压裂技术增加的地层压力几乎是水基压裂技术的 2 倍。

④ CO_2 泡沫压裂技术。该技术涉及气液两相的 CO_2，因此它不仅具有良好的携砂能力，而且对地层的损害也很小。在 CO_2 体系中适当增加其他组分比例，可以改善驱替效果。研究发现，提高泡沫稳定性可改善 CO_2 泡沫驱油效果。Lv 等人将 SiO_2 纳米颗粒用作 CO_2 泡沫压裂液的新型增稠剂，实验发现，当泡沫质量分数为 50% ～ 93% 时，使用 0.5% SiO_2 纳米颗粒的泡沫可有效增加黏度 2.2 ～ 4.8 倍（Lv et al.，2020）。同样在体系中增加多组分聚合物，也能起到增黏效果（图 7.2）。

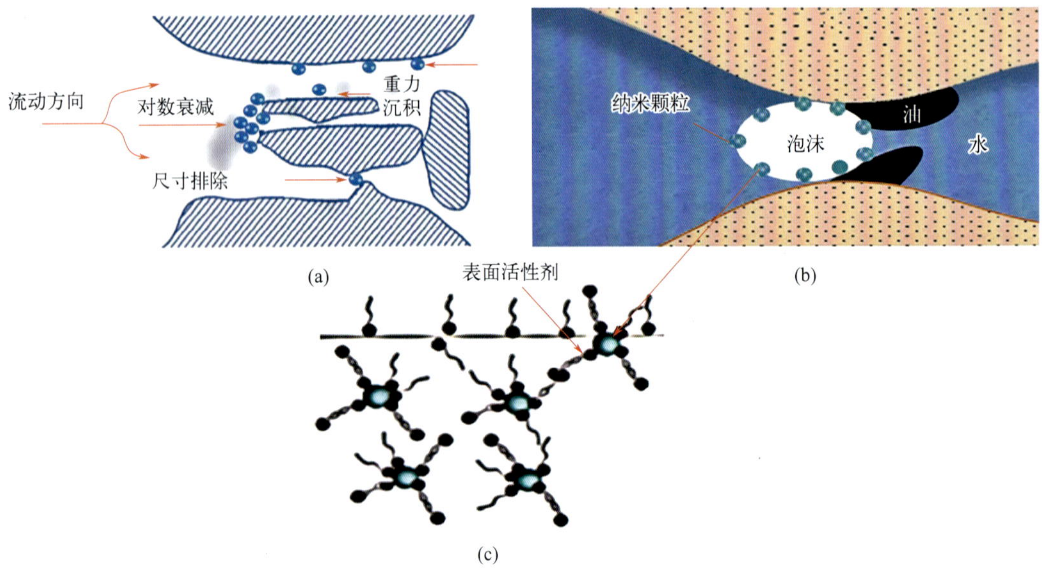

图 7.2　纳米粒子与多孔介质相互作用图解（Zhang et al.，2021）

（a）多孔油藏地层中纳米粒子滞留相关问题；（b）纳米粒子稳定泡沫强化原油冲刷过程示意图；（c）纳米粒子与表面活性剂之间的协同效应

⑤ 常压混砂准干法压裂技术。该技术首先使用混砂机，通过添加添加剂如水基增稠剂、CO_2 增稠剂、支撑剂和破胶剂等形成水相，然后与液态 CO_2 按比例配制成具有适当黏度和稳定结构的液相。该技术已在国内使用，并取得了一定的增产效果，其返排效果明显。

7.1.3　CO_2 驱油机理

在不依赖原始地层能量的驱油技术中，CO_2 驱（CO_2-EOR）已经成为石油开采的重要手段，也是现在处于国际前沿的驱油技术。CO_2 驱不仅可以提高低渗透油藏产量，还可以储存 CO_2，对节能减排、保护国家资源安全也具有重要意义。CO_2 驱在国内具有非常广阔的应用前景（Fu et al.，2023）。

① 提高地层孔隙度。CO_2 可以破坏储层岩石，改善储层的物理性质，增加渗透率并提高采收率。CO_2 可溶解于水生成碳酸，酸性环境对储层中的某些物质具有溶解作用，可以消除地层堵塞，提高地层孔隙度和流体的流动性；同时酸性环境也可以抑制页岩中黏土膨

胀，腐蚀碳酸盐岩和砂岩中的碳酸盐组分，从而提高地层渗透率。但是酸性环境下 CO_2 也会与蒙脱石、石英等发生沉淀反应，堵塞地层，降低采收率，因此有必要在实施驱油前明确岩石类型。

② 改变油水黏度和原油密度。原油可以吸收 CO_2 形成混相，降低其密度和黏度。原油吸收 CO_2 的能力随着施加的压力增加而增加，当达到一定压力时，原油中一些组分被 CO_2 所抽提进入 CO_2 气相，这也会导致原油体积膨胀、密度降低（图 7.3）。碳氢化合物的分子量越大，分子向气相聚集的速度越慢。两相组成变化使得两相密度越来越接近，最终混合在一起。混相和烃类的抽提取决于相互溶解作用，研究发现，原油黏度随着 CO_2 浓度的增加而降低。

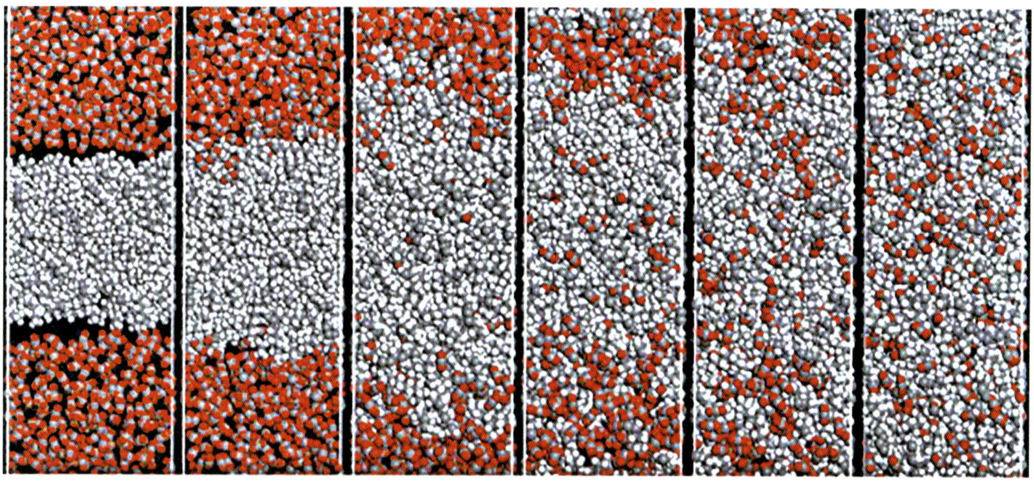

(a) 0 ps (b) 50 ps (c) 300 ps (d) 600 ps (e) 1000 ps (f) 1500 ps

图 7.3 CO_2- 癸烷体积膨胀的模拟过程（Liu et al.，2015）

③ CO_2 与原油产生低界面张力。当压力足够大时，轻质原油组分可以被 CO_2 所抽提。同时当原油吸收 CO_2 后，气液两相性质将变得越来越接近，这降低了两相之间的界面张力。最终，当界面张力等于零时形成混相。此外，当界面张力降低时，CO_2 更容易进入储层岩石孔隙，从而提高采收率。

Hu 等人（2019）观察到在低压下 CO_2 和原油之间有一个明显的界面，然而当注入压力达到 10.02 MPa 时，界面消失，表明适当增加压力可以降低界面张力，从而起到增产效果。但是实验也发现，针对某原油其最低混相压力为 12.5 MPa（Wang et al.，2022），但是某些油藏的原始地层压力比它要小得多，因此，在某些地层中也很难实现混相。然而注入压力也不宜过高，过高的注入压力会损害储层，也增加生产成本，而且高注入压力下增产效果并不明显。

④ 气泡阻塞的 Jamin 效应。在采油过程中，溶解在水中的 CO_2 会被释放出来，产生气泡，阻碍地层水的渗流，产生堵水效果，从而提高采收率，如图 7.4 所示。当地层水通过小孔喉时，由于孔喉两端的半径差异，气泡的表面毛细作用力会阻碍气泡流动。气泡通过改变气泡形状而消耗能量，通过较小孔喉移动会减缓气泡流动速度，达到阻水的目的。但是有时候地层水可能被截留在小孔隙中，而原油的流动也可能会被限制于其中，从而降低采收率。因此，气泡的产生有时候也不一定会提高原油采收率。

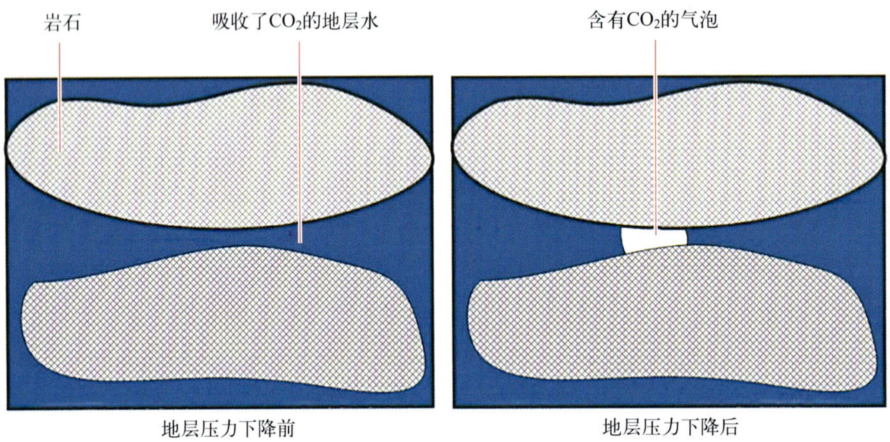

图 7.4 气泡阻塞的 Jamin 效应

⑤ 改变岩石表面润湿性。在含水量高的地区，CO_2 可以改善岩石表面的亲水性，从而导致原油被剥离。但是也有实验发现，注入 CO_2 会导致沥青质与胶质的絮凝和沉淀，从而堵塞地层并降低孔隙度和渗透率，造成岩石表面的亲油性不断增加，影响原油采收率。

总之，CO_2 在超临界条件下具有低界面张力、高扩散性和强溶解性，然而 CO_2 相仍然存在低黏度、携砂能力差、容易气窜等缺点。在 CO_2 压裂中，由于其黏度较低易于滤出，同时其携砂能力差，使得部分支撑剂无法进入裂缝。此外 CO_2 的迁移距离较短，这使得大量裂缝会重新闭合。因此，迫切需要增加 CO_2 相黏度，提高携砂能力。在 CO_2 驱中，CO_2 易于气窜，从而会降低其波及范围并增加成本，目前所采用的对策就是添加 CO_2 泡沫稳定剂和使用封堵剂，因此，研究更有效的 CO_2 泡沫稳定剂和封堵剂至关重要。

7.2 预测最小混相压力

CO_2 驱（CO_2-EOR）分为混相驱与非混相驱两种形式，对于前者，CO_2 和原油完全融合为一个相，相对非混相驱会有更高的采收率。在 CO_2 与原油的混相过程中，存在着一个与环境（包括油田储层温度等诸多因素）相对应的最小压力，在该压力下，CO_2 与原油能完全实现混溶，这个关键的压力参数称为最小混相压力（minimum miscible pressure，MMP）。若能掌握地层原油的 MMP，就能在最小成本的前提下实现原油的最大采出，具有可观的经济收益。然而，由于影响因素过多，对 MMP 的准确估算仍然是 CO_2-EOR 领域的主要挑战之一。

目前，MMP 的预测方法主要包括实验和计算两大类。一般来说，实验方法普遍具有较高的预测精度，其中细管实验法（slim-tube experiments）被认为是测定 MMP 的标准方法。升泡仪（rising-bubble apparatus，RBA）和消失界面张力技术（vanishing interfacial tension，VIT）也因具有简单性和灵活性，而被广泛应用于 MMP 的预测。尽管这些估计 MMP 的实验方法相对准确，但它们仍然存在不足，比如耗时久和操作成本高等。此外，任何实验方法都难以完全模拟原油驱替时的真实状况，因此预测结果受实验仪器方法的影响较大。

计算方法是实验测定的一种可替代技术。1960 年，Benham 等人提出了第一个用于

MMP 预测的经验方程，该方程使用三类组分表示整个多相接触系统，可以很好地预测 CO_2-原油体系的 MMP（Benham et al.，1960）。随后，大量 MMP 经验预测方程相继被提出（Valluri et al.，2017）。研究人员发现，对于经验方程，其所使用的影响参数越多，模型预测性能就越好。这些影响参数通常包括：油田储层温度（T_R）、原油中重质组分 C_{5+} 的相对分子量（$M_{C_{5+}}$）、原油中易挥发组分与中间组分的摩尔分数比、注入气平均临界温度（T_C）、注入气中 CO_2 摩尔分数（x_{CO_2}）、注入气中 H_2S 摩尔分数（x_{H_2S}）、注入气中 C_1 组分摩尔分数（x_{C_1}）、注入气中 $C_2 \sim C_5$ 组分摩尔分数（$x_{C_2 \sim C_5}$）以及注入气中 N_2 摩尔分数（x_{N_2}）等。

除了常见的经验方程外，以上参数还经常被用于基于机器学习的一些智能算法中。例如，人工神经网络（artificial neural network，ANN）可以从大量原始数据中学习，并能比传统技术更有效地反映它们之间的关系（Chen et al.，2013）。我们曾经比较了四种 MMP 预测模型，发现机器学习智能算法比单纯的线性模型要好（Li et al.，2019）。除此之外，一些整合多种模型的预测手段也通常具有更好的预测效果。

然而，上述所有方法都不能从微观层面直接解释 MMP 的形成机理，而且这些方法都是基于现有的驱替数据，这意味着所建立的模型将不可避免地受某些特定情况的影响。换句话说，这些方法对于不同的 CO_2-EOR 具有较低的普适性。更严重的是，因为很难考虑所有影响因素，所以在这些模型中选择的参数有限，这将加剧其局限性。

本文中我们提出了一种新的分子水平上预测 MMP 的方法（Li et al.，2019）。在具有明显 CO_2 和原油相界面的模拟系统中，通过计算初始界面的 CO_2 和原油分子数目来表征系统所达到的混溶状态。该研究的主要目的是揭示各相在达到混溶状态时原子之间的比例规律，旨在为 MMP 的预测提供可能的研究思路。

7.2.1 两相初始混溶时刻的定义

根据 Kunieda 的研究工作设计了轻质原油模型体系（Kunieda et al.，2010），包括 72 个己烷、66 个庚烷、78 个辛烷和 90 个壬烷的直链烷烃，48 个环己烷和 78 个环庚烷的环烷烃，以及 30 个苯和 78 个甲苯的芳香族化合物。模拟之初，将轻质原油组分放到足够大的立方格子中，能量最小化后于 333 K 和 10 MPa 的条件下进行 *NPT* 系综模拟，最终模拟格子大小为 5.2 nm×5.2 nm×5.2 nm。接着建立同样大小的模拟格子并计算在 333 K 和 10 MPa 下的 CO_2 分子数，然后将 CO_2 分子随机添加到新格子中，最终形成的模拟模型如图 7.5 所示，随后进行至少 10 ns 的 *NPT* 系综模拟。

随着模拟进行，模拟格子的尺寸会逐渐趋于稳定。当 CO_2 与原油各组分实现完全混溶时，体系达到平衡，模拟格子尺寸也将维持不变。然而，模拟格子尺寸的变化难以直观地反映出两相的混溶过程，但可以从 CO_2 与原油的数密度做出评判：当体系实现平衡时，模拟格子上半部分或下半部分中 CO_2 与原油原子占各自总原子数比例必然是 50%，而体系数密度与体积的乘积即为该体积内的原子数目。也就意味着数密度在 *Z* 方向的积分变化可以间接反映出模拟格子尺寸的变化，进一步反映混溶状态。当体系平衡后，数密度在 *Z* 方向的积分也将恒定。

首先，需要定义 CO_2 和原油体系的初始混溶时刻。初始混溶时刻是指 CO_2 和原油两相在混合过程中达到完全混溶状态的时间，之后将一直保持混溶状态，本研究以 CO_2 相为例来说明计算过程。在 *NPT* 系综模拟结束后，从 0.5 ns 到 10.0 ns 每间隔 0.5 ns 提取沿格子 *Z* 方向的原子数密度数据，一共 20 组。与之类似，只需要统计原油组分在格子初始相界面上半部分的积分数值，就能获取穿过初始相界面的原油净原子数目。

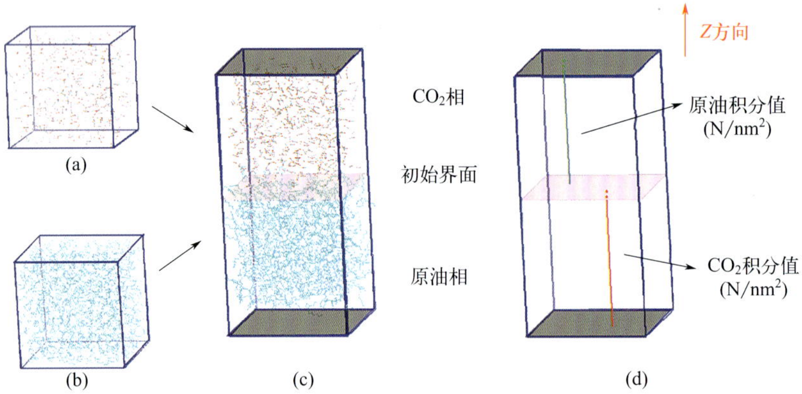

图 7.5　模拟体系的构建

如图 7.6（a）所示，穿过初始界面 CO_2 原子数目随模拟时间逐渐增加，在某一时刻（这里选取 4 ns）趋于稳定。同时为探究数据之间的规律，可进一步对数据作一阶方差分析。如图 7.6（b）所示，在 4 ns，穿过界面 CO_2 原子数目变化最接近于 0，之后数据变化大多在 0 附近振荡，这说明从 4 ns 开始穿过初始界面的 CO_2 原子数目就处于动态稳定状态。对原油组分的处理也类似，经过数据提取，可以获得如图 7.6（c）的原子数随时间变化曲线，以及图 7.6（d）所示的积分数据的一阶方差变化曲线。可以发现，CO_2 和原油的变化规律是一致的。结合以上分析，可以初步判断该体系模拟时间约为 4 ns 时，两相达到完全混溶。

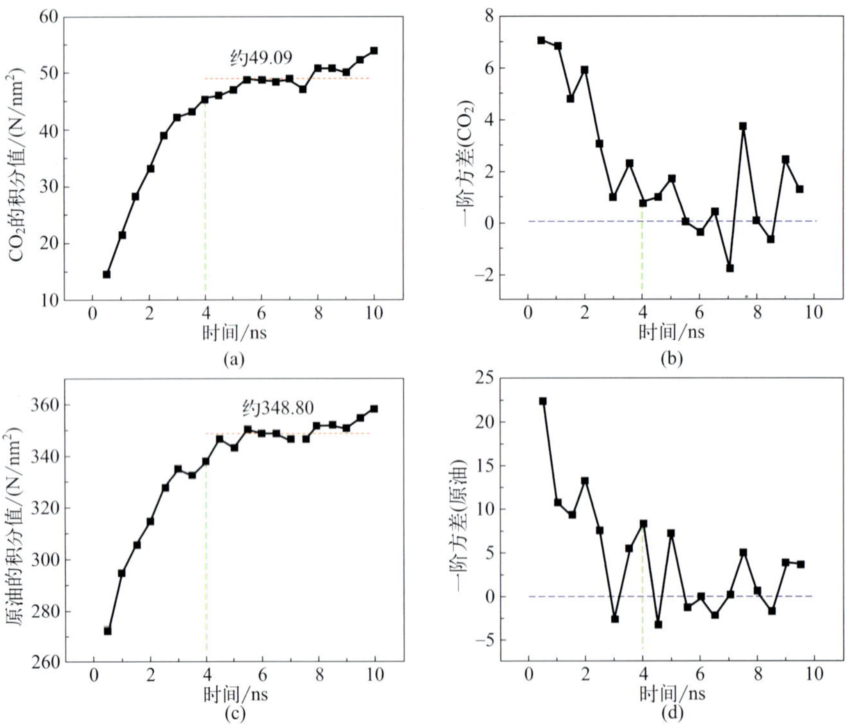

图 7.6　在 333 K、10 MPa 时，穿过初始相界面的 CO_2 相（a）和原油相（c）原子数随时间的变化及其原子数变化的一阶方差（b）、（d）随时间的变化

为了印证上一部分对混溶时刻的判断，可以用 CO_2 与原油组分各自溶剂可接触表面积作验证。溶液可接触表面积（SASA）可以表征模拟体系每个组分的亲水性、疏水性和总溶剂可接触表面积。图 7.7（a）展示了 0 ～ 10 ns 期间 CO_2 的亲水面积变化情况，模拟发现 SASA 迅速上升后降低，并逐渐稳定达到一个动态平衡（从 C_3 到 C_4 以后，大约在 4 ns 时刻）。用相同的方法可以得到原油疏水表面积的变化趋势［图 7.7（b）］。我们注意到，在 SASA 变化曲线上，当横坐标时间为 4 ns 时，CO_2 与原油的 SASA 均已经达到动态平衡。

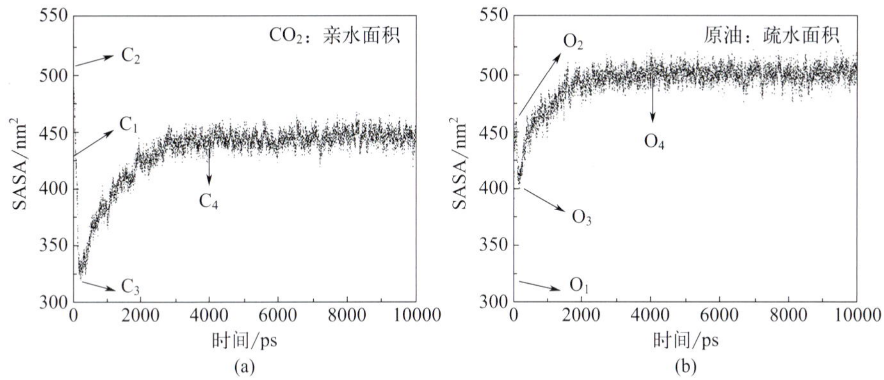

图 7.7　溶液可接触表面积分析

除了 SASA，CO_2 与原油的混溶过程也可以从均方根偏差（RMSD）的变化体现。图 7.8（a）展示了 *NPT* 系综模拟过程中 CO_2 与原油的 RMSD 随模拟时间的变化。我们注意到 RMSD 在模拟时间为 4 ns 时，二者基本实现稳定。此时 CO_2 与原油之间的总相互作用能也趋于稳定，表明范德华力和静电相互作用均在 4 ns 之后基本保持稳定，如图 7.8（b）所示。

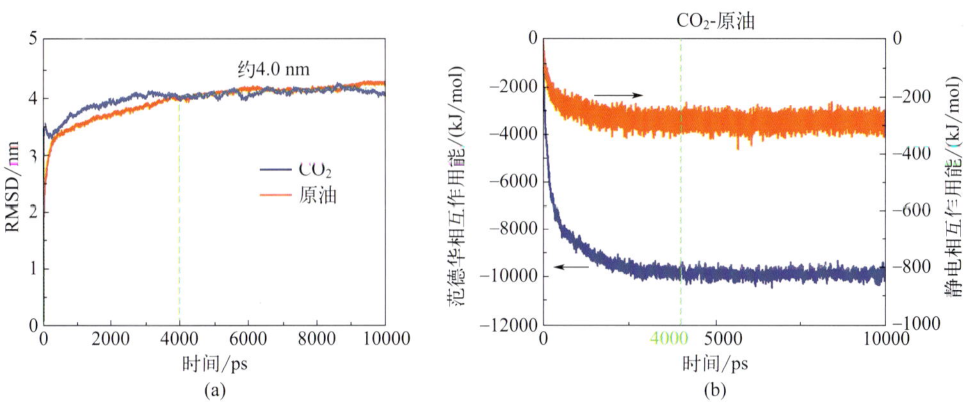

图 7.8　均方根偏差分析

除了以上三种验证方法，还可以选择模拟格子某一区域内（图 7.9）CO_2 分子的分布情况来表征体系是否达到平衡。图 7.9（a）中标识的 1.2 nm 半径空间内，CO_2 的分子数目在 4.0 ns 之后基本稳定［图 7.9（b）］。

根据之前的预判，混溶时刻约为 4 ns，通过上述可接触表面积（SASA）、均方根偏差（RMSD）、相互作用能以及局部 CO_2 分子数目变化的分析，尽管各个时刻的分子分布情况存在随机性，且对完全混溶时刻的判断也具有一定的主观性，但是总体上来看，体系在约 4 ns 时确实达到了完全混溶的状态，以此时间节点继续下述讨论。

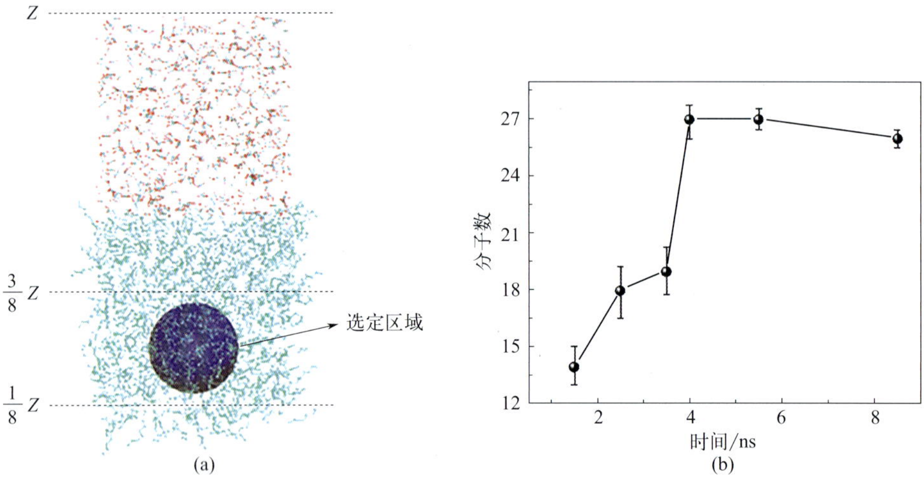

图 7.9　体系中所选择的放大区域示意图（a）及统计的 CO_2 分子数（b）

7.2.2　最小混相压力的获取

在成功确定了 333 K、10 MPa 体系的混溶时刻后，将 4 ns 及之后 CO_2 分子数和原油原子数通过界面的数据分别取算术平均，就可以计算出此算术平均值与体系内 CO_2 和原油原子总数的比值。采用相同的方法，可以计算温度 333 K 下，压力为 15 MPa、20 MPa、25 MPa、30 MPa、35 MPa 时，穿过相界面原子数占总原子数的比值，绘于图 7.10。需要说明的是，对于同一温度不同压力体系，体系的 CO_2 原子数是不同的。

从图 7.10 可以发现从 10 MPa 到 35 MPa，由 CO_2 和原油组分表示的比例数据变化趋势是一致的。对前三个逐渐下降的点做线性拟合，得到 $y = k\,x + b$ 形式的方程式（k、b 为拟合参数）。把后三个接近相等的点视为稳定点，代表达到体系 MMP 之后的数据，取它们的算术平均值得到 $y = c$ 形式的方程式。之后联立以上两个方程，其交点所对应的横坐标，即为该体系在 333 K 时的最小混相压力。如图 7.10 所示，该条件下由 CO_2 获得的 MMP 为 20.31 MPa，由原油获得的 MMP 为 20.21 MPa。

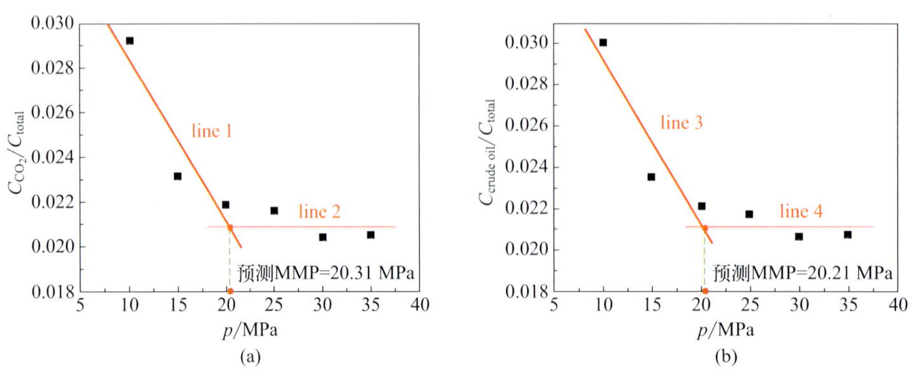

图 7.10　使用 CO_2（a）和原油（b）获取 MMP（333 K，10 MPa）

根据上述模拟思路，可以得到温度在 343 K、353 K、363 K 和 373 K，压力分别在 10 MPa、15 MPa、20 MPa、25 MPa、30 MPa、35 MPa 时的数据，包括各个体系的最初混溶时间、CO_2 和原油达混溶时穿过初始界面的原子比例，进而根据图 7.10 的作图思路，得到 343 K、353 K、363 K 和 373 K 的最小混相压力，图 7.11 为各温度下的最小混相压力。

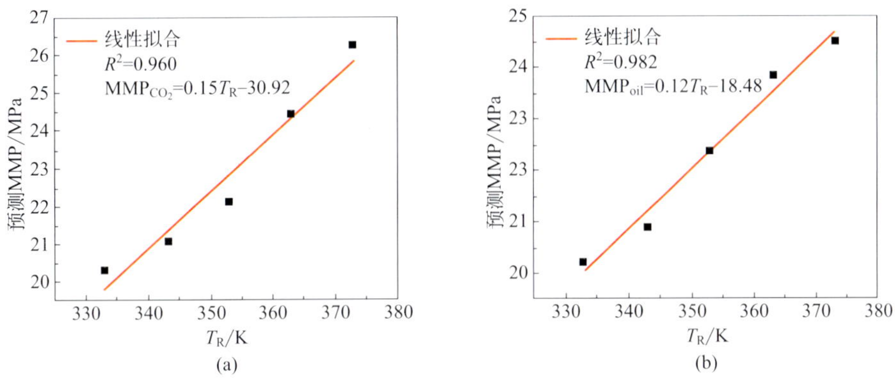

图 7.11　储层温度 T_R 与 MMP 之间的关系

（a）CO_2 相；（b）原油相

由于油田的实际情况千差万别，注入气组成也不尽相同，因而影响 MMP 的因素众多，而储层温度（T_R）通常被视为影响 MMP 最主要的因素之一，探究 T_R 对 MMP 的影响规律也是很多研究工作的核心（比如对经验公式的拟合）。有学者曾经提出了一种新颖的油滴体积测量方法分别用于 CO_2/ 正十六烷体系和 CO_2/ 液体石蜡体系，研究表明两个体系的 MMP 均随 T_R 变化呈线性增加。此外，Lashkarbolooki 等人也发现，CO_2- 原油体系的 MMP 几乎与温度有严谨的线性函数，斜率约为 0.15 MPa/K（Lashkarbolooki et al.，2017）。

本研究的计算结果表明可以在分子尺度上探究储层温度与 MMP 之间的关系，如图 7.11 所示，对 CO_2 和原油而言，其 T_R 与 MMP 的变化都基本符合线性关系。这也表明储层温度的升高可以有效降低 CO_2 在原油中的溶解度，而这不利于 CO_2 和原油的混相过程，最终导致 MMP 的增加。在我们所研究的温度范围内（333 ～ 373 K），二者变化关系是线性的。对 CO_2 和原油来说，所得到的斜率分别为 0.15 MPa/K 和 0.12 MPa/K，这也与文献结果一致。

7.2.3　与其他实验方法的比较

正如上面讨论，我们通过把由 CO_2 和原油获得的 MMP 分别对油田储层温度（T_R）拟合，得到两个预测方程（图 7.11）。之后，继续把预测精度与他人经常使用的一些经验公式的模型结果相对比。如表 7.1 所示，Li 等人提出的模型具有最小的相对误差 4.17%（Li et al.，2012），我们由原油预测的 MMP 和 Lee 的相对误差相似（Lee，1979），而由 CO_2 预测的 MMP 与 Alston 等人所提模型相近（Alston et al.，1985）。Shokir 建立了一种基于交替条件的期望算法，相对误差为 11.89%（Shokir，2007）。Emera 和 Sarma 的模型可同时适用于计算纯 CO_2 和不纯 CO_2 气流注入两种情况，但准确性较差（Emera et al.，2005）。即使只考虑了温度这一个影响因素，本研究提出的模型相对 Yellig 和 Metcalfe 的模型（Yellig et al.，1980）也具有更高的预测精度。除此之外，Cronquist（1978）、Glaso（1985）的结果同样不尽如人意。当然，这也反映出了经验公式的局限性。要想获得更高的预测精度，必须考虑更多的预测因素，然而不同油田的原油组成、注入气体组成也不尽相同，所以经验公式法获得的结果很难进行普及推广。

与这些经验公式相比，我们提出的模拟模型具有一定程度的实际可用性，以期为后续研究提供思路。

表 7.1　本模型与实验模型和经验公式法误差对比

模型	预测 MMP/MPa	相对误差 /%
CO_2（本研究）	19.63	13.71
原油（本研究）	20.81	8.53
Cronquist	26.59	16.96
Lee	20.84	8.32
Yellig and Metcalfe	16.55	27.18
Alston et al.	19.72	13.22
Glaso	27.60	21.41
Emera and Sarma	30.11	32.44
Shokir	20.03	11.89
Li et al.	21.79	4.17

7.3　CO_2 驱油体系中的聚合物增稠

CO_2 驱油（CO_2-EOR）的技术优势在于 CO_2 可以溶解在原油中，降低原油黏度，增加原油流动性，从而提高原油采收率。然而，由于 CO_2 的低黏特性和高流动性，在驱油过程中出现了黏性指进和窜流等问题，导致石油的采收率低于预期。因此，设计和开发 CO_2 增稠剂也是目前 CO_2 驱油技术中的研究重点。

作为增稠剂的碳氢类聚合物，在一定浓度范围内会增加 CO_2 体系的黏度，但是随着聚合物浓度的增加，其在 CO_2 中的溶解度也会降低。有研究发现碳氢类化合物（如聚醋酸乙烯酯类）对温度和压力并不敏感，当环境温度和压力改变时，化合物的增稠效果并不发生改变。研究发现聚合物在 CO_2 中的溶解度并不相同，其溶解顺序聚氟代烷基丙烯酸酯（PFA）＞聚二甲基硅氧烷（PDMS）＞聚乙酸乙烯酯（PVAc）＞聚乳酸（PLA）＞聚丙烯酸甲酯（PMA）（Shen et al.，2003）。此外，研究发现可以溶解 CO_2 的低分子量碳氢类聚合物还包括聚环氧丙烷（PPO）、聚乙烯基醚（PVEE）、聚丙烯酸（PAC）、聚丙烯酰胺（PAM）和聚乙烯甲醚（PVME）等。

常见的聚合物-CO_2 体系中，溶解过程主要取决于聚合物与 CO_2 分子之间的相互作用，包括 CO_2-CO_2、聚合物 - 聚合物以及聚合物-CO_2 之间的相互作用。前两者会阻止混合溶液的形成，后者会促进溶液的形成。在大多数情况下，如果混合溶液中没有助溶剂存在，就很难在 CO_2-CO_2 相互作用方面有很大突破，因此探索聚合物-CO_2 和聚合物 - 聚合物相互作用对于合成绿色的聚合物增稠体系有非常重要的理论指导意义。本节采用分子动力学模拟方法，研究了聚乙烯异丁醚浓度（质量分数）对 CO_2 黏度的影响，探索 CO_2 增稠体系中分子间相互作用，研究微观结构与宏观流体力学性质的关系。

7.3.1 聚合物浓度对 CO_2 相黏度的影响

按照文献中的密度数据（Pensado et al.，2008），在 315 K 下将一定数目的 CO_2 分子和聚乙烯异丁醚链放入模拟格子中，共构建含聚乙烯异丁醚质量分数为 2.2%、4.4%、6.6%、8.8%、11%、13% 的 6 个模拟体系，随后进行分子动力学模拟。等模拟体系达到平衡后，使用动量波动方法对模拟体系作黏度计算（计算方法见 6.2.1）。当聚合物浓度较低（低于 6.6%）时，CO_2 增稠体系黏度增加并不显著，仅从 76 μPa•s 略微增加到 85 μPa•s（图 7.12）。这一现象表明，在低浓度范围内，聚乙烯异丁醚对 CO_2 黏度的影响有限，其分子在体系中分布较为均匀，未能显著改变流体的流变特性。然而，当聚乙烯异丁醚浓度增加到 13% 时，体系的黏度上升至 104 μPa•s，表明聚合物在高浓度下显现出强大的增黏潜力。这一增黏效应归因于显著增强的聚合物链间的相互作用，导致体系内部形成更多的缠结结构，从而提高了流体的阻力。这种显著增黏效应，有助于增强超临界 CO_2 在油藏中的驱动力，提高驱替效率。

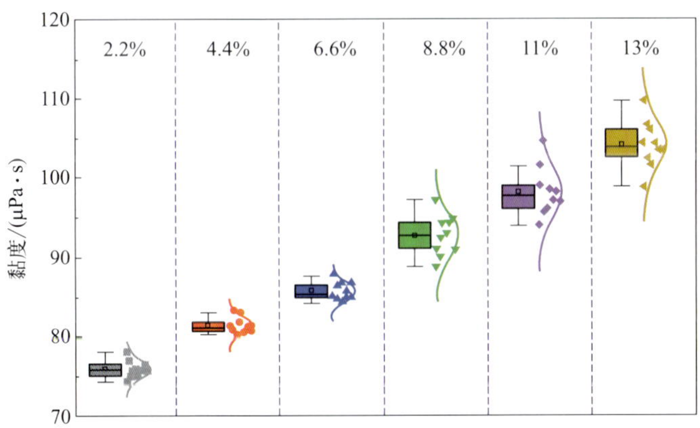

图 7.12 不同聚合物浓度下体系的黏度数值

7.3.2 增黏机理研究

图 7.13（a）为 13% 增稠体系的模拟快照，从图中可以看出，聚乙烯异丁醚链在模拟格子中呈现出交联的空间网状结构。这种结构是由聚乙烯异丁醚之间的物理缠结和分子间相互作用（如氢键、范德华力和静电相互作用）共同作用的结果。随着聚乙烯异丁醚浓度的增加，聚合物链逐渐靠近并发生相互作用，形成更为紧密和复杂的三维交联网络［图 7.13（b）］，起到了增黏效果。具体而言，聚乙烯异丁醚在高浓度下形成缠结和网络化结构，对溶剂分子 CO_2 的流动性产生显著影响，限制了其在网络结构“网孔”之间的移动，增加了体

系的摩擦力和抗剪切性，表现为更高的黏弹性和黏度。增黏体系的增黏效果在聚合物高浓度下尤为明显，因为更多的聚乙烯异丁醚链间会相互缠结和交联，形成更致密的网状结构，从而改变 CO_2 驱替过程中的流变特性，提高油藏的驱油效率。

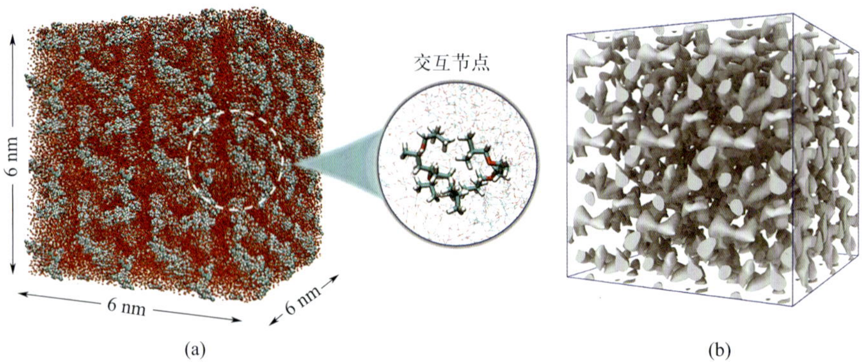

图 7.13 （a）13% 体系模拟完成时的快照（其中红色为 CO_2 分子，蓝色为聚合物分子）；（b）聚合物骨架形成的三维网状结构

考虑到聚乙烯异丁醚分子的疏水性和弱极性，选择范德华相互作用作为讨论聚合物链之间相互作用的能量指标。范德华相互作用是分子之间的一种较弱但普遍存在的吸引力，它在聚合物链之间发生交联产生黏附效应，导致形成更致密的三维网状结构。从图 7.14 中可以看出，随着聚乙烯异丁醚聚合物浓度的增加，聚合物分子间的相互作用能显著增强，这种变化趋势与黏度的计算结果相一致。当聚乙烯异丁醚的浓度较低时，相互作用能相对较小，这意味着聚合物链之间的缠结较少，形成的网状结构较为松散，对 CO_2 分子的阻碍作用有限，因此黏度增加不明显。然而，当聚乙烯异丁醚的浓度增加到一定程度时，相互作用能显著增加，聚合物链段之间更加紧密交联，三维网状结构更加致密和稳定，显著提高了溶液的黏度。这表明，聚乙烯异丁醚链之间的范德华相互作用是增黏的主要驱动力，直接影响了溶液的流变特性。

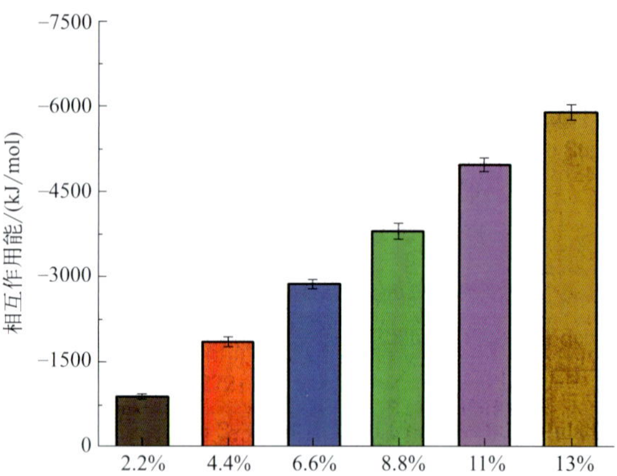

图 7.14 聚乙烯异丁醚聚合物分子间的范德华相互作用能

聚乙烯异丁醚聚合物形成的三维网状结构在增强体系稳定性的同时，也显著改变 CO_2 分子的聚集行为、流动性和扩散行为。不同聚合物体系 CO_2 分子间的径向分布函数呈现出两个明显的分布峰（图 7.15），揭示了它们之间的空间分布特征。第一个峰对应于紧密堆积区域，整体峰值分布在约 0.4 nm 处，这表明 CO_2 分子在这一距离范围内存在较强的相互作用，形成了紧密的局部结构。这种紧密的堆积模式通常与分子间的较强相互作用和较高的局部浓度有关，有助于形成稳定的局部聚集区域，影响 CO_2 的宏观流变行为。第二个峰对应于较为松散的溶剂壳层，分布在约 0.8 nm 处。这一峰值反映了 CO_2 分子之间相对较弱的相互作用，显示了在更远的距离上仍存在一定的分布规律［图 7.15（a）和图 7.15（b）中右边坐标所

示的 CO_2 配位数随距离增加而急剧增加]，而这种较松散的分布通常与 CO_2 分子之间较弱的相互作用有关，会让体系在更大尺度上能够维持流动性和稳定性。所述空间分布特征揭示了 CO_2 既能在局部形成较稳定的聚集结构，影响驱油效果，又能在宏观上保持适当的流动性，确保 CO_2 在油藏中的分布。

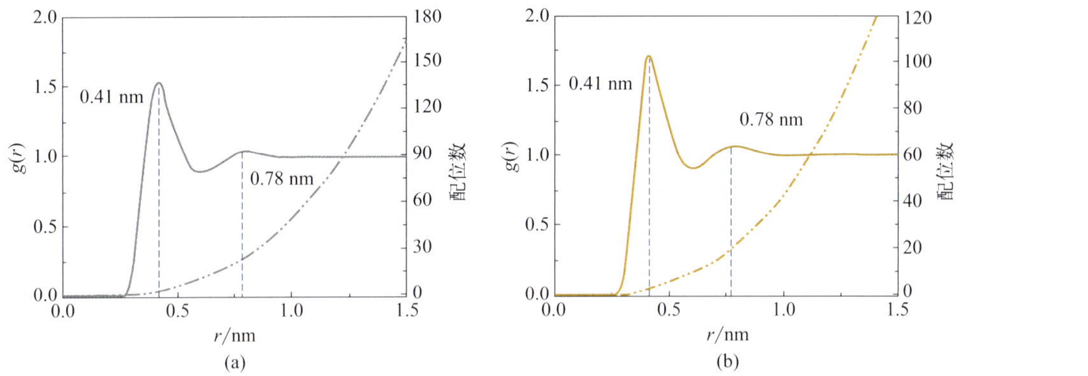

图7.15　纯超临界 CO_2 体系中 CO_2 间径向分布函数（a）和13%聚乙烯异丁醚中 CO_2 间径向分布函数（b）

然而，值得注意的是，相较于不含聚合物的体系，在含有聚合物的体系中 CO_2 分子之间的第一分布峰的强度显著增加。初步推断，这一现象涉及聚合物分子在体系中的交联作用，改变了 CO_2 分子间的空间分布和相互作用模式。结合图7.12中的分析，我们进一步推测，聚合物链通过形成交联"域"有效地改变了体系的微观环境。在这些交联"域"内，CO_2 分子之间的相互作用得到显著增强。具体来说，聚合物链在体系中通过范德华作用和其他非共价相互作用形成了网络状的交联结构，这些结构提供了一个新的"域"。在这些域内，CO_2 分子由于与聚合物分子之间的强相互作用而被吸引和集中。这种现象导致了 CO_2 分子的局部密度增加，从而显著增强了第一分布峰的强度。这样的分布变化表明，聚合物的引入不仅改变了 CO_2 分子间的空间分布，也提升了它们之间的局部相互作用。同时，这种增强的局部密度意味着聚合物的引入有效地提高了 CO_2 的相对浓度。而局部密度的增加可以带来更稳定的流体特性，使得 CO_2 在实际驱油过程中表现出更优异的性能。为了验证我们的推断，我们在图7.16中可视化了 CO_2 分子在聚合物"域"中的分布。总体而言，聚合物的引入对驱油体系的微观结构产生了较大影响，显著提高了 CO_2 分子之间的局部分布密度。

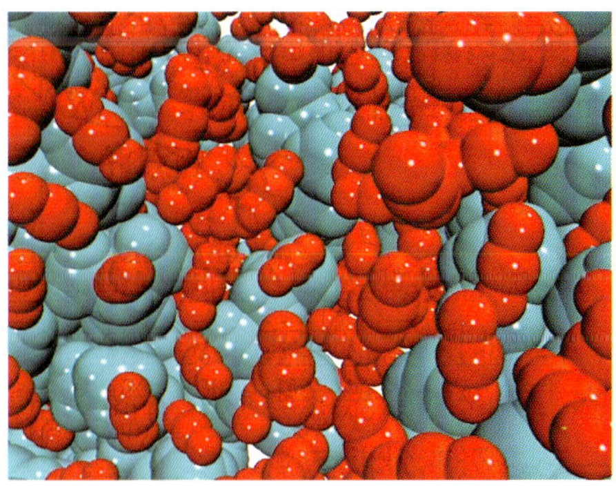

图7.16　CO_2 分子在聚乙烯异丁醚聚合物构成"域"中的模拟快照

扩散系数可以反映模拟体系中 CO_2 的流动性。如图7.17（a）所示，在 CO_2-聚合物驱油剂体系中，CO_2 的扩散系数随着聚合物浓度的增加而减小。这一现象表明，聚乙烯异丁醚聚合物对驱油剂的微观结构产生了显著影响。具体来说，聚乙烯异丁醚促进 CO_2 体系形成更稳定的空间网状结构，这种结构有效地限制了 CO_2 运动，导致其扩散系数降低，反过来这种结构也限制了聚合物的运动。对比来看，相较于 CO_2 分子，聚合物的扩散系数更小。这归因于聚合物在体系中通过交联形成网络结构，使得 CO_2 分子间的运动受到较大限制的同时，也降低了聚合物链的运移，这也最终导致了体系黏度的增加。

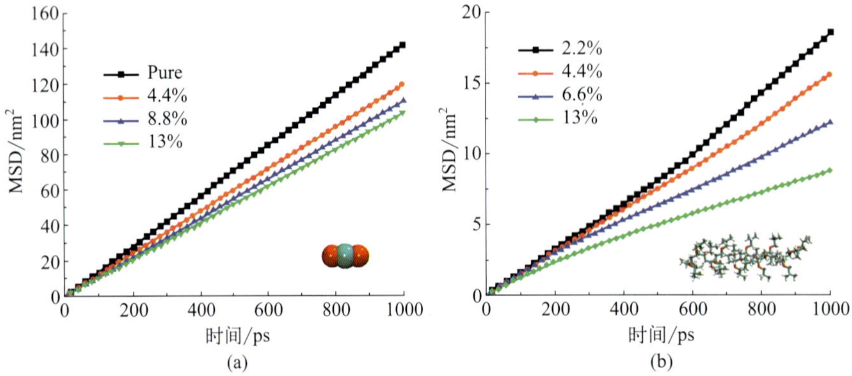

图 7.17 最后 2 ns CO_2 分子均方位移（a）和最后 2 ns 聚合物均方位移（b）

总之，在聚乙烯异丁醚与 CO_2 驱油体系中，会形成以聚乙烯异丁醚聚合物链间交联的空间网状结构，CO_2 分子填充其中。聚乙烯异丁醚分子间的范德华相互作用是三维网状结构形成的主要原因。CO_2 分子之间的径向分布呈现双峰特性，其中第一分布峰表明聚乙烯异丁醚会形成交联“域”，增强了局部 CO_2 之间的相互作用强度和分布密度，降低了 CO_2 的流动性，其扩散系数明显减小。

7.4 不同 pH 环境下原油吸附行为及 CO_2 驱替机制

页岩层中轻质原油组分由于其低密度和低黏度特性在开采和运输中独具特色。然而，不同 pH 地层环境下轻质原油组分的吸附行为复杂多变，对这一过程的深入研究可帮助选择采取何种驱替措施，以提高原油采收率。在 CO_2 驱油过程中，CO_2 的注入不仅可以提高原油的流动性，还可改变原油在岩石表面的吸附状态，从而影响最终原油采收率，但同时 CO_2 与原油及岩石界面的相互作用机制复杂，需要大量的模拟计算和实验研究才能获取相关信息。

本研究采用分子动力学模拟，探讨 pH 对轻质原油组分在固液界面处的吸附行为，研究 CO_2 驱油过程中 CO_2 与原油的相互作用及其对原油采收率的影响，以期揭示原油在不同环境条件下的物理化学特性，为优化开采工艺提供理论参照。

7.4.1 原油在二氧化硅狭缝中的分布

首先构建致密储层中原油组分的吸附模型［图 7.18（a）］，其中狭缝材料选择为二氧化硅。为研究不同 pH 环境下的吸附机制，主要通过构建离子化程度为 0%、9%、18% 的二氧化硅表面，分别代表 pH 为 2 ～ 4、pH 为 5 ～ 7、pH 为 7 ～ 9 下的研究体系。随后将一定比例的烷烃、环烷烃和芳香烃放入储层孔隙，模拟不同原油组分的吸附行为。储层中纳米孔的尺寸通常介于 3 ～ 8 nm 之间，此处设置的孔隙为 7.5 nm，如图 7.18（c）所示。

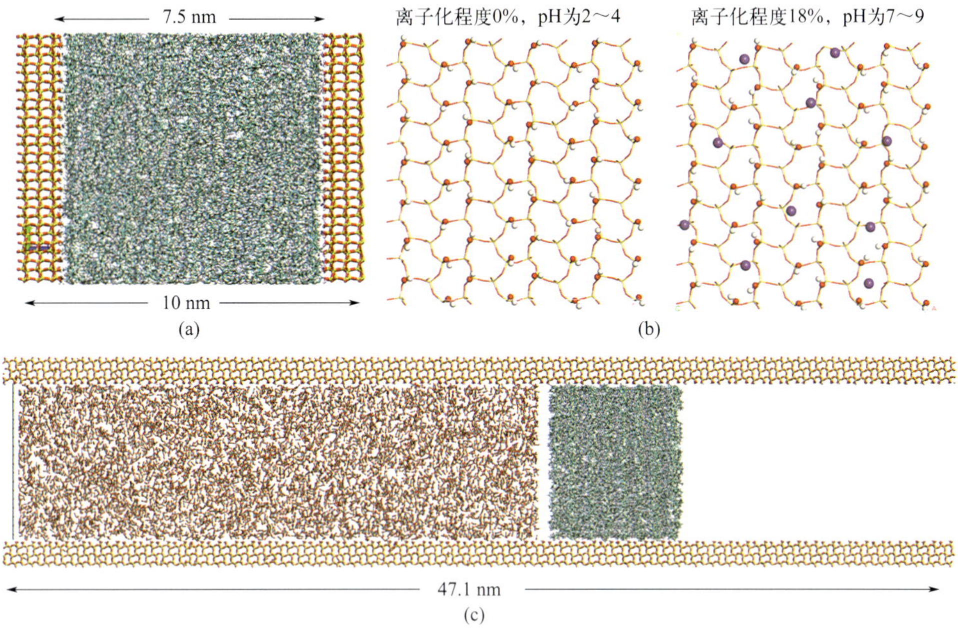

图 7.18　轻质原油在二氧化硅表面吸附模拟初始模型（a），不同 pH 响应的二氧化硅表面模型（b）和 CO_2 驱油模型初始结构（c）

原油组分中的烷烃、环烷烃和芳香烃在石英孔隙间主要分布在体相和固体表面区域。在体相中，原油各组分呈现多分散状态，表现出较高的扩散倾向；而在表面区域，原油各组分在石英表面表现出较强的吸附特性和较低的扩散倾向。*Z* 方向上的密度分布表明［图 7.19（b）～（d）］，原油各组分在石英狭缝内分布较为平缓，主要集中在 2.3 ～ 7.4 nm 范围，而靠近石英表面（约 1.5 nm）原油各组分形成了明显的紧密吸附层，其中，烷烃分子在石英表面形成两个吸附层，而环烷烃和芳香烃分子则形成一个吸附层，表示原油各组分在石英表面吸附行为有差异。

对比不同 pH 环境下的吸附状态，随着 pH 增加，原油各组分在体相内的分布保持相对稳定，其中烷烃密度约为 467 kg/m^3，环烷烃密度约为 148 kg/m^3，芳香烃密度约为 65 kg/m^3。然而，各类原油组分在石英表面的吸附受 pH 影响较大，表现为烷烃在石英表面的吸附峰逐渐降低，而芳香烃的吸附峰则逐渐增加。烷烃在石英表面的最高吸附峰从 764 kg/m^3 降至 460 kg/m^3，而芳香烃在石英表面的最高吸附峰由 398 kg/m^3 升至 778 kg/m^3。以上分析表明，pH 对原油各组分在石英表面的吸附状态有显著影响。

为了深入了解烷烃、环烷烃和芳香烃各组分在石英表面的吸附行为，分别计算了不同 pH 环境下，这三种组分与石英表面的可接触面积占比［图 7.20（a）］。数据表明，不同 pH 环境会显著影响原油组分在石英表面的聚集结构。烷烃组分在低 pH 环境下，与石英表面有较高的接触面积（61.5%），而在高 pH 环境下则显著减少（40.7%），环烷烃组分的可接触面积也随 pH 的增加呈现下降趋势（由 15.8% 降低到 11.5%），而芳香烃组分则显著增加（由 22.7% 增加到 47.8%）。表明芳香烃在碱性条件下，更易与石英表面发生相互作用，同时也说明了随着环境 pH 的增加，狭缝油层中的芳香烃会顶替原油组分中的烷烃和环烷烃类，更易吸附于固体表面。这种分子间的替代不仅改变了石英表面的吸附状态，也有可能影响整个油藏开发策略。图 7.20（b）～（d）表示随 pH 变化芳香烃在石英表面的吸附状态变化，且在低 pH 环境下，芳香烃在石英表面的分布相对稀疏，吸附密度较低。而随着 pH 增加，芳香烃表面吸附密度逐渐增大，表现出更强的吸附倾向，但是在不同 pH 下芳香烃均呈现单层吸附。

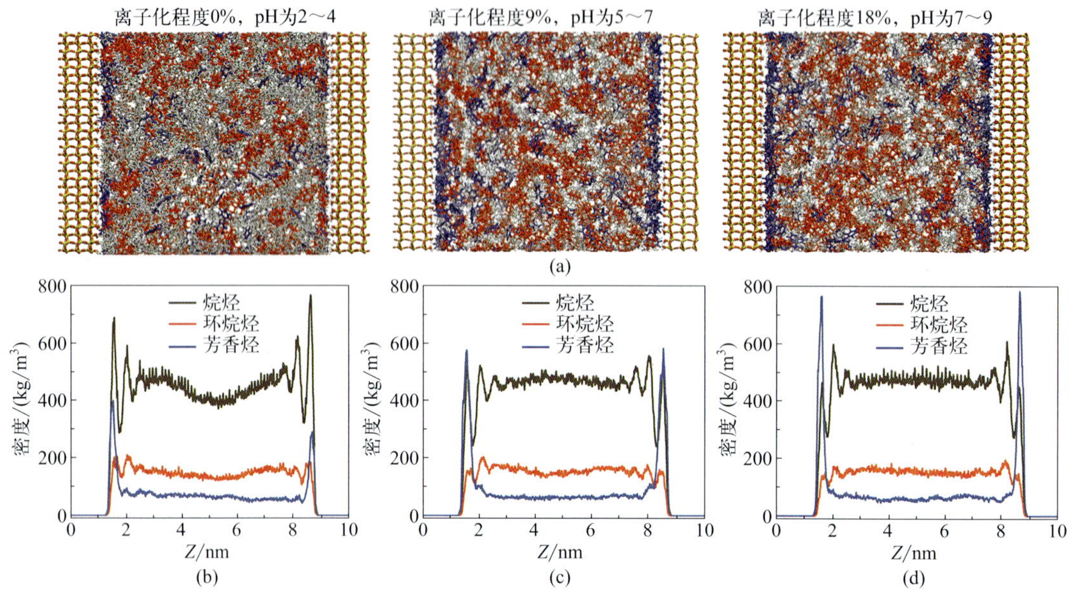

图 7.19　原油分子在不同 pH 环境下的石英孔内分布快照（a）和各类原油分子在石英孔内的密度分布（b）～（d）

为了区分不同类型分子原油，烷烃分子被着色为灰色、环烷烃分子被着色为红色、芳香烃分子被着色为蓝色

（b）pH 2 ～ 4 环境下；（c）pH 5 ～ 7 环境下；（d）pH 7 ～ 9 环境下

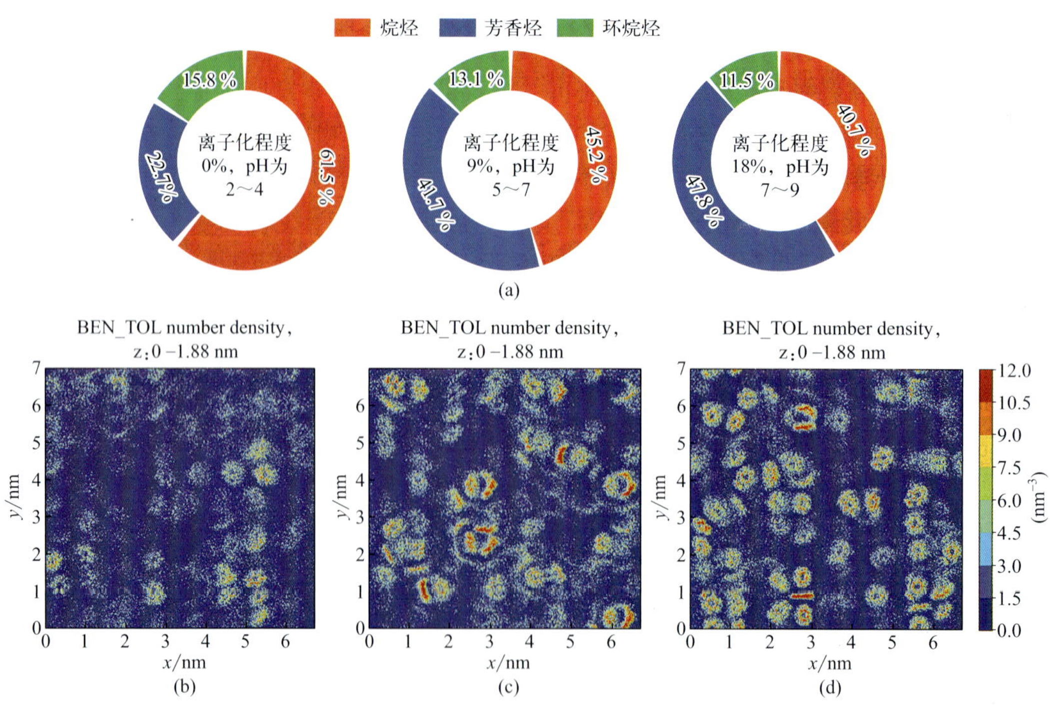

图 7.20　各类原油分子在石英表面吸附占比随 pH 的变化（a）和不同 pH 环境下芳香烃类化合物在石英表面的二维密度分布图（b）～（d）

正如前面讨论，随 pH 增加芳香烃在石英表面的吸附量也增加。考虑到 pH 环境主要改变石英表面的电荷分布状态，这归因于芳香烃独特的分子结构。一方面，在高 pH 下石英表面带有更多的负电荷，与芳香烃中 π 电子云之间存在的排斥作用，会让位于芳香烃与石英表面的疏水相互作用以及芳香烃之间的 π-π 相互作用，这些都利于芳香烃在石英表面的吸附聚集。另一方面，pH 增加会改变油层中的离子强度，使得油层中 Na^+ 更易吸附于石英表面，这样可以通过 Cation（阳离子）-π 相互作用吸引芳香烃。

图 7.21（a）展示了不同 pH 下（以不同离子化程度表示）油层中 Na^+ 在石英表面的密度分布。从中可以看出，在弱酸性下，Na^+ 会在石英表面形成一个较宽的（大约为 0.2 nm）吸附峰。而当油层环境的 pH 增大到弱碱性时，Na^+ 的吸附峰分布会变得窄很多（大约为 0.1 nm），同时峰强度也明显增强。这种变化表明，在高 pH 下，Na^+ 更易吸附于石英表面，增加了形成潜在 Cation-π 作用的能力，使其在石英表面的吸附密度显著增加。图 7.21（c）～（d）是随机选取的 Na^+ 与芳香烃所形成的复合结构，同时发现这种 Na^+ 参与的复合结构大致分为两类：一种是如图 7.21（c）所示，Na^+ 与石英表面离子化的硅烷中氧负离子之间形成离子对，同时 Na^+ 会以 Cation-π 方式与周围一个芳香烃发生相互作用，这样，Na^+ 作为中间桥梁，促进了芳香烃在石英表面的吸附；另一种如图 7.21（d）所示，Na^+ 保持与石英表面离子化的硅烷中氧负离子以离子对作用方式不变，同时吸引周围两个芳香烃，此时石英表面、Na^+ 和芳香烃间以离子对和 Cation-π 作用方式形成复合结构，促进芳香烃在固体表面的吸附，且不易发生解离。总之，高 pH 环境下芳香烃在石英表面的富集，归因于 Na^+ 的聚集和 Na^+ 与芳香烃之间的 Cation-π 相互作用。

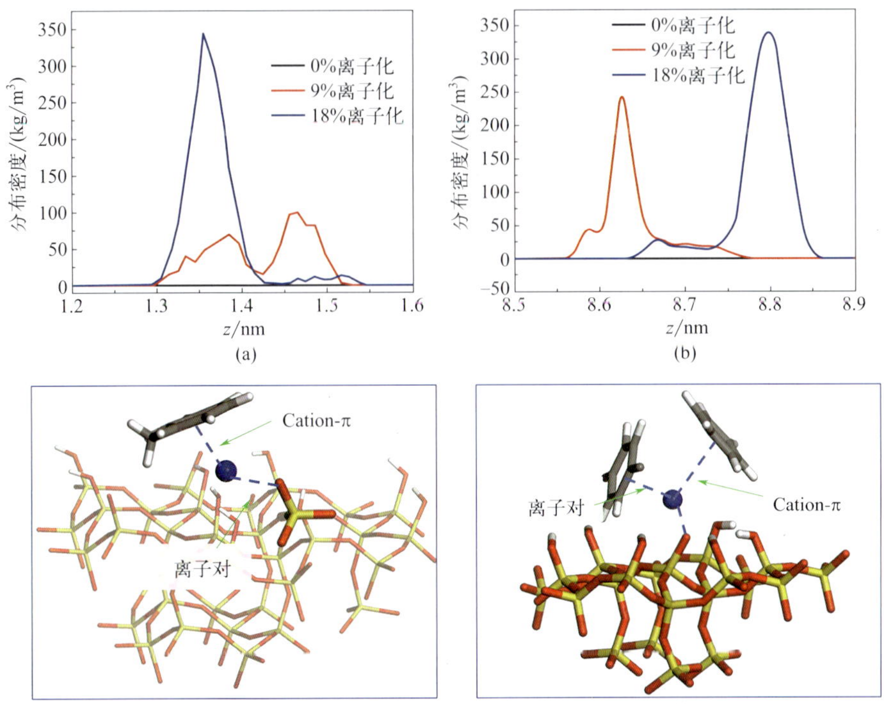

图 7.21　Na^+ 在石英下表面（a）和上表面（b）附近的分布密度以及 Na^+ 与芳香烃分子在石英表面形成的吸附构型（c）～（d）

7.4.2 CO_2 驱油机制

图 7.22 可视化了不同 pH 环境下 CO_2 驱替原油的动态行为。模拟初始构型中油膜两侧的 CO_2 量并不相同，体现了油膜左右存在压差，以此可以模拟 CO_2 相单方向推动油塞的过程。从图 7.22 可以看出，在不同 pH 下，油相均呈现整体移动，但是不同 pH 下石英表面与原油组分的强相互作用会影响 CO_2 的驱替效果。具体表现在，石英表面与原油各组分之间的强相互作用会阻碍 CO_2 驱替下的油层脱附，使 CO_2 不能迅速有效地将原油组分从石英表面剥离。这种情况会导致大量原油组分依然会吸附于石英表面，降低了原油的流动性。这一现象表明，优化 CO_2 驱油技术时，不仅需要考虑 CO_2 与原油的相互作用，还必须充分考虑储层对原油的吸附状况。模拟发现，高 pH 下 CO_2 相的推进速度明显变慢；相较之下，低 pH 环境下的油相推进迅速，表明低 pH 下 CO_2 驱油效果更为显著。这种现象表明 CO_2 驱油过程中 pH 对油相流动速度有显著影响。

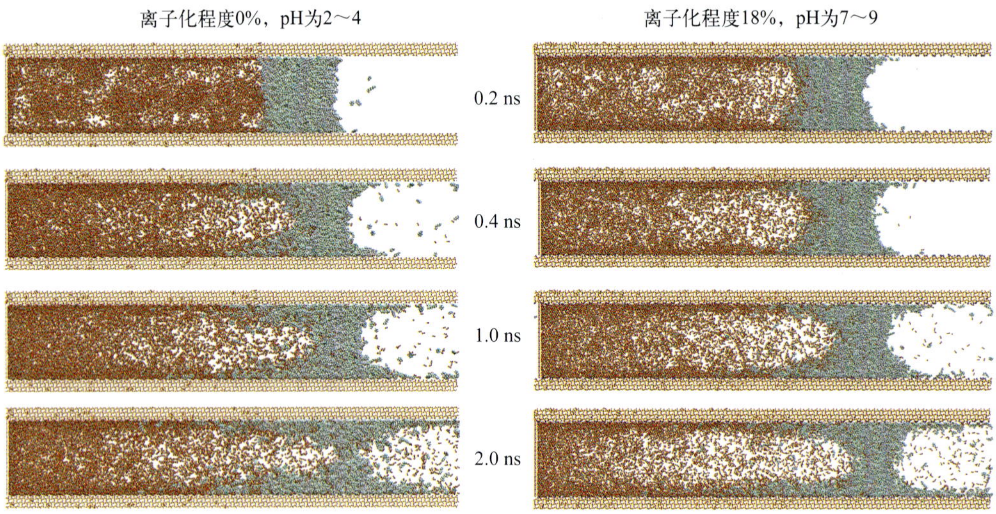

图 7.22　0.2 ~ 2.0 ns 期间 CO_2 在石英孔内驱替过程的模拟快照

CO_2 驱的第一步就是 CO_2 分子和原油组分的混相，图 7.23 展示了初始混相过程。从图中可以看出，在模拟之初，油相与 CO_2 相界面清晰可见，界面分界明显。随着模拟时间延长，CO_2 分子逐渐渗透到油相中，所体现的就是 CO_2 在油相中的溶解和扩散。

图 7.23（b）为 CO_2 的总驱替机制，包含“吸附—剥离—推进”过程。在模拟之初，CO_2 分子首先在石英表面形成吸附层，在 4 ps 时，CO_2 分子已经显著聚集在石英表面，与孔壁发生相互作用，在石英表面形成吸附层，吸附层的出现为后续驱替过程奠定了基础。除了吸附层外，吸附层附近的 CO_2 分子会向油相扩散，此种行为会推动油相在孔隙间流动。石英表面 CO_2 吸附层的形成，以及 CO_2 与原油组分间的融合，促进原油组分融入油相中。剥离阶段的关键之处在于 CO_2 分子通过油相中的溶解和固体表面的扩散，成功将原油组分从石英表面剥离。最后在外部压力情况下，剥离下来的原油组分被逐渐驱替，此时，CO_2 的持续注入和外部压力促进原油组分在孔隙中被推动和与 CO_2 相的混溶，从而实现了有效的驱替和运移。

原油组分在整体推进过程中的均方位移，可以间接表征不同 pH 环境（以不同离子化程度表示）对 CO_2 驱替效果的影响。如图 7.24（a）所示，原油组分在高 pH 下具有较高的均方位移，计算的扩散系数为 8.5×10^{-5} cm^2/s，相较于 pH 2 ～ 4 的扩散系数 6.2×10^{-5} cm^2/s 增加了大概 37%，表明 CO_2 的驱替效果随着 pH 增加而增加。随时间变化的扩散系数［图 7.24（b）］进一步支持了此结论，这归因于高 pH 下石英表面的负电荷增多，导致 Na^+ 在石英表面吸附量增加，从而减弱了原油与石英表面之间的吸附强度，有利于原油各组分在孔隙中的运移。模拟结果表明，pH 影响下的石英表面对原油组分的运动特性有显著影响，高 pH 条件下原油组分有较高扩散系数和均方位移，揭示了 CO_2 潜在的驱替优势。通过优化 pH，可以有效提高原油的扩散和驱替效率。

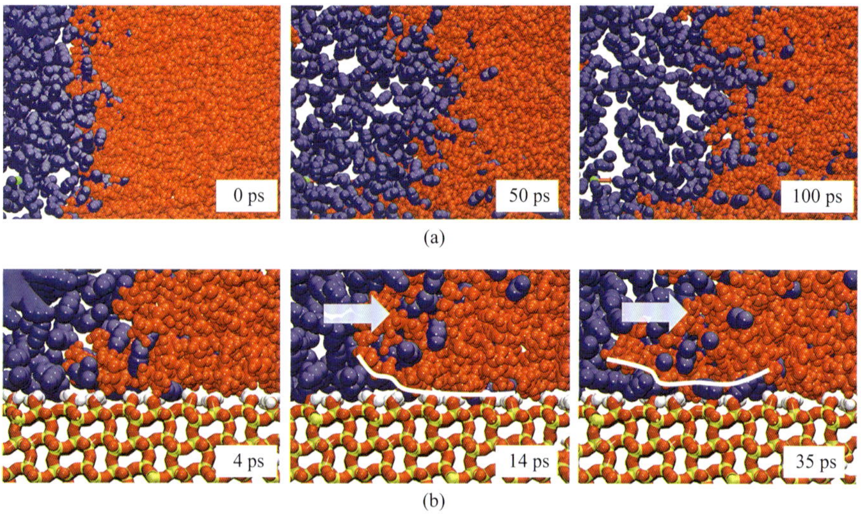

图7.23　CO_2分子和原油的混相行为（a）和CO_2分子在石英表面的剥离推进行为（b）（蓝色为CO_2分子，红色为原油分子）

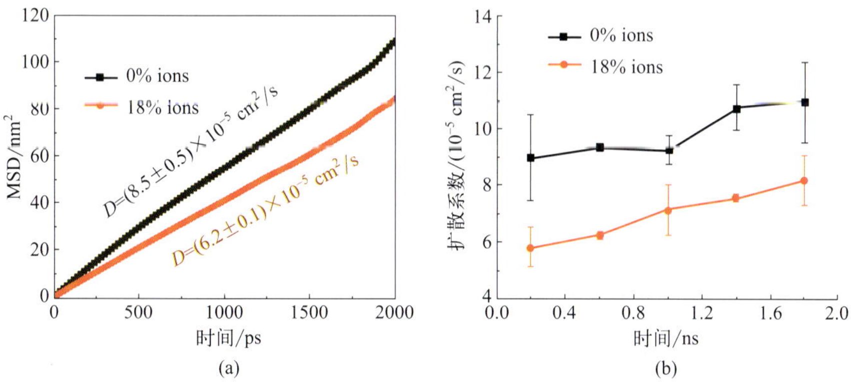

图 7.24　油相分子在孔内推进的均方位移与扩散系数（a）和油相分子在不同时间阶段的扩散系数（b）

总之，分子动力学模拟表明原油各组分中芳香烃更倾向吸附于石英孔隙表面，且随着 pH 增加，芳香烃的吸附增强。在高 pH 环境下，更多 Na^+ 吸附于石英表面增加了 Cation-π 作用，促进更多芳香烃形成吸附层。CO_2 的驱油过程可以总结为“吸附—剥离—推进”机制：首先 CO_2 在石英表面形成吸附层，随后融入油相中与原油组分发生相互作用，导致原油组分被剥离，最终在外部压力下，完成有效驱替。但是在高 pH 下，CO_2 有较慢的推进速度，归因于高 pH 下石英表面存在紧密堆积的芳香烃。

7.5 PDMS-CO_2 增黏体系模拟操作案例

操作软件：Gromacs、VMD。

性质分析：扩散系数、黏度、径向分布函数、可视化分析。

本实验以聚二甲基硅氧烷（PDMS）与二氧化碳（CO_2）为例，采用分子动力学模拟研究驱油过程中聚合物对 CO_2 相增黏机制的影响，并计算 PDMS 与 CO_2 相复合体系的相互作用能、扩散系数、黏度等。

具体步骤如下：

（1）力场参数和结构文件

为了运行 Gromacs 程序，必须提供结构文件和力场参数文件。由于力场形式不同（如 Amber、GROMOS、Charmm、OPLS 等），构建或获取力场参数文件的方式也有所差异。目前有多种工具可以用于生成 Gromacs 拓扑文件。在本实验中，我们选用了广泛应用且性能可靠的 GROMOS 54A7 力场。PDMS 与 CO_2 分子的结构可以通过 Material Studio 软件构建，也可以通过在线网站来产生分子结构和力场，这里我们介绍利用力场在线产生工具 Automated Topology Builder （ATB，http://atb.uq.edu.au/index.py）来得到所需结构文件和力场文件的方法。

首先在 Material Studio 软件中的 Build Polymer 模块构建聚合度为 20 的 PDMS 与 CO_2 分子（参考《分子模拟》中第十一章内容）。如前所述，通过 ATB 可以产生两种力场：一个是全原子力场 [GROMACS G54A7FF All-Atom（ITP file）]，另一个是联合原子力场 [GROMACS G54A7FF United-Atom（ITP file）]。本实验采用全原子力场，在力场下载页面中选择“GROMACS G54A7FF All-Atom（ITP file）”和对应的坐标文件“All-Atom PDB（optimised geometry）”，可以得到相应的力场文件和坐标文件。为了方便，将文件名称分别修改为“PDMS.itp”“PDMS.pdb”“CO2.pdb”“CO2.itp”。至此我们得到了模拟所需分子的结构坐标及其力场文件。

（2）构建 PDMS 与 CO_2 复合体系

将 PDMS.itp、CO2.itp、atomtypes.itp、PDMS.pdb、CO2.itp 等文件放置到计算目录中。构建含有 10% PDMS 质量分数的体系，通过 packmol 程序构建，图 7.25 所示是 packmol 的输入文件 pdms.inp 内容。其中包括 5711 个 CO_2 分子、20 条 PDMS 聚合物链，将其放入到 12 nm×12 nm×12 nm 的立方格子中。

运行命令为 packmol < pdms.inp，得到含有质量分数 10% 的结构文件 box.pdb。将得到的模拟初始构型 box.pdb 文件中 VMD 打开，依次操作：VMD 的命令控制端输入 pbc box；VMD Main 窗口点击 Graphics，在 Graphical Representations 对话框中点击 Create Rep，在 Selected Atoms 中输入“resname PDMS”，点击 Apply 按钮；点击 Draw style 标签，Drawing Method 下拉菜单选择 VDW。显示初始构型如图 7.26 所示。

```
tolerance 2.0
filetype pdb
output box.pdb
add_box_sides
structure pdms.pdb
  number 20
  inside box 0. 0. 0. 120. 120. 120.
end structure


structure co2.pdb
  number 5711
  inside box 0. 0. 0. 120. 120. 120.
end structure
```

图 7.25　packmol 程序输入文件示意图

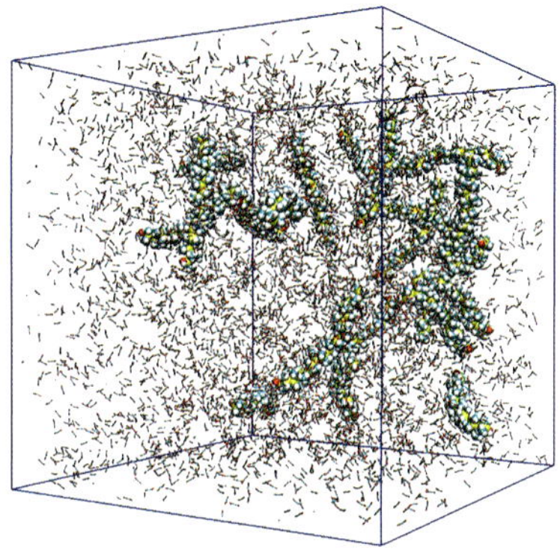

图 7.26　初始构型图

以此为输入文件进行分子动力学模拟，准备动力学计算参数文件和体系拓扑文件 em.mdp 和 system.top。前者 mdp 文件中参数设置详情，请参考 Gromacs 手册《Run Parameters and Programs》，后者 system.top 在最后三行分别指定各组分的分子数。需要额外说明的是，本节模拟案例为超临界状态下的分子动力学，温度、压力分别设置为 313 K 和 20 MPa。

（3）能量最小化及分子动力学计算

模型构建完毕后，要先进行能量最小化，来消除体系中可能存在的构象重叠，然后再进行分子动力学模拟计算。本实验是在 *NPT* 系综下进行 20 ns 的分子动力学模拟，进行预平衡，模拟运算参数输入文件 npt.mdp，各参数详情参考 Gromacs 手册《Run Parameters and Programs》。

能量最小化：

```
>> gmx grompp -f em.mdp -c boxion.pdb -p system.top -o em.tpr -maxwarn 1
>> gmx mdrun -deffnm em
```

NPT 系综预平衡：

```
>> gmx grompp -f npt.mdp -c em.gro -p system.top -o npt.tpr -maxwarn 1
>> gmx mdrun -deffnm npt
```

（4）动力学结果分析

分子动力学模拟计算完成之后，运动轨迹储存在 npt.xtc 文件中，使用 VMD 软件加载如轨迹文件 npt.xtc，可观察体系内各组分的运动状态。操作方法为：

VMD Graphical Representations 对话框中，双击第一行 Rep（Lines Name all），隐藏溶剂水分子以便于观察胶束；VMD Main 窗口 File-Load Data Into Molcculc 载入 npt.xtc，待载入完毕，即可拖动 VMD Main 窗口滑块观察运动轨迹。本实验中 20 ns 模拟之后，PDMS 分子自身发生自组装，如图 7.27 所示。可进一步延长时间以观察其是否会进一步聚并。

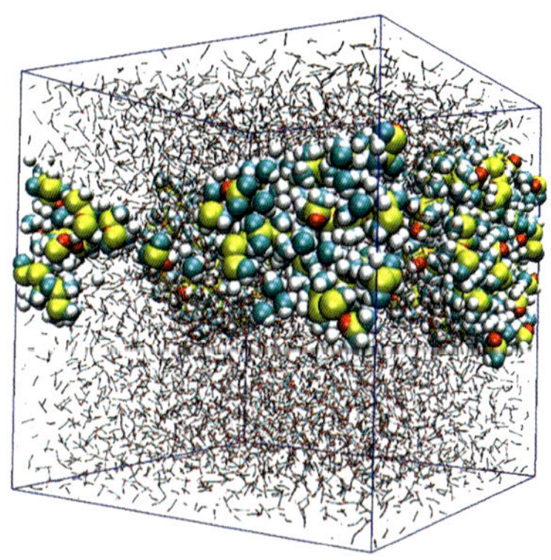

图 7.27　20 ns 时的聚集构型

计算聚合物周围 CO_2 分子的径向分布函数并与纯 CO_2 相进行对比，首先是纯 CO_2 体系，使用 RDF 计算指令：

```
>> gmx rdf -f npt.xtc -s npt.tpr -b 18000 -ref "name CO2" -sel "name CO2" -b 19000
```

其次则是聚合物周围 CO_2 分子的径向分布函数，使用选择语句将聚合物周围 0.35 nm 的 CO_2 分子选出，然后进一步计算出分子间的径向分布函数：

```
>> gmx select -f npt.gro -s npt.tpr -select '"nearby co2" resname CO2 and within 0.35 of group PDMS' -on index.ndx
>> gmx rdf -f npt.xtc -s npt.tpr -b 18000 -ref "nearby_co2" -sel "nearby_co2" -n index.ndx -b 19000
```

然后将得到的数据作图，如图 7.28 所示。从图中可以看出 PDMS 周围的 CO_2 分子分布的更为密集，有利于体系黏度的增加。

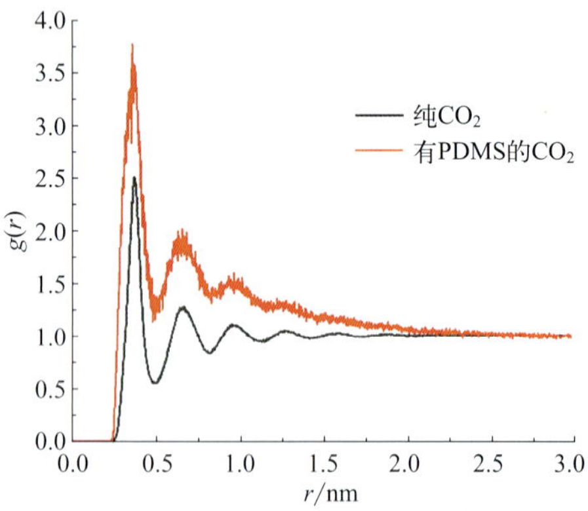

PMDS-CO_2
增黏体系运行
脚本

图 7.28 CO_2 分子间的径向分布函数

从图 7.28 中可以看出，CO_2 分子之间的第一分布峰在含有聚合物的体系中强度显著增加。初步推断，这一现象背后的机制涉及聚合物分子在体系中的交联作用，改变了 CO_2 分子间的空间分布和相互作用模式。

可以认为，聚合物链通过形成交联域有效地改变了体系的微观环境。在这些交联域内，CO_2 分子之间的相互作用得到显著增强，这里我们将聚合物形成的交联域可视化显示。载入 npt.xtc 轨迹文件到 VMD 中，选择合适的帧数（本例选择第 5 帧）。VMD Graphical Representations 对话框中点击“Create Rep”新建图层，在 Selected Atoms 中输入“resname PDMS”并将 Drawing method 改为 Licorice 以突显该分子，将 Coloring Method 选为 ColorID，颜色为 10 号以突显 PDMS 分子。进一步点击“Create Rep”新建图层，在 Selected Atoms 中输入“same resid as {resname CO2 and within 11 of resname PDMS }”点击“Apply”并将 Drawing method 改为 Licorice 以突显 silica 和 PDMS 交联结构，选择界面如图 7.29 所示，显示结果如图 7.30 所示。

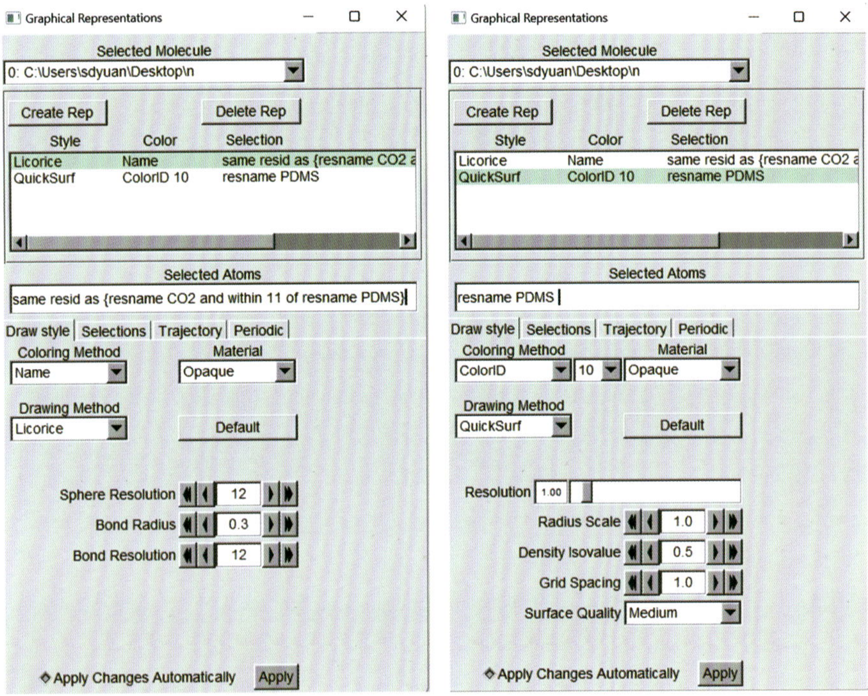

图 7.29　VMD 选择界面

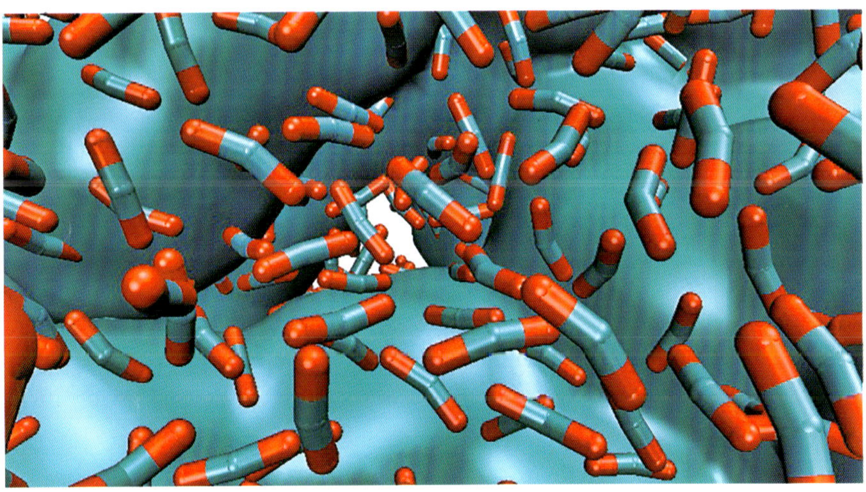
图 7.30　聚合物域内的 CO_2 分子

参考文献

Alston R，Kokolis G，James C，1985. CO_2 minimum miscibility pressure：a correlation for impure CO_2 streams and live oil systems[J]. SPE Journal，25：268-274.

Benham A L，Dowden W E，Kunzman W J，1960. Miscible fluid displacement - prediction of miscibility[J]. AIME：

219, 229 -237.

Chen G, Wang X, Liang Z, et al, 2013.Simulation of CO_2-oil minimum miscibility pressure (MMP) for CO_2 enhanced oil recovery (EOR) using neural networks[J]. Energy Procedia, 37: 6877-6884.

Cronquist C, 1978. Carbon dioxide dynamic miscibility with light reservoir oils[J]. Process Fourth Annual US DOE Symposium, Tulsa, USA: 28-30.

Ding Y, Ma X, Ye L, et al, 2018. Rock breaking mechanism of CO_2 and fracturing technology[J].Lithologic Reservoirs, 30 (6): 151-159.

Emera M K, Sarma H K, 2005. Use of genetic algorithm to estimate CO_2-oil minimum miscibility pressure—a key parameter in design of CO_2 miscible flood[J]. Journal of Petroleum Science and Engineering, 46: 37-52.

Fu L, Shao Y, Shao M, et al, 2023. Application and research progress of CO_2 stimulation technology in unconventional oil and gas reservoirs: a review and prospect[J]. Energy & Fuels, 37: 19400-19418.

Glaso O, 1985. Generalized minimum miscibility pressure correlation[J]. SPE Journal, 25: 927-934.

Hu Y L, Hao M Q, Chen G L, et al, 2019. Technologies and practice of CO_2 flooding and sequestration in China[J]. Petroleum Exploration and Development, 46 (4): 753-766.

Ishida T, Chen Y, Bennour Z, et al, 2016. Features of CO_2 fracturing deduced from acoustic emission and microscopy in laboratory experiments[J]. Journal of Geophysical Research-solid Earth, 121 (11): 8080-8098.

Kong B, Wang S H, Chen S N, 2017. Minimize formation damage in water-sensitive Montney formation with energized fracturing fluid[J]. SPE Reservoir Evaluation & Engineering, 20 (3): 562-571.

Kunieda M, Nakaoka K, Liang Y, et al, 2010. Self-accumulation of aromatics at the oil water interface through weak hydrogen bonding[J]. Journal of the American Chemical Society, 132: 18281-18286.

Lashkarbolooki M, Eftekhari M J, Najimi S, et al, 2017. Minimum miscibility pressure of CO_2 and crude oil during CO_2 injection in the reservoir[J]. Journal of Supercritical Fluids, 127: 121-128.

Lee J, 1979. Effectiveness of carbon dioxide displacement under miscible and immiscible conditions[J]. Petroleum Recovery Inst. Calgary, Canada.

Li D, Li X, Zhang Y, et al, 2019. Four methods to estimate minimum miscibility pressure of CO_2-oil based on machine learning[J]. Chinese Journal of Chemistry, 37: 1271-1278.

Li H, Qin J, Yang D, 2012. An improved CO_2-oil minimum miscibility pressure correlation for live and dead crude oils[J]. Industrial & Engineering Chemistry Research, 51: 3516-3523.

Li N Y, Yu J J, Wang C, et al, 2021. Fracturing technology with carbon dioxide: A review[J]. Journal of Petroleum Science and Engineering, 205: 108793.

Liu B, Shi J, Sun B, et al, 2015. Molecular dynamics simulation on volume swelling of CO_2-alkane system[J]. Fuel, 143: 194-201.

Lv Q C, Zhang X, Zhou T K, et al, 2020. CO_2 foam fracturing fluid system enhanced by SiO_2 nanoparticles[J]. Journal of Chin University of Geosciences, 44: 114-123.

Pensado A S, Pádua A H, Comuñas M J P, et al, 2008. Viscosity and density measurements for carbon dioxide+pentaerythritol ester lubricant mixtures at low lubricant concentration[J]. The Journal of Supercritical Fluids, 44: 172-185.

Pramudyo E, Goto R, Watanabe N, et al, 2021. CO_2 injection-induced complex cloud-fracture networks in granite at conventional and superhot geothermal conditions[J]. Geothermics, 97: 102265.

Shen Z, Mchugh M A, Xu J, et al, 2003. CO_2-solubility of oligomers and polymers that contain the carbonyl group[J].

Polymer, 44: 1491-1498.

Shokir E M, 2007. CO_2-Oil Minimum miscibility pressure model for impure and pure CO_2 streams[J]. Journal of Petroleum Science and Engineering, 58: 173-185.

Song X, Guo Y, Zhang J, et al, 2019. Fracturing with carbon dioxide: From microscopic mechanism to reservoir application[J]. Joule, 3 (8): 1913-1926.

Valluri M K, Mishra S, Schuetter J, 2017. An improved correlation to estimate the minimum miscibility pressure of CO_2 in crude oils for carbon capture, utilization, and storage projects[J]. Journal of Petroleum Science and Engineering, 158: 408-415.

Wang L, Zhao Q H, Li Z P, 2022. Experimental investigation of carbon dioxide flooding in heavy oil reservoirs for enhanced oil recovery[J]. Energy Reports, 8: 10754-10761.

Yellig W, Metcalfe R, 1980. Determination and prediction of CO_2 minimum miscibility pressures[J]. Journal of Petroleum Technology, 32: 160-168.

Zhang Y, Liu Q, Ye H, et al, 2021. Nanoparticles as foam stabilizer: mechanism, control parameters and application in foam flooding for enhanced oil recovery[J]. Journal of Petroleum Science and Engineering, 202: 108561.

Zhou D W, Zhang G Q, Zhao P Y, et al, 2018. Effects of post-instability induced by supercritical CO_2 phase change on fracture dynamic propagation[J]. Journal of Petroleum Science and Engineering, 162: 358-366.

第 8 章

含油乳状液的稳定性与破乳

石油工业中最具挑战性的问题之一是伴随原油开采所产生的高采出水。原油采出水是多种化合物的混合物，包括无机、有机和其他材料。采出水中很多物质对环境有广泛的影响，有时也会对测深区造成毒性伤害，而且采出水大部分是乳状液，这也会在原油处理和运输过程中造成麻烦。影响乳状液稳定性的因素很多，包括采出水中的沥青质、胶质和固体颗粒，水油比例、pH，以及为提高采收率所加入的聚合物、表面活性剂等。我们将集中研究采出水乳状液的稳定性以及破乳过程，并阐述电场破乳技术下的破乳机理。

8.1 油田采出水和原油乳状液

地下油气藏最初是分离的石油碳氢化合物（液体或者气体形式）和水，或是来自油气区内部的活性物质，又或是来自生产过程中注入的流体和添加剂，在储层间隙内的流动或输运管道内的湍流下，当这些“原生水”（或成为地层水）被带到地面时就变成了具有乳液性质的采出水。采出水可以定义为与油气资源一起被带到地表的水，是含有碳氢化合物的流体混合物，通常包含液态或气态碳氢化合物，溶解或呈固态的污染物，水，固体颗粒（如盐、淤泥、砂）和添加剂（如聚合物、表面活性剂）以及注入的流体组分。

此外，大多数油田原油含水量高，且存在细颗粒，会形成非常稳定的原油乳状液。与其他类型乳液相比，原油乳状液中普遍存在水，而沥青质被认为是稳定原油乳液的主要物质。原油乳状液在石油工业中非常不受欢迎，但是原油乳状液的形成也不可避免。

将组成乳状液的油水两相分离的过程称为破乳过程，一般有物理、化学和生物三种破乳方法，破乳方法的破乳效果取决于将乳液稳定性降到最低的能力。在石化工业中，乳状液在进一步精炼前必须先行破乳，而使用破乳剂是将乳状液两相分离的普遍做法。目前破乳剂更多是具有亲水亲油两亲性质的表面活性剂。

8.1.1 原油乳状液的稳定性

通常原油乳状液或采出水有着不同的乳液类型，可分为油包水（W/O）、水包油（O/W）以及多重乳液。油包水乳液是在油连续相中分布着水滴的乳状液，如原油乳状液；与之相对应的是水包油乳液，典型如油田采出水；多重乳状液或多层乳状液是在水相或油相中包含着油包水或水包油型乳液，写成 W/O/W 乳状液或 O/W/O 乳状液。在石油工业领域，普遍存在这三种乳液形式，其结构示意图如图 8.1 所示。由于在油水界面存在稳定组分或细颗粒，乳液可以在很长一段时间内保持动力学稳定，从几个小时到几个月甚至更长时间。根据来源和性质不同，乳液稳定剂可分为石油本身的表面活性成分（如沥青质、胶质等天然表面活性剂）、矿物颗粒和外部添加的表面活性剂等，这些物质会形成刚性或凝胶状薄膜，保护液滴，防止液滴聚结。稳定油水界面膜的典型结构如图 8.1（b）所示。

（1）沥青质和胶质的稳定作用

石油工业特别是油田开采后期所面临的主要问题之一就是原油采出液中过高的含水量。此外，在原油脱盐和蒸气处理过程中，还需要注入水。可以总结出，石油工业中乳状液的形成需要包含三个基本要素：两种不混相的流体例如油和水，存在的天然沥青质、胶质等乳化剂，以及由湍流或节流阀等引起的压力变化所导致的一种液体向另一种液体的扩散，这其中所存在的沥青质和胶质对乳液稳定性有非常重要的影响。

原油中的沥青质和胶质含有不同的杂原子，如氮、氧和硫等，这会导致石油基流体具有酸性或碱性特性，从而稳定水包油或油包水乳液。而沥青质因为其本身含有芳烃和多环芳烃，被认为是乳液中稳定油水界面膜的最强物质。图 8.2 为 Tulare 原油中典型的沥青质分子结构（Varadaraj et al.，2012）。

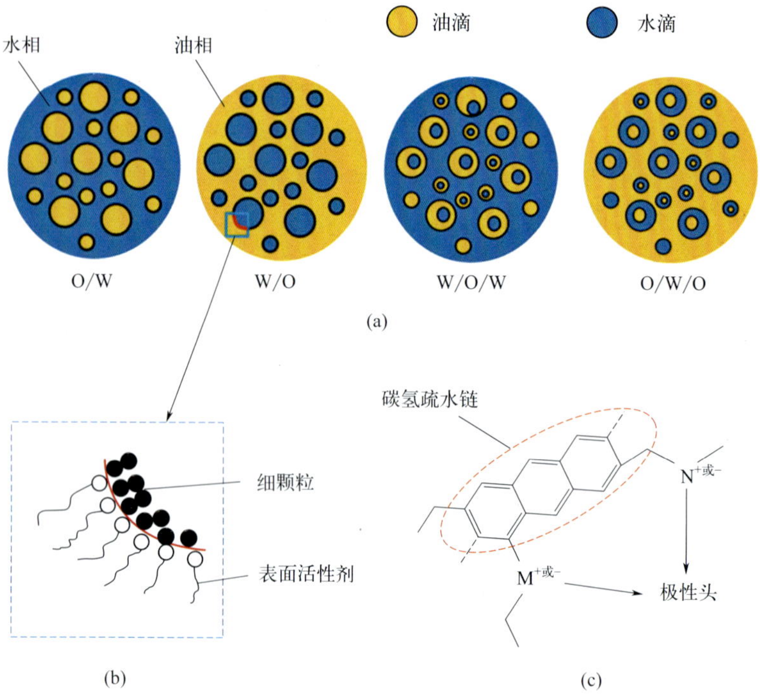

图 8.1　在稠油生产和运输中发现的不同类型乳液的结构示意图（a），油水界面处形成的刚性膜（b）和沥青质分子的表面活性（c）（Martínez-Palou et al.，2011）

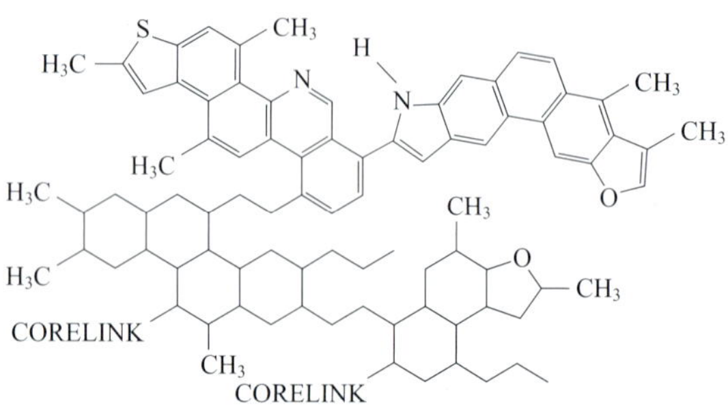

图 8.2　Tulare 原油中典型的沥青质分子结构（Varadaraj et al.，2012）

早在 40 年前，研究人员就发现沥青质在稳定油包水（W/O）乳液中的重要作用，如今人们对沥青质比过去有了更深入的了解。Canevari（1982）观察到油相中水滴表面的薄膜会阻止不同水滴之间聚结，组成薄膜的沥青质会显著影响原油乳状液的稳定性。沥青质在水滴周围会形成高黏弹性薄膜以稳定水滴，随后胶质也会插入到沥青质聚集结构之间成为弹性膜的一部分。如图 8.3 所示，形成的刚性沥青质膜阻碍了乳化液滴的聚结。

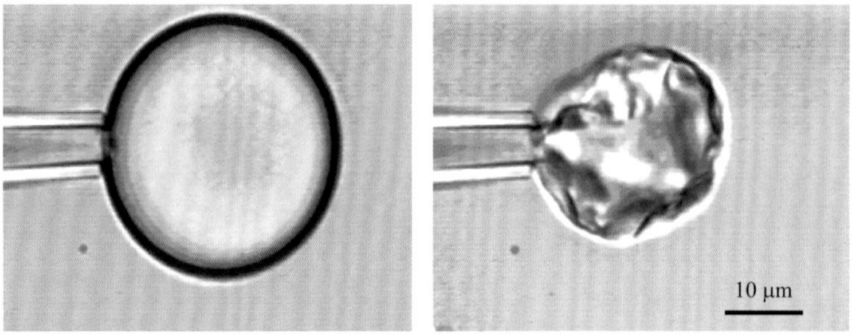

(a) (b)

图 8.3 刚性沥青质膜影响原油乳状液的稳定性（Yeung et al.，1999）

（a）使用微移管对质量分数为 0.1% 的沥青质甲苯溶液中的水滴进行显微摄影；（b）液滴排液后，可观察到明显的褶皱，在油水界面处显示出一层弹性膜，这是由于在油水界面处吸附沥青质聚集所致

除了沥青质以外，胶质也被认为是另外一种稳定原油乳状液的物质，并与沥青质有协同作用，但是二者之间的协同机制目前尚未完全清楚。在研究胶质对 W/O 乳液稳定性方面，研究人员发现，如果以 2∶1（胶质∶沥青质）的比例加入胶质，此时 W/O 型乳液的稳定性比只有沥青质的乳液稳定性要提高两倍（Fingas et al.，2009），也就是说提高原油中胶质的比例将提高原油乳液的稳定性。当然胶质在油水界面的吸附取决于多个因素，包括界面上的固体颗粒以及沥青质分子。正常条件下，沥青质会吸附胶质，以增强沥青质聚集结构，对乳液稳定性产生影响。研究也证实，胶质也是一种表面活性物质，包括芳香环、长链羧酸和酚等，能够与沥青质一起形成特定强度的界面膜。胶质的参与也会增强水包油（O/W）乳液的稳定性，导致油滴表面 Zeta 电位绝对值增加。图 8.4 为典型胶质和沥青质稳定乳液液滴在油水界面排列的结构示意图。

相对应地，石蜡是含有少量界面活性的物质，更多的是带长侧链的环烷烃或长直链烷烃，这导致石蜡型油田产出的水包油（O/W）和油包水（W/O）乳液的稳定性最差（Zhang et al.，2016），这也是当前较少研究石蜡对乳状液稳定性影响的原因。

（2）矿物固体颗粒的稳定作用

具有适当表面润湿性的细固体颗粒可以稳定 W/O 或 O/W 乳液，这些物质常被称为酸洗乳化剂，在非常规石油生产中普遍存在，如从石油中提取的石油 / 沥青砂和油页岩，有沥青质吸附的细颗粒、石蜡粒、黏土矿物颗粒等，这些固体颗粒会稳定油水乳液，在油水界面形成凝胶层。在油水分离过程中，去除含有相关细颗粒的稳定乳状液还是有一定难度的，但是如果任由细固体颗粒进入到下游工艺，也会对后续工艺和设备造成严重破坏。

在非常规油藏中，本质上亲水的矿物固体颗粒，如方解石、高岭石、硅 / 石英、蒙脱石、伊利石、砂岩和绿泥石等，会不可避免地被石油组分吸附改性，从而变得具有双润湿性甚至变成亲油性。因此，固体颗粒与油水界面具有很强的亲和力，可形成一层顽固的保护层，防止乳化液滴聚结。Sullivan 等人测定了腐殖质和沥青质材料在黏土表面的吸附，发现黏土表面并未完全被覆盖（Sullivan et al.，2002）。石油组分的吸附会改变固体表面的润湿性，使其更加疏水，导致固体颗粒上的疏水部分在油水界面处与油相接触（图 8.5），造成固体颗粒在油水界面处聚集，起到稳定原油乳液的作用。

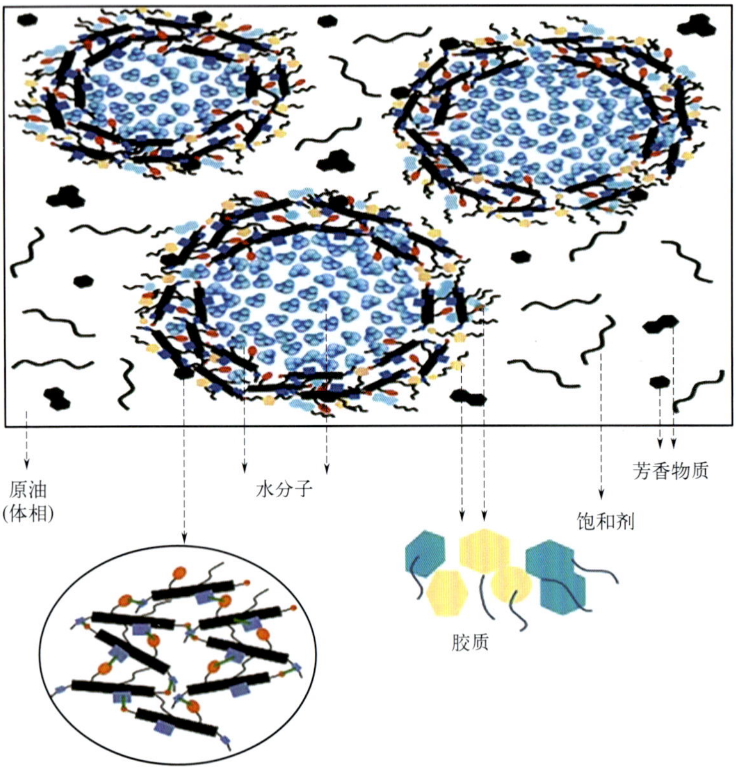

图 8.4　油包水乳液中沥青质和胶质稳定油水界面膜示意图（Subramanian et al.，2017）

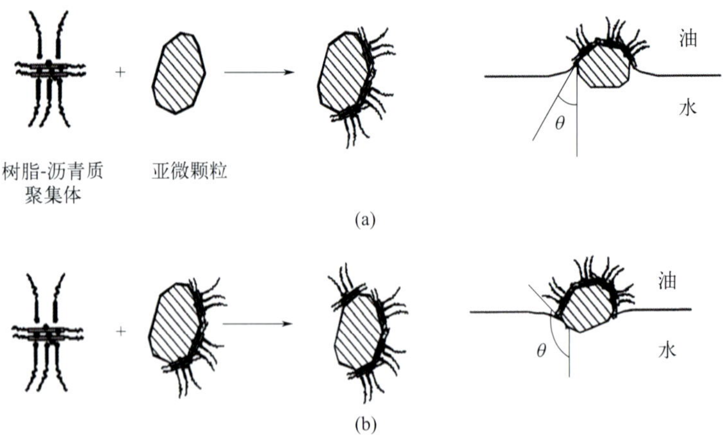

图 8.5　胶质 / 沥青质在亲水颗粒上的吸附示意图（Sullivan et al.，2002）

（a）在低表面覆盖率时，颗粒优先被水相润湿（$\theta < 90°$），有利于 O/W 乳液的形成；(b) 随着更多胶质或沥青质被吸附，颗粒优先被油相润湿（$\theta > 90°$），有利于 W/O 乳状液的形成

（3）乳化液的热力学特征

如果乳状液的性质在一定时间内保持不变就可以说“乳状液是稳定的”，但是乳状液在热力学上讲是一个不稳定体系。在乳状液性质的改变过程中会出现乳化（creaming）、Ostwald 熟化（Ostwald ripening）、絮凝（flocculation）、聚结（coalescence）等现象，而且这些现象可能同时发生，也可能单独出现。

在乳状液中存在两个或两个以上的相，而且大多数情况下是具有不同密度的介质。液滴之间的密度差和连续相的性质，决定着液滴的运动形式：如果液滴的密度小，当液滴向上运动时会产生分层现象，与由于液滴密度大而向下运动时的沉淀相反。通常情况下油相的密度比水小，因此在油包水（W/O）乳状液中会发生沉淀现象，而在水包油（O/W）乳液中会发生分层现象。在乳液分层过程中，单个液滴的运动速度可以用 Stokes 公式描述。

$$v = \frac{2gr^2(\rho_{\text{cont}} - \rho_{\text{drop}})}{9\eta_{\text{cont}}}$$

式中，r、g、ρ_{cont}、ρ_{drop}、η_{cont} 分别为液滴半径、重力加速度、连续相密度、液滴密度和连续相牛顿黏度。在乳液变化中，絮凝是由于液滴之间的相互吸引而发生在两个液滴之间的聚集现象，聚结表示由于液滴之间的膜崩塌所引起的两个液滴的合并，Ostwald 熟化则是描述聚结液滴逐渐成长为大液滴的过程。图 8.6 展示了乳状液变化过程中的热力学特性。

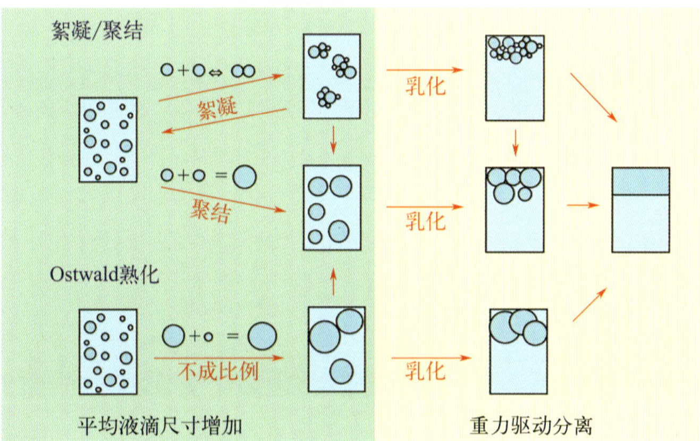

图 8.6 纳米乳液的热力学现象（Ravera et al.，2021）

8.1.2 原油乳状液破乳

与乳化相反，将油水乳状液分离成油水两相的过程称为破乳，通常包括两个步骤：絮凝和聚结。在絮凝阶段（聚集、团聚或凝结），乳液液滴在流体运动中相互靠近，并在聚合物（原油破乳剂）桥连作用下形成聚集体或絮凝物，此时液滴仍保持其原始状态；当液滴相互接触时，乳液液滴之间的中间液膜开始变薄，当不稳定或亚稳状态的液膜破裂时，液滴发生聚结，形成较大的液滴。由于密度的差异，聚结的水滴在重力作用下沉降到容器底部，而油相则以相反的方向移动到顶部。这两个步骤中的任何一个都可能是破乳过程中的决速步骤。目前已经有许多成熟的破乳方法，一般分为三类，包括物理、生物和化学处理方法。

物理破乳有重力沉降、离心、热处理（常规加热、微波辐射、冷冻 / 解冻）、浮选、过滤（吸附和聚结过滤器）、电破乳、膜分离、超声以及剪切等。但是对乳化剂的物理处理经常与其他（物理、化学或生物）分离方法相结合使用，以提高乳液的不稳定性，达到令人满意的破乳效果。

生物破乳始于20世纪80年代初，是石油工业中常用的化学合成破乳剂的潜在替代技术。生物破乳的主要好处是乳状液中存在的碳氢化合物能够维持微生物的生长，此时微生物生长和破乳过程会同时发生。另外生物破乳剂可以回收再利用，活性不会明显下降，在极端条件下也可能非常有效。

化学破乳是多年来应用最广的一种破乳方法，主要利用化学剂改变油水界面性质或界面膜强度。破乳剂会降低石油组分（如沥青质）形成界面膜的力学性能，其破乳效率往往与破乳剂的分子大小、结构和亲油亲水平衡值有关。在过去的几十年里，针对油水乳状液，人们发明了数千种破乳剂。然而，对化学破乳机理的了解直到最近才有所突破。为了解释观察到的化学破乳现象，人们提出了许多假设和理论。针对石油乳状液，破乳剂应该：①要在油相中有一定的溶解度；②具有在油水界面上与乳化物种竞争吸附的界面活性；③具有破坏原有稳定界面膜的能力；④吸附于油水界面后，无法形成稳定的界面膜；⑤无毒性及可负担的成本，可以进行大规模使用。

在本章中重点介绍化学破乳和外加电场强化破乳技术，以及化学破乳、气浮破乳和电场破乳的作用机理。

（1）聚合物破乳

破乳剂会降低油水界面膜的机械强度，其破乳效果往往与破乳剂的分子量、分子结构和亲油亲水平衡值有关。研究发现烷氧基酚基甲醛树脂混合物（平均分子质量 3000 Da）会吸附于气液界面或油水界面，并对沥青质界面膜产生影响，导致界面膜的表面压力和硬度均下降，最终引起界面膜的稳定性变化，直至破裂（Zhang et al.，2003）。

① 聚氧乙烯聚氧丙烯嵌段共聚物破乳剂

具有表面活性的聚合物可有效破坏 W/O 型原油乳液。聚合物链上多个表面活性位点可以确保聚合物破乳剂能够附着于油水界面，并取代原有的沥青质。聚氧乙烯聚氧丙烯嵌段共聚物及其衍生物是一种重要的聚合物破乳剂，可通过调节亲水 EO 嵌段和亲油 PO 嵌段的比例得到不同 HLB 值的聚合物。研究表明，高 HLB 值和高分子量的聚合物，有更高的油水界面吸附能力，利于乳状液破乳。高分子量的共聚物会有更多亲水基团连接水相，更多的亲水点在界面膜上有更高的占有率，但是摩尔质量过大的聚氧乙烯聚氧丙烯共聚物的破乳效果并不佳，因为会增加破乳剂从油相扩散到油水界面的时间。

水相盐度和 pH 会影响破乳剂的破乳效果，可用替代官能团对聚氧乙烯聚氧丙烯嵌段共聚物进行改性，以提高破乳性能（Peńa et al.，2004）。研究发现，酚醛树脂可促进乳液液滴的聚结，而中等亲水性的酚醛树脂具有更好的破乳效果；尽管聚氨酯也能够絮凝液滴，但是它们几乎不影响乳化水滴的聚结。在相关研究中，增加破乳剂的摩尔质量对破乳有利，同时复配两种类型的破乳剂也会产生协同效应。针对酚醛树脂和聚氨酯体系，研究表明吸附于液滴表面的酚醛树脂能够降低油水界面张力，进而导致乳液液滴快速聚结，其中聚氨酯起到了液滴絮凝和沉降的桥梁作用。

针对由甲苯和水形成的乳状液，加入聚氧乙烯聚氧丙烯嵌段共聚物，体系的油水界面张力会有一定程度的降低，表明破乳剂会部分置换界面膜上的沥青质，而 Brewster 角显微镜和 AFM 显微镜观察表明，共聚物破乳剂可软化沥青质界面膜，降低界面膜的黏弹性（图 8.7），从而改变沥青质膜的界面迁移率和聚集形态（Pensini et al.，2014）。

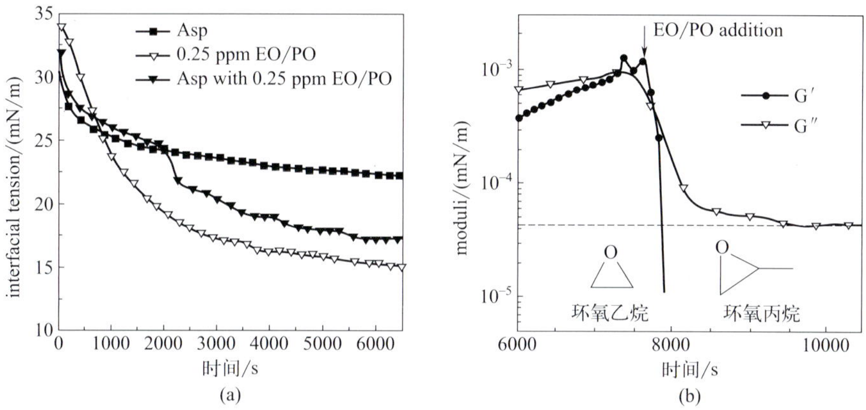

图 8.7 聚氧乙烯聚氧丙烯嵌段共聚物破乳剂对沥青质 - 甲苯水界面动态界面张力（a）和流变学（b）的影响（Pensini et al.，2014）

② 天然聚合物破乳剂

可生物降解的天然聚合物如乙基纤维素（EC）对原油乳液也有破乳作用。在含有沥青质的石脑油 / 水乳液中，随着 EC 浓度的增加会显著降低油水界面张力，尽管其破乳效果并不如未含沥青质的石脑油 / 水体系，说明在油水界面处存在 EC 与沥青质之间的竞争吸附，同时也表明 EC 并不能完全置换油水界面上的沥青质（Feng et al.，2010）。

在含有沥青质的甲苯和水乳液中，添加 EC 会使沥青质膜变得更柔软，EC 在沥青质膜上的吸附与渗透反映在界面张力的变化上；AFM 测量结果表明，沥青质在油水界面膜上聚集并均匀分布，而添加 EC 后完全充满沥青质的界面膜会发生破裂，有部分区域被 EC 分子所占据（Feng et al.，2010）。分子动力学模拟也表明溶解于甲苯中的破乳剂 EC 能够向沥青质界面膜渗透，部分取代吸附的沥青质（Liu et al.，2015），造成水滴部分裸露，最终水滴间无沥青质区域相接触而发生聚结、破乳。如图 8.8 所示，表示 EC 分子能够拉动沥青质分子脱离油水界面。

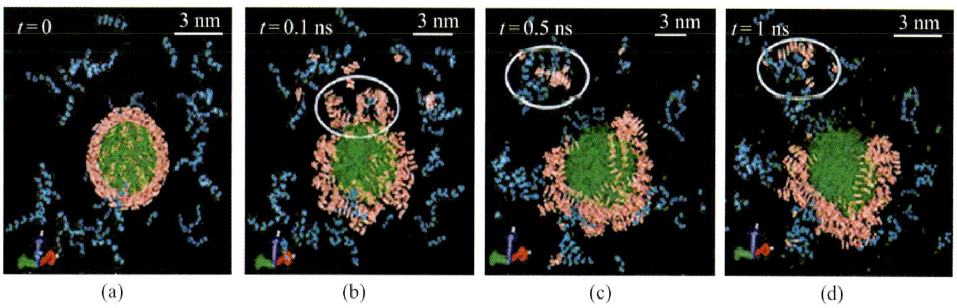

图 8.8 乙基纤维素的加入所展示的破乳机理（Liu et al.，2015）

（a）乙基纤维素在甲苯中的溶解；（b）进入油水界面处的沥青质膜中；（c）逐渐破坏沥青质保护膜；（d）沥青膜遭到破坏，水滴暴露出利于破乳

③ 其他类型破乳剂

其他类型的破乳剂也能用于原油乳状液破乳。非离子表面活性剂如壬基酚聚氧乙烯醚对气液和油水界面沥青质膜的物理性质有影响，实验发现表面活性剂能够比沥青质更快地扩散

到气液或油水界面，形成一层膜充当乳化抑制剂。离子型表面活性剂烷基羧酸盐在微波辐射下具有更高的破乳效率。固体材料如沸石、硅藻土、膨润土等以及由表面活性剂（如 CTAB 或 SDS）改性的纳米二氧化钛颗粒也能有效地破坏油包水乳液。

（2）固体稳定乳状液的破乳

如上所述，油水界面处细小固体颗粒的存在增加了破乳难度，这是由于固体颗粒吸附石油组分变成了部分亲油部分亲水而具有了表面活性，因此破坏由固体颗粒稳定的乳状液，选择的化学方法应基于改变固体颗粒的润湿性或者促进乳化液滴发生桥连，以增强液滴沉降或乳状液分层。

改变水相 pH 为碱性，或添加一些硅酸钠，也能有效改变矿物颗粒的润湿性，使其更具亲水性，增强矿物和石油组分之间的斥力，可有效降低原油乳液的稳定性。Shepherd 等人报道，当用石脑油稀释沥青质稳定的油包水乳液，在石脑油 / 沥青质比例从 0.7 变为 4 时，乳液稳定性明显降低。他们提出，由于颗粒与油相之间的密度和黏度差异增加，油相稀释使得固体沉降速度加快，利于乳状液破乳（Shepherd et al.，2010）。

对固体颗粒稳定的原油乳液，添加聚氧乙烯聚氧丙烯烷基酚醛树脂系列破乳剂可有效提高除水效率，将环烷酸钠与阳离子或两性离子表面活性剂（如烷基三甲基溴化铵、甜菜碱等）复配，能够有效改变矿物颗粒的润湿性，从而改变乳液的稳定性。

（3）电场破乳

由于沥青质在油水界面膜聚集，同时驱油剂也会吸附于油水界面，导致液滴表面常常带有部分电荷，在外加电场作用下，表面带电荷液滴会发生非极化和变形，从而导致液滴间液膜变薄和破裂，最终发生聚结和破乳。电场类型和强度、油相性质等都会影响油水界面膜的强度。在研究低压低频直流电场对含油碱性 O/W 型废水电破乳时，发现在电极附近发生油滴聚集；光学显微镜显示，液滴最初在 10 Hz 振荡场下分离，并在一段时间内缓慢聚集，但是聚结速率随外加电场强度增加也并非持续增加，而是聚结速度达到峰值后会在高场强下下降（Zhang et al.，2018）。采用直流电场对苯水乳液做破乳实验，发现破乳过程有气泡产生。针对这一现象，Bailes 等人提出将脉冲电场（BPEF）应用于油包水乳液（Bailes et al.，1997），研究发现施加双脉冲电场可以实现油水分离，而油滴聚结形式有三种：油滴链、油团簇和油团簇链，如图 8.9 所示。同时发现 BPEF 电压可以增强和加速油滴的聚集，但是随着频率增加，油滴聚集程度减弱。此实验也提出，占空比过大会导致油滴链的减少，实验也发现在 O/W 乳状液中加入表面活性剂可以提高电场下的破乳效果。遗憾的是，在电场作用下油滴表面性质变化的机理还未见详细讨论。

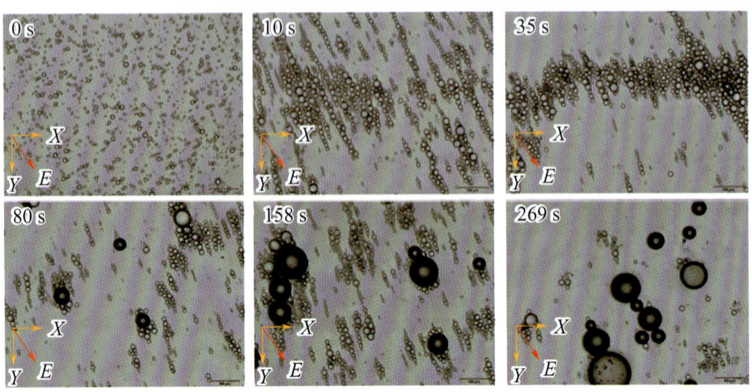

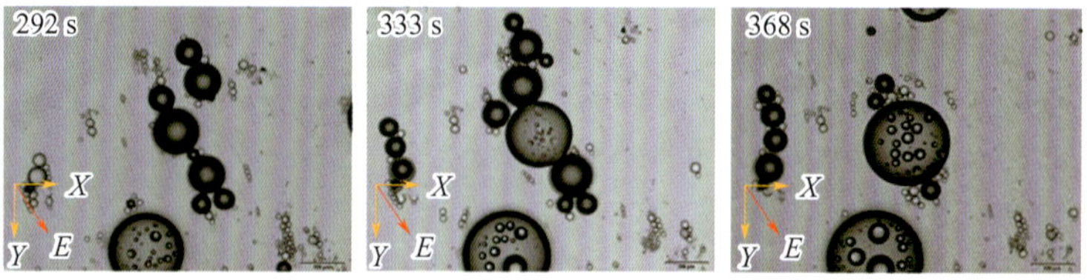

图 8.9 在电压为 900 V、频率为 50 Hz、占空比为 0.5 的 BPEF 中，不同破乳时间下油滴的显微图像（Ren et al.，2018）

X 轴是水平方向。*Y* 轴是竖直方向。*E* 是电场方向，*E* 和 *X* 轴之间的夹角是 63°

8.2 聚醚类破乳剂破乳机理

在石油工业中，聚氧乙烯聚氧丙烯嵌段共聚物是一种聚醚类原油破乳剂（简称聚醚类破乳剂）。与界面活性物质（如沥青质或胶质）相比，聚醚类破乳剂更具界面活性，并且由于其较大的溶解度和吸附能力，更容易吸附在油水界面上。大量实验研究表明，聚醚类破乳剂在破乳过程中涉及三个连续步骤，即在油水界面的吸附、油水界面膜破裂以及通过减小界面张力梯度增强膜排水（Pensini et al.，2014）。Kang 等人曾经系统研究过聚醚类破乳剂对油水界面性质的影响，他们发现在向 W/O 乳液中添加聚醚类破乳剂后，油水界面膜的弹性强度降低，界面膜寿命明显缩短（Kang et al.，2006）。

与传统实验方法相比，分子模拟可以在分子水平上研究聚醚类破乳剂与原油乳状液之间的相互作用，从微观角度揭示它们之间的结构和性质关系。分子尺度上探究聚醚类破乳剂在油水界面的迁移和相互作用规律，可帮助研究人员更好地理解聚醚类破乳剂的作用机制，并为改进现有方法或开发新型破乳剂提供研究思路。

8.2.1 破乳剂在油滴表面的吸附

模拟中的原油，包括了轻质组分（烷烃、环烷烃和芳香烃）和重质组分（胶质和沥青质）（油滴组成参考 4.3.1 节讨论）。为了得到油滴模型，将轻质组分和重质组分共同放于模拟盒子中，并随机放入 Na^+ 以保持体系电中性，经过 *NPT* 系综模拟得到合理密度。在此模拟基础上，再放入更大的模拟盒子中，并充满水分子，再进行一定时间的分子动力学模拟，最终得到如图 8.10（b）中所示的球形模型。将模拟盒子在 *Z* 方向上扩展，设定两油滴距离为 4 nm，随后将构建的聚醚破乳剂放置于两个油滴中间［图 8.10（c）］。这样共构建了三个模拟体系：体系 A 为空白对照组（无聚醚破乳剂），体系 B 为低浓度聚醚破乳剂体系，体系 C 为高浓度聚醚破乳剂体系。经能量最小化后，对其进行长时间的 *NPT* 系综分子动力学模拟。

在分子尺度上观察有、无破乳剂存在下两个油滴的聚结过程，是理解破乳剂破乳机理的最有效方式。正如图 8.11 所示，对于未加入破乳剂的体系 A，模拟过程中两个油滴始终保持稳定，在 100 ns 内未发生聚集。这种稳定性可归因于沥青质和胶质在原油油滴表面和内部所形成的网状结构，动力学过程中油滴不易发生形变，而 4 nm 的距离也足以隔离两个油滴，使其短时间内不发生碰撞。

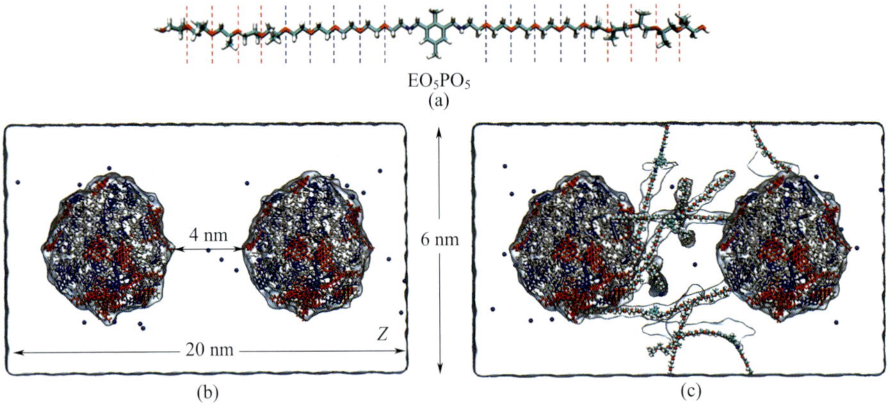

图 8.10 聚醚 (EO_5PO_5) 破乳剂结构（a），未加入 EO_5PO_5 破乳剂的初始模拟体系（b）和加入 EO_5PO_5 破乳剂的初始模拟体系（c）

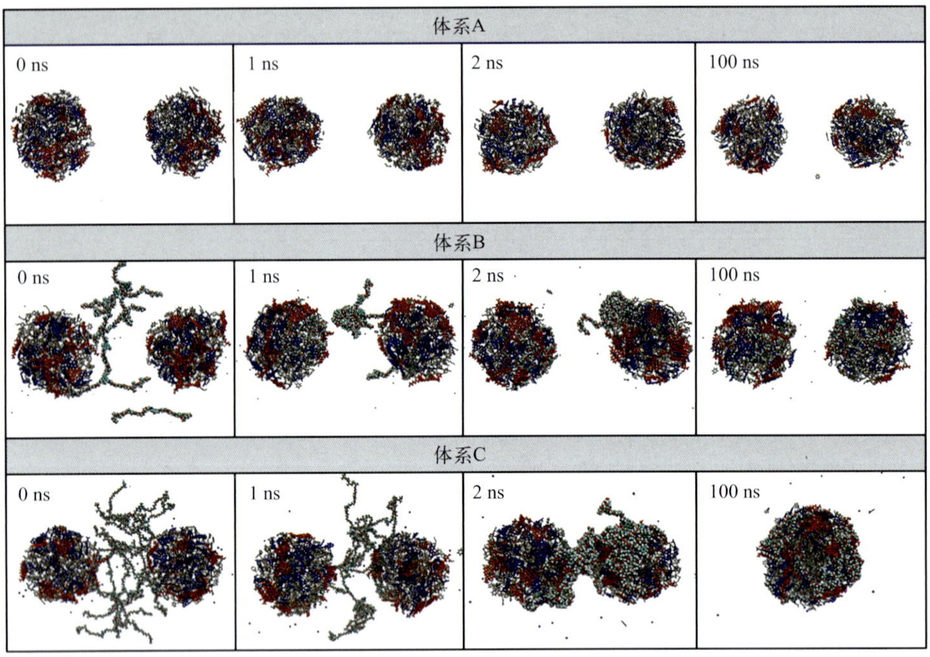

图 8.11 有无破乳剂下油滴的聚结情况（为确保显示清晰，水分子已被隐藏）

对于低浓度的聚醚破乳剂体系（体系 B），尽管两个油滴也没有发生聚集，但是水溶液中的 EO_5PO_5 链段会在聚集情况下优先吸附于油滴表面，起到一定的分散作用。由于 EO_5PO_5 链未能桥连两个油滴，而是吸附到其中一个油滴表面，使得两个油滴仍然保持分散状态，但是 EO_5PO_5 在油水界面的吸附也降低了油组分（如沥青质和胶质）所形成的界面膜的强度，我们也相信假以模拟时间，在两个油滴碰撞情况下，其聚结速率要快于未加 EO_5PO_5 链段的体系 A。

随着 EO_5PO_5 浓度的持续增加（体系 C），油滴会出现更强的聚合倾向，这归因于两个油

滴之间 EO_5PO_5 链段的桥连作用。具体来说，伸展的 EO_5PO_5 链段在油滴之间搭建了聚合物桥梁，在链段拉力作用下导致油滴最终融合，整个过程突显了 EO_5PO_5 破乳剂在调节乳液油水界面性质和稳定性方面的关键作用，而破乳剂在油滴表面的吸附是破乳剂发挥桥联作用的第一步。

为了进一步研究 EO_5PO_5 破乳剂对油滴结构的影响，模拟中额外构建了五个浓度（质量分数）不同的油滴体系。图 8.12（a）展示了随模拟时间增加，不同破乳剂浓度下油滴表面的结构变化。有别于 4.3 部分讨论的非离子表面活性剂对油滴的乳化作用（在高浓度下非离子表面在油滴油水界面和内部都存在），我们发现 EO_5PO_5 链段会全部吸附于油滴表面，这归因于其独特的两亲特性，而且相对于非离子表面活性剂，EO_5PO_5 破乳剂会有更好的亲水性。随着浓度增加，EO_5PO_5 分子在油滴表面逐渐聚集，并逐渐覆盖油水界面膜中的界面活性物质。此外我们还计算了 EO_5PO_5 链段与油滴之间的相互作用能，其中主要以范德华相互作用（约占 98%）为主，而静电相互作用（约占 2%）占比较低，范德华相互作用所占比例较高可以理解为油滴的极性较低。

根据沥青质和胶质在油滴表面和内部的概率分布，可以探究 EO_5PO_5 分子对油滴界面膜结构的影响，如图 8.12（b）所示，可以观察到油滴的半径约为 4 nm，沥青质作为活性成分主要分布在界面（局部位于 2.86 nm 附近），胶质表现出更广泛的分布峰，跨越了界面和油滴内部（局部位于 2.53 nm 附近）。在低浓度下 EO_5PO_5 位于油滴表面（在 2% 体系中局部位于 3.0 nm 附近），随着浓度的增加，EO_5PO_5 会有部分渗入到油滴内层（在 12% 体系中局部位于 2.73 nm）。当然这里所说的内层与 4.3 部分讨论非离子表面活性剂进入到油滴内部还是有区别的，毕竟 EO_5PO_5 的亲水性更强。值得注意的是，随着 EO_5PO_5 在油滴表面的吸附浓度增加，沥青质在油水界面的分布逐渐减少（约减少 20%）。数密度峰显示，EO_5PO_5 聚合物部分取代了界面膜中的沥青质，降低了油滴的稳定性，从而诱导了界面膜的破裂。

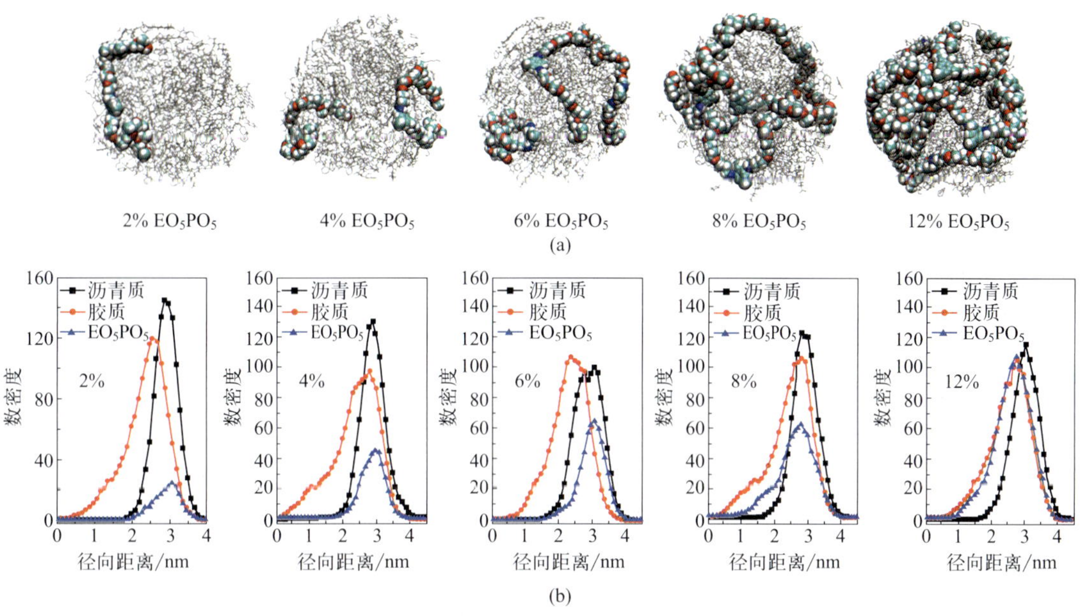

图 8.12　油滴表面吸附 EO_5PO_5 分子的快照（a）和油滴上油组分的概率分布（b）

图 8.13 展示了 EO_5PO_5 自溶液向油水界面迁移的过程。在模拟之初（0 ns），EO_5PO_5 聚合物和沥青质保持分离状态。随着模拟进行（5.4 ns），EO_5PO_5 链段中的疏水端 PO 链段首先与油滴接触。随后以疏水端 PO 链段为锚点，整个 EO_5PO_5 链段开始从水相转移到油滴表面，并接近沥青质分子（5.8 ～ 6.6 ns）。最后，EO_5PO_5 链段在油滴表面摆动，最终全部吸附到油滴界面，并在沥青质包覆于油滴与破乳剂之间保持相对稳定，完成整个 EO_5PO_5 链段从水相到油滴界面的迁移（7.6 ～ 10 ns）。根据动力学过程，聚醚类破乳剂的研发应该关注疏水端 PO 链段与油滴界面吸附，能够保证 PO 链段在体相中自由伸展，可能会有更多的机会吸附到油滴表面，起到锚定油滴的作用，而长链的聚醚链段也能够有效覆盖沥青质，从而改变油滴表面的亲水亲油性质，利于油滴界面性质的改变，促进油滴间的聚结，达到破乳效果。

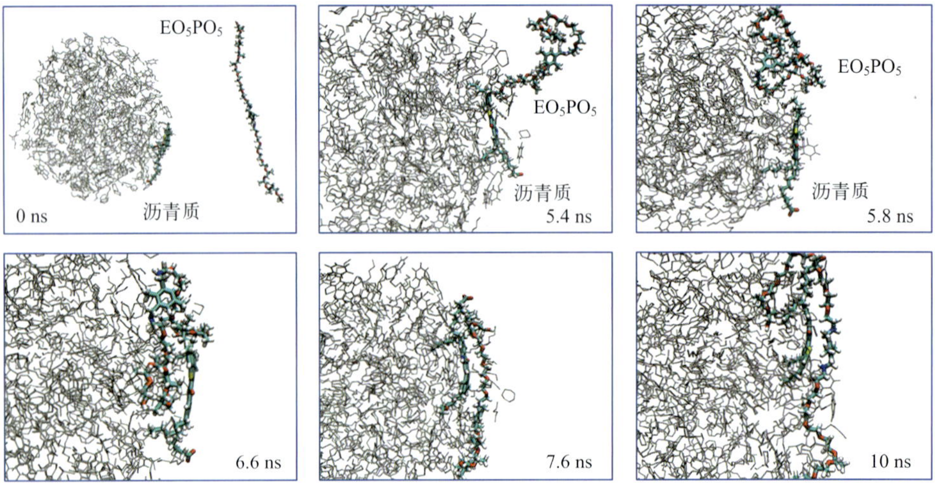

图 8.13　EO_5PO_5 聚合物取代界面膜中沥青质的快照

8.2.2　破乳剂的桥连作用

在模拟之初，位于油滴附近的 EO_5PO_5 聚合物链端能够锚定油滴，而另一端还会在水相中自由伸展（图 8.11 中 1 ns），并随着模拟进行锚定另一油滴。由于破乳剂链段在水相中的缩聚，会促进聚醚链段两端的油滴被拉近形成油桥结构（图 8.11），最终完成整个油滴聚结，这一过程体现聚醚在破乳过程中所起的作用［图 8.14（a）］。在图 8.14（a）模拟结果基础上，当移除两个油滴，额外的 10 ns 分子动力学模拟发现，EO_5PO_5 聚醚链段会快速收缩聚集，并形成聚集团簇，这一模拟现象也表明，聚醚链段能够通过自身的聚集行为拉动两个油滴相互靠近。整个收缩过程的热力学数据表明，随着聚醚链段的收缩，结构内部的分子间相互作用显著增强，体现聚合物内部的动态重构。经过能量分解可知，这一过程中更多体现范德华相互作用（ΔE=−1490 kJ/mol），而静电相互作用占比较小（ΔE=−164 kJ/mol），约占前者的 10%。范德华相互作用属短程相互作用，会随着聚合物内部聚集程度的增加而增强。

图 8.14（c）为 EO_5PO_5 的静电势（ESP）表面分布，我们发现在聚合物链段上，强、弱静电相互作用交替存在，这也体现聚醚链段的不同部位都有可能与油滴表面接触。在两个油

滴聚结过程中，形成油桥后油滴表面上聚醚破乳剂之间的相互作用会减弱，这归因于随着破乳进行，聚醚聚合物会在油滴表面重新排布，导致链段之间的距离发生变化，进而影响聚醚聚合物本身的相互作用。图 8.14（d）为聚醚与油滴之间的相互作用能变化，表明在聚醚重新排布的过程中，聚醚与油滴之间的相互作用能增加了 5928 kJ/mol，远远超过了 EO_5PO_5 聚合物之间相互作用能的减少（-1564 kJ/mol），这也说明油滴表面聚醚的重排过程在热力学上是有利的。

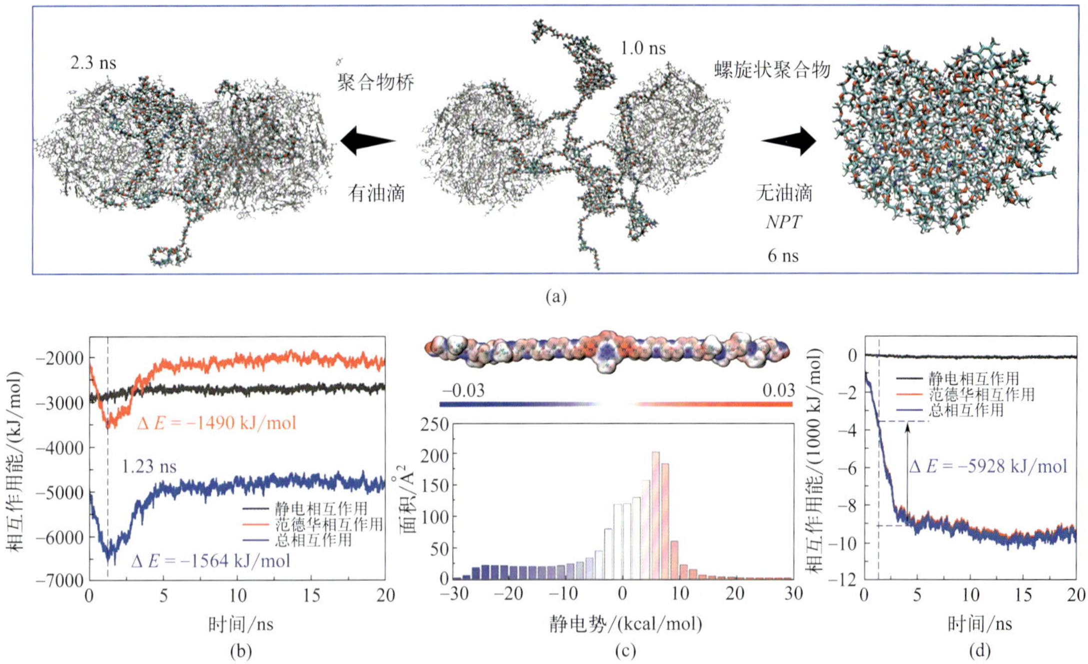

图 8.14　EO_5PO_5 聚合物诱导破乳机理（a），EO_5PO_5 聚合物之间的相互作用能（b），EO_5PO_5 分子的表面静电势图和静电势面积分布（c）和破乳过程中 EO_5PO_5 聚合物与油滴之间的相互作用能（d）

聚醚破乳剂桥连两个油滴后，桥连处的沥青质分子首先被排挤［图 8.15（a）中箭头标记分子］，使得油滴界面膜更加不稳定，能够促进两个油滴融合。随后油滴中的原油组分沿着 EO_5PO_5 链段桥连部位扩散，导致两个油滴形变［图 8.15（b）］，油滴内部与 EO_5PO_5 链段会重新分配，直至两个油滴融合成一个新油滴，完成整个油滴聚结。在油滴融合过程中，EO_5PO_5 桥连部位逐渐增大，而聚合物也从桥连部位逐渐分布于整个油滴表面。此时沥青质与水相的相互作用逐渐让位于聚合物与水相的相互作用。数据显示，沥青质与水相的相互作用要大于 EO_5PO_5 链段与水相的相互作用，表明聚醚破乳剂在油滴表面的吸附降低了油水界面的能量，使得破乳过程更容易发生。

原油组分的扩散性质可以描述桥连下油滴间的融合变化。根据破乳过程，将桥连部分原油组分分成沿桥连方向（Z 方向）和空间方向，整体油滴也分成沿桥连方向和空间方向，它们的均方位移如图 8.15（b）所示。在桥连方向上桥连部分原油组分具有最高的扩散系数（2.98×10^{-5} cm^2/s），突显了 EO_5PO_5 链段在桥连过程中的关键作用。进一步可视化油滴中不同组分在桥连处的轨迹［图 8.15（a）］，发现轻质原油组分在破乳过程中更易发生融合，其扩散系数也最大［图 8.15（c）］，体现轻质原油组分更易迁移。而由于高界面活性，大部分胶质和沥青质仍停留在油水界面，其界面活动也受到了限制。不同成分在破乳过程中的扩散系数进一步支持了这一结论［图 8.15（c）］。

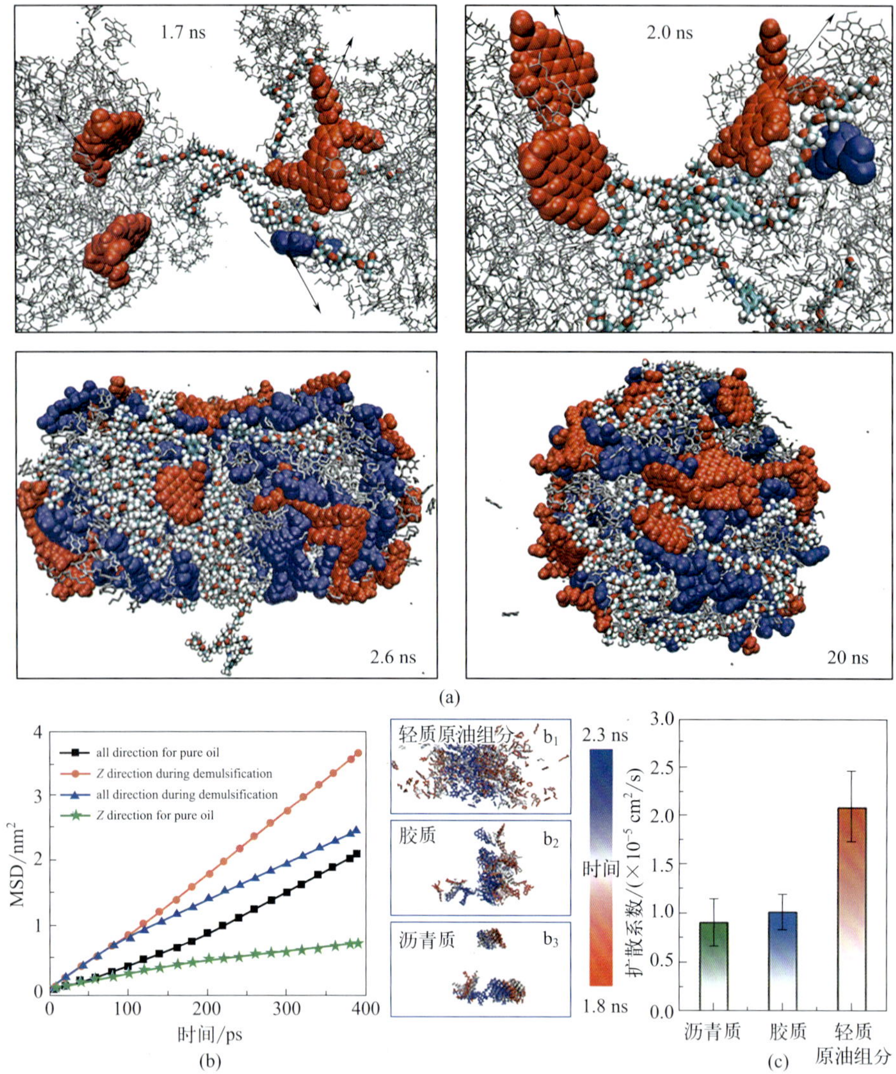

图 8.15　油滴成分沿 EO_5PO_5 桥扩散的快照

（a）油分子沿聚合物桥迁移轨迹的彩色图；（b）不同油滴成分的均方位移（MSD）；（c）破乳过程中油滴不同成分的扩散系数

总之，在本研究体系中，聚醚类破乳剂在破乳过程中大致可以分为三个阶段，包括接触阶段、融合阶段和平衡阶段（图 8.16）。在接触阶段，由于聚醚类破乳剂的桥连作用，两个油滴质心之间的距离迅速减小，但是原油各组分尚未完全融合；在融合阶段，两个油滴中的原油组分会重新分配，油滴之间的距离进一步减小，两个油滴之间的融合在热力学上是有利的。在最终形成稳定油滴后，聚醚破乳剂附着于油水界面，改善了油滴的亲水亲油性质。正如前面所讨论的，这些聚醚破乳剂替换了油滴表面的沥青质等活性物质，破坏了原有的胶质和沥青质聚集结构，降低了油滴的稳定性，起到破乳作用。

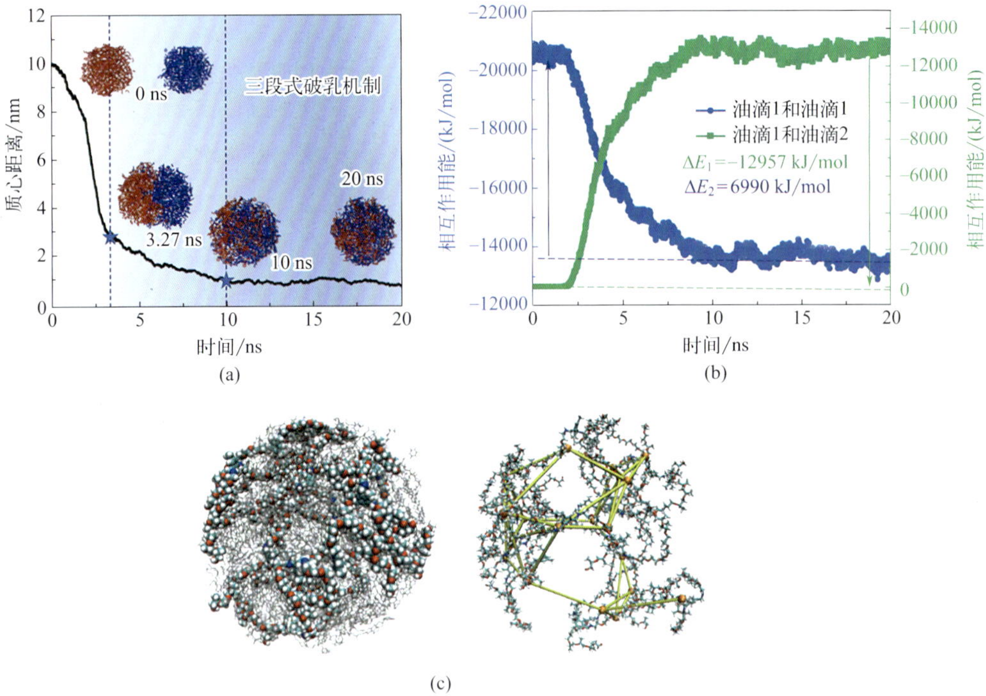

图 8.16 两个油滴之间的质心 (COM) 距离的时间演变（a），单个油滴和两个油滴之间的相互作用能（b）和稳定破乳油滴和 EO_5PO_5 分子的网状结构的快照（c）

8.3 直流电场下 O/W 乳状液破乳

在石油工业快速发展的背景下，如何环保地处理含油废水已成为一个亟待解决的问题。含油废水成分非常复杂，包含许多固体颗粒、油分和各种残留添加剂，其中的油相有油脂、润滑油、重质烃类和轻质烃类等，为常规油水分离技术的应用增加了难度。目前，针对含油污水以及原油乳状液，静电分离在石油工业中也已经是一项成熟的技术。本节我们将在微观尺度下，采用外加电场下的分子动力学模拟，研究 O/W 乳状液中油滴的聚结以及表面活性剂和固体颗粒的运移和聚集（Zhang et al.，2022）。

8.3.1 电场强度下油滴各组分的行为分析

首先构建含有表面活性剂与二氧化硅纳米颗粒（SiO_2 NPs）的 O/W 型乳液。油滴组成和形成过程参考 4.3.1 节对稠油油滴结构的描述构建，最终得到图 8.17（a）所示的油滴模型；二氧化硅纳米颗粒来自石英晶体结构，直径约为 1.6 nm，以表示含油废水中的硅酸盐颗粒。模拟中将油滴模型放置于模拟格子中心，加入一定量的 SiO_2 NPs 和表面活性剂十二烷基硫酸钠（SDS），以 Na^+ 保持体系电中性。经能量最小化、*NVT* 系综模拟后，最终 5 个 SiO_2 NPs 和 43 个 SDS 分子均吸附于油滴表面［图 8.17（b）］。

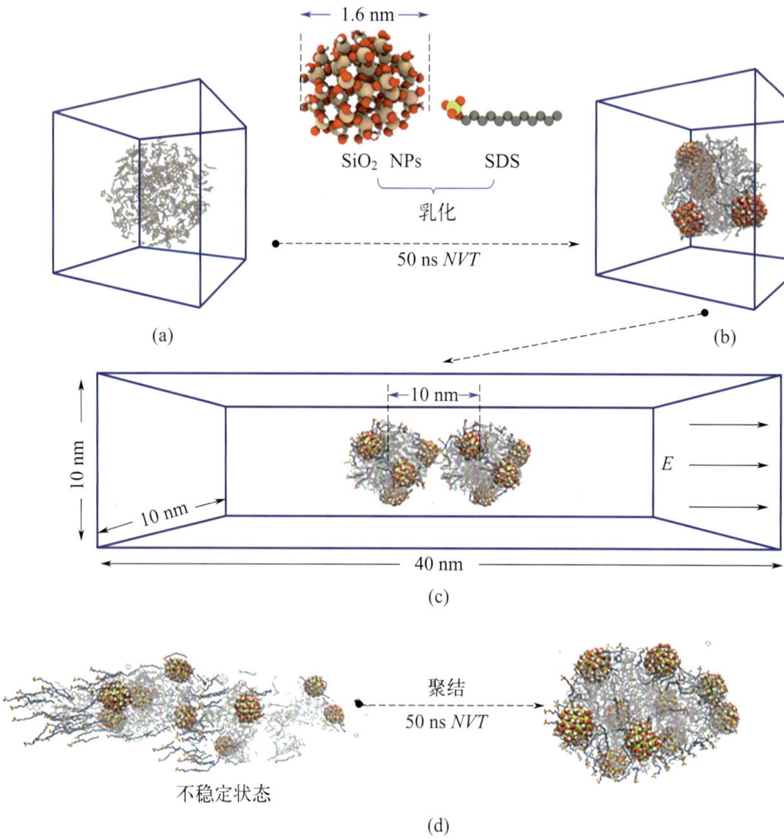

图 8.17 分子动力学模拟过程（忽略水分子和钠离子）

（a）原油油滴模型；（b）乳化油滴模型；（c）电场作用下乳化油滴变形；（d）无电场作用下油滴聚结过程

将由纳米颗粒和 SDS 乳化的两个油滴分子并排放置在 40 nm×10 nm×10 nm 的水盒子中心，使得两个油滴之间的质心距离为 10 nm[图 8.17（c）]。对模拟盒子 x 方向上施加不同强度的直流电场，电场强度范围为 0.5 ～ 3.0 V/nm。在施加电场的过程中，模拟发现由于 SiO_2 纳米颗粒的加入，电场下的油滴很容易破碎。其实我们更关注油滴破碎前电场对油滴结构的影响，以及两个油滴碰撞后结合点处的油滴结构变化，因此除了对油滴进行电场下的模拟以外，也对碰撞油滴进行了额外的 50 ns 分子动力学模拟，以此作为对比，模拟无电场下油滴的聚结过程 [图 8.17（d）]。

图 8.18 为选择的三个电场强度（1.0 V/nm、2.0 V/nm 和 3.0 V/nm）下的油滴运动快照。在直流电场下，乳化油滴发生了形变。首先，由于油滴表面有带电荷的分子，例如沥青质和 SDS，在电场作用下这些分子会定向移动，而且在电场作用下油滴表面也会发生极化。这样在带电分子的带动下，整个油滴向电场的负方向运动（即图 8.18 中向左方向）。电场下不同分子的运动速率不同，造成油滴形变，其结构变得更加松弛。两个油滴在沿着电场方向运动过程中会发生接触，模拟发现，当电场强度大于 1.5 V/nm 时，两个油滴在破碎前就已经发生接触。

我们注意到相互接触的两个油滴在电场下的变形是不同的。图 8.18 中左侧油滴（即靠近正极）在向左运动时会受到来自右侧油滴的影响，也造成右侧油滴有更大的变形并逐渐被拉长，最后破裂。在电场作用下，带负电的 SDS 会加速脱离油滴进入水相，而且整个分子会以平行电场方向移动，也说明带电粒子（或分子）受电场作用影响很大。体型更大的 SiO_2 NPs 在电场中的运动要比其他分子慢，在两个油滴之间会阻碍乳化油滴的接触。在扫描的六个电场下，两个油滴均发生了碰撞，但是其碰撞形式是不同的。当电场强度大于等于 1.5 V/nm 时，两个油滴中的油性成分首先结合；而电场强度小于 1.5 V/nm 时，SDS 分子会位于两个油滴中间，阻碍油滴的结合。也就是说，电场强度有个阈值，阈值大小决定着乳化油滴的结合方式。

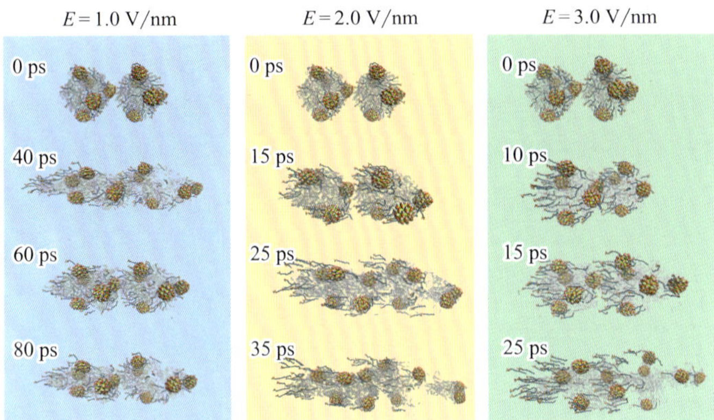

图 8.18　三种电场强度下乳化油滴的快照

在图 8.18 中，可以发现乳化油滴在外加电场下会发生定向运动，并逐渐变形。在整个变形过程中，乳化油滴的密度逐渐降低。模拟发现，胶质与沥青质之间的面对面堆积结构更多存在于油滴内部，而 SiO_2 NPs 与沥青质或胶质之间的相互作用，更多发生在油滴表面。径向分布函数表明，随电场强度的增加，这两种结构的作用形式都会逐渐减弱（见图 8.19 中的峰值高低变化），体现在直流电场会造成油滴内部结构松散，相互作用减弱，利于油滴变形和聚结。

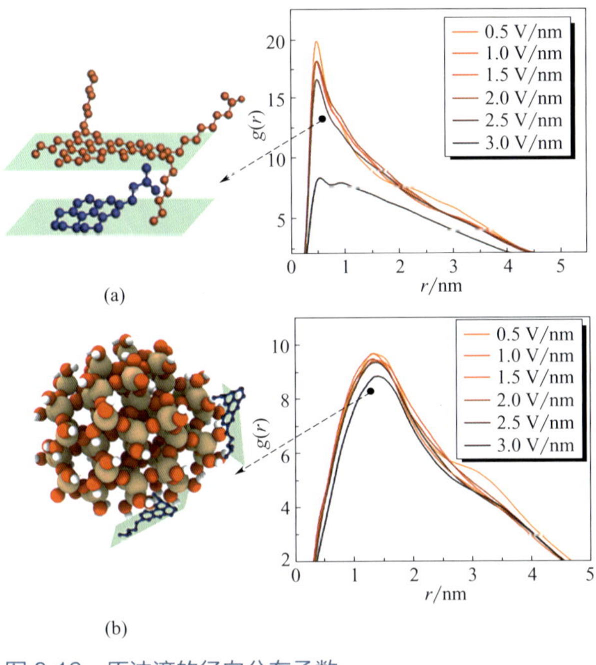

图 8.19　原油滴的径向分布函数

（a）沥青质到胶质；（b）NPs 与胶质

极性头带负电荷的 SDS，在电场作用下会快速脱离乳化油滴进入水相，并以平行电场方向向正极移动，但是也会有部分 SDS 分子的尾链在油相分子的疏水作用下不能完全脱离油滴，而是带动着油滴在电场中运动。这样，在电场驱动下，SDS 分子和整体油滴之间运动快慢有差异，导致油滴变形。值得一提的是，在两个油滴接触时，位于两个油滴之间的 SDS 分子会比其他位置的 SDS 分子更难从油滴表面被剥离，造成两个油滴之间的 SDS 分子对油滴的聚结起阻碍作用。只有当电场强度足够高时，两个油滴之间的 SDS 分子才会完全脱离油相，并摆脱 SiO_2 纳米颗粒的束缚进入水相，这种情况会促进油滴间的聚结。图 8.20 清晰示出了 SDS 分子在电场作用下，导致整个分子链发生扭曲与转向，并沿着油滴表面进入水相的过程。表面活性剂 SDS 被排除油滴，会使油滴中油组分直接暴露于水相，从而为另一个油滴表面突出的沥青质或者其他油相组分与之接触提供了便利，最终利于两个油滴的聚结。

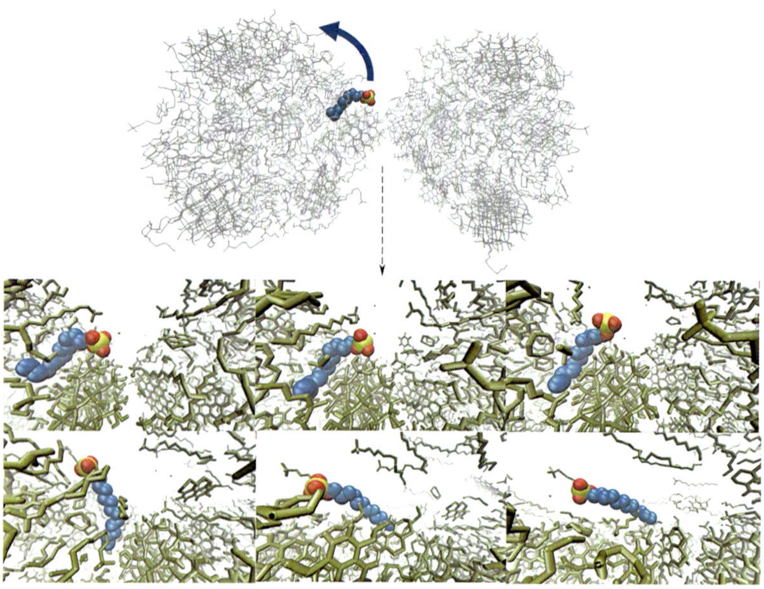

图 8.20　SDS 分子从油相进入水相

8.3.2　电场下乳化油滴的聚结过程

以 2.5 V/nm 电场下乳化油滴的聚结为例，分析体系中油滴表面 SiO_2 纳米颗粒和 SDS、油滴内部的沥青质和胶质的分布情况。如图 8.21（a）所示，在电场作用下，两个乳化油滴中间的 SDS 分子会脱离乳化油滴，完全进入水相，并与接触位置（图中阴影部位）处的油组分聚集在一起。图 8.21（b）显示两个油滴相接触部位的沥青质在两个油滴之间起到关键桥梁作用，体现在沥青质和胶质之间形成了稳定的面对面堆积结构。正是因为构成桥结构的胶质和沥青质使两个油滴聚集在一起，从而使打破乳化油滴的稳定结构成为可能。图 8.21 表明油滴之间形成桥结构的前提条件，一是位于两个乳化油滴之间的表面活性剂需要脱离乳化油滴表面进入水相，才不会阻碍油滴的接触；二是两个油滴接触后，沥青质和胶质能够形成稳定的聚集结构，促进两个油滴聚结。只有在这些条件下，两个乳化油滴才能聚集在一起。

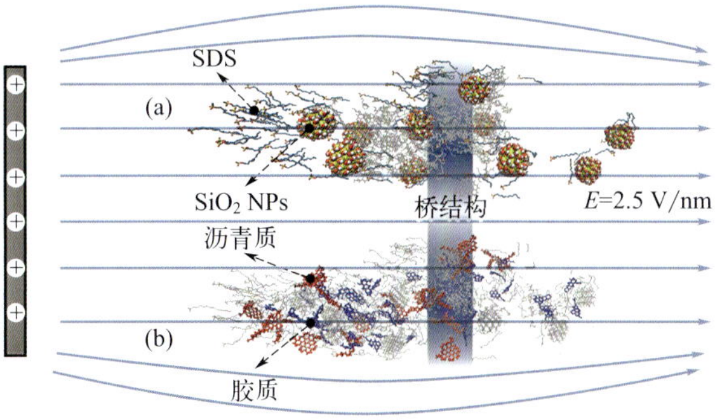

图 8.21　油滴在 2.5 V/nm 电场下碰撞时的分子分布

（a）SDS 和 SiO_2 NPs；（b）沥青质和胶质

在 2.5 V/nm 电场下，两个油滴接触部位沥青质和胶质所形成的稳定堆积结构有利于两个乳液油滴的聚结［图 8.22（b）］，而在电场强度为 1 V/nm 时两个油滴之间并没有发生油组分的聚结［图 8.22（a）］，也归因于油滴接触部位沥青质或胶质之间较弱的相互作用，尽管两个油滴有所接触但未完成聚结。模拟中，选择接触部位来自右侧油滴中的胶质和沥青质，径向分布函数分析表明，当电场强度为 2.5 V/nm 时，以 RDF 峰值所表示的沥青质和胶质之间的相互作用先增强后减弱，体现沥青质从一个油滴进入了另一个油滴中，并与其中的胶质发生聚集［图 8.22（b）］。这种在 RDF 曲线中先降后升的趋势是判断桥结构是否形成的依据，只有当电场强度达到一定值时，才会形成这种桥结构，两个油滴之间才会出现稳定的连接，促进油滴聚结。

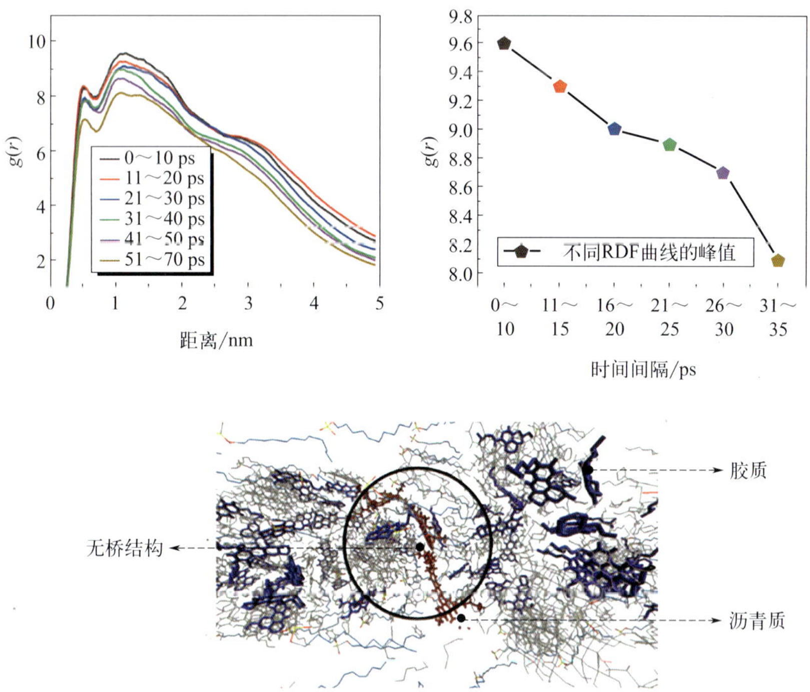

(a)

图 8.22

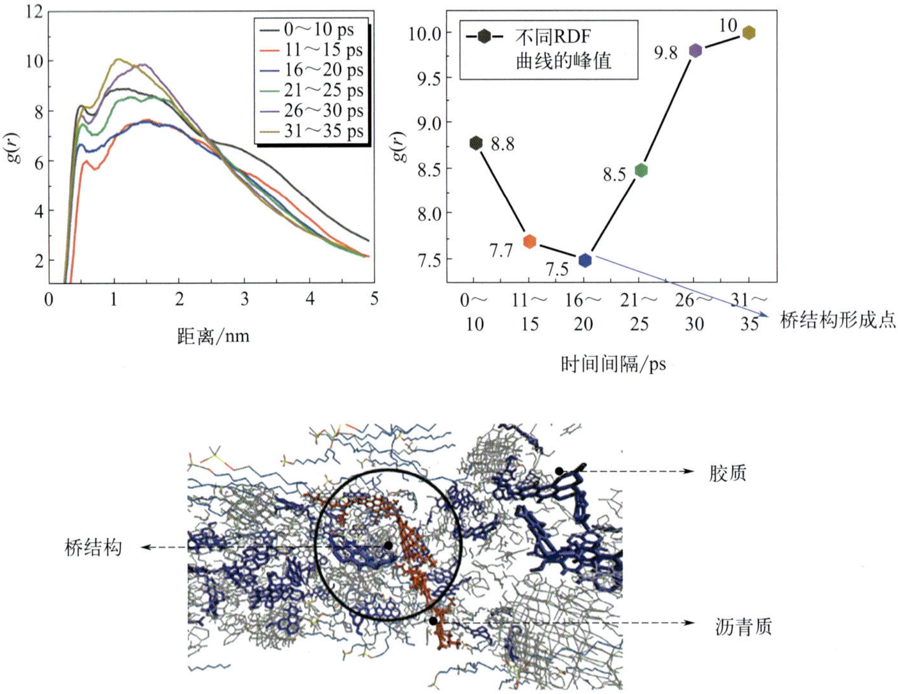

(b)

图 8.22　油滴碰撞时接触位置处沥青质和胶质的径向分布函数，分别为电场强度 1 V/nm（a）和 2.5 V/nm（b）的情况

对比电场强度 2.5 V/nm 和 1.0 V/nm 体系（图 8.22），桥结构的差异在于两个油滴之间是否存在表面活性剂 SDS，以及胶质是否聚集在沥青质周围。也就是说，高电场强度能够促进乳化油滴之间的表面活性剂从油滴表面脱离并进入水相，从而促进“裸露的”两个油滴间油组分（体现强相互作用的沥青质和胶质分子之间）的融合，而低电场强度 1.0 V/nm 体系下，表面活性剂分子未能脱离乳化油滴，仍然位于两个油滴之间，阻碍了两个油滴中的沥青质和胶质形成稳定的桥结构，也妨碍了两个油滴的聚结。

8.3.3　无电场下油滴的聚结过程

施加电场时乳化油滴即将破碎的状态为油滴的亚稳态，在这个非稳态下关闭电场，可观察油滴之间的聚结过程。模拟发现，只有当两个油滴中的油性成分混合在一起时，也就是说，当两个油滴之间能够形成由沥青质和胶质组成的桥结构时，不稳定的油滴才能逐渐聚集成一个新的油滴。在我们的模拟体系中，1.5 V/nm 的电场强度作为临界值，当电场强度小于 1.5 V/nm 时，两个不稳定的油滴无法形成桥结构，无法聚结，于是两个被拉长的油滴又重新聚集成两个稳定的油滴。这解释了在实际生产中，加入电场有时候会使乳液更加稳定，而不是利于破乳。当电场强度大于 1.5 V/nm 时，两个油滴之间不再存在表面活性剂，沥青质和胶质之间形成桥结构后，在不施加电场的情况下，两个油滴会自发聚结。

图 8.23 示出了当沥青质和胶质聚集形成桥结构时，两个油滴之间的聚结过程。在无电

场作用下，游离于水相中的 SDS 分子会重新吸附于油滴表面，而 SiO_2 纳米颗粒也会促进油滴聚结，尽管在电场作用下亲水性的 SiO_2 纳米颗粒会阻碍油滴的运动和变形。因此我们认为在施加电场破乳过程中，适当关停电场也会促进油滴的聚结，需要考虑的是有无电场情况下的时间控制比（实际操作过程中就是控制占空比时间）。

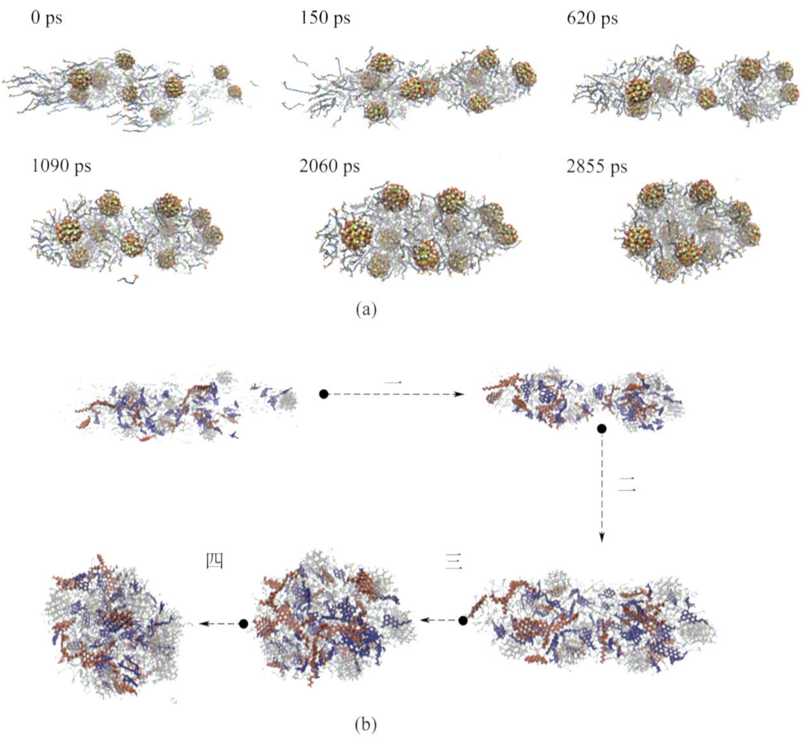

图 8.23 在无电场下形成桥结构的两个油滴的聚结过程

（a）油滴聚结过程；（b）油滴聚结所展示的四个阶段

根据聚结过程的特征，将无电场下的聚结过程分为四个阶段：第一阶段，变形的油滴重新聚集，水相中油滴附近游离的 SDS 分子会被油滴重新吸附；此时，在交界处的胶质和沥青质所形成的桥结构起稳定两个油滴的作用。第二阶段，桥结构逐渐增强，桥接处的纳米颗粒也起到连接作用。第三阶段，两个变形油滴整体收缩逐渐恢复球形。第四阶段，聚并形成新油滴，沥青质、胶质等分子在油滴内重新分布，完成油滴聚结过程。

总之，在电场的作用下，乳化油滴的表面电荷重新分布，归因于带负电阴离子表面活性剂以及具有活性成分的沥青质、胶质的定向移动，油滴结构变得疏松，导致阴离子表面活性剂从油水界面进入水相。首先，电场强度会影响表面活性剂分子是否能够脱离油滴，以此影响两个乳化油滴的接触，因此在电场破乳过程中电场强度有个阈值，低于这个阈值并不利于油滴聚结；其次，由于 SiO_2 纳米颗粒在电场中的运动速度明显与油相组分运动速度不同，在电场作用下，体积更大的纳米颗粒并不利于油滴的碰撞和聚结，而运动速度更快的沥青质会在两个油滴之间起桥梁作用，沥青质或胶质能否形成桥结构将成为两个油滴能否聚结的关键；最后，适当的占空比下，无电场下油相组分的再聚集会促进两个油滴的聚结，此时纳米颗粒对聚结过程起促进作用。

8.4 气浮处理含油污水

气浮技术是一种重力加速分离技术，通过机器底部喷射产生大量细小气泡，附着含油污水中的疏水性固体颗粒或油滴，形成密度较低的油和气泡复合体，稍后将泡沫去除，完成油水分离。目前，利用气浮设备处理含油污水已经是一项较为成熟的技术。研究者也致力于改进气浮设备的结构和内部循环方式，以提高含油污水的分离效率。然而，从微观角度上讲，对气浮破乳机理研究仍知之甚少。

本节我们将采用分子动力学模拟方法，对气浮过程中油滴被泡沫捕获过程进行模拟。运动的泡沫膜与油滴碰撞后，油滴会在泡沫膜上变形铺展，原油组分会在泡沫膜上形成稳定的堆积结构。随着泡沫膜表面发生凹陷，距离较近的油滴相互碰撞会发生聚结形成较大的油滴，而距离较远的油滴会稳定地并排存在于泡沫膜凹陷中（Zhang et al.，2023）。

8.4.1 气浮过程中油滴行为变化

首先构建气浮表面活性剂表面与油滴模型。油滴组成和形成过程参考 4.3.1，同时加入一定量的 SDS，最终得图 8.24（b）所示的乳化液滴模型；泡沫体系由 SDS 和水分子组成，如图 8.24（c）所示（为方便起见，模拟盒子上方水分子未显示），在 30 nm×10 nm×10 nm 的模拟盒底部放置 1800 个 SDS 分子，亲水头基在上面，亲油尾链在下面，随后单层膜上方填充水分子，并加入 Na^+ 保持体系电中性。

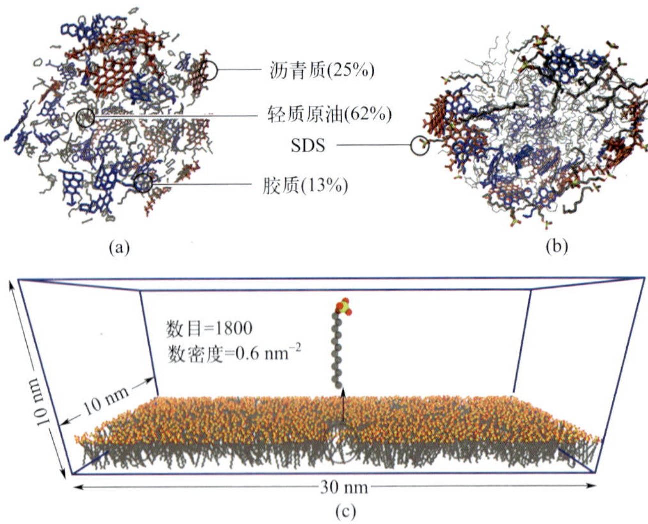

图 8.24 分子动力学模拟过程（忽略水分子和钠离子）

（a）原油液滴模型；（b）乳化液滴模型；（c）泡沫模型

将两个相同的油滴放于泡沫表面，分别相距 10 nm（体系Ⅰ）和 20 nm（体系Ⅱ），如图 8.25 所示。模拟中对两个油滴施加反方向的外力，以模拟气泡上升过程中泡沫膜对油滴的冲击，我们称这个阶段为碰撞阶段（collision stage），此时在外力的作用下，油滴会在泡沫膜表面发生轻微形变。因为碰撞发生的时间很短，所以我们在外力情况下仅仅模拟了 10 ps 的时间。在此基础上，我们认为碰撞后泡沫膜和油滴相对静止，这样随后进行能量最小化，并进行一定时间的 *NVT* 系综模拟，以讨论油滴与泡沫碰撞后气泡对油滴的捕获过程，此阶段我们称之为泡沫变形阶段（foam deformation stage），设定体系Ⅰ和体系Ⅱ以讨论油滴距离对泡沫变形的影响。这样的安排似乎也与真实情况相符，即当悬浮在水中的油滴遇到上升气泡时，它们在泡沫膜上会发生变形，而气泡遇到油滴也会在接触部位发生凹陷，最终变形油滴会被泡沫膜包裹、捕获并携到水面。我们的计算机实验就是要模拟这样的过程，以此探讨气浮过程中各组分在微观上的相互影响。

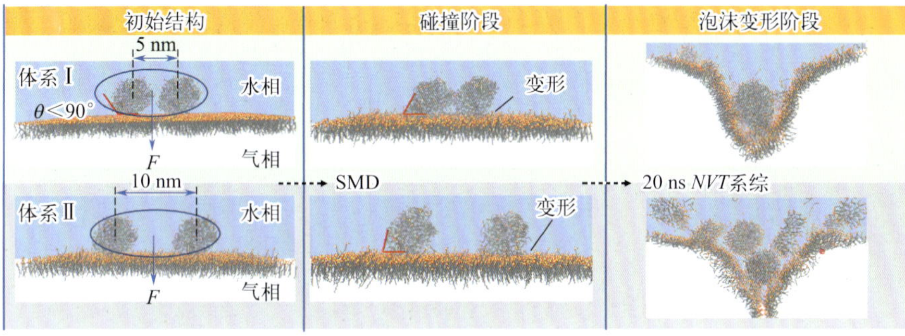

图 8.25　不同距离的两个油滴遇到上浮气泡后的聚集行为比较

针对体系Ⅰ，悬浮于水相中的油滴在与泡沫膜碰撞后，会在泡沫表面发生形变，最明显的就是油滴与泡沫膜之间的接触角变化，从大于 90° 变为小于 90°，此时由于受界面膜上表面活性剂的影响，油滴变得松散，泡沫膜也发生变形（图 8.25）。受油滴影响，与油滴接触的泡沫膜也会变形弯曲，原来松散的两个油滴在泡沫膜的排斥作用下，逐渐接近并聚集形成一个新油滴。泡沫膜凹陷越深，油滴就会陷入凹陷越深，而泡沫膜变形也就越严重。最终形成的新油滴会稳定存在于泡沫膜的凹陷处。

体系Ⅱ中的情况与体系Ⅰ类似。首先是两个油滴与泡沫膜接触后会各自形成一个凹陷，泡沫膜相近的这两个凹陷会逐渐扩大并相互靠近，最终形成一个比体系Ⅰ更宽更浅的大凹陷。在体系Ⅱ中，两个相距较远的油滴会在泡沫膜凹陷内滚动，逐渐靠近，但由于乳化油滴表面上的表面活性剂，两个油滴并不聚结，而是保持一定的距离，稳定存在于泡沫膜凹陷内。也说明泡沫膜的凹陷深浅会影响油滴间的聚集，也可以理解为凹陷深的泡沫膜会产生更大的压力促进两个乳化油滴的聚结；但是凹陷浅的泡沫膜没有足够大的力“压迫”两个乳化油滴合并。

8.4.2　油滴的碰撞与聚结

泡沫与乳化油滴的碰撞过程是短暂的，更多的还是碰撞后泡沫膜与乳化油滴内部的结构调整。在结构调整阶段，我们采用不再施加作用力的常规分子动力学模拟聚集结构变化。模拟发现，油滴的变形主要集中在泡沫膜附近，这里我们更关注泡沫膜附近的胶质、沥青质和 SDS 分子。具有芳香环的沥青质和胶质会平铺于泡沫膜表面形成稳定的面对面堆积结构，而乳化油滴表面的 SDS 与泡沫膜表面的 SDS 会纠缠在一起，这三种物质在泡沫膜表面的聚集结构决定着油滴的稳定性。

图 8.26 示出了沥青质、胶质和 SDS 与泡沫膜之间的相互作用。图 8.26（b）显示沥青质与泡沫膜之间的静电相互作用变化不大，这与沥青质的亲水性有关，但是范德华相互作用波动较大。通过对比范德华相互作用的波峰和波谷，观察沥青质与泡沫膜之间的相对位置，发现范德华相互作用与油滴和泡沫膜的变形以及沥青质与泡沫膜之间的距离和角度有关。当沥青质芳香环大致平行于泡沫膜时，范德华相互作用最强。图 8.26（c）显示所选胶质与泡沫膜之间的相互作用，二者之间的静电相互作用波动也不大，而当胶质位于泡沫膜附近时范德华相互作用较强，相反在胶质远离泡沫膜时，二者之间的范德华相互作用较弱。由于 SDS 分子的两亲性，当 SDS 远离乳化油滴表面与泡沫膜接触时，SDS 与泡沫膜之间的静电相互作用变化要大于范德华相互作用变化。

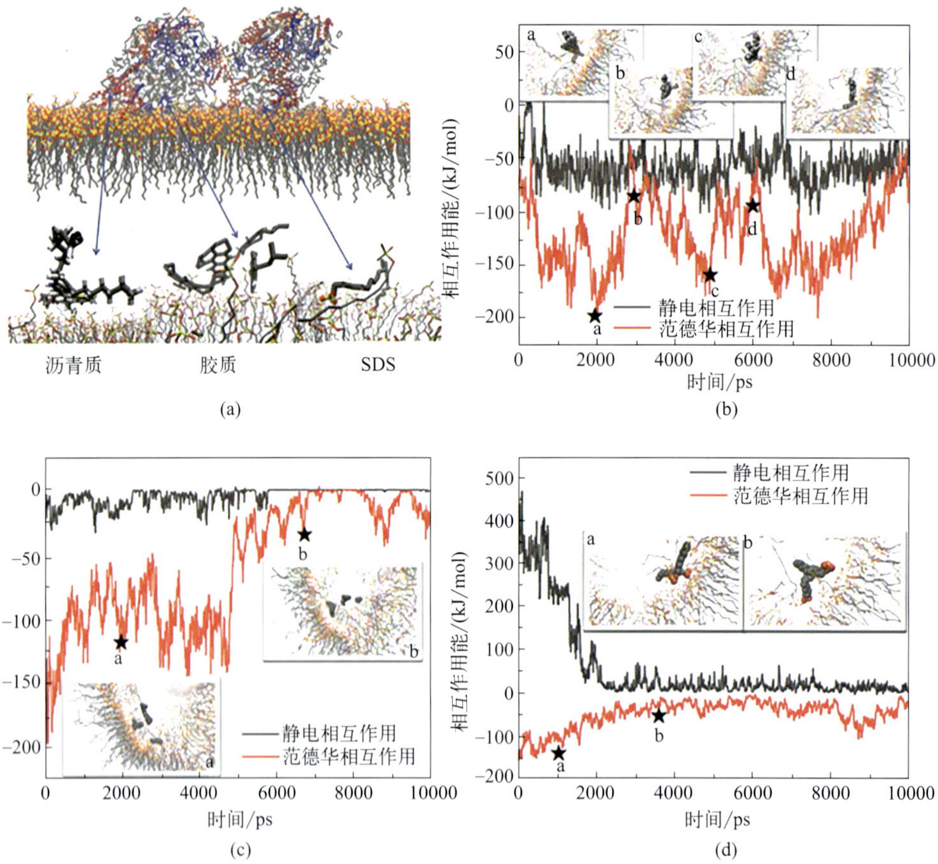

图 8.26 位于泡沫薄膜表面上的三种堆积结构（a），所选沥青质和泡沫膜之间的相互作用能（b），所选胶质和泡沫膜之间的相互作用能（c）和所选 SDS 和泡沫膜之间的相互作用能（d）

在上浮泡沫的挤压下，两个乳化油滴接触面积逐渐增大，此时与油滴聚结相关的是胶质和沥青质的结构重排。依据图 8.27（a），随着两个油滴的接触和融合，更多来自不同油滴中的胶质和沥青质相接触，新的堆积结构逐渐形成。图 8.27（b）中沥青质之间的径向分布函数峰值随模拟时间发生改变，意味着两个沥青质分子之间的聚集结构也在发生改变，体现了从最初的分子接触到最后形成面对面堆积结构，RDF 峰值逐渐增高，图 8.27（c）也表示沥青质与胶质之间的范德华相互作用逐渐增强。当然，这也与油滴聚结过程中来自泡沫膜的压力有关，凹陷的泡沫膜会对油滴施以更大的作用力。

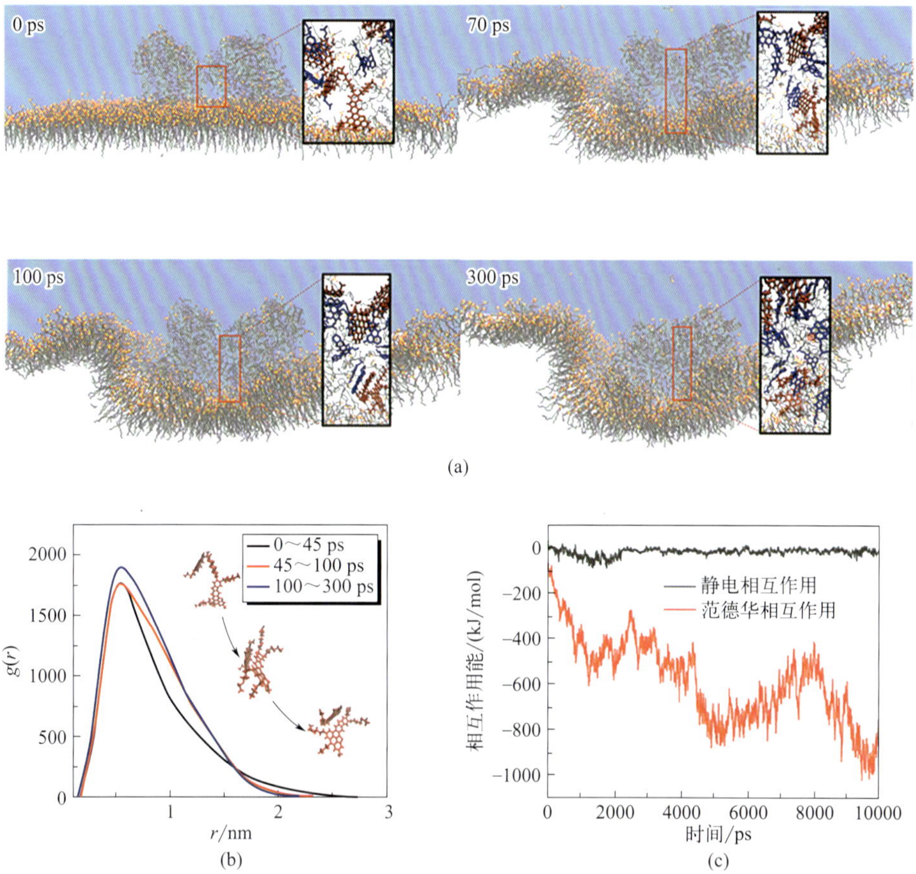

图 8.27　油滴凝聚过程中沥青质与胶质的堆积结构（a），所选沥青质的 RDF（b）和两个油滴内部重油分子之间的相互作用能（c）

8.4.3　泡沫膜附近的水分子与表面活性剂

泡沫膜遇到油滴会发生变形，且在两个油滴聚结成一个新油滴后，在新油滴与泡沫膜之间存在一定厚度的水化层。这说明在这个泡沫膜凹陷和油滴聚结过程中，水分子会通过泡沫膜与油滴之间的缝隙不断涌入凹陷底部。计算的扩散系数表明，体相中的水分子扩散速度最快（5.49×10^{-5} cm^2/s），而油滴周围的水分子扩散速度最慢（1.93×10^{-5} cm^2/s），泡沫膜周围的水分子扩散速度介于二者之间，这说明不同区域的水分子受到泡沫膜和油滴的限制是不同的，导致水分子扩散系数有差异。

其实不同环境下的水分子，其扩散差异也与相互作用能密切相关。在此，选取泡沫膜凹陷处不同油滴附近的水分子（图 8.28 中标记的位点Ⅰ，位点Ⅱ，位点Ⅲ），计算其所具有的势能，数据显示依据凹陷位置下降依次降低，表明水分子有自发向低势能面移动的趋势。在泡沫膜与油滴之间存在水分子流动通道，存在一定厚度的水化层。

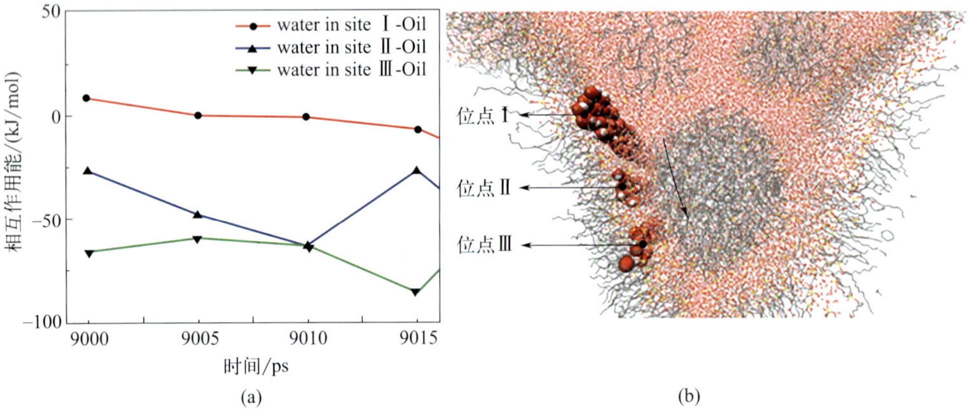

图 8.28　不同区域的水的能量（a）和水通道不同区域的水的扩散（b）

泡沫膜遇到油滴会被压入气相而产生变形，必然会导致泡沫膜力学性质的改变。模拟中，选择拉伸分子动力学模拟，研究堆积结构在泡沫膜凹陷中的受力情况。针对不同时间段（100 ps、500 ps、1000 ps、5000 ps）的凹陷构型，在泡沫膜底部选取一个 SDS 分子，使其在恒定拉力的作用下进入气相，以模拟泡沫膜中表面活性剂分子的受力情况。图 8.29 显示在四种凹陷构型下，SDS 分子脱离泡沫膜进入气相所受到的外力变化是不同的。模拟发现，当 SDS 分子脱离泡沫膜时，所施加的外力最大，然后急剧下降为零。而且数据显示，被拉动的 SDS 分子形成泡沫膜的角度越小，拉出泡沫膜所需时间越短，所施加的外力越小；也就是说，此时泡沫膜的力学性质越弱。这进一步说明了泡沫膜变形过程中，泡沫膜凹陷会引起力学性能的改变。

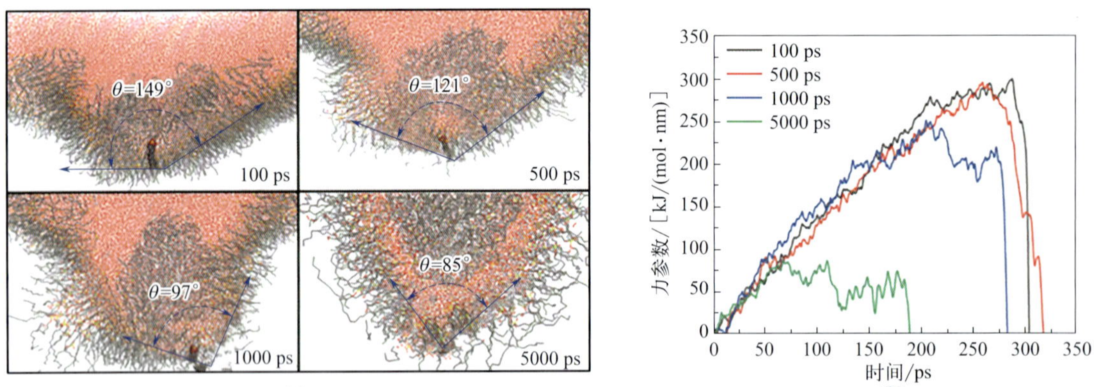

图 8.29　选定的 SDS 分子和 SDS 所在位置的泡沫膜形成角度（a）和拉伸过程中的力参数（b）

总之，分子动力学模拟表明，气泡在快速漂浮过程中会与悬浮在水相中的油滴发生碰撞，油滴会在气泡表面发生形变，部分油滴在泡沫膜上形成新的堆积结构。这些堆积结构会促进油滴黏附于泡沫膜表面，并造成运动中的泡沫膜发生凹陷。随着模拟时间的增加，凹陷会越来越深，最终达到稳定。相邻的油滴在凹陷处会重新聚结形成更大的油滴，而相距较远的油滴，尽管泡沫会拉动油滴相互靠近，但是在凹陷处会发生滚动并不聚结，最终稳定存在于泡沫膜凹陷处。此外，水相中的水分子会不断涌入到泡沫膜和油滴之间的孔隙，使得油滴和泡沫膜之间的水层变厚。拉伸分子动力学模拟表明，泡沫膜凹陷底部的力学性能发生了改变，泡沫膜底部形成的角度越小，力学性质变化越大，泡沫膜越容易遭到破坏。

8.5 电场作用下乳化油滴的运移模拟操作案例

操作软件：Gromacs、VMD、Material Studio。

知识要点或性质分析：外加电场操作、乳化油滴构建、乳化油滴密度分布等。

本节首先构建乳化油滴，随后应用 Gromacs 程序对电场下的乳化油滴进行分子动力学模拟，分析乳化油滴在电场作用下的运移行为，并讨论电场强度对油滴运移的影响。

具体操作步骤：

（1）构建原油各组分分子结构及拓扑文件

原油是一种由多种烷烃、环烷烃、芳香烃、烯烃等多种组分构成的复杂混合物，在实际模拟中为了方便起见往往采用模型分子来代替，包括 8 种烃类（己烷、庚烷、辛烷、壬烷、环己烷、环庚烷、苯和甲苯），以及 2 种沥青质和 6 种胶质模型。相关分子模型参见 4.4.1。

在 Materials Sutdio 中分别构建上述有机分子，并由 ATB 网站（https://atb.uq.edu.au/index.py）生成相应的 itp 文件（由于先前 ATB 网站上已经对这些分子进行了计算，读者亦可直接下载优化后的 pdb 和 itp 文件）。

（2）构建模拟格子

首先构建 10 nm×10 nm×10 nm 的模拟格子，并依次填充表 8.1 中相应数量的原油各组分分子，用于构建原油油滴。

表 8.1 原油构成组分及分子数

原油组分			分子数	原油组分		分子数
重质油组分	沥青质	Asp_1_8CUV	4	轻质油组分	苯	13
		Asp_2_DNXN	4		环庚烷	35
	胶质	Resin 1	5		环己烷	22
		Resin 2	5		庚烷	29
		Resin 3	5		己烷	32
		Resin 4	5		壬烷	40
		Resin 5	5		辛烷	34
		Resin 6	5		甲苯	35

将从 ATB 网站上获得的优化后的 pdb 和 itp 文件放在“/home/chem/oil2”目标目录下。在目标目录下执行以下操作步骤：

```
>> gmx insert-molecules -box 10 10 10 -ci Asp1.pdb -nmol 4 -o 1.pdb
>> gmx insert-molecules -f 1.pdb -ci Asp2.pdb -nmol 4 -o 2.pdb
...
>> gmx insert-molecules -f 15.pdb -ci toluene.pdb -nmol 35 -o 16.pdb
```

为中和沥青质分子所带的多余负电荷，体系中还应加入 8 个钠离子：

```
>> gmx insert-molecules -f 16.pdb -ci Na.pdb -nmol 8 -o 17.pdb
```

（3）构建模拟所需的 topol 力场文件

原油油滴模拟过程中将所需的 topol 文件命名为 system.top，依据分子和离子的添加顺序编写 topol 文件。与 4.4.1topol 力场文件内容相同，依旧是提供程序所需力场文件的所在路径位置，以及模拟体系的名字和体系中所包含的分子个数。对于本次模拟实验，力场文件的路径是“/home/chem/oil2/gromos54a7.ff/forcefield.itp”，力场文件路径之后的第二行为 ATB 上生成的 itp 文件，以及［system］下给定的体系名字和［molecules］目录下各个分子在模拟中的残基名称和个数，详情可参考 4.4.1topol 力场文件内容介绍。此次首先构建原油油滴所需 topol 文件，具体内容如图 8.30 所示。

```
#include "/home/chem/oil2/gromos54a7.ff/forcefield.itp"
#include "Asp1.itp"
#include "Asp2.itp"
#include "resin1.itp"
#include "resin2.itp"
#include "resin3.itp"
#include "resin4.itp"
#include "resin5.itp"
#include "resin6.itp"
#include "benzene.itp"
#include "cycloheptane.itp"
#include "cyclohexane.itp"
#include "heptane.itp"
#include "hexane.itp"
#include "nonane.itp"
#include "octane.itp"
#include "toluene.itp"
#include "Na.itp"

[ system ]
demulsification in water

[ molecules ]
8CUV      4
DNXN      4
RE1       5
RE2       5
RE3       5
RE4       5
RE5       5
RE6       5
BEN       13
CHP       35
CHX       22
HEP       29
HEX       32
NON       40
OCT       34
TOL       35
NA        8
```

文件路径

分子种类及数目

图 8.30　构建原油油滴所需的 topol 文件示例

（4）**执行构建原油油滴的分子动力学模拟**

原油油滴构建过程中首先进行能量最小化，再进行 10 ns *NPT* 系综模拟，将原油密度压缩至平衡，即需要两个 mdp 文件，能量最小化所需 mdp 文件命名为“em.mdp”文件，*NPT* 系综模拟所需 mdp 文件则命名为“npt.mdp”文件。

能量最小化：

```
>> gmx grompp -f em.mdp -c 17.pdb -p system.top -o mini.tpr -maxwarn 1
>> gmx mdrun -v -deffnm mini &
```

NPT 系综模拟：

```
>> gmx grompp -f npt.mdp -c mini.gro -p system.top -o npt.tpr -maxwarn 1
>> gmx mdrun -v -deffnm npt &
```

对上一步最后一帧构型进行周期性处理，使得原油各组分分子保持完整：

```
>> gmx trjconv -f npt.gro -s npt.tpr -pbc mol -ur compact -o npt_pbc.pdb
```

将该原油团簇放置于 8 nm×8 nm×8 nm 格子的中心：

```
>> gmx editconf -f npt_pbc.pdb -box 8 8 8 -center 4 4 4 -o oil_in_center.pdb
```

添加溶剂（水分子）：

```
>> gmx solvate -cp oil_in_center.pdb -cs spc216.gro -o withwater.pdb -p
system.top
```

将水分子的力场文件的具体路径“/home/chem/oil2/gromos54a7.ff/spc.itp”添加到 system.top 文件中文件路径部分，随后进行能量最小化，以及执行 20 ns *NPT* 系综模拟，即可得到原油油滴模型。

能量最小化：

```
>> gmx grompp -f em.mdp -c withwater.pdb -p system.top -o mini2.tpr -maxwarn 1
>> gmx mdrun -v -deffnm mini2 &
```

分子动力学计算：

```
>> gmx grompp -f npt.mdp -c mini2.gro -p system.top -o npt2.tpr -maxwarn 1
>> gmx mdrun -v -deffnm npt2 &
```

对上一步最后一帧构型进行周期性处理，使得原油油滴模型保持完整以备用来构建乳化油滴：

```
>> gmx trjconv -f npt2.gro -s npt2.tpr -pbc mol -ur compact -o npt_pbc2.pdb
```

（5）构建含表面活性剂的模拟格子

本实验，构建乳化油滴时，需在以上原油油滴乳状液体系中加入 15 个 SDS 表面活性剂分子，并执行分子动力学模拟。

首先将从 ATB 网站上获得的 SDS 优化后的 pdb 和 itp 文件再一次放在“/home/chem/oil2”目录下。然后在目标目录下执行以下操作步骤：

```
>> gmx insert-molecules -f npt_pbc2.pdb -ci Na.pdb -nmol 15 -o npt_pbc2-Na.pdb
>> gmx insert-molecules -f npt_pbc2-Na.pdb -ci SDS.pdb -nmol 15 -o npt_pbc2-
Na-SDS.pdb
```

（6）修改模拟所需的 topol 力场文件

首先需要在原来 system.top 文件的基础上补充 ATB 上生成的 itp 文件，即 SDS.itp 文件，以及在 [molecules] 目录下提供代表 SDS 分子在模拟中的残基名称和个数。同时考虑到 SDS 携带一个负电荷，而模拟中需要满足体系电中性。考虑原油液滴中的酸化沥青质分子数，最终共计加入 23 个钠离子。乳化油滴模拟所需 topol 力场文件的具体内容见图 8.31。

```
#include "/home/chem/oil2/gromos54a7.ff/forcefield.itp"
#include "Asp1.itp"
#include "Asp2.itp"
#include "resin1.itp"
#include "resin2.itp"
#include "resin3.itp"
#include "resin4.itp"
#include "resin5.itp"
#include "resin6.itp"
#include "benzene.itp"
#include "cycloheptane.itp"
#include "cyclohexane.itp"
#include "heptane.itp"
#include "hexane.itp"
#include "nonane.itp"
#include "octane.itp"
#include "toluene.itp"
#include "Na.itp"
#include "sds.itp"

[ system ]
demulsification in water

[ molecules ]
8CUV        4
DNXN        4
RE1       5
RE2       5
RE3       5
RE4       5
RE5       5
RE6       5
BEN        13
CHP        35
CHX        22
HEP        29
HEX        32
NON        40
OCT        34
TOL        35
NA        23
_NMZ        15
```

文件路径

分子种类及数目

图 8.31　构建乳化油滴所需的 topol 文件示例

最后添加溶剂（水分子），并再次执行能量最小化和 20 ns *NPT* 系综模拟。

```
>> gmx solvate -cp npt_pbc2-Na-SDS.pdb -cs spc216.gro -o withwater2.pdb -p system.top
```

（7）执行构建乳化油滴的分子动力学模拟

能量最小化：

```
>> gmx grompp -f em.mdp -c withwater2.pdb -p system.top -o mini3.tpr -maxwarn 1
>> gmx mdrun -v -deffnm mini3 &
```

分子动力学计算：

```
>> gmx grompp -f npt.mdp -c mini3.gro -p system.top -o npt3.tpr -maxwarn 1
>> gmx mdrun -v -deffnm npt3 &
```

（8）外加电场模拟

为了模拟乳化油滴在电场下的行为变化，首先需要在电场方向（*Z* 方向）上进一步扩大模拟格子。

对上一步最后一帧构型进行周期性处理，使得乳化油滴保持完整并处于格子中心：

```
>> gmx trjconv -f npt3.gro -s npt3.tpr -pbc cluster -ur compact -center -o npt_pbc3.pdb
```

在弹出的交互式界面中对于归簇、居中、输出的组均选择 non-water 组。

将该乳化油滴放置于 8 nm×8 nm×20 nm 格子的中心：

```
>> gmx editconf -f npt_pbc3.pdb -box 8 8 20 -center 4 4 10 -o oil_in_center2.pdb
```

添加溶剂（水分子）：

```
>> gmx solvate -cp oil_in_center2.pdb -cs spc216.gro -o withwater3.pdb -p system.top
```

Gromacs 中可以给模拟体系添加脉冲振荡电场，需在 mdp 文件中添加相应命令，如 electric-field-x = E0 omega t0 sigma。对于本例在 *Z* 方向施加 0.5 V/nm 的静电场，需在 mdp 文件中添加 electric-field-z = 0.5000。

继续进行能量最小化：

```
>> gmx grompp -f em.mdp -c withwater3.pdb -p system.top -o mini4.tpr -maxwarn 1
>> gmx mdrun -v -deffnm mini4 &
```

外加电场分子动力学计算：

```
>> gmx grompp -f npt.mdp -c mini4.gro -p system.top -o npt-ele.tpr -maxwarn 1
>> gmx mdrun -v -deffnm npt-ele &
```

（9）结果分析

① 油滴组分分布

结合VMD软件可以对*NPT*系综平衡20 ns后的乳化油滴结构（npt3.gro文件）进行观察，如图8.32（a）（SDS分子用VDW模型显示，其他原油成分分子用棍棒模型显示，水分子未予显示），从中可以看出，SDS分子由于其独特的两亲结构均倾向于分布在油滴表面。同时为了确定其他原油组分在油滴中的分布情况，计算了从油滴质心到表面各组分的原子密度。

首先对轨迹进行处理，使得乳化油滴保持完整并处于格子中心：

```
>> gmx trjconv -f npt.xtc -s npt.tpr -pbc cluster -ur compact -center -o npt_pbc.xtc
```

在弹出的交互式界面中对于归簇、居中、输出的组均选择non-water组。

利用gmx rdf命令对平衡后的后半段轨迹计算从各组分分子的质心到油滴团簇质心的密度分布：

```
>> gmx rdf -f prod_pbc.xtc -s prod.tpr -ref 'com of group other' -sel 'mol_com of
resname DNXN' -norm number_density -b 10000 -o rdf.xvg
```

将输出文件rdf.xvg在Origin软件中绘图得图8.32（b），从中可以看出油滴的半径约为3 nm，烃类和胶质分子从油滴中心到表面呈均匀分布状态，而沥青质分子集中分布在距离油滴中心1.5 nm以外的表层区域。

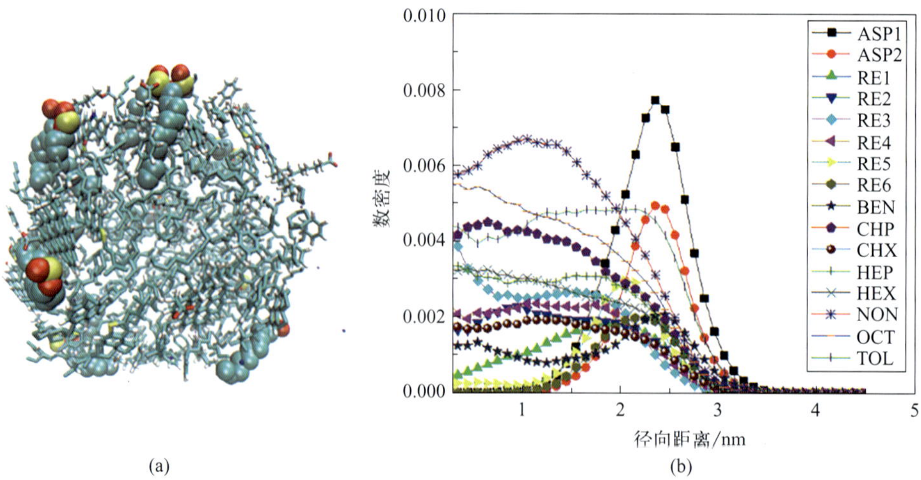

图8.32　乳化油滴的结构（a）及各组分距离油滴质心的数密度分布（b）

② 沥青质、SDS和Na^+在电场中的运动轨迹

从模拟过程看，可以发现油滴在电场作用下移动、变形。为了进一步确定沥青质、SDS 和钠离子的行为差异，在 VMD 中分别提取沥青质、SDS 和钠离子的运动轨迹，并在 Coloring method 一栏中选择 Timestep 模式。图 8.33 中可以发现，体系中分布在油滴表面带负电的沥青质和 SDS 分子逐渐向电场的反方向移动，带动乳化油滴向电场反方向运移。而大多数 Na^+ 顺着电场方向移动，只有小部分 Na^+ 与油滴表面带负电沥青质或 SDS 作用，表现为向电场反方向运动。

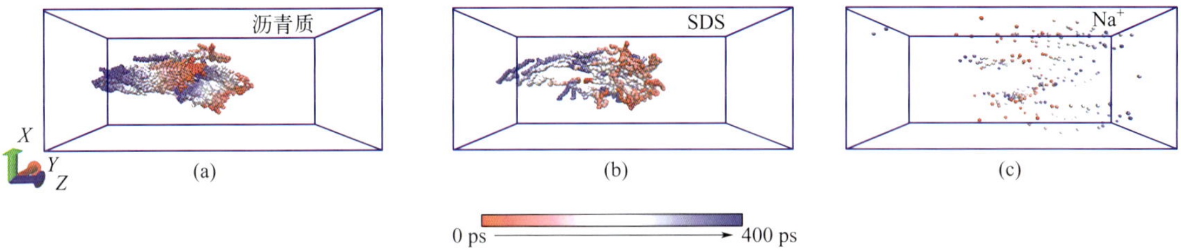

图 8.33　沥青质、SDS 和 Na^+ 在电场中的运动轨迹

通过 gmx rdf 命令可以考察电场作用下不同时间段乳化油滴内部沥青质和胶质分子间堆积结构变化。首先通过 gmx make_ndx -f npt-ele.gro -o fenxi.ndx 命令对油滴各组分进行分组，再将程序导出的 fenxin.ndx 中的所有沥青质分子的原子序号划分为［Asp］基组，以及将所有胶质分子的原子序号划分为［Resin］基组。

随后通过 gmx rdf 命令考察电场作用下每间隔 100 ps 乳化油滴中沥青质和胶质分子间堆积结构变化：

```
>> gmx rdf -f npt-ele.xtc -s npt-ele.tpr -n fenxi.ndx -o rdf1.xvg -b 0 -e 100
>> gmx rdf -f npt-ele.xtc -s npt-ele.tpr -n fenxi.ndx -o rdf2.xvg -b 101 -e 200
>> gmx rdf -f npt-ele.xtc -s npt-ele.tpr -n fenxi.ndx -o rdf3.xvg -b 201 -e 300
>> gmx rdf -f npt-ele.xtc -s npt-ele.tpr -n fenxi.ndx -o rdf4.xvg -b 301 -e 400
```

将不同时间段内沥青质和胶质分子间的径向分布函数结果导入 Origin 软件作图，从图 8.34 可以看出，电场引入后乳化油滴内部堆积结构的强度逐渐降低，即乳化油滴在电场中发生变形且油滴整体变得松散。

③ 电场强度对油滴运移的影响

为了探究施加外电场电场强度对油滴运移行为的影响，本实验考虑 E_z=0.5 V/nm、1.0 V/nm、1.5 V/nm 三种电场强度下油滴的运移差异。首先改变 Gromacs 中 mdp 文件中施加电场强度的相应命令，将原 mdp 文件中添加的 electric-field-z = 0.5000 修改为 electric-field-z = 1.0000，并再次运行命令“gmx grompp -f npt.mdp -c mini4.gro -p system.top -o npt-ele1.tpr -maxwarn 1”和“gmx mdrun -v -deffnm npt-ele1 &”，即得到油滴在 E_z=1.0 V/nm 电场中的运行情况。将施加电场后的轨迹文件 npt-ele1.xtc、npt-ele1.xtc 和 npt-ele1.5.xtc 分别导入 VMD，可对比不同电场强度下油滴的行为变化。

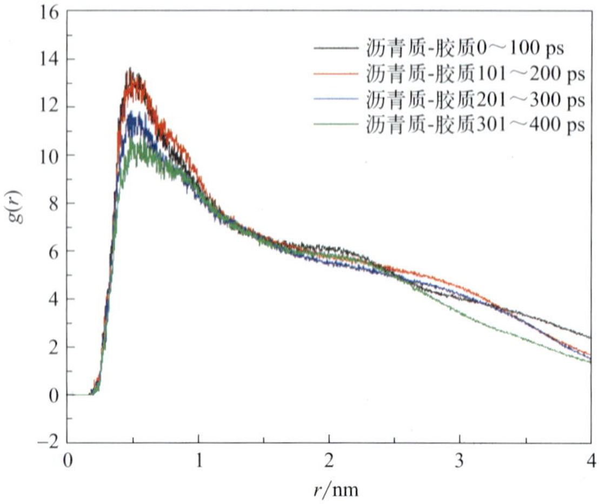

电场作用下乳化油滴的运移运行脚本

图 8.34　电场作用下沥青质与胶质之间径向分布函数变化

参考文献

Bailes P J，Freestone D，Sams G W，1997. Pulsed DC fields for electrostatic coalescence of water-in-oil emulsions[J]. Chemical Engineer，38：34-39.

Canevari G P，1982. The formulation of an effective demulsifier for oil spill emusions[J]. Marine Plooution Bulletinn，13（2）：49-54.

Feng X，Mussone P，Gao S，et al，2010. Mechanistic Study on Demulsification of Water-in-Diluted Bitumen Emulsions by Ethylcellulose[J]. Langmuir，26：3050-3057.

Fingas M，Fieldhouse B，2009. Studies on crude oil and petroleum product emulsions：water resolution and rheology[J]. Colloids and Surfaces A，333（1）：67-81.

Kang W，Jing G，Zhang H，et al，2006. Influence of demulsifier on interfacial film between oil and water[J]. Colloids and Surfaces A，272：27-31.

Liu J，Zhao Y，Ren S，2015. Molecular dynamics simulation of aelf-aggregation of asphaltenes at an oil/water interface：formation and destruction of the asphaltene protective film[J]. Energy & Fuels，29：1233-1242.

Martínez-Palou R，de Lourdes Mosqueira M，Zapata-Rendón B，et al，2011. Transportation of heavy andextra-heavy crude oil by pipeline：a review[J]. Jouranlof Petroleum Science and Enginerring，75：274282.

Peña A A，Hirasaki G J，Miller C A，2004. Chemically induced destabilization of water-in-crude oil emulsions[J]. Industrial & Engineering Chemistry Research，44（5）：1139-1149.

Pensini E，Harbottle D，Yang F，et al，2014. Demulsification mechanism of asphaltene-stabilized water-in-oil emulsions by a polymeric ethylene oxide-propylene oxide demulsifier[J]. Energy & Fuels，28：6760-6771.

Ravera F，Dziza K，Santini E，et al，2021. Emulsification and emulsion stability：The role of the interfacial properties[J]. Advances in Colloid and Interface Science，288：102344.

Ren B，Kang Y，2018. Demulsification of oil-in-water（O/W）emulsion in bidirectional pulsed electric field[J]. Langmuir，34：8923-8931.

Shepherd A G, van Mispelaar V, Nowlin J, et al, 2010. Analysis of naphthenic acids and derivatization agents using two-dimensional gas chromatography and mass spectrometry: impact on flow assurance predictions[J]. Energy & Fuels, 24: 2300-2311.

Subramanian D, May N, Firoozabadi A, 2017. Functional molecules and the stability of water-in-crded oil emulsions[J]. Energy & Fuels, 31: 8967-8977.

Sullivan A P, Kilpatrick P K, 2002. The effects of inorganic solid particles on water and crude oil emulsion stability[J]. Industrial & Engineering Chemistry Research, 41: 3389-3404.

Varadaraj R, Brons C, 2012. Molecular origins of crude oilinterfacial activity. Part 4: oil-water interface elasticity and crudeoil asphaltene films[J]. Energy & Fuels, 26 (12): 7164-7169.

Yeung A, Dabros T, Czarnecki J, et al, 1999. On the interfacial properties of micaometre-sized water droplets in crude oil[J]. Proceedings of the Royal Society A, 455: 3709-3723.

Zhang J, Tian D, Lin M, et al, 2016. Effect of resins, waxes and asphaltenes on water-oil interfacial properties and emulsion stability[J]. Colloids and Surfaces A, 507: 1-6.

Zhang H, Bukosky S C, Ristenpart W D, 2018. Low-voltage electrical demulsificatio of oily wastewater[J]. Indurtrial & Enginerring Chemistry Research, 57: 8341-8347.

Zhang H, Liu S, Yuan S, 2023. Molecular dynamics simulation of oily wastewater treatment by air floatation[J]. Journal of Molecular Liquids, 285: 122316.

Zhang H, Zhou B, Zhou X, et al, 2022. Molecular dynamics simulation of demulsification of O/W emusion containing soil in direct current electric field[J]. Journal of Molecular Liquids, 361: 119618.

Zhang L Y, Xu Z, Masliyah J H, 2003. Langmuir and Langmuir-Blodgett films of mixed asphaltene and a demulsifier[J]. Langmuir, 19: 9730-9741.

第 9 章

稠油中的沥青质

沥青质的聚集行为影响着原油乳状液的性质，沥青质的具体分子结构一直是油田化学工作者研究的重点。基于特定的实验数据或启发式的论证，人们提出了各种类型的沥青质分子结构，有大陆型和群岛型之分。对沥青质的聚集结构，现在更多选用 Yen-Mullins 模型，认为沥青质是以多个多环芳香烃核以简单无序堆积的方式形成纳米聚集体，大小约为 2 nm，聚集数约为 6，纳米聚集体的外部是烷基链。而促进纳米聚集体的驱动力包括氢键、金属配位、疏水和 π-π 堆积等多种相互作用模式。

本章综述了科研人员对沥青质分子结构和聚集结构的认识过程，并讨论采用分子模拟确定沥青质分子结构的方法，探讨沥青质分子在油水界面和固液界面的聚集行为。

9.1 沥青质结构性质

稠油是指油层温度下黏度超过 100 mPa•s 的脱气原油，相对密度大于 0.92。而西方国家一般采用重油的定义，以原油重度（API 度）作为定义指标。目前我国稠油产量约占原油总产量的 30% ～ 35%，而开发能耗却占到了 60% 以上。因此发展稠油开采新技术，降低开采成本，提高稠油油藏的采收率，是目前各大油田亟待解决的问题。

稠油中蜡的含量较低，而沥青质、胶质含量较高，后者是导致稠油高黏的主要原因。低温条件下，少量蜡晶的析出对稠油有一定的增黏作用，然而并不会形成以蜡晶为主体的网状结构；在范德华作用或氢键等非键相互作用下，稠油中的沥青质和胶质之间会形成复杂的聚集结构，多种多样的聚集行为是造成稠油高黏的主要原因。沥青质和胶质的化学结构和物化性质及其在稠油中的含量都与稠油黏度密切相关。

沥青质是原油中质量最大的极性成分，不溶于非极性溶剂（如正庚烷），而溶于芳香烃溶剂（如苯或甲苯）。沥青质馏分的复杂性与其形成的地质环境有关，试图用“通用”模型分子来描述沥青质馏分的溶解性，实际上妨碍了对沥青质馏分相行为的深入研究。有学者将根据实验数据确定“原型”沥青质分子的努力比喻为“盲人摸象”，换句话说即使简单地对沥青质一般性质的讨论（如沥青质的平均分子量），有时候也会引起激烈的争论。因此，描述沥青质馏分（或者说分子）唯一可能的方法就是在考虑大量的实验信息后，构建出最可能的沥青质分子结构，而不是非要强调精确的分子结构。

尽管经过了几十年的努力，包括实验工作和理论建模，但沥青质的物理行为和聚集机制仍然存在争议，例如 X 射线和中子散射实验对聚集数和簇的大小判断还是有差异的，而原子力显微镜确实观察到了多核芳香烃和侧链脂肪链组成的核，这种模型通常被称为“岛”，而“群岛”则是脂肪链连接在一起的结构。在这样的实验背景下，显然理论模型已经落后于实验观察。关于沥青质相态的任何模型不可避免地缺乏分子层面上的支持，因此，现有的理论模型难以定量预测。随着软硬件和理论方法的发展，分子模拟将有助于理解原油中沥青质在分子层面上的行为，而模拟原油性质的第一步就是构建沥青质的“精确”分子结构，或者说最可能的分子结构。

9.1.1 沥青质分子结构

到目前为止，文献中总结了各种沥青质模型分子，代表了各种各样的分子量和结构类型，所有这些都是基于特定的实验数据或启发式的论证。这里我们并不试图对相关文献进行评判，而是重点关注过去几十年在阐明沥青质和胶质分子结构方面所取得的进展，以此帮助读者认识沥青质分子结构。

（1）沥青质模型分子的早期认识

1974 年 Yen 第一个提出了沥青质模型分子，是针对 Lagunillas 稠油中的沥青质所提出的假设分子结构。它是一种聚合结构（图 9.1），其中单体单元的分子式为 $C_{74}H_{87}NS_2O$，分子质量为 1071 Da。尽管核磁共振（NMR）表明其存在五种类型的氢原子（包括芳香烃、环烷烃、

α- 取代、亚甲基和甲基），但是在这个模型分子中，所有取代基的位置都是任意定义的。需要说明的是，这个沥青质模型分子曾被误认为是单个分子，而事实上作者描述的沥青质至少由上述三个基本单元所组成。

1982 年 Speight 和 Moschopedis 提出了与上述结构类似的模型分子（Speight et al., 1982），如图 9.2 所示，该模型分子的分子式为（$C_{79}H_{92}N_2S_2O$）$_3$，分子质量为 3449 Da。从结构上看，该模型分子假设沥青质为带有烷基侧链的多核芳香环的聚集结构。

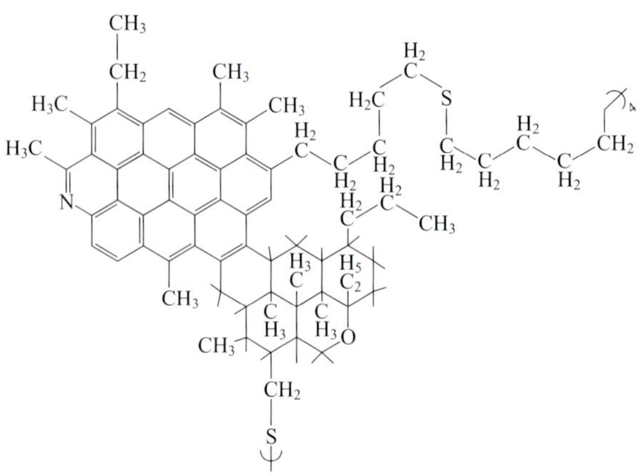

图 9.1　Yen 提出的 Lagunillas 原油中的沥青质结构模型

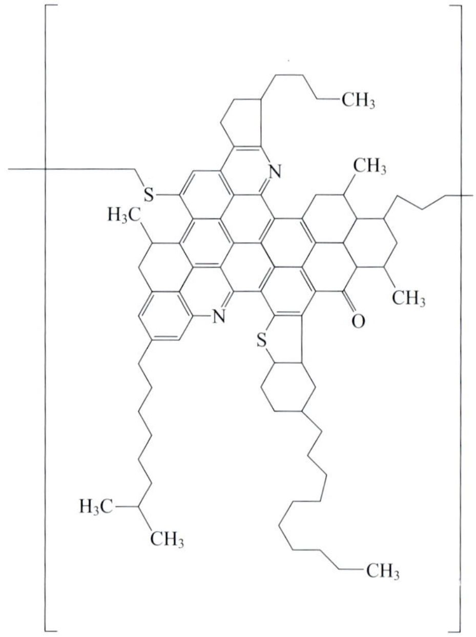

图 9.2　Speight 和 Moschopedis 提出的沥青质结构模型（Speight et al., 1982）

伴随着核磁共振数据以及在扫描隧道显微镜（STM）下的直接观察，Zajac 提出了针对 Mayan 原油的沥青质分子结构（Zajac et al., 1994），称作 Zajac 模型分子。被广泛引用的 Zajac 模型分子（图 9.3），分子式为 $C_{54}H_{57}NS$，分子质量为 752 Da，包含九个芳香环，两个连接在芳香环上的六元脂肪环，一个含有异丙基的烷烃链，以及存在于吡啶和噻吩上的氮和硫杂原子。最初作者也注意到在大结构存在下也存在一些小的结构，但是不能确定大结构是较小单元的聚集，还是由烷烃链相连接的重复结构单元。后一种被认为是沥青质“群岛”构造类型的最初来源，但是在当时并没有得到学术界的广泛认可。

同时，Storm 等人根据液体和固体核磁，提出了 Ratawi 沥青质模型分子（Storm et al., 1994），其分子式为 $C_{70}H_{94}$，分子质量为 944 Da（模型分子中并没有 N、S 等杂原子）（图 9.4）。该模型分子使用了桥连原子，用亚甲基连接多个芳香环结构，而且作者也建议使用多个较小的分子和较短的烷基链组成沥青质分子。该模型分子的最大特点是提出了桥连烷烃的理念。

（2）沥青质分子的大模型认知

关于沥青质第一个而且可能是目前长期争论的是有关沥青质平均分子量的问题。有文献报道，典型的沥青质分子质量在 400 ～ 10000 Da 范围（尽管目前认可的大多数分子质量的估计值应该在 800 ~ 1500 Da 范围，编者也认为平均分子量或者说沥青质为不同分子量有机物组成的混合物是正确的观点），之所以对沥青质分子量有较大争议主要归因于对沥青质构象的认知。人们认为，实验上观察到的“岛状”图案就是一个较大的多芳香烃核。图 9.5 给出了由 Murgich 等人所提出的沥青质模型分子（Murgich et al.，1996），这是早期直接用分子建模得到的沥青质模型分子，并做了空间填充处理，在当时被看作是非常了不起的计算成果。图 9.5 中沥青质的分子式为 $C_{149}H_{175}N_3O_2S_2$，分子质量为 2104 Da。沥青质结构的空间填充图证明了分子构象的复杂性和稳定性，后续研究表明此沥青质分子在与甲苯、环己烷和正辛烷溶剂相互作用时，模型的外观结构并不发生较大改变。图 9.6 给出了另外一个沥青质分子结构，是 Rogel 等人提出的（Rogel et al.，2003）。他们通过分子动力学模拟沥青质的密度，尽管有合理的变化趋势，但是与实验值相比常常会有较低的数值。他们认为与稳定原油相比，不稳定的原油及沉积物会有更高的密度和更低的氢碳比。

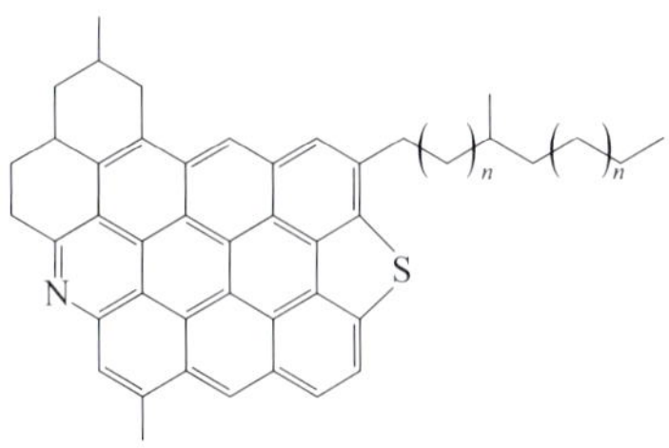

图 9.3　Zajac 提出的沥青质结构模型（其中 $n < 7$）（Zajac et al.，1994）

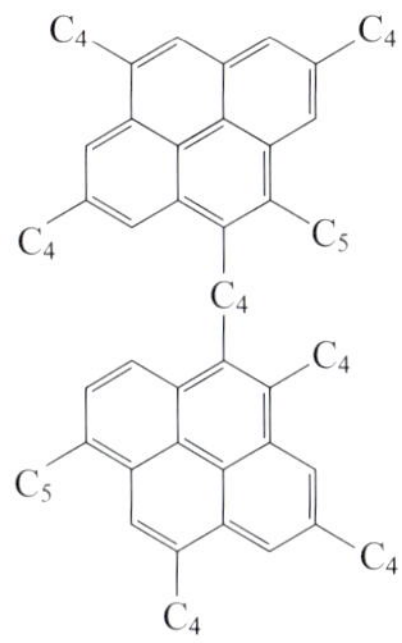

图 9.4　Storm 等人依据液体和固体核磁提出的 Ratawi 原油沥青质模型（Storm et al.，1994）

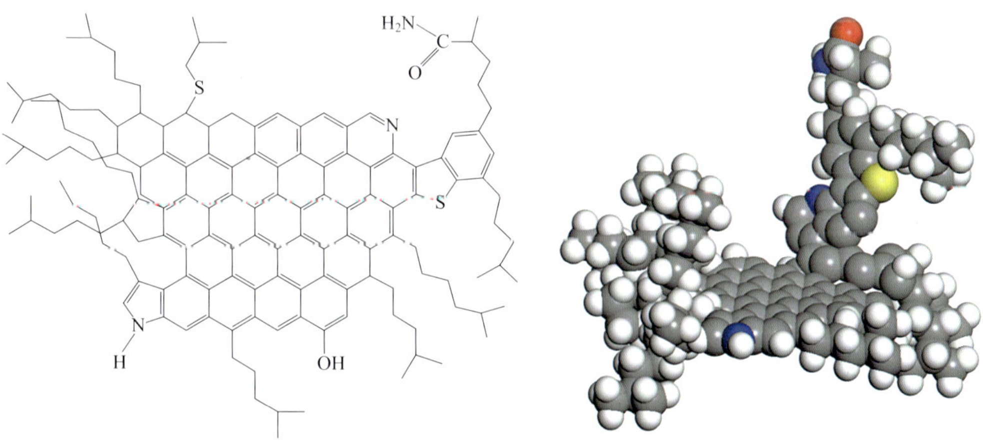

图 9.5　Murgich 等人提出的沥青质模型，也是早期分子模拟中常用的模拟模型（Murgich et al.，1996）

早年，Strausz 等人采用钌催化氧化沥青质反应，试图获取关于芳香核大小和烷基链长度，与芳香环相连的环烷环，以及二者之间的桥连信息。根据 NMR 和热解研究结果，他们提出了针对加拿大 Alberta 原油沥青质的假设模型分子（Strausz et al.，1992），如图 9.7 所示。该模型分子代表了对沥青质概念化的范式变化，它是通过烷烃链连接由芳香环和环烷环所组成的单元（而不是由多个芳香环和环烷环组成的单一结构体系），该模型分子的分子式为 $C_{420}H_{496}N_6S_{14}O_4V$，氢碳摩尔比为 1.18，分子质量为 6191 Da。

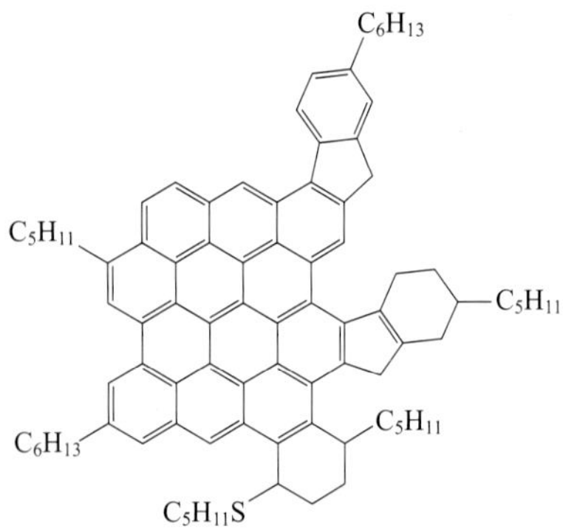

图 9.6　Rogel 等人提出的沥青质结构模型（Rogel et al.，2003）

其分子式为 $C_{87}H_{92}S$，分子质量为 1170Da

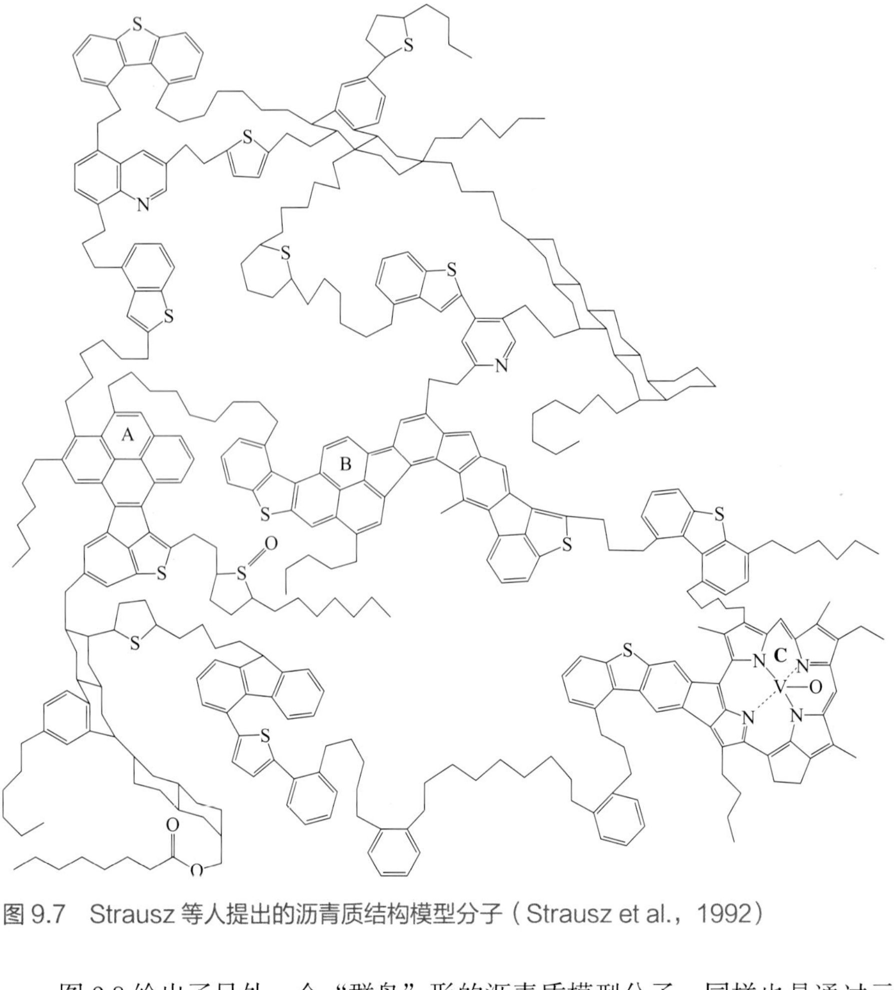

图 9.7　Strausz 等人提出的沥青质结构模型分子（Strausz et al.，1992）

图 9.8 给出了另外一个“群岛”形的沥青质模型分子，同样也是通过元素组成等分析方法推测的结构，其分子式为 $C_{490}H_{528}N_4O_5S_{15}$，分子质量为 7034 Da。芳香环单元、烷基链结

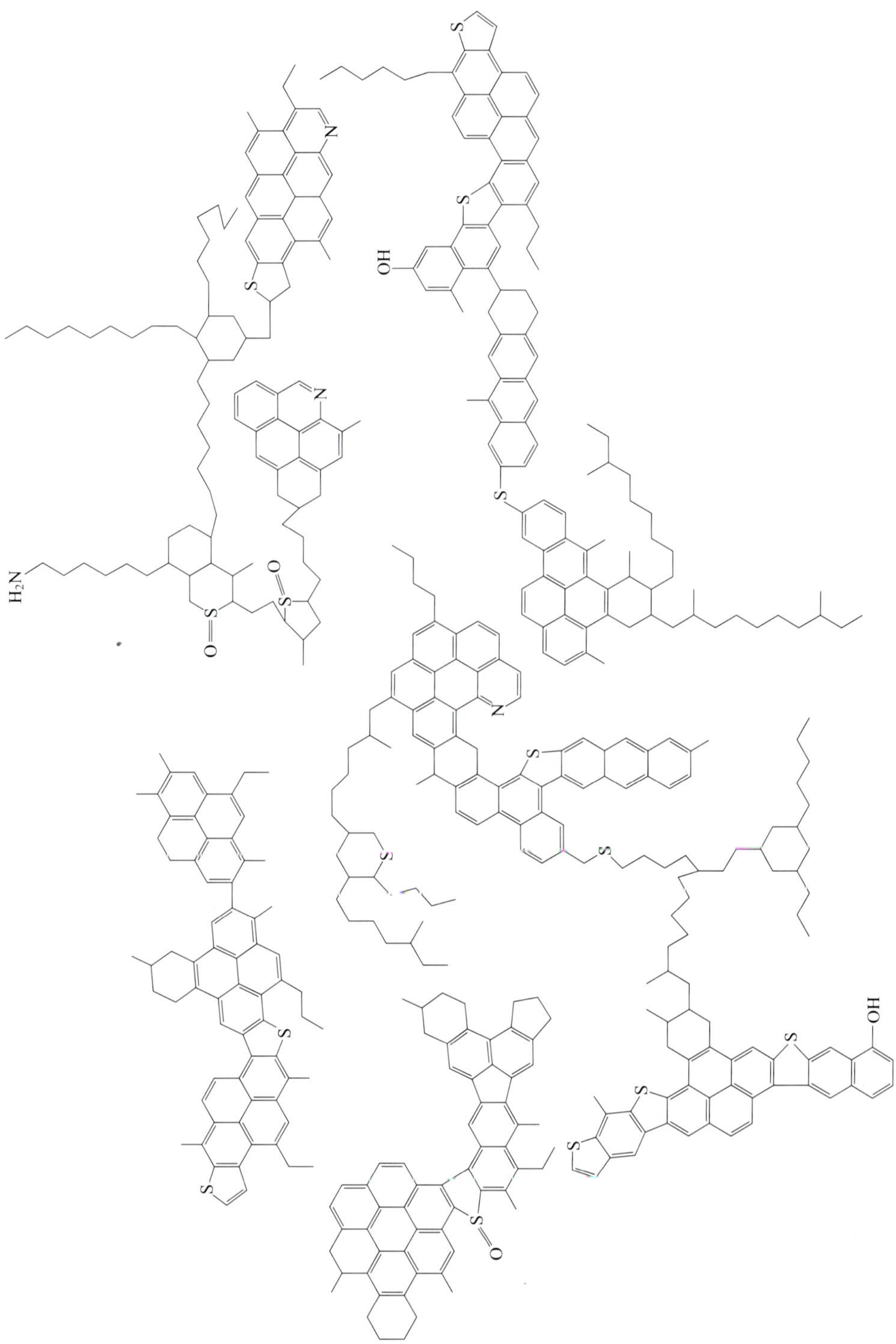

图 9.8　Artok 等人提出的沥青质结构模型（其中包含四个群岛模型）（Artok et al., 1999）

构、官能团和环烷结构的类型和分布，是根据热解气相色谱、NMR 等数据推断的。值得注意的是，通过沥青质的催化氧化反应，检测到了硫和氮等原子，并且 X 射线光电子能谱显示硫原子以硫化物、噻吩和亚砜的形式存在，也证明了在沥青质结构中存在硫化物和含氮的饱和分子结构。

在另外一个大型“群岛”沥青质结构例子中，Sheremata 等人对科威特渣油中的两个沥青质样品进行了凝胶渗透色谱（GPC）分离，然后用 NMR 和 XRD 作结构表征，以研究沥青质馏分的分子大小与其结构特征之间的关系（Sheremata et al.，2004），其得到的沥青质模型分子的分子式为 $C_{367}H_{418}S_{13}N_3$，如图 9.9 所示。

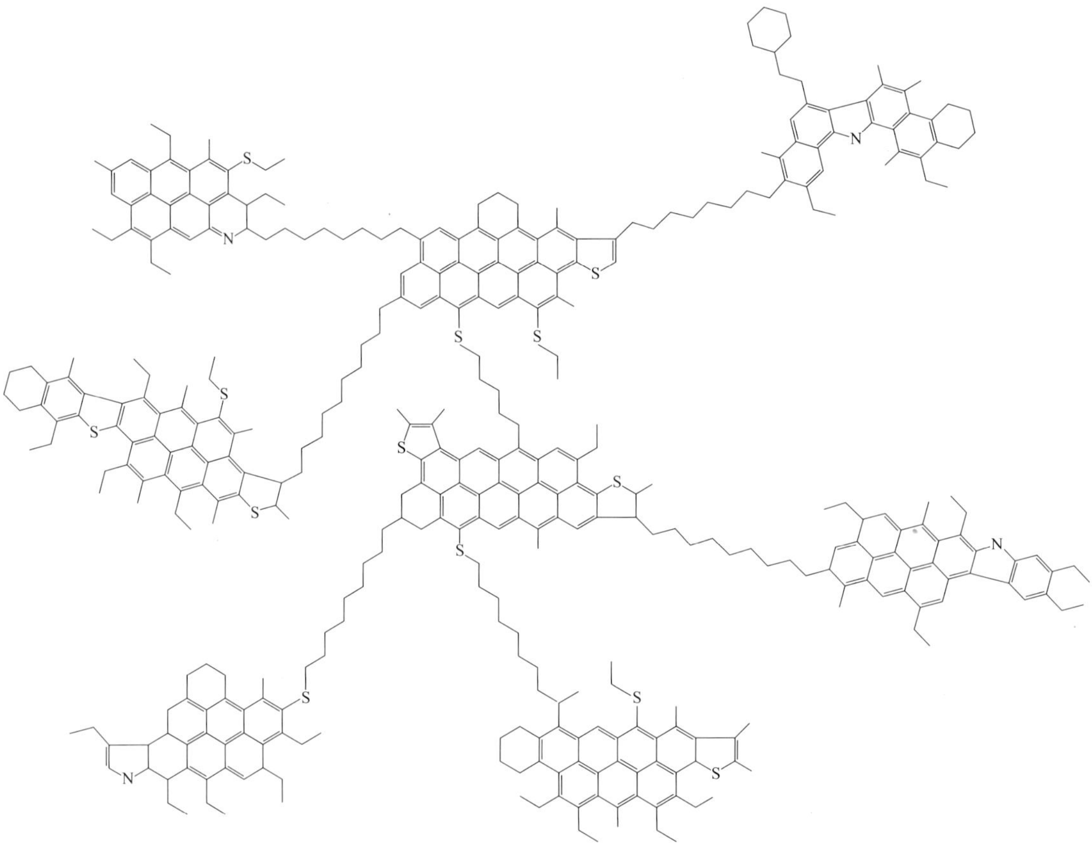

图 9.9　科威特原油经凝胶渗透色谱分离后的沥青质模型结构（Sheremata et al.，2004）

（3）沥青质模型分子的现在认知

在 21 世纪初，Groenzin 和 Mullins 提出了一系列沥青质模型分子，这些沥青质模型分子主要基于荧光去极化测量结果，他们认为沥青质的平均分子质量大约为 750 Da，范围在 500～1000Da（Groenzin et al.，2000）。Mullins 等人指出，典型的沥青质分子应该包括 4～10 个由芳香环和环烷环组成的多环芳香烃核，图 9.10 显示了他们提出的沥青质分子结构，包括分子式 $C_{51}H_{62}S$、$C_{66}H_{81}N$、$C_{56}H_{71}N$ 和 $C_{42}H_{54}O$ 等四个模型分子，分子质量分别为 707 Da、888 Da、758 Da 和 575 Da，俗称 Mullins 分子（Mullins，2010）。Mullins 分子对描述沥青质的聚集行为产生了巨大的影响，后续许多研究工作要么直接采用这些模型分子，要么受其启发纠正原始模型分子中的一些不规则结构。

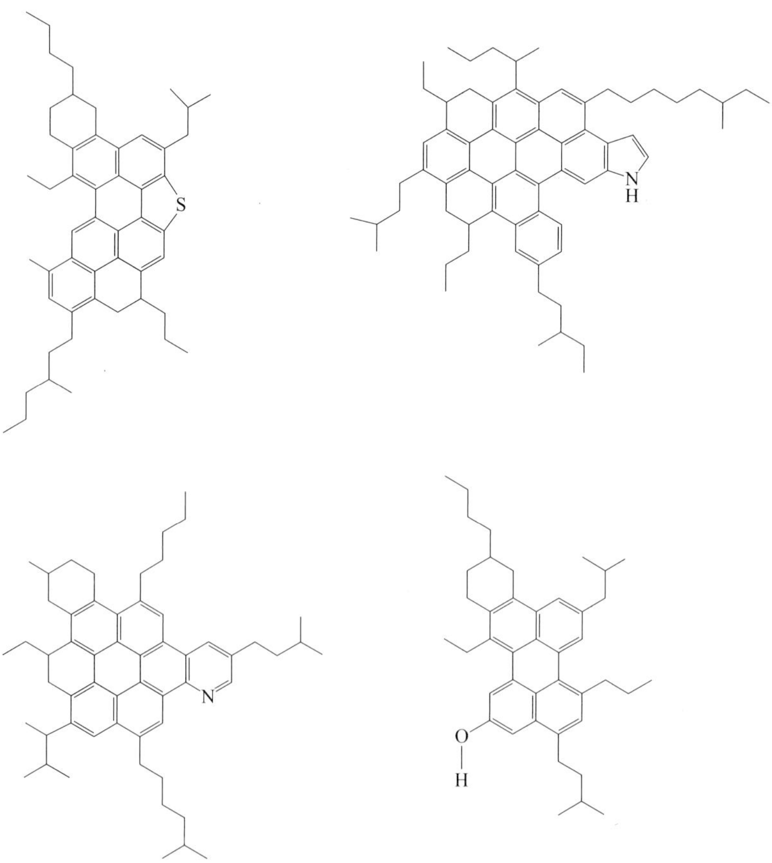

图 9.10　Mullins 沥青质模型（也称为改进的 Yen 模型）（Mullins，2010）

而且 Mullins 模型分子中关于“岛”的思想也影响了后续沥青质模型分子的发展。例如图 9.11 所示的沥青质模型分子就是其中的一例（Acevedo et al.，2004），该模型分子基于元素含量、分子量和 NMR（^{1}H 和 ^{13}C）数据分析，研究了甲苯不溶性和甲苯可溶性的沥青质部分，提出了与之思想相似的模型。

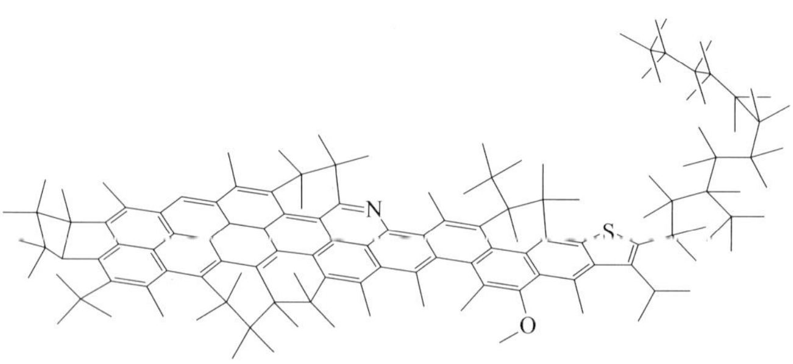

图 9.11　Acevedo 提出的沥青质模型，分子式为 $C_{76}H_{73}NSO$（Acevedo et al.，2004）

然而，在最近文献中人们也发现了许多介于“岛”和“群岛”模型之间的沥青质分子结构。图 9.12 列出了 4 个中等大小的沥青质分子，其中有“岛”、“大陆”和“群岛”等结构模型。通过 NMR 数据和测定的分子量，计算芳香环的百分比，在饱和与非饱和环烷环的数目基础上，构建沥青质模型。值得注意的是，所示的一些模型分子，或者没有期待的杂原子或者没有相应的极性，并没有经受住时间的检验。

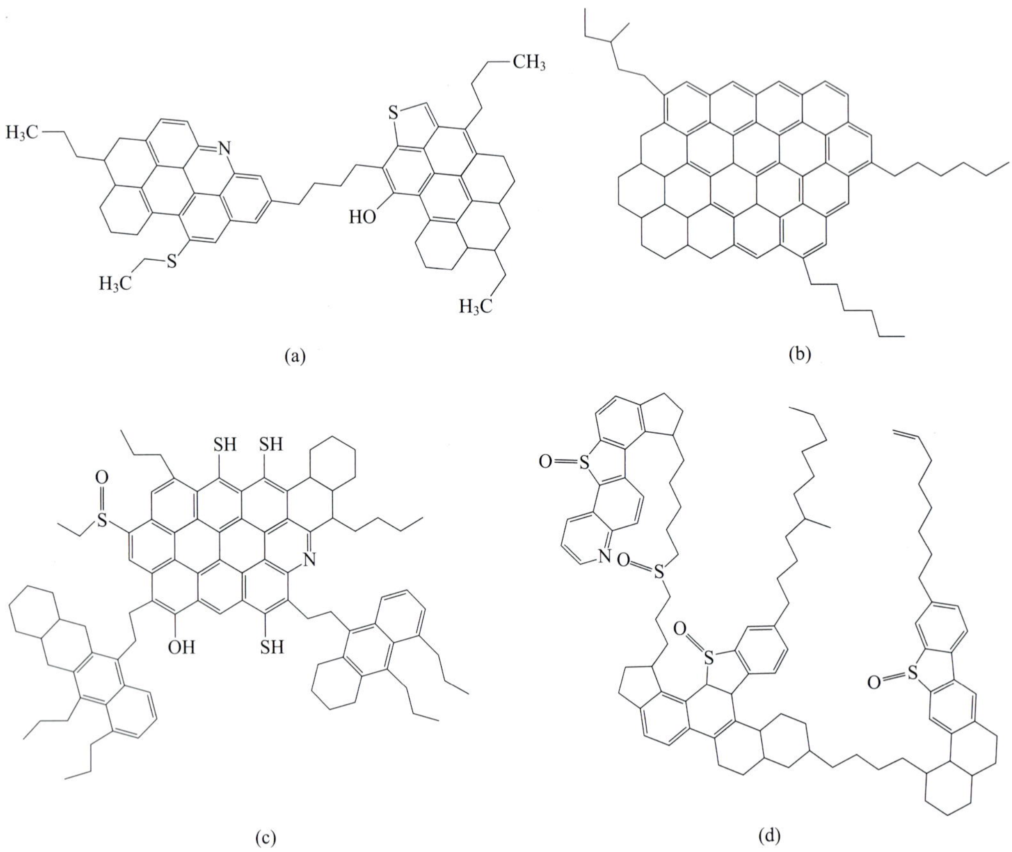

图 9.12 部分沥青质模型结构

（a）Khafji 原油沥青质模型（Takanohashi et al.，2004）;（b）Carauta 提出的沥青质模型，分子式为 $C_{69}H_{73}N_2O$（Carauta et al.，2005）[1]；（c） Kuh-e-Mond 原油沥青质模型，分子式为 $C_{95}H_{102}O_2NS_4$（Sayyad Amin et al.，2011）；（d）有界面活性的沥青质模型，分子式为 $C_{97}H_{117}NO_4S_4$（Yang et al.，2015）

现在人们有了一种新的观点，该观点也得到了大量实验数据的支持，即沥青质是包含杂原子的多环芳香烃核和烷基侧链，且以烷基桥连的方式连接着多环芳香烃核的结构，其中的烷基桥连含有杂原子如 S 和 O 等，分子质量大约在（1000±300）Da 范围。显然这种有限的描述还不足以说明这类分子的复杂性。芳香核和烷基链的数量、大小、形状、分布和位置，以及杂原子的存在都对沥青质的物理化学行为产生了微妙的影响，并影响其聚集、聚凝和沉积机制。

在这个问题上现在仍然没有达成普遍共识。有实验证据表明，沥青质存在两种主要的结构模式，通常称为“群岛”型沥青质和“大陆”型沥青质；因此，从建模或理论上看，构建

[1] 原文献分子式与结构式无法呼应，结构式中未出现 N，无法查证。——编者注

一系列（至少一对）跨越这两个极端的模型分子是有益的。一个例子是 Ungerer 等人提出的沥青质模型分子（Ungerer et al.，2014），其氢碳比为 1.2，分子质量在 1300 ～ 1360 Da 之间。“群岛”型和“大陆”型沥青质的分子式分别为 $C_{93}H_{116}O_2S_2$ 和 $C_{94}H_{112}O_2S_2$，如图 9.13 所示。“群岛”型沥青质通过脂肪链连接多个多环芳香烃核，而“岛”型沥青质具有单一的大芳香烃核，外围由烷烃链所修饰。另外一个例子是Headen等人提出的沥青质模型分子，如图9.14所示，其中一个为“大陆”型，另一个为多个大小不一的芳香烃所组成的“群岛”型沥青质分子（Headen et al.，2017）。上述沥青质模型分子可供读者参考使用。

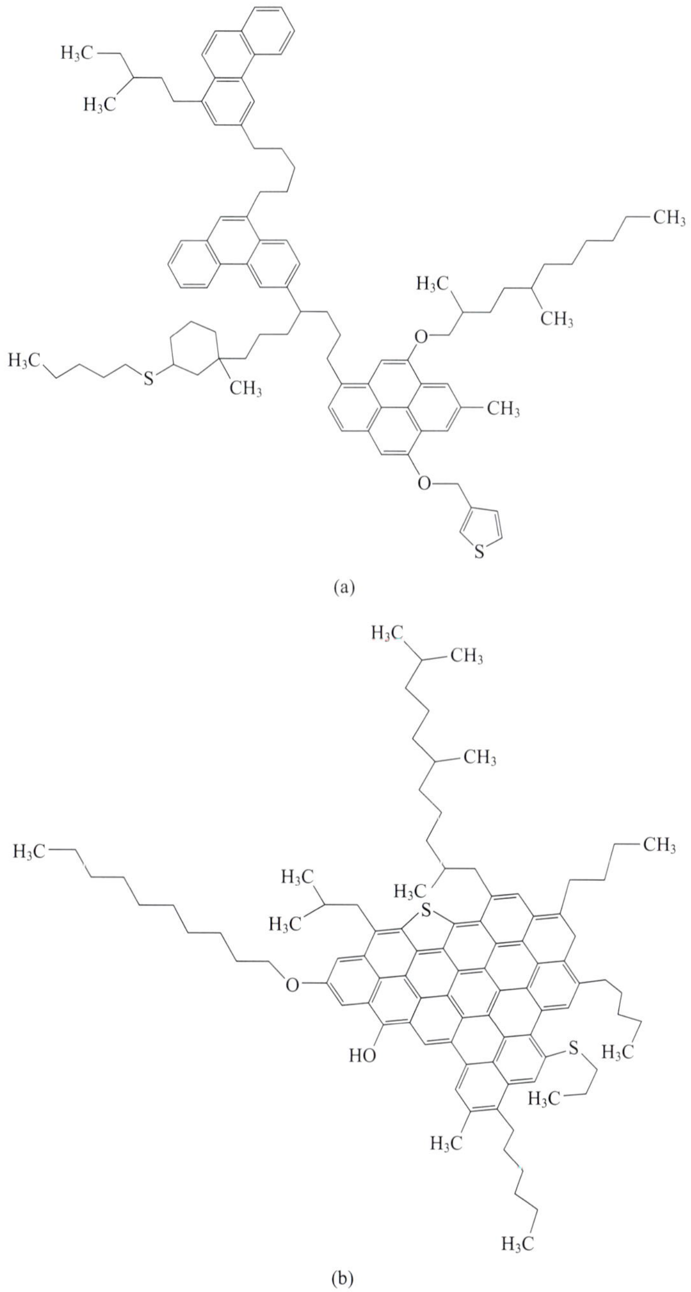

图 9.13　Ungerer 提出的群岛型沥青质（a）及大陆型沥青质（b）（Ungerer et al.，2014）

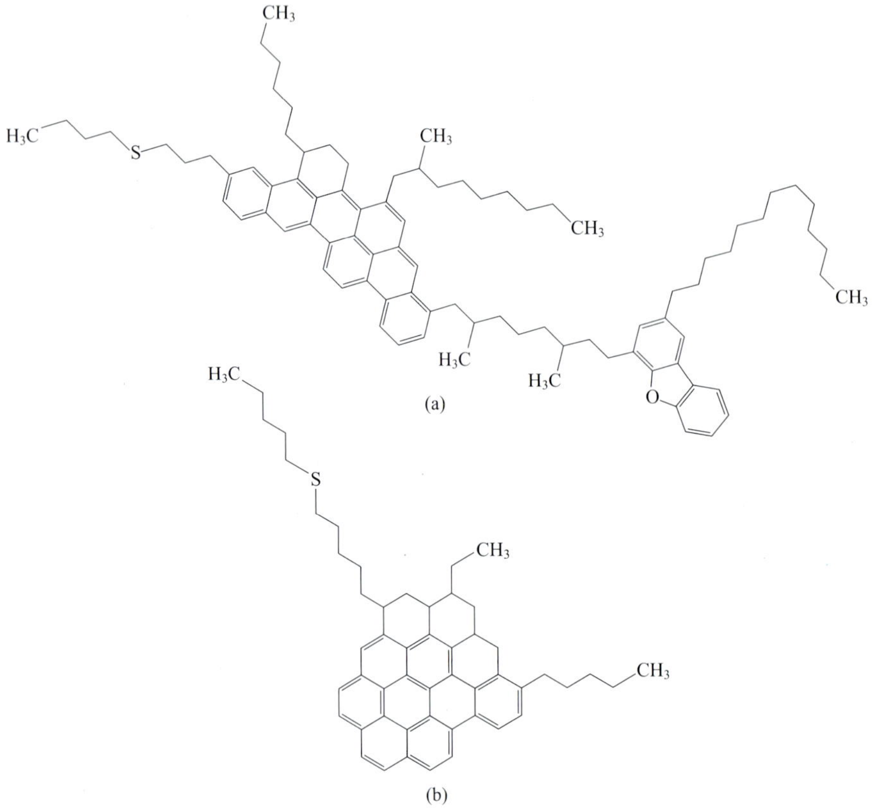

图 9.14　Headen 等提出的“群岛”型沥青质模型（a）和大陆型沥青质模型（b）（Headen et al.，2017）

（4）有关胶质

现有的文献还很少关注胶质的分子结构。相对沥青质，胶质具有较低的分子量，也使得它们不易沉淀。从已有较少的实验数据来看，胶质是高度分散的，根据分子中存在的不同片段，可分为三类：饱和烃、芳香烃和二者的混合类型。芳香烃型胶质很可能与沥青质中的芳香环核相互作用，与之形成分子聚集体。图 9.15 给出了例子，其中一个为 $C_{26}H_{32}O$，分子质量为 360.5 Da；另一个为 $C_{49}H_{70}S$。相关文献仍有不同的胶质分子结构，但是对胶质分子结构的研究明显少于沥青质。在此我们不做重点讨论，本章更关注沥青质。

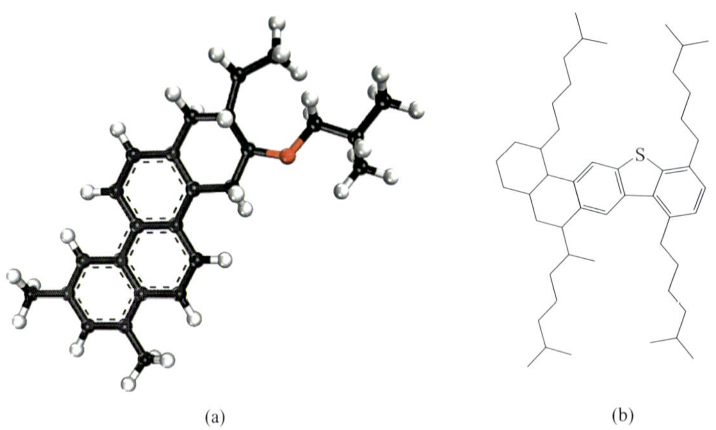

图 9.15　Collell 提出的沥青质模型（Collell et al.，2014）和 Murgich 提出的胶质模型（Murgich et al.，1996）

9.1.2 沥青质聚集结构

各种研究表明，除了氢键作用以外，基于范德华和静电的 π-π 相互作用是导致沥青质堆积的主要原因。理论计算表明，沥青质和胶质之间的相互作用非常稳定，主要受 π-π 相互作用支配。此外，分子动力学模拟也表明，长烷基侧链会影响多环芳香核的堆积模式。尽管这种相互作用还颇有争议且定义不清，但是普遍达成的共识是，沥青质之间的堆积原因是范德华和静电所引起的非键相互作用。

除了沥青质分子之间的相互作用以外，沥青质的聚集行为也强烈依赖于周围的溶剂。在烷烃溶剂中，沥青质之间的作用力是由范德华作用决定的。原子力显微镜（AFM）表明，沥青质之间的作用力对溶剂高度敏感，随着溶剂极性的增强，沥青质间的作用力会从排斥逐渐转变为弱吸引。也有学者提出，沥青质分子之间的聚集和沉淀可能是由不同的分子间相互作用所控制的，在良非极性溶剂中沥青质聚集是由强特殊相互作用（如氢键）所诱导，而在不良非极性溶剂中沉淀可能是由色散作用所决定。基于不同的实验观察和测量数据，不同学者对沥青质在原油中的聚集结构提出了不同的聚集模型，简单叙述如下：

（1）Yen 模型

Yen 等人基于固体沥青质 XRD 测量数据，提出了沥青质的等级结构模型，以解释当时观察到的许多沥青质聚集特征，这种沥青质的分级结构被称为 Yen 模型（Dickie et al.，1967），如图 9.16 所示。该模型揭示了沥青质从分子态到团簇态的聚集机理：多个单个芳香环片可以堆叠形成基本粒子，这些粒子会进一步缔合形成胶束；当浓度足够高时，沥青质胶束就会形成聚集体。在原油中芳香环片间是由 π-π 相互作用和氢键所驱动的，金属离子等有助于胶束间的缔合。尽管在分子结构上胶质与沥青质部分相似，但是它们具有较低的聚集行为，因此原油中的胶质和其他芳香类化合物只能与沥青质结合。Yen 模型对沥青质相分离的实验与测量非常有用。

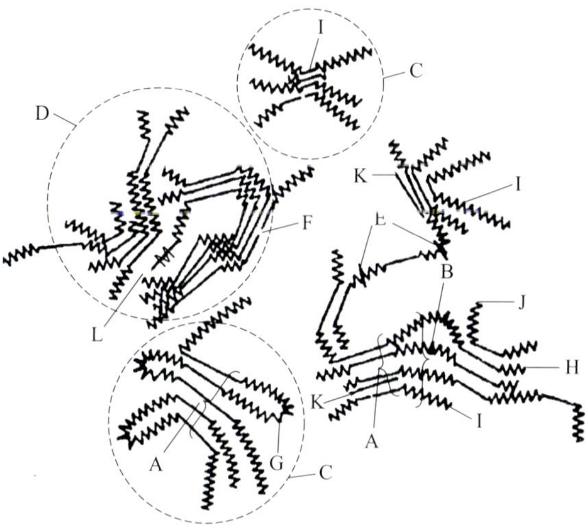

图 9.16 Yen 模型示意图（Dickie et al.，1967）

A—微晶（crystallite）；B—链束（chain bundle）；C—颗粒（particle）；D—胶束（micelle）；E—弱连接（weak link）；F—间隙或空穴（gap and hole）；G—内簇（intracluster）；H—簇间（Intercluster）；I—胶质（resin）；J—单层（single layer）；K—石油卟啉（Petroporphyrin）；L—金属（metal）

(2) Yen-Mullins 模型

在分析技术不断提高的推动下，对沥青质聚集行为的研究在过去的十余年中也取得了巨大进步。基于早期的 Yen 模型和大量的实验观察，Mullins 提出了一种新的聚集模型，称为改进的 Yen 模型，或者称为 Yen-Mullins 模型（Mullins et al.，2012），如图 9.17 所示。该模型的基本特征如下：

- 模型中的沥青质为岛状，由单个多环芳香烃环及烷基链组成。分子质量在 500 ～ 1000 Da，最大可能为 750 Da。沥青质中的多环芳香烃大概包含 7 个芳香环。
- 沥青质在原油中有三种不同的层级结构：分子、纳米聚集体和团簇。

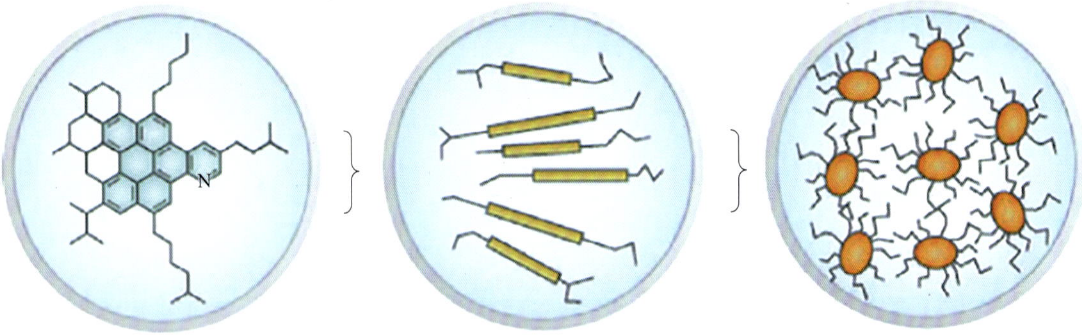

图 9.17　Yen-Mullins 模型示意图（Mullins et al.，2012）

在 Yen-Mullins 模型中，主要的沥青质分子结构由一个中等大小的多环芳香烃核和外围为烷烃的取代基所组成。多环芳香烃核是分子间相互作用的主要来源。沥青质以多个多环芳香烃核通过简单无序堆积的方式形成纳米聚集体，大小约为 2.0 nm，聚集数约为 6，纳米聚集体的外部是烷基链。该纳米结构无需胶质存在也能稳定悬浮，有文献表明最多的胶质参与量大约为 15%（质量分数）。

纳米聚集体在原油或溶剂中可以进一步形成纳米团簇，大约为 5.0 nm。这些沥青质纳米团簇并不比纳米聚集体大多少，团簇数目粗略估计为 8 个左右的纳米聚集体。温度、浓度和溶剂性质（原油性质）都会强烈影响沥青质的聚集。

(3) Gray 模型

除了上面提到的 Yen 模型和改进的 Yen-Mullins 模型以外，2011 年 Gray 等人提出了另外一个观点，即 π-π 堆积只是沥青质聚集相互作用中的一种，并提出了一种新的沥青质聚集超分子组装模型（图 9.18）。这个模型的驱动力包括酸碱、氢键、金属配位、疏水和 π-π 堆积等多种相互作用模式。这种超分子组装意味着溶液中沥青质的分散纳米聚集体为多孔结构，或许也有溶剂小分子位于其中（Gray et al.，2011）。

(4) Yarranton 模型

实验发现，蒸气压渗透法（VPO）测定的沥青质分子量随着沥青质浓度的增加而增加，直到达到一个极限值，极限分子量取决于温度和溶剂。基于上述实验，Yarranton 等人提出了沥青质逐步缔合的聚集模型，其中沥青质的自缔合以类似聚合物线性聚合的方式进行，如图 9.19 所示（Agrawala et al.，2001）。该模型的关键理念在于沥青质分子可能包含单个或多个能够与其他沥青质连接的活性位点（官能团）。沥青质主要包含了能够促进聚合增长的活性位点，也包含一小部分的聚合终止点，而胶质正好相反，主要含有聚合终止点而少部分是聚合活性位点。在聚合过程中，具有多个活性位点的沥青质分子充当增长点促进聚合度增加，而具有单个活性位点的分子充当聚合终止。活性位点的类型和强度，随沥青质分子的不同而有很大差异，毕竟沥青质是由成千上万种化学物质组成的，且带有不同的官能团。

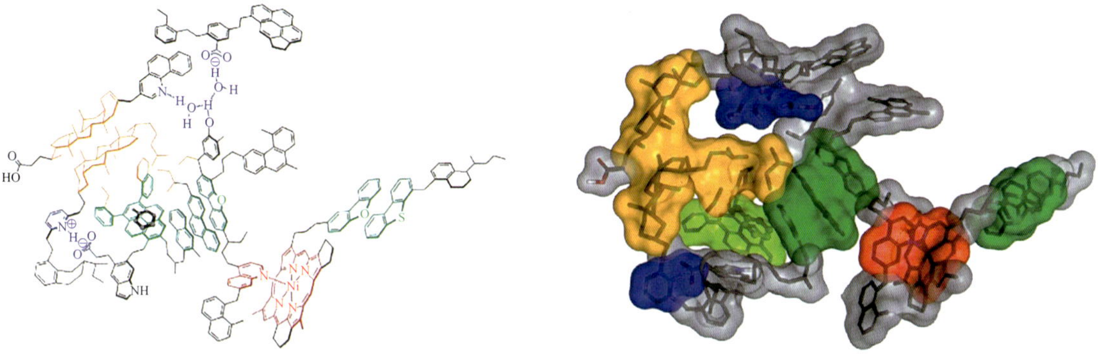

(a) (b)

图 9.18 Gray 模型示意图（Gray et al.，2011）

此超分子聚集模型包括了酸碱、氢键、金属配位、疏水和 π-π 堆积等相互作用形式

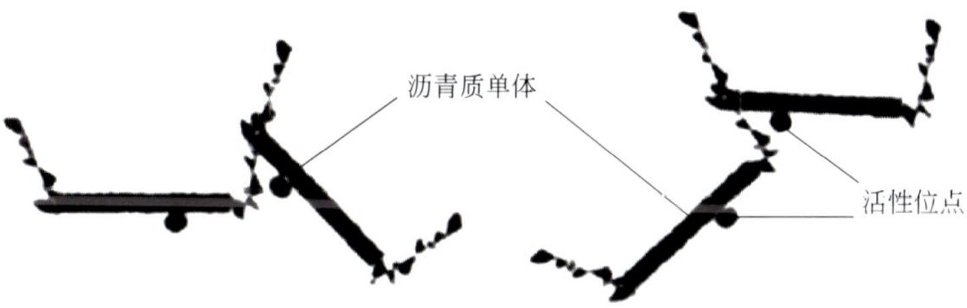

图 9.19 Yarranton 模型示意图（Agrawala et al.，2001）

总体来看，原油中随着沥青质浓度增加，沥青质分子会以不同形式的分子间相互作用聚集，形成微观尺寸大小不一的聚集结构。沥青质分子中芳香环因含有杂原子而具有极性，使分子间因电荷分布、偶极作用及氢键作用而相互聚集，沥青质的芳香环成为了聚集结构的引力中心；沥青质分子外围的环烷环、烷基侧链等呈不规则分布，形成空间位阻，阻碍分子之间的相互聚集，形成聚集结构的斥力外围。正是在这两种不同的聚集行为下，沥青质分子之间的聚集和解聚存在一种动态平衡，形成了具有有限聚集数的纳米聚集体。有文献表明，纳米聚集体中的分子个数约为 6，尺寸在 2 ～ 10 nm，纳米聚集体中心体现典型的 π-π 共轭结构（Porto et al.，2022）（图 9.20）。还需指出的是纳米聚集体的形成除了与沥青质分子的性质有关外，还与溶剂的性质和热力学状态有关。

总之，原油中的沥青质对石油开采、集输等过程都有非常大的影响。理解有机溶剂中沥青质分子与聚集体之间的相互作用，也有助于理解原油中沥青质与各个组分之间的聚集行为。但是缺乏对每一种沥青质组分的精确分子结构解析，阻碍了在深层次上理解沥青质之间、聚集体之间的相互作用，以及后续发生的絮凝沉淀等。

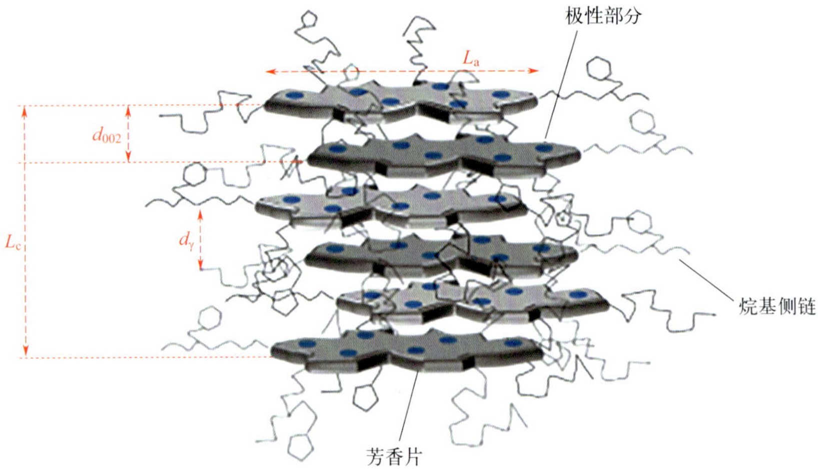

图 9.20 沥青质纳米聚集结构示意图（Porto et al.，2022）

9.1.3 沥青质研究中的模拟计算

模拟计算研究稠油体系面临着特殊的挑战，在于稠油组分的复杂性。稠油中的关键组分为沥青质和胶质，其精确分子结构如前所述目前仍然待解。尽管大量的分子模拟结果为我们提供了丰富的微观尺度下沥青质的聚集信息，但是仍然有大量的工作需要开展，包括分子结构的解析（将在 9.2 节介绍），油水界面和体相中聚合物的聚集模型以及聚集模型对稠油黏度和稳定性的影响。我们将在以下的讨论中简单介绍不同尺度模拟方法下，不同沥青质和胶质模型分子在体相中和界面处的聚集行为。

量子力学和分子力学都具有在原子水平上模拟沥青质聚集体的能力，而模拟方法不同，提供的信息也不同。由于计算能力所限，上述方法都只能在中小规模（几个到几十个纳米数量级）和非常短的时间尺度（几十到几百纳秒数量级）上进行。虽然模拟结果还不能全面体现沥青质体系的复杂性，但是这些模拟计算方法仍然非常有用，可以提供一些关于聚集体系详细结构和结合能的信息。这样的计算机实验可以预测传统实验无法提供的原子尺度上的结果，有助于了解沥青质聚集体系的性质，为消除或预测沥青质增黏、沉积等提供理论指导。

由于实验测量技术的限制，沥青质的聚集形态从实验中还是很难获得的。分子动力学模拟可以获取沥青质分子层面上的详细结构信息。模拟发现，在溶剂（甲苯）中“岛”型沥青质模型分子会形成不同的芳香堆积聚集结构，包括三种类型：面对面堆积（face to face）、错位堆积（offset stacking）和 T 形堆积（T-shaped），如图 9.21 所示。通过改变沥青质分子结构，可以计算烷基侧链对聚集结构的影响，体现侧链的空间位阻效应。模拟计算揭示了长侧链对芳香堆积具有负面影响，但是有利于疏水作用下的聚集。

此外，分子动力学模拟可以模拟温度效应和溶剂效应。随着模拟温度的升高，形成的沥青质二聚体之间的距离会减小。不同类型的溶剂也会影响沥青质的聚集行为，在不良溶剂中（如庚烷）多环芳香核的堆积距离比在良溶剂（如甲苯）中要短。图 9.22 示出了“岛”型和“群岛”型两种沥青质分子在不同溶剂中的聚集结构，模拟发现，在庚烷中两种类型的沥青质都会发生聚集，但是聚集程度要弱于在甲苯溶剂中。

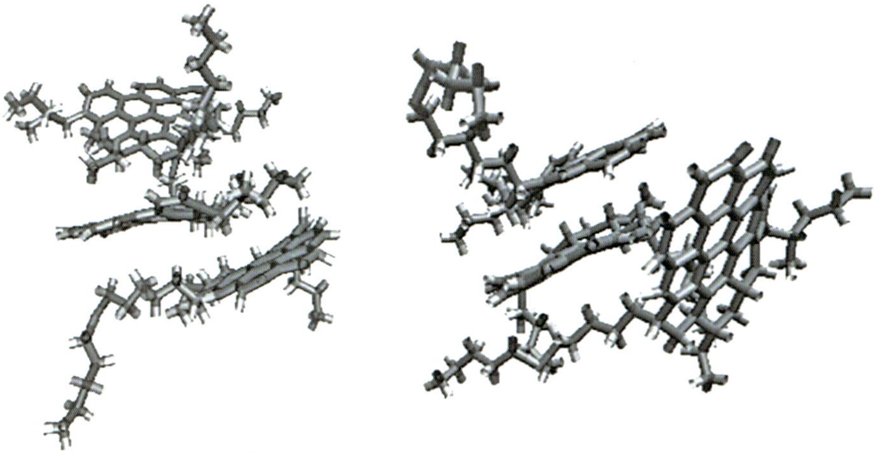

图 9.21　沥青质模拟分子在甲苯溶液中形成的三聚体（Headen et al.，2009）

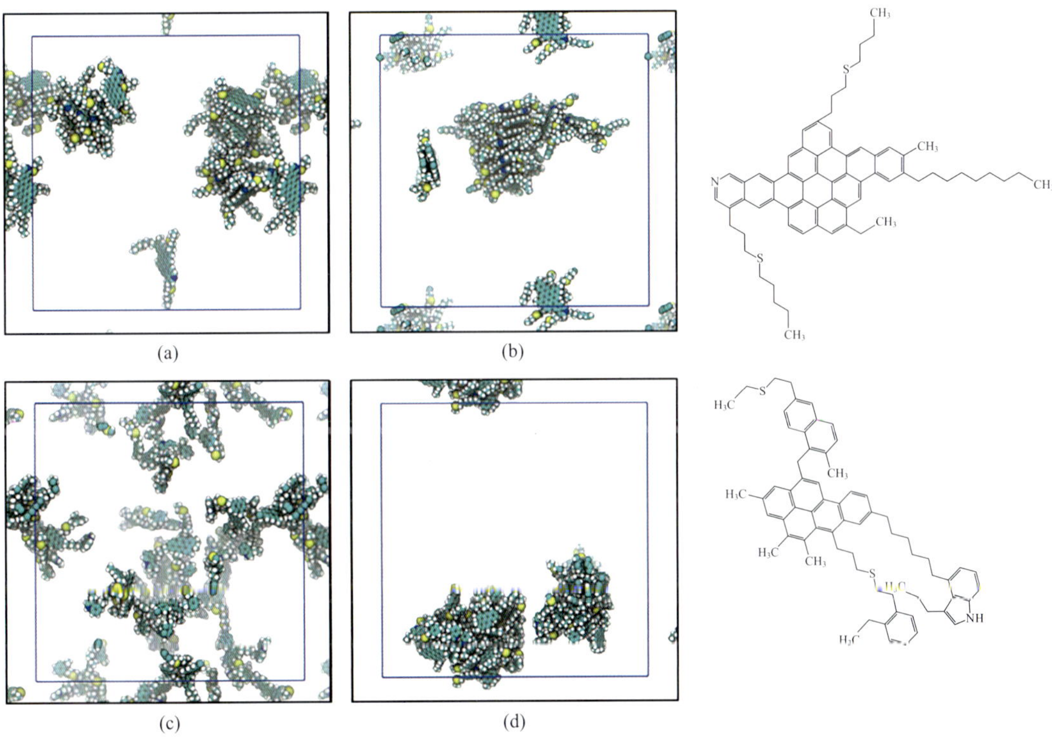

图 9.22　纯溶剂中沥青质的聚集结构（Law et al.，2019）

（a）、（c）为甲苯溶剂，（b）、（d）为庚烷溶剂。其中“岛”状沥青质（上）的分子式为 $C_{68}H_{73}NS_2$，群岛型沥青质（下）的分子式为 $C_{69}H_{77}NS_2$

分子动力学模拟表明，沥青质分子间的 π-π 相互作用（面对面堆积）是沥青质在油水界面吸附和聚集的主要推动力，从而导致油水乳状液的稳定性。有趣的是，Teklebrhan 等人在模拟带电荷的沥青质的聚集行为时发现，不带电荷的沥青质分子会在油水界面处以垂直的方式聚集；而随着沥青质末端活性的增强会加剧这种聚集行为，但是沥青质所表现出来的芳香性也会降低（Teklebrhan et al.，2014）。研究表明，沥青质通过去质子化而逐渐离子化，并更容易转移到油水界面处，而不是停留在本体油相中。Liu 等人提出沥青质分子在油水界面上是以堆积纳米聚集体的形式聚集，并垂直于界面。如图 9.23 所示，这些沥青质纳米聚集体在油水界面处形成一层保护膜“隔离”油水两相（Liu et al.，2015），类似田野生活中的栅栏。在稳定油水乳状液的背景下，用模型化合物研究沥青质在界面处的聚集行为是对实验的一种有益补充。

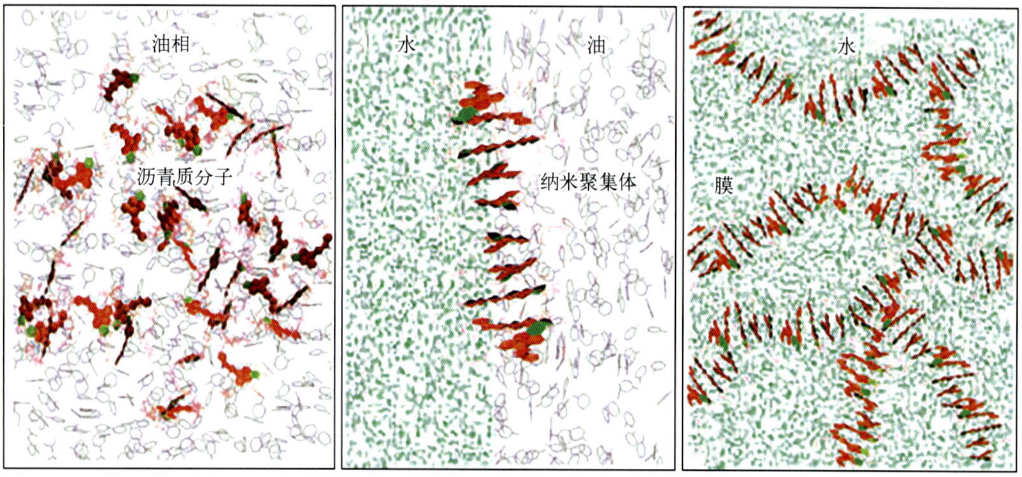

(a) (b) (c)

图 9.23　油水界面处沥青质聚集结构（Liu et al.，2015）

（a）初始结构；（b）油水界面处几个沥青质分子以面对面堆积聚集形成的纳米聚集结构；（c）沥青质聚集体在油水界面处形成的一层保护膜

具有破乳性能的乙基纤维素（EC）会吸附和渗透到油水界面膜，实验（界面张力）和 AFM 测量结构都证实了这一点。在沥青质稳定的乳液界面膜体系中添加 EC 会让薄膜变得“破碎”，有部分界面被 EC 占据。在分子动力学模拟中，溶解在甲苯中的破乳剂 EC 会渗透到沥青质保护膜中，部分取代吸附于界面上的沥青质。结果表明，水滴表面会有部分沥青质界面膜破损，导致无沥青质区域间更容易聚结，发生破乳（Liu et al.，2015），如图 9.24 所示。

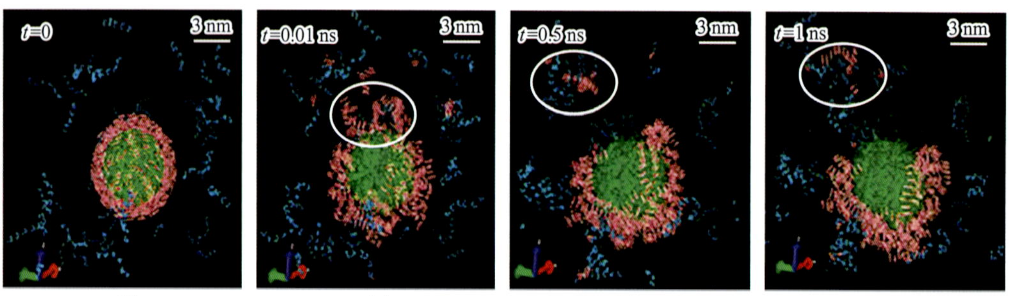

(a) (b) (c) (d)

图 9.24　乙基纤维素的加入所展示的破乳机理（Liu et al.，2015）

（a）乙基纤维素在甲苯中的溶解；（b）进入油水界面处的沥青质膜中；（c）逐渐破坏沥青质保护膜；（d）沥青质膜遭到破坏，水滴暴露出利于破乳除了上面提到的分子动力学模拟研究沥青质、胶质之间的聚集行为以外，分子力学和量子力学方法也常用来研究不同模型分子之间的相互作用。Ortega-Rodríguez 等人用经典的分子力学方法估计了沥青质和胶质之间的相互作用，认为沥青质之间的相互作用明显强于胶质之间的相互作用（Ortega-Rodríguez et al.，2003），如图 9.25 所示。DFT 方法计算结果显示，沥青质与沥青质之间的结合能大约在 12～15 kcal/mol，高于胶质与胶质之间的 4～7.5 kcal/mol（Alvarez-Ramirez et al.，2006）。需要说明的是，不同的沥青质模型分子和不同的计算方法会有不同的结合能数据，上述文献数据只能作为相对数据，供读者参考。结合密度泛函计算（DFT）和热力学数据 ΔH 与 ΔG，发现沥青质模型分子上的杂原子（无论是在芳香环还是在烷基链上）、芳香环的环数都会增加分子间的结合能，其中氢键有非常重要的影响，可决定沥青质的堆积方式（da Costa et al.，2014）。

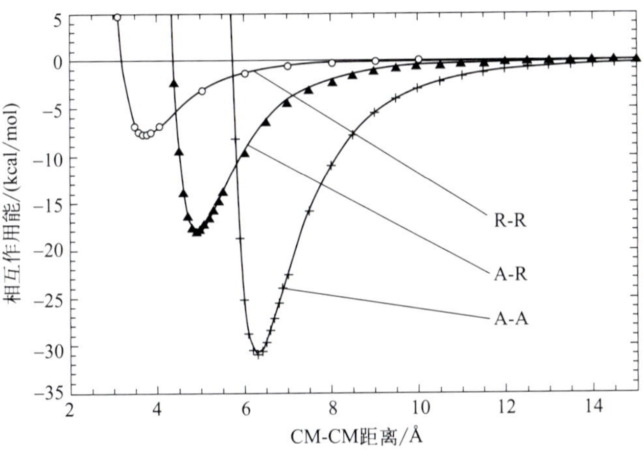

图 9.25 沥青质（A）和胶质（R）之间的势能曲线（Ortega-Rodríguez et al.，2003）

9.2 沥青质分子结构的确定方法

对沥青质分子结构的研究方法主要有：仪器分析、化学降解和模拟计算等。其中仪器分析方法具有分析速度快，对沥青质分子中的官能团识别率高等特点，主要包括核磁共振波谱、X 射线衍射、红外光谱、电子自旋共振、同步荧光光谱和质谱等。化学降解方法是将沥青质分子分解成可以更容易被一些常规物理仪器检测分析的分子结构片段，能够在细节上更好地解析沥青质分子结构，主要包括热分解、色谱、热解 - 甲基化 - 色谱 - 质谱等。上述两种方法提供了关于沥青质的分子结构信息，包括芳香环数、碳氢比、碳原子类型等，但是这些信息还不足以让分析工作者确定沥青质的分子结构，还需要依靠一定程度的模拟计算作后续推测。

模拟计算就是以化学降解和仪器分析方法得到的沥青质的分子结构信息为基础，借助计算机和软件（或者计算公式），对沥青质分子结构作智能猜测，得到最可能的分子结构；随后再通过分子模拟技术对沥青质分子性质、聚集行为等进行描述，以此加深人们对沥青质分子结构的认识。

本书不对仪器分析和化学分析方法进行过多描述，我们将从有关沥青质分子结构的实验数据入手，向读者展示三个确定沥青质分子结构的预测模拟计算的典型方法，包括定量分子表示法、平均分子结构确定法和全组成分子模型方法，其中用到的实验数据有 ^{1}H NMR、^{13}C NMR、元素分析、蒸气压渗透法等，我们在此重点介绍前两种方法。

9.2.1 定量分子表示法

正如 9.1 节所示，关于沥青质的分子结构，尤其是芳香稠环的大小与其他基团（包括官能团）的连接方式仍然存在争议，有“大陆”型和“群岛”型之分。前者是基于稠环（通常含有 6 个以上的芳香环或环烷环）和烷基侧链组成的芳香沥青质，后者是通过烷基链连接多个芳香环所形成的沥青质。

2004 年加拿大 Alberta 大学 Sheremata 等人根据 ^{1}H NMR、^{13}C NMR、蒸气压渗透法（vapor-pressure osmometry，VPO）、元素分析等实验数据，结合 Monte Carlo 方法提出了定量分子表示法（quantitative molecular representation，QMR），以标识 Athabasca 沥青质的分子结构，属“群岛”型沥青质分子结构，包括芳香簇、烷基链和硫醚桥连结构（Sheremata et al.，2004）。2009 年英国伦敦大学学院（UCL）Boek 等人通过沥青质分子量得到了系列除“群岛”模型以外的“大陆”型沥青质分子结构（Boek et al.，2009），丰富了该方法的应用。

在定量分子表示法中，首先将沥青质分子做结构分解，把芳香碳分为 4 种，脂肪碳分为 8 种，每种碳的摩尔分数根据 ^{1}H NMR、^{13}C NMR 的实验数据积分计算得到。根据 ^{1}H NMR 实验数据，可得到 10 种类型氢的化学位移，根据 ^{13}C NMR 可得到 15 种类型碳的化学位移，利用系列氢碳类型组合、氢碳含量转化等获得有关 12 种碳摩尔分数的输入数据。例如输入数据 Q_1，代表烷基取代的芳香季碳，由表 9.1 中 HP1 和 HP2 加和，并进行氢碳摩尔转化得到；其他输入参数类似，读者可参考相关文献（Sheremata et al.，2004）。沥青质分子中不同碳的分布类型见图 9.26，^{1}H NMR 和 ^{13}C NMR 的实验数据见表 9.1。

表 9.1　^{1}H NMR 和 ^{13}C NMR 中不同类型 H 原子和 C 原子的化学位移

^{1}H NMR 表示的 H 原子化学位移			^{13}C NMR 表示的 C 原子化学位移		
标记	化学位移（$\times10^{-6}$）	结构类型	标记	化学位移（$\times10^{-6}$）	结构类型
HA1	10.7 ～ 7.4	多芳香环氢	CA1	190 ～ 170	羰基和羧基碳
HA2	7.4 ～ 6.2	单芳香环氢	CA2	170 ～ 129	季碳（Q_1+Q_2）
HO1	6.2 ～ 5.1	烯烃氢 CH	CA3	129 ～ 115.5	芳香碳（C_1+C_2）
HO2	5.1 ～ 4.8	烯烃氢 CH_2	CA4	115.5 ～ 113.5	烯烃碳 CH_2
HO3	4.8 ～ 4.3	烯烃氢 CH_2	CA5	113.5 ～ 100	烯烃碳 CH_2
HP1	4.3 ～ 2.4	芳香环 -α 氢	CP1	70 ～ 45	脂肪碳 CH
HP2	2.4 ～ 2.0	芳香环 -α 氢	CP2	45 ～ 32.7	脂肪碳 CH 和 CH_2
HP3	2.0 ～ 1.09	脂肪氢 CH_2	CP3	32.7 ～ 30.8	脂肪碳 γ-CH_2，芳香碳 β-CH_2

^1H NMR 表示的 H 原子化学位移			^{13}C NMR 表示的 C 原子化学位移		
标记	化学位移（$\times10^{-6}$）	结构类型	标记	化学位移（$\times10^{-6}$）	结构类型
HP4	1.09 ～ -0.5	γ- 甲基氢 CH_3	CP4	30.8 ～ 28.5	其他脂肪碳
			CP5	28.5 ～ 25.0	环烷碳
			CP6	25.0 ～ 21.9	其他脂肪碳
			CP7	21.9 ～ 17.6	环 α 碳 α-CH_2
			CP8	17.6 ～ 14.7	β-CH_3
			CP9	14.7 ～ 12.3	烷基链 α-CH_3
			CP10	12.3 ～ 0	支链脂肪末端碳 γ-CH_3

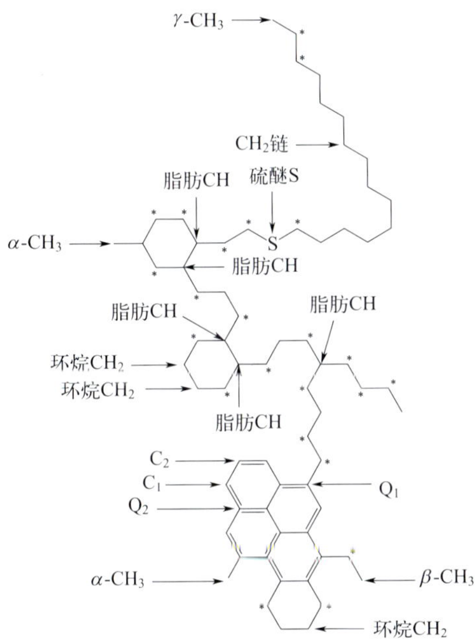

图 9.26　沥青质分子结构中的各种脂肪族碳和芳香族碳

其中 Q_1 为烷基取代的芳香季碳（aromatic quaternary carbon），Q_2 桥头芳香季碳，C_1 为紧邻 Q_2 碳的芳香碳，C_2 为除 C_1 碳以外的芳香碳，* 表示其他脂肪碳（aliphatic carbon），图中还包括环烷碳（naphthenic CH_2），硫醚（thioether S）等

图 9.27 示出了沥青质分子结构的产生过程。依据元素分析中杂原子的含量，以二苯并噻吩、二苯并呋喃、咔唑等体现 S、O、N 等杂原子。其中假设 60% 硫原子与芳香环有关，其余以硫醚的形式存在；所有的 N 和 O 原子都归为芳香环；如果含有金属钒，则以卟啉环的形式存在。沥青质中的芳香环结构见图 9.28，使用非线性优化方法计算各种芳香烃如苯、萘、菲、苯基萘、联苯基萘和芘的配比，从得到的配比中计算的芳香基团 Q_1、Q_2、C_1 和 C_2 的总浓度要与 NMR 光谱获得的分析数据相一致。对于环烷碳，有一半与芳香环相连，另一半与脂肪碳相连，构建分子中的脂肪碳如图 9.26 所示。

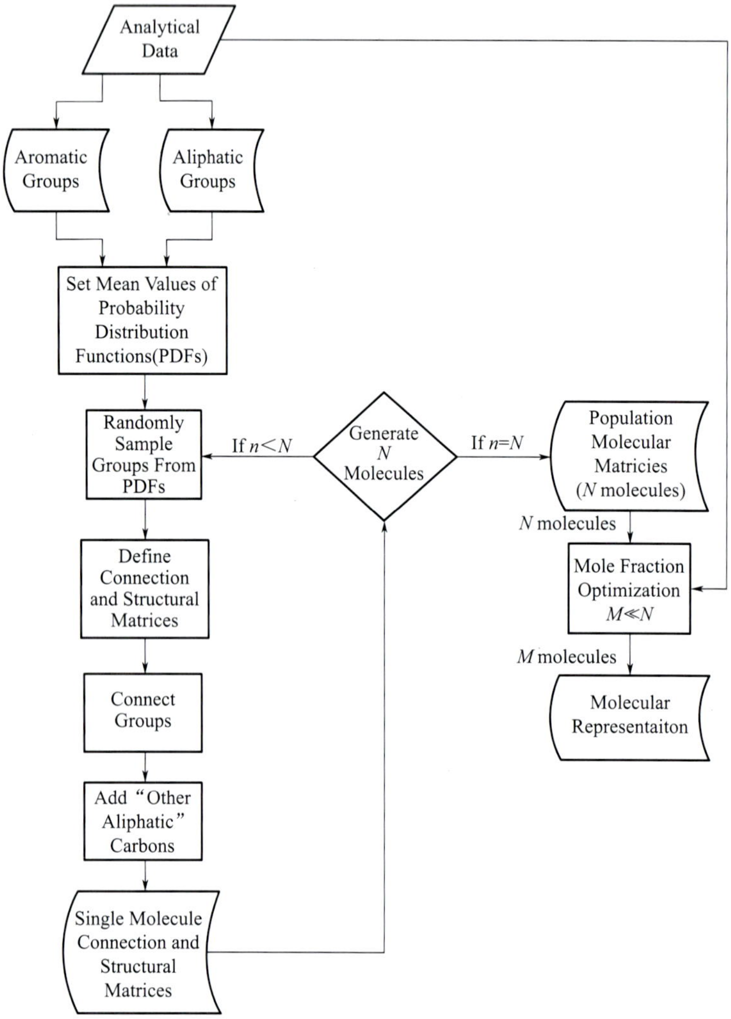

图 9.27　采用 Monte Carlo 方法确定分子结构的步骤

对代表芳香烃的苯、萘等每个基团（或者说分子片段），应用概率分布函数（probability distribution function，PDF）赋予其为整数。工作原理如下：首先以概率分布函数抽样，选取芳香烃类型，依据 Monte Carlo 方法确定其输入个数。实验数据计算的基团个数为带有小数的实数，由 0 和 1 之间的随机数与其中的小数部分进行比较，如果随机数小于或等于小数部分，则阶跃函数（step function）取为 1，即输入的基团个数在整数基础上加 1；否则阶跃函数为 0，输入的基团个数为整数，把小数部分去掉；这样就可以得到程序中需要输入特定芳香组分的数值。

其他基团都采用上述概率分布函数随机选取。顺序产生芳香环基团后，确定每个芳香基团连接的 α-CH_3、β-CH_3、Q_1 碳。随后确定连接到芳香基团上的环烷环数，每个芳香基团允许连接 $2n+1$ 个基团，其中 n 代表芳香基团中的环数。如果还未达到此限制，可对后续基团重复此操作。最后选取 CH_2、CH、硫醚，以及与脂肪碳相关的环烷环基团。这样就得到了构建分子的各种基团及各种基团的数量。

产生组成沥青质分子的各基团后，用连接算法（connection algorithm）衔接各结构单元，连接顺序如下：为了允许有比图 9.28 所示更大的芳香基团，允许芳香基团通过联苯连接其他芳香基团。在芳香基团和脂肪基团连接在一起后，在脂肪碳链的末端加上 γ-CH_3。然后确定与烷基链、芳香基团相关的环烷环，以及与芳香环相关的 α-CH_3 和 β-CH_3。最终完成整个分子的构建。通过重复和循环步骤，完成组建更多的分子。

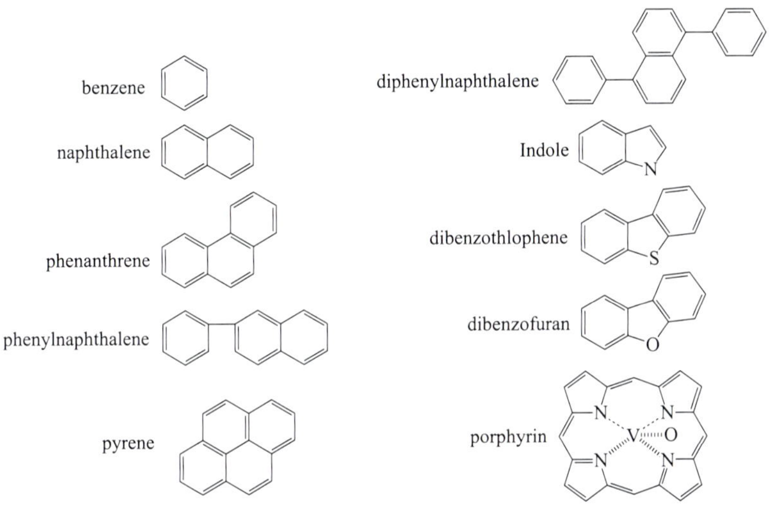

图 9.28　沥青质分子中用到的芳香烃基团

通过上述程序过程，会产生大量的分子构型，然后再通过非线性优化方法从产生的分子中选取最佳分子。采用 L1 优化方法进行优化：

$$F=\sum_{n=1}^{7}\left|\frac{\mu_n'-\mu_n}{\epsilon_n}\right|+\frac{1}{11}\sum_{n=8}^{18}\left|\frac{\mu_n'-\mu_n}{\epsilon_n}\right|+J$$

式中，μ_n' 为计算得到的第 n 项性质（如分子量、C 含量等）的数值；μ_n 为实验上获得的数值；ϵ_n 为大量数据下该方法在性质 n 上的计算误差；J 是保持芳香性在实验误差范围内所需的比例因子。通过 L1 优化算法可获得满意的结果。对于每个分子，使用非线性优化获得每个分子中每项碳的摩尔分数，以匹配实验数据。目标函数需达到 1% 的误差范围。

经过优化后，可在千次数量级上优化产生数个沥青质分子，如产生的分子量为 4133 的 $C_{283}H_{337}N_3O_4S_9$ 的沥青质分子，其分子结构如图 9.29 所示。

该方法是第一个运用数学算法得到沥青质分子结构的定量分子表示法，可产生多个不同分子量但是符合分子结构特性的沥青质分子。其特点是，产生的沥青质分子呈现“群岛”状，分子量可达几千。该方法产生的误差一是来自实验误差，对实验数据 NMR 的精确解析是产生不同类型碳的基础，特别是对脂肪族的实验解析误差会较大；二是来源于模型中的偏差，为了测试偏差，需要事先生成一组假设结构，比较计算的特性与实验数据。例如多环芳烃，或者“大陆”状分子，选取不同芳香环基团时，计算的氢含量会有差异，由此会造成一定程度的误差。

该方法为后续方法的开发和使用提供了可借鉴的思路，其中使用的芳香基以及算法等都可方便扩展，很容易纳入新的化学结构。我们在研究沥青质分子时，就借鉴了该方法的部分研究思路。

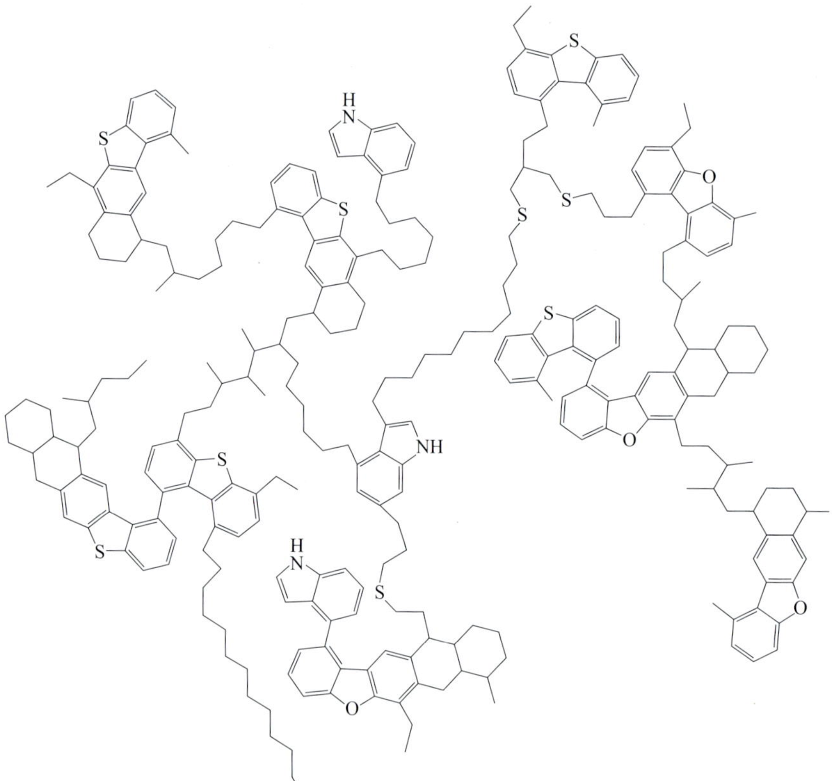

图 9.29 沥青质 $C_{283}H_{337}N_3O_4S_9$ 的分子结构

9.2.2 平均分子结构确定法

石油宏观性质是由组成石油的大量分子的性质所决定的，如果分子结构确定，就可以预测石油样品的性质。正如前面所言，几十年来许多科研工作者都积极努力发展表征复杂沥青质分子的方法，一些先进科技手段也适时加入这个进程之中，包括傅里叶变换离子回旋共振质谱技术（FT-ICRMS）、原子力显微镜等。很多实验技术都能够定性测量分子组成和结构，但是尽管这些方法提供了丰富的分子结构信息，准确的定量分析仍然是一个巨大的挑战。

随着计算机软硬件的发展，通过模型计算，确定（或者说估计）石油成分变得越来越流行。Quann 和 Jaffe 提出的结构导向集总方法（structure-oriented lumping，SOL）是应用比较广泛的方法，可优化石油组成（Quann et al.，1992），我国学者也对此方法做过不同程度的改进，以确定沥青质分子组成（Lyu et al.，2019）或催化裂化后的分子组成（祝然等，2013）；也有根据若干石油中间馏分，结合 Monte Carlo 方法进行组装，依据熵最大原理优化各个组分（Alvarez-Majmutov et al.，2015）。上述方法的特点在于从一些特定的分子中，采用数学方法进行优化获取分子比例，与实验中的实际密度等进行比较，以确定体系的分子组成，属于全组成分子模型方法。

另外一种确定沥青质分子的方法，是确定沥青质的平均分子结构，这种方法也已有几十年的发展历史。最具代表性的就是 Brown-Ladner（B-L）方法（Brown et al.，1960），该方法可计算平均环烷环数、芳香环数、侧链长度和其他基于 NMR 的信息。计算的平均分子结构参数虽然简单，但也体现了石油组分的结构特征，通过这些平均结构参数可进一步构建沥青质平均分子结构式。应该说，全组成分子模型方法与平均分子模型方法各有优缺点：详细的全组成模型可以揭示分子结构分布，但它需要更多的测量数据作为输入数据，其中求解详细组成的时间成本会很高；而后者，虽然单分子模型仅代表平均分子结构，但它只需要较少的输入，模型求解时间可以忽略不计，它适用于需要简化的测量和适宜的计算时间，也方便算法优化。

2024 年，我们采用改进的 B-L 方法，并结合 Monte Carlo 方法确定了沥青质分子的平均结构，称作平均分子结构确定法（姜兆礼等，2024）。该方法主要通过计算机的高速运算来辅助研究者获取沥青质的分子结构，主要分为三步：①参数计算，根据实验数据和改进的 B-L 方法计算沥青质的化学结构参数；②分子生成，根据第一步所得的沥青质化学结构参数采用 Monte Carlo 方法随机生成沥青质分子；③筛选结构，对第二步随机生成的沥青质分子结构进行筛选，得到与实验数据相符的沥青质分子。具体步骤如图 9.30 所示。

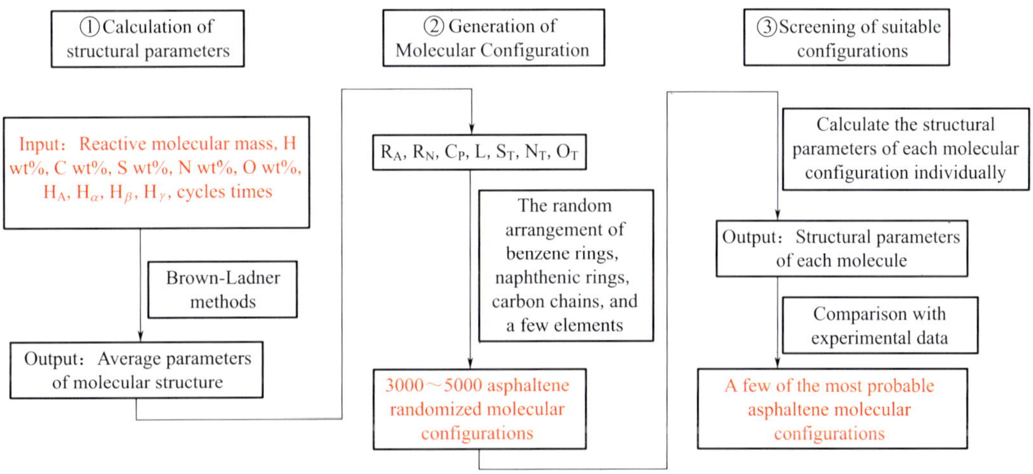

图 9.30　平均分子结构确定法中 3 个步骤的流程设计示意图

（1）参数计算

平均分子结构确定法的第一步是计算沥青质分子结构参数。以氢类型（^{1}H NMR）、平均分子量和元素组成等实验数据作为输入数据，依据改进的 B-L 方法计算分子结构参数。氢可分为芳香氢（H_A）、α- 氢（H_α）、β- 氢（H_β）、γ- 氢（H_γ），每种氢类型的含量通过相应区域的积分面积并进行归一化获得。元素组成和平均分子量通过常规实验方法得到，其中元素组成实验分析 C、H、O、N、S 等 5 种元素的质量分数。计算所得的沥青质结构参数如表 9.2 所示，其中对芳香环数（R_A）、环烷环数（R_N）、链烷碳数（C_P）、平均链长数（L），以及 S、N、O 原子个数的结果进行收集，方便下一步结果计算。

为了减少计算过程引起的误差，我们对得到的芳香环数和环烷环数进行修正。例如芳香环数计算的结果为 x，则对该结果进行四舍五入取整得到 Z_x，再分别加减 1 得到 $Z_{x\text{-max}}$ 和 $Z_{x\text{-min}}$。这时沥青质中的芳环可能个数就有三种结果：Z_x、$Z_{x\text{-max}}$、$Z_{x\text{-min}}$，同理环烷环数也以此处理。例如假设芳环数计算结果为 5.4，则我们认为沥青质分子中可能存在的芳环数为 4、5、6；若结果为 6.8，那么可能存在的芳环数为 6、7、8。饱和碳数的修饰则是通过对结果进行四舍五入取整后再分别加减 1 和 2，这样就有 5 种可能的饱和碳数结果。碳链数和少数元素则依据四舍五入得到整数。依据上述规则，我们可以得到程序的输入数据。

依据表 9.2 中所列结构参数公式，计算所需输入数据：

表 9.2　结构参数公式参照表

符号	意义	计算公式
f_A	芳香碳率	$f_A=[C_T/H_T-(H_\alpha+H_\beta+H_\gamma)/(2H_T)]/(C_T/H_T)$
σ	芳香环系周边氢取代率	$\sigma=C_\alpha/C_P=(H_\alpha/2)/(H_A+H_\alpha/2)$
H_{Au}/C_A	芳香环系的缩合度参数	$H_{Au}/C_A=H_A/H_T+H_\alpha/2H_T/[C_T/H_T-(H_\alpha+H_\beta+H_\gamma)/2H_T]$
C_A	芳环碳所占重量分率	$C_A=f_AC_T$
R_A	芳香环数	$R_A=(C_A-4)/3$
R_T	总环数	$R_T=C_T+1-H_T/2-C_A/2$
R_N	环烷环数	$R_N=R_T-R_A$
C_N	环烷碳数	$C_N=3R_N$
C_S	饱和碳数	$C_S=C_T-C_A$
C_P	链烷碳数	$C_P=C_S-C_N=C_T-C_A-C_N$
f_N	环烷碳率	$f_N=C_N/C_T$
f_P	烷基碳率	$f_P=C_P/C_T=1-f_A-f_N$
L	平均链长数	$L=C_P/(H_\gamma/3)$
H_A	与芳香碳直接相连的氢的数量	
H_α	与芳香环的 α 碳相连的氢的数量	
H_β	芳香环的 β 位及 β 位以远的 CH_2、CH 基上的氢的数量	
H_γ	芳香环的 γ 位及 γ 位以远的 CH_3 基上的氢的数量	
C_T	碳原子的总数	
H_T	氢原子总数	
C_α	与芳香环相连的 α 碳总数	

（2）分子生成

预测方法的第二步是根据计算过程得到的芳香环数、环烷环数、链烷碳数、平均链长数，以及硫、氮、氧原子的个数，通过 Monte Carlo 方法随机构建可能的稠油沥青质分子结构。为了提高计算的效率，我们将 Boek（Boek et al.，2009）提出的 1 ～ 5 个芳香环可能的排列方式进行了预构建并存入库中，如图 9.31 所示。当 R_A 为 1 ～ 4 时，Monte Carlo 方法会根据其芳环数在库中随机选取一个可能的结构；当 $R_A\geqslant 5$ 时，则随机选取库中芳环数为 5

的一个可能的结构。通过计算芳香环数和环烷环数的总和得到总环数（R_T），再减去上一步从库中选取的芳香环数得到还需构建的六元环数 R_{T2}。

在构建剩余六元环的过程中，首先扫描已经生成的六元环的中心坐标（包括库中选取的），再随机选取其中一个六元环的中心坐标作为锚点，来扫描周围可以构建新芳香环的取代位置，最终随机选择一个位点作为生成的新六元环。如图 9.32 所示，中心坐标为 R_1 的六元环周围已经被两个六元环所取代（实心六元环），则还有 4 个位置可以生成新的六元环（虚线六元环）。在所有的六元环位置都确定后，再根据芳香环数目随机选出相应个数的六元环替代使其变为芳香环，这样就构建完所有的六元环。最后再根据碳链数以及硫、氮、氧原子的个数对六元环结构进行取代，完成一个完整的沥青质分子结构。结构文件以 mol 文件形式输出。此步骤为平均分子结构确定法的核心内容，六元环、烷烃链、杂原子位置等均采用 Monte Carlo 方法随机产生。

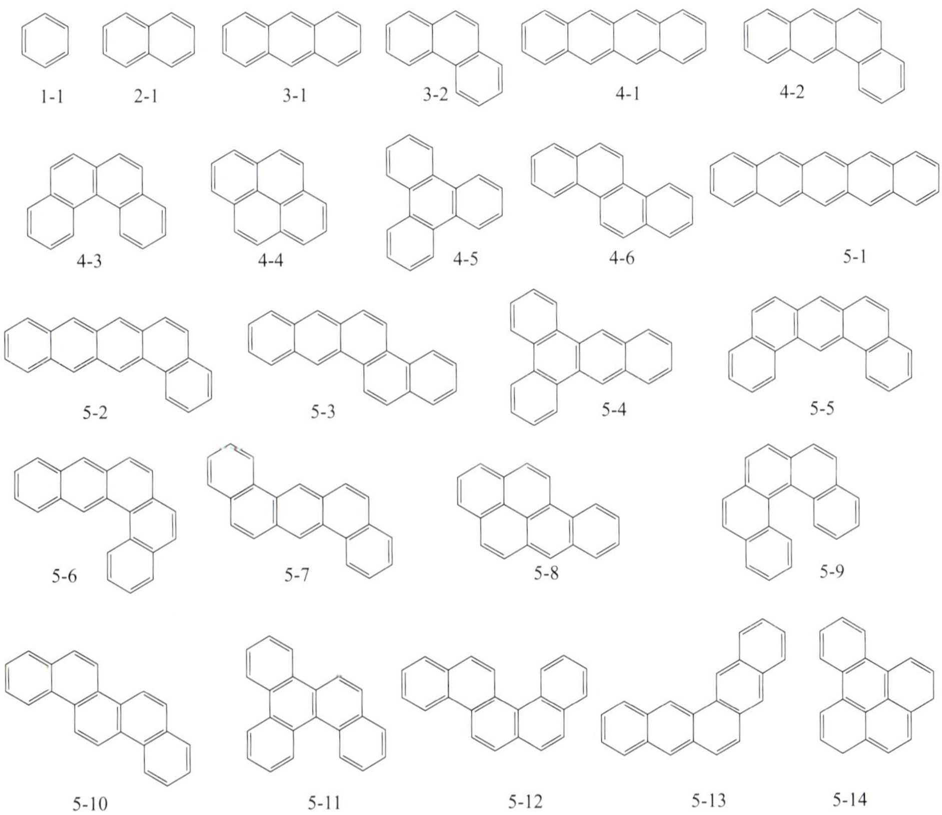

图 9.31　预构建库中的基础芳香族结构

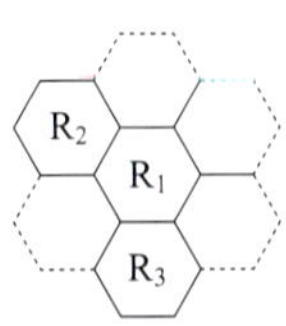

图 9.32　新六元环生成示意图

（3）筛选结构

预测方法的第三步是将构建的所有沥青质分子进行结构分析，其目的是判断第二步构建的所有可能的分子是否与实验数据相符，并将与实验数据相符的分子提取出来，作为该预测结构的最终结果。筛选过程中，通过最小二乘目标函数将计算得到的结构特性数据与实验数据相比较，筛选条件分别为：每种原子（C、H、O、N、S）的个数和不同取代氢的个数，这是因为原始的实验数据为沥青质的分子量、核磁氢谱数据以及元素含量等分析数据，这样的筛选条件可以保证直接与实验数据所推算的结果相比较，从而排除 B-L 算法对结果的干扰。

我们在对这套预测方法进行设计和改进的过程中，发现了一些较为普遍的现象。有些沥青质分子普遍以渺位形式存在，但程序在编写过程中由于其随机性，分子结构更倾向于泊位走向。当在分析分子结构参数结果时发现，有一些沥青质分子的芳香氢、α- 氢及 γ- 氢的分析结果与实验数据相符，但碳原子数、氢原子数以及 β- 氢的结果会有些偏差，通过分析该偏差发现，这些结果的氢原子数与 β- 氢的偏差基本相同，且该偏差几乎为碳原子数的 2 倍。这说明此时的沥青质分子结构如果在碳链上加入几个 CH_2，则满足实验数据的要求。因此在程序的筛选构型部分中，加入了“补救”措施，即满足上述条件时，程序会在该分子结构中加入缺少的 CH_2 链段。

尽管补救后的沥青质分子的链烷碳数与预先通过 B-L 法计算的结果有偏差，但这并不意味着 B-L 法存在问题。如图 9.33 所示，预定义的六元环库中 5-1 为并五苯的结构式，在其周围生成的苯环只有 1 ～ 6 为渺位缩合，7 ～ 22 均为泊位缩合，实际计算时泊位缩合的概率更大。泊位的排列会导致碳原子数减少，所以需要补充一定数量的 CH_2。

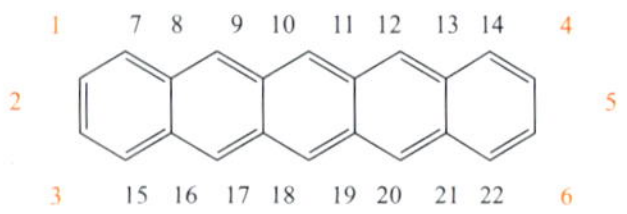

图 9.33　并五苯周围渺位、泊位缩合位置对比

（4）应用举例

为了方便阐述整个计算过程，我们给出了一个通过平均分子结构确定法计算沥青质构型的应用实例。依据表 9.3 中所列的实验数据，输入测得的平均分子量、元素分析及核磁共振氢谱等实验数据。表 9.4 为沥青质分子的平均结构参数，表 9.5 为计算得到的沥青质分子的芳香环数（R_A）、环烷环数（R_N）、饱和碳数（C_S）、平均链长数（L），以及 S、N、O 原子个数的结果。

表 9.3　沥青质输入的实验数据

w_H	w_C	w_S	w_N	w_O	H_A	H_α	H_β	H_γ
9.12	82.56	4.21	1.12	2.99	8.6	19.4	51.8	15.4

表 9.4　沥青质分子平均结构参数

f_A	σ	H_{Au}/C_A	C_A	R_A	R_T	R_N
0.398	0.530	0.638	28.665	6.666	10.935	4.269

续表

C_N	C_S	C_P	f_N	f_P	L	n
43.300	26.226	0.237	0.364	21.674	15.327	5.109

表 9.5　沥青质分子结构中可能的结构参数

R_A	R_N	C_S	L	N_S	N_N	N_O
6, 7, 8	4, 5, 6	24，25，26，27，28	5	1	1	2

预测方法的第二步会根据表 9.5 的数据自动生成随机的沥青质分子构型。但此方法构建出的分子构型，与实验数据相比，相符概率较低，因此需要增设足够多的尝试数，一般会设定尝试数为 3000 ～ 5000，本测试设定次数为 3000。如图 9.34 所示，（a）～（f）随机展示了 6 个可能的沥青质分子构型。由于计算量较大，因此不同型号处理器的计算速度可能有差异。

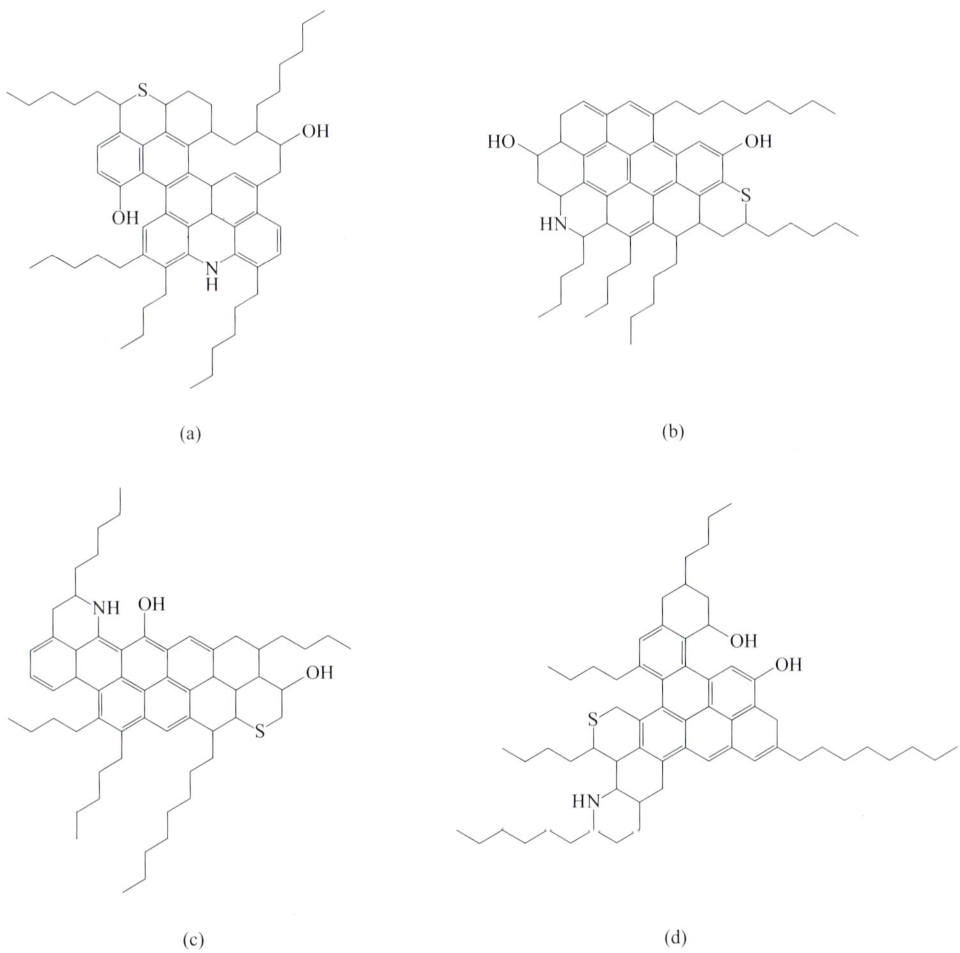

图 9.34

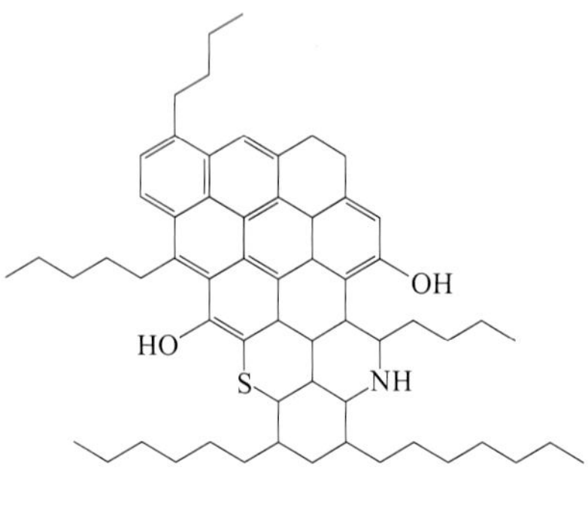

(e)

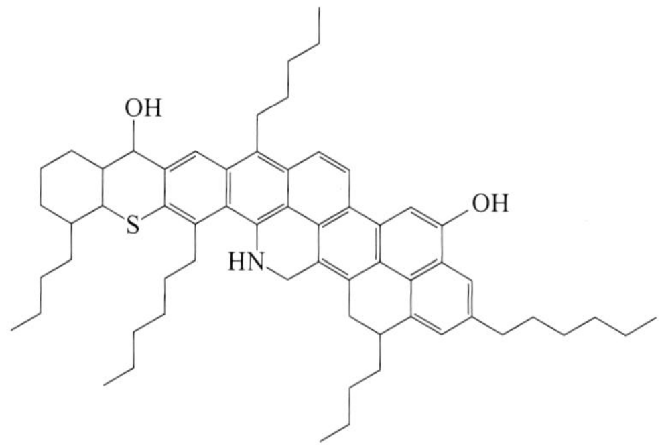

(f)

图 9.34　6 种在分子生成部分得到的沥青质分子结构构型

预测部分的第三步会将第二步生成的所有分子构型进行结构参数分析，并筛选出与实验数据相符的沥青质分子结构。如图 9.35 所示是在 3000 个构型中共筛选出 4 个与实验数据相符的分子结构，分别命名为 Asph1 ～ Asph4。表 9.6 为各个结构与实验数据之间的误差，可以观察到，筛选出每个分子结构均与实验数据基本一致。

上述三个步骤在依次进行时，解决沥青质分子构型构建过程是最为费时费力的。此外，这三个步骤还可以分开独立运行，或两两依次运行，如只进行分子构型生成部分，输入需要构建的苯环数、环烷环数等；也可以让计算参数部分和分子生成部分同时进行。

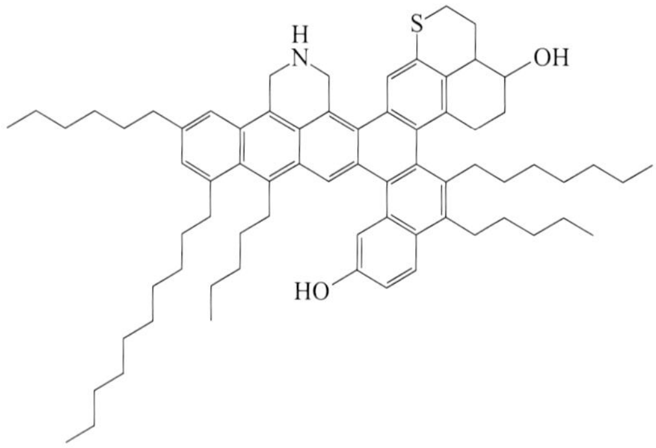

Asph1

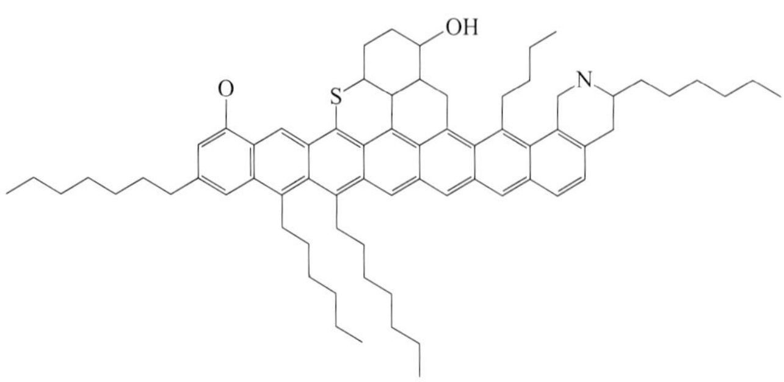

Asph2

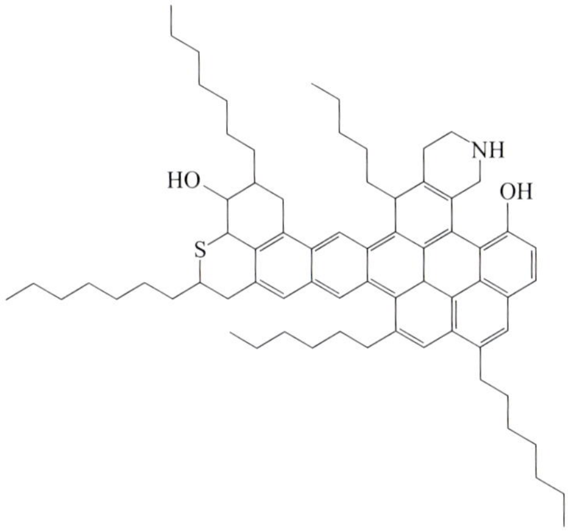

Asph3

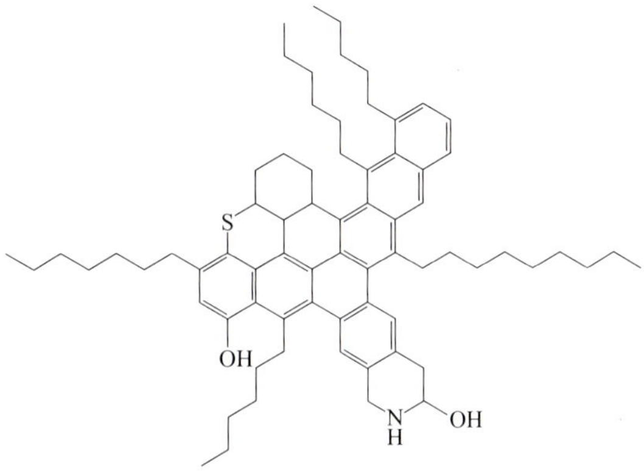

Asph4

图 9.35　筛选构型部分得到的 4 个沥青质分子结构

表 9.6　各分子构型与实验数据之间的误差

名称	H	C	O	N	S	H_A	H_α	H_β	H_γ
Asph1	0.0352	-0.3952	-0.3736	0.1632	0.0453	-0.6	-0.4	0.2	-0.4
Asph2	0.0352	-0.3952	-0.3736	0.1632	0.0453	-0.6	-0.4	-0.8	-0.4
Asph3	0.0352	-0.3952	-0.3736	0.1632	0.0453	-0.6	0.6	-0.8	-0.4
Asph4	0.0352	-0.3952	-0.3736	0.1632	0.0453	-0.6	-0.4	0.2	-0.4

综上所述，平均分子结构确定法能够产生与实验数据相符的沥青质分子结构。经过一段时间的运行，该方法仍有需要改进的地方，如本方法中氧原子只以羟基的形式构建，而没有考虑酯基；氮原子只取代仲碳，而不取代叔碳。这里我们也强调的是，距今为止还没有一个能够让所有科研工作者非常满意的方法来表征沥青质的分子结构，尽管这是许多科研工作者积极努力的方向，也希望有更多的读者参与其中，推动此项工作向更深层次发展。

9.3　油水界面处的沥青质

在原油体系中，沥青质的聚集对原油开采和输运都会造成麻烦，会引起黏度增高、易生成沉淀等，导致在储存容器和输运管道中的堆积。了解沥青质在原油中的聚集机理对于原油开采及其加工均具有重要意义。我们将从油水界面、固液界面等方面展示利用分子模拟所做的研究工作，希望读者能从分子层面上观察沥青质的聚集行为，以此加深对沥青质微观性质的认识。我们先从油水界面上沥青质的聚集行为开始。

由于确定沥青质分子结构的工作滞后，正如 9.1 所阐述的那样，针对特定稠油体系，我们还很难掌握有确定分子结构的沥青质。过去几十年间，众多科研工作者多采用不同模型分子表示沥青质，以研究分子水平上沥青质的聚集行为，探究沥青质的聚集结构对稠油性质的影响。研究表明，大多数情况下石油酸性会影响沥青质在油水界面的聚集，进而影响稠油性质。在模型分子中，通常用羧酸（或者说羧酸根）表示沥青质的酸性结构，这样酸性沥青质具有了部分类似表面活性剂的两亲性，易于在油水界面（体现油水两相）聚集，实验工作者在此方面做过很多工作。例如 Takamura 等认为当羧酸沥青质水解成羧酸根以后，羧酸根沥青质更容易吸附到油水界面（Takamura et al.，1985），Poteau 也断定带电荷的沥青质更容易在油水界面聚集（Poteau et al.，2005）。

在以往的分子模拟计算中，许多学者为模仿实验过程，以庚烷或者甲苯作为溶剂探究沥青质模型分子在油水界面处的聚集，而沥青质在庚烷和甲苯中的聚集结构是有显著差异的。本节我们将选取部分轻质原油作为“溶剂”，以尽量消除不同溶剂模型对界面聚集行为的影响。

9.3.1 沥青质在原油中的聚集行为

加拿大 Alberta 大学 Xu 团队在红外光谱、核磁等检测分析的基础上，提出了一个带有双尾且含有羧酸（根）的沥青质模型分子（Teklebrhan et al.，2012；Wang et al.，2012），以表示当地油砂中沥青质的分子结构，如图 9.36 所示，称作 *N*-（1-己基庚基）-*N′*-（5-羧酸戊烷基）-二萘嵌苯-3, 4, 9, 10-四羧酸亚胺，简称 C5 Pe；将 C5 Pe 中的羧酸去质子化后，命名为阴离子型 C5 Pe。

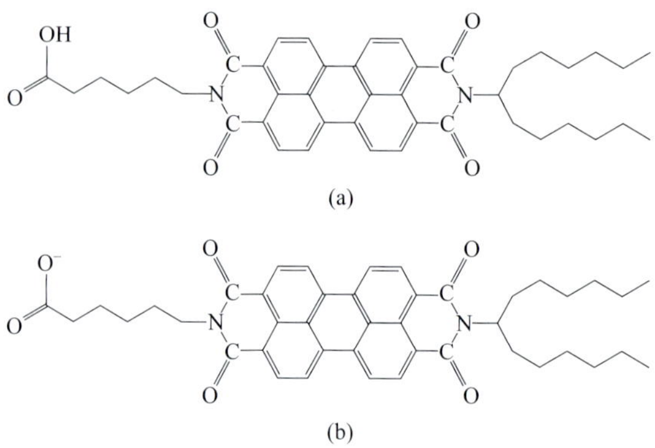

图 9.36 两种沥青质模型分子

（a）C5 Pe；（b）阴离子型 C5 Pe

2010 年，Kunieda 通过对比实验密度，根据分子动力学模拟结果，提出了一种多组成的轻质原油模型体系（Kunieda et al.，2010），其中含有一定比例的己烷、庚烷、辛烷、壬烷，环己烷、环庚烷，甲苯和苯，随后被多个科研小组所认可（de Lara et al.，2012；Gao et al.，2014）。沥青质分子在轻质原油模型中的聚集行为有别于在单一溶剂（如庚烷或甲苯）中的聚集，其模拟结果可能更具说服力。

在原油中，酸化沥青质由于存在羧基而呈现不同的聚集行为，在不同 pH 下呈现的聚集结构也不同。图 9.37 为 C5 Pe 和离子型 C5 Pe 的聚集结构，这种聚集行为差异是由极性头羧基间的氢键所导致的。在 C5 Pe 的聚集体系中，极性头中带负电的氧原子吸引带正电的氢原子形成氢键［见图 9.37（c）中局部放大部分］，氢键使得沥青质分子聚集到一起形成更大的聚集体。但是由于存在阴离子极性头，阴离子型 C5 Pe 所形成的氢键少，导致阴离子型 C5 Pe 分子在原油中的聚集要疏松一些。前者代表 pH 较低情况下的聚集结构，后者表示 pH 较高下的聚集行为。表明对原油的酸化会影响沥青质在原油的聚集状态，pH 越低沥青质的聚集结构越紧密。

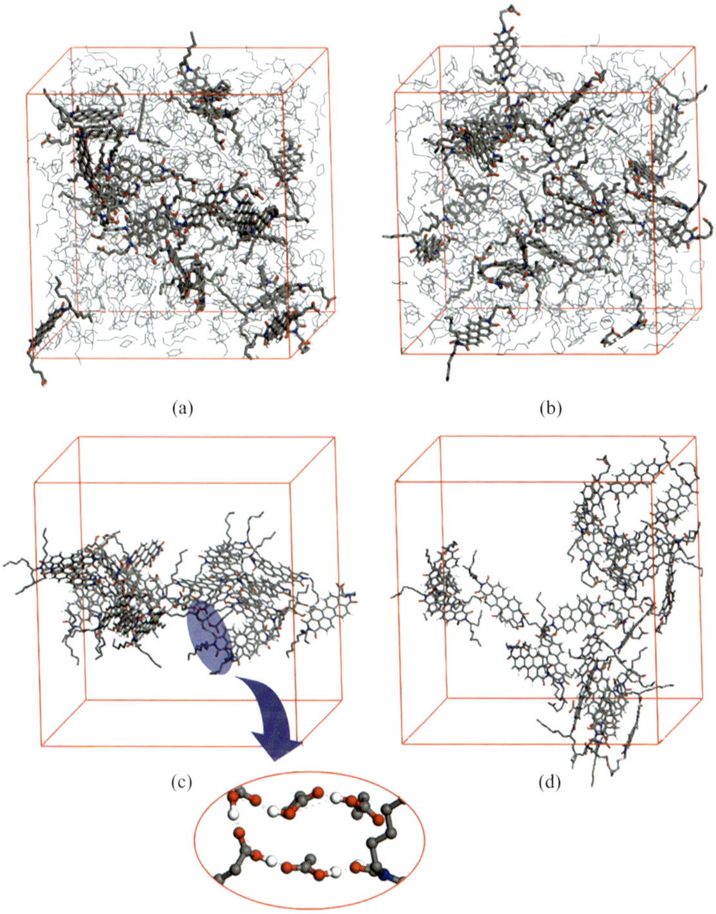

图 9.37　体系 C5 Pe 的初始构型（a）和最终构型（c），以及体系阴离子型 C5 Pe 的初始构型（b）和最终构型（d）

（c）和（d）为删除了轻质原油组分的沥青质分子构型

C5 Pe 和阴离子型 C5 Pe 以棍状模型表示

标准化径向分布函数（normalized radial distribution function，NRDF）可表征体系中不同的沥青质聚集结构，图 9.38 表示 C5 Pe 体系与阴离子型 C5 Pe 体系的 NRDF 有不同的变化趋势。研究发现，对于 C5 Pe 体系［图 9.38（a）］，在 0.4 nm 附近有一个明显的特征峰，在 0.75 nm 处附近也有一个小峰；而在阴离子 C5 Pe 体系［图 9.38（b）］中，除了上述两个特征峰以外，在 1.23 nm 处还有一个更宽广的特征峰。不同特征峰对应不同的堆积结构：0.4 nm 附近的峰对应的是面对面堆积构型，而其他峰对应的为边对面堆积结构。对于边对面堆积方式，可以分为 T-shaped Ⅰ型（0.75 nm 附近）和 T-shaped Ⅱ型（1.23 nm 附近），后者因为电负性的极性头相互排斥，增大了阴离子型 C5 Pe 分子之间的距离，而且 T-shaped Ⅱ型堆积方式是造成阴离子型沥青质稀疏的原因之一。

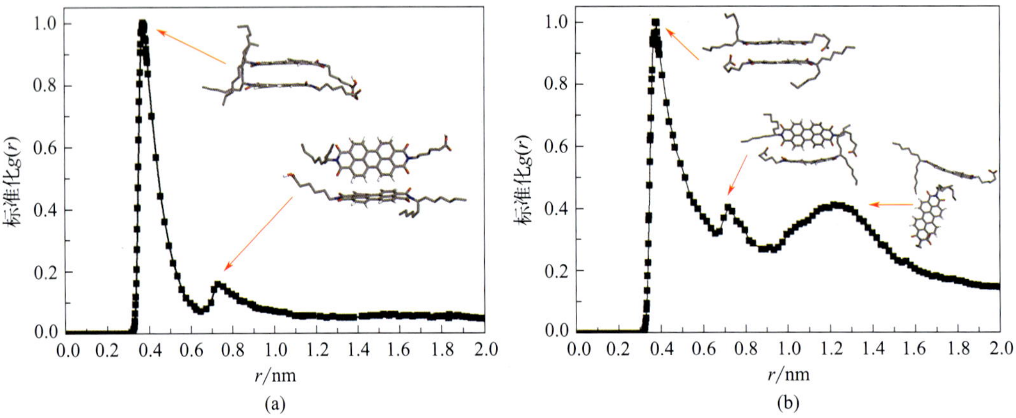

图 9.38　C5 Pe 体系（a）和阴离子型 C5 Pe 体系（b）的标准化径向分布函数以及相应的堆积模型

图（b）中右边两个峰值表示阴离子型 C5 Pe 沥青质分子的 T-shaped Ⅰ型和 T-shaped Ⅱ型堆积模型

对 NRDF 曲线进行积分，可得到各种堆积模式对应的积分面积，从而了解沥青质分子在原油中占主导地位的堆积模式。在 C5 Pe 体系中，面对面堆积方式和 T-shaped Ⅰ型堆积方式的比率大约为 4∶1，表明 C5 Pe 沥青质在原油中的主要堆积结构为面对面堆积；在阴离子型 C5 Pe 体系中，三个特征峰对应着面对面堆积、T-shaped Ⅰ堆积和 T-shaped Ⅱ堆积，其比例大约为 3∶1∶3，这表明阴离子型 C5 Pe 沥青质分子在原油体系中主要的堆积方式为面对面堆积和 T-shaped Ⅱ堆积。

结合半经验的量子化学计算（PM6 方法），对于 C5 Pe 分子来说，面对面堆积和 T-shaped Ⅰ的相互作用能分别为 −1285 kJ/mol 和 −830 kJ/mol，这表明 C5 Pe 分子在原油中形成的面对面堆积方式更稳定，因此 C5 Pe 也更倾向于形成面对面堆积。对于阴离子型 C5 Pe 体系，面对面、T-shaped Ⅰ和 T-shaped Ⅱ三种堆积方式的相互作用能分别为 −1079 kJ/mol、−958 kJ/mol 和 −1042 kJ/mol，表明面对面堆积和 T-shaped Ⅱ堆积是主要堆积方式。这个结论和图 9.38 得出的结论相一致。

9.3.2　油水界面处的聚集结构

将上述包含聚集结构的油相，对接同等体积的水相，经过一定时间的分子动力学模拟，可观察到 C5 Pe 和阴离子型 C5 Pe 在油水界面的聚集结构差异（图 9.39）。模拟发现，C5 Pe 沥青质分子更多倾向于留在油相，与最初的聚集行为差异不大，表明油水界面处水相对 C5 Pe 的聚集影响有限，也体现较大芳香族化合物并不利于从油相向油水界面迁移；但是阴离子型 C5 Pe 沥青质会逐渐从油相向界面迁移，最终铺展在油水界面，表明水相对阴离子型 C5 Pe 沥青质有明显的吸引作用。这种油水界面处的聚集差异体现了阴离子极性头对沥青质分子性质的影响，实际上就是阴离子型 C5 Pe 沥青质中的羧酸根与水分子之间强氢键作用的结果。

能量变化曲线表明［图 9.40（a）］，阴离子型 C5 Pe 吸附到油水界面可以分为三个阶段。在第一阶段，有少量的沥青质分子从油相吸附到油水界面［图 9.41（b）］。开始时，除了少量的阴离子型 C5 Pe 在油水界面附近，大多数分子仍分布在油相中。因为部分水分子能够与极性头中的氧原子形成氢键，在氢键作用下会有少量水分子进入油相。随后，油相中的水分子拉着沥青质分子靠近油水界面。大约 60 ns 以后，阴离子型 C5 Pe 分子开始吸附到油水界面［图9.41（b）］。我们把吸附到油水界面的阴离子型C5 Pe分子定义为界面分子，如图9.41（b）中椭圆标识所示。

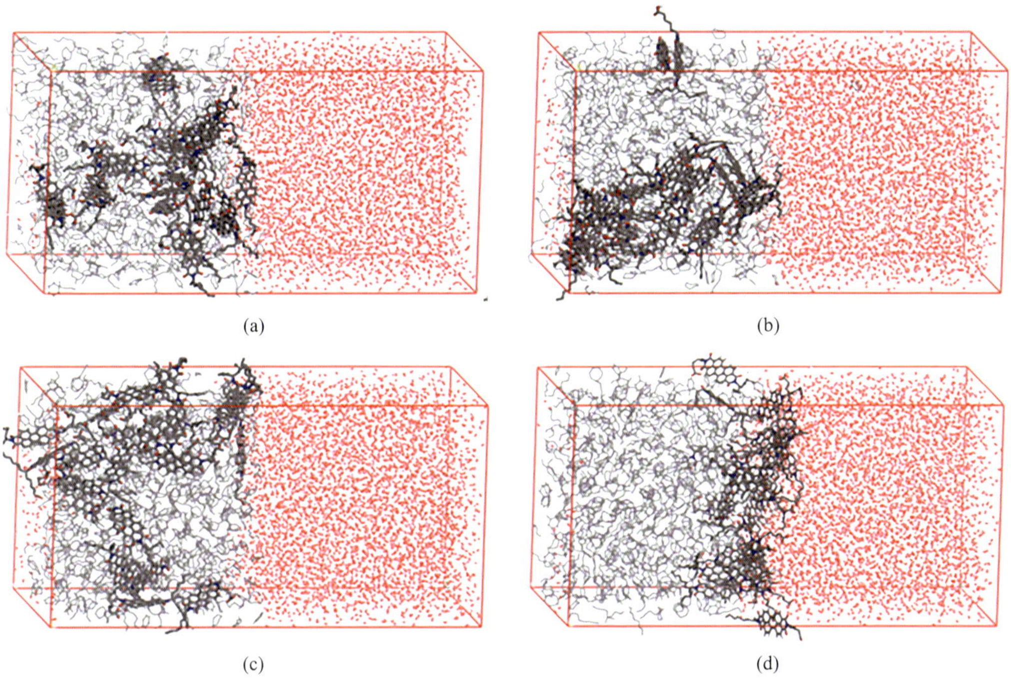

图 9.39　C5 Pe 油水体系的初始构型（a）和最终构型（b），阴离子型 C5 Pe 油水体系的初始构型（c）和最终构型（d）

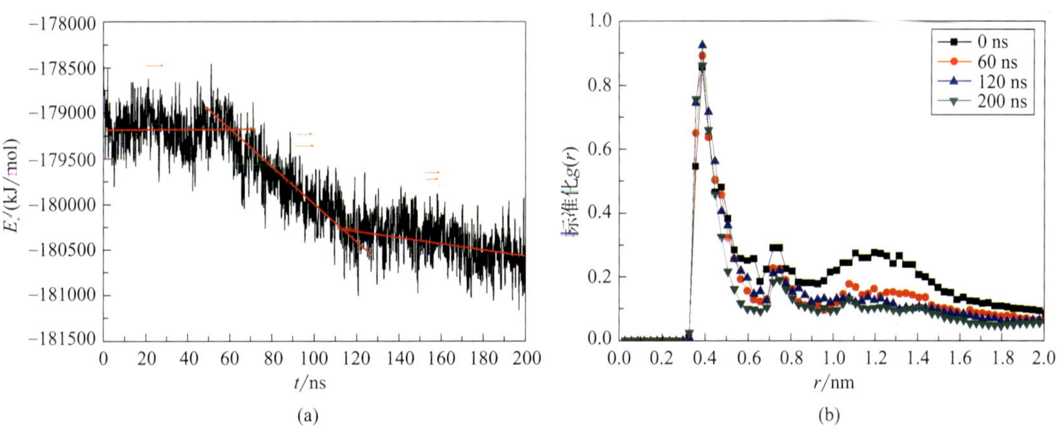

图 9.40　阴离子型 C5 Pe 沥青质聚集体系的能量变化曲线（a）和阴离子型 C5 Pe 在油水界面的标准化径向分布函数随时间的变化曲线（b）

在第二阶段，更多的阴离子型 C5 Pe 分子不断被吸附到油水界面［图 9.41（b）～（c）］，堆积结构从 T-shaped 型逐渐变为面对面堆积构型。在此阶段，体系能量快速下降［图 9.40（a）］。而且在吸附过程中，已经吸附到界面上的阴离子型 C5 Pe 分子会通过非键相互作用吸引其他阴离子型 C5 Pe 分子向油水界面移动。

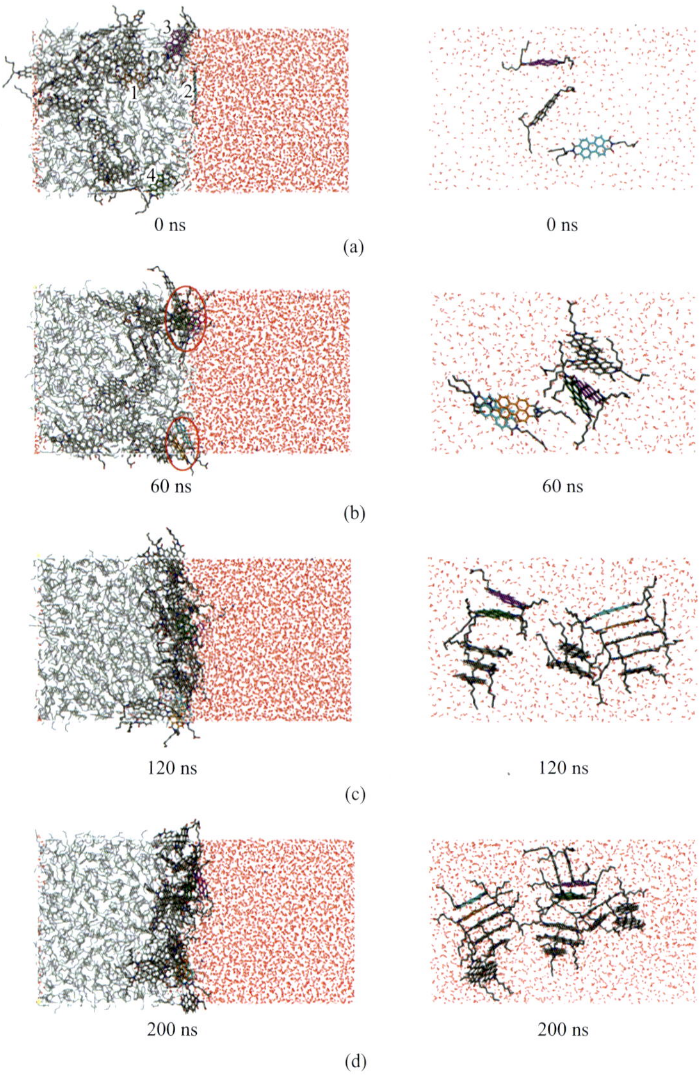

图 9.41　不同时间阴离子型 C5 Pe 分子吸附到油水界面的截图（左）和相应的阴离子型 C5 Pe 分子在油水界面时状态的俯视图（右）

分子标识为选择的几个界面分子

阴离子型 C5 Pe 分子在油水界面上的堆积方式可由图 9.40（b）解释。在 60 ns 时，面对面堆积、T-shaped Ⅰ堆积、T-shaped Ⅱ堆积方式的比率为 3∶1∶2，但是在 120 ns 时，比率变为 3∶1∶1。在径向分布函数曲线中，位于 1.23 nm 处的峰高逐渐下降，说明在模拟体系中 T-shaped Ⅱ堆积逐渐减弱。在图 9.40（b）中两个明显峰表示的是面对面堆积和 T-shaped Ⅰ堆积，并且以面对面堆积为主。其实油水界面处堆积方式的改变主要是因为阴离子型 C5 Pe 中的羧酸根极性头能够伸入水相，而不同沥青质分子之间正是以大的芳香环形成了面对面堆积［图 9.41（c）］。

在第三阶段，阴离子型 C5 Pe 分子整齐有序地排列在油水界面［图 9.41（c）～（d）］。图 9.40（a）中在此阶段的轻微能量变化表明，阴离子型 C5 Pe 分子在吸附到油水界面后进行了结构微调，并最终导致 T-shaped Ⅱ堆积结构的消失。

9.3.3 油水界面处的沥青质分子

分子动力学模拟可以提供分子层面上的信息，在此我们选取图 9.41（a）中标号 3 的沥青质分子，以描述界面分子的形成过程。图 9.42 为沥青质分子结构随时间的变化情况。模拟之初，有少数水分子在随机初始速度下有可能从水相深入到油相，与沥青质分子极性头上的含氧官能团形成氢键［图 9.42（a）］，同时沥青质分子上其他氧原子也会与界面处的水分子形成氢键［图 9.42（b）］。对于 C5 Pe 分子，来自油水界面的氢键会促进芳香环平躺于界面，这种吸附方式形成的氢键数量最多，其稳定性最强。由于沥青质分子与水分子之间的氢键，会有更多的阴离子型 C5 Pe 分子从油相中被吸附到油水界面［图 9.42（c）］。

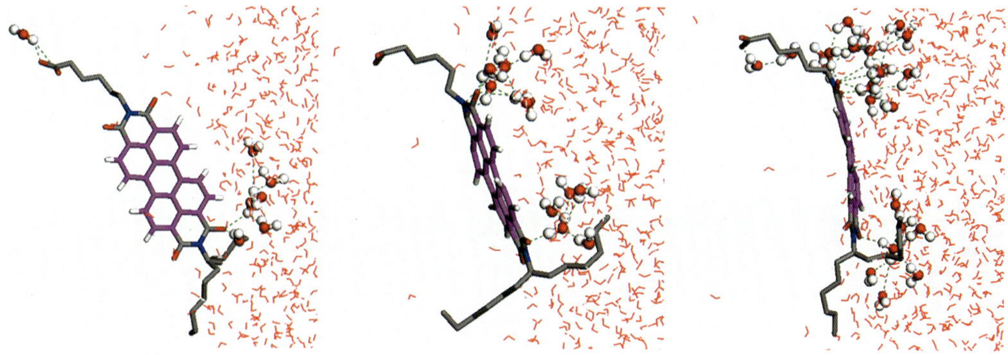

图 9.42　阴离子型 C5 Pe 沥青质分子被吸附到油水界面的变化过程

（a）0 ns；（b）1 ns；（c）2 ns。形成氢键的水分子以球棍模式表示

通过两个阴离子型 C5 Pe 分子之间的距离和夹角变化，可以描述面对面堆积模式的形成过程。在此定义两个角度：角 α，为两个阴离子型 C5 Pe 分子之间的夹角；角 β，为阴离子型 C5 Pe 分子与油水界面形成的夹角。在此选取最终形成面对面堆积的两组分子，分别为 Group 1 和 Group 2。前者为选取的多个聚集结构中的两个沥青质分子，后者为单独的两个沥青质分子的聚集，如图 9.43（b）和图 9.43（c）所示。

对于 Group 1 来说，分子 2 是界面分子［图 9.43（a）］，而且它和油水界面的夹角 β 的余弦值最初就趋近于 1。当分子 1 逐渐靠近分子 2 时，分子 2 在油水界面的位置受到影响，因此角 β 的余弦值发生了改变。随着模拟进行，在非共价相互作用下两个分子之间的距离从 3.0 nm 降为 0.6 nm，同时分子 2 在多环芳烃的疏水作用下离开油水界面。在随后的模拟过程中，夹角 β 的余弦值逐渐趋向于 1，表明分子 2 在极性头和水分子之间的氢键作用下又重新吸附到油水界面。直到模拟结束，分子 1 和分子 2 之间的夹角 α 的余弦值变为 1，而且距离降为 0.4 nm，表示它们在油水界面上形成了较为稳定的面对面堆积结构［图 9.43（b）］。

图 9.43（c）表示的是分子 3 和分子 4 的夹角和距离随时间的变化曲线，分子 3 是 Group 2 中的界面分子。在模拟之初，界面分子与油水界面形成的夹角 β 的余弦值就增大到 1。这个余弦值与图 9.42 所示的分子吸附到油水界面的过程一致：分子 3 在氢键作用下迫使沥青质分子平行吸附到油水界面，随后，分子 3 和分子 4 之间的距离和夹角只有微小的变化；在一段时间以后，距离最小，夹角 α 的余弦值趋近于 1，说明此时分子 3 和分子 4 形成了面对面堆积结构。

分子 3 与油水界面的夹角 β 的余弦值［图 9.43（c）］相较于图 9.43（b）表现出更剧烈的震荡，这种震荡归因于分子 3 和分子 4 之间的疏水相互作用及分子 3 与油水界面间的氢键。对于 Group 1 和 Group 2 来说，它们在界面处形成的面对面堆积结构性质还是不同的。Group 1 呈现稳定吸附，而 Group 2 则表现波动变化。这与聚集体所包含的分子个数有关，Group1 的聚集数更大，更能够抵御聚集体在界面处的震荡。

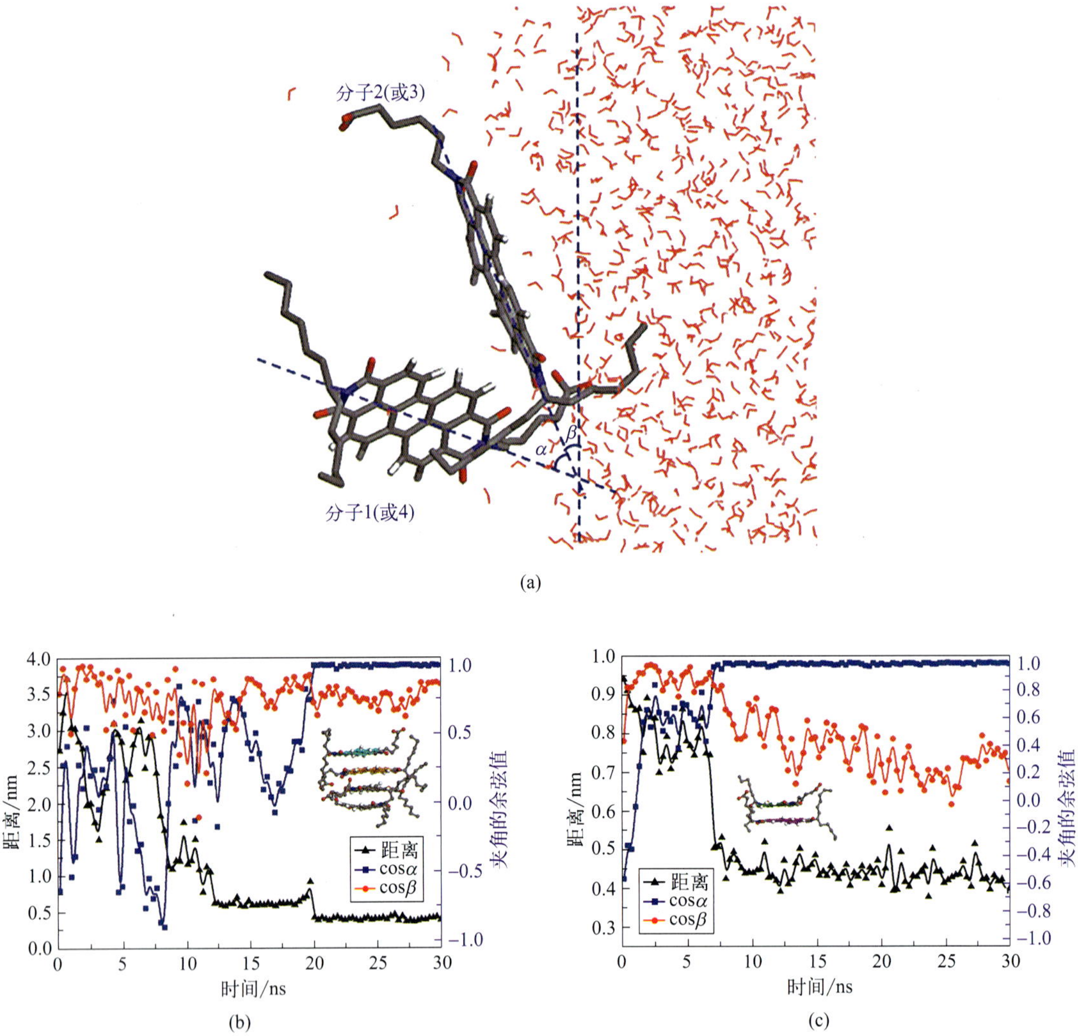

图 9.43　定义的两个沥青质分子与油水界面的角 α 和角 β（a），Group 1 的距离和角度随时间的变化（b）及 Group 2 的距离和角度随时间的变化（c）

9.3.4　油水界面处沥青质聚集结构的剥离

油水界面处沥青质的聚集不利于后续石油的输运与加工，这部分我们将关注聚集结构中沥青质分子之间的相互作用。伞式抽样方法可用来计算聚集结构遭到破坏时，沥青质分子之间随距离增加所引起的自由能变化。我们选择了界面处 5 个面对面堆积的聚集结构，利用伞式抽样方法计算剥离自由能变化。为方便区分剥离过程，我们定义，一次剥离一个沥青质分子记作 5mer1，而一次剥离两个沥青质分子记作 5mer2（Lv et al.，2017）。

图 9.44（c）显示了沥青质剥离过程中 5mer1 和 5mer2 的自由能变化。从中可以看出，剥离过程中最低自由能构型对应质心距离为 0.85 nm 处的聚集结构。随着剥离距离的增加，自由能逐渐增大，这意味着聚集体剥离在热力学上是非自发过程，从图 9.44（c）中计算 5mer1 和 5mer2 的剥离能分别为 16.70 kJ/mol 和 24.71 kJ/mol。图形演化显示，聚集体的剥离会增加系统自由能，使系统变得不稳定。因此，沥青质分子在油水界面上最稳定的状态是以聚集体的形式存在。5mer2 的剥离能大于 5mer1，这一结果表明，从沥青质聚集体中剥离多个分子要比剥离一个分子困难。

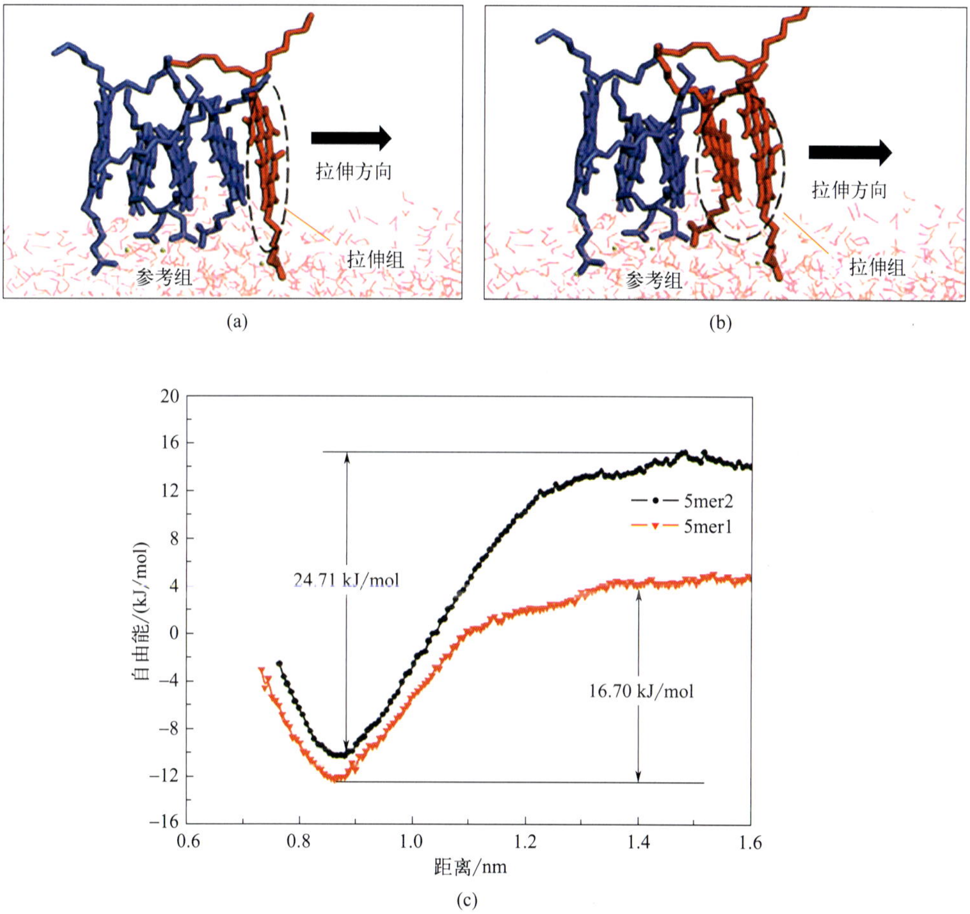

图 9.44　油水界面处沥青质分子剥离过程

（a）剥离一个分子，记作 5mer1；（b）剥离两个分子，记作 5mer2；（c）伞式抽样计算的自由能变化

聚集体 5mer1 和 5mer2 的稳定性也可以根据相互作用能说明，表 9.7 列出了范德华和静电相互作用对 5mer1 和 5mer2 总势能的贡献。根据表中数据，5mer2 的总相互作用能的绝对值高于 5mer1，这意味着 5mer2 具有更强的相互作用，这一结果与从解离自由能获得的结果一致［图 9.44（c）］。对于 5mer1 或 5mer2 体系，范德华相互作用是主要贡献，静电相互作用表现为弱排斥。总之，沥青质分子在油水界面上最稳定的构型是形成聚集体，这些聚集体是油水界面上沥青质存在的基本模式。

表 9.7　5mer1 和 5mer2 的相互作用能　　单位：kJ/mol

类型	范德华相互作用	静电相互作用	总相互作用
5mer1	−133.05	2.12	−130.92
5mer2	−160.77	8.20	−152.57

9.4　固液界面处的沥青质

沥青质是稠油中重要的芳香烃化合物，由于其特殊的分子结构和化学性质，沥青质易于聚集和吸附在不同的无机固体表面。在过去的几十年里，为了解沥青质吸附和聚集行为的驱动力，如范德华、静电、氢键、π-π 堆积或极性相互作用，许多科学家都关注于沥青质在固体表面的吸附。Adams 曾总结了沥青质在不同无机材料表面（如亲水 SiO_2、Al_2O_3 和 TiO_2 等）上的吸附（Adams，2014），研究发现沥青质可在矿物表面发生单层或多层吸附，吸附程度受原油来源、沥青质浓度、溶剂溶解能力、岩石表面性质等因素的影响。利用中子反射（neutron reflectometry）实验，Jouault 发现溶剂可以改变岩石表面上沥青质层的厚度（Jouault et al.，2009）。

沥青质与硅酸盐矿物表面之间存在不同的相互作用，这种相互作用与矿物表面所提供的吸附位点有关。Akhlaq 发现沥青质在玻璃表面的润湿性能与硅羟基和沥青质之间的相互作用密切相关，决定着沥青质的吸附结构形式（Akhlaq et al.，1997）。在 Jouault 的研究中，他们发现亲水性 SiO_2 表面比疏水性 SiO_2 表面具有更强的吸附性能（Jouault et al.，2009），说明氢键可以促进沥青质吸附。

这里我们将从分子尺度上探讨沥青质模型分子在不同亲油亲水表面上的吸附行为，关注点主要集中在 SiO_2 表面亲水性对沥青质吸附结构的影响，重点探讨吸附驱动力和吸附结构转变过程中的能垒变化（Ji et al.，2019；Xiong et al.，2018），以期在分子水平上加深人们对沥青质吸附行为的理解。

9.4.1　固体表面的沥青质吸附结构

沥青质模型分子仍然选择 9.3 中提到的 C5 Pe 分子，溶剂选择庚烷，二者组成简单油相。在 SiO_2 表面上的硅羟基被认为是亲水性吸附位点，通过用甲基取代羟基构建疏水表面。调整表面上羟基和甲基的比例，可构建不同亲水性的 SiO_2 表面，包括完全亲水表面到完全疏水表面（0%、25%、50%、75% 和 100% 不等），所建模型如图 9.45 所示。

模拟发现，在 5 种不同亲油亲水 SiO_2 表面体系中，C5 Pe 均经历了先聚集和后吸附的过程。油相中，C5 Pe 分子会优先聚集在一起，一旦有分子（或者说聚集体中的某个分子）靠近 SiO_2 表面就会发生吸附。最终所有的 C5 Pe 分子均会吸附于不同的亲水亲油 SiO_2 表面上，但是有的是以聚集体的形式吸附，而有的则以单分子的形式吸附。

图 9.46（a）为完全亲水表面上的 C5 Pe 聚集体，其中直接与 SiO_2 表面接触的 C5 Pe 分子更倾向于垂直吸附。有趣的是，对于远离 SiO_2 表面的 C5 Pe 分子，从聚集体中伸出的烷

基链通过羧酸极性头吸附在 SiO_2 表面，这归因于 SiO_2 表面的硅羟基与 C5 Pe 分子中的羧基之间形成的氢键，并且也验证了实验中的硅羟基就是 SiO_2 表面上的活性位点。在完全疏水表面［图 9.46（e）］，直接与 SiO_2 表面接触的 C5 Pe 分子也倾向于垂直吸附，与完全亲水的体系相比，C5 Pe 分子的多芳香环结构在某种程度上更倾斜，这样 C5 Pe 分子会更充分地与 SiO_2 表面接触。我们将完全亲水和完全疏水的 SiO_2 表面的吸附结构定义为倾斜吸附类型，而将在其他 SiO_2 表面（亲水和疏水基团共存的 SiO_2 表面）的吸附结构称为平铺吸附类型。

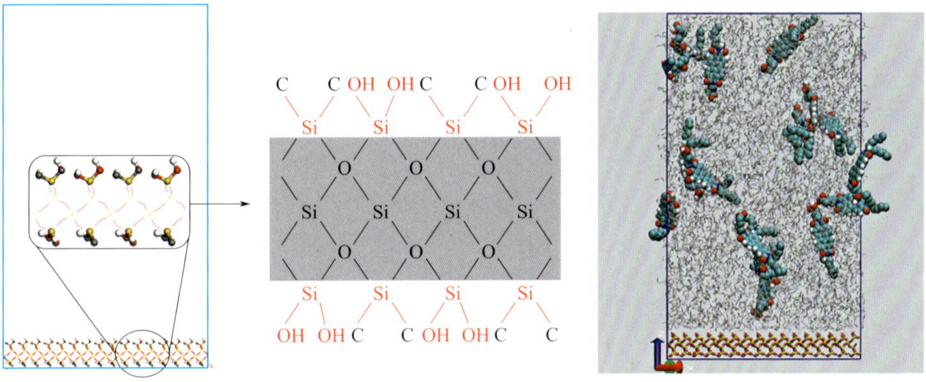

(a) (b)

图 9.45　SiO_2 模板表面（a）和初始模拟结构（图中 CPK 显示为沥青质分子）（b）

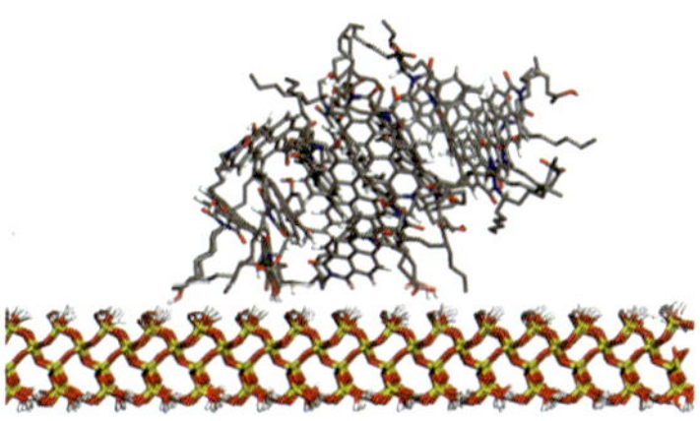

(a)

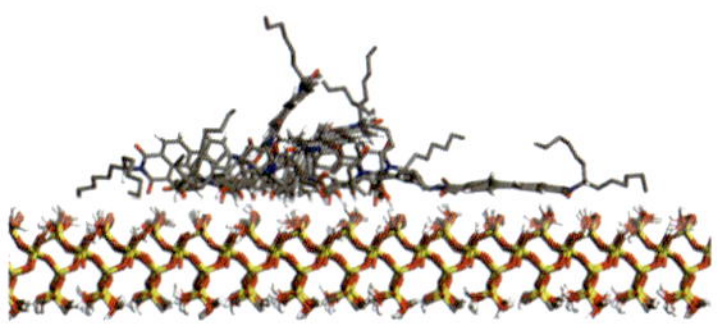

(b)

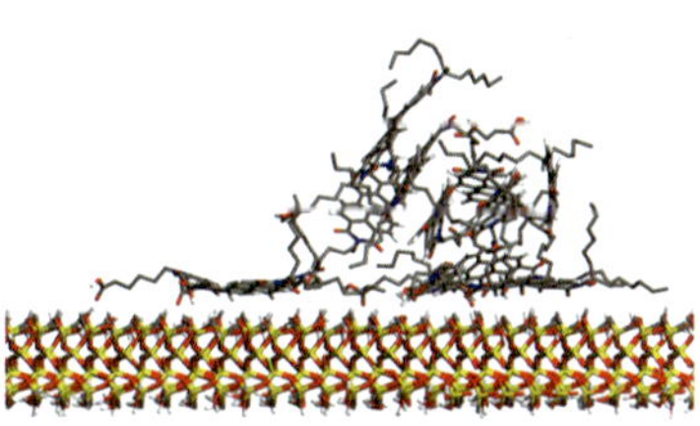

(c)

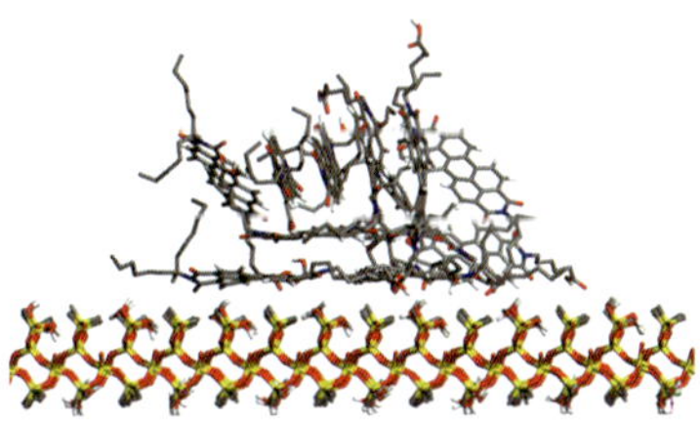

(d)

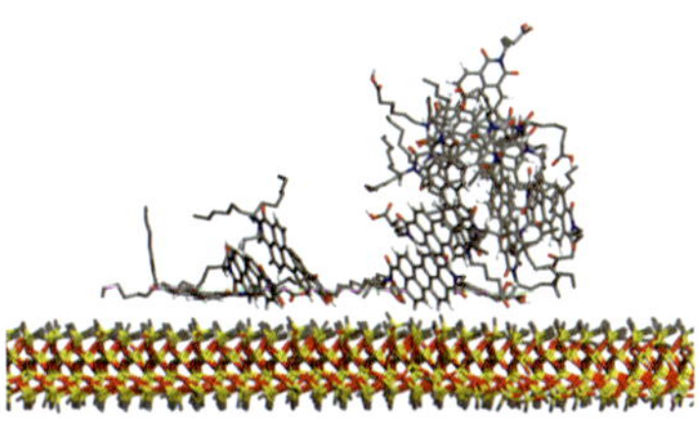

(e)

图 9.46　模拟平衡后 C5 Pe 分子聚集结构侧视图

（a）全亲水表面；（b）25% 疏水表面；（c）50% 疏水表面；（d）75% 疏水表面；（e）全疏水表面

为了定量分析界面上 C5 Pe 分子的吸附构型，我们在此定义了比例系数 F_1，表示聚集体吸附中在 SiO_2 表面吸附平铺的比例，F_2 表示单分子吸附中在 SiO_2 表面吸附平铺的比例，如图 9.47 所示。

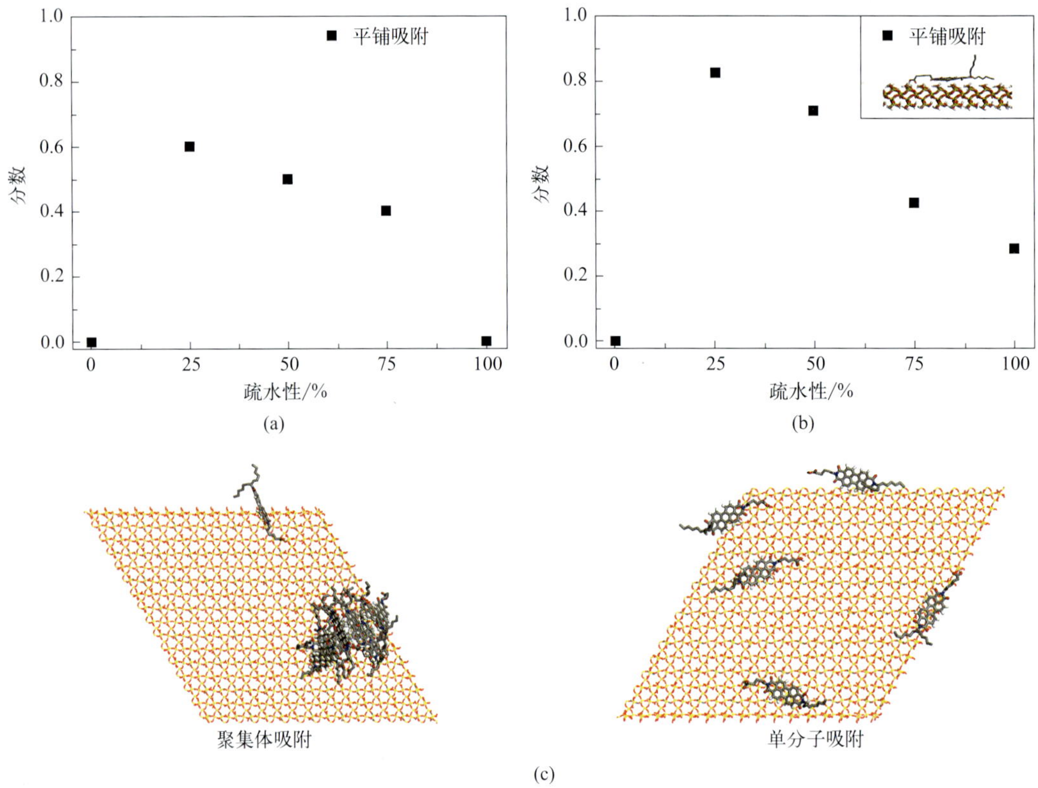

图 9.47 SiO_2 表面聚集体（a）或单分子（b）吸附中平铺于表面的分子比例数及聚集体和单分子吸附构型（c）

很显然，对于聚集体吸附构型，在完全亲水或者完全疏水体系中，平铺分子所占比例几乎为 0[图 9.47（a）]，这说明聚集体中 C5 Pe 分子并不以平铺吸附出现；而在亲疏共存体系中，平铺吸附所占比例介于 40% 和 70% 之间，可见亲疏水共存体系有利于 C5 Pe 分子的平铺吸附。而对于单分子吸附构型，完全亲水表面平铺吸附占比仍然很低，但是完全疏水表面中平铺吸附的比例有所增加。特别是 25% 的疏水体系中，单分子吸附结构中有 80% 的 C5 Pe 分子为平铺状态，表示单分子状态下的 C5 Pe 分子受分子间相互作用较小，主要受界面的影响，利于 C5 Pe 分子平铺吸附。图 9.48 体现了 C5 Pe 分子与 SiO_2 表面之间的相互作用所导致的吸附结构。

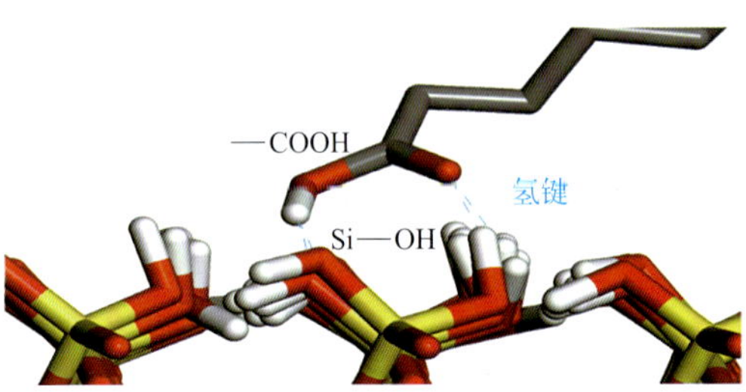

(a)

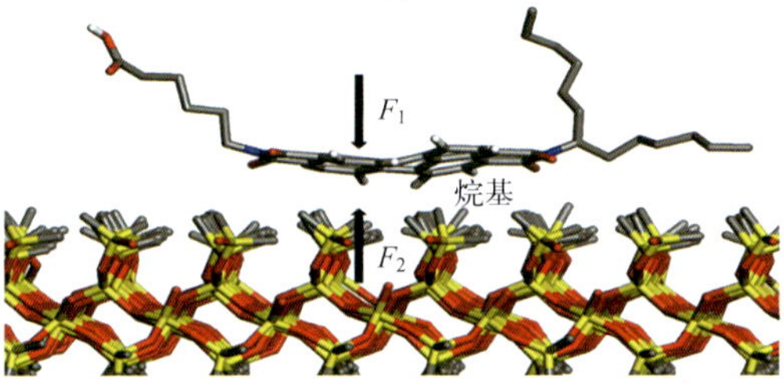

(b)

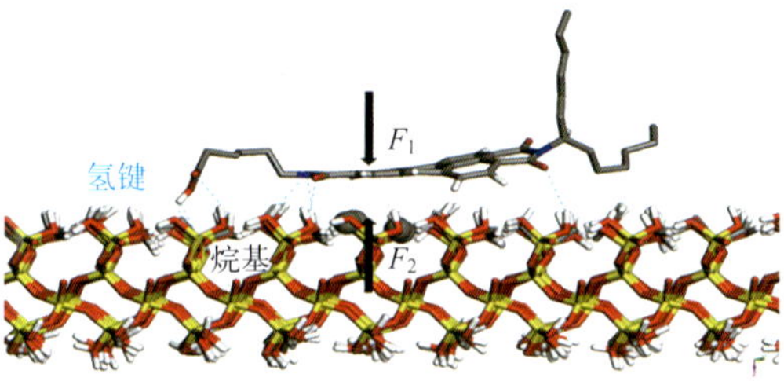

(c)

图 9.48 完全亲水体系中—COOH 与 Si—OH 的氢键相互作用（a），完全疏水体系中，聚芳香环和烷基在二氧化硅表面的相互作用（b）和亲疏水共存体系中的两种相互作用（c）

9.4.2 固体表面的单分子吸附行为

了解单分子吸附行为，能够更好地理解聚集体的吸附过程。这里我们重点讨论单分子在固体表面上的平铺吸附过程。选择平铺分子比例比较高的 25% 疏水 SiO_2 表面作为研究对象（图 9.49），模拟发现，倾斜吸附下 C5 Pe 分子与 SiO_2 表面之间的相互作用能约 240 kJ/mol，而平铺吸附的相互作用能约 295 kJ/mol。结果表明，与倾斜吸附相比，在 SiO_2 表面平铺吸附方式更牢固、更稳定。同样的结论也适用于 50% 和 75% 的疏水 SiO_2 体系。

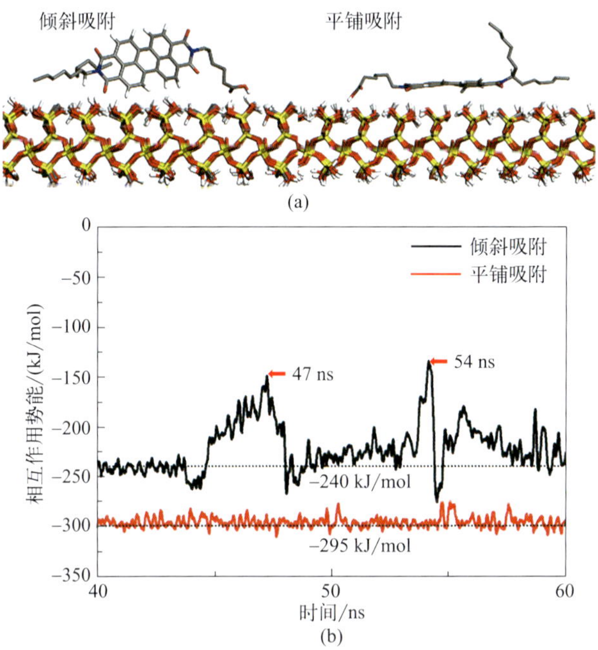

图 9.49 倾斜吸附和平铺吸附结构（a）以及与 SiO_2 表面的相互作用能（b）

通过倾斜吸附和平铺吸附的氢键构型和氢键数量，可观察 C5 Pe 分子的吸附过程。图 9.50（a）和图 9.50（b）是相同分子在不同方向上的侧视图，对于倾斜吸附的 C5 Pe 分子，羧基和多芳香环的一侧与 SiO_2 表面形成氢键；对于平铺吸附的 C5 Pe 分子，羧基和多芳香环的两侧均与二氧化硅表面形成氢键。在模拟之初，随着 C5 Pe 分子从自由状态迁移到吸附状态，氢键的数量会迅速增加［图 9.50（c）］。此后，氢键的数目随着模拟时间的增加而缓慢增加，并在 40 ns 后达到稳定。可观察到平铺吸附结构中的氢键数高于倾斜吸附中的氢键数。而且，氢键数量的波动与图 9.49（b）中相互作用势能的波动一致，体现相互作用势的动态变化伴随着氢键数量的变化。

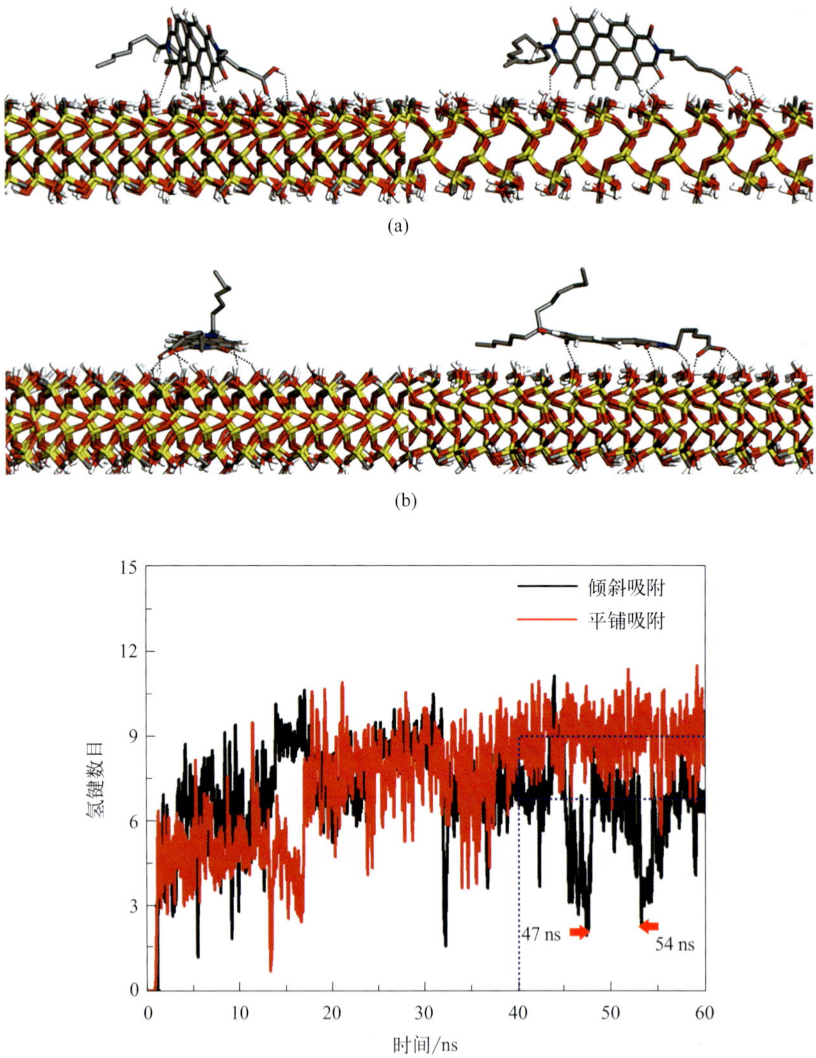

图 9.50　模拟结束时不同角度氢键的构型图

（a）倾斜吸附；（b）平铺吸附；（c）两个吸附构型下 C5 Pe 分子的氢键数目随模拟时间的变化

如图 9.51（a）所示，选择一个平铺吸附的 C5 Pe 分子，并计算该分子与 SiO_2 表面之间的相互作用能。根据结果，整个吸附过程可分为四个阶段：游离状态（Ⅰ）、垂直吸附（Ⅱ）、倾斜吸附（Ⅲ）和平铺吸附（Ⅳ），图 9.51（b）展示了相应的吸附结构图。在初始阶段，C5 Pe 分子在庚烷中游离，受到 SiO_2 表面的影响较小。随模拟时间增加，C5 Pe 分子经历垂直吸附和倾斜吸附，并在 SiO_2 表面保持稳定，约 40 ns 后，C5 Pe 分子稳定平铺并吸附在 SiO_2 表面。从游离状态到吸附状态，由于 C5 Pe 分子与 SiO_2 表面之间的结合方式变化，相互作用能迅速增加。从垂直吸附到平铺吸附，可以清楚地观察到两个过渡能垒（ΔE_1=52 kJ/mol 和 ΔE_2=94 kJ/mol），这可以解释并不是所有的 C5 Pe 分子在 25% 疏水性体系中都采用平铺吸附方式。也就是说，如果 C5 Pe 分子要平铺于 SiO_2 表面需要克服一定的能量，而 C5 Pe 与 SiO_2 之间的相互作用也会发生改变。随着吸附转化的进行，氢键数目发生变化（图 9.52），也进一步解释了氢键对吸附结构的影响。

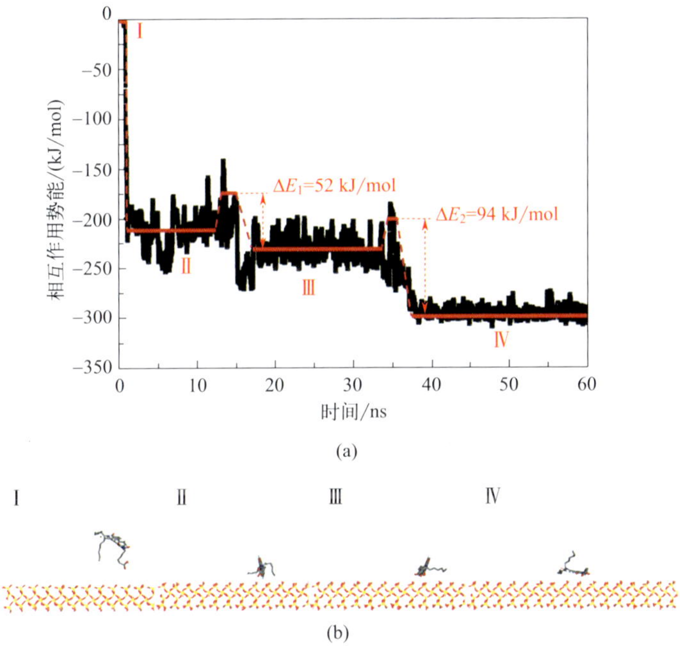

图 9.51 吸附过程中 C5 Pe 分子的能量势垒图（a）和不同吸附阶段结构的快照（b）

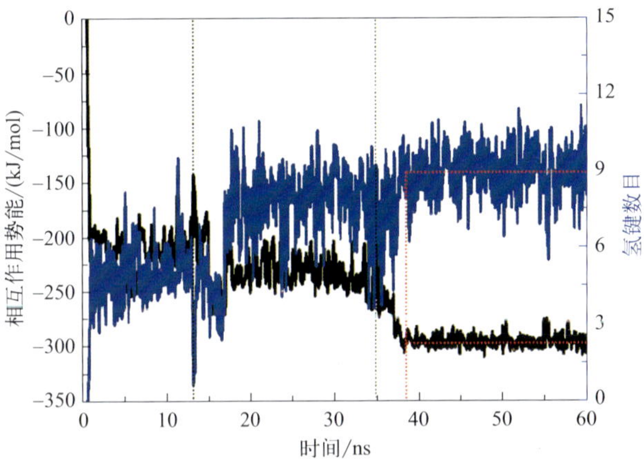

图 9.52 氢键数目与相互作用势能随时间变化的对照图

总之，在 5 种不同的亲水亲油 SiO_2 表面上，沥青质模型分子 C5 Pe 有两种不同的吸附方式：聚集体吸附和单分子吸附。模拟表明，SiO_2 表面的疏水性差异对 C5 Pe 分子在 SiO_2 表面的吸附行为有显著影响。在完全亲水和完全疏水体系中，直接与 SiO_2 表面接触的 C5 Pe 分子多采用倾斜构型吸附。但是，在亲疏共存体系中，受 C5 Pe 分子与 SiO_2 表面之间亲水和疏水协同作用影响，更多的 C5 Pe 分子倾向于平铺构型吸附。动力学分析表明，倾斜吸附分子的相互作用势能有较大的波动，而平铺吸附的 C5 Pe 分子的相互作用能波动小，可形成更多的氢键。C5 Pe 分子在从倾斜吸附转变为平铺吸附过程中需要克服不同强度的能垒。

9.5 沥青质在油水界面的吸附模拟操作案例

操作软件：Gromacs、VMD、Materials Studio。

知识要点或性质分析：界面构建、密度分布等。

原油中的沥青质、胶质组分是分子质量和极性较大的两类物质，具有较强的界面活性，通常会聚集并吸附在油水界面，从而增强原油乳状液的稳定性。本文选择正庚烷、环己烷和苯为轻质原油组分，使用 Gromacs 软件探究沥青质、胶质分子在油水界面处的聚集行为［主要参考文献 Ji D，et al. *Energy & Fuels*. 2020，34（6）：7019-7028；Song S H，et al. *Energy & Fuels*. 2018，32（12）：12383-12393］。

具体操作步骤如下：

（1）构建分子和编辑力场

使用 Materials Studio 软件构建如图 9.53 所示的沥青质分子，并导出 Asp1.pdb。通过在线自动构建力场文件网站 Automated Topology Builder（ATB，https://atb.uq.edu.au/index.py?tab =submit）生成模拟所需的力场。

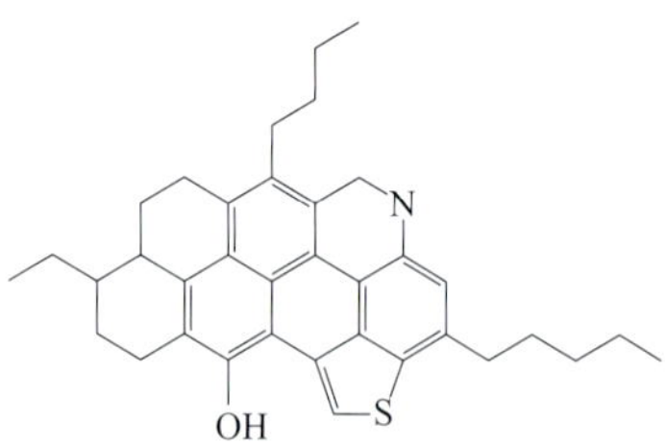

图 9.53 沥青质分子结构

以 Asp1 分子为例，ATB 操作页面下，在 *Net charge（e）中填入电荷数，本实验中沥青质、胶质的电荷量均为 0。在 3. Uploaded PDB file 中导入 Asp1.pdb，并点击下面的 Next 按钮，跳转至下一个提交界面，如图 9.54 第一个界面所示。如果提交的分子结构在之前有其他使用者提交并成功导出力场文件，网站也会一并提供给使用者，如图 9.54 第二个界面所示。在这里使用者可以点击界面最下方 Submit This Conformation 按钮继续提交，或者点击使用者已提交并得到的分子界面中的 Show Molecule Page。

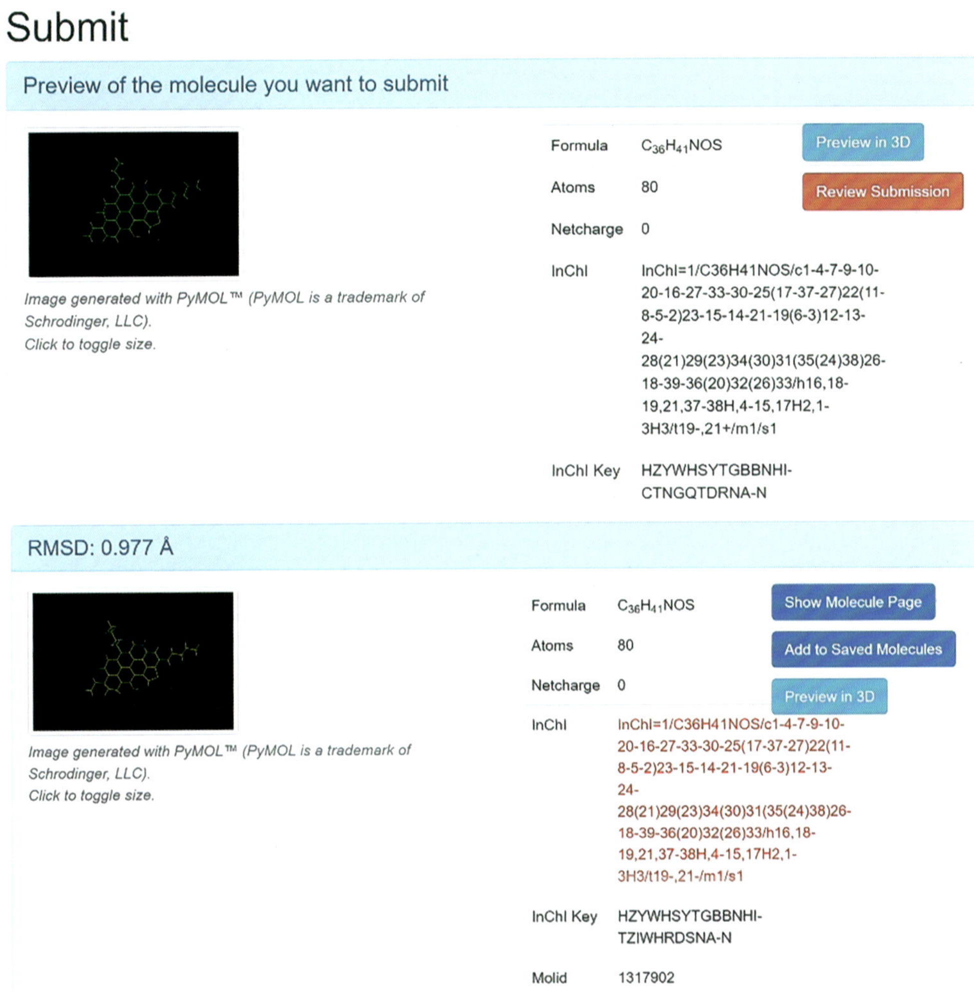

图 9.54　ATB 网站提交分子结构界面

我们选取了分子编号为 1317902 的沥青质分子，如图 9.55 所示。ATB 网站可以生成两种力场，分别是全原子力场［GROMACS G54A7FF All-Atom （itp file）］和联合原子力场［GROMACS G54A7FF United-Atom （itp file）］。本实验采用全原子力场，在图 9.55 所示的界面中下载力场文件 GROMACS G54A7FF All-Atom （itp file）和对应的坐标文件 All-Atom PDB （optimised geometry，pdb file），可以得到 QCZI_GROMACS_G54A7FF_allatom.itp 和 QCZI_GROMACS_G54A7FF_allatom.pdb 两个文件。为了方便后续的计算，我们将两个文件分别修改名称为 Asp1.itp 和 Asp1.pdb。

对于轻质原油中的正庚烷、环己烷和苯，我们可以在“Existing Molecules”中的 Formula 中输入相对应的分子式来得到对应的坐标文件及力场文件（hep.pdb、cyc.pdb、ben.pdb）。

（2）构建油板模型体系

根据上一步得到的轻质油分子结构坐标文件（hep.pdb、cyc.pdb、ben.pdb）来构建模拟初始构型中的油相。本实验使用安装在 Linux 系统下的 Gromacs 2022.5 版本。

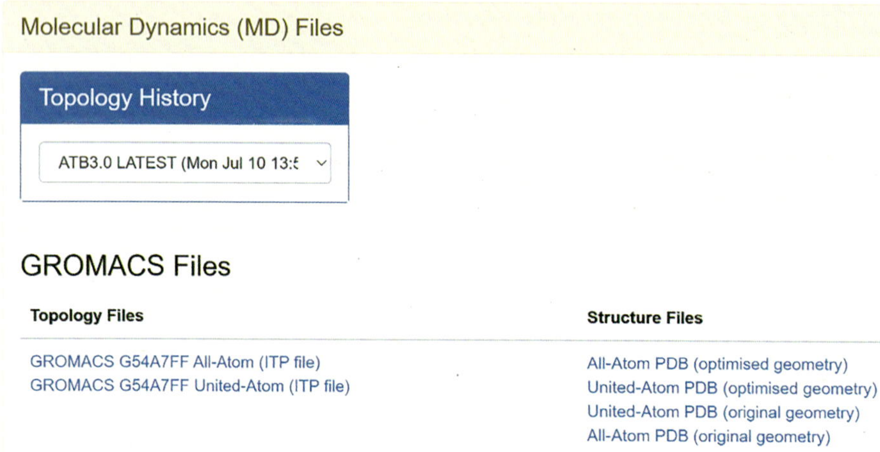

图 9.55　ATB 网站下载沥青质分子的 pdb 格式文件及对应的力场文件示意图

构建含有 80 个正庚烷、环己烷和苯的油相。首先使用 ben.pdb 构建模拟盒子，执行命令：

```
>> gmx editconf -f ben.pdb -bt cubic -box 4.0 4.0 6.0 -o box_1.pdb
```

可以产生一个新的坐标文件 box_1.pdb，模拟盒子大小为 4.0 nm×4.0 nm×6.0 nm，并有一个苯分子。再向盒子中加入其余的分子，执行命令：

```
>> gmx insert-molecules -f box_1.pdb -ci ben.pdb -nmol 79 -o box_2.pdb
>> gmx insert-molecules -f box_2.pdb -ci cyc.pdb -nmol 80 -o box_3.pdb
>> gmx insert-molecules -f box_3.pdb -ci hep.pdb -nmol 80 -o oil.pdb
```

这样就得到了含有 80 个正庚烷、环己烷和苯分子的模拟盒子，如图 9.56 所示。

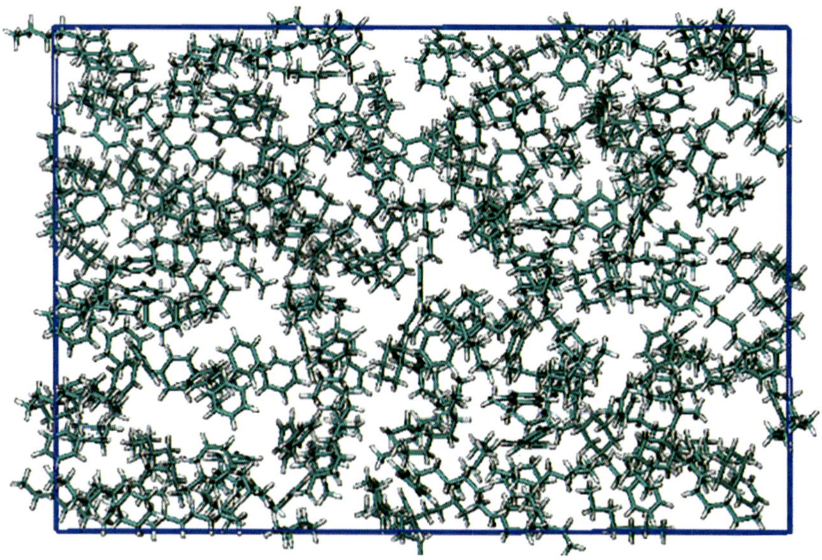

图 9.56　模拟体系初始模型示意图

在执行分子动力学模拟之前，还需要准备两个文件，分别是 top 文件和 mdp 文件。top 文件主要的作用是包括所有需要的力场文件。在本实验中，将模拟所需的所有 top 文件均命名为 topol.top（图 9.57）。对于本实验体系，如图 9.57 所示的第一行“#include "/home/chem/ zljiang/gromos54a7_atb.ff/forcefield.itp"”表示为在该路径下的 forcefield.itp 文件，第二行到第四行没有详细路径的则表示为该文件已在当前模拟的路径下。[system] 为模拟系统命名。[molecules] 提供体系所含的分子残基名称，例如 Q37H 即为苯分子的名字。

```
#include "/home/chem/zljiang/gromos54a7_atb.ff/forcefield.itp"
#include "ben.itp"
#include "cyc.itp"
#include "hep.itp"
#include "/home/chem/zljiang/gromos54a7_atb.ff/spc.itp"

[ system ]
hydrated in water

[ molecules ]

Q37H   80
2HMS   80
N1BA  80
```

图 9.57　topol 文件示例

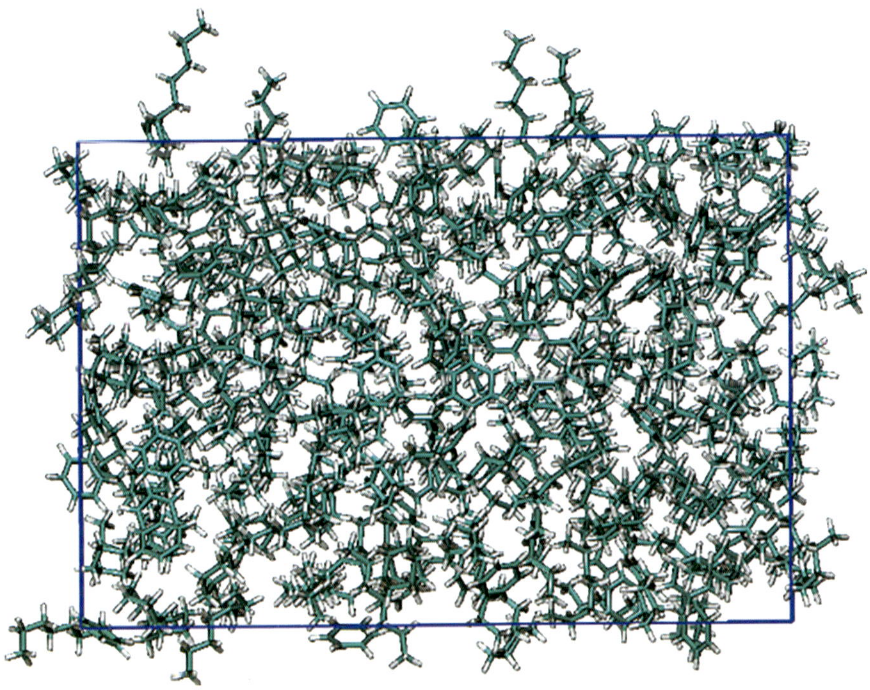

图 9.58　*NPT* 系综模拟后的油滴结构示意图

mdp 文件是分子动力学模拟的控制文件，包含模拟所需要的各个参数。相关 mdp 文件可以在网站下载。

本实验需要用到 em.mdp 和 npt.mdp 文件来分别进行能量最小化和 *NPT* 系综模拟。使用 gmx grompp 命令将油板坐标文件（oil.pdb）、top 文件（topol.top）和模拟控制参数文件（em.mdp）中的参数组装到一个二进制文件中（.tpr），随后使用 gmx mdrun 命令运行能量最小化和 *NPT* 系综模拟。

能量最小化：

```
>> gmx grompp -f em.mdp -c oil.pdb -p topol.top -o mini.tpr -maxwarn 3
>> gmx mdrun -v -deffnm mini
```

对体系进行了能量最小化，并得到坐标文件 mini.gro。我们再根据这个坐标文件进行下一步的 *NPT* 系综模拟：

```
>> gmx grompp -f npt.mdp -c mini.gro -p topol.top -o npt.tpr -maxwarn 3
>> gmx mdrun -v -deffnm npt
```

我们进行了 10 ns 的 *NPT* 系综模拟，得到了如图 9.58 所示的结构，代表油相模型。

（3）沥青质在油水界面聚集的初始模型构建

经 *NPT* 系综模拟，模拟盒子缩小至 3.08 nm×3.08 nm×4.62 nm。在这个基础上，增加模拟长度已加入水相和沥青质分子。

首先增加模拟盒子 *Z* 方向上的长度，执行命令：

```
>> gmx editconf -f npt.gro -box 3.0766 3.0766 12.0 -center 1.8533 1.8533
2.3075 -o box_4.pdb
```

这样就可以产生一个新的坐标文件 box_1.pdb，同时将油相置于盒子最下方。值得一提的是，命令中 -box 来建立的新盒子大小要根据上一步得到的 npt.gro 具体大小来判断（可以使用记事本打开 gro 文件并下拉到最后一行即为盒子尺寸）。之后我们再将盒子中填满水：

```
>> gmx solvate -cp box_4.pdb -o box_5.pdb
```

此时盒子中真空层就会被水分子填满。使用 VMD 软件打开 box_5.pdb，在“VMD mian”中点击“Graphics → Representations”选项，并在“Selected atom”中输入“all not {same residue as water and z ＜ 73.85}”，就可以观察到建立好的水相。点击 File → Save Coordinates 来保存刚刚建立好的结构，命名为 box_6.pdb，并将文件拖回到 Linux 系统中。最后我们向模拟盒子中加入 5 个沥青质分子（a1.pdb）：

```
>> gmx insert-molecules -f box_6.pdb -ci a1.pdb -nmol 5 -o asp_ow.pdb
```

这样就得到了模拟的初始模型，如图 9.59 所示，从左到右分别为水层、沥青质分子层和轻质油层。这里需要注意的是，gmx insert-molecules 命令是随机插入分子，可能导致插入的角度不同而无法插入足够数量的目标分子，因此在输入命令的界面需要观察是否有足够的分子成功插入到模拟盒子中。

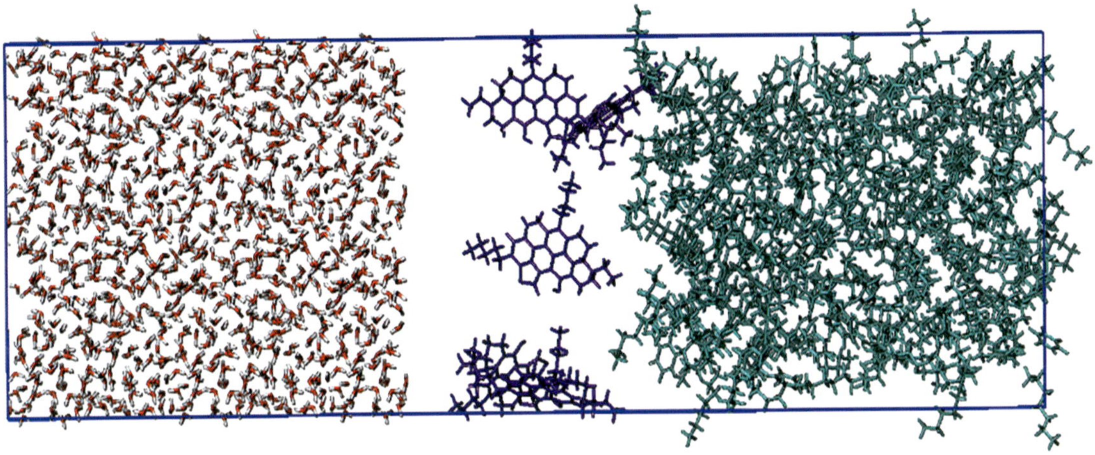

图 9.59 沥青质分子在油水界面模拟的初始构型示意图

红白色为水分子、紫色为沥青质分子、青色为轻质油分子

（4）沥青质在油水界面聚集模拟的运行

接下来进行沥青质分子在油水界面上的聚集模拟。

```
>> gmx grompp -f em.mdp -c asp_ow.pdb -p topol.top -o em.tpr -maxwarn 3
>> gmx mdrun -v -deffnm em
>> gmx grompp -f npt.mdp -c em.gro -p topol.top -o npt_oil_ow.tpr -maxwarn 3
>> gmx mdrun -v -deffnm npt_oil_ow
```

对整个模拟过程进行 10 ns 的 *NPT* 系综模拟。模拟结束快照如图 9.60 所示。同时会得到轨迹文件 npt_oil_ow.xtc 和 npt_oil_ow.tpr 文件，对比就可以进行很多微观特性分析。

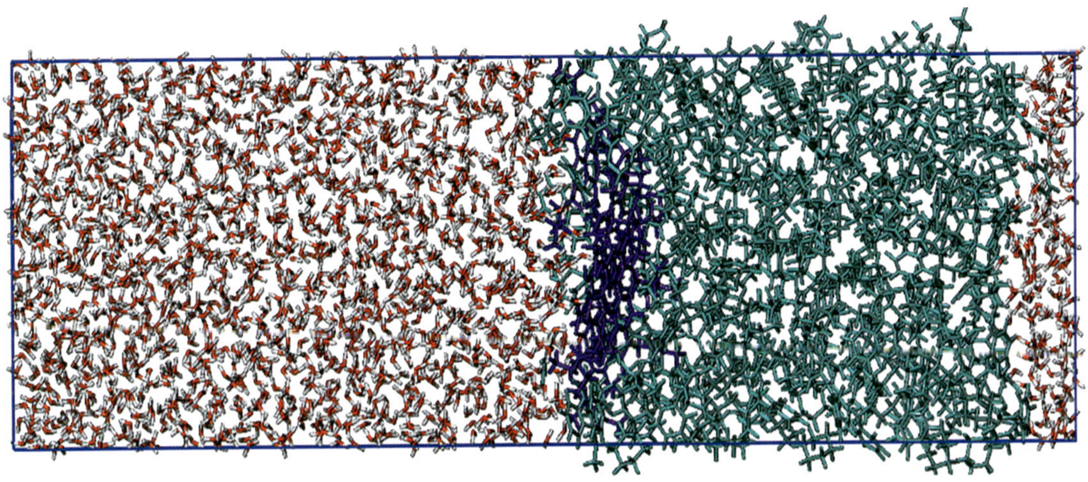

图 9.60 模拟结束快照

（5）体系组分密度分布

使用 gmx density 命令来计算各组分的密度分布。在分析之前，使用 gmx make_ndx 命令建立索引文件（.ndx），执行命令：

```
>> gmx make_ndx -f npt_oil_ow.gro -o index.ndx
```

此时界面会给出需要选择的组。在这里我们选择轻质原油中的正庚烷、环己烷和苯这三个组，即“2 Q37H:960 atoms”“3 2HMS:1440 atoms”以及“4 N1BA:1840 atoms”。在命令行输入“2|3|4”，其中“|”是程序逻辑运算符中的“或”。这样我们就把轻质原油的三种组分合并在一起形成一个新的组，输入“name 9 oil”就可以将这个组命名为“oil”。同样地，我们选择：“5 QCZI：400 atoms”，输入“name 5 asp”，即为沥青质组分，之后输入“q”保存，此时就会生成一个索引文件 index.ndx。接下来我们计算水、轻质原油和沥青质分子在模拟最后 2 ns 的平均密度分布。执行命令：

```
>> gmx density -f npt_oil_ow.xtc -s npt_oil_ow.tpr -b 8000 -e 10000 -ng 3
-center -o average_ density.xvg -n index.ndx -sl 1000
```

其中 -ng 3 表示可以同时计算三个组分的密度分布，-center 表示以某个体系的质心作为中心，-sl 表示将 Z 方向平分为 1000 个切片，并逐一计算各个切面内组分的密度。我们选择“Group 0 （System） has 10667 elements”作为密度分布曲线的中心，接着分别输入 7、9、5，即水、轻质油和沥青质三个组分。计算结束后会得到 average_density.xvg 文件。结果如图 9.61 所示，从图中可以看出，水和轻质油分别分布于体系的左右两侧，沥青质分子则分布在油水界面处。

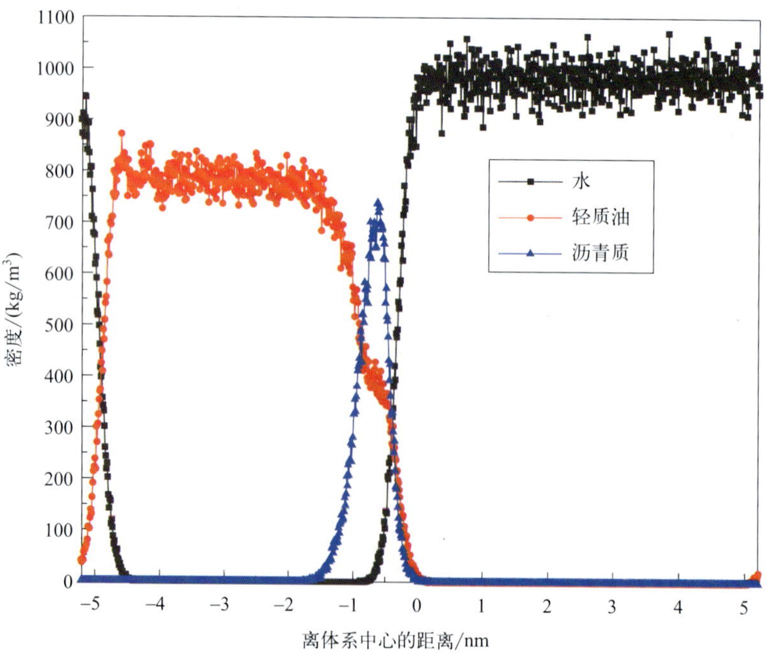

图 9.61　体系中水、轻质油和沥青质分子沿 Z 方向的密度分布

(6) 沥青质与轻质原油之间的相互作用能

使用 gmx energy 命令可以分析各组分之间的相互作用能，但在计算之前要对整个体系进行续跑。首先复制 *NPT* 系综模拟时的 npt.mdp 文件，重新命名为 energy.mdp，打开该文件，将输入 “energygrps =” 后加入 “ asp oil”，这样就可以对上一步索引文件（ndx 文件）中设定的两个组之间的相互作用能进行计算。对模拟中 5 个沥青质分子与轻质原油分子之间的相互作用能进行分析。

首先使用能量最小化生成的结构文件（em.gro）生成 tpr 文件：

```
>> gmx grompp -f energy.mdp -c em.gro -p topol.top -o energy.tpr -n index.
ndx -maxwarn 3
```

再使用 *NPT* 系综模拟生成的 npt.xtc 轨迹文件进行续跑：

```
>> gmx mdrun -v -deffnm energy -rerun npt_oil_ow
```

这样得到相互作用能数据：

```
>> gmx energy -f energy.mdr -o inter_asp_ow.xvg
```

此时软件会提示所需要选择计算的相互作用能（图 9.62）。我们选择 “21 Coul-SR:oil-asp” 和 “22 LJ-SR:oil-asp”，分别代表沥青质分子和轻质原油分子之间的静电相互作用和范德华相互作用，这两者相加就是总的相互作用能，如图 9.63 所示。从图中可以看出，沥青质与轻质原油之间的范德华相互作用要明显大于静电相互作用，这说明沥青质与轻质原油之间由范德华相互作用主导。

```
Select the terms you want from the following list by
selecting either (part of) the name or the number or a combination.
End your selection with an empty line or a zero.
-------------------------------------------------------------------
  1  G96Bond          2  G96Angle         3  Proper-Dih.      4  Improper-Dih.
  5  LJ-14            6  Coulomb-14       7  LJ-(SR)          8  Disper.-corr.
  9  Coulomb-(SR)    10  Coul.-recip.    11  Potential       12  Box-X
 13  Box-Y           14  Box-Z           15  Volume          16  Density
 17  Coul-SR:oil-oil                     18  LJ-SR:oil-oil
 19  Coul-14:oil-oil                     20  LJ-14:oil-oil
 21  Coul-SR:oil-asp                     22  LJ-SR:oil-asp
 23  Coul-14:oil-asp                     24  LJ-14:oil-asp
 25  Coul-SR:oil-rest                    26  LJ-SR:oil-rest
 27  Coul-14:oil-rest                    28  LJ-14:oil-rest
 29  Coul-SR:asp-asp                     30  LJ-SR:asp-asp
 31  Coul-14:asp-asp                     32  LJ-14:asp-asp
 33  Coul-SR:asp-rest                    34  LJ-SR:asp-rest
 35  Coul-14:asp-rest                    36  LJ-14:asp-rest
 37  Coul-SR:rest-rest                   38  LJ-SR:rest-rest
 39  Coul-14:rest-rest                   40  LJ-14:rest-rest
```

图 9.62 相互作用能计算界面

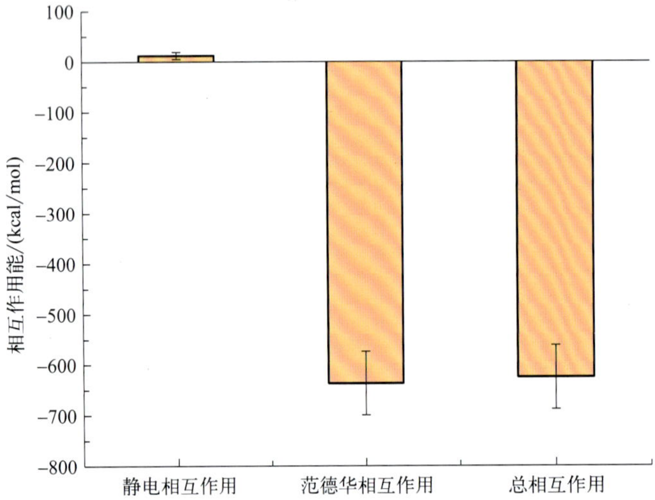

图 9.63 沥青质分子与轻质原油分子之间的相互作用能

沥青质在油水界面的吸附运行脚本

参考文献

Acevedo S，Escobar O，Echevarría L，et al，2004. Structural analysis of soluble and insoluble fractions of asphaltenes isolated using the PNP method. Relation between asphaltene structure and solubility[J]. Energy & Fuels，18：305-311.

Adams J J，2014. Asphaltene adsorption，a literature review[J]. Energy & Fuels，28：2831-2856.

Alvarez-Majmutov A，Gieleciak R，Chen J，2015. Deriving the molecular composition of vacuum distillates by integrating statistical modeling and detailed hydrocarbon characterization[J]. Energy & Fuels，29：7931-7940.

Alvarez-Ramirez F，Ramirez-Jaramillo E，Ruiz-Morales Y，2006. Calculation of the interaction potential curve between asphaltene-asphaltene，asphaltene-resin，and resin-resin systems using density functional theory[J]. Energy & Fuels，20：195-204.

Agrawala M，Yarranton H W，2001. An asphaltene association model analogous to linear polymerization[J]. Industrial & Engineering Chemistry Research，40：4664-4672.

Akhlaq M S，Götze P，Kessel D，et al，1997. Adsorption of crude oil colloids on glass plates：measurements of contact angles and the factors influencing glass surface properties[J]. Colloids and Surfaces A，126（1）：25-32.

Artok L，Su Y，Hirose Y，et al，1999. Structure and reactivity of petroleum-derived asphaltene[J]. Energy & Fuels，13：287-296.

Boek E S，Yakovlev D S，Headen T F，2009. Quantitative molecular representation of asphaltenes and molecular dynamics simulation of their aggregation[J]. Energy & Fuels，23：1209-1219.

Brown J，Ladner W A，1960. Study of the hydrogen distribution in coal like materials by high resolution NMR spectroscopy Ⅱ-A comparison with infrared measurement and the conversion to carbon structure[J]. Fuel，39：87-96.

Carauta A N M，Seidl P R，Chrisman E C A N，et al，2005. Modeling solvent effects on asphaltene dimers[J]. Energy & Fuels，19：1245-1251.

Collell J，Ungerer P，Galliero G，et al，2014. Molecular simulation of bulk organic matter in type Ⅱ shales in the middle of the oil formation window[J]. Energy & Fuels, 28: 7457-7466.

da Costa L M, Stoyanov S R, Gusarov S, et al, 2014. Comutational study of the effect of dispersion interactions on the thermochemistry of aggregation of fused polycrylic aromatic hydrocarbons as model asphaltene compounds in solution[J]. Journal of Physical Chemistry A, 118: 896-908.

de Lara L S, Michelon M F, Miranda C R, 2012. Molecular dynamics studies of fluid/oil interfaces for improved oil recovery processes[J]. Journal of Physical Chemistry B, 116: 14667-14676.

Dickie J P, Yen T F, 1967. Macrostructures of the asphaltic fractions by various instrumental methods[J]. Analytical Chemistry, 39: 1847-1852.

Gao F F, Xu Z, Liu G K, et al, 2014. Molecular dynamics simulation: the behavior of asphaltene in crude oil and at the oil/water interface[J]. Energy & Fuels, 28: 7368-7376.

Gray M R, Tykwinski R R, Stryker J M, et al, 2011. Supramolecular assembly model for aggregation of petroleum asphaltenes[J]. Energy & Fuels, 25: 3125-3134.

Groenzin H, Mullins O C, 2000. Molecular size and structure of asphaltenes from various sources[J]. Energy & Fuels, 14: 677-684.

Headen T F, Boek E S, Skipper N T, 2009. Evidence for asphaltene nanoaggregation in toluene and heptane from molecular dynamics simulations[J]. Energy & Fuels, 23: 1220-1229.

Headen T F, Boek E S, Jackson G, et al, 2017. Simulation of asphaltene aggregation through molecular dynamics: insights and limitations[J]. Energy & Fuels, 31: 1108-1125.

Ji D, Liu G, Zhang X L, et al, 2019. Adsorption of C5 Pe molecules on silica surfaces with different hydrophobicity studied by molecular dynamics simulation[J]. Applied Surface Science, 495: 143624.

Ji D, Liu G, Zhang X L, et al, 2020. Molecular dynamics study on the adsorption of heavy oil drops on a silica surface with different hydrophobicity[J]. Energy & Fuels, 34: 7019-7028.

Jouault N, Corvis Y, Cousin F, et al, 2009. Asphaltene adsorption mechanisms on the local scale probed by neutron reflectivity: transition from monolayer to multilayer growth above the flocculation threshold[J]. Langmuir, 25: 3991-3998.

Kunieda M, Nakaoka K, Liang Y F, et al, 2010. Self-accumulation of aromatics at the oil-water interface through weak hydrogen bonding[J]. Journal of the American Chemical Society, 132: 18281-18286.

Law J C, Headen T F, Jimenez-Serratos G, et al, 2019. Catalogue of plausible molecular models for the molecular dynamics of asphaltenes and resins obtained from quantitative molecular representation[J]. Energy & Fuels, 33: 9779-9795.

Liu J, Zhao Y, Ren S, 2015. Molecular dynamics simulation of self-aggregation of asphaltenes at an oil/water interface: formation and destruction of the asphaltene protective film[J]. Energy & Fuels, 29: 1233-1242.

Lyu W, Zhang L, Li K, et al, 2019. Average molecule construction of petroleum fractions based on ^{1}H-NMR[J]. AIChE Journal, 65: 270-280.

Lv G C, Gao F F, Liu G K, et al, 2017. The properties of asphaltene at the oil-water interface: a molecular dynamics simulation[J]. Colloids and Surface A, 515: 34-40.

Mullins O C, 2010. The Modified Yen Model[J]. Energy & Fuels, 24: 2179-2207.

Mullins O C, Sabbah H, Eyssautier J, et al, 2012. Advances in asphaltene science and the Yen-Mullins model[J]. Energy & Fuels, 26: 3986-4003.

Murgich J, Rodríguez M J, Aray Y, 1996. Molecular recognition and molecular mechanics of micelles of some model asphaltenes and resins[J]. Energy & Fuels, 10: 68-76.

Ortega-Rodríguez A, Cruz S A, Gil-Villegas A, et al, 2003. Molecular view of the asphaltene aggregation behavior in asphaltene-resin mixtures[J]. Energy & Fuels, 17: 1100-1108.

Quann R J, Jaffe S B, 1992. Structure-oriented lumping: describing the chemistry of complex hydrocarbon mixtures[J]. Industrial & Engineering Chemistry Research, 31: 2483-2497.

Porto M, Angelico R, Caputo P, et al, 2022. The structure of bitumen: conceptual models and experimental evidences[J]. Materials, 15: 905.

Poteau S, Argillier J F, Langevin D, et al, 2005. Influence of pH on stability and dynamic properties of asphaltenes and other amphiphilic molecules at the oil-water interface[J]. Energy & Fuels, 19: 1337-1341.

Rogel E, Carbognani L, 2003. Density estimation of asphaltenes using molecular dynamics simulations[J]. Energy & Fuels, 17: 378-386.

Sayyad Amin J, Nikooee E, Ghatee M H, et al, 2011. Investigating the effect of different asphaltene structures on surface topography and wettability alteration[J]. Applied Surface Science, 257: 8341-8349.

Sheremata J M, Gray M R, Dettman H D, et al, 2004. Quantitative molecular representation and sequential optimization of Athabasca asphaltenes[J]. Energy & Fuels, 18: 1377-1384.

Song S H, Zhang H, Sun L, et al, 2018. Molecular dynamics study on aggregating behavior of asphaltene and resin in emulsified heavy oil droplets with sodium dodecyl sulfate[J]. Energy & Fuels, 32: 12383-12393.

Speight J G, Moschopedis S E, 1982. On the molecular nature of petroleum asphaltenes. In "Chemistry of asphaltenes", Bunger J W, Li N C, Eds. Advances in Chemistry Series[J], 195: 1-15.

Storm D A, Edwards J C, DeCanio S J, et al, 1994. Molecular representations of Ratawi and Alaska north slope asphaltenes based on liquid- and solid-state NMR[J]. Energy & Fuels, 8: 561-566.

Strausz O P, Mojelsky T W, Lown E M, 1992. The molecular structure of asphaltene: an unfolding story[J]. Fuel, 71: 1355-1363.

Takamura K, Chow R S, 1985. The electric properties of the bitumen/water interface Part Ⅱ. Application of the ionizable surface-group model[J]. Colloids and Surfaces, 15: 35-48.

Takanohashi T, Sato S, Tanaka R, 2004. Structural relaxation behaviors of three different asphaltenes using MD calculations[J]. Petroleum Science & Technology, 22: 901-914.

Teklebrhan R B, Ge L L, Bhattacharjee S, et al, 2012. Probing structure-nanoaggregation relations of polyaromatic surfactants: A molecular dynamics simulation and dynamic light scattering study[J]. Journal of Physical Chemistry B, 116: 5907-5918.

Teklebrhan R B, Ge L, Bhattacharjee S, et al, 2014. Initial partition and aggregation of uncharged polyaromatic molecules at the oil-water interface: A molecular dynamics simulation study[J]. Journal of Physical Chemistry B, 118: 1040-1051.

Ungerer P, Rigby D, Leblanc B, et al, 2014. Sensitivity of the aggregation behaviour of asphaltenes to molecular weight and structure using molecular dynamics[J]. Molecular Simulation, 40: 115-122.

Wang J, Opedal N, van der T, et al, 2012. Probing molecular interactions of an asphaltene model compound in organic solvents using a Surface Forces Apparatus (SFA) [J]. Energy & Fuels, 26: 2591-2599.

Xiong Y, Li Z, Cao T T, et al, 2018. Synergistic adsorption of polyaromatic compounds on silica surfaces studied by molecular dynamics simulation[J]. Journal of Physical Chemistry C，122：4290-4299.

Yang F，Tchoukov P，Dettman H，et al，2015. Asphaltene subfractions responsible for stabilizing water-in-crude oil emulsions. Part 2：Molecular representations and molecular dynamics simulations[J]. Energy & Fuels，29：4783-4794.

Zajac G W，Sethi N K，Joseph J T，1994. Molecular imaging of petroleum asphaltenes by scanning-tunneling-microscopy-verification of structure from C-13 and proton nuclear-magnetic-resonance data[J]. Scanning Microscopy，8：463-470.

祝然，沈本贤，刘纪昌，2013. 减压蜡油催化裂化结构导向集总动力学模型研究［J］. 石油炼制与化工，44：37-42.

姜兆礼，张恒，苑世领，2024. 沥青质胶质分子结构构型推测分析工具 SSxAA[J]. 石油学报（石油加工），40：941-950.

附录

附录 I　Materials Studio 软件

1. Materials Studio 软件[1] 简介

Materials Studio（简称 MS）是专门为材料科学领域科研人员开发的一款分子模拟软件，支持 Windows、Linux 等多个操作平台，为研究者们提供了更方便地建立三维结构模型并对各种晶体、无定形以及高分子材料的性质及相关过程进行深入研究的工具。通过综合应用多种先进算法，MS 已经成为一个强有力的模拟工具，在构型优化、性质预测以及复杂的动力学模拟和量子力学计算方面，覆盖了聚合物、固体及表面、晶体与衍射、化学反应等材料和化学众多研究领域。

MS 软件采用灵活的 Client-Server 结构。其核心模块 Visualizer 运行于客户端，计算模块（如 Forcite、Amorphous Cell、DMol^3 等）可以运行于服务器端。允许用户将计算作业提交到网络上的任何一台服务器上，并将结果返回到客户端进行分析，从而最大限度地利用了计算资源。以下我们简单介绍 MS 软件中的多种计算模块：

基础环境模块：Materials Visualizer。

分子力学模块（分子动力学、Monte Carlo）：Forcite、Amorphous Cell、Sorption。

晶体与 X 射线衍射模块：Polymorph Predictor、Morphology、X-Cell、Reflex。

量子力学模块：DMol3、CASTEP、VAMP。

高分子、表面活性剂、介观模拟模块：Synthia、Blends、DPD、MesoDyn。

定量结构 - 性质关系：QSAR、Descriptor。

此节将重点讲解 Materials Studio Visualizer 的基本框架，以供读者随时查阅。

2. Materials Studio 软件详解

Materials Studio Visualizer 提供了搭建分子、晶体、界面、表面及高分子材料结构模型所需的所有工具，可以操作、观察及分析计算前后的结构模型，处理图形、表格或文本等形式的数据，并提供软件的基本环境和分析工具以支持 MS 的其他模块，是 MS 软件中的核心模块。同时它也支持多种输入、输出格式，并可将动态的轨迹文件输出成视频文件添加到 Office 系列产品中。

Materials Studio Visualizer 是符合微软标准的应用程序。它包含很多和其他微软产品相似的用户接口界面元素。附图 1.1 显示了一个典型的 Materials Studio Visualizer 界面。

其主要包括以下几个部分：

Menus 菜单条：提供 Visualizer 有关的命令。

Toolbars 工具条：提供调用各个模块和其他常用命令的快捷方式。

Project Explorer 项目管理器：用来查看和处理属于 Materials Studio 项目的文档。

Properties Explorer 性质管理器：查看和编辑对象的属性。

[1] 国内代理商为东方科软（北京）科技有限公司，官网：www.imatsoft.com，电话：400-886-8338。

Job Explorer 任务管理器：可以便利地查看项目任务，并处理它们。

Status bar 状态栏：位于 Visualizer 窗口底部，显示提示或操作的进度。

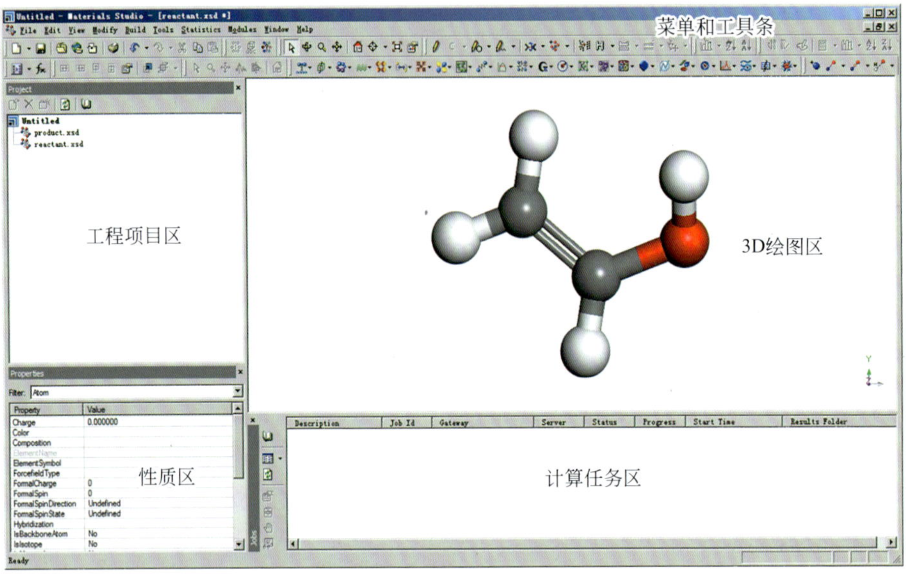

附图 1.1　Materials Studio Visualizer 界面

接下来分别介绍其功能和使用方法：

（1）菜单

Materials Studio 中的命令位于 Visualizer 窗口上部的菜单条中。默认有以下菜单：File 菜单、Edit 菜单、View 菜单、Modify 菜单、Build 菜单、Tools 菜单、Modules 菜单、Windows 菜单、Help 菜单。当然许多常用的菜单命令在工具条中也有，这种命令对应的工具条图标也显示在菜单命令的左边。一些命令也有快捷键，这些快捷键在菜单命令的右边显示出来。

File 菜单

File 菜单包含文件和项目操作的命令，如打开、保存、导入、打印（附图 1.2）。

它主要包含以下菜单项：

New Project…：打开 New Project 对话框，可创建新的项目。

Open Project…：打开 Open Project 对话框，可定位并打开 Materials Studio 项目。

Save：在当前项目中保存当前文档。

Save As…：打开 Save As 对话框，在当前项目中以新名字保存当前文档。

Import…：打开 Import Document 对话框，可以在当前项目中定位并导入文档。

Export…：打开 Export 对话框，可使用任何支持的导出文档格式在当前项目外保存当前文档。

Print…：打开 Print 对话框，可设置打印参数并打印当前文档。

Exit：关闭 Materials Studio。如果有未保存的工作，将会在程序关闭前提示是否保存。

Edit 菜单

Edit 菜单包括编辑被选择的对象和使用剪贴板的命令（附图 1.3）。

以三维模型文档的 Edit 菜单为例，包含以下菜单项：

Undo：撤销上一次动作。

Redo：重做上一次取消的动作。

Cut：剪切当前文档中选择的对象到剪贴板中。

Copy：拷贝当前文档中选择的对象到剪贴板中。

Paste：粘贴剪贴板中的内容到当前文档中。

Delete：删除当前文档中选择的对象。

Select All：选择当前文档中的所有对象。

Atom Selection：打开 Atom Selection 对话框，可按不同性质来选择结构中的原子。

Edit Sets：打开 Edit Sets 对话框，可处理存在于三维模型文档中的原子集合。

Find Patterns：打开 Find Patterns 对话框，可在当前三维模型文档中寻找在另一个文档中出现的结构模式。

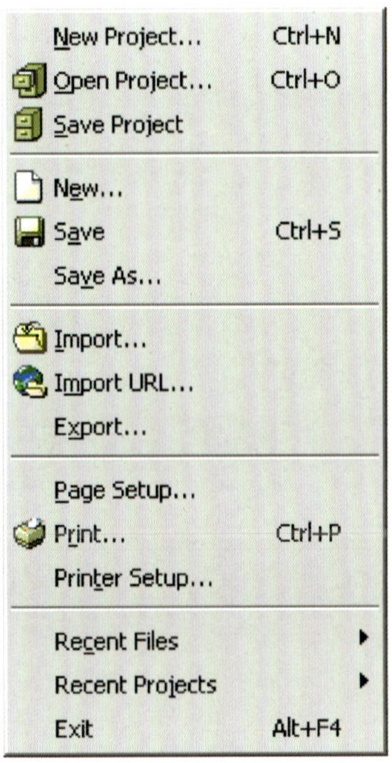

附图 1.2　File 菜单

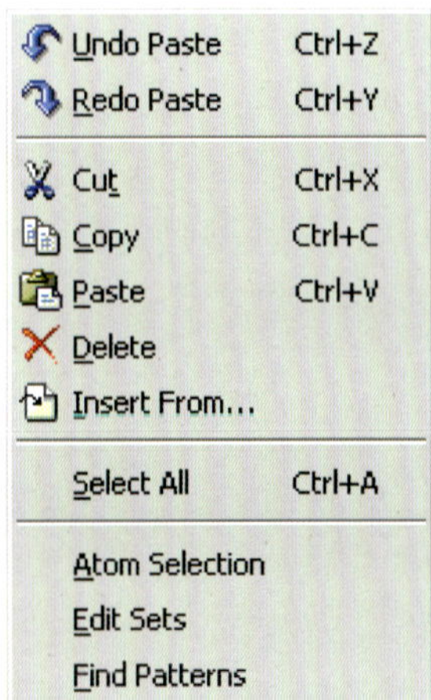

附图 1.3　Edit 菜单

View 菜单

View 菜单包括改变 Materials Studio 显示外观的命令，包括工具条、浏览器和状态栏的显示与否，项目日志和 3D Viewer 的显示参数（附图 1.4)。(注意：此菜单的内容随着当前文档类型的不同而不同。)

以三维模型文档 View 菜单为例，主要包括以下菜单项：

Toolbars：显示所有 Materials Studio 的工具条列表，可以选择每一个工具条是否可见。

Explorers：显示所有 Materials Studio 的浏览器列表，可以选择每一个浏览器是否可见。

Status Bar：设置状态栏是否可见。

Display Style：打开 Display Style 对话框，改变结构或选择的原子的显示样式。

Display Options：打开 Display Options 对话框，可设置显示三维结构的显示参数。

Modify 菜单

Modify 菜单包含更改当前窗口显示对象性质的命令（附图 1.5）。

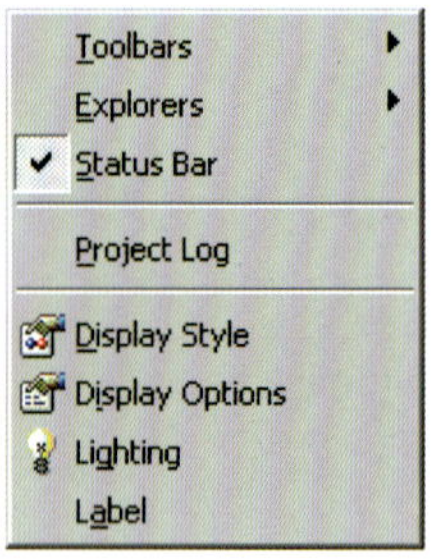

附图 1.4　View 菜单

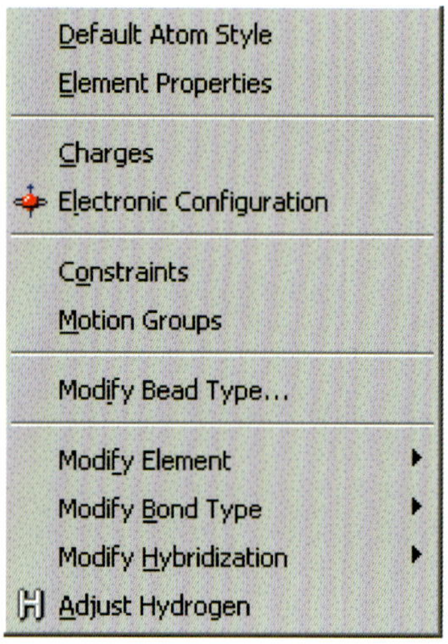

附图 1.5　Modify 菜单

它主要包括以下菜单项：

Element Properties：打开 Element Properties 对话框，可查看编辑元素性质，包括显示颜色、原子半径和原子质量。

Charges：打开 Charges 对话框，可计算或设置原子电荷，定义电荷基团。

Constraints：打开 Constraints 对话框，定义原子位置、晶格参数、相互距离、角度和转矩上的约束。

Modify Element：显示常见元素列表和元素周期表，可更改当前原子的元素种类。

Modify Bond Type：显示不同的成键方式，可以改变当前的键合方式。

Adjust Hydrogen：计算所选原子或整体结构的氢原子数量和位置。

Build 菜单

Build 菜单包含建立高聚物、晶体、表面和层状结构的命令（附图 1.6）。

其中 Build Polymers 显示以下建立高聚物的选项：

Homopolymer：构建均聚物。

Block Copolymer：构建嵌段共聚物。

Random Copolymer：构建无规共聚物。

Dendrimer：构建树枝状聚合物。

Repeat Unit：打开 Repeat Unit 对话框，包含从所选部分建立重复单元的选项。

Crystals 显示创建晶体选项：

Build/Rebuild Crystal…：打开 Build Crystal 对话框，从它们的组成、指定对称性建立晶体，查看和修改晶格参数。

Build Vacuum Slab…：打开 Build Vacuum Slab Crystal 对话框，可从表面创建晶体。

Surfaces 显示下列建立表面菜单：

Cleave Surface：打开 Cleave Surface 对话框，沿指定方向剪切晶体，创建表面。

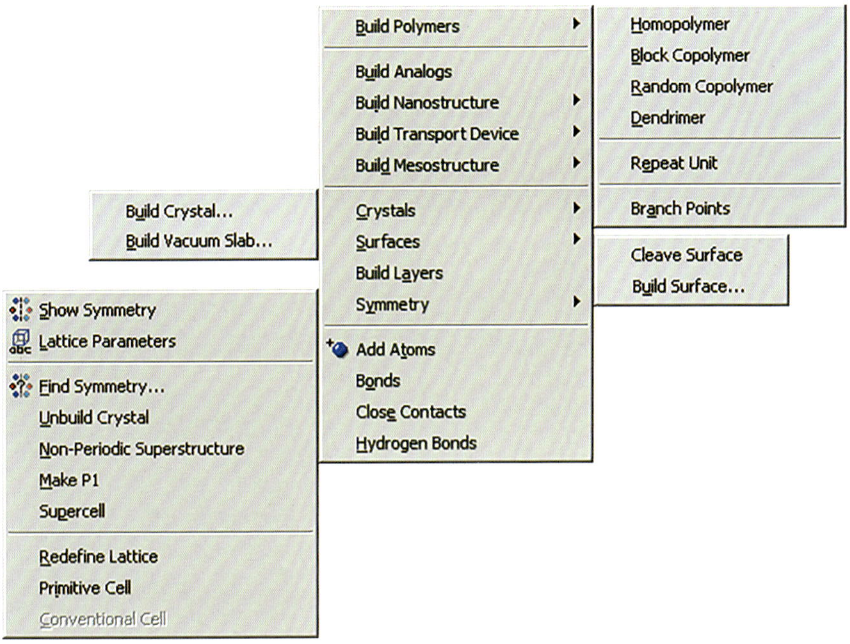

附图 1.6　Build 菜单

Build/Rebuild Surface…：打开 Build Surface 对话框可以从组成元素、对称性建立表面，查看编辑晶格参数。

Symmetry 主要显示下列对称性选项：

Show Symmetry：打开 Show Symmetry 对话框，显示当前结构的对称性信息。

Unbuild Crystal/Surface：取消当前建立的晶体或表面。

Make P1: 从当前晶体或表面中去掉除平移周期性以外的其他对称性。

Supercell：打开 Supercell 对话框，从当前晶体或表面建立一个超晶胞。

Bonds：打开 Bond Calculation 对话框，使用指定条件计算当前三维模型中原子间的键。

Close Contacts：打开 Close Contact Calculation 对话框，可计算当前三维模型中原子间密堆积。

Hydrogen Bonds：打开 Hydrogen Bond Calculation 对话框，使用指定条件计算当前三维模型中的氢键。

Build Layers：打开 Build Layers 对话框，可以由其他表面和晶体建立层状结构。

Tools 菜单

Tools 菜单包括操作当前窗口中对象的命令，如查找等同原子、预览反应和振动分析。它也包括打开服务器控制窗口和选项对话框（附图 1.7）。

以三维模型文档为当前活动文档为例，Tools 菜单主要包括：

Find Equivalent Atoms：打开 Find Equivalent Atoms 对话框，在当前文档中查找与另一文档中出现的等同的原子。原子匹配对于使用 Reaction Preview 对话框浏览反应路径是必须的。

Reaction Preview：打开 Reaction Preview 对话框，可以在反应物和化学反应生产物之间使用内插法确定反应路径。

Vibrational Analysis：打开 Vibrational Analysis 对话框，可以在合适的三维模型文档中计算分子的振动模式。

Server Console：打开服务器控制窗口，查看在服务器上运行的任务。

Modules 菜单

Modules 菜单提供使用安装了的 Materials Studio 模块，可通过此菜单进入相应模块。

通常模块菜单包括以下菜单项：

Amorphous Cell：提供 Amorphous Cell 模块中的工具，可以建立复杂无定型系统中的代表性模型并预测它们的性质。

Dmol3：提供 Dmol3 模块中的工具，可以进行基于泛函密度理论的量子力学计算，分析分子和周期系统。

DPD：提供 DPD 模块中的工具，可以进行大尺度长时间的介观动力学模拟。

Forcite：提供 Forcite 模块中的分子动力学工具，它使用了多种成熟的分子力学和分子动力学方法，以多个经过仔细推导的力场为基础，可以准确地计算出最低能量构象，并可给出不同系综下体系结构的动力学轨迹。

MesoDyn：提供 MesoDyn 模块中的工具，可以研究复杂流体动力学和在大尺度长时间中的平衡状态。

Reflex：提供 Reflex 和 Reflex Plus 模块中的工具，可以查看、模拟、索引和精修粉末衍射的数据，求解晶体结构。

VAMP：提供 VAMP 模块中的工具，可以使用半经验量子力学算法模拟气体和溶液中的反应和性质。

Windows 菜单

Windows 菜单包括组织显示打开文档窗口的命令（附图 1.8）。

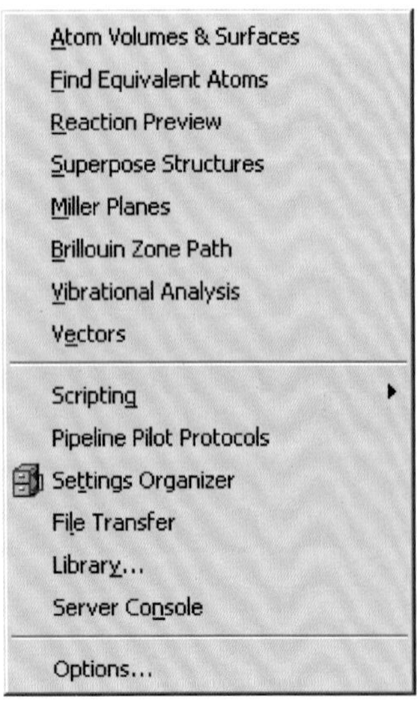

附图 1.7　Tools 菜单

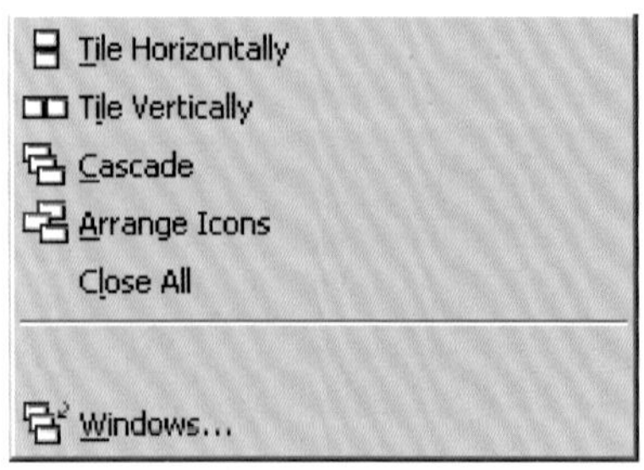

附图 1.8　Windows 菜单

它包括以下菜单项：

Tile Horizontally：水平平铺所有打开的文档窗口。

Tile Vertically：垂直平铺所有打开的文档窗口。

Cascade：重叠显示当前项目中打开的窗口。

Arrange Icons：在窗口左边整齐显示所有最小化的窗口。

Close All：关闭当前项目中所有打开的窗口。

Windows…：打开 Windows 对话框，管理已经打开文档的窗口。

Help 菜单

Help 菜单包括获得 Materials Studio 帮助系统或其他在线信息的命令（附图 1.9）。

它主要包括以下菜单项：

Help Topics：显示 Materials Studio Help Viewer，所有帮助主题都列在目录栏。

Using Help：显示怎样使用帮助的主题。

Getting Started：显示开始使用 Materials Studio 的帮助主题。

Tutorials：显示已安装 Materials Studio 模块的演示，有许多实例，可供参考学习。

About Materials Studio：显示有关 Materials Studio 安装的信息。

（2）Explorers 管理器

Materials Studio 集成了几个管理器。可以快速方便地浏览显示数目较多的条目。Materials Studio 包括以下管理器：Project Explorer、Properties Explorer 和 Job Explorer。

Project Explorer 项目管理器

Materials Studio 将组织逻辑上有关的文档成一个集合，称之为项目。可以使用 Project Explorer 查看属于一个项目的文档（附图 1.10）。

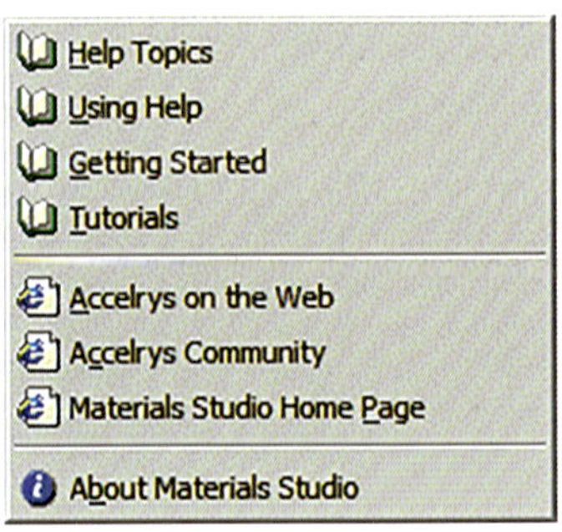

附图 1.9　Help 菜单

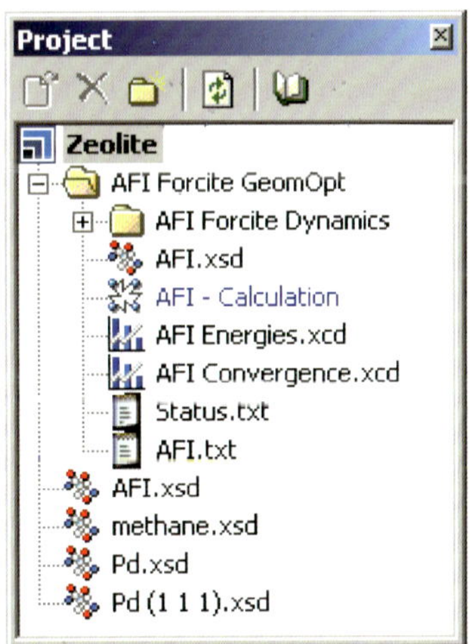

附图 1.10　项目管理器

Project Explorer 在 Materials Studio 启动时默认打开。View|Explorers|Project Explorer 菜单命令可以控制它的显示。Materials Studio 项目使用当前文件夹的概念。当 Materials Studio 创建或导入文档时，文档放在当前文档目录中。当前目录在 Project Explorer 中以黑体显示。

Materials Studio 创建的文档拥有不同的扩展名（如：.xsd，.xtd，.txt 等），如果 Project Explorer 没有显示文件扩展名（如显示 3D Model Document，而不是 3D Model Document.xsd），可以在 Windows 浏览器中修改文件夹选项。如下：

① 在 Windows 文件浏览器中选择“工具”菜单。
② 在文件夹选项对话框中选择“查看”选项卡。
③ 取消勾选“隐藏已知文件类型的扩展名”项。
④ 点击“确定”按钮。
⑤ 重新启动 Materials Studio。

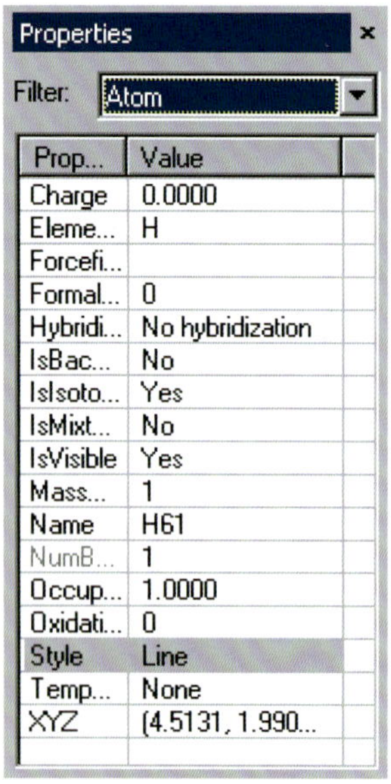

附图 1.11 性质管理器

Properties Explorer 性质管理器

Properties Explorer 显示在三维文档或图形文档中选定对象的属性。对象包括图形标记、原子、键、分子等（附图 1.11）。当选择多个对象时，显示它们的共同属性。

Materials Studio 启动时默认不显示 Properties Explorer，可以通过 View|Explorers|Properties Explorer 菜单命令控制它的显示与否。

可以通过双击属性列表中适当的显示栏来编辑属性的值。双击时，显示一个对话框，键入新值。对话框的类型根据属性的不同而不同。Properties Explorer 顶部的 Filter 显示活动文档中选定对象的类型。从 Filter 列表中选择一种对象类型后 Properties Explorer 就只显示那类对象的性质。当选定一种以上对象类型（Filter 没有设置为 All），属性列表只显示选定对象的共有属性。属性的值只在所有选定的对象都有相同的值时才显示。并不是所有的属性都可以编辑，不能编辑的属性以灰色显示。

Job Explorer 任务管理器

任务管理器提供轻松管理项目任务功能。可以使用任务管理器查看操作属于此项目的任务（附图 1.12）。

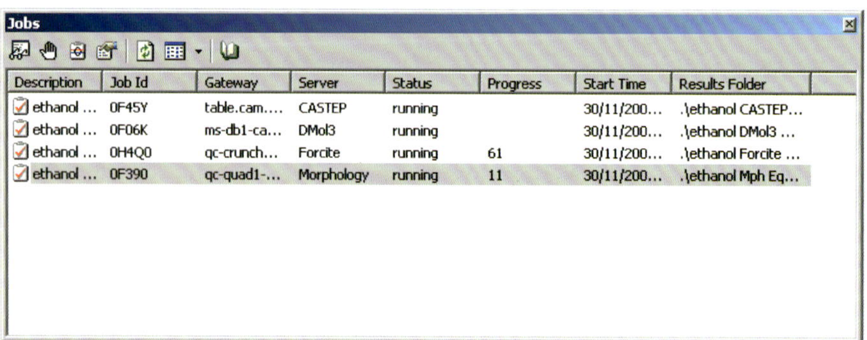

附图 1.12 任务管理器

第一次运行 Materials Studio 时 Job Explorer 不显示。可以通过 View|Explorers|Job Explorer 菜单命令控制它的显示。Job Explorer 包括项目所属任务的列表，不同列显示任务的不同信息。默认情况下，列表按顺序包含以下列：

Description：任务的文本描述。　　　　Job ID：任务的唯一识别码。

Gateway：运行此任务的机器及端口。

Server：任务使用的服务器程序。

Status：任务状态。

Progress：任务以百分比显示的进度。

Start Time：任务开始时的日期和时间。

Results Folder：结果将要保存到的目录。

(3) 工具条

我们可以使用工具条上的命令按钮快速执行常用命令。使用 View 菜单关闭或显示工具条，也可以在一个工具条上右击鼠标显示快捷菜单来控制菜单条的显示。其中三维视图工具条可以操纵处理显示在三维窗口中的对象（附图 1.13）。

附图 1.13　三维视图工具条

它包括以下命令按钮：

Selection：选择模式。

Rotation：旋转模式。

Zoom：缩放模式。

Translation：平移模式。

Reset View：复位到最初模式。

Recenter View：在窗口中间显示。

Fit to View：缩放至合适窗口的大小。

Display Style：显示 Display Style 对话框，以改变显示方式。

动画工具条

动画工具条可以控制三维窗口中动画文件的显示（附图 1.14）。

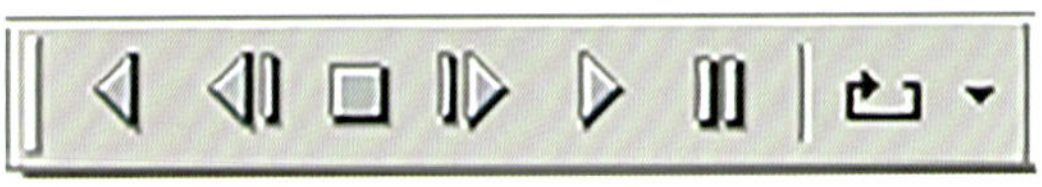

附图 1.14　动画工具条

它包含以下命令：

Play Backwards：倒映动画。

Step Backwards：向前播放一帧。

Stop：停止放映。

Step Forwards：向后播放一帧。

Play：放映动画。

Pause：暂停放映，再按一次继续放映。

Animation Mode：显示动画模式下拉菜单，可进行更多动画播放设置。

原子和键工具条

原子和键工具条用来添加和操纵原子、键、闭环和氢键（附图 1.15）。

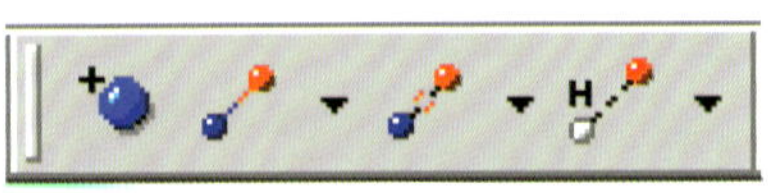

附图 1.15　原子和键工具条

它包含一些命令按钮：

Add Atoms：打开 Add Atoms 对话框，添加指定氧化态、占位数和原子温度因子的原子。

Calculate Bonds：显示计算化学键下拉式菜单（附图 1.16），主要包括以下选项：

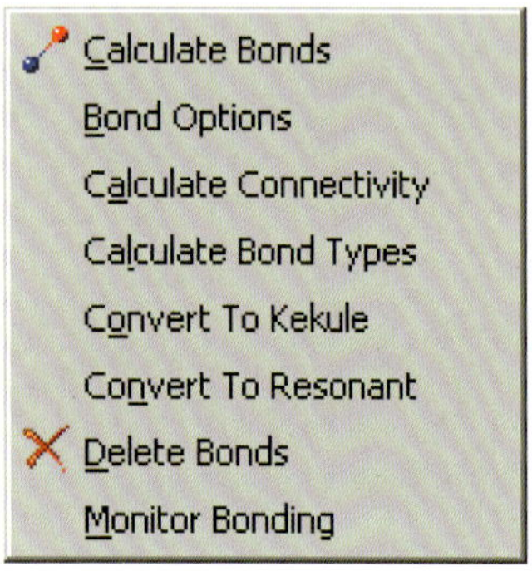

附图 1.16　计算化学键菜单

Bond Options：打开 Bond Calculation 对话框。

Calculate Bond Types：使用 Bond Calculation 对话框中设定的判断条件，计算当前文档中化学键参数。

Delete Bonds：删除选定的化学键，若未指定化学键，当前文档中所有的化学键都被删除。

Monitor Bonding：控制键监视器的打开和关闭。

Calculate Close Contacts：显示计算 Close Contacts 下拉式菜单，打开 Close Contact Calculation 对话框，删除闭环，控制闭环监视器打开和关闭。

Calculate Hydrogen Bonds：显示计算氢键下拉式菜单，打开 Hydrogen Bond Calculation 对话框，删除氢键，控制氢键监视器的打开和关闭。

模块工具条

模块工具条提供使用已经安装的模块的命令（附图 1.17），我们会在相关章节中具体使用到的环境里再做详细介绍。

附图 1.17　模块工具条

绘制工具条

绘制工具条可以在三维窗口中建立和修改 3D 原子模型（附图 1.18）。

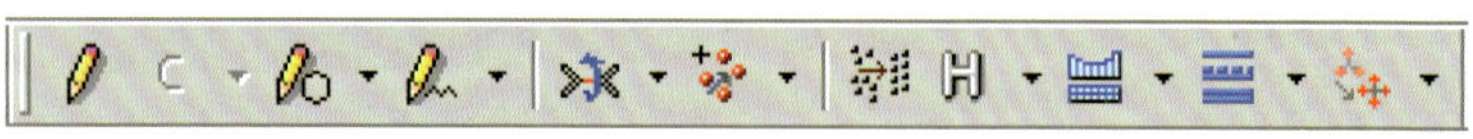

附图 1.18　绘制工具条

它主要包括以下命令按钮：

Sketch Atom：进入画原子模式，可以创建和修改原子和键。

Sketch Atom to Use：指定供画原子使用的元素。

Sketch Ring：进入画环模式，可以创建和融合原子环。

Sketch Fragment：进入画原子团模式，可以建立、旋转和融合原子团，以及添加到模型中。

Measure/Change：显示测量/改变下拉列表，可以量度并改变三维原子中原子距离、角度、二面角。

Clean：优化选定的原子团或整个结构的几何构形。

Adjust Hydrogen：调整选定的原子或整个结构的氢原子数目和位置。

Modify Element：显示元素周期表，可以改变选定原子的元素类型。

Modify Bond Type：显示键类型下拉列表，可以改变选定键的种类。

Modify Hybridization：显示杂化下拉列表，可以改变选定原子的杂化类型。

标准工具条

标准工具条包括进行文件操作，如导入、保存和打印（附图 1.19）。

附图 1.19　标准工具条

它主要包括以下命令按钮：

New Document：打开 New Document 对话框，或显示新建文档下拉列表框，可以从中选择新建文档的类型。

Save：保存当前文档。

Import：打开 Import Document 对话框，向项目中定位并导入文档。

Print：打开打印对话框，可以设置打印参数，打印当前文档。

Undo：取消上一次动作。

Redo：重做上一次取消的动作。

Cut：剪切当前文档中选定的对象，保存到剪贴板中。

Copy：从当前文档中复制选定的对象到剪贴板中。

Paste：向当前文档中粘贴剪贴板中的内容。

体积可视化工具条

体积可视化工具条提供有关建立和显示等值面和体积型数据（场）切片的工具（附图1.20）。

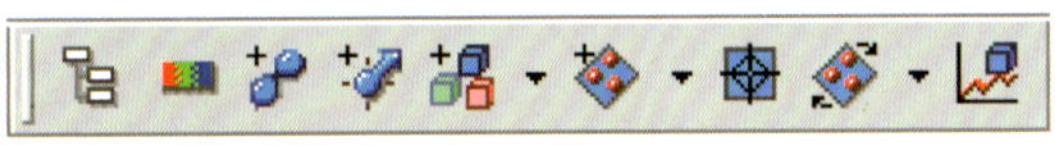

附图 1.20　体积可视化工具条

它主要包括以下命令按钮：

Volumetric Selection：打开 Volumetric Selection（体积选择）对话框，可以控制场、等值面和切片的选择和可见性。

Color Maps：打开 Color Maps（颜色映射）对话框，控制数值如何从场、等值面和切片映射到颜色。

Create Slices：为当前选定的场建立切片。切片的位置对选定的场是最合适的。通过使用下拉菜单，可以选择切片平行于场体积界限的任一边。可以使用 Display Styles 对话框中的 Slice 选项页的设置来自定义切片显示方式。

Create Isosurfaces:：为选定的场建立等值面。对于选定的场，默认使用的等值是场数值的平均值。可以使用 Display Style 对话框中 Isosurface 选项页的设置来自定义等值面的显示。

（4）状态栏

状态栏显示在 Materials Studio 窗口的底部。它显示对当前活动的有用信息。例如，鼠标指到命令菜单，状态栏就显示命令菜单的描述。鼠标放在工具条按钮上一会，就会出现黄色的提示。对于三维窗口等可能在状态栏显示信息或提示，以便更好地使用。

状态栏中靠右边是一个凹进去的进度提示器。当长时间操作时，进度条显示已经完成多少和剩下多少。操作在进行时，一个小的红色“×”会出现在进度条的右边，可以在“×”上单击来取消当前操作。

附录Ⅱ　Gromacs 软件

1. 简介

Gromacs（Groningen Machine for Chemical Simulations，亦可简称为 GMX）软件最早在 1991 年由荷兰格罗宁根大学（University of Groningen）开发并发布，2001 年之后主要由乌普萨拉大学、斯德哥尔摩大学和瑞典皇家理工学院（Uppsala University，Stockholm University and the Royal Institute of Technology，Sweden.）开发维护，核心开发者包括 Mark Abraham、Berk Hess、Erik Lindahl and David van der Spoel。目前最新稳定版为 Gromacs 2024.3 版本（截至 2024 年 10 月）。由于其有非常高的计算效率，被很多课题组广泛应用于生物体系、溶液体系等的模拟。主要优点包括：

① 并行效率高，支持 GPU 加速功能，速度几乎是所有动力学程序中最快的。

② 使用简洁方便，力场文件、控制文件等均以文本方式编写，可以灵活修改。

③ 提供大量灵活的动力学轨迹分析工具，不需借助第三方软件即可进行常规的分析。

④ 开源免费长期维护，用户量大，资源较多。

但其也存在一些不足之处，例如仅支持命令行界面无官方图形化界面，对初学者不太友好；不支持反应力场、EAM 势、可极化力场等，无法模拟反应、金属材料等；缺少高级功能，如恒 pH 模拟、加速采样方法、QM/MM 计算，一些高级功能的实现只能靠第三方程序接口来实现。但总体上瑕不掩瑜，目前 Gromacs 软件也是学术界使用最普遍的分子动力学模拟软件。

2. 编译与安装

以最新稳定版 Gromacs 2024.3 的纯 CPU 单精度单机并行版在 Linux 系统安装为例，首先读者应确保系统的 gcc 版本≥ 5.0，cmake 版本≥ 3.18.4。

① 对于 cmake 版本较低的系统可通过以下命令，在 root 权限下升级：

```
# yum install epel-release 添加软件源
# yum install cmake3 自动下载安装cmake包
# cmake3 /V 能正确显示cmake版本即说明升级成功
```

② 解压并编译安装 Gromacs 2024.3，从官网下载 Gromacs 安装包，并上传到服务器，在普通用户权限下依次输入如下命令：

```
$ tar xfz gromacs-2024.3.tar.gz 解压压缩包
$ cd gromacs-2024.3 进入gromacs-2024.3文件夹
$ mkdir build 创建build目录
$ cd build 进入build目录
$ cmake .. -DGMX_BUILD_OWN_FFTW=ON -DREGRESSIONTEST_DOWNLOAD=ON -DCMAKE_
INSTALL_PREFIX=/home/chem/gmx2024.3自动下载FFTW库
$ make -j 调用所有核心开始编译
$ make install 安装
```

完成之后 Gromacs 2024.3 即被安装到了 /home/chem/gmx2024.3 文件夹。为了能在任意目录下都能使用 Gromacs 的命令，读者还需要修改目录下的 .bahsrc 文件，将 source /home/chem/gmx2024.3/bin/GMXRC 添加到环境变量中，然后重新登陆服务器，输入 gmx -version 能正确显示 Gromacs 的版本信息即说明安装成功。

3. 基本操作流程

Gromacs 官方文档（Manual）中对其操作流程等信息有着非常详尽的介绍，同时也有诸多第三方发布的具体操作案例，如 Justin A. Lemkul 的 Gromacs 案例（http://www.mdtutorials.com/gmx/）。同时在中文互联网上也有诸多参考资料，例如李继存等人对官方文档和案例的中文翻译（https://jerkwin.github.io/）。

概括起来运行一个完整的分子动力学模拟需要三个阶段，即前处理、运行计算、数据分析，如附图 2.1 所示。其中前处理阶段主要任务是根据需要解决的问题抽象出模型，并通过

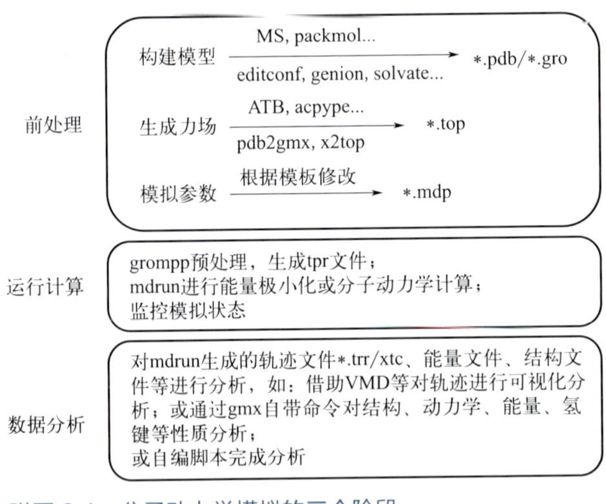

附图 2.1　分子动力学模拟的三个阶段

建模工具构建出结构文件（*.pdb或*.gro），生成体系的拓扑文件（*.top），并设置恰当的参数控制文件（*.mdp）；运行计算阶段主要由服务器完成，在运行中读者应不时监控模拟状态；数据分析阶段主要根据动力学运算产生的轨迹进行分析，提取有价值的信息，例如结构的可视化变化轨迹、结构性质、动力学性质、能量变化、氢键性质等等。

4. 重要的文件

（1）力场文件（Topology、*.top、*.itp文件）

```
;Example topology file
[ defaults ]
;nbfunc comb-rule gen-pairs fudgeLJ fudgeQQ
      1         1         no      1.0      1.0
```

nbfunc：描述范德华相互作用的函数类型
comb-role：原子间LJ参数组合规则
gen-pairs：是否产生确实的1-4范德华参数
fudgeLJ：1-4范德华作用修正因子
fudgeQQ：1-4静电相互作用修正因子

```
;The force field files to be included
#include "urea.itp"
#include "spc.itp"
```

引用的力场参数文件，这样做的好处是在模拟不同体系时可以重复使用itp文件

```
[ system ]
Urea in Water
```

模拟的体系，用户可自定义

```
[ molecules ]
;compound  nmols
    Urea       1
     SOL    1000
```

分子名，分子数量

```
[ moleculetype ]
;name nrexcl
 Urea      3
```

分子名，排除相邻nrexcl个键以内的原子间的非键相互作用

```
[ atoms ]
; nr type resnr residu atom cgnr    charge
   1   C      1    UREA   C1    1     0.683
   2   O      1    UREA   O2    1    -0.683
   3  NT      1    UREA   N3    2    -0.622
   4   H      1    UREA   H4    2     0.346
   5   H      1    UREA   H5    2     0.276
   6  NT      1    UREA   N6    3    -0.622
   7   H      1    UREA   H7    3     0.346
   8   H      1    UREA   H8    3     0.276
```

原子序号、原子类型、残基编号、残基名、原子名、电荷组编号、电荷

```
[ bonds ]
; ai aj funct            c0            c1
   3  4    1   1.000000e-01  3.744680e+05
   3  5    1   1.000000e-01  3.744680e+05
   6  7    1   1.000000e-01  3.744680e+05
   6  8    1   1.000000e-01  3.744680e+05
   1  2    1   1.230000e-01  5.020800e+05
   1  3    1   1.330000e-01  3.765600e+05
   1  6    1   1.330000e-01  3.765600e+05
```

键长

```
[ pairs ]
; ai aj funct           c0            c1
   2  4     1 0.000000e+00  0.000000e+00
   2  5     1 0.000000e+00  0.000000e+00
   2  7     1 0.000000e+00  0.000000e+00
   2  8     1 0.000000e+00  0.000000e+00
   3  7     1 0.000000e+00  0.000000e+00
   3  8     1 0.000000e+00  0.000000e+00
   4  6     1 0.000000e+00  0.000000e+00
   5  6     1 0.000000e+00  0.000000e+00
```

1-4原子间对相互作用参数

```
[ angles ]
; ai aj ak funct            c0            c1
   1  3  4     1   1.200000e+02  2.928800e+02
   1  3  5     1   1.200000e+02  2.928800e+02
   4  3  5     1   1.200000e+02  3.347200e+02
   1  6  7     1   1.200000e+02  2.928800e+02
   1  6  8     1   1.200000e+02  2.928800e+02
   7  6  8     1   1.200000e+02  3.347200e+02
   2  1  3     1   1.215000e+02  5.020800e+02
   2  1  6     1   1.215000e+02  5.020800e+02
   3  1  6     1   1.170000e+02  5.020800e+02
```

键角

```
[ dihedrals ]
; ai aj ak al funct            c0            c1            c2
   2  1  3  4     1   1.800000e+02  3.347200e+01  2.000000e+00
   6  1  3  4     1   1.800000e+02  3.347200e+01  2.000000e+00
   2  1  3  5     1   1.800000e+02  3.347200e+01  2.000000e+00
   6  1  3  5     1   1.800000e+02  3.347200e+01  2.000000e+00
   2  1  6  7     1   1.800000e+02  3.347200e+01  2.000000e+00
   3  1  6  7     1   1.800000e+02  3.347200e+01  2.000000e+00
   2  1  6  8     1   1.800000e+02  3.347200e+01  2.000000e+00
   3  1  6  8     1   1.800000e+02  3.347200e+01  2.000000e+00
```

二面角

```
[ dihedrals ]
; ai aj ak al funct            c0            c1
   3  4  5  1     2   0.000000e+00  1.673600e+02
   6  7  8  1     2   0.000000e+00  1.673600e+02
   1  3  6  2     2   0.000000e+00  1.673600e+02
```

反常二面角

（2）结构文件（*.pdb、*.gro 文件）

Gromacs 中使用的分子结构文件主要支持 pdb 文件和 gro 文件，其中 pdb 格式是蛋白质数据库文件格式，较为通用，而 gro 格式是 Gromacs 私有文件格式，主要区别在于 gro 文件可以包含原子速度信息，两者通过 gmx editconf 命令可相互转换，以下是同一结构的两种文件类型的格式：

```
TITLE     UNITED ATOM STRUCTURE FOR MOLECULE MOL
REMARK    THIS IS A SIMULATION BOX
CRYST1  100.000  100.000  100.000  90.00  90.00  90.00
MODEL        1
ATOM       1  N4   NDI     0      37.765  69.348  13.665  1.00  0.00
ATOM       2  C22  NDI     0      37.307  68.502  14.556  1.00  0.00
ATOM       3  C23  NDI     0      36.494  67.557  14.774  1.00  0.00
ATOM       4  C24  NDI     0      35.904  67.188  13.499  1.00  0.00
ATOM       5  C25  NDI     0      36.316  67.901  12.295  1.00  0.00
ATOM       6  C26  NDI     0      37.153  68.782  12.656  1.00  0.00
ATOM       7  C19  NDI     0      34.824  66.261  13.427  1.00  0.00
...省略...
ATOM   95190  OW   SOL  9663      97.383  97.343  98.303  1.00  0.00
ATOM   95191  HW1  SOL  9663      97.683  96.623  97.683  1.00  0.00
ATOM   95192  HW2  SOL  9663      96.993  96.943  99.133  1.00  0.00
```

盒子尺寸

原子序号　原子名　残基名　残基号　X 坐标　Y 坐标　Z 坐标　占有度　B 因子

```
ndi and flp in water
95192
    1NDI     N4    1   5.936   4.598   1.164 -0.1648 -0.4604  0.6613
    1NDI    C22    2   5.880   4.506   1.241  0.2114 -0.9086 -0.6163
    1NDI    C23    3   5.765   4.453   1.269 -0.6210 -0.0312  0.1737
    1NDI    C24    4   5.671   4.491   1.166  0.2590  0.1968  0.4341
    1NDI    C25    5   5.706   4.594   1.068  0.0273  0.0900 -0.7131
    1NDI    C26    6   5.828   4.624   1.087 -0.5237 -0.2867 -0.3323
    1NDI    C19    7   5.542   4.434   1.162 -0.2722 -0.0751 -0.6935
...省略...
29664SOL     OW95190   9.991   7.443   0.526  0.0273  0.2123 -0.0319
29664SOL    HW195191   9.930   7.441   0.447 -0.7061  0.4970  0.5123
29664SOL    HW295192  10.077   7.398   0.503 -0.9087 -1.4691 -0.3728
   10.00824  10.00824  10.00824
```

原子数；原子坐标/nm；原子速度/(nm/ps)；盒子尺寸/nm；残基号及名；原子名；原子序号

(3) 分子动力学参数控制文件（Molecular Dynamics Parameter、*.mdp）

包括预处理、运行控制、输出控制、非键相互作用的计算方式、温度压力控制等信息，一般模拟时以某一 mdp 文件为模板稍加修改，增加需要添加的设定，或注释掉不需要的参数。例如以下 em.mdp 文件。每行分号后的文字为注释，在预处理时 grompp 命令会自动忽略。关于所有参数的详细介绍读者可参阅 Gromacs 官方文档。除此以外还有关于模拟退火、电场、拉伸等的设定。

em.mdp 文件模板：

define = -DFLEXIBLE；传 0 递给预处理命令 grompp 的参数，此处 -DFLEXIBLE 指采用柔性水模型，即不被 SETTLE 算法约束为刚性。

integrator = cg；积分方法，此处 cg 指能量极小化中的共轭梯度方法，亦可以使用 steep 即最速下降法。

nsteps = 10000；能量极小化的步数。

emtol = 100.0；最大力小于此值认为能量极小化达到收敛，单位 kJ/（mol • nm）。

emstep = 0.01；初始步长，单位 nm。

nstxout = 100； 每多少步将坐标写入轨迹文件（*.trr 文件）。

nstlog = 50；每多少步将能量信息写入日志文件（*.log）。

nstenergy = 50； 每多少步将能量信息写入能量文件（*.edr）。

pbc = xyz；周期性边界条件 periodic boundary condition。

cutoff-scheme = Verlet；邻居列表生成方式。

coulombtype = PME；静电相互作用计算方式。

rcoulomb = 1.0；截断距离值，对于 PME 方法此处指在实空间内计算短程相互作用的截断值。

vdwtype = cut-off；范德华相互作用的计算方式。

rvdw = 1.0；范德华相互作用的截断距离。

DispCorr= EnerPres；对范德华相互作用的长程校正，EnerPres 指对能量和压力都校正。

constraints = none；约束方式。

md_npt.mdp 文件模板：

define =

integrator = md

dt= 0.002；积分步长，单位：ps。

nsteps= 1000000 ; 动力学计算的步数，总的模拟时间即 0.002ps×10000000 步 = 2ns。

comm-grps= system; 消除整体运动的组名。

energygrps =

nstxout = 0; 每多少步将坐标写入轨迹文件（*.trr 文件），0 为生成 trr 文件。

nstvout = 0; 每多少步将速度写入轨迹文件（*.trr 文件）。

nstfout = 0; 每多少步将受力写入轨迹文件（*.trr 文件）。

nstlog = 1000

nstenergy = 1000

nstxout-compressed = 1000；每多少步将坐标写入压缩轨迹文件（*.xtc 文件）。

compressed-x-grps = system；输出到 xtc 文件的组名，system 表示全部输出。

pbc = xyz;

cutoff-scheme = Verlet;

coulombtype = PME;

rcoulomb = 1.0;

vdwtype = cut-off;

rvdw = 1.0;

DispCorr = EnerPres;

Tcoupl = V-rescale; 热浴方法，此处采用 velocity-rescale 方法。

tau_t = 0.2; 耦合时间常数，单位：ps。

tc_grps = system; 控制温度的组，通常采用 system，也可以设定多个组对溶质、溶剂分别控温。

ref_t= 298.15; 参考温度。

Pcoupl= parrinello-rahman; 压浴方法，通常平衡阶段采用 Berendsen 方法，成品模拟阶段采用 parrinello-rahman 方法。

pcoupltype = isotropic; 各向同性控压，对于界面体系可以采用 semiisotropic 即在 *XY* 方向和 *Z* 方向单独控压。

tau_p = 2.0；耦合时间常数，单位：ps。

ref_p = 1.0; 参考压力，单位：bar。

compressibility = 4.5e-5; 可压缩系数，单位：bar^{-1}，0 表示不可压缩。

gen_vel= no; 是否根据麦克斯韦分布生成速度。

gen_temp = 298.15; 生成速度的对应温度。

gen_seed = −1; 随机数种子。

freezegrps = ; 被冻结的组名。

freezedim = ;xyz 哪些维度需要冻结。

constraints = hbonds; 约束方式，hbond 指约束所有与氢相连的键。

注：参数不区分大小写，下划线 _ 或连接符 - 均可，每条参数出现的顺序不影响，但若

不小心某一参数被设定了两次，则以最后一次设置值为准。

5. 常用命令

Gromacs 中执行任何操作均以命令行形式进行，全部命令约有 100 余个，但不需要读者全部掌握，只需记住常用的十几个，另外也不需要记住每个命令后面所需的具体参数，只需在使用时加上 -h，如 gmx editconf -h 则会在屏幕显示关于该命令的详细用法。本部分我们将对 Gromacs 中常用的一些命令进行简要介绍。

editconf：有构建模拟格子、平移或旋转格子、转换文件类型、理顺原子编号等功能。

例如通过 gmx editconf -f xx.gro -o xx.pdb 命令将结构文件类型由 gro 格式转换为 pdb 格式。通过 gmx editconf -f 1.pdb -o 2.pdb 命令将 1.pdb 中不连续的原子编号从 1 开始重新编号；通过 gmx editconf -f sds.gro -bt cubic -box 8 8 8 -o xx.pdb，给一个 SDS 分子构建一个 8 nm×8 nm×8 nm 的立方格子；通过 gmx editconf -f mem1.pdb -rotate 180 0 0 -translate 0 0 -10 -o mem2.pdb 将 mem1 膜绕 *X* 轴旋转 180° 并延 *Z* 轴反方向平移 10 nm。

solvate：给模拟格子填充溶剂功能。

例如可以通过 gmx solvate -cp xx.pdb -cs spc216.gro -o withwater.pdb -p xx.top 给 xx.pdb 文件中填充满水分子，一般 -cp 需要提供 gmx editconf 命令构建的模拟格子，默认溶剂是 gromacs/share/gromacs/top/spc216.gro，也可以是 *NPT* 平衡后的其他溶剂，-p 为可选项，如有则会在 xx.top 文件中最后一行写入增加了多少个溶剂分子。

使用该命令填充完溶剂分子后应仔细检查是否有溶剂分子填充入不恰当的位置：例如在蛋白质或磷脂膜模拟中，solvate 会将水分子插入膜的疏水区或蛋白质内部空腔区域，这是由于 solvate 命令的工作原理是通过平移复制 spc216.gro 文件，使其充满整个模拟格子，然后删除和溶质分子有重叠的溶剂分子。为避免出现这种情况，读者可以根据模拟体系特点选择不同方法，例如对于磷脂膜体系可以通过先运行短时间的分子动力学模拟，通过疏水相互作用将水分子排出，或者借助 VMD 软件恰当选区，排除掉不需要的溶剂分子重新导出 pdb 文件，或者手动编辑 pdb 文件删掉不需要的溶剂分子，或者通过调整 vdwradii.dat 文件增加原子半径，缩小溶质分子间的间隙，以避免水分子插入其中等。

insert-molecules：将分子插入模拟格子。

例如通过 gmx insert-molecules -box 6 6 6 -ci methane.pdb -o xx.pdb -nmol 2000 命令将甲烷分子插入到 6 nm×6 nm×6 nm 的立方格子中，尝试最多插入 2 000 个，如不能插入 2 000 则能插入多少则插入多少；通过 gmx insert-molecules -f 1.pdb -ci na.pdb -o xx.pdb -nmol 200 命令将 200 个钠离子插入到 1.pdb 模拟格子的空隙中，尝试最多插入 200 个。

该命令与 solvate 类似，均由早期版本中的 genbox 命令衍化而来，与 solvate 的主要区别在于 insert-molecules 只需提供单个分子的结构文件即可，同时还可以随机旋转分子朝向或指定插入位置。insert-molecules 和 solvate 命令仅适合一些简单模型的构建，对于复杂模型的构建读者可借助 packmol 等工具。

genion：将结构文件中指定组的分子替换为指定的单原子离子。

对于多原子离子只能采用 gmx insert-molecules 命令来插入，但其缺点是不会同 genion 一样根据体系的静电势来判断插入位置。例如通过 gmx genion -s topol.tpr -o system_ion.pdb -p system.top -np 100 -pname Na -n 100 -nname Cl 命令可向体系中插入 100 个钠离子和 100 个氯离子，并替换掉重叠位置的分子（一般选择溶剂分子）。

grompp：预处理命令，读取并检查结构文件、控制文件、拓扑文件，并将它们整合为下一步 **mdrun** 运行所需的 **tpr** 二进制文件。

例如通过 gmx grompp -f em.mdp -c withwater.pdb -p xx.top -o em.tpr 命令生成能量最小化的 tpr 文件。在进行 grompp 命令时往往会提示一些 warning、error、note，读者应重视这些提示信息，并予以解决。

mdrun：进行能量最小化、分子动力学等的主要命令。

例如通过命令 gmx mdrun -v -deffnm md -nt 12 -pin on 提交分子动力学计算；或通过命令 nohup gmx mdrun -deffnm md -nt 12 -pin on </dev/null & 提交服务器后台计算，通过 watch tail -f md.log -n 20 监控 md.log 文件最后 20 行；

有时服务器需要停机维护，或临时断电，需要续跑未进行完的模拟任务，可以使用和之前一致的命令，但加上 -cpi md.cpt，即读取断点文件继续计算。

有时发现体系尚未达到平衡，需要在已经计算完的任务上继续计算，可以使用如下命令：

gmx convert-tpr -s md.tpr -extend 50000 -o md.tpr 延长 50ns

gmx mdrun -v -deffnm md -cpi md.cpt

6. 常见错误及解决办法

在执行 Gromacs 命令或进行分子动力学计算过程中往往由于操作不仔细或构型不合理等多种因素导致程序报错或模拟中断，这往往是初学者较为困扰的地方，但 Gromacs 给出的错误信息一般都描述地较为清楚，只要查阅手册认真分析就能解决，这里我们罗列几种常见错误并分析相应的解决思路。

（1）执行 grompp 预处理命令时的常见错误

System has non-zero total charge，即模拟体系总体电荷不为 0。若是非 0 整数，一般先检查是否忘记添加抗衡离子来中和额外电荷，若是非零小数，先判断是否为舍入误差，若不是应仔细检查力场文件中的电荷信息。

Number of coordinates in coordinate file does not match topology，即构型文件中的原子数与拓扑文件中的原子数不相等。一种可能是拓扑文件中某类分子的数目写错，例如在添加完离子或填充溶剂后忘记在拓扑文件中添加离子或水分子数目；另一种可能是构型文件有问题，应仔细检查，例如有些程序如 Materials Studio 导出的 pdb 文件中，不同分子间会存在 TER 标记，应当删去。

No such moleculetype XXX，即没有该分子类型。在拓扑文件最后的 molecules 部分，每种分子均需有相应的预先定义的 moleculetype，例如一种常见的原因是在构型文件中钠离子写为了 Na，而 ions.itp 文件中的 moleculetype 为 NA。

The cut-off length is longer than half the shortest box vector or longer than the smallest box diagonal element. Increase the box size or decrease rlist，即格子最短边长的一半或最小盒子对角线小于计算相互作用时的截断距离。显然这样会导致相邻盒子间同一原子与其镜像发生相互作用，这在模拟中是不允许的，读者扩大盒子边长或减小 rlist 即可。

XXX non-matching atom names XXX，即拓扑文件中的原子名与坐标文件中的原子名不一致。grompp 命令在预处理时会将拓扑文件中读取到的力场参数映射到坐标文件的每个原子上，若出现不匹配即报错，通常这种情况是由于拓扑文件中分子的顺序与坐标文件不一致，读者需仔细检查拓扑文件，另外一种情况有可能是某些离子的大小写如 NA 和 Na 不一致，此种情况可忽略此错误。

The sum of the two largest charge group radii （X） is larger than rlist - rvdw/rcoulomb，即两个最大电荷组半径和大于 rlist - rvdw/rcoulomb。通常原因是电荷组包含的原子数太多，可适当减小。

（2）执行 mdrun 命令时的常见错误

Stepsize too small，or no change in energy. Converged to machine precision，but not to the requested Fmax，即步长太小，或相邻的两步之间能量没有变化，收敛到了机器精度，但最大力未收敛到指定的值。在进行能量最小化计算时往往会遇到该错误，只要接下来的分子动力学计算能够正常运行读者可忽略该信息，仅在特殊情况下如进行间正模式分析时才需要通过尝试其他能量最小化方法或双精度版本 Gromacs 解决。

There is no domain decomposition for n ranks that is compatible with the given box and a minimum cell size of x nm，即对于 n 个进程计算给定大小的盒子无法进行最小格子尺寸为 x nm 的区域分解，通常在用较多线程计算小体系时出现此类错误，读者可以减小并行线程数，或通过串行方式计算。

Pressure scaling more than 1%，即压力缩放超过 1%。在进行 *NPT* 系综模拟时，盒子压缩过快时会导致该错误，若接下来的模拟正常进行，可不予处理。

即使在执行所有命令时均没有产生错误提示信息，读者也不应高枕无忧，有时在 mdrun 运行一段时间后也会突然报错终止，同时在 nohup.out 或 log 文件中会出现一系列报错信息，诸如 LINCS warning（约束算法警告）、segmentation fault（段错误）、tabulated or 1-4 interactions being outside the distance supported by the table（1-4 相互作用距离超过截断距离）、particles being more than a cell length out of the domain decomposition cell of their charge group（粒子超出其电荷组的所在的区域分解格子一倍距离），X particles communicated to PME node Y are more than a cell length out of the domain decomposition cell of their charge group（某些属于某 PME 计算节点的粒子超过其电荷组所在的区域分解格子一倍距离），A charge group moved too far between two domain decomposition steps（电荷组在两个区域分解步之间移动得太远）等等。出现这些问题时说明体系发生了爆炸（blowup）。导致爆炸的原因有很多，例如：

① 初始结构不合理，某些原子距离过近或有重叠，例如笔者曾遇到过使用 gmx insert-molecules 命令在模拟格子中插入分子时将链状烷烃分子插入苯环中，导致模拟崩溃。

② 未进行能量极小化，或能量极小化不充分。在进行分子动力学之前应当进行能量极小化，或尝试不同能量极小化方法或双精度版本程序对体系进行能量极小化，使得体系中的最大力收敛到较小的值，如 1 000 以下。

③ 步长过大，通常可采用 1 fs 的步长或是 0.5 fs 步长使体系得到充分的弛豫，然后切换较大的步长进行分子动力学计算。

④ 力场参数不合理，应仔细检查拓扑文件。

解决上述问题可参考如下思路：

① 检查 grompp 命令中是否存在 warning、note、error 等错误提示信息，这类信息往往预示体系中存在不合理之处。

② 模拟崩溃前 Gromacs 往往会导出很多 pdb 文件，如 LINCS warning，应仔细检查这些

结构中的不合理之处。需要指出的是 LINCS warning 往往并不是因为约束算法不合适导致的错误，而是模拟即将崩溃前约束算法会最先失败产生警告，另外一些读者习惯在 grompp 命令中添加 -maxwarn -1 或直接设置环境变量 GMX_MAXCONSTRWARN=1 以使 grompp 忽略错误继续生成 tpr 文件，或者 mdrun 不因出现 LINCS warning 而中断，这种方式显然是自欺欺人。

③ 若 mdrun 运行很短时间即发生崩溃，可以将 mdp 文件中的 nxtout 设置为 1，即每一步均输出到轨迹，仔细检查轨迹找到出问题的原子。

④ 简化模拟参数，如去除约束算法、控温、控压、外力、外加电场等复杂设定。

⑤ 简化结构模型，例如对于含有复杂组分的体系可先对单分子或单一分子体系进行模拟，反复尝试，找到可能存在问题的地方。